Caroline Heb

Anatomie:
Spezielle Biologie
des Kausystems

Karin Klötzer

Grundwissen für Zahntechniker
Band III
Gühring/Barth

Anatomie: Spezielle Biologie des Kausystems

Erste Auflage

Wolfgang Gühring
Joachim Barth

mit Zeichnungen von
David Horak

VERLAG NEUER MERKUR GMBH,
80939 MÜNCHEN

2. korrigierte Auflage, 11.–20. Tausend – ISBN 3-921280-84-2

Layout: Hans Wankmüller, München

Vorwort

Der Beruf des Zahntechnikers verlangt neben dem rein handwerklichen Können ein umfangreiches, fachtheoretisches Wissen aus den unterschiedlichsten Bereichen. Nicht zuletzt aber benötigt er fundierte Kenntnisse aus den Bereichen der Biologie und der Zahnmedizin, die eine unabdingbare Voraussetzung für das Verständnis prothetischer Maßnahmen sind: Jede prothetische Versorgung, an der der Zahntechniker durch seine Tätigkeit direkt beteiligt ist, bedeutet stets einen Eingriff in das Kausystem, bei dem es zu tiefgreifenden und dauerhaften Schäden kommen kann, wenn funktionelle Zusammenhänge mißachtet werden.

Verständnis für die funktionellen Zusammenhänge im Kausystem zu vermitteln, die ihrerseits Grundvoraussetzungen für das Verständnis physiologischer wie auch pathologischer Vorgänge sind, ist Hauptziel des vorliegenden Buches. Es wurde zwar in erster Linie als Lehrbuch für die schulische Ausbildung an Zahntechniker-Fachklassen konzipiert, wendet sich aber ebenso an den berufserfahrenen Techniker, dem es zur persönlichen Weiterbildung, als Nachschlagewerk oder zur Vorbereitung auf die Meisterprüfung dienen kann. Nicht zuletzt kann es auch für den Studienanfänger der Fachrichtung Zahnmedizin die Möglichkeit bieten, sich in leichtverständlicher Form einen ersten Überblick über die Biologie des Kausystems zu verschaffen.

Da eine lehrplangemäße Gliederung des Stoffes wegen der uneinheitlichen Lehrpläne der einzelnen Bundesländer nicht möglich ist, haben wir uns bei der thematischen Gliederung des Buches an wissenschaftlichen Lehrbüchern orientiert und nach Teilgebieten gegliedert, die den einzelnen Wissenschaftsdisziplinen entsprechen. Bei der Gewichtung der einzelnen Stoffgebiete haben wir versucht, Schwerpunkte zu setzen: Je nach Bedeutung für die Zahntechnik wurden einzelne Themen auf das notwendige Maß reduziert (so die Themen „Blut" und „Kreislauf") oder ganz weggelassen (Thema „Herz"). Im Gegensatz dazu haben in den vergangenen Jahren Themen wie „Die funktionellen Zusammenhänge der Okklusion", „Die Funktion der Kaufläche" und in diesem Zusammenhang „Die Morphologie der Zähne" sowie „Die Aufzeichnung und Simulation von Kieferbewegungen" eine immer größere Bedeutung bekommen, weshalb wir diesen Themenkomplexen nahezu zwei Kapitel gewidmet haben. Ebenfalls wichtig schien uns das Problem der Gesundheitsgefährdung am Arbeitsplatz, Aufklärung zu diesem Thema ist unserer Meinung nach noch immer dringend notwendig.

Wir haben uns bemüht, Fachbegriffe immer deutsch und lateinisch anzugeben, denn zum einen gibt es nicht für jede anatomische Gegebenheit eine deutsche Bezeichnung, zum anderen ist der deutsche Begriff nicht immer eindeutig. Dagegen existiert stets ein lateinischer Fachterminus, und seine Bedeutung ist international eindeutig festgelegt. In diesem Buch sind nur die derzeit gültigen lateinischen Fachbegriffe, gemäß der aktuellen Nomina anatomica, verwendet worden. Hinweise für den korrekten Umgang mit den Fachtermini sind im Anhang des Buches zu finden. Trotz alledem sollte den lateinischen Fachbegriffen keine zu große Bedeutung zugemessen werden. Abgesehen von einigen wenigen Fachtermini, die jeder Zahntechniker einfach kennen muß, reichen für den Laboralltag sehr wohl deutsche Fachbegriffe aus.

In diesem Buch fehlen bewußt Arbeitsanweisungen und Verständnisfragen sowie Zusammenfassungen, da dies nach Meinung von Kollegen Gegenstand des individuellen Unterrichts sein sollte.

Allen, die uns bei der Erstellung dieses Buches mit Rat und Tat zur Seite standen, sei an dieser Stelle recht herzlich gedankt, insbesondere Frau Ingrid Mössner und Frau Kathi Stockburger, Prof. Dr. W. B. Freesmeyer, Prof. Dr. E. Körber, ZTM H. Caesar und ZTM R. Semsch. Besonders herzlich möchten wir uns bei Zahnarzt Dr. A. Schmierer für die Durchsicht und Korrektur des Kapitels 6 bedanken, unser ganz besonderer Dank aber gilt unserem ehemaligen Schüler, Meisterschüler und Freund, Zahntechnikermeister David Horak, der sich spontan bereit erklärte, alle notwendigen Zeichnungen anzufertigen. Wir haben ihm nicht nur für die mit bewundernswertem Talent und Einfühlungsvermögen gestalteten Abbildungen zu danken, sondern vor allem auch für die viele Geduld, die er im Laufe der langen Zeit mit uns hatte. Derselbe Dank gilt unseren Familien, die viele Feierabende, Ferientage und Wochenenden auf uns verzichten mußten.

Nicht zuletzt aber möchten wir uns beim Verlag Neuer Merkur bedanken – und hier vor allem bei Herrn Dr. Lingenberg –, die ebenfalls viel Geduld und Ausdauer mit uns hatten, schließlich und endlich bei allen Ungenannten, die in irgendeiner Form dazu beitrugen, daß dieses Buch entstehen konnte.

Für kritische Anmerkungen und konstruktive Kritik sind wir dankbar und weiter jederzeit aufgeschlossen.

Stuttgart, im Mai 1992 und Juni 1994

Wolfgang Gühring und Joachim Barth

Inhaltsverzeichnis

Kapitel 1 Einführung

Kapitel 2 Histologie des Kausystems

Kapitel 3 Entwicklung des Kausystems

Kapitel 4 Funktionelle Anatomie des Kausystems

Kapitel 6 Physiologie des Kausystems

Kapitel 1
Einführung

Der Inhalt auf einen Blick

Dieses Kapitel soll den Berufsanfänger mit all den Grundkenntnissen vertraut machen, die schon zu Ausbildungsbeginn benötigt werden.

1.1 Bedeutung der Anatomie für Zahntechniker

Der Beruf des Zahntechnikers gehört zu den Berufen des Gesundheitsdienstes, seine Arbeit dient dem Wohle des Patienten!

Ziel aller zahnärztlichen und zahntechnischen Maßnahmen ist die Wiederherstellung des teilweise oder völlig gestörten Kausystems.

Diese Aufgabe kann der Zahnarzt nur unter Mitwirkung des Zahntechnikers bewältigen, denn der liefert ihm den benötigten Zahnersatz. Der Zahntechniker trägt dabei ein hohes Maß an Verantwortung, denn seine Arbeit soll nicht nur das Aussehen, sondern auch die Funktion des gestörten Kausystems des Patienten wiederherstellen.

Um dies leisten zu können, benötigt der Zahntechniker ein sehr großes Fachwissen, insbesondere auch aus dem Bereich des Unterrichtsfaches „Anatomie". Denn wenn man das Aussehen und die Funktion des Kausystems wiederherstellen will, muß man wissen, wie das gesunde Kausystem aussieht, wie es funktioniert und was seine Funktionen stören kann.

Das große Vorbild für den Zahntechniker ist das harmonische, normal entwickelte Kausystem des Menschen, das er bei seinen Arbeiten möglichst vorbildgetreu nachzuahmen versucht.

Und das aus gutem Grund: Die Form eines Organs oder Organteils hängt nämlich in der Natur von dessen Funktion ab. So hat sich die meißelartige Form der Schneidezahnkronen im Laufe der Entwicklungsgeschichte des Menschen deswegen entwickelt, weil dieser Zahn im Rahmen der Nahrungsaufnahme Nahrungsbrocken von einem größeren Nahrungsstück abtrennen (abscheren) können muß. Überhaupt hat sich das natürliche Kausystem des Menschen im Laufe der Entwicklungsgeschichte optimal an die Lebens- und Ernährungsbedingungen des Menschen angepaßt. Dies geschah, indem die Natur schon ältere, bestehende Entwicklungsstadien im Tierreich verfeinerte und verbesserte.

Die Abhängigkeit der Form von der Funktion nennt man in der Biologie das <u>Form-Funktions-Prinzip.</u>

Das Aussehen und der Aufbau des menschlichen Kausystems stellen gegenwärtig die beste „Konstruktionslösung" dar, um die vielen Einzelfunktionen des Kausystems optimal zu ermöglichen.

Um Zahnersatz anfertigen zu können, der das Kausystem des Patienten nicht schädigt, sondern wirklich dem Wohle des Patienten dient, sind umfassende Kenntnisse aus folgenden Teilgebieten notwendig:

<u>1. Histologie</u>	=	Lehre vom Bau der Gewebe
<u>2. Embryologie</u>	=	Lehre vom werdenden Leben
<u>3. Anatomie</u>	=	Lehre vom Körper- und Organbau
<u>4. Morphologie</u>	=	Lehre von der Form der Lebewesen und ihrer Organe
<u>5. Physiologie</u>	=	Lehre von den normalen Lebensvorgängen
<u>6. Pathologie</u>	=	Lehre von den Krankheiten

Besonders anatomische Kenntnisse sind die Grundlage für das Verstehen prothetischer Maßnahmen. So sind zum Beispiel die Forderungen, eine Totalprothese im Oberkiefer mit ihrem hinteren Rand nicht über die A-Linie auszudehnen oder sie im

Bereich des Gaumenwulstes hohlzulegen, ohne anatomische Kenntnisse nicht verständlich.

Im Unterrichtsfach „Anatomie" werden alle für den Zahntechniker notwendigen Kenntnisse aus den obengenannten Teilgebieten der Zahnmedizin vermittelt. Wie aus der oben stehenden Liste der Teilgebiete der Zahnmedizin entnommen werden kann, stellt die Vermittlung anatomischer Kenntnisse nur ein Teil dieses Unterrichtsfachs dar. So gesehen ist die Fachbezeichnung „Anatomie" eigentlich falsch. Treffender wären die Bezeichnungen „Spezielle Zahnmedizin für Zahntechniker" oder „Zahnmedizinisches Grundwissen für Zahntechniker". Aus historischen Gründen wird dieses Unterrichtsfach aber in fast allen Bundesländern „Anatomie" genannt.

1.2 Orientierungsbegriffe

Im vorliegenden Buch wird der äußere und innere Bau des Körpers in vielen Abbildungen dargestellt. In vielen Bildunterschriften werden lateinische Fachbegriffe für die Betrachtungsebene beziehungsweise die Betrachtungsrichtung gebraucht. Hierbei handelt es sich um sogenannte Orientierungsbegriffe, die auch in der Zahntechnik gebräuchlich sind und deshalb im folgenden erläutert werden sollen. Damit der Betrachter sich vorstellen kann, welcher Teil der Körperoberfläche dargestellt ist (wichtig bei kleinen Ausschnittabbildungen), muß er wissen, aus welcher Richtung, von welcher Seite aus der Zeichner die Körperoberfläche betrachtet hat.

Auch den inneren Bau des Körpers kann man abbilden. Dies ist heute mit Bildern möglich, wie sie zum Beispiel Röntgengeräte, Ultraschallgeräte, Computertomographen oder Endoskope liefern. Bei der Betrachtung dieser Bilder muß man allerdings berücksichtigen, daß sie aus ganz bestimmten Richtungen und in ganz bestimmten Betrachtungsebenen aufgenommen wurden. Sind Betrachtungsrichtungen und -ebenen dem Betrachter nicht bekannt, so wird er den abgebildeten Teil des Körperinneren räumlich nicht einordnen können, und damit den inneren Körperbau nicht verstehen.

Anatomische Abbildungen, wie wir sie in Anatomieatlanten finden, sind Zeichnungen vom Körperinneren, wie Wissenschaftler dies bei aufgeschnittenen (sezierten) Leichen aus einer ganz bestimmten Richtung und einer bestimmten Schnittebene gesehen haben. Genauso verhält es sich auch mit den vielen Abbildungen in Histologielehrbüchern. Zur Erforschung der Feinstruktur von Körpergeweben werden Gewebeproben in einer ganz bestimmten Ebene in dünne Scheiben geschnitten, auf einen Glasträger aufgebracht und durch das Mikroskop betrachtet. Die beobachtete Feinstruktur wird dann meist in Form von Zeichnungen oder Mikrofotos dargestellt. Will man verstehen, wie die anatomische oder histologische Abbildung räumlich einzuordnen ist, braucht man Angaben über die Betrachtungsrichtung und Betrachtungsebene des Dargestellten.

1.2.1 Flächenbezeichnungen am Körper

> Fachbegriffe für die Betrachtungsrichtungen und für die Betrachtungsebenen sollen dem Betrachter die räumliche Einordnung des Betrachteten ermöglichen.

In der Biologie, Medizin und Zahnmedizin ist es üblich, die Betrachtungsebene anzugeben, in der eine gezeichnete Schnittfläche oder Ansicht liegt. Die folgenden Fachbegriffe bezeichnen die Hauptebenen des Körpers (Abb. 1.1).

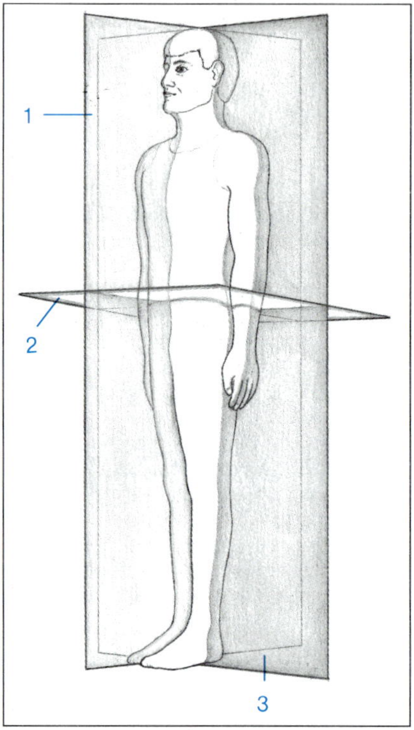

Sagittalebene = eine senkrecht und in Blickrichtung verlaufende Ebene

Frontalebene = eine senkrecht, aber quer zur Blickrichtung verlaufende Ebene

Horizontalebene = eine waagerecht verlaufende Ebene; hierfür wird auch die Bezeichnung Transversalebene verwendet.

Die Fachbegriffe lassen sich selbstverständlich auch auf Teile des Körpers anwenden – etwa den Kopf (Abb. 1.2):

Medianebene = die Sagittalebene, die genau durch die Körpermitte verläuft

Paramedianebene = eine Sagittalebene, die neben der Körpermitte verläuft (Anm.: es gibt somit nur eine Medianebene aber beliebig viele Paramedianebenen).

Abb. 1.1 ▲ Hauptebenen des menschlichen Körpers (Ansicht von links und vorn): 1 Sagittalebene, 2 Horizontalebene, 3 Frontalebene

Abb. 1.2 ▼ Die Hauptebenen am menschlichen Kopf: A Sagittalebene, B Horizontalebene, C Frontalebene

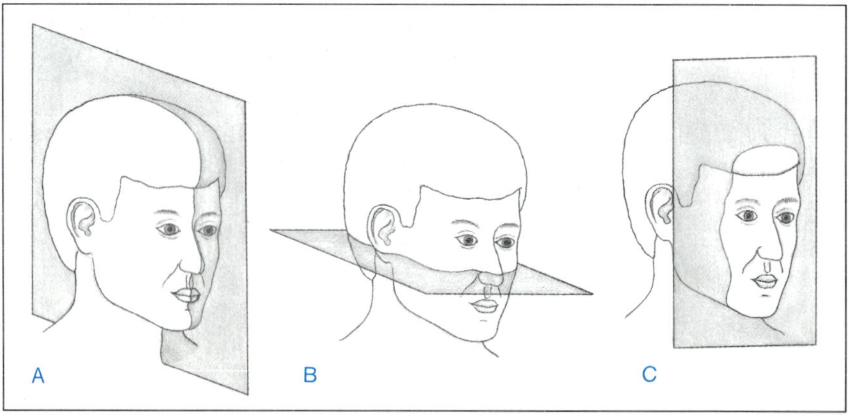

1.2.2 Richtungsbezeichnungen am Körper

Will man angeben, in welcher Richtung ein Körper- oder Organteil liegt, so wählt man als Bezugspunkt die Körpermitte (Abb. 1.3). Liegt das Organ, zum Beispiel das Herz, von der Körpermitte aus gesehen mehr in Richtung zum Schädel hin, so sagt man: „das Herz liegt zum Schädel hin, es liegt schädelwärts oder cranial".
Es bedeuten:

kranial = zum Schädel hin
kaudal = nach unten
medial = zur Mitte hin
lateral = zur Seite hin
ventral = zum Bauch hin
dorsal = zum Rücken hin
proximal = dem Rumpf näherliegend
distal = vom Rumpf entfernt liegend

Weitere, mehr allgemein gehaltene Lagebezeichnungen für Organe oder anatomische Gegebenheiten, die gern als Bestandteile lateinischer Fachbegriffe verwendet werden, sind:

superior = weiter oben gelegen
inferior = weiter unten gelegen
anterior = weiter vorn gelegen
posterior = weiter hinten gelegen
zentral = in der Mitte gelegen
peripher = am Rande gelegen

Beispiel:

Es gibt zwei sogenannte Nasendorne, einen vorderen und einen hinteren. „Nasendorn" heißt lateinisch Spina nasalis, und daher nennt man den weiter vorn gelegenen Nasendorn den vorderen Nasendorn – lateinisch Spina nasalis anterior.

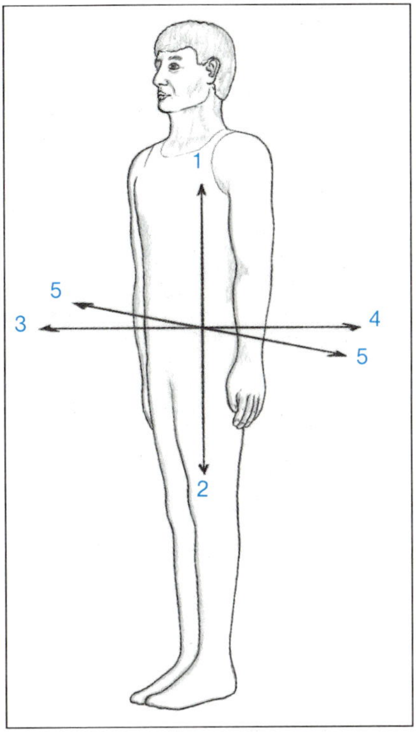

Abb. 1.3 Richtungsbezeichnungen am menschlichen Körper (Ansicht von links und vorn): 1 kranial, 2 kaudal, 3 ventral, 4 dorsal, 5 lateral

1.2.3 Richtungsbezeichnungen für Zahnflächen und Zahnteile

Für die zweifelsfreie Kennzeichnung von Zahnflächen und Zahnteilen wurden besondere Richtungsbezeichnungen festgelegt.

Für die Zahnflächen verwendet man (Abb. 1.4 bis 1.6):

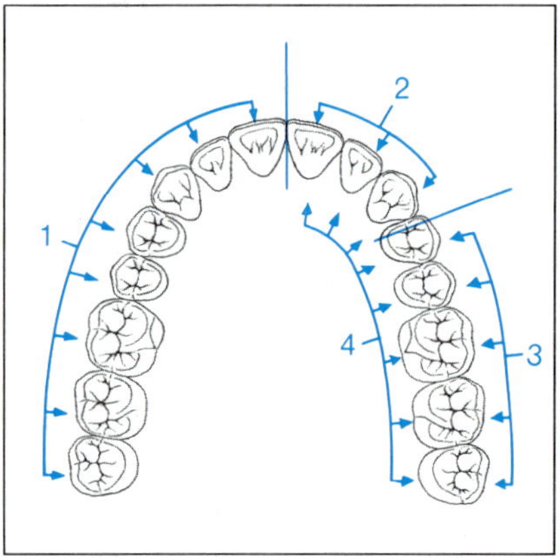

Abb. 1.4 Richtungsbezeichnungen für Zahnflächen im Oberkiefer. (Blick von unten auf die Okklusalflächen der Oberkieferzähne): 1 vestibulär, 2 labial, 3 bukkal, 4 palatinal (oral)

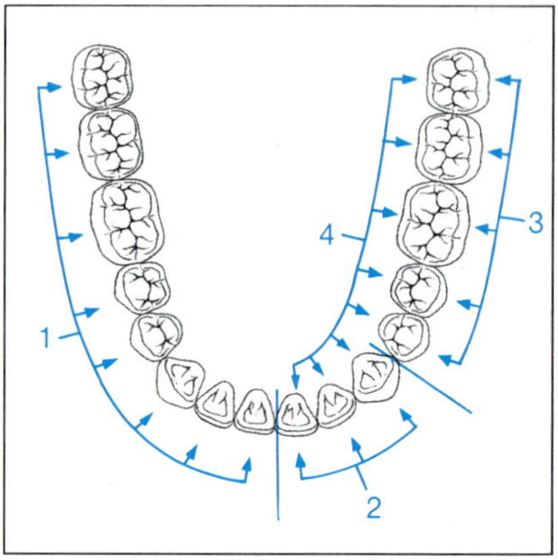

Abb. 1.5 Richtungsbezeichnungen für Zahnflächen im Unterkiefer. (Blick von oben auf die Okklusalflächen der Unterkieferzähne): 1 vestibulär, 2 labial, 3 bukkal, 4 lingual (oral)

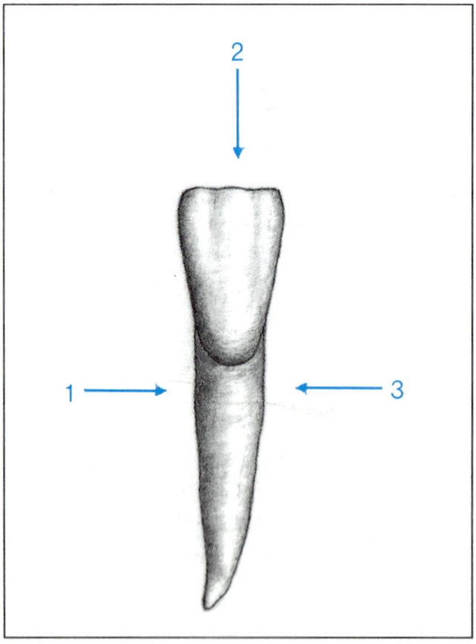

Abb. 1.6 Richtungsbezeichnungen für Zahnflächen. (Blick von vorn auf die Labialfläche eines unteren Schneidezahns): 1 distal (approximal), 2 inzisal, 3 mesial (approximal)

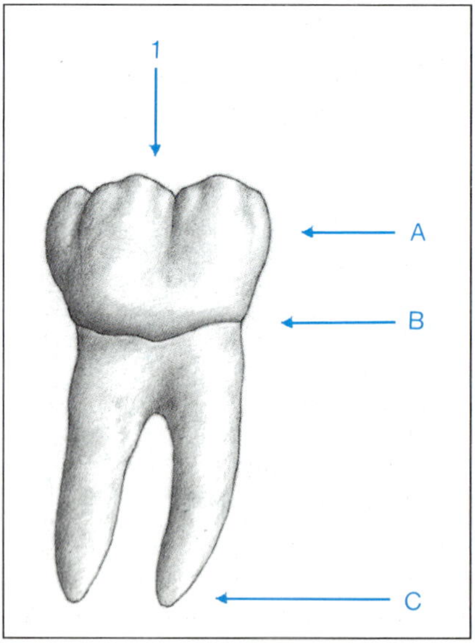

Abb. 1.7 Richtungsbezeichnungen für Zahnflächen und Zahnteile. (Blick von der Seite auf die Bukkalfläche eines unteren großen Backenzahns): 1 okklusal A koronal, B zervikal, C apikal

vestibulär = zum Mundvorhof hin
labial = zur Lippe hin
bukkal = zur Wange hin
oral = zur Mundhöhle hin
palatinal = zum Gaumen hin
lingual = zur Zunge hin
approximal = zu den Nachbarzähnen hin
mesial = zur Mitte hin
distal = zum Zahnbogenende hin
inzisal = zur Schneidekante hin
okklusal = zur Kaufläche hin

Für die Richtungsbezeichnungen, die Zahnteile ansprechen, gelten folgende Begriffe (Abb. 1.7):

inzisal = zur Schneidekante hin
okklusal = zur Kaufläche hin
koronal = zur Zahnkrone hin
apikal = zur Wurzelspitze hin
zervikal = zum Zahnhals hin

1.3 Bezugspunkte, Bezugslinien und Bezugsebenen am Gesichtsschädel

In der Zahnheilkunde werden Bezugsebenen oder Bezugslinien benötigt, um beispielsweise die Modelle entsprechend der Schädelgeometrie des Patienten auf den Artikulator übertragen zu können oder um den individuellen Kondylenbahnwinkel des Patienten ausmessen und einstellen zu können. Die Bezugsebenen und Bezugslinien sind durch Bezugspunkte am Schädel festgelegt.

Synonyme Begriffe für die Bezeichnung Bezugslinien am Gesichtsschädel sind auch Gesichtslinien oder Linien am Schädel.

1.3.1 Bezugspunkte

Als Bezugspunkte verwendet man eindeutig bestimmbare Stellen an Knochen (Knochenpunkte) und auf der Haut (Weichteilpunkte).

a) Knochenpunkte

- Als Infraorbitalpunkt bezeichnet die Stelle, wo der untere, knöcherne Augenhöhlenrand von einer senkrechten Linie geschnitten wird, die durch die Mitte der Augenpupille verläuft.

- Der vordere Nasendorn ist eine Knochenspitze, die in der Gesichtsmitte am vorderen unteren Rand der vorderen Nasenöffnung liegt.

- Gehöreingangspunkte sind zwei Punkte am Rand des knöchernen äußeren Gehöreingangs. Der eine Punkt befindet sich am oberen Rand des äußeren Gehöreingangs, der andere am unteren Rand des äußeren Gehöreingangs.

- Der Inzisalpunkt ist die Stelle, wo sich die Schneidekanten der unteren mittleren Schneidezähne in der Medianebene berühren.

b) Weichteilpunkte

- Der Subnasalpunkt liegt in der Gesichtsmitte am unteren Rand der Nase, am Übergang zur Oberlippe.

- Als Tragus bezeichnet man einen Punkt auf der knorpelig versteiften Hautklappe vor dem Gehöreingang, die diesen zum Teil verdeckt.

1.3.2 Bezugslinien

- Die Simonsche Orbitale ist eine vertikale Bezugslinie, die vom Infraorbitalpunkt aus im rechten Winkel zur Frankfurter Horizontalen nach unten verläuft (Abb. 1.8 und 1.9).

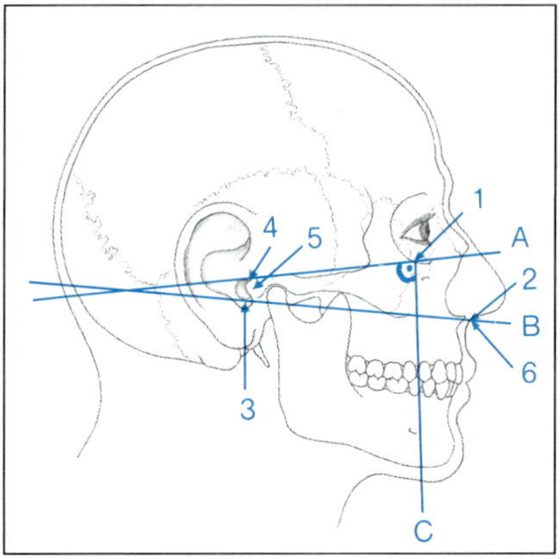

Abb. 1.8 Bezugspunkte, -linien und -ebenen in der Lateralansicht: A Frankfurter Horizontale, B Campersche Ebene, C Simonsche Orbitale
1 Infraorbitalpunkt, 2 Vorderer Nasendorn, 3 Unterer Gehöreingangspunkt, 4 Oberer Gehöreingangspunkt, 5 Tragus, 6 Subnasalpunkt

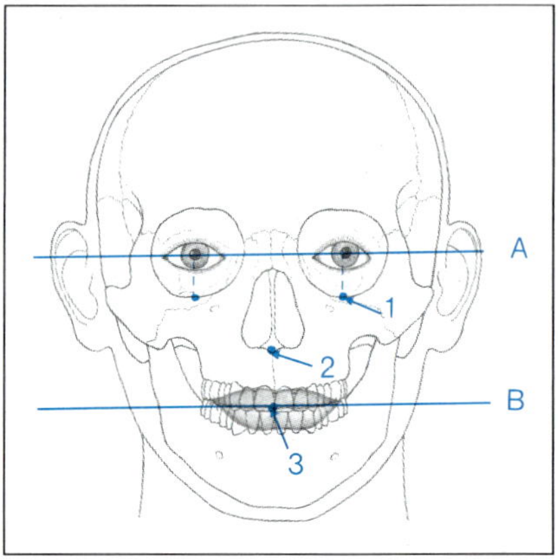

Abb. 1.9 Bezugspunkte, -linien und -ebenen in der Frontalansicht: A Bipupillarlinie, B Lippenschlußlinie
1 Infraorbitalpunkt, 2 Vorderer Nasendorn, 3 Inzisalpunkt

- Die Bipupillarlinie ist eine querverlaufende Bezugslinie, die die Mitten der beiden Augenpupillen miteinander verbindet.
- Als Lippenschlußlinie bezeichnet man die parallel zur Bipupillarlinie verlaufende horizontale Linie, die auf Bißschablonen bei leichtem Lippenschluß markiert wird.

1.3.3 Bezugsebenen

Die Campersche Ebene wurde vom Amsterdamer Anatomen Camper im 18. Jahrhundert als schräg nach vorn und unten geneigte Schädelbezugsebene festgelegt. Sie führt durch folgende drei Punkte:

1. den vorderen Nasendorn
2. den unteren Rand des linken und rechten äußeren Gehöreingangs

Die Frankfurter Horizontale ist, wie der Name sagt, eine in der Horizontalebene liegende Meßebene. Sie wurde 1884 auf dem Frankfurter Anthropologenkongreß als international gültige Bezugsebene festgelegt und geht durch folgende Punkte:

1. durch den linken und rechten Infraorbitalpunkt und
2. durch den oberen Rand des linken und rechten äußeren Gehöreingangs.

Als Okklusionsebene bezeichnet man eine Ebene, in der sich beim bezahnten Kiefer die Kauflächen und Schneidekanten aller Zähne treffen. Sie wird im Unterkiefer durch folgende Punkte bestimmt:

1. den Inzisalpunkt und
2. die disto-bukkalen Höckerspitzen der linken und rechten unteren zweiten Molaren.

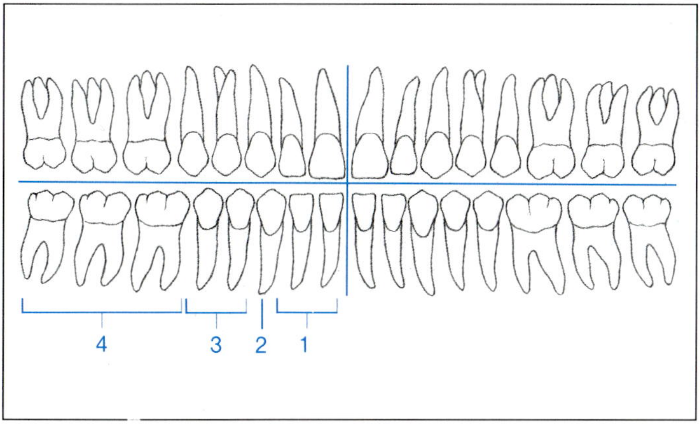

Abb. 1.10 Zähne eines Erwachsenen: 1 Schneidezähne, 2 Eckzahn, 3 Prämolaren, 4 Molaren

1.4 Zahnarten und Zahnanzahl im Milch- und Bleibenden Gebiß

Das menschliche Gebiß wechselt wie bei allen Säugetieren im Laufe des Lebens einmal seine Zähne aus. Das Gebiß vor dem Zahnwechsel wird als Milchgebiß oder temporäres Gebiß, das nach dem Wechsel als bleibendes Gebiß oder permanentes Gebiß bezeichnet. Im Zusammenhang mit dem Zahnwechsel ändert sich die Anzahl der Zähne und teilweise auch die Art der Zähne. Aufgrund ihrer Form lassen sich im menschlichen Gebiß vier Arten von Zähnen unterscheiden (Abb. 1.10):

Schneidezähne sind an ihrer keilförmigen Zahnkrone und einer geraden Schneidekante erkennbar.

Eckzähne sind Zähne, die „an der Ecke" zwischen Front- und Seitenzähnen stehen. Sie haben ebenfalls Keilform, aber eine abgewinkelte Schneidekante, so daß die ganze Zahnkrone als Zahnhöcker wirkt.

Prämolaren, auch kleine Backenzähne genannt, zeichnen sich durch eine kleine, aus zwei, selten aus drei Höckern bestehende Kaufläche aus.

Molaren, die großen Backenzähne, sind die größten Zähne des Gebisses und haben eine aus drei bis fünf Höckern bestehende Kaufläche.

Im normal entwickelten, gesunden Gebiß sind die Zähne symmetrisch angeordnet. Betrachtet man die Zähne der rechten und linken Kieferhälften sowohl im Oberkiefer als auch im Unterkiefer, so fällt auf, daß die Anzahl der Zähne und die Anordnung der Zahnarten, von mesial nach distal gesehen, gleich sind. Die erwähnten Kieferhälften des Gebisses werden auch als Quadranten bezeichnet (demnach gibt es einen rechten oberen, einen linken oberen, einen linken unteren und einen rechten unteren Quadranten).

1.4.1 Milchgebiß

Die Milchzähne verdanken ihren Namen ihrem bläulich-weißlichen Farbton, der dem der Milch ähnlich ist und entsprechen in Kronenform, Höckerzahl und Anzahl der Zahnwurzeln den bleibenden Zähnen. In jedem Quadranten des Milchgebisses folgen, von mesial nach distal betrachtet, auf die zwei Schneidezähne ein Eckzahn und danach zwei Molaren („Milchmolaren") (Abb. 1.11). Bei manchen Menschen kommt es vor, daß im Verlauf des Zahnwechsels nicht alle Milchzähne verloren gehen. In diesen Fällen werden die übriggebliebenen Zähne, die persistierenden Milchzähne, in das bleibende Gebiß integriert (Tabelle 1.1).

1.4.2 Bleibendes Gebiß

Das Bleibende Gebiß wird auch als Permanentes Gebiß, Dauergebiß oder Erwachsenengebiß bezeichnet. In jedem Quadranten des Bleibenden Gebisses folgen – von mesial nach distal betrachtet – auf die zwei Schneidezähne ein Eckzahn, zwei Prämolaren und zwei bis drei Molaren.

Vergleicht man die Reihenfolge der Zahnarten im Milch- und im Bleibenden Gebiß, so fällt auf, daß dort, wo sich im Bleibenden Gebiß Prämolaren befinden, im Milchgebiß Molaren zu finden sind. Zähne, die die Milchschneidezähne, Milcheckzähne und Milchmolaren ersetzen, werden auch Ersatzzähne genannt. Zähne, die hinter den Milchmolaren dem Bleibenden Gebiß hinzugefügt werden, bezeichnet man dagegen als Zuwachszähne (Abb. 1.12).

Ob ein Mensch acht, neun, zehn, elf oder 12 Molaren hat, hängt davon ab, ob der letzte Molar in jedem Quadranten, der sogenannte Weisheitszahn, angelegt ist und durchbricht. Aufgrund veränderter Ernährungsgewohnheiten sind die Weisheitszähne des menschlichen Gebisses nicht mehr notwendig und somit funktionslos geworden. Da die Natur häufig überflüssige Körperteile im Verlauf der Weiterentwicklung zurückbildet, ist es auch nicht verwunderlich, wenn sie dies ebenso mit den Weisheitszähnen tut. Vorhandene Weisheitszähne werden als entwicklungsgeschichtliches Überbleibsel, als Rudiment betrachtet (Tabelle 1.2).

1.5 Zahnschemata

Ein Zahnarzt muß den Gebißzustand seines Patienten schriftlich festhalten. Das bedeutet: Er muß sich merken, welche Zähne an welchen Stellen kariös sind, welche Zähne fehlen, welche Zähne früher behandelt und eventuell mit welcher Art Zahnersatz versorgt wurden. Normalerweise müßte er dazu seiner Helferin einen ziemlich umfangreichen Text diktieren, was nicht nur zeitaufwendig, sondern auch unpraktisch wäre. Daher haben sich schon im letzten Jahrhundert Zahnärzte Gedanken gemacht, wie sich der Gebißzustand eines Patienten auf kurze, aber trotzdem unmißverständliche Weise aufschreiben läßt. Dabei hat man sich an den sogenannten Gebißformeln aus der Tierkunde orientiert.

In der Tierkunde, wie denn auch in der Zahnheilkunde, stellt man sich die Labial- und Bukkalflächen der Zähne eines Gebisses in einer Ebene abgebildet vor (Abb. 1.13). Ober- und Unterkieferzähne werden dabei durch eine horizontale Linie getrennt, während eine senkrechte Linie in der Mitte die Zähne der rechten Seite von denen der linken Seite abgrenzt. Die beiden sich überkreuzenden Linien bilden das

Abb. 1.11 Zähne des Milchgebisses: 1 Schneidezähne, 2 Eckzahn, 3 Milchmolaren

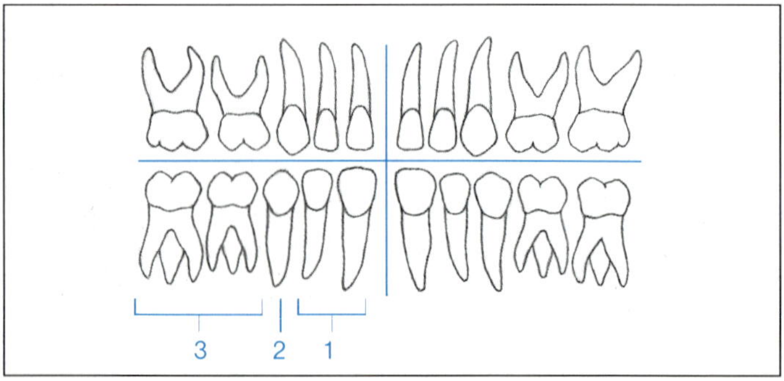

Anzahl	Deutsche Bezeichnung	Lateinische Bezeichnung	Kurzbezeichnung
8	Schneidezähne	Dentes incisivi	Inzisiven
4	Eckzähne	Dentes canini	Canini
8	Große Backenzähne	Dentes molares	Milchmolaren
20	Zähne insgesamt		

Tab. 1.1 Die Zähne des Milchgebisses

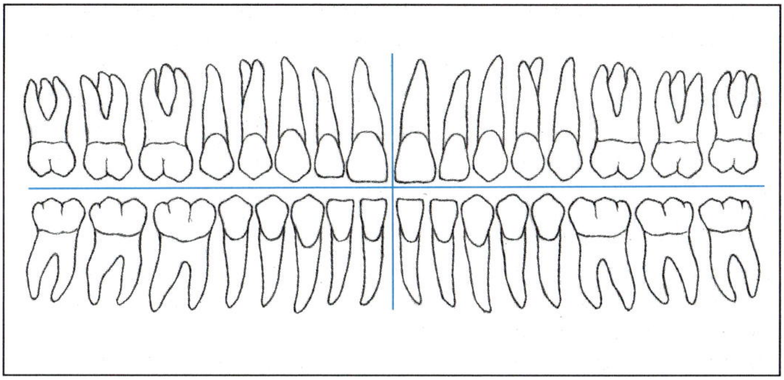

Abb. 1.12 Zähne des Bleibenden Gebisses

Anzahl	Deutsche Bezeichnung	Lateinische Bezeichnung	Kurzbezeichnung
8	Schneidezähne	Dentes incisivi	Inzisiven
4	Eckzähne	Dentes canini	Canini
8	Kleine Backenzähne	Dentes praemolares	Prämolaren
8–12	Große Backenzähne	Dentes molares	Molaren
28–32	Zähne insgesamt		

Tab. 1.2 Die Zähne des Bleibenden Gebisses

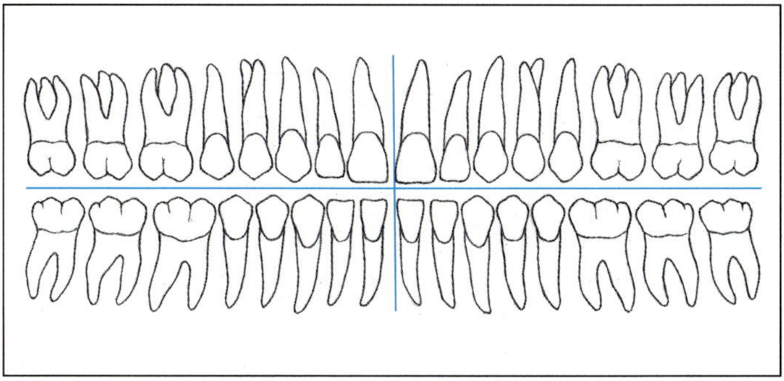

Abb. 1.13 Abbildung der vestibulären Zahnflächen in einer Ebene

sogenannte Gebißkreuz. Auf diese Weise wird das Gebiß in vier Teilbereiche, die schon erwähnten Quadranten aufgeteilt. In den folgenden Schemazeichnungen stellen die Teilbereiche immer folgende Quadranten dar:

rechter oberer Quadrant	linker oberer Quadrant
rechter unterer Quadrant	linker unterer Quadrant

In den Schemazeichnungen werden die Zähne aber nicht bildlich dargestellt, sondern durch Symbole, wie zum Beispiel durch Zahlen, Rechenzeichen oder Winkelzeichen. Am häufigsten symbolisiert man die Zähne durch Zahlen. Dabei steht die Zahl für die Positionsnummer des Zahnes auf dem Kieferkamm, wenn man, von mesial aus nach distal gehend, die Zähne durchnumeriert.

> Darstellungen eines Gebißzustandes nennt man in der Zahnheilkunde <u>Gebißschemata</u> und sind auch in der Zahntechnik gebräuchlich.

Um einen Zahn eindeutig zu kennzeichnen, müssen die Symbole eines Gebißschemas darüber informieren, ob es sich bei dem Zahn

1. um einen oberen oder unteren Zahn,
2. um einen linken oder rechten Zahn und
3. um einen Milch- oder bleibenden Zahn handelt.
4. um den wievielten Zahn eines Quadranten es sich handelt.

Seit Anfang des letzten Jahrhunderts sind mehrere Gebißschemata entwickelt worden. Die bekanntesten sind die Schemata nach Zsigmondy und Haderup, das amerikanische und französische System und das F.D.I.-Schema. Auf das amerikanische und französische System braucht nicht eingegangen zu werden, da diese Gebißschemata bei uns keine Rolle spielen. Das gebräuchlichste Schema ist gegenwärtig das F.D.I.-Schema. Vereinzelt sind aber auch noch die Schemata nach Zsigmondy und Haderup bei uns in Gebrauch, weswegen sie im folgenden ebenfalls erklärt werden.

1.5.1 Schema nach Zsigmondy

Dieses auch als deutsches System bezeichnete Schema ist das älteste. Es wurde 1861 vom Wiener Zahnarzt Adolph Zsigmondy eingeführt.

Merkmale:
1. Zahlen mit Winkelzeichen
2. Arabische Zahlen bedeuten Bleibendes Gebiß
3. Römische Zahlen bedeuten Milchgebiß
4. Zahl über einem Winkelbalken
   = oberer Zahn
   Zahl unter einem Winkelbalken
   = unterer Zahn
   Winkelbalken rechts der Zahl
   = rechter Zahn
   Winkelbalken links der Zahl
   = linker Zahn

(Tabelle 1.3 Schema Bleibendes Gebiß und Tabelle 1.4 Schema Milchgebiß).

Beispiele:

6⌋ = oberer, rechter, bleibender, erster Molar

⌈III = unterer, linker Eckzahn im Milchgebiß

1.5.2 Schema nach Haderup

Das auch „Skandinavisches System" genannte Schema wurde 1887 von dem Zahnarzt Victor Haderup aus Kopenhagen eingeführt.

Merkmale:
1. Zahlen mit Rechenzeichen + und –
2. Zahl, die mit 0 beginnt
   = Milchgebiß
   Zahl ohne 0
   = Bleibendes Gebiß

8⌋	7⌋	6⌋	5⌋	4⌋	3⌋	2⌋	1⌋	⌊1	⌊2	⌊3	⌊4	⌊5	⌊6	⌊7	⌊8
8⌉	7⌉	6⌉	5⌉	4⌉	3⌉	2⌉	1⌉	⌈1	⌈2	⌈3	⌈4	⌈5	⌈6	⌈7	⌈8

Tab. 1.3 Schema Bleibendes Gebiß

V⌋	IV⌋	III⌋	II⌋	I⌋	⌊I	⌊II	⌊III	⌊IV	⌊V
V⌉	IV⌉	III⌉	II⌉	I⌉	⌈I	⌈II	⌈III	⌈IV	⌈V

Tab. 1.4 Schema Milchgebiß

8+	7+	6+	5+	4+	3+	2+	1+	+1	+2	+3	+4	+5	+6	+7	+8
8–	7–	6–	5–	4–	3–	2–	1–	–1	–2	–3	–4	–5	–6	–7	–8

Tab. 1.5 Schema Bleibendes Gebiß

05+	04+	03+	02+	01+	+01	+02	+03	+04	+05
05–	04–	03–	02–	01–	–01	–02	–03	–04	–05

Tab. 1.6 Schema Milchgebiß

3. Rechenzeichen +
   = Zahn im Oberkiefer
   Rechenzeichen –
   = Zahn im Unterkiefer
4. Rechenzeichen rechts neben der Zahl
   = rechter Zahn
   Rechenzeichen links neben der Zahl
   = linker Zahn

(Tabelle 1.5 Schema Bleibendes Gebiß und Tabelle 1.6 Schema Milchgebiß).

Beispiele:

+2 = oberer, linker, bleibender, zweiter Schneidezahn
04– = unterer, rechter, erster Milchmolar

1.5.3 F.D.I.- Schema

Das von der Fédération Dentaire International 1970 empfohlene, computergerechte Schema ist gegenwärtig am gebräuchlichsten und weltweit verbreitet.

Merkmale:

1. Reiner Zifferncode, bestehend aus zwei Ziffern
2. Die erste Ziffer (die sogenannte „Vorzahl") gibt an, ob es sich um einen oberen oder unteren, einen rechten oder linken oder um einen Milch- oder bleibenden Zahn handelt
3. Es bedeuten die ersten Ziffern:

1 = oberer rechter bleibender Zahn
2 = oberer linker bleibender Zahn
3 = unterer linker bleibender Zahn
4 = unterer rechter bleibender Zahn
5 = oberer rechter Milchzahn
6 = oberer linker Milchzahn
7 = unterer linker Milchzahn
8 = unterer rechter Milchzahn

4. Die zweite Ziffer ist die oben erwähnte Positionsnummer des Zahnes auf dem Kieferkamm.

(Tabelle 1.7 Schema bleibendes Gebiß und Tabelle 1.8 Schema Milchgebiß).

18	17	16	15	14	13	12	11	21	22	23	24	25	26	27	28
48	47	46	45	44	43	42	41	31	32	33	34	35	36	37	38

Tab. 1.7 Schema Bleibendes Gebiß. Beispiel: 27 = oberer, linker, bleibender, zweiter Molar

55	54	53	52	51	61	62	63	64	65
85	84	83	82	81	71	72	73	74	75

Tab. 1.8 Schema Milchgebiß. Beispiel: 85 = unterer, rechter, zweiter Milchmolar

1.6 Das Kausystem

1.6.1 Begriff Kausystem

Darunter versteht man ein Organsystem, das von verschiedenen Organen gebildet wird, die in bezug auf die Kaufunktion und einiger anderer Funktionen zusammenarbeiten.

In der Zahnheilkunde sind neben dem Begriff Kausystem noch eine ganze Reihe weiterer gleichbedeutender (synonymer) Begriffe gebräuchlich, die aber meist nur einen Teil der Funktionen oder eine Funktion ausdrücken. Synonyme sind:

- Kauapparat
- Kauorgan
- Stomatognathes System
- Orofaziales System
- Mastikatorisches System
- Maxillofaziales System
- Maxillomandibulärer Apparat
- Craniomandibuläres System

1.6.2 Funktionen des Kausystems

Die Organe des Kausystems erfüllen gemeinsam die folgenden Funktionen:

Kaufunktion:
Nahrungsaufnahme, Nahrungszerkleinerung, Nahrungsverarbeitung und Nahrungstransport (zum Beispiel Beißen, Kauen, Saugen, Lecken, Schlucken, Rülpsen, Spucken, Würgen, Erbrechen).

Wahrnehmungsfunktion:
Wahrnehmung von Tastempfindungen (zum Beispiel Berührung, Druck, Stellung, Bewegung), Schmerz-, Temperatur-, Geschmacks- und erotisierender Empfindungen (Küssen).

Lautbildungsfunktion:
Sprechen, Singen, Zischen, Pfeifen und Geräuschenachahmen.

Ästhetisch-physiognomische Funktion:
Veränderungen des Gesichtsausdrucks (Lachen, Weinen).

Atmungsfunktion:
Atmen, Schnarchen, Blasen, Husten, Niesen, Schnupfen.

Kapitel 2
Histologie des Kausystems

Der Inhalt auf einen Blick

Organisationsstufen

Der Aufbau des menschlichen Körpers ist hierarchisch organisiert. Das bedeutet, daß sich der Organismus stufenweise in immer kleinere Baueinheiten zerlegen läßt. Die kleinsten Baueinheiten sind die Körperzellen. Betrachtet man sie zum Beispiel durch ein Mikroskop, so betrachtet man den Körper auf seiner untersten Organisationsstufe, der Organisationsstufe der Zelle. Viele dicht beieinanderliegende, gleichartige Zellen bilden die nächsthöhere Organisationsstufe der Gewebe. Mehrere Gewebe wiederum bilden die Organe des Körpers. Alle Organe, die in bezug auf eine bestimmte Funktion zusammenarbeiten, bilden die Organisationsstufe der Organsysteme, alle Organsysteme zusammen den menschlichen Organismus (Abb. 2.1).

Dieser Aufbau wird verständlich, wenn man weiß, wie die vielzelligen Organismen sich im Laufe der jahrmillionenlangen Entwicklungsgeschichte aus einzelligen Lebewesen entwickelt haben. Die Einzeller lebten ursprünglich jeder für sich allein, lagerten sich dann später zu Zellkolonien zusammen, die mit der Zeit immer größer wurden. Dabei entdeckten sie den Vorteil der Arbeitsteilung. Die Spezialisierung auf eine bestimmte Arbeit war allerdings noch sehr schwach ausgeprägt. Jede Koloniezelle war für sich allein noch voll lebensfähig. Im Zuge der weiteren Entwicklung bildeten sich immer größere Kolonien, deren Einzelzellen sich immer mehr spezialisierten, um sich besser in die Aufgaben teilen zu können. Dabei wurden die Zellen zunehmend voneinander abhängig. Gingen viele wichtige Zellen zugrunde, so hatte das den Tod des ganzen „Gebildes" zur Folge. Diese „Gebilde" waren die ersten vielzelligen Individuen. Während der nachfolgenden Entwicklungsabschnitte wurden die Individuen immer größer und vereinigten in ihrem Körper immer mehr Zellen. Im Zuge der fortschreitenden Spezialisierung bildeten sich erst einfache, später dann kompliziert gebaute Organe heraus, die in wohlkoordinierter Zusammenarbeit die vielfältigen Funktionen des Organismus ausführten (Abb. 2.2).

Während der Entwicklung des Menschen wird, wie bei allen hochentwickelten, vielzelligen Lebewesen, die eben geschilderte Entwicklungsgeschichte des Tierreichs in einem „Schnelldurchlauf" wiederholt. Das heißt, der Mensch entwickelt sich in seiner Embryonalentwicklung vom Einzellerstadium der befruchteten Eizelle bis hin zum hochdifferenzierten Vielzellerstadium eines menschlichen Lebewesens auf ähnliche Art und Weise wie das Tierreich.

2.1 Zelle

Am Anfang seiner Entwicklung besteht der Mensch nur aus einer Zelle, der befruchteten Eizelle. Aus ihr entwickelt sich, wie oben geschildert, der vielzellige Organismus. Zellen stellen also die Grundbausteine unseres Körpers dar, sie sind die kleinsten, noch lebensfähigen Einheiten unseres Körpers. Sie sind ganz im Gegensatz zu ihren Bestandteilen, den Fett-, Eiweiß- und Zuckermolekülen oder Atomen, die tote Materie darstellen, lebende Gebilde.

Obwohl die unzähligen Zellen unseres Körpers durch ihre unterschiedlichen Funktionen ein sehr verschiedenartiges Aussehen haben, zeigen sie in ihrem Zellaufbau zahlreiche übereinstimmende Merkmale. Auch die Lebensvorgänge in den Zellen laufen alle nach demselben Grundmuster ab, da alle Zellen im Prinzip gleichgebaute Zellbestandteile haben.

2.1.1 Bau einer Zelle

Betrachtet man eine Zelle im Lichtmikroskop, so kann man fast immer in ihrem Inneren einen größeren rundlichen Fleck erkennen, den Zellkern. Er ist von einer durchsichtigen, wäßrigen Flüssigkeit umgeben, das man Cytoplasma nennt. Gegen ihre Umgebung ist die Zelle durch ein hauchdünnes Häutchen, die Zellmembran abgegrenzt. Die körnige Struktur und auch

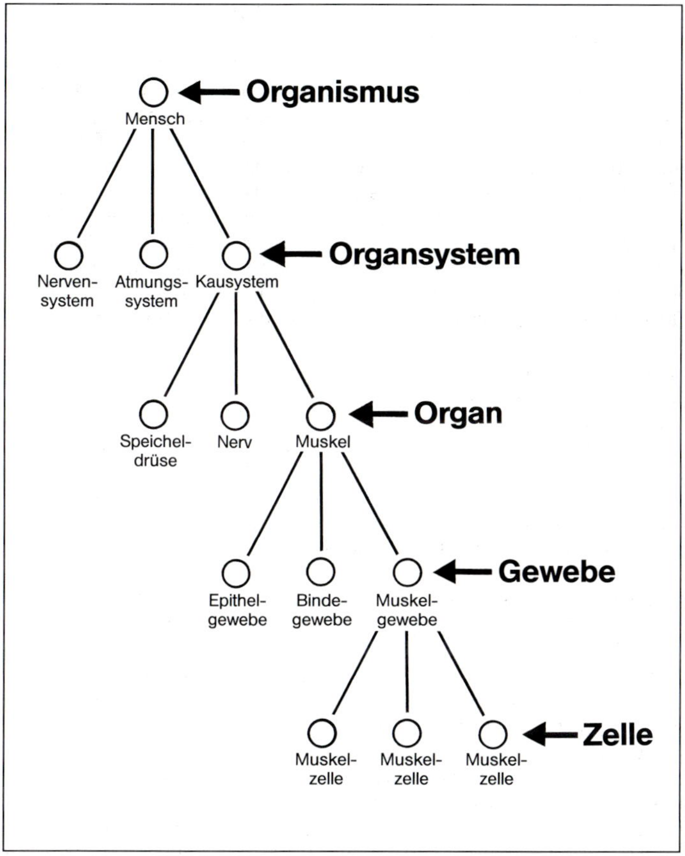

Abb. 2.1 ◄ Organisationsstufen

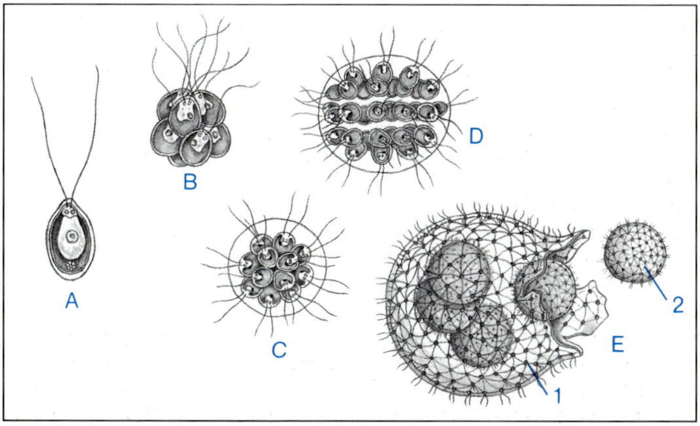

Abb. 2.2 ▼ Einzeller, Zellkolonien und einfache Vielzeller. Dargestellt sind verschiedene Grünalgen: A Chlamydomonas (Einzeller), B Chlamydobotrys (Zellkolonie), C Pandorina (Zellkolonie), D Eudorina (Zellkolonie), E Volvox (einfacher Vielzeller), 1 „Mutterkugel", 2 „Tochterkugel"

farbige Schatten des Cytoplasmas lassen vermuten, daß noch weitere Zellbestandteile vorhanden sind.

Will man aber näheres über die weiteren, vermuteten Zellbestandteile, die im Cytoplasma schwimmen erfahren, so muß man eine Zelle mit Hilfe eines stark vergrößernden Elektronenmikroskops betrachten. Dabei zeigt sich, daß im Cytoplasma tatsächlich noch einige teils schlauchartig, teils blasenartig geformte, teils auch körnchenförmige Zellbestandteile vorhanden sind.

Da ist zum einen das Endoplasmatische Retikulum (kurz ER genannt), ein riesiges Schlauchsystem, das mit seinen vielen Verzweigungen das gesamte Cytoplasma durchzieht. In seiner Nähe kann man häufig flachgepreßte, übereinander gestapelte Blasen sehen, den sogenannten Golgi-Apparat.

Außerdem findet man noch viele größere und kleinere runde Bläschen. Die größeren nennt man Cytosomen, die kleineren Vesikel.

Nicht zu übersehen sind die Mitochondrien, große, linsenförmige Gebilde, die man an ihrer stark gefalteten, inneren, zweiten Membranhülle erkennt.

Bei sehr starker Vergrößerung sieht man außerdem noch viele kleine schwarze Körnchen und ganz dünne Stäbchen. Bei den Körnchen handelt es sich um die sogenannten Ribosomen. Die dünnen Stäbchen nennt man Mikrotubuli. Aus ihnen bestehen auch die zwei sternförmigen Gebilde, die Centriolen.

Mit dem Elektronenmikroskop läßt sich im Zellkern ein Knäuel dünner, fadenförmiger Strukuren wahrnehmen, die Chromatinfäden. Sie stellen das Erbgut des Menschen dar. Während des Zellteilungsvorgangs verkürzen und verdicken sich die Chromatinfäden und sind für kurze Zeit auch bei schwächerer Vergrößerung im Lichtmikroskop als wurmförmige Gebilde innerhalb des Zellkerns zu sehen. Man nennt diese wurmförmigen Gebilde dann Chromosomen (Abb. 2.3).

2.1.2 Stoffwechselleistungen einer Zelle

Die vielen Stoffwechselleistungen unseres Körpers beruhen alle auf den Stoffwechselleistungen jeder einzelnen Körperzelle: Die Körperzelle nimmt Stoffe aus der Umgebung auf und baut diese dann im Inneren der Zelle entweder zum Zwecke der Energiegewinnung ab, oder sie baut aus ihnen neue Zellstrukturen auf. Andere Stoffe aus ihrem Stoffwechsel gibt die Zelle an die Umgebung ab (Abb. 2.4).

Die Aufnahme meist energiereicher Stoffe durch die Zellmembran hindurch ins Innere der Zelle geschieht folgendermaßen:

Sehr kleine Stoffe wie Wassermoleküle diffundieren durch die Zellmembran. Größere Stoffe wie beispielsweise Zuckermoleküle oder Aminosäuren, gelangen mit Hilfe von Eiweißmolekülen, die in die Zellmembran eingebaut sind, in das Cytoplasma. Diesen Vorgang nennt man Aktiven Transport durch die Zellmembran. Sehr viele flüssige und feste Stoffe werden aber in Form der Endocytose in die Zelle aufgenommen. In diesem Fall werden die Stoffe von der Zellmembran bläschenartig umschlossen. Die Bläschen lösen sich später von der Zellmembran ab und wandern mit ihrem Inhalt in das Zellinnere. Den Bläschentransport flüssiger Stoffe nennt man Pinocytose, den fester Stoffe Phagocytose. Die aufgenommenen Stoffe werden im Verlauf vieler kleiner, aufeinanderfolgender, chemischer Reaktionsschritte entweder zu Zellaufbaustoffen, Speicherstoffen oder Ausscheidungsprodukten (Sekrete) auf- oder umgebaut oder zum Zwecke der Energiegewinnung abgebaut.

Stoffe, die aus der Zelle herausgelangen sollen, werden in Form von Diffusion, Aktivem Transport oder der Exocytose durch

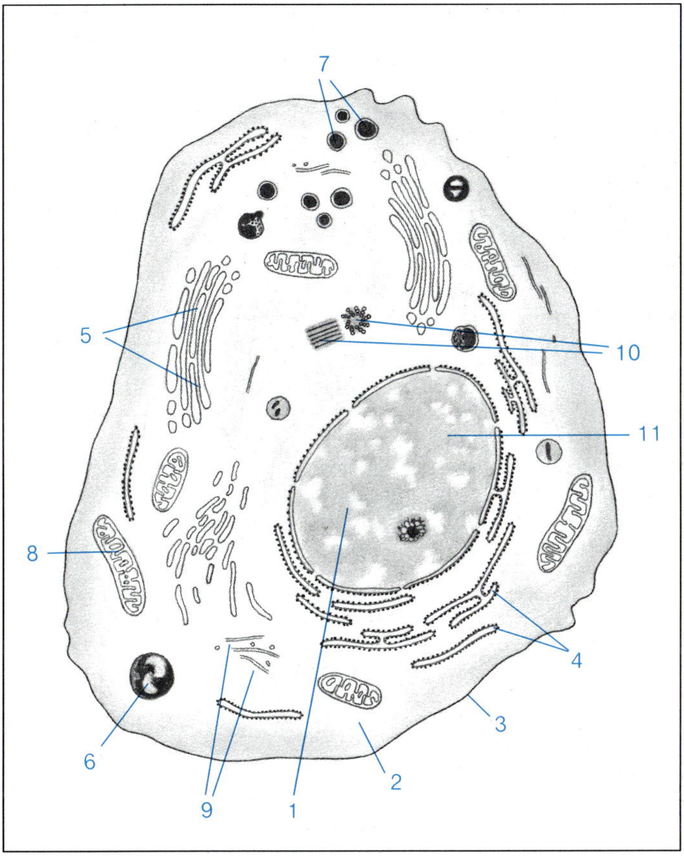

Abb. 2.3 Schematischer Bau einer Zelle: 1 Zellkern, 2 Cytoplasma, 3 Zellmembran, 4 Endoplasmatisches Retikulum (an seiner Oberfläche mit Ribosomen besetzt), 5 Golgi-Apparat, 6 Cytosom, 7 Vesikel, 8 Mitochondrium, 9 Mikrotubuli, 10 Centriolen, 11 Chromatinfäden

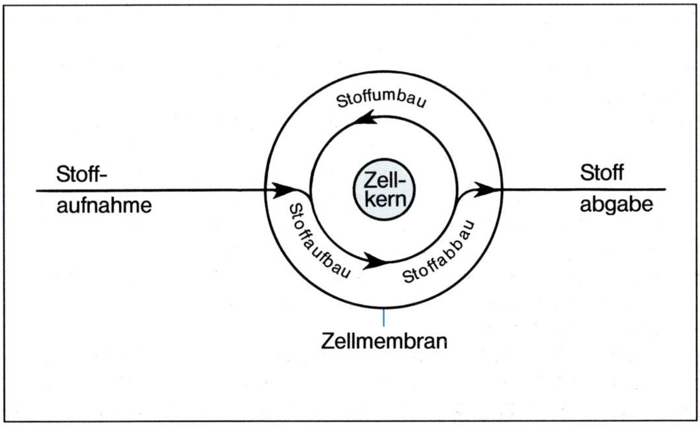

Abb. 2.4 Stoffwechselschema

die Zellmembran nach außen transportiert. Bei der Exocytose werden Stoffe, die sich im Inneren von Vesikeln befinden, von diesen zur Zellmembran transportiert und, während die Vesikelmembran mit der Zellmembran verschmilzt, nach außen abgegeben. Bei den abgegebenen Stoffen handelt es sich entweder um Abfallstoffe (Stoffwechselschlacken), die für die Zelle giftig sein können, um Drüsensekrete oder um Baustoffe für die Zwischenzellsubstanzen, die den Raum zwischen benachbarten Zellen ausfüllen (Abb. 2.5).

2.1.3 Zellteilung und Zelldifferenzierung

Durch mehrfache Zellteilung der befruchteten Eizelle und ihrer Tochterzellen während der menschlichen Embryonalentwicklung entsteht eine Zellanhäufung, die große Ähnlichkeit mit einer Maulbeere hat und daher Maulbeerkeim (= Morula) genannt wird. Die Zellen sehen nicht nur alle gleich aus, aus Experimenten weiß man zudem, daß sie sich in diesem Stadium auch alle noch gleichartig verhalten. Der Definition nach (s. u.) stellt der Maulbeerkeim schon ein Gewebe dar. Tatsächlich entstehen Gewebe im Zuge der Entwicklung durch Zellteilungen.

Im weiteren Verlauf der Entwicklung bildet sich aus dem Maulbeerkeim ein blasenartiges Gebilde, der Blasenkeim (= Blastozyste). Seine Zellen unterscheiden sich in ihrer Form schon deutlich von denen des Maulbeerkeims. Während der Weiterentwicklung bildet sich an einer bestimmten Stelle der Blasenkeimwand die zweischichtige Keimscheibe. Die Zellen des Blasenkeims sehen in diesem Stadium schon recht verschieden aus und entwickeln sich auch im weiteren Verlauf unterschiedlich. Die Ausbildung verschiedenartiger Zellen nennt man Zelldifferenzierung.

Im Zuge der Weiterentwicklung teilen sich nun diese verschiedenartigen Zellen und lassen auf diese Weise verschiedenartige Gewebe entstehen. Das unterschiedliche Erscheinungsbild der Zellen deutet auf eine beginnende Spezialisierung hin. Die Aufgaben, welche die Zellen des Blasenkeims im Verlauf ihrer Weiterentwicklung zu bewältigen haben, sind sehr zahlreich und können nicht mehr von jeder Zelle in gleichem Maße bewältigt werden; zur Erfüllung dieser vielfältigen Aufgaben sind spezialisierte, differenzierte Zellen nötig.

Im weiteren Verlauf bildet sich die zweischichtige (zweiblättrige) Keimscheibe in eine dreischichtige (dreiblättrige) Keimscheibe um. Das oberste Keimblatt – wie die oberste Schicht der Keimscheibe auch genannt wird – ist das Ektoderm, das mittlere das Mesoderm und das unterste das Entoderm. Aus den Zellen dieser drei Keimblätter differenzieren sich nach und nach alle Gewebe und Organe des menschlichen Embryos. Welche Gewebe sich dabei aus welchen Keimblättern bilden zeigt die untenstehende Abbildung (Abb. 2.6).

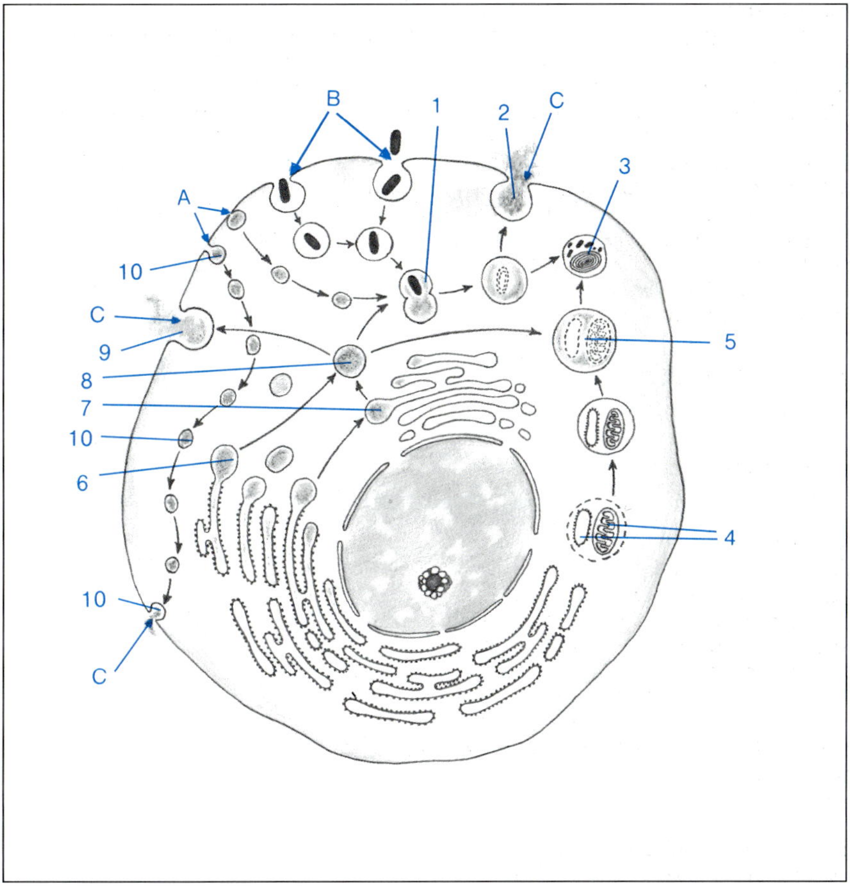

Abb. 2.5 Endo- und Exocytose: A Pinocytose, B Phagocytose, C Exocytose
Flüssige (A) und feste (B) Stoffe werden in kleine Bläschen (Vesikel) aufgenommen und in das Cytoplasma transportiert. Die Vesikel verschmelzen mit größeren Bläschen (1), die Verdauungsenzyme enthalten. Die aufgenommenen Stoffe werden verdaut, die unverdaulichen Reste entweder ausgeschieden (2) oder in speziellen Bläschen (3) deponiert. Auf ähnliche Weise „entsorgt" die Zelle alte und defekte Zellstrukturen (4). Sie werden ebenfalls in Bläschen aufgenommen und verdaut (5). Im ER (6) und im Golgi-Apparat (7) findet die Synthese neuer Zellsubstanzen (z. B. Verdauungsenzyme oder Sekrete) statt. Die neusynthetisierten Substanzen werden in speziellen größeren Bläschen (Cytosomen = 8) bis zur Verwertung (1 und 5) gespeichert. Sekrete, wie beispielsweise der Speichel, scheidet die Zelle bei Bedarf aus (9). Viele Stoffe, die an anderer Stelle benötigt werden, müssen durch Zellen „durchgeschleust" werden (10).

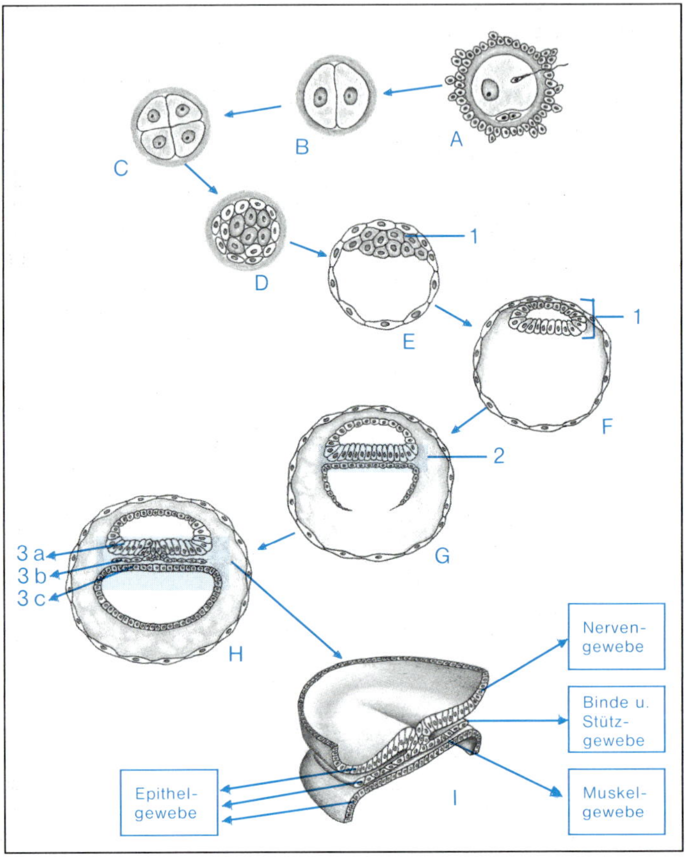

Abb. 2.6 Entstehung der drei Keimblätter: A befruchtete Eizelle, B Zweizellstadium, C Vierzellstadium, D Maulbeerkeim, E – H verschiedene Entwicklungsstadien des Blasenkeims, I vordere Hälfte der dreiblättrigen Keimscheibe, 1 Embryoblast (dunkelgetönte Zellen), aus dessen hochprismatischen Zellen sich die Keimscheibe entwickelt, 2 zweiblättrige (zweischichtige) Keimscheibe, 3 dreiblättrige Keimscheibe, a oberes Keimblatt = Ektoderm, b mittleres Keimblatt = Mesoderm, c unteres Keimblatt = Entoderm

2.2 Gewebe

Eine spezifische Körperfunktion wird meist von gleichartigen Zellen, die räumlich mehr oder weniger dicht beieinander liegen, wahrgenommen.

Einen solchen Verband gleichartiger Zellen und deren Abkömmlinge bezeichnet man als Gewebe.

Abkömmlinge sind zum Beispiel beim Bindegewebe die Zwischenzellsubstanzen wie eiweißreiche Grundsubstanz, Fasern und Kalk.

2.2.1 Grundgewebe

Es gibt unter den verschiedenen Geweben Ähnlichkeiten im Erscheinungsbild, die zum einen auf eine gemeinsame Herkunft, zum anderen auf eine ähnliche Funktion zurückzuführen sind. Man ordnet die Gewebe üblicherweise in vier Grundgewebe: Epithel-, Binde- und Stütz-, Muskel- und Nervengewebe (Tab. 2.1).

Grundgewebe	Gemeinsame Merkmale	Funktionen	Vorkommen im Kausystem
Epithelgewebe	Die Zellen liegen in einer oder auch mehreren Schichten eng aneinander gerückt einer sogenannten Basalmembran auf. Sie haben meist eine mehr oder weniger ausgeprägte prismatische Form.	Schutz der äußeren und inneren Körperoberflächen. Setzen Körper mit Umwelt in Verbindung durch Stoffaufnahme und Stoffabgabe und durch Vermittlung von Sinnesempfindungen.	– Haut, Mund-, Nasen- u. Rachenschleimhaut (oberste Schicht) – Speicheldrüsen – Blutgefäßwand (innerste Schicht)
Binde- und Stützgewebe	Die meist rundlichen Zellen sind in einem weitmaschigen Verband angeordnet. Die Zwischenräume zwischen den fixen (ortsfesten) oder freien Zellen (z. B. Blutzellen) sind mit verschiedenen Zwischenzellsubstanzen (Interzellularsubstanzen) ausgefüllt, in denen mehr oder weniger viel Fasern enthalten sind.	Bindegewebe: – Versorgungsfunktion – Abwehrfunktion – Füllfunktion – Umhüllen von Organen (Organkapsel) – Ausbildung mechanisch stark beanspruchbarer Strukturen (Sehnen und Bänder) Stützgewebe: – Stützfunktion	– Haut, Mund-, Nasen- u. Rachenschleimhaut (mittlere und unterste Schichten) – Zahnmark und Wurzelhaut – Knochen- und Muskelhaut – Bändchen und Sehnen – Kiefergelenk – Schädelknochen – Blut
Muskelgewebe	Die länglichen Zellen enthalten mehr oder weniger viele fadenförmige Strukturen (Myofibrillen), welche die Fähigkeit zum Zusammenziehen (Kontraktion) haben.	– Bewegungsfunktion – Wärmeproduktion	– Kaumuskeln – Zungenbeinmuskeln – Halsmuskeln – Mimische Muskeln – Zungen-, Gaumen- und Rachenwandmuskeln – Blutgefäßmuskeln
Nervengewebe	Ein Netzwerk von Zellen mit vielen stark verzweigten, teilweise sehr langen Zellfortsätzen. Ein Großteil der Zellen hat die Fähigkeit zur Aufnahme, Verarbeitung und Leitung von Reizen.	Nervenzellgewebe: – Reizaufnahme-, Reizverarbeitungs- und Reizleitungsfunktion Gliazellgewebe: – Hüll- und Stützfunktion – Transport- und Versorgungsfunktion – Isolierfunktion – Abwehrfunktion	– Verschiedene Sinnesorgane in * Haut und Schleimhäuten * Zahnmark und Wurzelhaut * Schädelknochen * Muskeln * Kiefergelenk – Gehirnnerven

Tab. 2.1 Grundgewebe

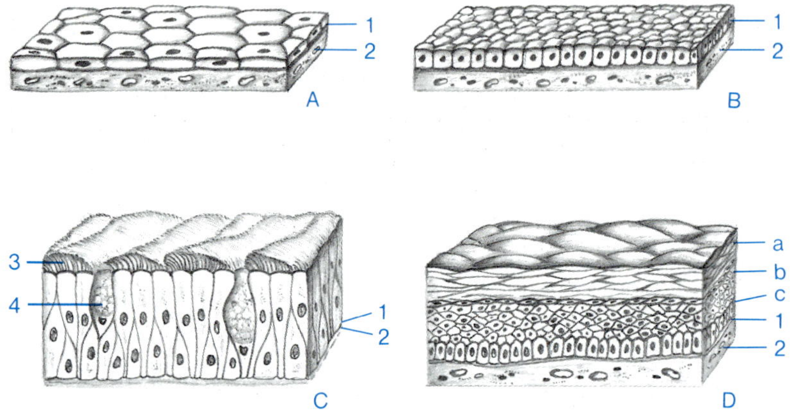

Abb. 2.7 Verschiedene Epithelgewebearten:
A einschichtiges Plattenepithel (oberflächenbildendes Epithel)
B einschichtiges, isoprismatisches Epithel (oberflächenbildendes Epithel)
C zweireihiges, hochprismatisches Epithel (Drüsenepithel bzw. Flimmerepithel)
D mehrschichtiges, oberflächenbildendes Epithel
a Plattenepithel, b isoprismatisches Epithel, c hochprismatisches Epithel, 1 Basalmembran, 2 angrenzendes Bindegewebe, 3 „Flimmerhaare", 4 Drüsenzelle (Becherzelle)

2.2.2 Untergliederungsmöglichkeiten der Grundgewebe

Die Grundgewebe lassen sich nach verschiedenen Kriterien noch weiter untergliedern.

1. Untergliederung der Epithelgewebe

a) Untergliederung nach der Anzahl der Zellschichten:
Einschichtig sind alle Epithelien, die die inneren Körperoberflächen auskleiden (zum Beispiel die Ausführgänge der Speicheldrüsen), mehrschichtig sind die Epithelien der Haut und der Mundschleimhaut.

b) Untergliederung nach der Form der Zellen:

Man unterscheidet dabei: Plattenepithel, isoprismatisches (= kubisches) Epithel und hochprismatisches (= Zylinder-) Epithel (Abb. 2.7).

c) Untergliederung nach der Funktion der Zellen:
Oberflächenbildendes Epithel ist überall zu finden, wo die äußere und innere Körperoberfläche abgedeckt werden muß (beispielsweise in der Haut, der Mundschleimhaut und in den Drüsenausführgängen). Diese Epithelien können ver-

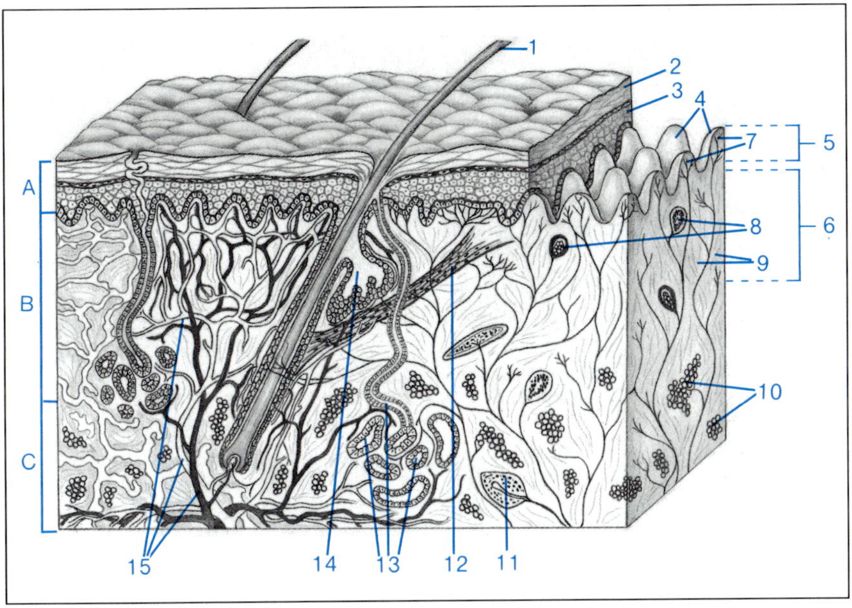

Abb. 2.8 Ausschnitt aus der Haut (räumliche Darstellung):
A Oberhaut, B Lederhaut, C Unterhaut
1 Haar, 2 verhorntes Epithel,
3 Keimschicht, 4 Bindegewebspapillen,
5 Papillarschicht, 6 Geflechtschicht,
7 Freie Nervenendigungen,
8 Meissnersche Tastkörperchen,
9 Kollagenfasergeflecht, 10 Fettgewebe,
11 Vater-Pacinisches Lamellenkörperchen, 12 Haarmuskel, 13 Schweißdrüse, 14 Talgdrüse, 15 Blutkapillaren

hornt (zum Beispiel in der Haut und Mundschleimhaut) oder unverhornt (zum Beispiel im inneren Saumepithel des Zahnfleisches) sein (Abb. 2.8).

Drüsenepithelien enthalten besondere Epithelzellen, die ein Drüsensekret ausscheiden (sezernieren) können. Meistens ballen sich diese Zellen im unter dem Epithel liegenden Bindegewebe zusammen und bilden so Drüsen (zum Beispiel die Speicheldrüsen). Die Drüsen sind dann über einen oder mehrere Ausführgänge mit dem oberflächenbildenden Epithel verbunden. Es können aber auch einzelne sezernierende Epithelzellen (sogenannte Becherzellen) in das oberflächenbildende Epithel eingefügt sein, wie dies in der Nasenschleimhaut der Fall ist.

Sinnesepithelien sind Epithelien mit darin eingelagerten Sinneszellen (Nervenzellen); Beispiele hierfür sind die Zungenschleimhaut, die Riechschleimhaut der Nase und die Netzhaut des Auges.

2. Untergliederung des Binde- und Stützgewebes.

Man unterscheidet nach der Beschaffenheit der Zwischenzellsubstanz (= Interzellularsubstanz):

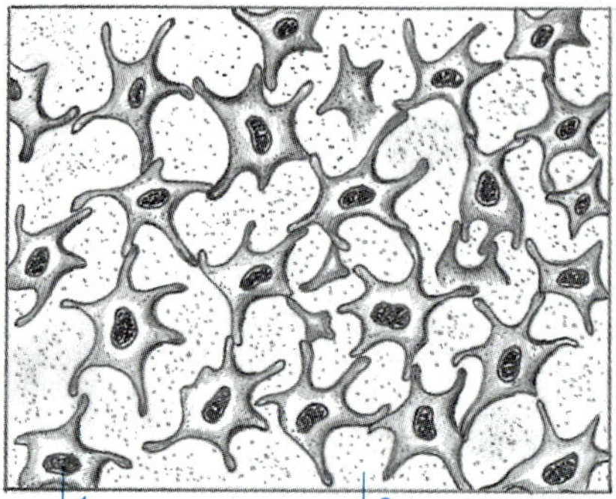

Abb. 2.9 Embryonales Bindegewebe: 1 Bindegewebszelle, 2 Zwischenzellsubstanz

- Bindegewebe: mit flüssiger und faseriger Zwischenzellsubstanz
- Knorpelgewebe: mit gallertartiger (=knorpeliger) und faseriger Zwischenzellsubstanz
- Knochengewebe: mit Kalksalzen und Fasern verfestigte Zwischenzellsubstanz

Knorpel- und Knochengwebe werden unter dem Begriff Stützgewebe zusammengefaßt.

a) Bindegewebe:

Hier unterscheidet man weiter in:
Embryonales Bindegewebe, das als einzige Bindegewebsart keine Fasern enthält und aus dem sich während der Embryonalentwicklung die verschiedenen anderen Binde- und Stützgewebearten entwickeln (Abb. 2.9).

Retikuläres Bindegewebe unterscheidet sich vom embryonalen Bindegewebe nur durch Vorhandensein von Fasern, die das Gewebe versteifen. Es kommt zum Beispiel in Lymphknoten und im Knochenmark vor (Abb. 2.10).

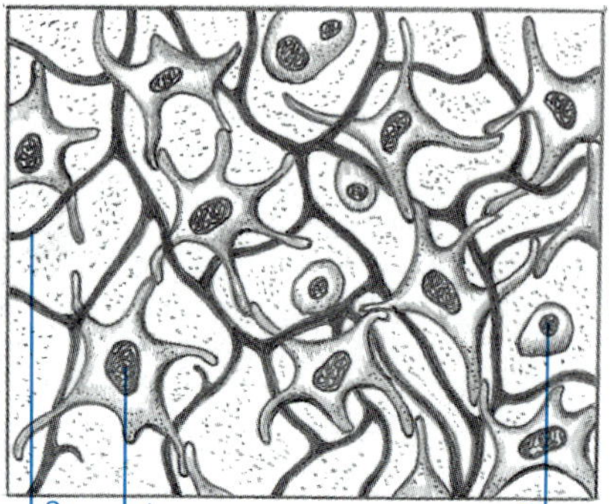

Abb. 2.10 Retikuläres Bindegewebe: 1 Bindegewebszelle, 2 Retikulinfasern, 3 Blutzelle (z. B. Lymphozyt)

Fettgewebe stellt eine Sonderform des retikulären Bindegewebes dar, das der Speicherung des Nährstoffes Fett und der Polsterung von Körperteilen dient. Typisch für sein Erscheinungsbild ist zum einen die runde Form der Fettzellen, zum anderen die Anordnung des Cytoplasmas, das wie ein Ring das gespeicherte Fett umgibt. Je nach eingelagerter Fettmenge sind die Fettzellen größer oder kleiner. Fettgewebe finden wir überall im Körper in der Unterhaut und im Unterschleimhautbindegewebe vor, Fettpolster befinden sich beispielsweise in der Wange als sogenannter „Wangenfettpfropf" und in der „Fettpolsterzone" der Gaumenschleimhaut (Abb. 2.11).

Kollagenfaseriges Bindegewebe zeichnet sich durch einen mehr oder weniger hohen Faseranteil aus. Man unterscheidet:

Lockeres Bindegewebe ist arm an Fasern und dient zum Ausfüllen von Gewebehohlräumen, dem Verschieben von Geweben gegeneinander (zum Beispiel in den Muskelhäuten) und dem Stoffwechselaustausch (Abb. 2.12).

Straffes Bindegewebe ist überreich mit Kollagenfasern ausgestattet. Diese Fasern sind sehr zugfest und dienen dem Aufnehmen und Übertragen von Zugkräften und dem Zusammenhalt von Gewebe- und Or-

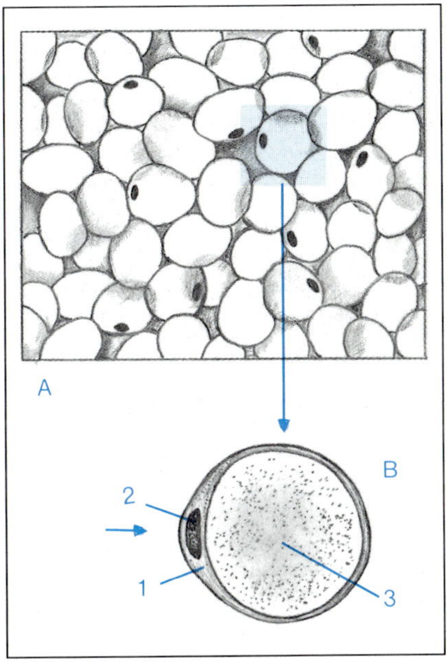

Abb. 2.11 ▲ Fettgewebe:
A Ausschnitt aus einem Fettpolster. Die Fettzellen liegen dichtgedrängt und werden durch Retikulinfasern zusammengehalten.
B Schnittdarstellung einer Fettzelle. Das Cytoplasma (1) und der Zellkern (2) werden durch das gespeicherte Fett (3) an die Zellmembran gedrängt.

Abb. 2.12 ▼ Lockeres Bindegewebe:
1 Fibroblast (faserbildende Bindegewebszelle), 2 Kollagenfaserbündel
3 Elastische Fasern

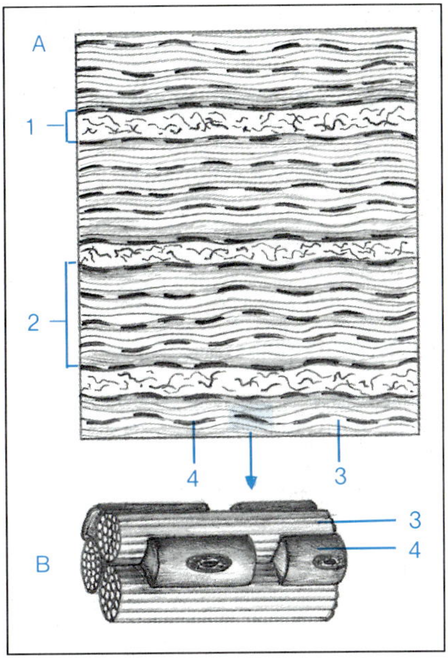

Abb. 2.13 Straffes Bindegewebe:
A Längsschnitt durch ein Sehnenstück
1 Lockeres Bindegewebe
2 Bündel straff parallelverlaufender Sehnenfasern
B Ausschnitt aus einem Sehnenfaserbündel
3 Kollagenfaserbündel (= Sehnenfaser)
4 Fibroblast (faserbildende Bindegewebszelle)

ganteilen. Man findet diese Gewebeart zum Beispiel in der Lederhaut der Haut und dem Schleimhautbindegewebe der Mundschleimhaut, in verschiedenen Bändern beziehungsweise Bändchen, Sehnen und in der Gelenkkapsel des Kiefergelenks (Abb. 2.13).

Blut wird ebenfalls als Gewebe angesehen und dem Bindegewebe zugeordnet. Die Blutzellen, vor allem rote und weiße Blutkörperchen, werden als Bindegewebszellen, das Blutplasma (= Blutflüssigkeit) als Zwischenzellsubstanz betrachtet. Das Blut ist fast überall im Körper vorzufinden und erfüllt folgende Funktionen:

- Transport von Nährstoffen, Sauerstoff, Mineralsalzen und Hormonen zu den Körperzellen
- Abtransport von Kohlendioxid und Stoffwechselabfallprodukten von den Körperzellen
- Pufferung des pH-Werts im Körper
- Wärmetransport und Mithilfe bei der Wärmeregulation im Körper
- Abwehr von Krankheitserregern und körperfremden Stoffen (Abb. 2.14).

b) Knorpelgewebe:

Man unterscheidet je nach Art der Zwischenzellsubstanz folgende Knorpelarten:

Hyaliner Knorpel hat eine milchig-blaugraue Farbe. Die Zwischenzellsubstanz, welche die Zellreihen der Knorpelzellen umgibt, besteht aus Wasser und miteinander verklebten Kollagenfasern und ist daher ausgesprochen druckelastisch. Hyaliner Knorpel überzieht bei allen Gelenken, außer beim Kiefergelenk, die beiden Gelenkflächen.

Elastischer Knorpel hat eine gelbliche Farbe, seine Zwischenzellsubstanz enthält reichlich elastische Fasernetze, und er ist deshalb sehr biegeelastisch. Aus ihm bestehen die knorpeligen Ohrmuscheln und die knorpelige Nase.

Faserknorpel besteht aus einem Geflecht kollagener Faserbündeln und enthält nur wenig Knorpelzellen. Er ist dadurch sehr zugfest und überzieht im Kiefergelenk die beiden Gelenkflächen.

c) Knochengewebe:

Man unterscheidet:
Geflechtartiger Knochen ist sozusagen die „Primitivform", die zuerst bei der Knochenbildung entsteht und deren Reste man beim erwachsenen Menschen in den Schädelknochen nahe den Schädelnähten findet.

Lamellenknochen stellt den ausdifferenzierten, strukturierten Knochen dar, der sich aus dem geflechtartigen Knochen entwickelt hat. Er entsteht durch Ablagerung von Schichten kalkhaltiger Zwischenzellsubstanz (den sogenannten Lamellen) in konzentrischen Kreisen um feine Blutgefäße; der ständige Wechsel von Knochenzelllagen mit Lagen der kalkhaltigen Zwischenzellsubstanz verleiht ihm eine große Zug- und Druckfestigkeit. Sie ist nötig, um die teilweise enorm hohen Zug- und Druckkräfte aufnehmen zu können, die auf unser „Stützgerüst" einwirken. Seine zeitlebens intakten Knochenzellen ermöglichen ihm, sich veränderten statischen Verhältnissen durch Umbau anzupassen (Abb. 2.15).

3. Untergliederung des Muskelgewebes

Man unterscheidet aufgrund des Feinbaus und des physiologischen Verhaltens drei Muskelgewebearten:

a) Skelettmuskulatur
b) Eingeweidemuskulatur
c) Herzmuskulatur

Wegen ihres bei mikroskopischer Betrachtung deutlich erkennbaren Querstreifenmusters nennt man die Skelett- und Herzmuskulatur auch Quergestreifte Muskulatur, die Eingeweidemuskulatur zeigt unter dem Mikroskop keine Querstreifung und wird daher als Glatte Muskulatur bezeichnet. Da die Herzmuskulatur für das Kausystem keine Bedeutung hat, wird im weiteren Verlauf nicht näher auf ihren Feinbau und ihr physiologisches Verhalten eingegangen (Abb. 2.16 und 2.17).

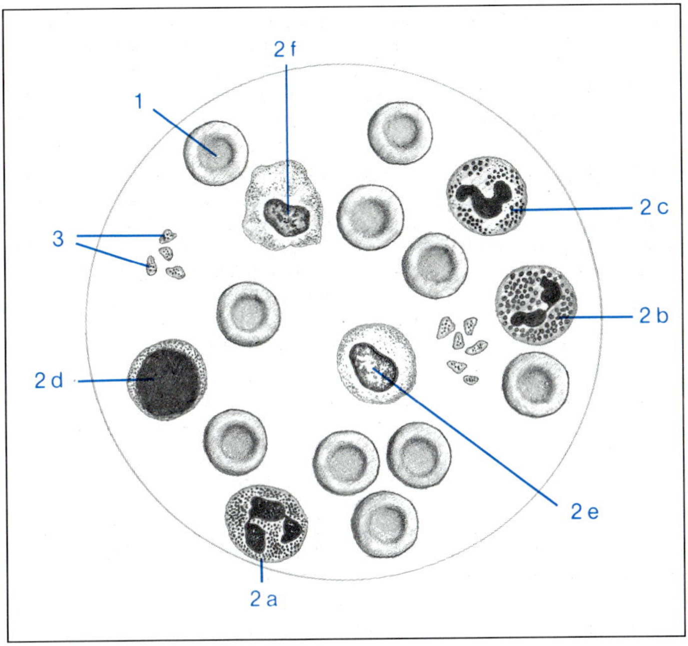

Abb. 2.14 Blutzellen: 1 Rote Blutzellen (Erythrozyten), 2 Weiße Blutzellen (Leucozyten): 2a – 2c verschiedene Arten von Granulozyten, 2d Lymphozyt, 2e Monozyt, 2f „Freßzelle" (Makrophage), 3 Blutplättchen (Thrombozyten)

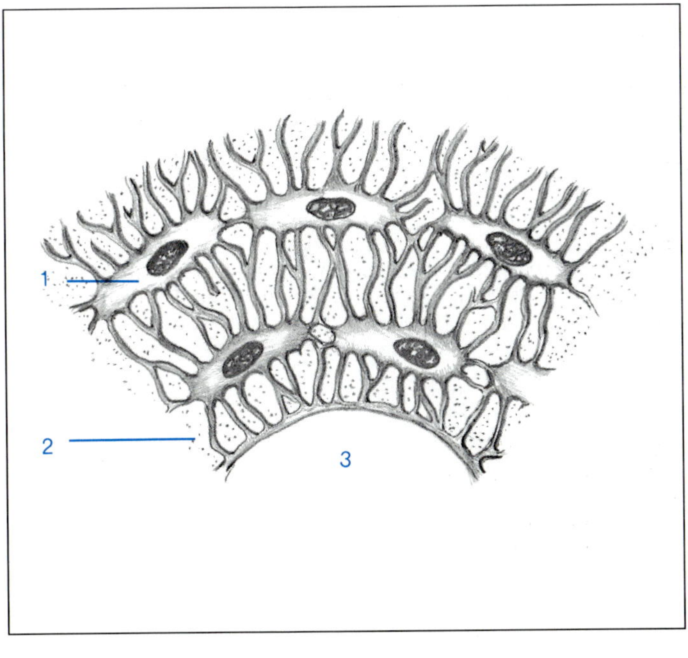

Abb. 2.15 Ausschnitt aus einem Querschnitt durch ein Knochensäulchen (Osteon): 1 Knochenzelle (Osteozyt), 2 kalkhaltige Zwischenzellsubstanz, 3 benachbartes Blutgefäß (Gewebe ist nicht dargestellt) (Siehe auch Abb. 4.4)

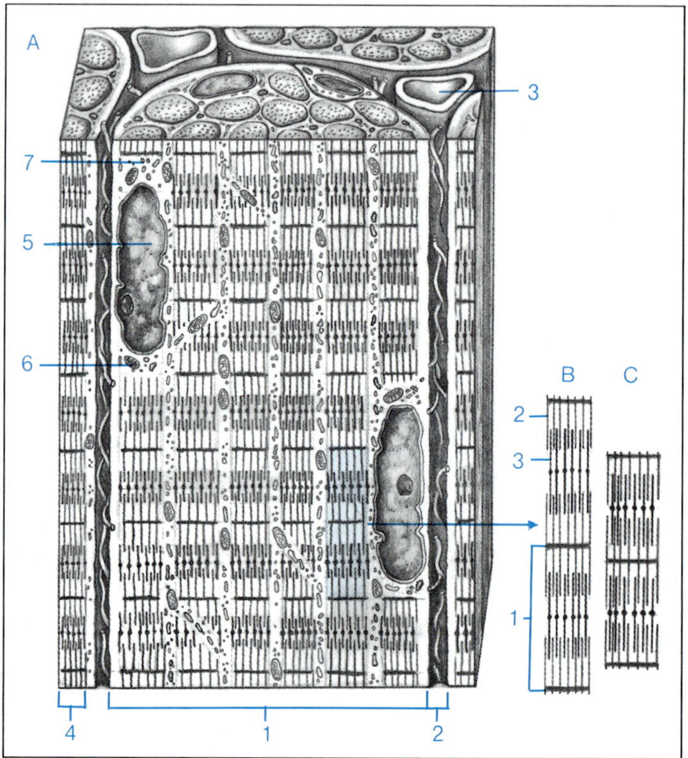

Abb. 2.16 Skelettmuskulatur: A Ausschnitt aus einer Skelettmuskelfaser: 1 Skelettmuskelfaser (= Muskelzelle), 2 Bindegewebe mit eingelagerten Nervenfasern, 3 im Bindegewebe liegendes Blutgefäß, 4 Muskelfibrille, 5 Zellkern, 6 Mitochondrium, 7 Cytoplasma, B + C Ausschnitt aus einer Muskelfibrille, (B) in nichtkontrahiertem, (C) in kontrahiertem Zustand: 1 Funktionseinheit (Sarkomer), 2 Aktin-Faden, 3 Myosin-Faden (Die Myosin-Fäden ziehen sich bei der Kontraktion tiefer zwischen die Aktin-Fäden hinein.)

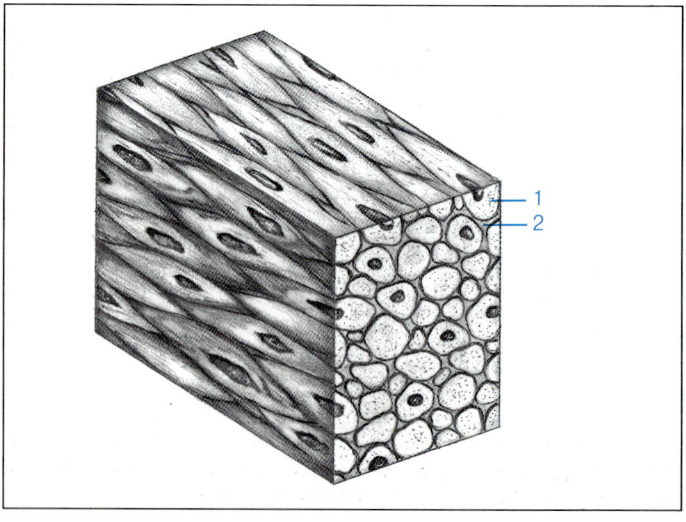

Abb. 2.17 ▶ Ausschnitt aus einem Eingeweidemuskelgewebe: 1 „Glatte“ (streifenlose) Muskelzelle, 2 Bindegewebe mit eingelagerten Blutgefäßen und Nervenfasern

Wie der Name schon andeutet, bewegt die Skelettmuskulatur unsere Gliedmaßen, Kopf und Rumpf, die Eingeweidemuskulatur ist für die vielfältigen Bewegungen unserer Eingeweide zuständig. Die Bewegung von Skeletteilen stellt aber an die Muskulatur andere Anforderungen als die Bewegung von Eingeweiden; die beiden Muskelarten sind deshalb in ihrem Feinbau nicht nur verschieden, sondern in ihrem physiologischen Verhalten sogar gegensätzlich (Tabelle 2.2.).

4. Untergliederung des Nervengewebes

Man unterscheidet nach der Funktion das Nervenzellgewebe und Gliazellgewebe.

a) Nervenzellgewebe:
Im Kausystem finden wir Nervenzellen in den sogenannten Gehirnnerven und in den Sinnesorganen. Sie können vielfältige Formen und Größenverhältnisse haben.

Das Nervenzellgewebe besteht aus Zellen, von deren Zellkörper viele stark verzweigte Zellfortsätze wegführen; über diese Zellfortsätze stehen die Nervenzellen untereinander in Verbindung. Die Zellen haben erregungserzeugende, erregungsverarbeitende und erregungsleitende Funktion.

Die bäumchenartigen Verzweigungen werden Dendriten genannt und übernehmen die Erzeugung bzw. Aufnahme von Erregungen. Ein einzelner, langer und meist nur

	Skelettmuskulatur	**Eingeweidemuskulatur**
Feinbau	Muskelfasern parallelliegend zylindrisch und lang Länge: bis 15 cm Dicke: 10–100 µm Querstreifung sichtbar Viele randständige Zellkerne pro Faser	Einzelne Muskelzellen mit Spindelform Länge: 20–30 µm Dicke: 5–10 µm Keine Querstreifung sichtbar Ein Zellkern pro Zelle in zentraler Lage
Physiologisches Verhalten	Große Kraftentfaltung bei sehr schneller Kontraktion möglich, aber rasch ermüdend Durch den Willen beeinflußbar Steuerung durch das Zentrale Nervensystem	Mäßige Kraftentfaltung bei langsamer Kontraktion, aber sehr ausdauernd Bis auf wenige Ausnahmen durch den Willen nicht beeinflußbar Steuerung durch das Vegetative Nervensystem
Vorkommen im Kausystem	Kaumuskeln Zungenbeinmuskeln Halsmuskeln Mimische Muskeln Zungen-, Gaumen- und Rachenwandmuskeln	Blutgefäßwände Wände der Speicheldrüsenausführgänge

Tab. 2.2 Gegenüberstellung von Feinbau, physiologischem Verhalten und Vorkommen von Skelett- und Eingeweidemuskulatur.

an seinem Ende verzweigter Fortsatz, der Neurit (auch Axon oder Nervenfaser genannt), leitet die Erregung vom Zellkörper weg zu einer oder mehreren Nachbarzellen. Mit seinen knopfartigen Enden, den Endknöpfchen, sorgt er für die Übertragung der Erregung auf die Nachbarzellen. Die Erregungsverarbeitung spielt sich in den verschiedenen Nervenzellgewebszentren des Gehirns ab (Abb. 2.18).

b) Gliazellgewebe:

Gliazellgewebe besteht aus Zellen, die sich immer in der Nachbarschaft von Nervenzellen befinden. Sie sind in ihrer Form den Nervenzellen sehr ähnlich, haben aber andere, vielfältige Aufgaben: Sie haben Hüll- und Stützfunktion, Transport- und Ernährungsfunktion, Isolierfunktion und bei bestimmten Erkrankungen im Gehirn dienen sie als „Abräumzellen".

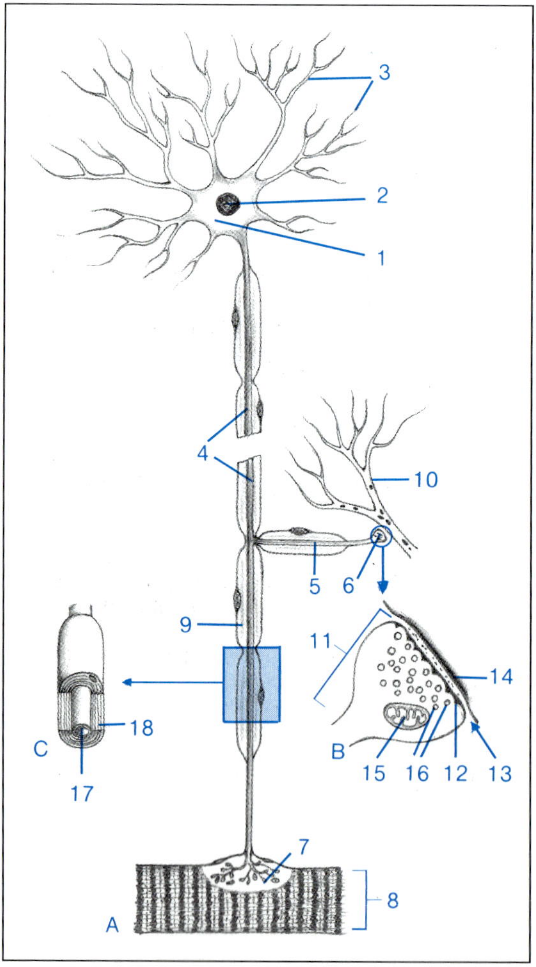

Abb. 2.18 Schematischer Bau einer Nervenzelle:
A Markhaltige Nervenzelle (markhaltig bedeutet, die Nervenfaser ist durch eine umhüllende Gliazelle [Schwannsche Zelle] elektrisch isoliert):
1 Zellkörper, 2 Zellkern, 3 Dendriten, 4 Nervenfaser (= Neurit, = Axon), 5 abzweigende Nervenfaser, 6 Endknöpfchen, 7 Motorische Endplatte, 8 Muskelfaser, 9 Schwannsche Zelle, 10 Dendrit einer nachgeschalteten Nervenzelle
B Vergrößerte Darstellung des Ortes der Reizübertragung (Synapse):
11 Endknöpfchen der vorgeschalteten Nervenzelle, 12 Präsynaptische Membran (hier wird der chemische Überträgerstoff [Transmitter] freigesetzt) 13 Synaptischer Spalt (Überträgerstoff diffundiert durch Gewebsflüssigkeit des Spalts), 14 Postsynaptische Membran (der nachfolgenden Nervenzelle; hier ruft der Überträgerstoff die Bildung eines neuen elektrochemischen Impulses hervor), 15 Mitochondrium, 16 mit Überträgerstoff gefüllte Vesikel
C Der Ausschnitt zeigt, wie eine Nervenfaser (17) von einer Schwannschen Zelle (18) umwickelt wird.

Kapitel 3
Entwicklung des Kausystems

Der Inhalt auf einen Blick

3.1 Embryonalentwicklung des Kausystems

Durch mehrfache Zellteilung der befruchteten Eizelle und ihrer Tochterzellen während der menschlichen Embryonalentwicklung entsteht eine Zellanhäufung, die große Ähnlichkeit mit einer Maulbeere hat und daher Maulbeerkeim (lat. Morula) genannt wird. Im weiteren Verlauf der Entwicklung bildet sich aus dem Maulbeerkeim ein blasenartiges Gebilde, der Blasenkeim (lat. Blastozyste), an dessen Blasenkeimwand sich an einer bestimmten Stelle aus einem Zellhaufen die zweischichtige Keimscheibe ausformt. Diese wandelt sich wenig später in eine dreischichtige (dreiblättrige) Keimscheibe um. Die Keimscheibe wird schon als Embryo bezeichnet und hat eine Länge von etwa 1,5 Millimeter (Abb. 3.1). Die Darstellung der weiteren Entwicklung beschränkt sich bewußt nur auf die für das Kausystem wichtige Entwicklung der Kopfregion des Embryos.

Noch während der dritten Woche bildet die Keimscheibe das Neuralrohr, aus dem sich später das Rückenmark und das Gehirn entwickeln, sowie die Herzanlage. Im Zuge dieser Prozesse beginnt sich die flache Keimscheibe längs und quer abzufalten, wodurch der Embryo nach und nach eine dreidimensionale, körperliche Gestalt bekommt (Abb. 3.2). In der vierten Woche schließt sich das Neuralrohr an seinem vorderen und hinteren Ende. Am vorderen Ende, der Kopfregion, haben sich schon das Vorderhirn und sogenannte Kiemenbögen gebildet. Der Embryo mißt vom Scheitel bis zum Steiß drei bis fünf Millimeter (SSL = Scheitel-Steiß-Länge).

Im weiteren Verlauf werden insgesamt sechs Kiemenbögen gebildet, die für die Entwicklung des Kausystems eine wichtige Rolle spielen.

Während des zweiten Monats verändert sich das Aussehen des Kopfs durch dessen Wachstum und durch die Ausformung

Abb. 3.1 ▶ Entstehung der Keimscheibe (Embryo):
A Eizelle, B + C Zellteilungsstadien,
D Maulbeerkeim, E–H Entwicklungsstadien des Blasenkeims
I räumliche Darstellung der vorderen Keimscheibenhälfte
1 sich abfaltende Ränder der Keimscheibe
2 Neuralrinne, aus der sich das Neuralrohr entwickelt

Abb. 3.2 ▶ Embryoentwicklung in der 3. u. 4. Woche:
A weitgehend abgeschlossene Abfaltung der Keimscheibe (3. Woche)
B Frontalansicht der Kopfregion zwei Tage später
C Seitenansicht und D Frontalansicht eines 4 Wochen alten Embryos
1 Hirnbläschen, 2 Herzwulst, 3 1. Kiemenbogen (entwickelt sich zum Oberkieferfortsatz), 4 2. Kiemenbogen (entwickelt sich zum Unterkieferfortsatz), 5 obere Öffnung des Neuralrohrs, 6 untere Öffnung des Neuralrohrs, 7 Vorderhirnwulst (entwickelt sich zum Stirnfortsatz), 8 Mundbucht, 9 Riechplatte, 10 Ohranlage, 11 Kiemenbögen, 12 Armknospe, 13 Primäre Mundhöhle

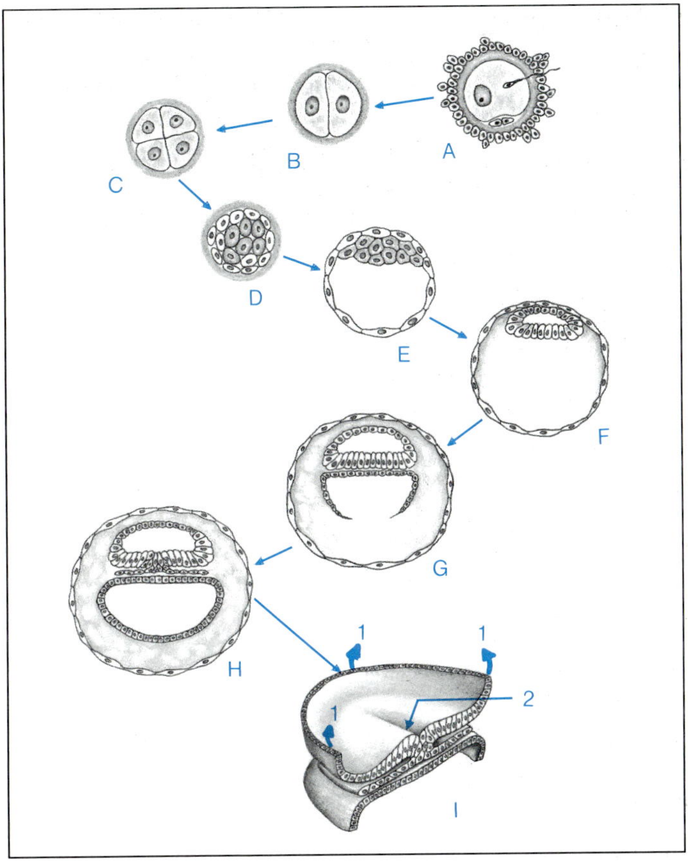

A
B
C
D
E
F
G
H
1
1
2
1
I

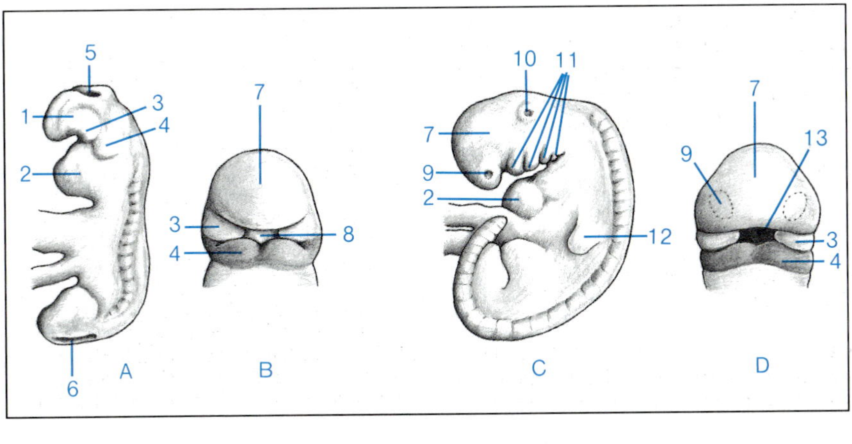

5
1
3
4
2
6
A
7
3
8
4
B
10
11
7
9
2
12
C
7
9
13
3
4
D

des Gesichts. Zwischen der vierten und achten Woche werden alle größeren Organe und Organsysteme angelegt, so auch die Organe des Kausystems. In diesem Zeitabschnitt ist der Embryo gegen schädigende Faktoren besonders anfällig. Mit diesem Abschnitt endet zugleich auch die Embryonalperiode. Der Kopf zeigt zu diesem Zeitpunkt schon deutlich menschliche Züge.

Mit Beginn des dritten Monats wird der sich entwickelnde Keim als Fetus (oder Fötus) bezeichnet, die Fetalperiode reicht bis zur Geburt. Die Veränderungen in dieser Periode sind nicht so eindrucksvoll wie in der Embryonalperiode. Während der Fetalperiode wächst der Fetus sehr stark und die meisten Organe und Organsysteme differenzieren sich aus. Im folgenden soll die weitere Entwicklung von Teilen des Kausystems seit Beginn des zweiten Monats dargestellt werden.

Die Organe des Kausystems bilden sich fast alle aus Gewebestrukturen der Kiemenbögen. Kiemenbögen sind seitliche Wülste, die zwischen Vorderhirn und Herzanlage gelegen und durch Kiemenfurchen voneinander getrennt sind. Sie stellen nur eine vorübergehende Erscheinung dar und verschwinden im weiteren Verlauf der Entwicklung. Die Kiemenbögen enthalten außer embryonalem Bindegewebe je eine Knorpelspange und Muskelanlage sowie einen Nerv und eine Arterie. Aus dem embryonalen Bindegewebe können sich eine Reihe von speziellen Zellformen differenzieren, beispielsweise Faser-, Knorpel-, Knochen- und Muskelbildnerzellen, deren Tochterzellen im weiteren Verlauf die entsprechenden Gewebe ausbilden.

Aus den Muskelanlagen entsteht die Muskulatur des Kausystems, aus den Nerven, die vom Gehirn in die Kiemenbögen einwanderten, bilden sich die Hirnnerven, und aus den Kiemenbogenarterien entwickelt sich das Blutgefäßsystem des Kopfes. Die Knorpelspangen spielen bei der Ausbildung knorpeliger und knöcherner Skelettelemente eine wichtige Rolle.

Interessant ist, daß sich immer ganz bestimmte Teile und Gebiete des Kausystems aus einem ganz bestimmten Kiemenbogen entwickelt haben. Die folgende Tabelle 3.1 zeigt, welche Organe des Kausystems von welchen Kiemenbögen abstammen.

Entwicklung des Gesichts
Eine Frontalansicht des Kopfes (Abb. 3.3) in der vierten Woche zeigt, wie die fünf Gesichtsfortsätze – der Stirnnasenfortsatz, die beiden Oberkieferfortsätze und die beiden Unterkieferfortsätze – einen Hohlraum umgeben, der als Primäre Mundhöhle bezeichnet wird. Ober- und Unterkieferfortsätze sind Ausbildungen des ersten Kiemenbogens.

Gegen Ende der vierten Woche tritt im unteren Bereich des Stirnnasenfortsatzes beiderseits eine sogenannte Riechplatte auf. An deren Rand bildet sich jeweils ein hufeisenförmiger Wulst aus, der sich in einen medialen und lateralen Nasenwulst aufteilt. Während dieses Vorgangs verlagern sich die Riechplatten in die Tiefe und formen sich zu sogenannten Primären Nasenhöhlen um. Die Entwicklung des Gesichts schreitet mit dem Wachstum der Oberkieferfortsätze zur Gesichtsmitte hin fort, bis diese sich endlich berühren und mit den Nasenwülsten verschmelzen. Durch Verschmelzung der beiden medialen Nasenwülste entstehen der mittlere Anteil der Nase und der Oberlippe, der vordere Anteil des Oberkiefers und der Zwischenkiefer. Die Unterlippe entsteht durch Verschmelzung der Unterkieferfortsätze.

Während der frühen Fetalperiode ist die Nase noch sehr flach und der Unterkiefer kaum entwickelt. Durch die Vergrößerung des Endhirns wölbt sich die Stirn mehr und mehr vor, die Augen wandern nach medial und die Ohren nach oben. Bei der Geburt ist das Gesicht noch sehr klein, weil sich die beiden Kiefer noch nicht voll entwickelt haben.

Kiemenbögen	Nerven	Muskeln	Skelettelemente
1. Kiemenbogen	N. trigeminus	Kaumuskeln Kieferzungenbein-muskel Vorderer Bauch des Zweibauchmuskels Gaumensegelspanner	Hammer Amboß
2. Kiemenbogen	N. facialis	Hinterer Bauch des Zweibauchmuskels. Griffelzungenbein-muskel Mimische Muskeln	Steigbügel Griffelfortsatz Kleines Zungen-beinhorn Oberer Teil des Zungenbeinkörpers
3. Kiemenbogen	N. glosso-pharyngeus	Griffelschlundmuskel Obere Schlund-muskeln	Großes Zungen-beinhorn Unterer Teil des Zungenbeinkörpers
4.–6. Bogen	N. vagus N. accessorius	Untere Rachen- und Kehlkopfmuskeln	Kehlkopfknorpel

Tab. 3.1 Abstammung einiger Organe des Kausystems von den Kiemenbögen.

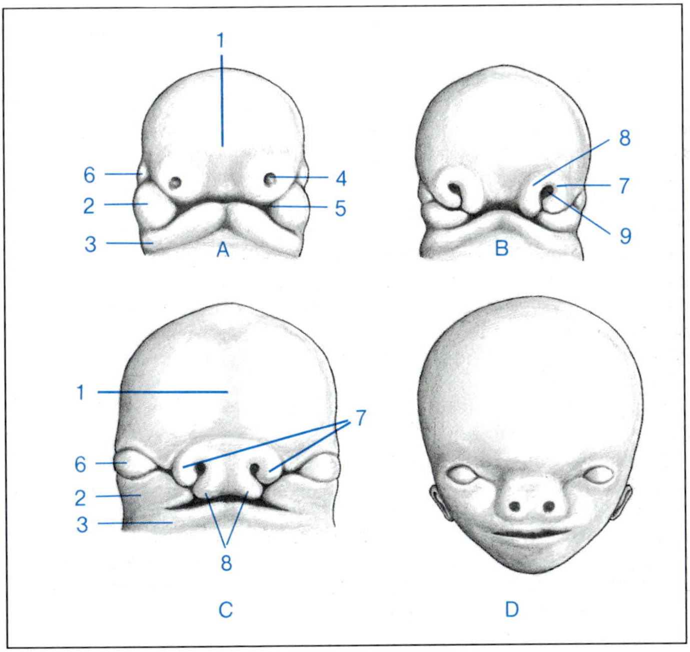

Abb. 3.3 Entwicklung des Gesichts in der 5. – 8. Woche: A – D Frontalansichten des Embryokopfes während verschiedener Entwicklungsstadien, 1 Stirnfortsatz, 2 Oberkieferfortsatz, 3 Unterkieferfortsatz, 4 Riechplatte, 5 Primäre Mundhöhle, 6 Augenanlage, 7 Lateraler Nasenwulst, 8 Medialer Nasenwulst, 9 Primäre Nasenhöhle

Entwicklung der Nasenhöhle, der Mundhöhle und des Gaumens
In der sechsten Woche (SSL = 8 mm) entstehen unterhalb des Gehirns mehrere Knorpelstückchen, die sich nach und nach miteinander verbinden, und die knorpelige Schädelbasis bilden. Im vorderen Teil der Schädelbasis weitet sich die Primäre Nasenhöhle nach hinten und unten aus. Innerhalb der Primären Mundhöhle entwickeln sich ab der sechsten Woche am Oberkieferfortsatz seitlich zwei Gaumenfortsätze, die aufeinander zuwachsen und sich in der Mitte vereinigen. Diesen Teil des Gaumens bezeichnet man als Sekundären Gaumen. Während dieses Vorgangs vereinigen sich die Gaumenfortsätze auch mit dem davor gelegenen Zwischenkiefer und dem unteren Rand der Nasenscheidewand. Dadurch wird die Primäre Mundhöhle durch den Gaumen in zwei Stockwerke unterteilt. Das obere bildet die endgültige Nasenhöhle, das untere die endgültige Mundhöhle (Abb. 3.4).

Entwicklung der Zunge und der Speicheldrüsen
Die Zunge entsteht ab der vierten Woche aus verschiedenen Wülsten im Bereich der Kiemenbögen auf dem Boden der Primären Mundhöhle. Die vorderen zwei Drittel der Zunge werden vom ersten Kiemenbogen, das hintere Drittel vom zweiten und dritten Kiemenbogen gebildet. Die Muskulatur der Zunge entwickelt sich aus Muskelanlagen, die von der Hinterkopfregion nach vorn gewandert sind.

Die Speicheldrüsen entstehen während der sechsten und siebten Woche durch Einwachsen von Epithel der Primären Mundhöhle in das angrenzende embryonale Bindegewebe. Dieses Epithel zweigt sich immer weiter auf und bildet an den Enden der Verzweigungen sekretproduzierende Endstücke. Der eingewachsene Epithelstrang bildet sich im weiteren Verlauf zum Ausführgang der Speicheldrüse um.

3.2 Entwicklung der Kieferknochen

Die Bildung der Kieferknochen setzt mit der siebten Woche ein. Dabei wird embryonales Bindegewebe direkt in Knochengewebe umgewandelt. Diese Verknöcherung des Bindegewebes beginnt immer an einem Bildungszentrum und setzt sich im angrenzenden Gewebe fort.

Oberkiefer
Die Entstehung des Oberkieferknochens geht von zwei Knochenbildungszentren aus. Das eine entwickelt das eigentliche Oberkieferbein, das andere Bildungszentrum den Zwischenkieferknochen (Os incisivum), der im weiteren Verlauf mit den verknöchernden Gaumenfortsätzen verschmilzt. Auf diese Weise erhält der vordere Abschnitt im Gaumen (Harter Gaumen) eine geschlossene knöcherne Grundlage, der hintere Abschnitt (Weicher Gaumen) verknöchert nicht.

Der Oberkiefer ist zunächst ganz niedrig, da fast der ganze, später als Oberkieferkörper bezeichnete Teil noch nicht entfaltet ist (Abb. 3.5). Erst mit dem Wachstum der Zahnanlagen und der damit verbundenen Entwicklung des Alveolarfortsatzes streckt sich der Oberkiefer in die Höhe und bildet zugleich im Innern die Kieferhöhle aus. Von der Geburt bis zum siebten Lebensjahr wächst der Oberkiefer durch Knochenwachstumsvorgänge an seinen Knochennähten, danach durch Knochenabbau (zum Beispiel an der Nasenfläche der Gaumenfortsätze) und Knochenanbau (zum Beispiel an der Gaumenfläche der Gaumenfortsätze) an seiner Oberfläche.

Unterkiefer
Der Unterkieferfortsatz sowohl des linken wie des rechten ersten Kiemenbogens enthält eine Knorpelspange, die Meckelscher Knorpel genannt wird. Seitlich neben beiden Knorpelspangen liegt ein Knochenbildungszentrum, von dem die Entwicklung des knöchernen Unterkiefers ausgeht.

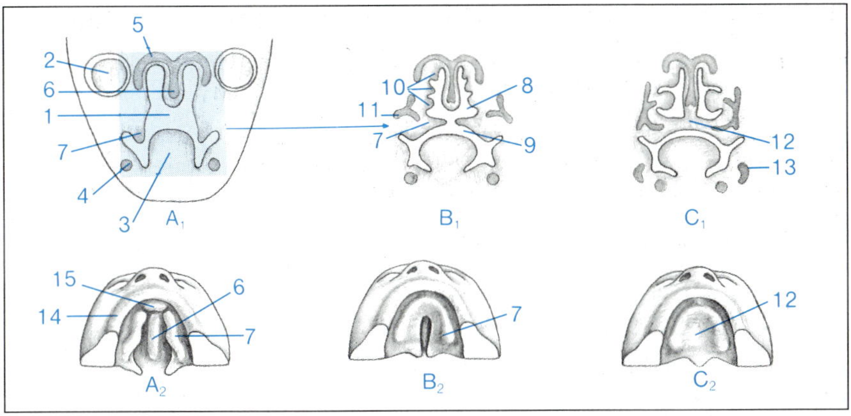

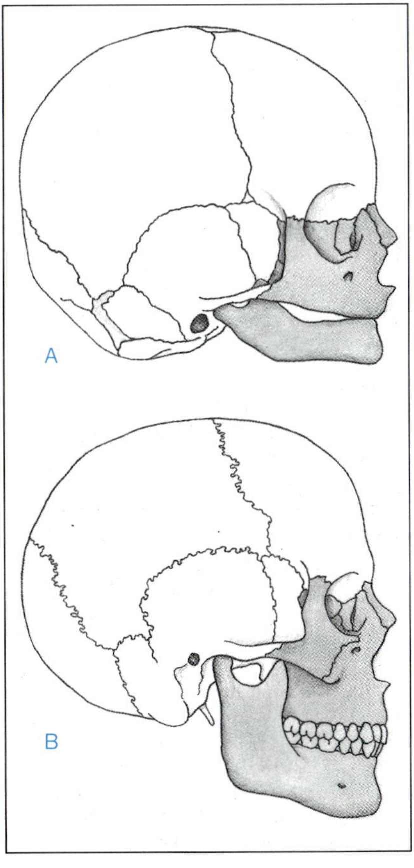

Abb. 3.4 ▲ Entwicklung des Gaumens in der 6. – 8. Woche:
Die Abbildungen in der oberen Reihe stellen Frontalschnitte durch den Gesichtsschädel des Embryos in 3 verschiedenen Entwicklungsstadien dar. Die dem jeweiligen Entwicklungsstadium entsprechende Horizontalansicht (Okklusalansicht) des Gaumens ist in der unteren Reihe abgebildet. Die Entwicklungsvorgänge sind im vorangestellten Text beschrieben.
1 Primäre Mundhöhle, 2 Augenanlage, 3 Zunge, 4 Meckel-Knorpel, 5 knorpelige Schädelbasis, 6 Nasenseptum (-scheidewand), 7 Gaumenfortsatz, 8 (Sekundäre) Nasenhöhle, 9 (Sekundäre) Mundhöhle, 10 Anlagen der Nasenmuscheln, 11 Knochenbildungszentrum des Oberkiefers, 12 (Sekundärer) Gaumen, 13 Knochenbildungszentrum des Unterkiefers, 14 Oberlippe, 15 Zwischenkiefer

Abb. 3.5 ◀ Größenverhältnisse von Hirnschädel (hell) und Gesichtsschädel (dunkel) beim Neugeborenen (A) und beim Erwachsen (B).
(Um die veränderten Größenverhältnisse deutlich zu machen, wurde der Hirnschädel des Neugeborenen genauso groß gezeichnet, wie der des Erwachsenen.)

Durch Wachstum an beiden Enden entsteht auf beiden Seiten nach und nach ein Knochenstück. Während sich der vordere Teil des Meckelschen Knorpels zurückbildet entstehen aus dem hinteren Teil zwei Gehörknöchelchen. Die beiden Knochenstücke sind einer knöchernen Rinne vergleichbar, in der die Zahnkeime liegen. Die vorderen Enden der Knochenstücke werden in der späteren Kinnregion durch Knorpelgewebe miteinander verbunden, das in den ersten Monaten nach der Geburt zu verknöchern beginnt.

Im Verlauf der nach hinten gerichteten Knochenbildung des den Unterkieferkörper bildenden Knochenstücks entsteht der Unterkieferast. An dessem hinteren Ende sorgt ein neugebildeter Knorpel, der sogenannte Kondylenknorpel, für eine Verlängerung des Unterkieferastes nach hinten oben. Dies und der gleichzeitige Knochenanbau am Kieferwinkel, führt während der weiteren Entwicklung des Unterkiefers zur Verkleinerung des Kieferwinkels. Er beträgt beim Neugeborenen zirka 140°, beim Erwachsenen dagegen nur noch 120° (Abb. 3.6). Durch Knochenabbau an der Vorderkante des Unterkieferastes und Knochenanbau an seiner hinteren Kante sowie durch die Ausbildung des Kinnvorsprungs wird der Unterkiefer nach vorn verschoben. Die Ausbildung des Alveolarteils bewirkt eine Verschiebung nach unten. Der Gelenkfortsatz bildet sich unter der Funktion des Kiefergelenks weiter aus, ebenso der Muskelfortsatz, der sich unter der Zugwirkung des Schläfenmuskels ausformt. Ebenfalls durch den Zug des großen Kaumuskels und des mittleren Flügelmuskels tritt der Unterkieferwinkel stärker hervor.

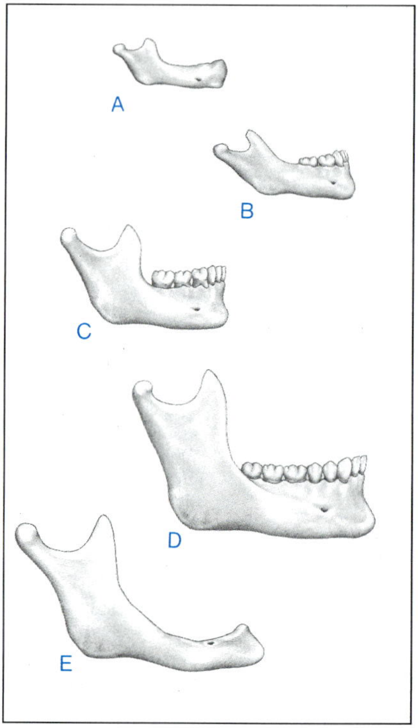

Abb. 3.6 Der knöcherne Unterkiefer in verschiedenen Altersstufen:
A Neugeborenes, B 3jähriges Kleinkind, C 6jähriges Kind, D Erwachsener, E zahnloser Greis
Deutlich sind die Größenänderungen und die Veränderungen besonders im Bereich von Alveolarteil, Muskel- und Gelenkfortsatz, sowie am Unterkieferwinkel erkennbar.

3.3 Entwicklung der Zähne und des Parodonts

Die Zahnentwicklung beginnt beim menschlichen Embryo in der fünften Schwangerschaftswoche (etwa um den 30. bis 40. Tag nach der Befruchtung. Zu dieser Zeit hat der Embryo eine Scheitel-Steiß-Länge von ca. acht bis zehn Millimeter.

3.3.1 Frühe Zahnentwicklung

Bildung der Zahnleiste

Zunächst verdichtet sich das Epithel der embryonalen Mundhöhle (der sogenannten Mundbucht) und senkt sich dann in das darunterliegende embryonale Bindegewebe ein. Es wächst zu einem bogenförmigen, dem Verlauf des Zahnbogens entsprechenden Epithelband zusammen und wird als Zahnleiste bezeichnet. Zu dieser Zeit ist der Unterkieferbogen bereits gut entwickelt, der Boden der embryonalen Mundhöhle ist geschlossen, die Zunge hat eine beachtliche Größe erreicht und der Gaumen bereits Gestalt angenommen (Abb. 3.7).

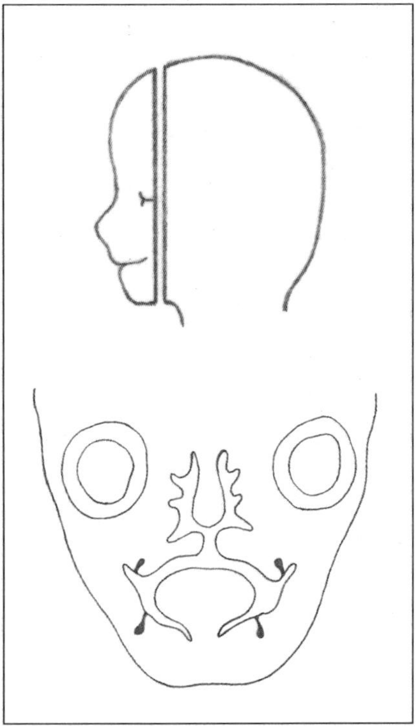

Abb. 3.7 Frontalschnitt durch einen embryonalen Schädel, etwa in Höhe der Milchmolaren. Erkennbar sind die eingestülpten Zahnleisten, die sich an ihrem unteren Ende verdickt haben (= Zahnknospen).

Zahnknospen- und Kappenstadium

Das Stadium der Zahnknospen erreichen die Frontzahnkeime am Ende der siebten Schwangerschaftswoche, die der ersten Milchmolaren in der achten Woche. Am unteren Rand der Zahnleiste, dem Mundschleimhautepithel entgegengesetzt, bilden sich durch verstärkte Zellteilung zehn knotenartige Verdickungen (entsprechend der Anzahl der Milchzähne), in die Bindegewebezellen eingeschlossen werden. Diese epithelialen Verdickungen, in deren Inneres Bindegewebezellen des umgebenden embryonalen Bindegewebes oder Mesenchyms eingeschlossen werden, werden Zahnknospen genannt. Da aus den Epithelzellen zu einem späteren Zeitpunkt durch Zelldifferenzierung schmelzbildende Zellen entstehen, bezeichnet man diese in die Tiefe des embryonalen Bindegewebes eingesenkte Gewebestruktur auch als Schmelzorgan (Abb. 3.8).

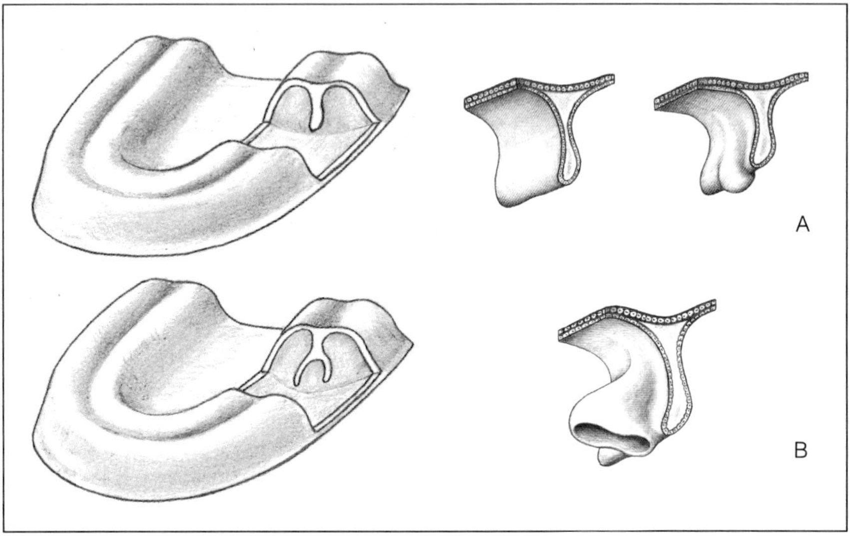

Abb. 3.8 A Zahnleiste und Zahnknospe B Kappenstadium (frühes Glockenstadium)

3.3.2 Glockenstadium

Etwa um die zehnte Schwangerschaftswoche stülpt sich die untere Fläche der Zahnknospe in Richtung Mundhöhle ein. Das unter ihr gelegene embryonale Bindegewebe, später Zahnpapille genannt, verdichtet sich und wird von der sich aufbauchenden Zahnknospe wie von einer Kappe oder Glocke bedeckt; man spricht deshalb vom Kappenstadium (= frühes Glockenstadium) (Abb. 3.9). Die äußere Epithelschicht der Kappe bezeichnet man als Äußeres Schmelzepithel, während das im Bereich der Einstülpung gelegene Epithel Inneres Schmelzepithel genannt wird. Inneres und Äußeres Schmelzepithel umschließen das bindegewebige Schmelzretikulum, früher Schmelzpulpa genannt.

In diesem Stadium erfolgt zum ersten Mal eine Zelldifferenzierung des Schmelzorgans: während die Zellen des Äußeren Schmelzepithels unverändert bleiben, beginnen die Zellen des Inneren Schmelzepithels am höchsten Punkt leichte Säulenform anzunehmen. Dies ist der erste Hinweis auf ihre nun beginnende morphologische Umgestaltung zu Schmelzbildnerzellen.

Die Frontzahnkeime erreichen um die 14. Schwangerschaftswoche als erste das Glockenstadium, die Keime der Milchmolaren erreichen dieses Stadium etwa drei Wochen später. In diesem Entwicklungsstadium hat sich die im frühen Glockenstadium gebildete Kappe durch Wachstum weiter vergrößert und der Zahnkeim nimmt eine der späteren Zahnkrone ähnelnde Form an. Ferner setzt eine weitere Zelldifferenzierung ein, welche die Zellen des Inneren Schmelzepithels und der Zahnpapille auf ihre zukünftigen Aufgaben vorbereitet. Den für alle Zähne geltenden histologischen und morphologischen Aufbau des Zahnkeims im späten Glockenstadium verdeutlicht folgende Skizze (Abb. 3.9 und 3.10):

1. Die äußere, zur Mundhöhle hin liegende Begrenzung des Schmelzorgans wird

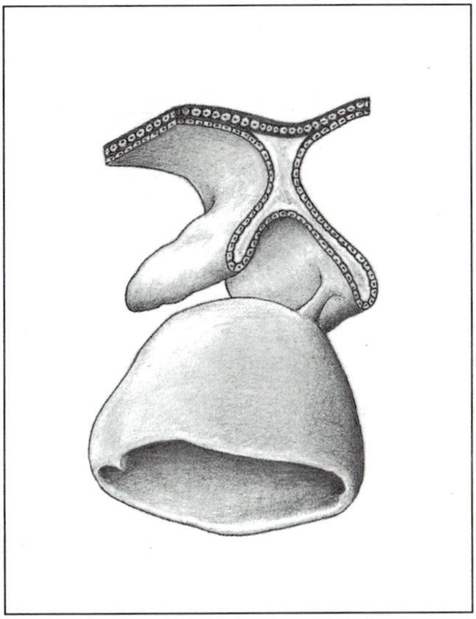

Abb. 3.9 Zahnkeim im späten Glockenstadium

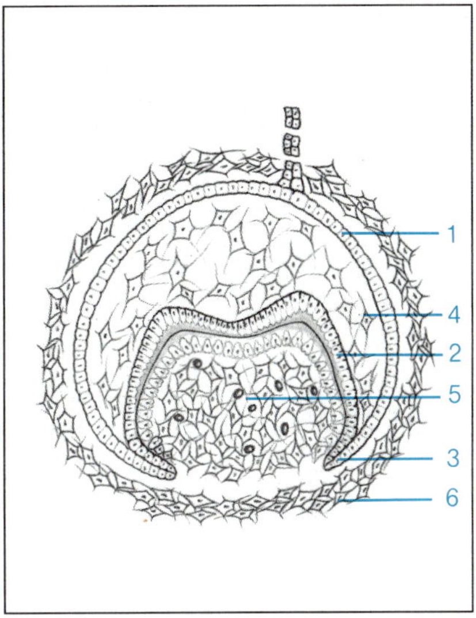

Abb. 3.10 Längsschnitt durch den Zahnkeim

1 Äußeres Schmelzepithel
2 Inneres Schmelzepithel
3 Wurzelscheide (Hertwigsche Epithelscheide)
4 Schmelzretikulum (Schmelzpulpa)
5 Zahnpapille
6 Zahnsäckchen

als Äußeres Schmelzepithel bezeichnet. Man nimmt an, daß es vor allem dem Austausch von Substanzen zwischen dem Schmelzorgan und der Umgebung dient.

2. Es geht am Glockenrand in das Innere Schmelzepithel über; dabei entspricht die Zellschicht des Inneren Schmelzepithels am Ende des Glockenstadiums, also unmittelbar vor Beginn der Zahnhartsubstanzbildung, in Größe und Form dem äußeren Umriß des zukünftigen Dentinkerns der entsprechenden Krone. Das Innere Schmelzepithel stellt damit auch durch seine Form eine Art „Gußform" dar, die das okklusale Muster des Zahnes grob vorzeichnet. Man kann sich die Zellschicht des Inneren Schmelzepithels wie ein vom Zahnstumpf abgehobenes Wachskäppchen vorstellen, dessen Innenkontur in Form und Dimension mit der des Stumpfes völlig übereinstimmt.
3. Der von Innerem und Äußerem Schmelzepithel gebildete Glockenrand wird als Wurzelscheide oder nach seinem Entdecker auch als Hertwigsche Epithelscheide bezeichnet. Von ihr geht, wenn die Krone ein bestimmtes Entwicklungsstadium erreicht hat, die Wurzelbildung aus.
4. Zwischen Innerem und Äußerem Schmelzepithel befindet sich das Schmelzretikulum (Stratum reticulare), früher als Schmelzpulpa bezeichnet. Es besteht aus einem weitmaschigen Netz sternförmiger Bindegewebszellen, die über Zellfortsätze untereinander verbunden sind; die Zellzwischenräume sind mit eiweißreicher Zwischenzellsubstanz gefüllt. Dem Schmelzretikulum werden zwei Aufgaben zugeschrieben: Zum einen dient es als Platzhalter und Schutz

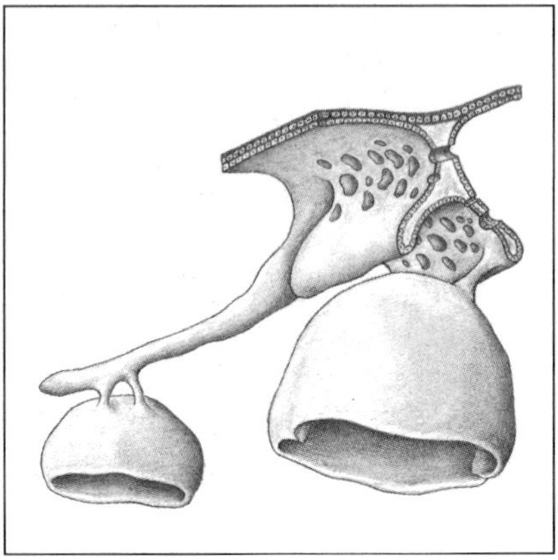

Abb. 3.11 Zahnkeim für den letzten linken unteren Milchmolaren im Glockenstadium mit lingual liegender Ersatzzahnleiste und in Auflösung befindlicher Zahnleiste. Die ursprüngliche Zahnleiste hat sich nach dorsal verlängert, der Zahnkeim des ersten Zuwachszahnes befindet sich im Kappenstadium.

des darunter gebildeten Schmelzes, zum anderen stellt es alle Stoffe für die erhöhte Stoffwechseltätigkeit der Schmelzbildnerzellen bereit.

5. Das unter dem Inneren Schmelzepitel liegende Bindegewebe verdichtet sich und wird von zahlreichen Nerven und Blutgefäßen durchzogen.
   Man bezeichnet diese zapfenartige Einstülpung unter dem Inneren Schmelzepithel als Zahnpapille (Papilla = Zäpfchen).
6. Sobald das glockenförmige Schmelzorgan und die Zahnpapille entstanden sind, verdichtet sich das den Zahnkeim umgebende Bindegewebe zum Zahnsäckchen. Es wird ebenfalls von zahlreichen Blutgefäßen durchzogen und dient der Versorgung des Zahnkeims.

Kurz vor Beginn der nun einsetzenden Zahnhartsubstanzbildung besteht der Zahnkeim aus dem glockenförmigen, aus Epithel- und Bindegewebszellen bestehenden Schmelzorgan, der von Bindegewebezellen gebildeten Zahnpapille und dem bindegewebigen Zahnsäckchen.

Entwicklung der Ersatzzähne und Zuwachszähne

Im späten Glockenstadium erfolgt auch die Bildung der Zahnkeime für die Ersatzzähne und der Zuwachszähne. Als Ersatzzähne werden diejenigen Zähne des bleibenden Gebisses bezeichnet, die in der zweiten Dentition Milchzähne ersetzen müssen; im einzelnen sind dies: die mittleren und seitlichen Schneidezähne, die Eckzähne sowie die ersten und zweiten Prämolaren. Ihre Anlagen entstehen aus der sogenannten Ersatzzahnleiste: Die ursprüngliche oder Primäre Zahnleiste, welche zur Bildung der Milchzahnkeime geführt hat, löst sich auf und nur ihr zur Mundhöhle hin liegender Rand bleibt erhalten. Dieser formt sich durch Zellteilung zur sogenannten Ersatzzahnleiste und bildet an den entsprechenden Stellen je Kiefer zehn Zahnknospen aus. Aus diesem Grund liegen auch die Zahnkeime der bleibenden Zähne lingual beziehungsweise palatinal der Wurzeln der Milchzähne (Abb. 3.11).

Als Zuwachszähne bezeichnet man die drei bleibenden Molaren jedes Kieferquadranten. Ihre Anlagen entstehen, indem sich die ursprüngliche Zahnleiste für die Milchmolaren nach distal verlängert und jeweils an der Stelle Verdickungen bildet, an der später bleibende Molaren entstehen sollen.

Der weitere Ablauf der Zahnentwicklung entspricht dem der Milchzähne. Die Zahnkeime der bleibenden Frontzähne verlagern sich dabei direkt unter die Wurzelspitzen der Milchzähne, die Keime der späteren Prämolaren verlagern sich unter die Gabelungsstelle (= Bifurkation und Trifurkation) der Milchzahnwurzeln.

3.3.3 Schmelz- und Dentinbildung

Die Umwandlung zu Schmelz- und Dentinbildnerzellen

An der Spitze der zukünftigen Zahnkrone, bei mehrhöckerigen Zähnen an den einzelnen Spitzen, beginnt bei den Milchzahnkeimen um die 15. Schwangerschaftswoche die Bildung der Zahnhartsubstanz: Bevor aber Schmelz und Dentin entstehen kann, müssen Zellen durch die Veränderung ihrer Zellorganellen und durch einen Gestaltwandel die Fähigkeit zur Produktion von mineralischen Substanzen erlangen.

Zunächst verlieren die Bindegewebszellen der Zahnpapille, die unmittelbar an das Innere Schmelzepithel grenzen, ihre typische Gestalt und wandeln sich zu Dentinbildnerzellen oder Odontoblasten um. Ihre Umwandlung ist mit einem völligen Gestaltwandel verbunden: Aus kleinen, sternförmigen Bindegewebszellen werden längliche, säulenförmige Zellen, die sich epithelartig gegenüber dem Inneren Schmelzepithel anordnen. Sie scheiden zunächst auf die Grenzfläche zum Inneren Schmelzepithel, der späteren Schmelz-Dentin-Grenze, eine dünne Schicht sogenannter Dentinmatrix aus. Unter Dentinmatrix versteht man kollagenfaseriges Bindegewebe, das mit Kalkkristallen durchsetzt ist. Durch die ersten Schichten aus Dentinmatrix, Prädentin genannt, wird die von den Epithelzellen des Inneren Schmelzepithels vormodellierte, organische Formschablone des späteren Zahnes in eine feste, unveränderliche „Gußform" umgewandelt.

Nun erst erfolgt die Umwandlung der Zellen des Inneren Schmelzepithels zu Schmelzbildnerzellen oder Ameloblasten: Die Epithelzellen des Inneren Schmelzepithels, die nun den ersten Schichten der Dentinmatrix aufliegen, nehmen längliche, säulenartige Gestalt an.

Bildung des Zahnschmelzes

Nach erfolgtem Gestaltwandel beginnen die Schmelzbildnerzellen mit der Schmelzbildung. Diese Schmelzbildung ist ein äußerst kompliziertes biochemisches Geschehen, dessen tatsächliche Zusammenhänge noch nicht völlig geklärt sind. Drei unterschiedliche Vorgänge laufen dabei gleichzeitig ab: Zunächst scheiden die Ameloblasten eine organische Schmelzmatrix aus, unmittelbar im Anschluß daran erfolgt die Mineralisation der Schmelzmatrix und in den nachfolgenden Monaten und Jahren die Reifung des kristallinen Gefüges zum Endprodukt Zahnschmelz.

Bildung von Schmelzmatrix und deren Mineralisation

Die organische Schmelzmatrix hat die Beschaffenheit eines Gels, dessen Hauptbestandteile Eiweiße, geringe Mengen an Kohlenhydraten und Fette sind. Die Mineralisation des Zahnschmelzes beginnt unmittelbar nach der Ausscheidung der Schmelzmatrix und erfolgt in zwei Phasen: Zunächst entstehen in der Schmelzmatrix unregelmäßig angeordnete, nadelspitze Apatitkristallkeime, im Anschluß daran erfolgt unter dem Einfluß der Tomesschen Fortsätze der Ameloblasten die Zusammenfassung der Apatitkristalle zu Schmelzprismen.

Wie die Abbildung 3.12 zeigt, sind an der Bildung eines im Querschnitt schlüssellochförmigen Schmelzprismas mehrere Ameloblastenzellen beteiligt: eines bildet den Kopf, die beiden benachbarten Prismen bilden den Bart.

Unter Sekretion von Schmelzmatrix und deren Mineralisation bewegen sich die Ameloblastenzellen von der Schmelz-Dentin-Grenze weg in Richtung des äußeren Schmelzepithels, so daß die Schmelzprismen des fertigen Zahnschmelzes von der Schmelz-Zement-Grenze bis direkt unter die Zahnoberfläche reichen. Dieser Rückzug der Ameloblasten erfolgt nicht geradlinig, sondern verläuft in komplizierten, wellen- und spiralförmigen Bewegungen, das heißt, zahlreiche Prismen sind wie Kordeln verdrillt und gleichzeitig auch noch in wellenförmigem Verlauf angeordnet (Abb. 3.13. zeigt Schema und den Verlauf eines Schmelzprismas).

Eine weitere, auch auf das Dentin zutreffende Besonderheit bei der Mineralisation ist, daß die Bildung der Kristalle nicht gleichmäßig, sondern in rhythmischen Schüben erfolgt. Dieser Wechsel zwischen Phasen aktiver Mineralisation und Ruhephase zeigt sich bei Schmelzschliffen – Jahresringen von Bäumen vergleichbar – in Form sogenannter Wachstumslinien. Die äußersten, etwa 30 μm dicken Schmelzschichten besitzen keine Schmelzprismen und wird deswegen prismenfreier Schmelz genannt.

Vor dem Durchbruch des Zahnes verwandeln sich die Ameloblastenzellen in Plattenepithelzellen und werden zu einem Bestandteil des Inneren Saumepithels; hierdurch wird eine Verbindung der marginalen Gingiva mit der Schmelzoberfläche ermöglicht.

Der prismenfreie Schmelz überzieht aber den Zahn nicht in einer glatten Oberfläche, sondern läuft in dachziegelartigen Schuppen aus. Da die Schmelzbildung an der höchsten Stelle des Inneren Schmelzepithels beginnt und sich, wie die Abbildung 3.13 zeigt, in Richtung Schmelz-Dentin-Grenze fortsetzt, entsteht durch ständige Auflagerung weiterer Schichten an der Oberfläche die typische wellenförmige Struktur. Wenn eine Schicht auf die Oberfläche trifft, entsteht eine Furche, die Perikymatie genannt wird. Die Perikymatien werden im Laufe der Jahre durch die Nahrung und die Lippen- und Wangenaktivität allmählich eingeebnet (Abb. 3.14).

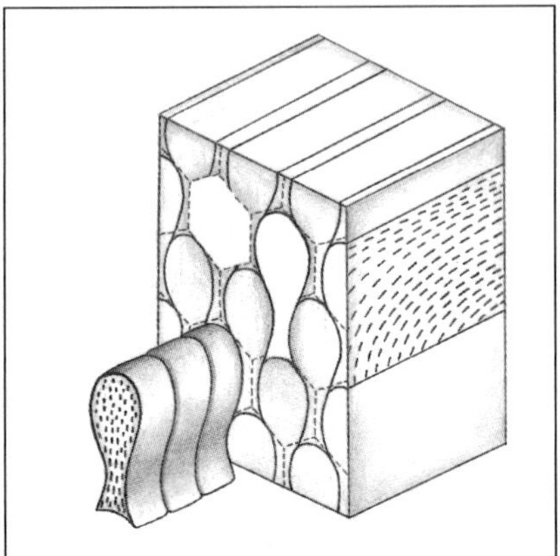

Abb. 3.12 Ausschnitt aus dem Zahnschmelz. Eingezeichnet ist die sechskantige Form der einstigen Schmelzbildnerzelle. An jedem schlüssellochförmigen Schmelzprisma sind mehrere Ameloblastenzellen beteiligt: eine bildet den Kopf, die benachbarten Ameloblastenzellen bilden den Bart.

Schmelzreifung

Unter Schmelzreifung versteht man die Umwandlung der Schmelzmatrix zu einem kristallinen Gefüge. Der Reifungsprozeß ist vor allem durch ein Kristallwachstum gekennzeichnet, bei dem die ursprünglich kleinen und schmalen Schmelzkristallite an Größe zunehmen. Der für das Kristallwachstum benötigte Raum wird durch Resorption von wäßrigen und organischen Bestandteilen der Schmelzmatrix geschaffen. Die Resorption hat zur Folge, daß nur etwa zwei Prozent organische Bestandteile im kristallinen Gefüge des Zahnschmelzes

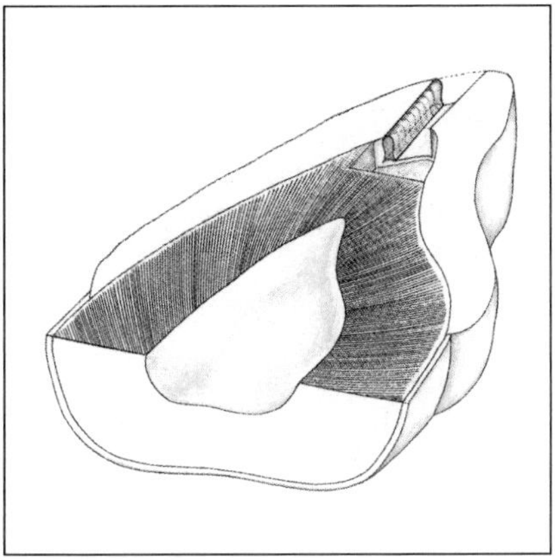

Abb. 3.13 Das Schmelzprisma zieht sich als langgestreckter Profilstab mit schlüssellochförmigem Querschnitt von der Schmelz-Dentin-Grenze bis dicht unter die Oberfläche.

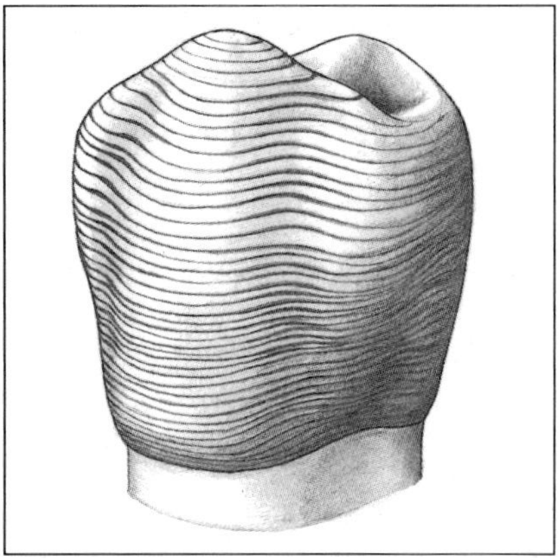

Abb. 3.14 Wellenförmiges Auslaufen der Schichten an der Oberfläche („Perikymatien"). Stark ausgeprägte Perikymatien auf der Oberfläche eines Prämolaren

verbleiben. Schmelz besteht somit im Gegensatz zu allen anderen Hartsubstanzen des menschlichen Organismus fast ausschließlich aus mineralischer Substanz.

Von entscheidendem Einfluß auf die spätere Härte des Zahnschmelzes ist neben der Schmelzreifung vor Durchbruch des Zahnes – der präeruptiven Schmelzreifung – vor allem die Reifung des Schmelzes durch den Speichel in der Zeit unmittelbar nach Durchtritt des Zahnes in die Mundhöhle; sie wird posteruptive Schmelzreifung genannt. Die Härte des Zahnschmelzes und damit seine Widerstandsfähigkeit gegenüber Säuren hängt entscheidend von der Umwandlung von Hydroxylapatit in Fluorapatit ab. Der Vorgang der Einlagerung von Fluoridionen soll im folgenden näher beschrieben werden:
Das Schmelzkristall des Zahnschmelzes besteht in erster Linie aus Kalziumhydrodylapatit, kurz Hydroxylapatit genannt. Bei einem erhöhten Fluoridangebot werden vor allem in die äußeren Schmelzschichten vermehrt F-Ionen in das Kristallgitter des Zahnschmelzes eingelagert und ersetzen dort OH-Ionen. Die entstandene Verbindung Kalziumhydroxylfluorapatit – kurz Fluorapatit genannt – wird dadurch schwerer löslich, so daß die Umkehrreaktion wesentlich langsamer erfolgt. Dies ist der Grund, warum mit Fluor angereicherter Zahnschmelz wesentlich widerstandsfähiger gegenüber Säuren ist.

Nach neueren Erkenntnissen vollzieht sich die Bildung von Fluorapatit größtenteils erst nach dem Abschluß der eigentlichen Schmelzbildung. Sie erfolgt durch eine von Schmelzpulpa und Zahnsäckchen abgesonderte, fluoridreiche Gewebeflüssigkeit, welche die Zahnkronen bis zu ihrem Durchbruch umspült und durch Diffusion von Fluoridionen einen Teil der Hydroxylapatitkristalle in Fluorapatitkristalle umwandelt. Man findet deshalb in den äußeren Schmelzschichten wesentlich mehr Fluorapatit als in den tiefergelegenen Schmelzschichten (Abb. 3.15).

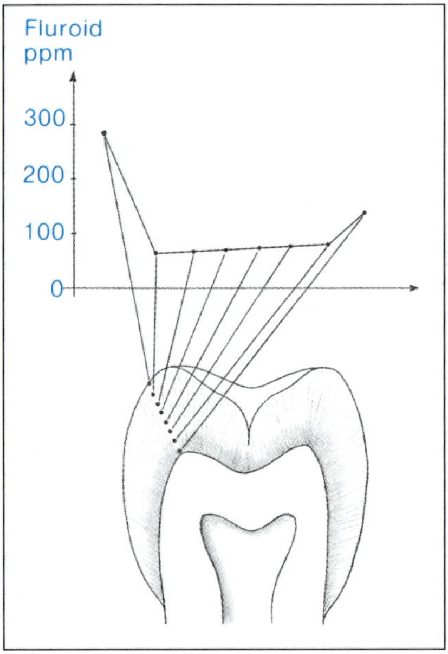

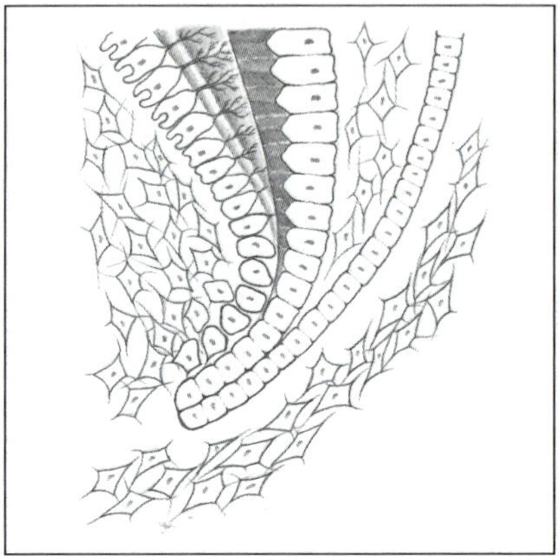

Abb. 3.15 ◀ Fluoridverteilung im Zahnschmelz

Abb. 3.16 ▲ Zahnkeim im Bereich der Wurzelscheide

Dieser Prozeß setzt sich auch nach Durchbruch des Zahnes in den ersten Lebensjahren fort: Der durchbrechende Zahn gibt weiteres Kristallwasser ab und nimmt dafür aus dem umspülenden Speichel weitere Kalzium-, Phosphat- und vor allem Fluoridionen auf – das Kristallgefüge des Oberflächenschmelzes wird noch dichter. Verschiedene Faktoren können zudem den Fluorgehalt der Zähne stark beeinflussen: so zum Beispiel der Fluorgehalt des Trinkwassers, vermehrte Fluoraufnahme mit der Nahrung und der Zahnpasta, Zahnfüllungen und ähnliches.

Dentinbildung

Wie die Entwicklung aller Zahnhartgewebe, so vollzieht sich auch die Dentinbildung in zwei Phasen: Zuerst erfolgt die Ausscheidung einer organischen Dentinmatrix, anschließend deren Mineralisation. Die von den Odontoblasten ausgeschiedene organische Matrix wird Prädentin genannt. Im Gegensatz zum Zahnschmelz enthält das Prädentin aber zahlreiche Kollagenfasern, die bei der Mineralisation des Prädentins in das Dentin eingelagert werden. Mit der Mineralisation des Dentins ziehen sich die Odontoblastenzellen in Richtung Zahnpapille zurück.

Das Kennzeichen der Odontoblastenzellen ist ihr zunehmend länger werdender Zellfortsatz, Odontoblastenfortsatz oder Tomesscher Fortsatz genannt. Von den Tomesschen Fortsätzen aus erfolgt die Ausscheidung und Mineralisation des Prädentins. Dies hat zur Folge, daß sich die Tomesschen Fortsätze in das Dentin einmauern – die Dentinkanälchen entstehen. Auch die Bildung des Dentins erfolgt in rhythmischen Schüben, deshalb sind auch im Dentin die Ruhephasen als Wachstumslinien erkennbar.

Die Mineralisation des Dentins setzt erst ein, wenn das Prädentin eine bestimmte Schichtdicke erreicht hat (etwa 20 µm). Wie beim Schmelz entstehen einzelne Kristalle vom Apatittyp, die anfänglich sehr klein sind und auch in ausgereiftem Zustand wesentlich kleiner sind als die Apatitkristalle des Zahnschmelzes. Die Mineralisation erfolgt Schicht um Schicht, wobei die Apatitkristalle die Räume zwischen den zahlreichen Kollagenfasern völlig ausfüllen. Stets verbleibt eine nicht mineralisierte Schicht Prädentin zwischen den Odontoblastenzellen und der Mineralisationsgrenze (= Mineralisationsfront). Die Wände der Dentinkanälchen werden von einer dichter mineralisierten Dentinschicht ausgekleidet.

3.3.4 Entwicklung der Pulpa

Mit Beginn der Wurzelbildung im späten Glockenstadium beginnt auch die Umwandlung der Zahnpapille in die Pulpa. Es wurde bereits ausführlich dargestellt, wie sich die an der Grenzschicht zum Inneren Schmelzepithel gelegenen Zellen der Zahnpapille zu Odontoblastenzellen umwandelten und mit der Dentinbildung begannen. Etwa gleichzeitig beginnt sich auch der zentrale Teil der Zahnpapille in Pulpagewebe umzuwandeln: Der größte Teil der kleinen, sternförmigen, embryonalen Bindegewebszellen wandelt sich in Kollagenfasern bildende Fibroblasten um, und aus dem sehr dichten Papillengewebe entwickelt sich das dem lockeren Bindegewebe vergleichbare Pulpagewebe.

Mit Beginn der Dentinbildung erreichen Arterien aus dem sich bildenden Alveolarknochen die Zahnpapille und bilden ein dichtes Gefäßnetz. Auch Nervenfasern beginnen nun in das Gewebe einzuwandern, ein dichtes Geflecht sich verästelnder Nervenfasern findet man jedoch erst gegen Ende der Wurzelbildung. Solange diese noch andauert, ist die apikale Öffnung der Papille sehr weit. Erst mit der Wurzelspitzenbildung wird der weit offene Pulpaeingang zum Wurzelloch umgebildet.

3.3.5 Wurzelbildung

Die Wurzelbildung nimmt ihren Ausgang an der Stelle, wo Inneres und Äußeres Schmelzepithel zusammentreffen, also am bereits erwähnten Glockenrand des Zahnkeims. Sie setzt ein, sobald der Prozeß der Umwandlung von Zellen der Zahnpapille zu Odontoblasten und von Zellen des Inneren Schmelzepithels zu Ameloblasten den Glockenrand erreicht hat. Diese Stelle entspricht beim fertig entwickelten Zahn der Schmelz-Zement-Grenze. Nach ihrem Entdecker wird diese Stelle als Hertwigsche Epithelscheide oder Wurzelscheide bezeichnet.

Wie die Abbildung 3.16 zeigt, werden die beiden Epithelzellschichten der Wurzelscheide zwischen die außen liegenden Bindegewebezellen des Zahnsäckchens und die innen liegenden Bindegewebezellen der Zahnpapille eingeschlossen. Diese Anordnung ist für den nun einsetzenden Prozeß der Wurzelbildung von Bedeutung: die innere Zellage der Epithelscheide löst nämlich die Umwandlung angrenzender Zellen der Zahnpapille zu Odontoblastenzellen aus, die nach vollzogener Umwandlung mit der Anlagerung von Dentin gegen diese Zellschicht beginnt.

Unmittelbar nach Beginn der Dentinbildung löst sich die geschlossene Zellschicht der Wurzelscheide auf. Es bleiben nur inselartige Zellhaufen zurück, die in das lockere Bindegewebe des Zahnsäckchens eingelagert werden. Als sogenannte Malassezsche Epithelreste verbleiben sie zeitlebens in der sich aus dem Zahnsäckchen bildenden Wurzelhaut. Sie sind an der Entstehung von Zysten beteiligt, wenn im Bereich der Wurzelhaut entzündliche Prozesse auftreten.

3.3.6 Bildung von Zahnzement und Wurzelhaut

Zahnzementbildung

Kurz nach Bildung der ersten Schichten Wurzeldentin setzt auch die Zementbildung ein: Bindegewebszellen der inneren Schicht des Zahnsäckchens, die mit der Oberfläche des Wurzeldentins in Kontakt treten, wandeln sich zu Zementoblasten um und sondern wie die Odontoblasten eine organische Matrix ab. Sie besteht aus

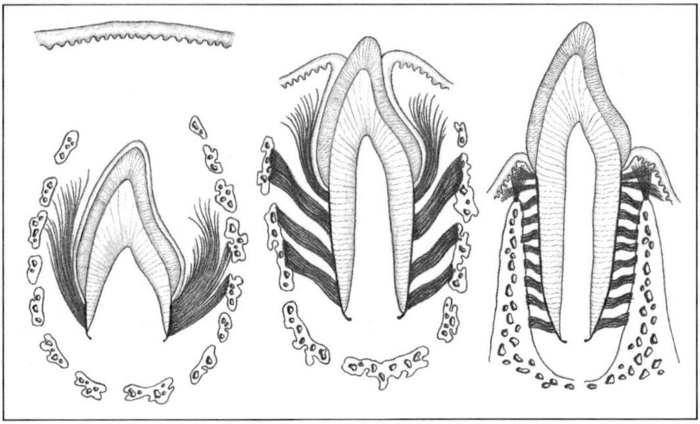

Abb. 3.17 Ausrichtung der Fasern während der Wurzelbildung

einem Netz feiner Kollagenfasern, die parallel zur Dentinoberfläche angeordnet werden und einer gelartigen Grundsubstanz, Präzement genannt.

Die ersten, dem Wurzeldentin aufgelagerten Zementschichten sind zellfrei, da sich die Zementoblasten zunächst nicht in das von ihnen ausgeschiedene Zement einmauern, sondern wie die schmelzbildenden Ameloblasten als geschlossene Mineralisationsfront weiter nach außen zurückziehen. Man bezeichnet deshalb die dem Wurzeldentin aufliegende, tiefste Schicht des Wurzelzements als Zellfreies oder Azelluläres Zement.

Während sich die Fasern der Wurzelhaut zu entwickeln und der Zahn durchzubrechen beginnt, werden dieser ersten Schicht zellfreien Zements weitere Zementschichten aufgelagert. Nun aber mauern sich die Zementoblasten – dem Knochengewebe vergleichbar – in das von ihnen gebildete Zement ein und werden jetzt als Zementozyten bezeichnet. Sie sind wie die Osteozyten des Knochengewebes untereinander durch zahlreiche Zellfortsätze verbunden, außerdem stehen sie über diese Fortsätze auch mit den Zementoblasten an der Zementoberfläche in Verbindung. Sie ermöglichen den Transport von Nährstoffen im Inneren des Zements, können Kollagenfibrillen und Grundsubstanz bilden sowie Zementstrukturen auflösen. Diese mit Zellen und Kollagenfasern durchsetzte Auflagerung auf das Zellfreie Zement bezeichnet man deshalb als Zellhaltiges oder Zelluläres Zement. Zement ist wie der Knochen ein Gewebe, das sich zeitlenbens durch Ab- und Umbauvorgänge den funktionellen Gegebenheiten anpaßt.

Bildung der Wurzelhaut

Die Zellen der Wurzelhaut sind wie die Zellen des Zahnzements und auch des Alveolarknochens Bildungen des Zahnsäckchens. Die von Fibroblasten gebildeten kollagenen Faserbündel werden in das sich bildende Wurzelzement und weiter kronenwärts in den entstehenden Alveolarknochen eingelagert. Dadurch erfolgt zunächst eine Ausrichtung der desmodontalen Faserbündel fast parallel zur Wurzeloberfläche (Abb. 3.17). Die Entstehung der desmodontalenen Faserstrukturen zeigt die Abbildung 3.18.

Auf Wurzeloberfläche und sich bildender Alveoleninnenwand entstehen kurze, dünne Bündel kollagener Fasern, die durch die weitere Mineralisation von Knochen und Wurzelzement fest in die Oberfläche eingemauert werden. Diese Faserbündel richten sich senkrecht zur Oberfläche aus, beginnen aufeinander zuzuwachsen und gabeln sich am einander zugewandten Ende stark auf. Etwa in der Mitte des Periodontalspalts

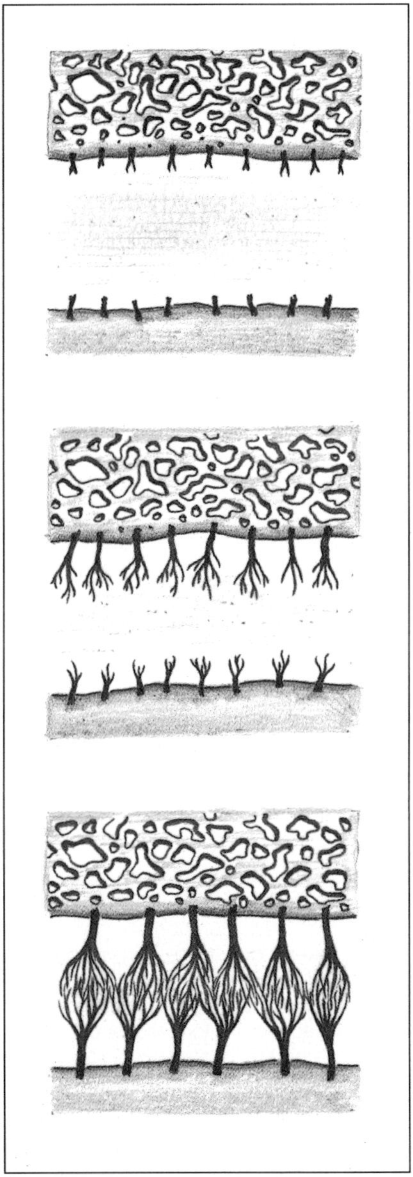

Abb. 3.18 Entstehung der Desmodontalen Fasern

treffen sie zusammen und beginnen, sich gitterartig zu verflechten. Erst mit Durchbruch des Zahnes und seiner funktionellen Einstellung in der Okklusionsebene wird dieses Fasergeflecht dichter, die einzelnen Faserbündel verdicken sich und richten entsprechend ihrer Lage aus.

Die Anteile der Kollagenfaserbündel, die in den Alveolarknochen und das Zahnzement eingelagert sind, werden als Sharpeysche Fasern bezeichnet, die dazwischen liegenden, sich überkreuzenden und miteinander verbundenen Kollagenfasern werden Primäre Kollagenfaserbündel oder „principal fibers" genannt. Den Hauptanteil des desmodontalen Gewebes machen mit etwa 75 Volumenprozent die Kollagenfasern aus, ein bis zwei Prozent beträgt der Anteil von Blutgefäßen, die sich während der Wurzel- und Wurzelhautbildung einlagerten, und den Rest bilden Nerven und freie Bindegewebszellen.

3.3.7 Zahndurchbruch

Der Durchbruch der Zähne ist zeitlich auf das allgemeine Körperwachstum und die Größenverhältnisse von Kiefer und Gesichtsschädel abgestimmt. Die Zähne des Milchgebisses benötigen bis zur vollständigen Entwicklung etwa 2 bis 4 Jahre, die Zähne des bleibenden Gebisses durchschnittlich 12 Jahre. Einwurzelige Zähne wie die Front- und vor allem die Eckzähne sind zu Beginn der Wurzelbildung sehr tief im Kieferknochen eingelagert, mehrwurzelige Zähne liegen weniger tief in den Alveolen.

Die Resorptionsvorgänge der Zahnwurzeln beginnen bei Milchzähnen schon unmittelbar nach Abschluß ihrer Wurzelbildung. Der eigentlichen Auflösung der Milchzahnwurzeln geht dabei immer die Auflösung des umgebenden Alveolarknochens und des Zahnhalteapparats voraus. Die Hartsubstanzen werden von sogenannten Osteoklasten und Dentoklasten abgebaut, die Gewebestrukturen der Wurzelhaut von Fibroblasten und Freßzellen aufgelöst. Bedingt durch die linguale Lage der Zahnkeime der Ersatzzähne beginnt der Abbau bei den Schneidezähnen und Eckzähnen von lingual und der Ersatzzahn bricht lingual des noch labial verankerten Milchzahnes durch. Die Zahnkeime der Prämolaren befinden sich zwischen den Wurzeln der Milchmolaren und brechen deshalb unter den Milchzähnen durch.

Am Ende der Schmelzbildung haben die Ameloblasten ihre Funktion, Schmelzmatrix auszuscheiden, erfüllt. Ihre Zellkörper verkleinern sich und nehmen die Gestalt von Epithelzellen an. Man bezeichnet deshalb die Gewebeschicht aus verkleinerten (= reduzierten) Ameloblasten als Reduziertes Schmelzepithel. Dieses vereinigt sich beim weiteren Durchbruch des Zahnes mit dem den Kieferkamm bedeckenden Epithel, wird nun als Inneres Saumepithel oder Verbindungsepithel bezeichnet und ermöglicht die Verbindung des Zahnfleischepithels mit der Schmelzoberfläche. Deshalb geht die epitheliale Verbindung während der gesamten Durchbruchsperiode niemals verloren und dichtet auch beim vollständig durchgebrochenen, in Okklusion befindlichen Zahn als Dentogingivale Verbindung den Zahn gegen die Mundhöhle ab (Abb. 3.19).

3.4 Dentitionen

Als Dentition bezeichnet man den Durchbruch oder Durchtritt von Zähnen in die Mundhöhle. Gemeint ist damit der Prozeß, bei dem der Zahn aus dem Inneren des Alveolarknochens heraus in die Okklusionsebene bewegt wird; der auffällige Durchtritt durch die Mundschleimhaut ist nur eine Etappe auf dem Wege der Einstellung des Zahnes in seine Okklusionsposition. Entsprechend unserer Zugehörigkeit zur Klasse der Säugetiere hat der Mensch zwei Dentitionen:

Die erste Dentition hat als Ergebnis die Ausbildung des Milchgebisses. Da es nach einer bestimmten Anzahl von Jahren durch das bleibende Gebiß ersetzt wird, seine Zeitdauer also begrenzt ist, wird es auch als Temporäres Gebiß bezeichnet. Die zweite Dentition erfolgt zwischen dem 6. und 18. Lebensjahr und liefert das Bleibende Gebiß oder Permanente Gebiß.

3.4.1 Milchgebißperiode

Der Zahndurchbruch der Milchzähne beginnt im Alter von sechs Monaten mit den unteren mittleren Schneidezähnen, der weitere Ablauf normalerweise in der Reihenfolge in Tabelle 3.2.

Diese Zeitangaben stellen mittlere Werte für etwa 80 Prozent der Kinder dar; man bezeichnet sie deshalb als Normalzahner. Je 10 Prozent sind Früh- oder Spätzahner, wobei es keine auffälligen Unterschiede zwischen den Geschlechtern gibt, weder in bezug auf die Durchbruchszeiten noch auf die Durchbruchsfolge. Somit ist in der Regel der Milchzahndurchbruch im Alter von zweieinhalb bis drei Jahren beendet und alle 20 Milchzähne des oberen und unteren Zahnbogens eingestellt.

Auch nach vollständigem Durchbruch der Milchschneidezähne bleiben die unbezahnten Alveolarfortsätze vorerst noch in Kontakt. Im Frontzahnbereich liegt anfänglich ein starker Überbiß vor, das heißt, die oberen Frontzähne überragen die unteren in vertikaler Richtung um etwa $^{4}/_{5}$ der Kronenlänge. Im Alter von 14 bis 18 Monaten erfolgt mit dem Durchbruch der ersten Milchmolaren die erste physiologische Bißhebung. Der frontale Überbiß verringert sich dabei auf etwa zwei Millimeter und durch die ausgeprägten Höcker der ersten Milchmolaren erfolgt gleichzeitig auch eine Festlegung der Okklusion in sagittaler Richtung (Abb. 3.20).

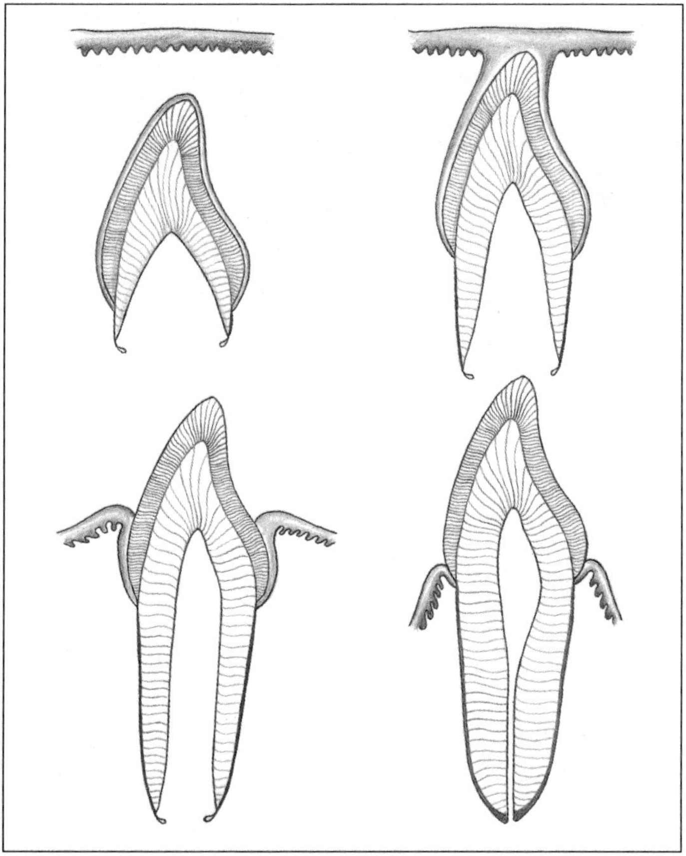

Abb. 3.19 Vereinigung des reduzierten Schmelzepithels mit dem Epithel des Zahnfleisches

Reihenfolge	Zahn	Durchtrittsmonat
1	Mittlerer Milchschneidezahn	6. – 8. Monat
2	Seitlicher Milchschneidezahn	8. – 10. Monat
3	1. Milchmolar	12. – 18. Monat
4	Milcheckzahn	18. – 25. Monat
5	2. Milchmolar	24. – 30. Monat

Tab. 3.2 Zeitlicher Ablauf und Reihenfolge des Durchbruchs der Milchzähne

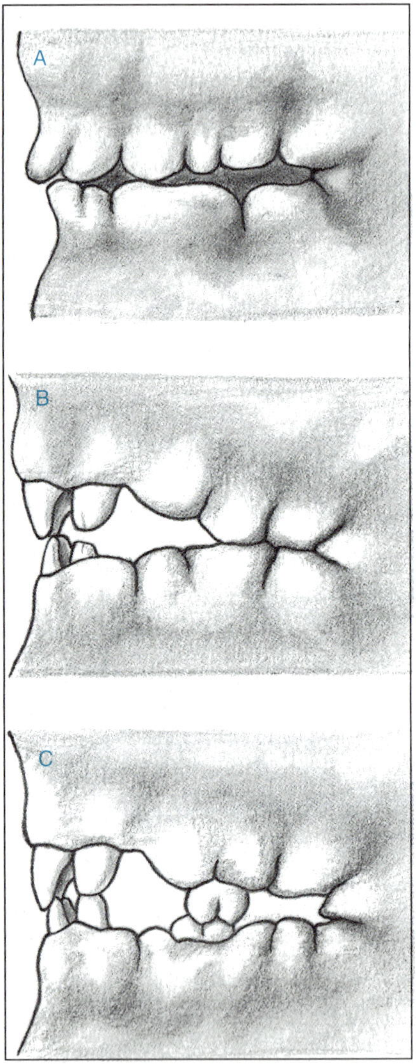

Abb. 3.20 Erste Physiologische Bißhebung:
A = Stellung beim Neugeborenen
B = nach Durchbruch der Milchschneidezähne
C = Bißhebung nach Durchbruch der ersten Milchmolaren

3.4.2 Nutz- und Gebrauchsperiode

Als Nutz- oder Gebrauchsperiode bezeichnet man die Zeit zwischen dem vollständig ausgebildeten Milchgebiß und dem Beginn der zweiten Dentition, die etwa mit fünfeinhalb Jahren beginnt. Die Zähne unterliegen in diesem Zeitraum einer deutlichen Abrasion, die durch die Kaufunktion und einer wesentlich schwächeren Mineralisation der Milchzähne bedingt ist. Die Anordnung der Milchzähne weist dabei zwei unterschiedliche Formen auf: das lückige Milchgebiß und das lückenlose Milchgebiß.

Beim Lückigen Milchgebiß findet man Lücken zwischen bestimmten Zahngruppen oder allen Zähnen. Lücken, die sehr konstant anzutreffen sind, befinden sich im Oberkiefer zwischen dem seitlichen Milchschneidezahn und dem Milcheckzahn, im Unterkiefer zwischen dem Milcheckzahn und dem ersten Milchmolaren; sie werden als Affen- oder Primatenlücken bezeichnet. Die untere Lücke, die kleiner und weniger häufig anzutreffen ist als die obere, dient der korrekten Einstellung der Sechsjahrmolaren, die obere als Platzreserve für den oberen bleibenden seitlichen Schneidezahn.

Das Lückenlose Milchgebiß weist selbst kurz vor dem Zahnwechsel keinerlei Lücken auf. Deshalb besteht die Gefahr, daß sich durch den Platzmangel für die nachrückenden bleibenden Zähne ein Engstand ergibt (Abb. 3.21).

Als Voraussetzung für die korrekte Einstellung der ersten bleibenden Molaren muß am distalen Ende der Milchzahnreihe durch Knochenumbauprozesse Platz für den Durchbruch der Molaren geschaffen werden. Bleibt die Ausbildung dieser sogenannten Molarenfelder aus, so ist der Durchbruch der Zähne stark behindert und es kommt zur Verlagerung oder zur Retention des betreffenden Zahnes. Von dieser Durchbruchsstörung sind vor allem die dritten Molaren (= Weisheitszähne) häufig betroffen.

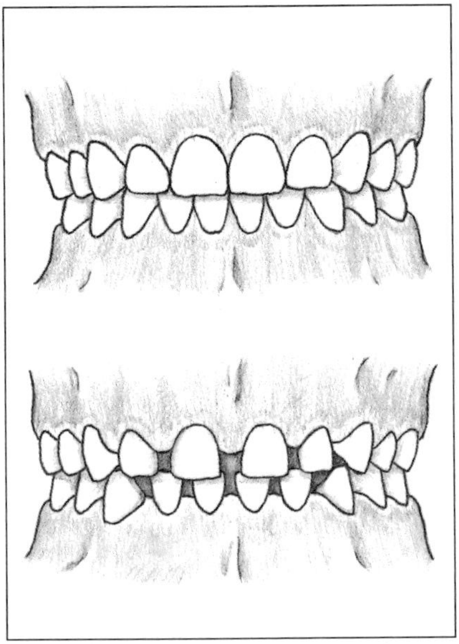

Abb. 3.21 Lückenloses und lückiges Milchgebiß

3.4.3 Wechselgebißperiode

Als Wechselgebißperiode bezeichnet man den Zeitabschnitt, der mit dem Verlust der Milchzähne beginnt und mit dem Durchbruch des zweiten bleibenden Molaren endet. Sie ist ein ziemlich regelmäßig verlaufender Prozeß, bei dem drei Zeitabschnitte unterschieden werden können:

Erster Zeitabschnitt (6. bis 9. Lebensjahr)
Der erste Zeitabschnitt beginnt mit dem Durchbruch der ersten bleibenden Molaren im sechsten Lebensjahr (= Sechsjahrmolaren). Im allgemeinen sind es die unteren ersten Molaren, die als erste bleibende Zähne den Kieferkamm durchbrechen, die oberen ersten Molaren folgen in kurzem Abstand. Die Einstellung der ersten Molaren sollte in Regelverzahnung erfolgen, das heißt in Neutralbißlage. Sie liegt dann vor, wenn der mesiobukkale Höcker des oberen ersten Molaren in die bukkale Querfissur des unteren ersten Molaren eingreift.

Es gibt verschiedene Theorien über das Zustandekommen der Regelverzahnung der ersten Molaren, die für die weitere Entwicklung sowie die Funktion des Gebisses von großer Bedeutung sind, entscheidend jedoch ist, daß durch die Einstellung der ersten Molaren die sagittale Lagebeziehung zwischen Ober- und Unterkiefer festgelegt wird. Gleichzeitig kommt es während des Durchbruchs der Sechsjahrmolaren zur zweiten physiologischen Bißhebung.

Normalerweise schließt sich an die zweite Physiologische Bißhebung etwa zwei Monate später der Verlust der unteren mittleren Schneidezähne an. Die oberen mittleren und die unteren seitlichen Schneidezähne brechen erst etwa ein Jahr später durch und nach etwa einem weiteren Jahr erfolgt der Durchbruch der oberen seitlichen Schneidezähne. Es gibt nur selten Variationen in der Reihenfolge des Zahndurchtritts, dagegen beträchtliche Abweichungen vom normalen Zeitpunkt des Zahndurchbruchs. Selbst Abweichungen von bis zu vier Jahren sind noch als normal zu betrachten. Allgemein läßt sich jedoch sagen, daß bei Mädchen die Zähne im Durchschnitt etwa zwei bis vier Monate früher durchbrechen als bei Knaben.

Die Folgen vorzeitigen Zahnverlustes
Eine wichtige Funktion haben in der Wechselgebißperiode der Milcheckzahn und die Milchmolaren, die zusammen nicht ohne Grund als Stützzonen bezeichnet werden: ihre Aufgabe ist es, den Sechsjahrmolaren gegen dessen Mesialschub abzustützen und in vertikaler Richtung die Bißhöhe zu erhalten, da sonst während des Schneidezahnwechsels und des Durchbruchs des ersten Molaren eine Bißsenkung erfolgen und das Gebiß „in sich zusammenstürzen könnte".

Der vorzeitige Verlust von Zähnen ist eine häufige Ursache für die Entstehung von Gebißanomalien. Geht ein Milchmolar während der Gebißentwicklung verloren, dann verkleinert sich der Platz für den nachfolgenden bleibenden Prämolaren. Die Folgen vorzeitigen Milchzahnverlustes sind Kippungen und Wanderungen von Zähnen mesial und distal der Lücke sowie das Wachstum der Antagonisten im Gegenkiefer über die Okklusionsebene hinaus. Besondere Bedeutung kommt vor allem dem Verlust des Sechsjahrmolaren zu, der wie bei den Milchmolaren das gesamte Gebiß zusammenstürzen lassen kann (Abb. 3.22).

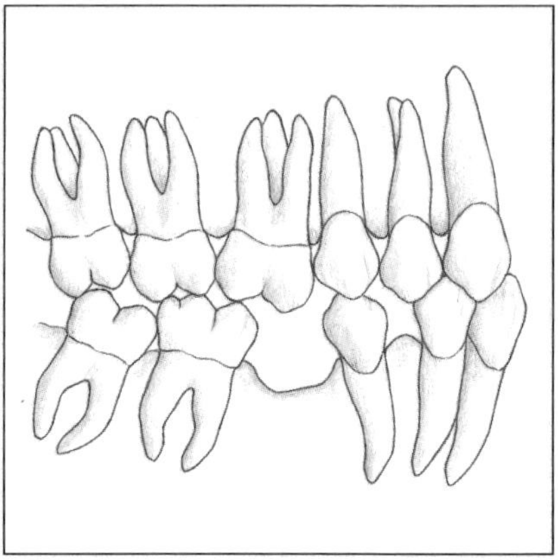

Abb. 3.22 Folge von vorzeitigem Milchzahnverlust

Zweiter Zeitabschnitt (10. bis 12. Lebensjahr)

Der zweite Zeitabschnitt beginnt etwa im zehnten Lebensjahr. Zunächst wechseln die oberen ersten Prämolaren und im Unterkiefer die Eckzähne, etwa 9 Monate später erfolgt der Durchbruch der oberen und unteren zweiten Prämolaren, und als letztes wechseln die oberen Eckzähne. Dies erklärt auch, warum es bei einem Platzmangel im Oberkiefer zu einem Eckzahnhochstand bzw. Eckzahnaußenstand und im Unterkiefer zu einem Platzmangel für den zweiten Prämolaren kommt. Der Durchbruch der oberen und unteren Eckzähne löst zudem das Längenwachstum von Ober- und Unterkiefer aus, wodurch nach distal Raum für den bleibenden zweiten Molaren geschaffen wird. Als weitere Folge kommt es zur dritten physiologischen Bißhebung.

Die Prämolaren liegen zum Zeitpunkt des Durchbruchs in der Gabelung (= Furkation) der Milchmolaren. Von dort aus resorbiert der sich vergrößernde Zahnkeim der Prämolaren die Wurzeln des darüberliegenden Milchmolaren (Abb. 3.23). Liegt der Prämolarenkeim nicht in der Gabelungsstelle der Milchzahnwurzeln, sondern bukkal oder palatinal davon, so unterbleibt die Wurzelresorption, der bleibende Zahn bricht an der falschen Stelle des Zahnbogens durch und der Milchzahn verbleibt im Kiefer; man sagt, der Zahn „persistiert".

Mit etwa zwölf Jahren beginnt der Durchbruch des zweiten Molaren; die korrekte Einstellung verläuft ähnlich wie die des ersten Molaren und ist abhängig von der Größe des Molarenfeldes. Wegen des Durchbruchs im zwölften Lebensjahr bezeichnet man diesen Zahn analog zum ersten bleibenden Molar als Zwölfjahrmolar. Sein vorzeitiger Verlust kann dieselben Folgen haben, wie dies für den vorzeitigen Verlust von Milchmolaren und dem Sechsjahrmolaren beschrieben wurde.

Dritter Zeitabschnitt (12. bis 18. Lebensjahr)

Zwischen dem 12. und 18. Lebensjahr läuft die dritte Etappe der Gebißentwicklung ab. Sie ist gekennzeichnet durch Wachstumsvorgänge im Ober- und Unterkiefer, durch die Platz für die dritten Molaren geschaffen wird. Der Durchbruch der dritten Molaren erfolgt in der Regel im 18. bis 22. Lebensjahr. Da ihr Durchbruch aber auch erst wesentlich später erfolgen kann, bezeichnet man diese Zähne als Weisheitszähne. Sind alle vier dritten Molaren vollständig durchgebrochen, entsteht die vierte physiologische Bißhebung.

Die durchschnittlichen Durchtrittszeiten und die Reihenfolge zeigen auch die Tabelle 3.3 und die Abbildung 3.24.

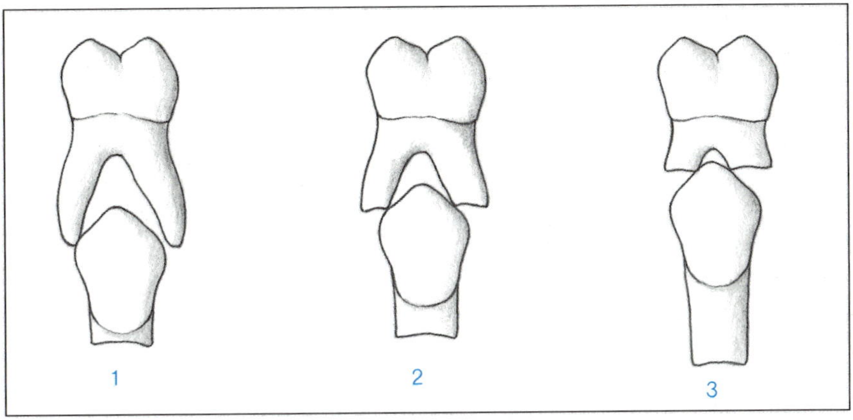

Abb. 3.23 Die Lage der Prämolaren unter den Milchmolaren

Reihenfolge	Zahn Unterkiefer	Zahn Oberkiefer	Durchtrittsjahr
1	6	6	5 – 7
2	1	1	6 – 8
3	2	2	7 – 9
4	3	4	
5	4	5	9 – 12
6	5	3	
7	7	7	11 – 14
8	8	8	ab 16

Tab. 3.3 Zeitlicher Ablauf und Reihenfolge des Durchtritts der bleibenden Zähne

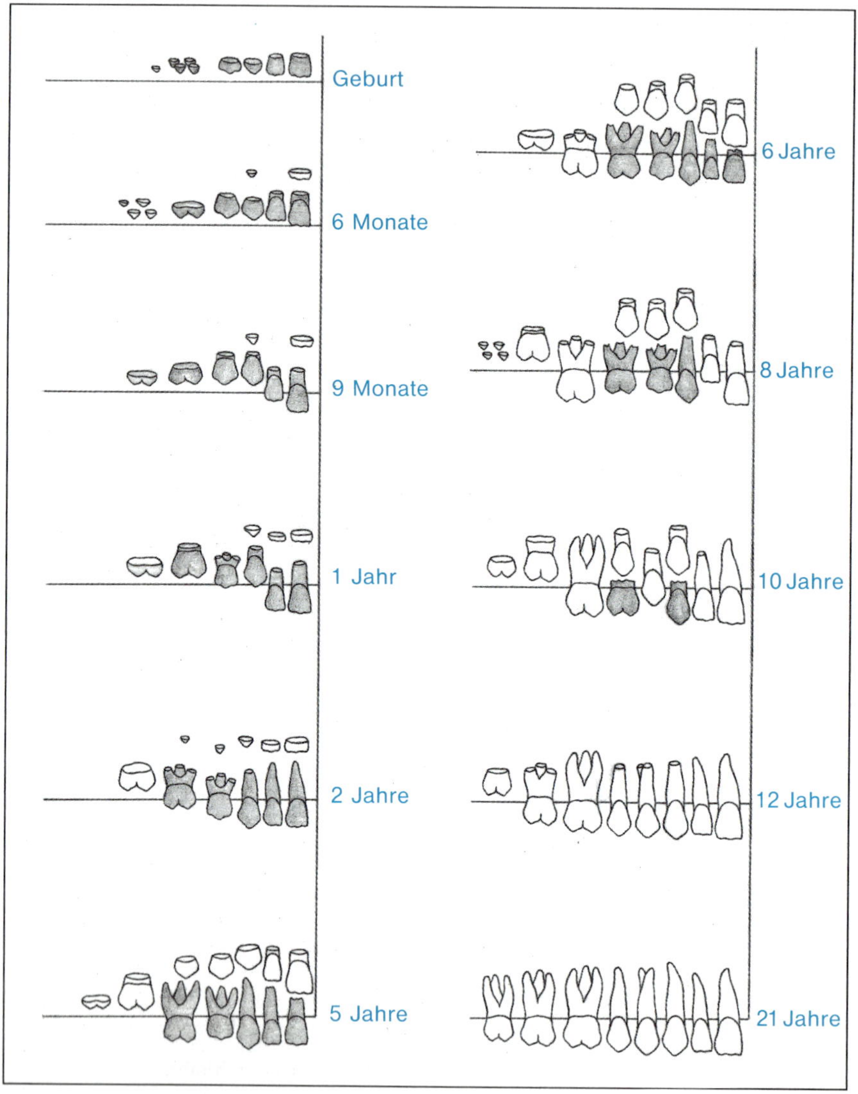

Abb. 3.24 Durchbruchszeiten der Milchzähne und der bleibenden Zähne:
Geburt
6 Monate **6 Jahre**
9 Monate **8 Jahre**
1 Jahr **10 Jahre**
2 Jahre **12 Jahre**
5 Jahre **21 Jahre**

Kapitel 4
Funktionelle Anatomie des Kausystems

Der Inhalt auf einen Blick

4.1 Anatomie des Kopfes

4.1.1 Anatomische Kurzbeschreibung des Kopfes

Die Organe des Kausystems sind vorwiegend Organe des Kopfes. Eine grobe Vorstellung vom Bau des Kopfes und von der Lage der Organe des Kausystems sollen der folgende Text und die Abbildungen 4.1 und 4.2 auf den Seiten 74 und 75 vermitteln.

Der Kopf, auch Schädel genannt, besteht aus zwei Teilen, dem Hirnschädel, der das Gehirn kapselartig umschließt und dem Gesichtsschädel, der sich vorn an den Hirnschädel anschließt. Die Form des Kopfes, und damit auch die des Kausystems, wird in erster Linie von den Schädelknochen bestimmt. Sie umschließen das Gehirn und die im Bereich des Gesichtsschädels liegenden Sinnesorgane. Die Augen liegen geschützt in den knöchernen Augenhöhlen, die empfindlichen Teile des Ohres sind in einem Knochen des Hirnschädels eingelassen, dem Schläfenbein. Die knöcherne Nasenhöhle schützt die Riechschleimhaut und dient mit ihrer formstabilen Öffnung dem ungehinderten Ein- und Ausströmen der Atemluft. Der Beginn des Verdauungstrakts, die Mundhöhle mit der darin befindlichen Zunge, liegt im Schutze von knöchernem Gaumen und Unterkiefer.

Weitere kleine Sinnesorgane und Sinneszellen liegen in der Haut und den die inneren Oberflächen von Mund-, Nasenhöhle auskleidenden Schleimhäuten des Rachenraumes. An vielen Stellen des Kopfes liegen die Häute direkt auf den Schädelknochen auf, an anderen Stellen befinden sich zwischen den Schädelknochen und den sie überziehenden Häuten Muskeln und die großen Speicheldrüsen. Muskeln, die an den Schädelknochen befestigt sind, braucht man zur Lautbildung, zum Kauen und zur Veränderung des Gesichtsausdrucks. Die großen Speicheldrüsen spielen zudem beim Kauen für die Einspeichelung der Nahrung eine wichtige Rolle.

Muskeln und Speicheldrüsen sind teilweise von Bindegewebe umgeben. In diesem Bindegewebe verlaufen viele Blutgefäße und Nerven, die mit ihren zahlreichen Verästelungen die verschiedenen Organe „versorgen" und „entsorgen". Die Arterien versorgen die Organe des Kausystems mit Nährstoffen und Energie, während die Venen zum Abtransport der Abfallstoffe dienen. Die Nerven im Bereich des Kausystems, die sogenannten Hirnnerven, leiten Wahrnehmungen der Sinnesorgane und Sinneszellen dem Gehirn zu, wie auch Anweisungen des Gehirns an Muskeln und Speicheldrüsen weiter. Damit alle zu versorgenden Teile erreicht werden, verlaufen die Nerven und Blutgefäße teilweise in Knochenkanälen innerhalb der Schädelknochen.

Die vielen, in den Bindegewebsschichten der Häute liegenden Fasern haben vielfältige Aufgaben: Sie befestigen das Zahnfleisch an den Alveolarfortsätzen, die Haut und die Schleimhäute an den Schädelknochen und als in die Wurzelhaut eingelagerte Sharpeysche Fasern verankern sie die Zahnwurzeln im Kieferknochen. Nicht zuletzt sorgen die Fasern mit ihrem Flechtwerk für einen guten Zusammenhalt der Bindegewebsschichten der Haut. Hierdurch ist die Haut stark dehnbar und trotzdem sehr reißfest.

Wie man aus der anatomischen Kurzbeschreibung ersehen kann, gibt es eine ganze Reihe von Organen, die innerhalb des Kausystems wichtige Funktionen erfüllen. Sie sollen in den nachfolgenden Teilkapiteln dargestellt werden, wobei sich die Beschreibung der Einzelorgane bewußt auf die zahntechnisch bedeutsamen Organe beschränkt. Je nach dem Grad ihrer Bedeutung werden sie mehr oder weniger ausführlich behandelt. Wer an einer weitergehenden, umfassenden anatomischen Beschreibung des Kopfes interessiert ist, dem sei das Studium spezieller Anatomie-

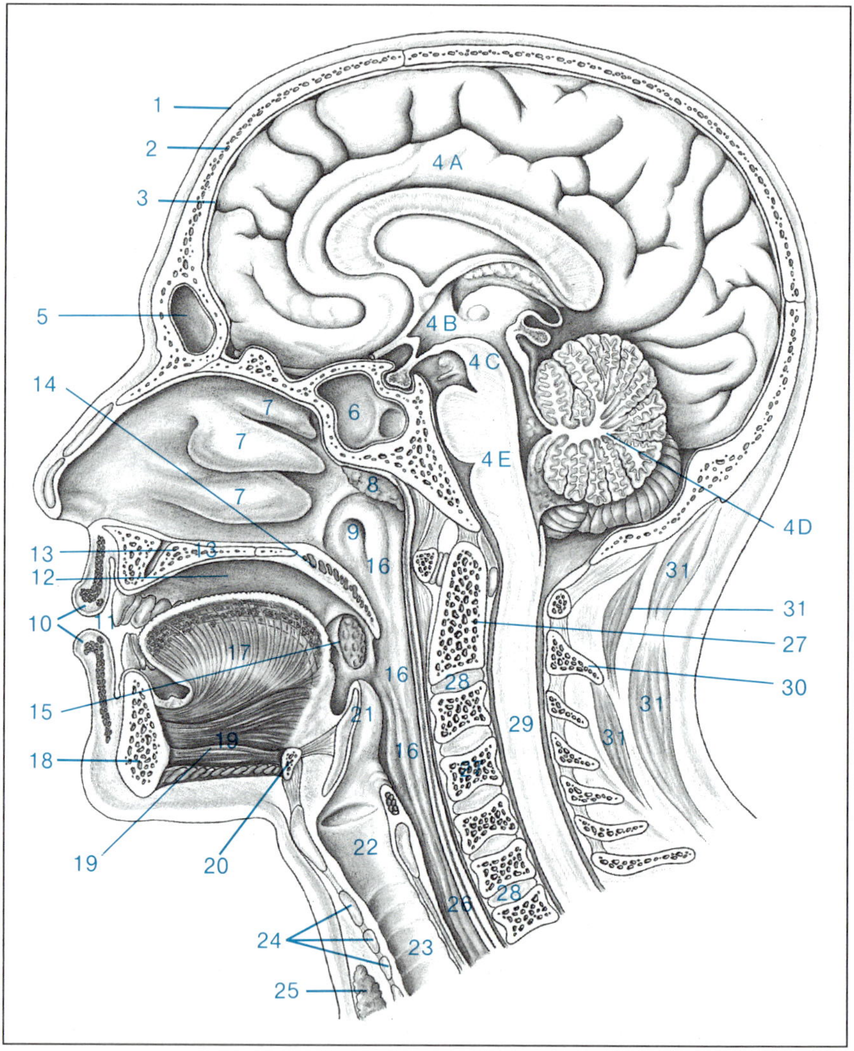

Abb. 4.1 Medianschnitt durch den menschlichen Schädel:
1 Haut, 2 Schädelknochen, 3 Hirnhaut, 4A Großhirn, 4B Zwischenhirn, 4C Mittelhirn, 4D Kleinhirn, 4E Nachhirn, 5 Stirnhöhle, 6 Keilbeinhöhle, 7 Nasenmuskeln, 8 Rachenmandel, 9 Eingang zur Ohrtrompete, 10 Lippen, 11 Mundvorhof, 12 Mundhöhle, 13 Harter Gaumen, 14 Weicher Gaumen, 15 Gaumenmandel, 16 Rachen, 17 Zunge, 18 Unterkiefer, 19 Mundboden, 20 Zungenbein, 21 Kehldeckel, 22 Kehlkopf, 23 Luftröhre, 24 Knorpelspangen der Luftröhre, 25 Schilddrüse, 26 Speiseröhre, 27 Wirbelkörper, 28 Bandscheiben, 29 Rückenmark, 30 Dornfortsätze der Wirbel, 31 Nacken- und Halsmuskeln

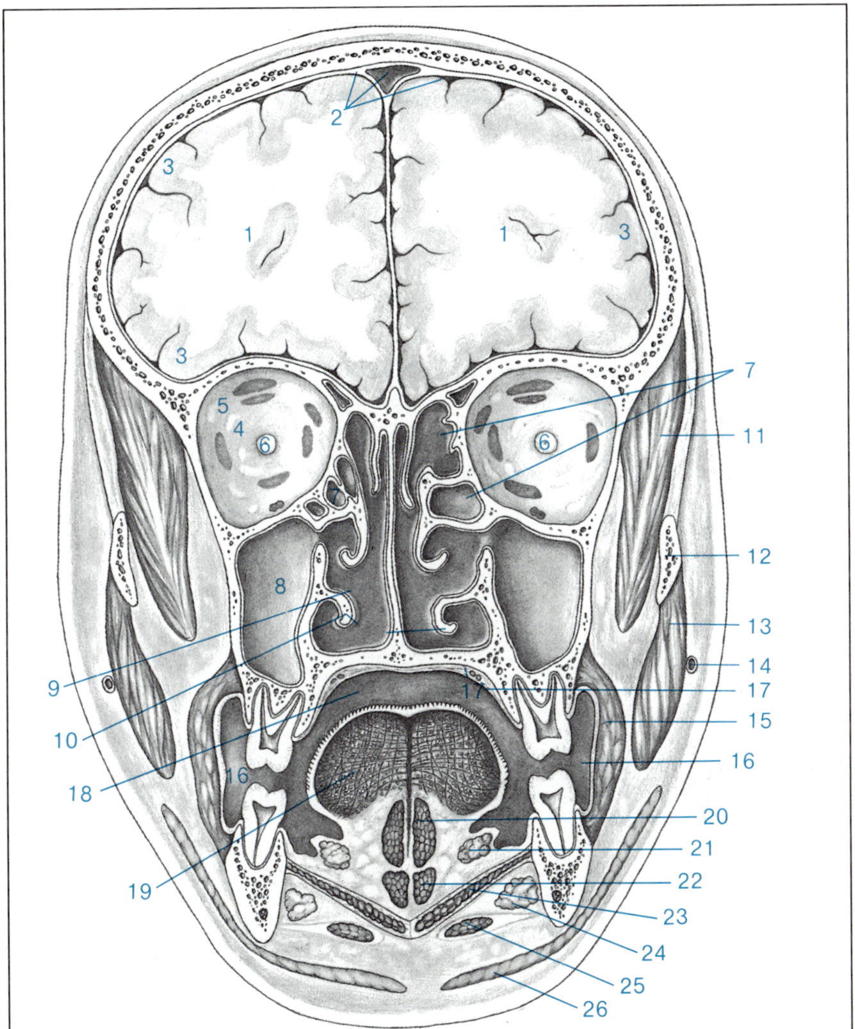

Abb. 4.2 Frontalansicht durch den Gesichtsschädel:
1 Hemisphären (Großhirnhälften), 2 Hirnhaut, 3 Großhirnrinde, 4 Augenhöhle, 5 Äußere Augenmuskeln, 6 Sehnerv, 7 Hohlräume des Siebbeins, 8 Kieferhöhle, 9 Nasenhöhle, 10 Nasenmuscheln, 11 Schläfenmuskel, 12 Jochbogen, 13 Großer Kaumuskel, 14 Ausführung der Ohrspeicheldrüse, 15 Trompetermuskel, 16 Mundvorhof, 17 Gaumenschleimhaut, 18 Mundhöhle, 19 Innere Zungenmuskulatur, 20 Kinnzungenmuskel, 21 Unterzungenspeicheldrüse, 22 Kinnzungenbeinmuskel, 23 Kieferzungenbeinmuskel, 24 Unterkieferspeicheldrüse, 25 Zweibauchmuskel, 26 Platysma (= unter der Haut gelegene, dünne Muskelplatte der Halsmuskulatur)

lehrbücher empfohlen (siehe Literaturverzeichnis).

4.1.2 Anatomie ausgewählter Schädelknochen

4.1.2.1 Bau und Funktion eines Knochens

Knochen werden der Form nach in Röhrenknochen, Kurze Knochen und Plattenknochen unterschieden. Da die Knochen im Bereich des Kausystems ausnahmlos Plattenknochen sind, soll im folgenden nur ihr Aufbau beschrieben werden. Jeder Knochen besteht im Inneren aus einer porösen und mit Knochenmark gefüllten Schwammmasse, die von einer kompakten Rindenschicht umgeben ist. Die Oberfläche der Rindenschicht wird von der sogenannten Knochenhaut bedeckt (Abb. 4.3 und 4.4).

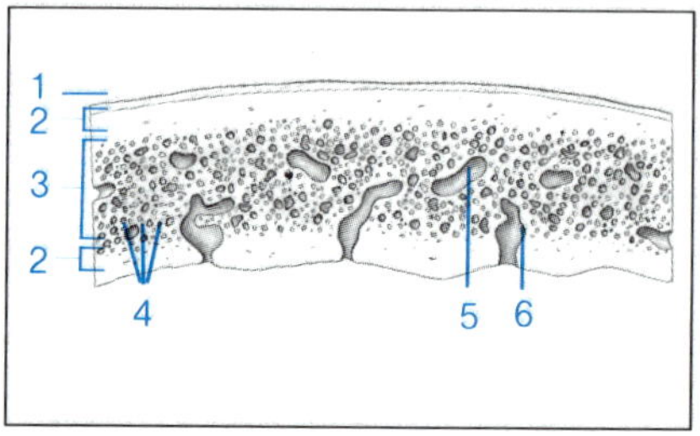

Abb. 4.3 Querschnitt durch ein Stück Schädeldach: 1 Knochenhaut, 2 Rindenschicht, 3 Schwammasse, 4 Knochenmark, 5 Gang für Nerv oder Blutgefäß, 6 Öffnung für Nerv oder Blutgefäß

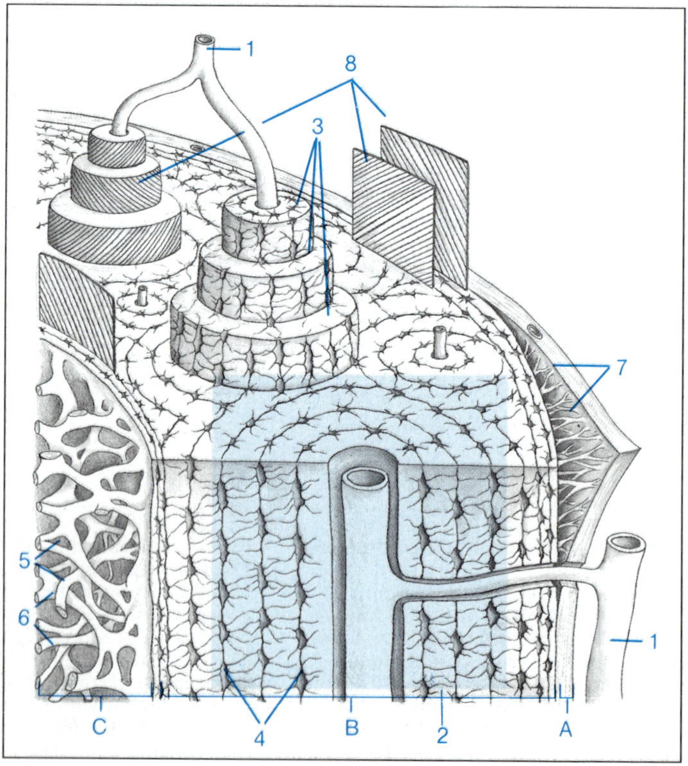

Abb. 4.4 Feinbau von Knochenhaut, Rindenschicht und Schwammasse: A Knochenhaut, B Rindenschicht, C Schwammmasse,1 Blutgefäß, 2 Knochensäulchen, 3 Aufbau des Knochensäulchens aus ineinandergesteckten kalkigen Hohlzylindern, 4 Knochenzellen, 5 Knochenbälkchen, 6 mit Knochenmark gefüllte Hohlräume, 7 Fasern zur Befestigung der Knochenhaut an der Rindenschicht, 8 Verlauf der elastischen Fasern in den Kalklagen zwischen Knochenzellreihen

a) Knochenhaut (Periosteum)
Sie besteht im wesentlichen aus zwei Schichten. Die äußere Schicht ist faserreich und enthält viele Nervenfasern und Blutgefäße, ihre zahlreichen Bindegewebsfasern sind in der angrenzenden Rindenschicht verankert. Sehnenfasern eines am Knochen ansetzenden Muskels sind eng mit dem Faserwerk der Knochenhaut verflochten und übertragen so die Zugkräfte des Muskels auf einen Großteil der Knochenoberfläche.

Die innere Schicht enthält Keimzellen, sogenannte Osteoblasten, die zur Bildung des Knochens beitragen. Muß der Knochen im Zuge der Wachstumsphase größer werden, so wird von der inneren Knochenhaut neues, kalkhaltiges Knochenmaterial auf die Rindenschicht aufgelagert. Auch bei einem Knochenbruch nimmt der Heilungsprozeß von dieser Schicht aus seinen Anfang. Die Nervenfasern und Blutgefäße der Knochenhaut dienen der Versorgung des Knocheninneren.

b) Rindenschicht (Substantia compacta)
Ihre Hauptaufgabe ist die Aufnahme der auf den Knochen einwirkenden Druck- und Zugkräfte. Zu diesem Zweck besteht die Rindenschicht aus vielen miteinander verkitteten, dickwandigen Röhren, den Knochensäulchen. Jedes Knochensäulchen besteht aus mehreren ineinandergesteckten Hohlzylindern, in deren Wand spiralig verlaufende, elastische Fasern eingelagert sind; die Faserzüge der aufeinander folgenden Lagen kreuzen sich. Zwischen den einzelnen Lagen liegen die Knochenzellen, die über Zellfortsätze miteinander in Verbindung stehen. Im inneren Hohlraum verläuft ein ernährendes Blutgefäß, das seine Nährstoffe an die benachbarten Knochenzellen abgibt, diese wiederum geben sie über ihre Zellfortsätze an die nächstliegenden Zellen weiter. Da sich die Knochensäulchen parallel zur Hauptbelastungsrichtung ausrichten, erhält der Knochen durch diesen Aufbau eine hohe Festigkeit bei minimalem Materialaufwand.

c) Schwammasse (Substantia spongiosa)
Sie besteht aus einem schwammartigen, porösen Maschenwerk, das aus einzelnen feinen Knochenbälkchen aufgebaut ist. Zwischen den Maschen befindet sich Knochenmark. Dieser poröse Aufbau dient der Gewichtsersparnis, die mit Mark gefüllten Hohlräume der Blutzellbildung. Auf die Rindenschicht einwirkende Kräfte werden teilweise über die feinen Knochenbälkchen auf gegenüberliegende Rindenschichtgebiete übertragen.

Bei einigen Knochen fehlt die Schwammmasse. An ihrer Stelle befindet sich ein mehr oder weniger großer, mit Schleimhaut ausgekleideter, luftgefüllter Hohlraum (beispielsweise im Oberkiefer, Stirnbein, Siebbein und im Keilbein). Man schreibt diesen Hohlräumen Resonanzfunktion zu.

d) Knochenmark
In der Jugend enthalten die Knochen „rotes“ Knochenmark; es dient vor allem der Bildung von roten und bestimmten weißen Blutkörperchen. Mit zunehmendem Alter wandelt sich das rote Knochenmark durch Einlagerung von Fettzellen in „gelbes“ Knochenmark um und beteiligt sich dann nicht mehr an der Blutbildung.

e) Öffnungen und Gänge
Die Oberflächen der Knochen sind mit zahlreichen Öffnungen versehen, durch die Nervenfasern und Blutgefäße ins Knocheninnere eintreten. Sie stellen durch weitverzweigte Gangsysteme eine ausreichende Durchblutung und Nervenversorgung des Knochens sicher.

Knochen haben vielfältige Aufgaben. Sie

- bilden ein Traggerüst, das Skelett, welches das Körpergewebe stützt
- dienen vielen Organen zur Befestigung und geben ihnen einen Halt
- ermöglichen die Beweglichkeit des Körpers, denn sie sind ein Teil des passiven Bewegungsapparats
- schützen empfindliche Organe (z. B. Ge-

hirn, Auge, Innenohr und Organe und Gewebe der Mundhöhle)
- sind an der Blutzellenbildung beteiligt
- beeinflussen Form und Größe des Körpers, besonders im Bereich des Gesichtsschädels. Sie bestimmen die geometrischen Verhältnisse des Kausystems.

Die Anpassungsfähigkeit des Knochens

> Knochen müssen in der Lage sein, sich veränderten Belastungen und Beanspruchungen anzupassen.

Knochenumbau setzt immer dann ein, wenn sich die Druck- und Zugbelastungen ändern. So kann ein Knochenbruch die Bildung neuen Knochenmaterials erfordern, um die Bruchstelle wieder zu „reparieren", oder der Kieferknochen wird abgebaut, wenn Zähne verlorengegangen sind. Im Bereich des Kausystems kann dies zudem durch Okklusionsstörungen, fehlerhaften Zahnersatz oder auch bewußt durch kieferorthopädische Geräte hervorgerufen sein.

Beim Knochenumbau wird der Knochen im Bereich der Druckzonen durch sogenannte Osteoklasten abgebaut, im Bereich der Zugzonen durch sogenannte Osteoblasten wieder neu aufgebaut. Die Knochensäulchen werden dabei neu ausgerichtet, damit sie die veränderten Druck- und Zugkräfte optimal aufnehmen können. Ob Knochengewebe angebaut oder abgebaut wird, hängt von der Art der Belastung ab: Verstärkte Belastung durch Zugkräfte führt zu einer Verstärkung des Knochens durch Aufbau zusätzlichen Knochenmaterials; verringert sich die Zugbelastung, dann baut der Knochen ab, denn die Versorgung von Knochenmaterial, das nicht benötigt wird, ist für den Organismus unsinnig.

Voraussetzung für die eben geschilderten Veränderungen ist jedoch, daß der Knochen durch die neue Belastung nicht überfordert wird. Bei Überlastung baut sich das Knochengewebe ab, oder der Knochen bricht. Die richtige Dosierung der Zug- und Druckkräfte eines kieferorthopädischen Geräts setzt voraus, daß der Behandler die Belastungsgrenzen des Kieferknochens genau kennt. Überfordert die Belastungszunahme nicht das Knochengewebe, dann reagiert der Knochen stets nach folgendem Prinzip:

> Bei zunehmender Zug-Belastung erfolgt Knochen-Aufbau.
>
> Bei zunehmender Druck-Belastung erfolgt Knochen-Abbau.

4.1.2.2 Bau des knöchernen Schädels

Der Schädel (Cranium) besteht aus zwei Anteilen, dem Hirnschädel (Neurocranium) und dem Gesichtsschädel (Viscerocranium).
Der Hirnschädel bildet das Gehäuse für das Gehirn und besteht aus einem oberen Teil, dem Schädeldach (Calvaria) und einem unteren Teil, der Schädelbasis (Basis cranii). In der Schädelbasis sind Gehör- und Gleichgewichtsorgan eingelagert. Der Gesichtsschädel stellt die knöcherne Grundlage des Gesichts dar, außerdem bildet er das Gehäuse für Augen-, Mund-, Nasen -und Nasennebenhöhlen. Die Grenze zwischen beiden Teilen liegt im Bereich der Nasenwurzel und dem oberen Rand der Augenhöhle und erstreckt sich bis zu den äußeren Gehörgängen.

Der Schädel ist aus einer Vielzahl von Schädelknochen (Ossa cranii) zusammengefügt. Von wenigen Ausnahmen abgesehen sind die einzelnen Schädelknochen über sogenannte Knochennähte fest miteinander verbunden. Knochennähte (Suturae) sind Verbindungen zweier benachbarter Knochen mittels straffem, kollagenfaserigem Bindegewebe, die Knochenränder sind häufig sägenartig miteinander verzahnt. Die Verzahnung der Knochen verhindert ein Verschieben der Knochen gegeneinander, ermöglicht aber dennoch durch ihre geringe Verschiebbarkeit die Aufnahme und Ableitung von einwirkenden Druckkräften (Schläge, Stöße, Kaubela-

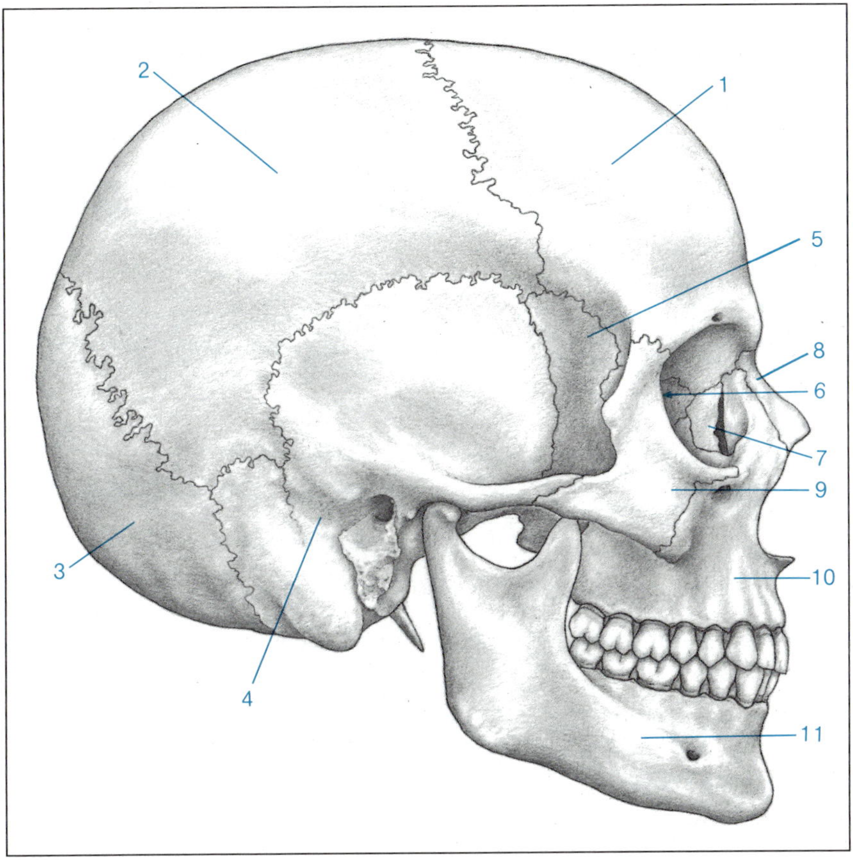

Abb. 4.5 Lateralansicht eines knöchernen Schädels:
1 Stirnbein, 2 Scheitelbein,
3 Hinterhauptbein, 4 Schläfenbein,
5 Keilbein, 6 Siebbein, 7 Tränenbein,
8 Nasenbein, 9 Jochbein,
10 Oberkieferbein, 11 Unterkiefer

stung). Einige wenige Schädelknochen sind von Geburt an durch Knorpelgewebe miteinander verbunden, das mit zunehmendem Alter durch Knochenmateriel ersetzt wird. Als einziger Knochen ist der Unterkiefer mit dem Gehirnschädel über ein sogenanntes echtes Gelenk, dem Kiefergelenk, verbunden (Abb. 4.5 und 4.6).

Die Schädelknochen bestehen in ihrem Grobaufbau aus einem Knochenkörper (Corpus) und aus Knochenfortsätzen (Processus). Bei einigen Schädelknochen ist der Knochenkörper innen hohl und mit Schleimhaut ausgekleidet.

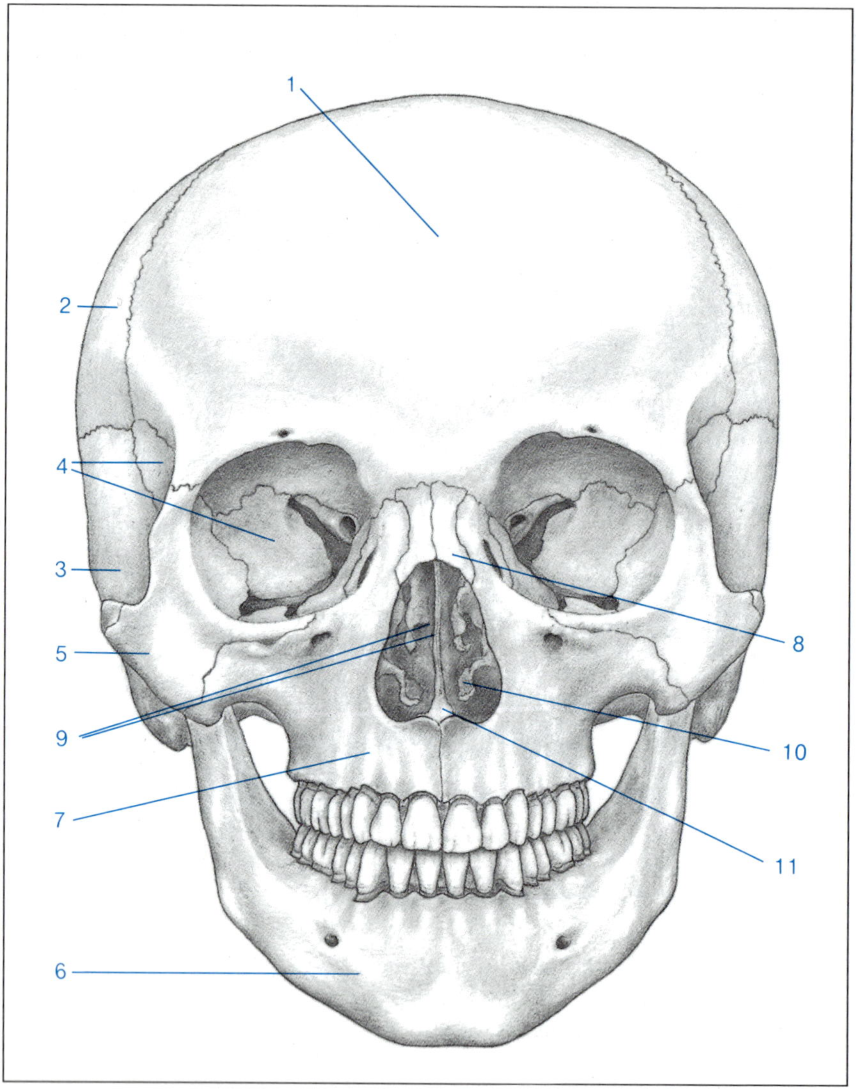

Abb. 4.6 Frontalansicht eines knöchernen Schädels:
1 Stirnbein, 2 Scheitelbein,
3 Schläfenbein, 4 Keilbein, 5 Jochbein,
6 Unterkiefer, 7 Oberkieferbein,
8 Nasenbein, 9 Siebbein,
10 Untere Nasenmuschel,
11 Plugscharbein

Der Hirnschädel wird von folgenden Knochen (früher: „Beine") gebildet:

• Stirnbein	(Os frontale)
• Scheitelbein	(Os parietale)
• Hinterhauptbein	(Os occipitale)
• Schläfenbein	(Os temporale)
• Keilbein	(Os sphenoidale)
• Siebbein	(Os ethmoidale)

Zum Gesichtsschädel rechnet man:

• Nasenbein	(Os nasale)
• Tränenbein	(Os lacrimale)
• Jochbein	(Os zygomaticum)
• Pflugscharbein	(Vomer)
• Untere Nasenmuschel	(Concha nasalis inferior)
• Gaumenbein	(Os palatinum)
• Oberkieferbein	(Maxilla)
• Unterkiefer	(Mandibula)

(Anmerkung: In manchen Fachbüchern wird das Siebbein zum Hirnschädel, in manchen zum Gesichtsschädel gezählt).

Für die Zahntechnik spielt das Zungenbein (Os hyoideum) als Verankerungselement der Mundbodenmuskulatur eine Rolle – ein Halsknochen, der dem Unterkiefer benachbart ist.

4.1.2.3 Unterkiefer

Der Unterkiefer besteht aus dem hufeisenförmig gebogenen Unterkieferkörper (Corpus mandibulae), dessen hintere Enden, die Unterkieferäste (Rami mandibulae) in einem stumpfen Winkel nach hinten und oben wegragen. Diese flachen Knochenplatten laufen nach oben in je zwei Fortsätzen aus, den vorn gelegenen Muskelfortsätzen (Processus coronoidei, früher auch Kronenfortsätze genannt) und den hinten gelegenen Gelenkfortsätzen (Processus condylares). Die Unterkieferbasis (Basis mandibulae) bildet den Hauptteil des Unterkieferkörpers, der Alveolarteil (Pars alveolaris) nur dessen oberen, zahntragenden Teil (Abb. 4.7 bis 4.11).

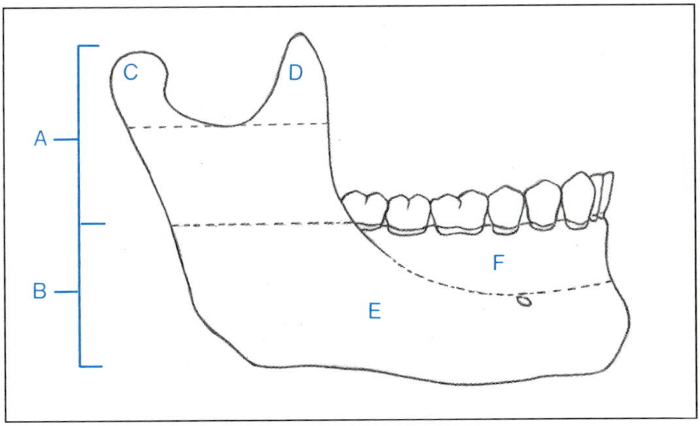

Abb. 4.7 Die Teile des Unterkiefers: A Unterkieferast, B Unterkieferkörper, C Gelenkfortsatz, D Muskelfortsatz, E Unterkieferbasis, F Alveolarteil

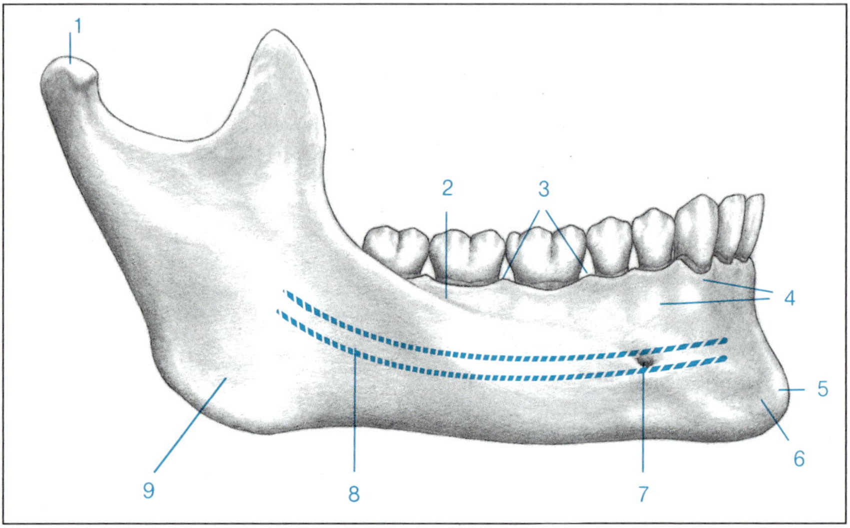

Abb. 4.8 ▲ Der Unterkiefer von der Seite gesehen:
1 Gelenkkopf (Kondylus), 2 Schräge Linie, 3 Alveolarrand, 4 Alveolenhügel, 5 Kinndreieck, 6 Kinnvorsprung, 7 Kinnloch, 8 Unterkieferkanal, 9 Masseterrauhigkeit

Abb. 4.9 ▼ Der Unterkiefer von medial gesehen:
1 Unterzungengrube, 2 Kinndorne, 3 Unterkiefergrube, 4 Kieferzungenbeinlinie, 5 Unterkieferwinkel, 6 Flügelmuskelrauhigkeit, 7 Unterkieferloch, 8 Züngelchen 9 Flügelgrube

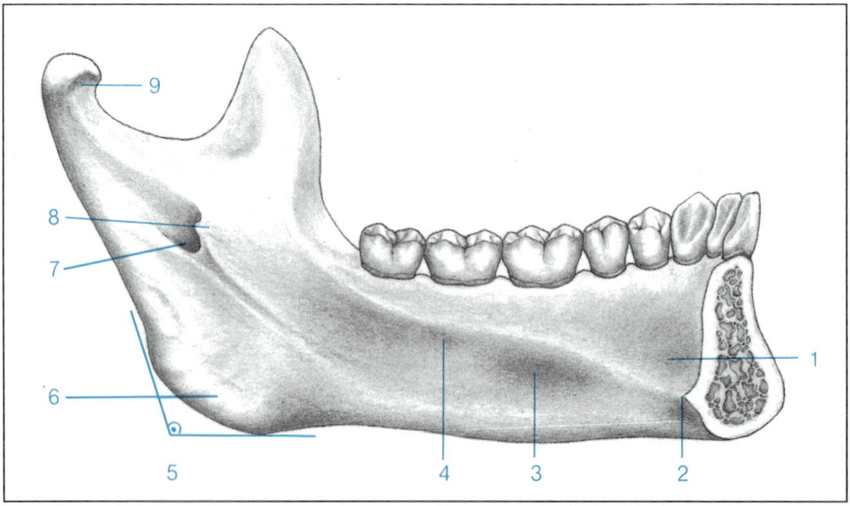

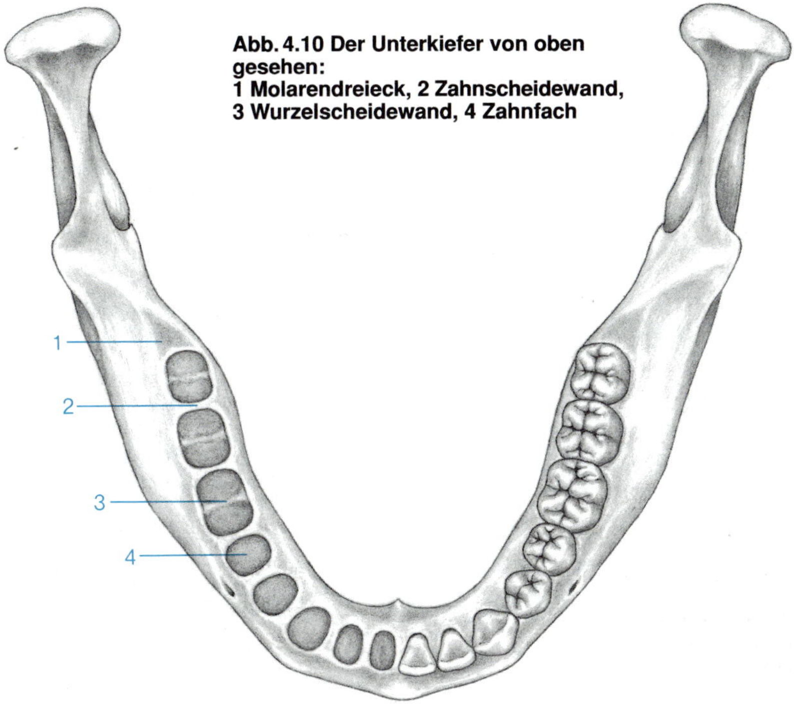

Abb. 4.10 Der Unterkiefer von oben gesehen:
1 Molarendreieck, 2 Zahnscheidewand, 3 Wurzelscheidewand, 4 Zahnfach

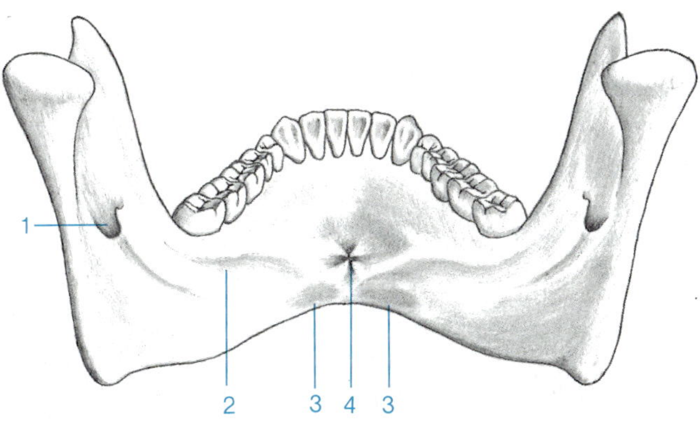

Abb. 4.11 Der Unterkiefer von hinten gesehen:
1 Unterkieferloch, 2 Kieferzungenbeinlinie, 3 Zweibauchmuskelgruben, 4 Kinndorne

Am Unterkiefer sind für die Zahntechnik folgende anatomische Gegebenheiten von Bedeutung. Sie dienen als

a) Muskelbefestigungsstellen für die Kaumuskulatur

- Als Masseterrauhigkeit (Tuberositas masseterica) bezeichnet man eine unregelmäßig gewellte, „rauhe" Knochenfläche, an der Außenseite des Unterkieferwinkels (s. u.). Ansatz des Großen Kaumuskels.
- Die Flügelmuskelrauhigkeit (Tuberositas pterygoidea) ist ebenfalls eine „rauhe" Fläche, jedoch an der Innenseite des Unterkieferwinkels. Ansatz des Mittleren Flügelmuskels.
- Die Flügelgrube (Fovea pterygoidea) stellt eine seichte Vertiefung an der Vorderseite des Gelenkfortsatzes unterhalb des Gelenkkopfes dar. Ansatz für den unteren Bauch des Seitlichen Flügelmuskels.
- Am Muskelfortsatz (Processus coronoideus) setzt der Schläfenmuskel an.

b) Muskelbefestigungsstellen für die Obere Zungenbeinmuskulatur und Zungenmuskulatur

- Die Kinndorne (Spinae mentales) sind mehrere stachelförmige Knochenerhebungen, die sich an der Unterkieferinnenseite am oberen Rand der Unterkieferbasis und genau in der Gesichtsmitte befinden. Sie dienen der Befestigung der Kinnzungenmuskeln und der Kinnzungenbeinmuskeln.
- Als Kieferzungenbeinlinie (Linea mylohyoidea) bezeichnet man eine Knochenleiste, die an der Innenseite des Unterkiefers liegt und distal vom oberen Rand der Unterkieferbasis nach mesial in Richtung des unteren Kieferrandes verläuft. Ansatz des Kieferzungenbeinmuskels.
- Die Zweibauchmuskelgruben (Fossae digastricae) sind zwei kleine Vertiefungen am unteren Rand des Unterkieferkörpers zu beiden Seiten der Symphyse. Ansätze des Zweibauchmuskels.

c) Muskelbefestigungsstellen für die Mimische Muskulatur

- Als Alveolenhügel (Juga alveolaria) bezeichnet man die durch die Zahnwurzeln verursachten Knochenvorwölbungen an der Außenseite des Alveolarteils, die vor allem im Frontzahnbereich sehr ausgeprägt sind. Ursprünge von Mundring- und Kinnmuskel.
- Die schräge Linie (Linea obliqua) ist eine Knochenleiste, die sich auf beiden Kieferseiten vom vorderen unteren Rand des Unterkieferastes schräg nach vorne und unten in die Außenfläche des Unterkieferkörpers hinein erstreckt. An ihr ist der Trompetermuskel befestigt.

d) Öffnungen und Gänge für Nerven und Blutgefäße

- Das Unterkieferloch (Foramen mandibulae) ist eine Öffnung, die genau in der Mitte der Innenseite beider Unterkieferäste liegt. Eintrittsöffnung für den Nervus alveolaris inferior, einem Nebenast des Nervus trigeminus und Blutgefäße.
- Als Unterkieferkanal (Canalis mandibulae) bezeichnet man einen Gang im Inneren des Unterkiefers, der in beiden Kieferhälften am Unterkieferloch beginnt und unter den Zahnwurzeln bis zu den vorderen mittleren Schneidezähnen verläuft. In ihm verläuft der Nervus alveolaris inferior und Blutgefäße, welche die Zähne und ihre Parodontien versorgen.
- Das Kinnloch (Foramen mentale) ist eine Öffnung auf der Außenseite des Unterkieferkörpers. Sie liegt in Höhe der Wurzelspitzen der kleinen Backenzähne und stellt einen Seitenausgang des Unterkieferkanals dar. Aus ihm treten abzweigende Nervenfasern des Nervus alveolaris inferior und Blutgefäße aus, die die Kinnhaut versorgen.

e) Elemente des Kiefergelenks

- Der Gelenkkopf (Caput mandibulae) oder Kondylus ist das walzenförmige obere Ende beider Gelenkfortsätze.
- Das Züngelchen (Lingula mandibulae) überdeckt als kleine zungenförmige Knochenschuppe den oberen und vorderen Rand des Unterkieferlochs und dient als Befestigungsstelle für das Keilbeinunterkieferband.

f) Aussparung für Speicheldrüsen

- Die Unterzungengrube (Fovea sublingualis) ist eine flache Vertiefung an der linken und rechten Innenseite des Unterkieferkörpers, oberhalb des mesialen Teils der Kieferzungenbeinlinie gelegen. In sie lagert sich die Unterzungenspeicheldrüse ein.
- Die Unterkiefergrube (Fovea submandibularis) ist eine sehr flache, meist kaum erkennbare Vertiefung auf der rechten und linken Innenseite des Unterkieferkörpers; sie liegt unterhalb des distalen Teils der Kieferzungenbeinlinie. In sie lagert sich die Unterkieferspeicheldrüse ein.

g) Allgemeine anatomische Bezeichnungen

- Der Alveolarrand (Limbus alveolaris) ist der obere, bogenförmige freie Rand des Alveolarteils.
- Als Kinnvorsprung (Protuberantia mentalis) wird der mehr oder weniger stark hervortretende Teil des Unterkieferkörpers im Bereich des Kinns bezeichnet.
- Die Verwachsungsstelle der beiden Unterkieferhälften in der Medianebene wird Symphyse genannt. Sie wird durch eine dreieckige Knochenplatte verstärkt, die entsprechend ihrer Form Kinndreieck (Trigonum mentale) heißt.
- Das Molarendreieck (Trigonum retromolare) ist eine dreieckige, meist rauhe Knochenfläche auf jeder Kieferseite, die distal des letzten Molaren liegt und seitlich von der sich aufgabelnden Vorderkante des Unterkieferastes eingefaßt wird.
- Unterkieferwinkel (Angulus mandibulae) nennt man das distale untere Ende des Unterkieferkörpers. (An dieser Stelle überkreuzen sich die nach hinten verlängerte Unterkante des Unterkieferkörpers und die nach unten verlängerte Hinterkante des Unterkieferastes, die in einem stumpfen Winkel zueinander verlaufen.)
- Der Alveolarteil enthält die Zahnfächer (Alveolen), in denen die Zahnwurzeln der unteren Zähne verankert sind.
- Die Zahnscheidewände (Septa interalveolaria) sind quer gestellte Knochenplatten des Alveolarteils zwischen den Zahnfächern der einzelnen Zähne.
- Die Wurzelscheidewände (Septa interradicularia) sind Knochenplatten, die im Gebiet mehrwurzeliger Backenzähne die Zahnfächer unterteilen.

4.1.2.4 Oberkiefer

Der Oberkiefer besteht aus einem Mittelstück, dem Oberkieferkörper und vier davon ausgehenden Knochenfortsätzen.

Der Oberkieferkörper (Corpus maxillae), der einem dreiseitigen Pyramidenstumpf ähnlich ist, wird von vier Knochenplatten gebildet; sie umschließen die mit Schleimhaut ausgekleidete Kieferhöhle (Sinus maxillaris). Die Lage der vier die Kieferhöhle umschließenden Flächen, der Gesichtsfläche (Facies anterior), der Augenhöhlenfläche (Facies orbitalis), der Unterschläfenfläche (Facies infratemporalis) und der Nasenfläche (Facies nasalis) ist aus den Abbildungen 4.12 und 4.13 zu ersehen.

Abb. 4.12 Der Oberkiefer von der Seite gesehen: A Augenhöhlenfläche, B Gesichtsfläche, C Unterschläfenfläche, D Stirnfortsatz, E Alveolarfortsatz, F Jochfortsatz, 1 Unteraugenhöhlenfurche, 2 Unteraugenhöhlenkanal, 3 Unteraugenhöhlenloch, 4 Vorderer Nasendorn, 5 Alveolenhügel, 6 Jochbein-Alveolar-Leiste, 7 Oberkieferhöcker, 8 Foramina alveolaria

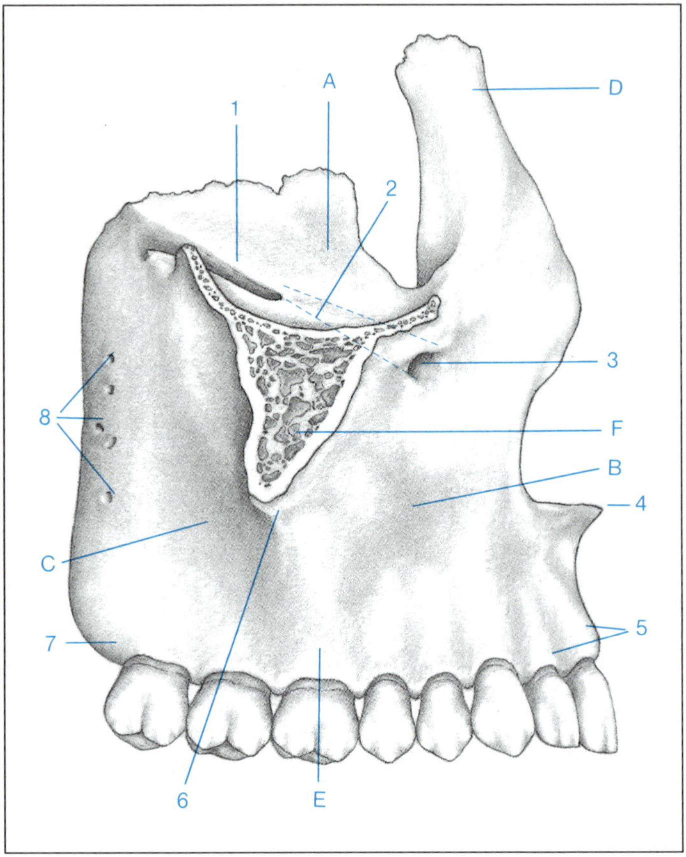

Der Stirnfortsatz (Processus frontalis) ragt zwischen Nasenbein und Tränenbein steil nach oben und lagert sich an das Stirnbein an. Seitlich aus dem Oberkieferkörper geht der massige Jochfortsatz (Processus zygomativus) hervor, der an das Jochbein grenzt. Der Alveolarfortsatz (Processus alveolaris) setzt die Vorderfläche des Oberkieferkörpers nach unten fort und trägt die Zahnfächer für die Oberkieferzähne der jeweiligen Seite.

Die horizontale Knochenplatte, die vom Oberkieferkörper aus zur Medianebene zieht, heißt Gaumenfortsatz (Processus palatinus).

In der Medianebene treffen sich die beiden Fortsätze in der mittleren Gaumennaht (Sutura palatina mediana). Der hintere Rand der beiden Gaumenfortsätze steht über die quere Gaumennaht (Sutura palatina transversa) mit den horizontalen Platten der beiden Gaumenbeine in Verbindung.

Bei Jugendlichen findet man im Oberkiefer gelegentlich noch den Zwischenkieferknochen (Os incisivum, früher auch Os intermaxillare oder Os Goethei genannt, weil 1784 von Goethe entdeckt), der die oberen Schneidezähne trägt. Genau in der Medianebene, wo sich die Zwischenkieferknochen und die beiden Gaumenfortsätze

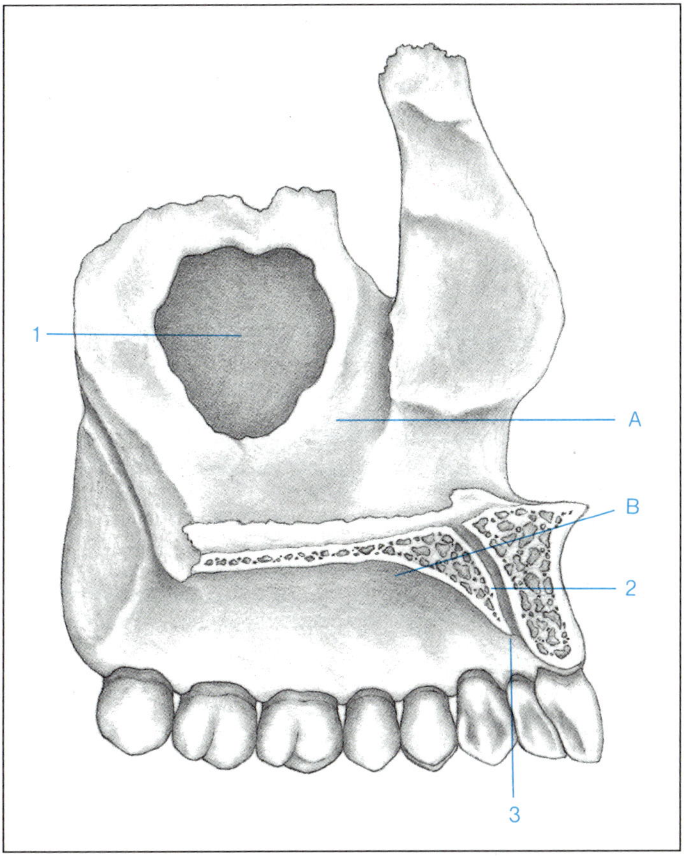

Abb. 4.13 Der Oberkiefer von medial gesehen: A Nasenfläche, B Gaumenfortsatz, 1 Oberkieferloch, 2 Schneidezahnkanal, 3 Schneidezahnloch

berühren, liegt das Schneidezahnloch (Foramen incisivum) (s. u.). Die Zwischenkiefernaht (Sutura incisiva), durch die der Zwischenkiefer mit dem Gaumenfortsatz des Oberkiefers verbunden ist, läßt sich manchmal auch noch am Erwachsenenschädel finden. Bei Menschen mit sogenannten Kieferspalten ist der Zwischenkieferknochen unvollkommen entwickelt und überhaupt nicht mit dem Gaumenfortsatz verbunden und anstelle der Knochennaht klafft dann ein Spalt.

Am Oberkiefer sind für die Zahntechnik folgende anatomischen Gegebenheiten von Bedeutung. Sie dienen als:

a) Muskelbefestigungsstelle für die Mimische Muskulatur

- Die Alveolenhügel (Juga alveolaria) findet man an der Außenseite des Alveolarfortsatzes; sie sind vor allem im Frontzahnbereich sehr ausgeprägt. Muskelursprünge von Mundring-, Nasen- und Trompetermuskel.

b) Öffnungen und Gänge für Nerven und Blutgefäße

- Die Unteraugenhöhlenfurche (Sulcus infraorbitalis), eine Rinne auf der Augenhöhlenfläche, stellt den Eingang für den Nervus infraorbitalis dar, einem Nebenast des Nervus trigeminus, zum Unteraugenhöhlenkanal.

- Der Unteraugenhöhlenkanal (Canalis infraorbitalis) ist ein Gang, der sich unterhalb der Augenhöhlenfläche bis zur Gesichtsfläche erstreckt. In ihm verläuft der Nervus infraorbitalis.
- Im Unteraugenhöhlenloch (Foramen infraorbitale), einer Öffnung auf der Gesichtsfläche, tritt der Nervus infraorbitalis aus.
- Als Foramina alveolaria bezeichnet man kleine Öffnungen auf der Unterschläfenfläche, durch die Nervenfasern des Nervus infraorbitalis in die Kieferhöhle eintreten.
- Als Schneidezahnloch (Foramen incisivum) bezeichnet man eine Öffnung in der Knochennaht zwischen den beiden Gaumenfortsätzen im Bereich des ehemaligen Zwischenkiefers, dorsal der mittleren Schneidezähne. Aus ihr treten der Nervus incisivus, ein Nebenast des Nervus trigeminus und Blutgefäße aus, die die Schleimhaut im Zwischenkieferbereich versorgen.

c) Für die Totalprothetik

- Der Oberkieferhöcker (Tuber maxillae) ist die dünnwandige Vorwölbung der Unterschläfenfläche. (In der Totalprothetik ist aber nur der untere, hinter dem letzten Molaren gelegene Teil von Bedeutung und wird zur begrifflichen Unterscheidung als Tuber maxillare bezeichnet, kurz „Tuber" genannt).
- Die Jochbein-Alveolar-Leiste (Crista infrazygomatica) genannte Knochenverstärkungsleiste ist die Fortsetzung des Unterrandes des Jochbeinfortsatzes nach kaudal. Sie markiert zugleich die Grenze zwischen der Gesichts- und der Unterschläfenfläche.
- Als Gaumenwulst (Torus palatinus) bezeichnet man eine Knochenauftreibung zu beiden Seiten der mittleren Gaumennaht.

d) Prothetischer Bezugspunkt

- Als vorderen Nasendorn (Spina nasalis anterior) bezeichnet man die Knochenspitze an der vorderen unteren Nasenöffnung. Bezugspunkt der Camperschen Ebene.

e) Allgemeine anatomische Bezeichnungen

- Das Oberkieferloch (Hiatus maxillaris) ist eine große, mit Schleimhaut abgedeckte Öffnung in der Nasenfläche und stellt den Eingang zur Kieferhöhle dar.
- Der Alveolarfortsatz enthält die Zahnfächer (Alveolen), in denen die Zahnwurzeln der oberen Zähne verankert sind.
- Die Zahnscheidewände (Septa interalveolaria) sind quergestellte Knochenkämme zwischen den Zahnfächern des Alveolarfortsatzes.
- Die Wurzelscheidewände (Septa interradicularia) unterteilen die Zahnfächer im Gebiet mehrwurzeliger Backenzähne.

4.1.2.5 Gaumenbein

Das paarige Gaumenbein besteht aus zwei Knochenplatten (Abb. 4.14). Die Vertikale Platte (Lamina perpendicularis) beteiligt sich am Aufbau des hinteren Teils der seitlichen Nasenhöhlenwand, die Horizontale Platte (Lamina horizontalis) bildet das hintere Drittel des Knöchernen Gaumens.

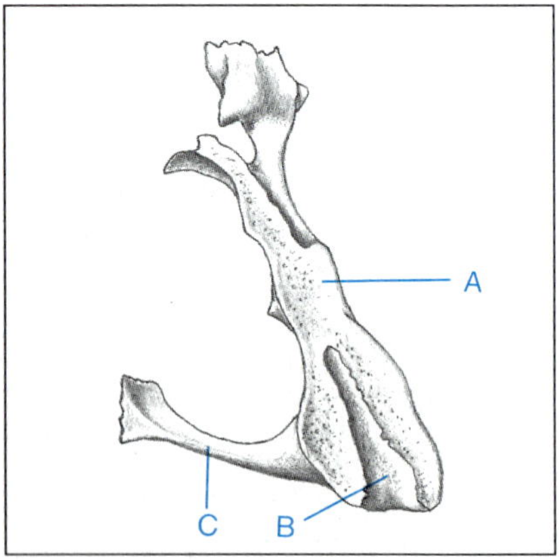

Abb. 4.14 Das Gaumenbein von hinten gesehen:
A Vertikale Platte
B Processus pyramidalis
C Horizontale Platte

Die Horizontalen Platten des Gaumenbeins bilden zusammen mit den Gaumenfortsätzen der Oberkieferbeine den Knöchernen Gaumen (Abb. 4.15).

Am Gaumenbein sind für die Zahntechnik folgende anatomischen Gegebenheiten von Bedeutung. Sie dienen als:

a) Öffnungen für Nerven und Blutgefäße

- Das Große Gaumenloch (Foramen palatinum majus) ist eine zwischen dem Gaumenfortsatz des Oberkiefers und der Horizontalen Platte gelegene Öffnung der Knochennaht. Austrittsöffnung für Blutgefäße und den Nervus palatinus major, einem Nebenast des Nervus trigeminus, der den vorderen Abschnitt der Gaumenschleimhaut versorgt.
- Zwei kleine Öffnungen, die Kleinen Gaumenlöcher (Foramina palatina minora), liegen dorsal vom Großen Gaumenloch. Austrittsöffnungen für Blutgefäße und den Nervus palatinus minor, der den hinteren Gaumenschleimhautbereich versorgt.

b) Dorsaler Rand des Knöchernen Gaumens

- Die dorsale Kante der beiden Horizontalen Platten läuft in der Mitte in einer Knochenspitze zusammen, dem Hinteren Nasendorn (Spina nasalis posterior); sie ist mit der Grenze zwischem Hartem und Weichem Gaumen, der A-Linie, weitgehend identisch. Sie spielt bei der Gestaltung des dorsalen Randes einer Oberkiefer-Totalprothese eine wichtige Rolle.

c) Allgemeine anatomische Bezeichnung

- Über den Processus pyramidalis steht das Gaumenbein mit dem Flügelfortsatz des Keilbeins in Verbindung.

4.1.2.6 Keilbein

Von oben betrachtet ähnelt das Keilbein einem Schmetterling mit ausgebreiteten Flügeln, weswegen es früher auch als „Schmetterlingsbein" bezeichnet wurde; einige Bezeichnungen lassen diese Vorsteliung noch erkennen. Das Keilbein besteht aus einem würfelförmigen Mittelstück,

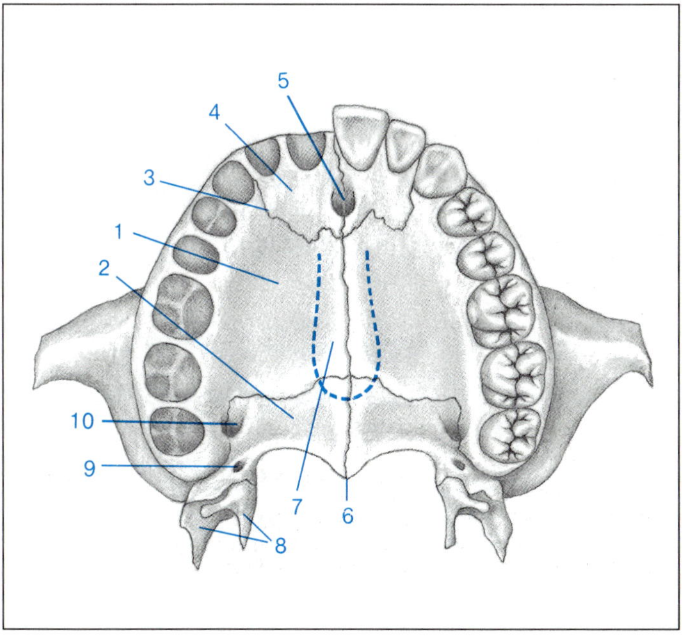

Abb. 4.15 Der „knöcherne Gaumen" von unten gesehen: 1 Gaumenfortsatz, 2 Horizontale Platte, 3 Zwischenkiefernaht (ab dem 6. Jahr verwächst der Zwischenkiefer mit dem Gaumenfortsatz), 4 Zwischenkiefer, 5 Schneidezahnloch, 6 Hinterer Nasendorn, 7 Gaumenwulst, 8 Processus pyramidalis, 9 Kleine Gaumenlöcher, 10 Großes Gaumenloch

dem Keilbeinkörper (Corpus ossis sphenoidalis) und drei paarigen Knochenfortsätzen: den Kleinen und Großen Flügeln und den nach unten wegragenden Flügelfortsätzen. Der Keilbeinkörper weist im Inneren einen großen, von Schleimhaut ausgekleideten Hohlraum auf, die Keilbeinhöhle. Der Kleine Flügel (Ala minor) erstreckt sich vom vorderen, oberen Abschnitt des Keilbeinkörpers seitwärts, der Große Flügel (Ala major) vom hinteren, unteren Abschnitt des Keilbeinkörpers nach der Seite und nach vorn. Der Flügelfortsatz (Processus pterygoideus), entspringt der Unterseite des Großen Flügels senkrecht nach unten (Abb. 4.16 und Abb. 4.17).

Am Keilbein sind für die Zahntechnik folgende anatomischen Gegebenheiten von Bedeutung. Sie dienen als:

a) Muskelbefestigungsstellen für die Kaumuskulatur

- Als Außenlamelle (Lamina lateralis) bezeichnet man die äußere Knochenplatte des Flügelfortsatzes. Ursprung des unteren Bauchs des Seitlichen Flügelmuskels.
- Unterschläfenleiste (Crista infratemporalis) nennt man eine kleine Knochenleiste an der nach außen zeigenden Fläche des Großen Flügels. (Sie liegt von der Seite betrachtet etwa auf der Höhe des Jochbogens.) Ursprung des oberen Bauchs des

Abb. 4.16 Das Keilbein von oben gesehen: A Großer Flügel, B Kleiner Flügel, C Keilbeinkörper, 1 Oberer Augenhöhleneinschnitt, 2 Rundes Loch, 3 Ovales Loch

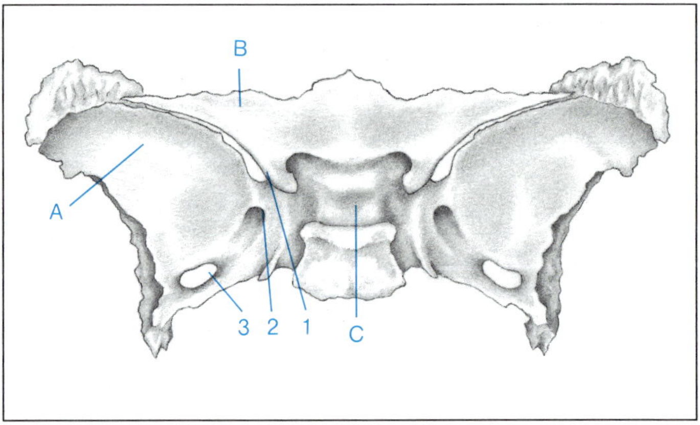

Abb. 4.17 Das Keilbein von hinten gesehen: A Großer Flügel, B Kleiner Flügel, C Flügelfortsatz, 1 Außenlamelle, 2 Flügelgrube, 3 Innenlamelle, 4 Flügelhaken, 5 Keilbeindorn

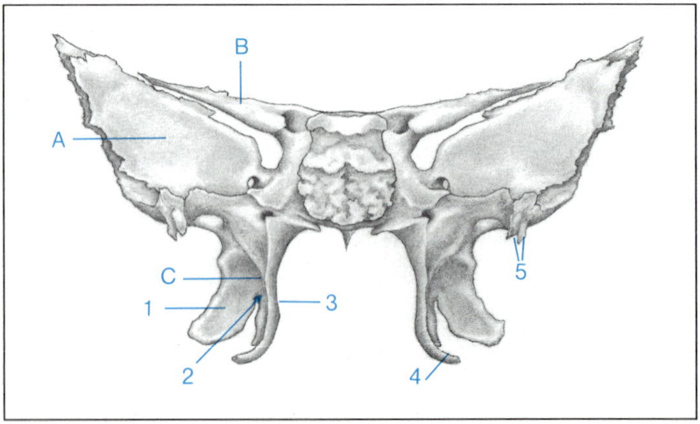

Seitlichen Flügelmuskels.

- Die Flügelgrube (Fossa pterygoidea) ist eine längliche Vertiefung des Flügelfortsatzes zwischen der Außen- und Innenlamelle. Ursprung des Mittleren Flügelmuskels.

b) Befestigungsstellen für Bänder

- Als Flügelhaken (Hamulus pterygoideus) bezeichnet man den hakenförmigen Fortsatz am Ende der Innenlamelle (s. u.). Er ist eine der Befestigungsstellen der Flügelunterkiefernaht.
- Als Keilbeindorn (Spina ossis sphenoidalis) bezeichnet man die nach unten gerichtete Spitze am hintersten Ende der Großen Flügel. Ursprung des Keilbeinunterkieferbands, einem Kiefergelenksband.

c) Als Öffnungen für Nerven

- Der Obere Augenhöhleneinschnitt (Fissura orbitalis superior), ist ein Spalt, der sich zwischen dem Großen und dem Kleinen Flügel bildet. Durchtrittsöffnung des Augenastes, dem ersten Hauptast des Nervus trigeminus.
- Das Runde Loch (Foramen rotundum) ist, wie der Name sagt, eine kreisrunde Öffnung im Großen Flügel, seitlich des Keilbeinkörpers. Durchtrittsöffnung des Oberkieferastes, dem zweiten Hauptast des Nervus trigeminus.
- Das Ovale Loch (Foramen ovale), eine ovale Öffnung, liegt in der dorsalen Spitze des Großen Flügels. Durchtrittsöffnung des Unterkieferastes, dem dritten Hauptast des Nervus trigeminus.

d) Allgemeine anatomische Bezeichnungen

- Die Innenlamelle (Lamina medialis) ist die innere Knochenplatte des Flügelfortsatzes.

4.1.2.7 Schläfenbein

Das Schläfenbein besteht aus drei großen Teilen: dem Felsenbein (Pars petrosa), welches das Innenohr einschließt und an der Schädelbasis liegt, dem Paukenteil (Pars tympanica), der Boden, Vorder- und Hinterwand des knöchernen, äußeren Gehörgangs formt und der Schläfenbeinschuppe (Pars squamosa). Sie liegt zwischen Keilbein und Hinterhauptbein, bildet die Schädelseitenwand und mit ihrer Unterseite die Gelenkgrube des Kiefergelenks (Abb. 4.18 und Abb. 4.19).

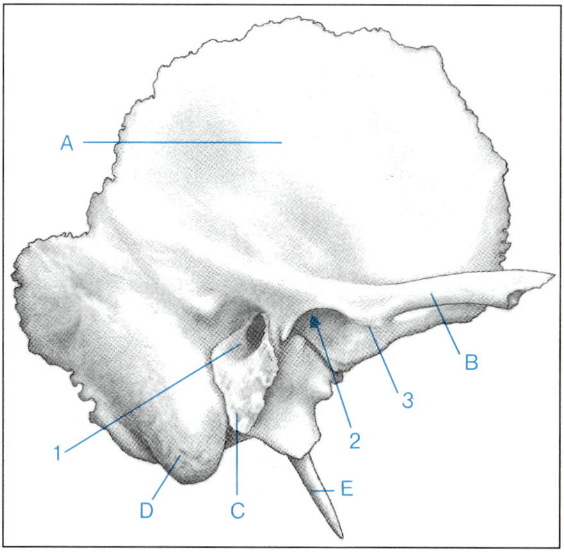

Abb. 4.18 Das Schläfenbein von der Seite gesehen:
A Schläfenbeinschuppe
B Jochbeinfortsatz
C Paukenteil
D Warzenfortsatz
E Griffelfortsatz
1 Äußerer Gehöreingang
2 Gelenkgrube
3 Gelenkhöckerchen

Abb. 4.19 Das Schläfenbein von unten gesehen: A Felsenbein B Jochbeinfortsatz 1 Warzeneinschnitt 2 Gelenkgrube 3 Gelenkhöckerchen

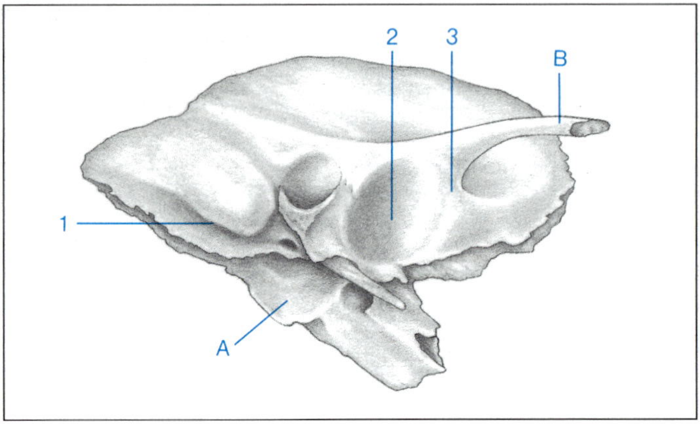

Am Schläfenbein sind für die Zahntechnik folgende anatomische Gegebenheiten von Bedeutung. Sie dienen als:

a) Befestigungsstellen für verschiedene Muskelgruppen

- Als Jochbeinfortsatz (Processus zygomaticus) bezeichnet man einen vor dem Äußeren Gehöreingang gelegenen, langen, nach vorn gerichteten Fortsatz der Schläfenbeinschuppe. Ursprung des Großen Kaumuskels.
- Als Warzeneinschnitt (Incisura mastoidea) bezeichnet man eine an der Unterseite des Felsenbeins, medial vom Warzenfortsatz gelegene Rinne. Ursprung des hinteren Bauchs des Zweibauchmuskels.
- Der Griffelfortsatz (Processus styloideus) ist ein langer, nach unten gerichteter, stiftartiger Fortsatz an der Unterseite des Felsenbeins. Ursprung des Griffelzungenbeinmuskels.

b) Wichtiger Bestandteil des Kiefergelenks

- Die Gelenkgrube (Fossa mandibularis) ist die Vertiefung an der Außenseite der Schläfenbeinschuppe vor dem Äußeren Gehöreingang und unterhalb des Jochbeinfortsatzes.
- Als Gelenkhöckerchen (Tuberculum articulare) bezeichnet man die wulstartige Erhebung vor der Gelenkgrube; ihr höchster Punkt heißt Eminentia articularis.
- Am Griffelfortsatz (s. o.) liegt auch der Ursprung des Griffelunterkieferbandes, einem Kiefergelenkband.

d) Prothetischer Bezugspunkt

- Unter dem Äußeren Gehöreingang (Porus acusticus externus) versteht man die Öffnung des äußeren Gehörgangs, die oberhalb des Griffelfortsatzes liegt. Sein oberer Rand dient als Bezugspunkt für die Frankfurter Horizontale, sein unterer Rand als Bezugspunkt für die Campersche Ebene.

e) Allgemeine anatomische Bezeichnungen

- Der Warzenfortsatz (Processus mastoideus) ist ein hinter dem äußeren Gehöreingang gelegener, wulstiger Knochenfortsatz des Felsenbeins.

4.1.2.8 Zungenbein

Das Zungenbein ähnelt in der Form einem Hufeisen. Dem querverlaufenden, zentralen Zungenbeinkörper (Corpus ossis hyoidei) sind beiderseits zwei schlanke Knochenfortsätze angefügt, die Großen Hörner (Cornua majora), deren hintere Enden knopfförmig verdickt sind. An der Grenze von Zungenbeinkörper und Großen Hörnern ragen die Kleinen Hörner (Cornua minora) als kurze, kegelförmige Fortsätze nach hinten oben weg (Abb. 4.20).

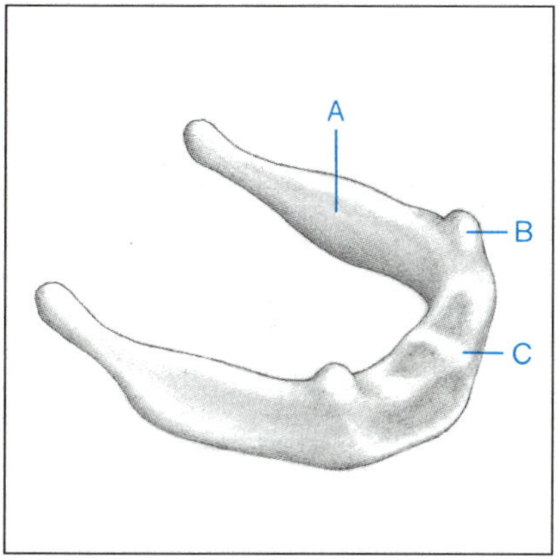

Abb. 4.20 Das Zungenbein von rechts vorn oben gesehen:
A Großes Horn
B Kleines Horn
C Zungenbeinkörper

Das Zungenbein dient als Befestigung für:
- die Obere Zungenbeinmuskulatur,
- die Untere Zungenbeinmuskulatur,
- einige Rachenwandmuskeln und
- einige Bänder.

Zusammen mit den eben erwähnten Muskeln spielt das Zungenbein beim Öffnen des Mundes und beim Schlucken eine große Rolle.

4.1.3 Anatomie ausgewählter Kopf- und Halsmuskeln

4.1.3.1 Bau und Funktion eines Skelettmuskels

Bau eines Muskels

Um seine Aufgaben optimal erfüllen zu können, hat ein Muskel einen ganz speziellen Aufbau:

Er besteht aus vielen, parallel zueinander verlaufenden Muskelfaserbündeln (Muskelfaser = Muskelzelle). Die einzelnen Muskelfasern eines Muskelfaserbündels enthalten in ihrem Inneren Faserstrukturen (Muskelfibrillen), die alle in Längsrichtung der Muskelfaser ausgerichtet sind und sich aktiv gegeneinander verschieben können. Erreicht eine Nervenerregung die Muskelfaser, so verschieben sich die Muskelfibrillen gegeneinander, und es kommt zu einer Verkürzung der Muskelfaser. Da das Volumen des Muskelgewebes gleichbleibt, ist eine Verkürzung einer Muskelfaser mit einer gleichzeitigen Verdickung derselben verbunden. Da sich alle Muskelfaserbündel in einer Richtung verkürzen, verdickt sich der Muskel in der Mitte und bildet einen „Bauch".

An den beiden Muskelenden gehen die Muskelfaserbündel in Sehnenfaserbündel über. Sie dienen der Befestigung des Muskels am Knochen oder im Weichgewebe, sind mit der Faserstruktur der Knochenhaut eng verflochten und übertragen so die Muskelkraft auf die Rindenschicht des Knochens. Bei den Mimischen Muskeln sind die Sehnen eines Muskelendes mit dem Faserwerk der mittleren Hautschicht der Gesichtshaut, der Lederhaut, verflochten. Da der Muskel sich in Längsrichtung seiner Muskelfasern zusammenzieht, werden die mit ihm verbundenen Gewebe oder Körperteile in Muskelfaserrichtung aufeinander zu bewegt.
Die Muskelfaserbündel werden von faserigem Bindegewebe umgeben, in dem Blut- und Lympfgefäße, Nervenfaserbündel und Sinnesorgane liegen. Damit dem Muskel bei großer Beanspruchung auch genügend Nährstoffe und Energie zur Verfügung stehen, ist er besonders gut durchblutet.

Jede Muskelfaser wird über ein Nervenfaserende erregt, das als motorische Endplatte bezeichnet wird und die Kontraktion der Faser ausgelöst. Die mehrere Muskelfasern umhüllenden Muskelspindeln informieren das zentrale Nervensystem über die momentane Muskellänge, sogenannte Sehnenorgane in den Muskelsehnen über die Muskelspannung.

Jeder Muskel wird gegenüber seinen Nachbarorganen durch die sogenannte Muskelhaut (Faszie) abgegrenzt. Sie ist eine bindegewebige Gleithülle, die dafür sorgt, daß sich die Muskeloberfläche bei der Muskelbewegung gegenüber dem Nachbargewebe leicht verschieben kann; zudem hält sie das Muskelgewebe zu sammen (Abb. 4.21).

Ein Muskel besteht aus folgenden Teilen (Abb. 4.22):

Muskelbauch	=	verdicktes, „bauchiges" Mittelteil des Muskels.
Muskelkopf	=	dünn auslaufendes Ende des Muskels.
Muskelursprung	=	ortsfeste oder körpernahe Muskelbefestigungsstelle.
Muskelansatz	=	ortsveränderliche oder körperferne Muskelbefestigungsstelle.

Muskeln können unterschiedliche Formen haben. Die meisten Muskeln haben Spindelform, bestehen aus langen Fasern und ermöglichen durch deren starke Verkürzung weitausgreifende Bewegungen. Allerdings ist die Kraftentfaltung derartiger Muskeln gering. Daneben gibt es breitflächige und bandförmige Muskeln, die teilweise in mehrere Bäuche mit mehreren Köpfen aufgeteilt sein können. Sie entwickeln aufgrund ihres großen physiologischen Querschnitts (s. u.) sehr große Kräfte, ermöglichen aber keine großen Bewegungen. Die Muskeln des Kausystems zeigen alle soeben genannten Formvarianten.

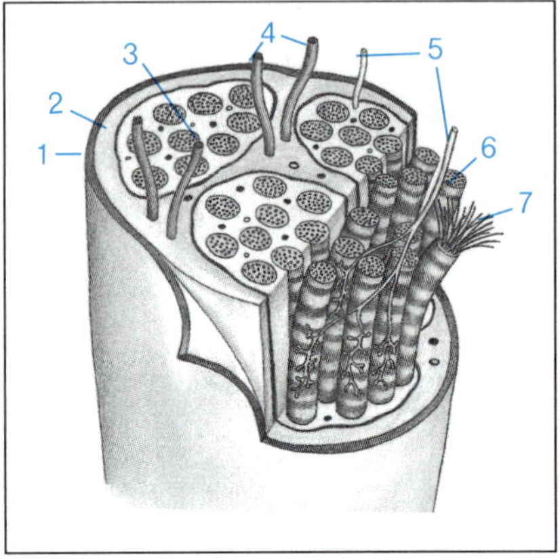

Abb. 4.21 Schema des Muskelaufbaus: 1 Muskelhaut, 2 Faseriges Bindegewebe, 3 Muskelfaserbündel, 4 Blutgefäße, 5 Nervenfasern, 6 Muskelfaser, 7 Muskelfibrille

Funktionen eines Skelettmuskels

Die Aufgaben eines Muskels sind

- die Fortbewegung des Körpers und
- die Bewegung der einzelnen Gliedmaßen und die einiger innerer Organe.

Außerdem trägt ein Muskel ganz wesentlich

- zur Erwärmung des Körpers bei, da er bei der Kontraktion Energie umsetzt, die zum größten Teil als Wärme frei wird.

Kontraktion eines Muskels

Wird ein Muskel durch Nervenimpulse erregt, so kontrahiert er, das heißt, er versucht sich zu verkürzen, wobei er an seinen Befestigungsstellen zieht. Ob bei dieser Kontraktion eine Verkürzung des Muskels eintritt, hängt davon ab, ob die Befestigungsstelle nachgeben kann. Kann sich der Muskel bei gleichbleibender Anspannung verkürzen, bezeichnet man dies als Isotonische Kontraktion. Kann er sich nur verschieden stark anspannen, weil eine Verkürzung nicht möglich ist (er behält seine Länge bei), nennt man das Isometrische Kontraktion.

Alle Muskeln werden im „entspannten" Zu-

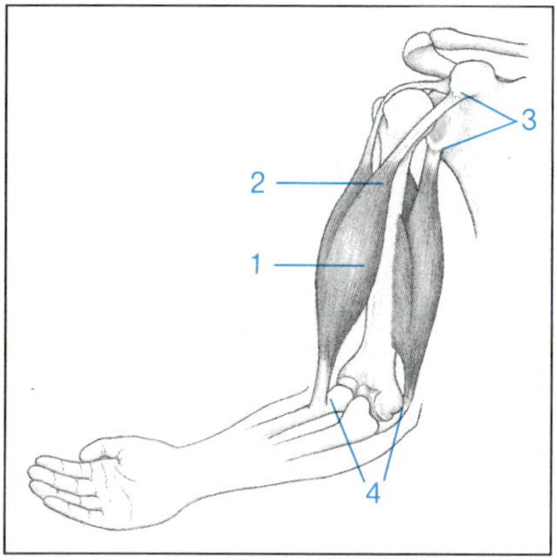

Abb. 4.22 Teile eines Muskels:
1 Muskelbauch, 2 Muskelkopf,
3 Muskelursprung, 4 Muskelansatz

stand durch Nervenimpulse niedriger Frequenz in einer Muskelruhespannung (oder Ruhetonus) gehalten. Dabei sind die Muskeln weder verkürzt noch erschlafft. Diese Grundspannung dient der Haltefunktion der Muskeln. So würde der Unterkiefer im entspannten Zustand immer weit herunterhängen, hielten ihn nicht die Kieferschließermuskeln in ihrer Ruhespannung in der sogenannten Ruhe-Schwebe-Lage.

Antagonisten und Synergisten

Ein Muskel kann sich zwar aktiv zusammenziehen, aber nicht von selbst strecken. Er muß im erschlafften Zustand durch sogenannte Antagonisten (= Gegenspieler) passiv gedehnt werden, damit er sich erneut kontrahieren kann. Antagonisten können Muskeln sein, die in Gegenrichtung wirken, aber auch die Schwerkraft oder die Elastizität von Körpergewebe, an dem der Muskel „zieht". Muskeln, die bei ihrer Tätigkeit zusammenarbeiten nennt man Synergisten.

Leistungsfähigkeit von Muskeln am Beispiel von Kaumuskeln

Wie stark sich ein Muskel verkürzt beziehungsweise anspannt, hängt zum einen von der Anzahl der ihn erregenden Nervenimpulse ab, zum anderen von der Anzahl der erregten Muskelfasern.
Wie schnell er dabei kontrahiert, wird durch den Muskelfasertyp und durch die Belastung bestimmt:
Ein Muskel hebt eine leichte Last schneller an als eine schwere. Mit welcher Kraft sich ein Muskel zusammenzieht, hängt ab von seinem Physiologischen Querschnitt = Summe aller Muskelfaserquerschnitte des Muskels.

Kaumuskeln sind sehr kräftig ausgebildet, da sie beim Zubeißen einen teilweise enorm hohen Kaudruck erzeugen müssen. Der stärkste Einzelmuskel ist der Schläfenmuskel, sein Drehmoment wird nur vom gemeinsamen Drehmoment der aus Mittlerem Flügelmuskel und Großem Kaumuskel gebildeten „Muskelschlinge" übertroffen.

Kaukraft = die gesamte Kraft, mit der beide Zahnreihen gegeneinander gepreßt werden können.

Die theoretisch größtmögliche vertikale Kaukraft der drei am Mundschließen beteiligten Kaumuskeln liegt zwischen 1500 und 2000 Newton, die physiologisch notwendige Kaukraft ist jedoch bedeutend geringer. Ihr Wert hängt von einer Reihe verschiedenartiger Faktoren ab, wie zum Beispiel der Art und dem Einspeichelungsgrad der Nahrung ab und beträgt in der Regel nur 20 bis 35 Newton. Übersteigt die Kaukraft einen bestimmten Grenzwert, so wird eine weitere Steigerung der Kaukraft reflektorisch verhindert, um den Zahnhalteapparat vor Überlastung zu schützen.

Kaudruck = der Anteil der Kaukraft pro 1 cm^2 Kaufläche.

Er hängt in entscheidendem Maße von der Belastbarkeit des Zahnhalteapparats ab und schwankt bei den einzelnen Zähnen sehr stark. Als Richtwerte werden in der Fachliteratur für die Schneidezähne etwa 300 N/cm², für die Prämolaren 500 N/cm² und die Molaren 800 N/cm² angegeben.

Zusammenwirken von Muskeln bei Organbewegungen

> Die Bewegungen der Organe des Kausystems sind das Ergebnis komplizierter Funktionsabläufe, weil an jeder Bewegung fast immer mehrere Muskeln beteiligt sind.

Die Muskeln arbeiten dabei teilweise miteinander (synergistisch) und teilweise gegeneinander (antagonistisch). Zu beachten ist ferner, daß die Bewegungen individuell sehr unterschiedlich ablaufen, weil zum einen die anatomischen Verhältnisse von Mensch zu Mensch verschieden sind, zum anderen die gleichen Bewegungen bei derselben Person bei Wiederholung leicht verändert ablaufen können. Bei einzelnen Bewegungen von Organen wirken die beteiligten Muskeln in unterschiedlicher Intensität mit.

4.1.3.2 Muskeln für Kiefer- und Schluckbewegungen

Die Kieferbewegungen kommen durch ein recht kompliziertes Wechselspiel der Muskeln folgender Muskelgruppen zustande:

- Kaumuskeln
- Obere Zungenbeinmuskeln
- Untere Zungenbeinmuskeln

Da das Verständnis der Kieferbewegungen für den Zahntechniker von zentraler Bedeutung ist, werden die oben erwähnten Muskelgruppen ausführlich dargestellt. Diese drei Muskelgruppen sind auch an den Schluckbewegungen beteiligt; ihre Mitwirkung an diesen Bewegungen wird am Ende dieses Teilkapitels kurz beschrieben.

a) Kaumuskeln (Musculi masticatores)

Obwohl zum Kauen im engeren Sinn weitaus mehr Muskeln notwendig sind, werden

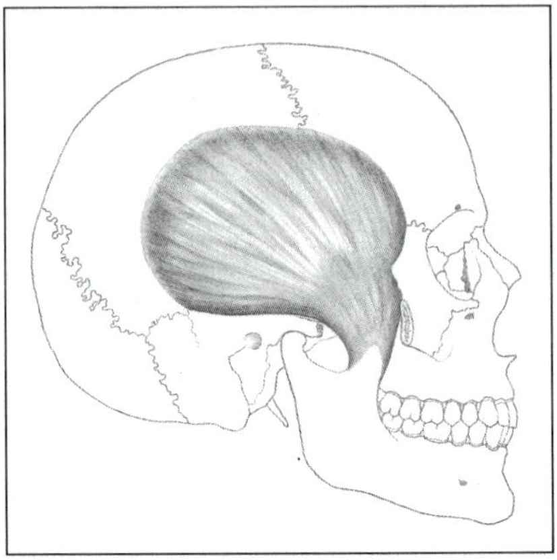

Abb. 4.23 Lateralansicht des Schläfenmuskels

in anatomischen Lehrbüchern die in Tabelle 4.1 aufgeführten Muskeln als Kaumuskeln bezeichnet. Abgesehen vom Seitlichen Flügelmuskel bilden sie die Gruppe der Kieferschließer und sind zugleich die größten und kräftigsten Muskeln des Kausystems (Tabelle 4.1).

Anmerkung: Der Große Kaumuskel und der Seitliche Flügelmuskel bestehen jeweils aus zwei Muskelbäuchen mit einem gemeinsamen Ansatz, aber getrennten Ursprüngen. Die Bäuche des Großen Kaumuskels nennt man Oberflächlicher Teil und Tiefer Teil, die des Seitlichen Flügelmuskels Oberer Bauch und Unterer Bauch. Die Fasern des großflächigen Schläfenmuskels verlaufen vom Muskelfortsatz aus in Richtung Schläfenfläche facherförmig auseinander. Der Faserverlauf ist im vorderen Drittel annähernd vertikal, im hinteren Drittel etwa horizontal. Diese einzelnen Muskelbereiche werden von unterschiedlichen Nervenfasern erregt und können sich deshalb unabhängig voneinander zusammenziehen (Abb.4.23 bis 4.26).

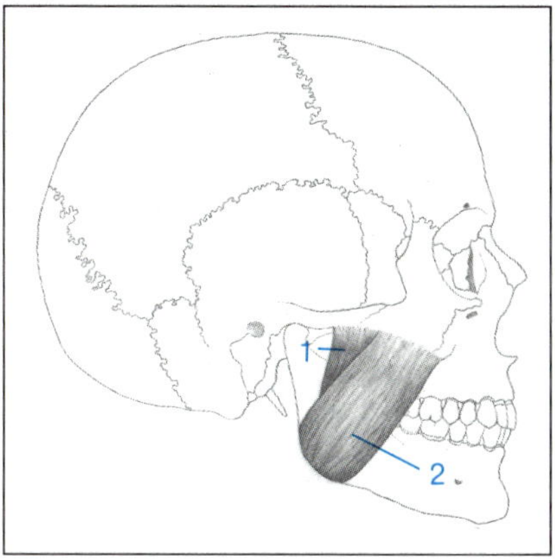

Abb. 4.24 Lateralansicht des Großen Kaumuskels:
1 Tiefer Teil, 2 Oberflächlicher Teil

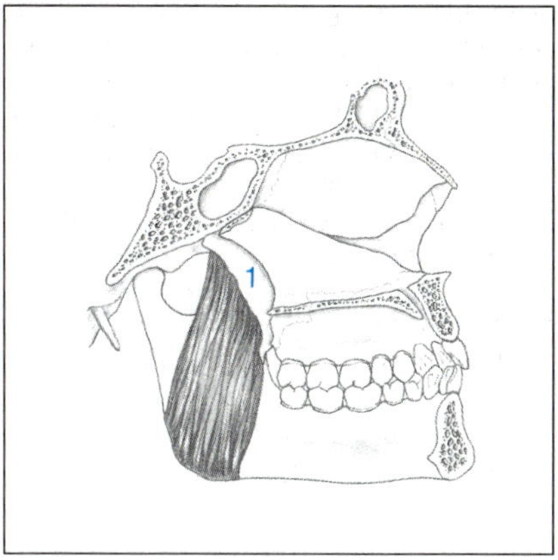

Abb. 4.25 Mediananansicht des Mittleren Flügelmuskels:
1 Flügelfortsatz des Keilbeins

Muskel	Ursprung	Ansatz	Funktion(en)
Schläfenmuskel (M. temporalis)	Schläfenfläche	Muskelfortsatz des Unterkiefers	Vertikale Fasern: Anheben, Horizontale Fasern: Rückwärtsziehen des Unterkiefers
Großer Kaumuskel (M. masseter)	Jochbogen	Masseterrauhigkeit	Anheben, geringes Vorwärtsziehen und Unterstützung des Seitwärtsziehens des Unterkiefers
Mittlerer Flügelmuskel (M. pterygoideus medialis	Flügelgrube des Flügelfortsatzes des Keilbeins	Flügelmuskelrauhigkeit	Anheben, geringes Vorwärtsziehen und Unterstützung des Seitwärtsziehens des Unterkiefers

Tab. 4.1 1. Teil Ursprung, Ansatz und Funktionen der Kaumuskeln.

Abb. 4.26 Lateralansicht des Seitlichen Flügelmuskels: 1 Oberer Bauch, 2 Unterer Bauch

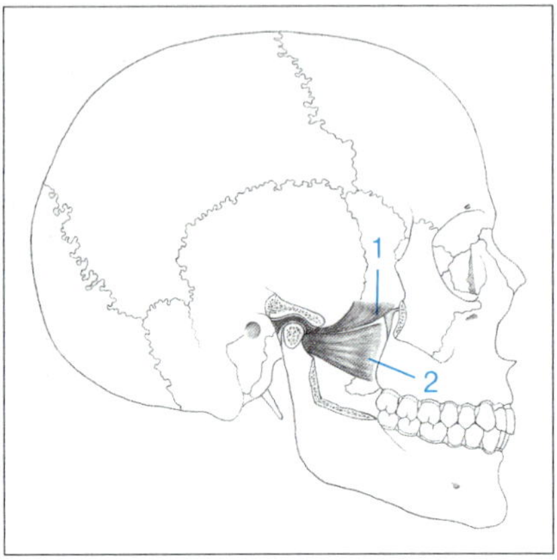

Muskel	Ursprung	Ansatz	Funktion(en)
Seitlicher Flügelmuskel (M. pterygoideus lateralis	Unterschläfenleiste und Außenlamelle des Keilbeins	Gelenkkapsel, Diskus und Flügelgrube des Gelenkfortsatzes des Unterkiefers	Vorwärtsziehen bei beidseitiger Kontraktion, Seitwärtsziehen bei einseitiger Kontraktion Unterstützung von Anheben und Herabziehen des Unterkiefers

Tab. 4.1 2. Teil Ursprung, Ansatz und Funktionen des Seitlichen Flügelmuskels.

b) Obere Zungenbeinmuskeln (Musculi suprahyoidei)

Die Muskeln dieser Funktionsgruppe liegen alle oberhalb des Zungenbeins, an welchem sie befestigt sind; dies erklärt zugleich ihre Gruppenbezeichnung. Sie sind maßgeblich an der Bildung des Mundbodens beteiligt (s.u.) und wirken im Rahmen der Kieferbewegungen als Kieferöffner. Beim Schluckvorgang hingegen bewirken sie ein Anheben des Mundbodens (Tabelle 4.2).

Anmerkung: Der Zweibauchmuskel besteht aus zwei hintereinander angeordneten und durch eine Sehne miteinander verbundenen Muskelbäuchen, dem Vorderen Bauch und dem Hinteren Bauch, die in einer am Zungenbein befestigten Sehnenschlinge geführt werden. Die beiden Bäuche können sich unabhängig voneinander zusammenziehen. Der großflächige Kieferzungenbeinmuskel wird in der Medianebene durch eine Sehnennaht, die Kinnzungenbeinnaht, ebenfalls in zwei Hälften unterteilt, die sich unabhängig voneinander kontrahieren können. Da er die muskuläre Grundlage des Mundbodens bildet nennt man ihn auch den „Mundbodenmuskel". Die Mitwirkung der Oberen Zungenbeinmuskeln an den Kieferbewegungen wird noch ausführlich beschrieben (Abb. 4.27).

Muskel	Ansatz	Ursprung	Funktion(en)
Griffelzungenbeinmuskel (M. stylohyoideus)	Zungenbeinkörper und großes Horn des Zungenbeins	Griffelfortsatz	Anheben, Rückwärtsziehen und Feststellen des Zungenbeins
Zweibauchmuskel (M. digastricus)	Zweibauchmuskelgrube des Unterkiefers und Warzenfortsatz des Schläfenbeins	Sehnenschlinge am kleinen Horn des Zungenbeins	Herab- und Rückwärtsziehen des Unterkiefers, Anheben und Feststellen des Zungenbeins
Kieferzungenbeinmuskel (M. mylohyoideus)	Kieferzungenbeinlinie	Zungenbeinkörper und Kinnzungenbeinnaht	Herab- und Rückwärtsziehen des Unterkiefers, Anheben des Zungenbeins
Kinnzungenbeinmuskel (M. geniohyoideus)	Kinndorne	Zungenbeinkörper	Herab- und Rückwärtsziehen des Unterkiefers, Anheben des Zungenbeins

Tab. 4.2 Ursprung, Ansatz und Funktionen der Oberen Zungenbeinmuskeln.

Abb. 4.27 ▼ Obere und untere Zungenbeinmuskeln: A Lateralansicht, B Dorsalansicht, 1 Kinnzungenbeinmuskel, 2 Kieferzungenbeinmuskel, 3 Vorderer Bauch des Zweibauchmuskels, 4 Hinterer Bauch des Zweibauchmuskels, 5 Griffelzungenbeinmuskel, 6 Kinnzungenbeinnaht

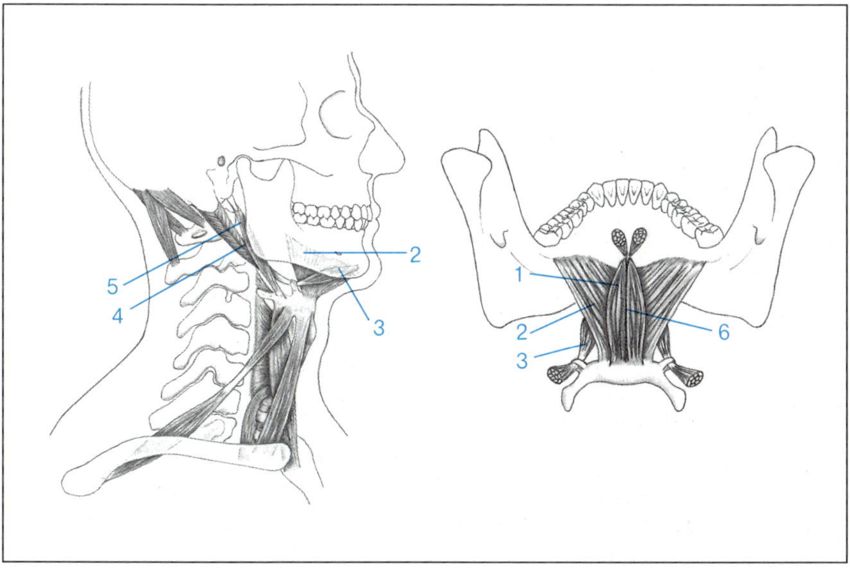

c) Untere Zungenbeinmuskeln (Musculi infrahyoidei)
Aufgabe dieser Muskelgruppe ist das Feststellen (Fixieren) des Zungenbeins: Durch Anspannen der unteren Zungenbeinmuskeln wird ein Anheben des Zungenbeins verhindert, eine wichtige Voraussetzung, um den Mund öffnen zu können (s. u.). Der Schildzungenbeinmuskel hat zusätzlich noch die Funktion, beim Schluckvorgang den Kehlkopf anzuheben. Die Muskeln sind in Abbildung 4.28 und 4.29 dargestellt.

Das Zusammenwirken der Muskeln bei Kieferbewegungen:

Anheben des Unterkiefers (Mundschließen, Elevation)
Ausgeführt wird diese Bewegung durch die Kaumuskeln, vor allem durch den Großen Kaumuskel, den Mittleren Flügelmuskel und durch die senkrechten Fasern des vorderen Drittels des Schläfenmuskels. Während der Schließbewegung sind die oberen Zungenbeinmuskeln aktiviert, um ein unkontrolliertes, zu schnelles Schließen zu verhindern.

Herabziehen des Unterkiefers (Mundöffnen, Depression)
An dieser Bewegung sind viele Muskeln direkt oder indirekt beteiligt. Unmittelbar beteiligt an der Bewegung sind der Kinnzungenbeinmuskel, der Kieferzungenbeinmuskel, der vordere Bauch des Zweibauchmuskels und der untere Bauch des Seitlichen Flügelmuskels. Voraussetzung aber ist, daß das Zungenbein festgestellt ist. Die Fixierung des Zungenbeins wird dadurch erreicht, daß die Untere Zungenbeinmuskulatur das Zungenbein nach unten zieht und der Griffelzungenbeinmuskel, zusammen mit dem hinteren Bauch

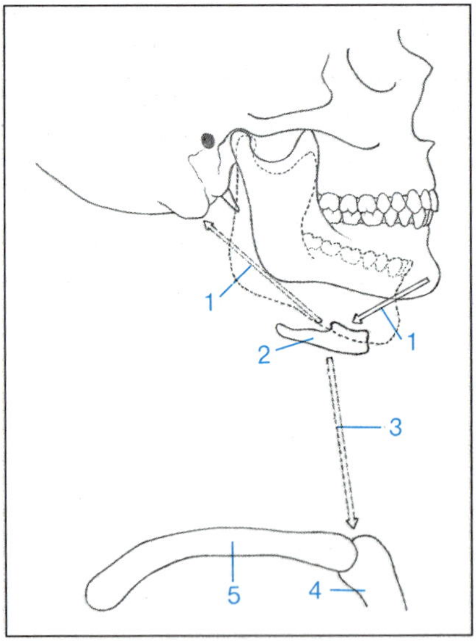

Abb. 4.28 Wirkungsschema der Oberen und Unteren Zungenbeinmuskeln beim Mundöffnen:
1 Obere Zungenbeinmuskeln
2 Zungenbein
3 Untere Zungenbeinmuskeln
4 Brustbein, 5 Schlüsselbein

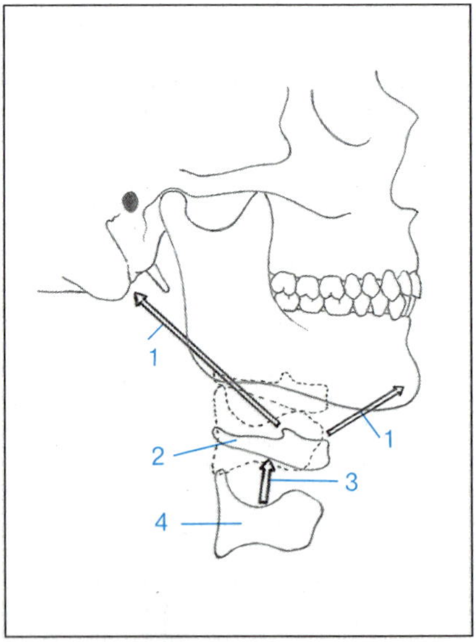

Abb. 4.29 Wirkungsschema der Oberen und Unteren Zungenbeinmuskeln beim Schlucken:
1 Obere Zungenbeinmuskeln
2 Zungenbein
3 Schildzungenbeinmuskel
4 Schildknorpel des Kehlkopfs

des Zweibauchmuskels, das Zungenbein nach hinten oben zieht.

Vorwärtsziehen des Unterkiefers (Protrusion)
Diese Bewegung wird in erster Linie vom unteren Bauch des Seitlichen Flügelmuskels durch beidseitige Kontraktion bewirkt. Auch der Große Kaumuskel und der Mittlere Flügelmuskel können den Unterkiefer ein klein wenig nach vorne ziehen, denn eine schneidende Wirkung der unteren Schneidezähne beim Abbeißen erfordert einen gleichzeitigen Druck gegen die Palatinalflächen der oberen Frontzähne.

Seitwärtsziehen des Unterkiefers (Laterotrusion)
Durch die Kontraktion des linken oder rechten Seitlichen Flügelmuskels (= einseitige Kontraktion) und unter schwacher Mithilfe des Großen Kaumuskels und des Mittleren Flügelmuskels derselben Seite wird der Unterkiefer auf die gegenüberliegende Seite gezogen. Die horizontalen Fasern des Schläfenmuskels der Gegenseite halten dabei den gegenüberliegenden Gelenkkopf in der Gelenkgrube.

Rückwärtsziehen des Unterkiefers (Retrusion)
Bewirkt wird diese Bewegung vor allem durch die horizontalen Fasern im hinteren Drittel des Schläfenmuskels und mit Ausnahme des Griffelzungenbeinmuskels, unterstützt von den Oberen Zungenbeinmuskeln. Voraussetzung für diese Unterstützung ist aber die Fixierung des Zungenbeins durch die Untere Zungenbeinmuskulatur, den Griffelzungenbeinmuskel und hinteren Bauch des Zweibauchmuskels. Außerdem muß der Unterkiefer durch die Kaumuskeln an einer Abwärtsbewegung gehindert werden.

Beteiligung der Kau- und Zungenbeinmuskeln am Schluckvorgang

Zu Beginn des Schluckvorgangs kontrahieren die Oberen Zungenbeinmuskeln und ziehen das Zungenbein mit dem Kehlkopf nach vorn oben, wodurch Mundboden und Zunge angehoben werden. Voraussetzung dafür ist aber, daß der Unterkiefer durch die Kaumuskeln festgestellt wird, in der Regel durch Verschlüsselung der Zahnreihen in habitueller Interkuspidation (= Schlußbiß) und gleichzeitig die Untere Zungenbeinmuskulatur erschlafft – mit Ausnahme des Schildzungenbeinmuskels, der den Kehlkopf an das Zungenbein heranzieht.

Außer den erwähnten Muskelgruppen sind am Schluckvorgang noch die Gaumen-, Schlundbogen-, Zungen- und Schlundmuskeln beteiligt.

4.1.3.3 Muskeln für mimische Bewegungen

Unter der altbekannten Fachbezeichnung Mimische Muskeln (Musculi faciales) – der gültige aktuelle Begriff ist Gesichtsmuskeln – werden 22 verschiedene Einzelmuskeln (teils paarig, teils unpaarig) zu einer Gruppe zusammengefaßt. Gemeinsam bewegen sie die Gesichtshaut und sind somit auch für die Mimik zuständig, woher sich ihre Bezeichnung ableitet. Zahntechnisch von Interesse sind jedoch nur die Mimischen Muskeln, die im Bereich des Äußeren Mundes liegen (also im Bereich von Nasenflügeln, Wangen, Mund und Kinn). Auf sie beschränkt sich deshalb auch die folgende Beschreibung.

Mit Ausnahme des Nasen- und Kinnmuskels (Tabelle 4.3) haben alle im Bereich des Äußeren Mundes gelegenen Mimischen Muskeln ihren Ansatz am Wangenmuskelknoten. Der Wangenmuskelknoten (Modiolus) ist eine kleine Sehnenplatte hinter dem Mundwinkel, die von den miteinander verflochtenen, sehnigen Faserenden der beteiligten Muskeln gebildet wird. Diese Muskeln laufen vom Wangenmuskelknoten sternförmig auseinander, ihre Ursprünge liegen an verschiedenen Stellen des Ober- und Unterkiefers (Abb. 4.30). Aus dieser Gruppe werden nur der Mundringmuskel, Trompetermuskel, Nasenmuskel, und Kinnmuskel mit ihren Ursprüngen und Ansätzen in Tabelle 4.3 ausführlicher beschrieben, da nur sie totalprothetisch von Bedeutung sind.

Funktionen der Mimischen Muskeln im Bereich des Äußeren Mundes:
Die Muskeln im Bereich des Äußeren Mundes sind für die Bewegung der Lippen und Wangen, sowie der Nasenflügel und der Kinnhaut zuständig. Ein Großteil dieser Bewegungen sind mimische Bewegungen, die zahntechnisch ohne Belang sind. Im Gegensatz dazu haben die Funktionen von Mundringmuskel und Trompetermuskel prothetische Bedeutung.

Durch Kontraktion des Mundringmuskels schließt sich der Mund. Im Zusammenspiel mit den sternförmig auseinanderlaufenden Muskeln verformt er die Mundspalte und die Lippen. Mit Hilfe des Mundringmuskels können die Lippen auch als Greiforgane zur Nahrungsaufnahme benutzt werden. Durch seine Tätigkeit wird im Frontbereich die obere Umschlagsfalte nach unten und die untere Umschlagsfalte nach oben gezogen.

Durch Kontraktion des Trompetermuskels wird der Mundvorhof verengt und Nahrungsteile, die zwischen Zahnreihe und Wangenschleimhaut gelangt sind, können so wieder zwischen die Zahnreihen geschoben werden. Gleichzeitig zieht er den Mundwinkel zur Seite, wodurch sich der Mundspalt verbreitert. Bei gedehnter Wange läßt sich mit seiner Hilfe Luft oder Flüssigkeit aus der Mundhöhle durch den Mundspalt pressen.

Die Fasern des Mundringmuskels verflechten sich am Wangenmuskelknoten mit den Fasern des Trompetermuskels und bilden so eine Muskelschlinge rings um den Mund, die bei der Kontraktion die äußere Wand des Mundvorhofs an Alveolarfortsätze und Zähne heranzieht. So wird durch den Ruhetonus dieser Muskeln bei geschlossenem Mund fortwährend ein sanfter Druck auf die Außenseite der beiden Zahnreihen ausgeübt, was zur Erhaltung der normalen Stellung der Zähne und zur normalen Form des Zahnbogens beiträgt.

Die im Wangenmuskelknoten zusammenlaufenden Muskeln des Äußeren Mundes halten die vom Mundringmuskel und Trompetermuskel gebildete Muskelschlinge (s. o.) in Spannung, wodurch der Muskeldruck gegen die Alveolarfortsätze und Zähne erhöht wird. In der Totalprothetik kann dies zur Stabilisierung und Randabdichtung von Prothesen genutzt werden.

4.1.3.4 Sonstige Muskeln des Kausystems

In diesem Teilkapitel sollen alle übrigen Muskelgruppen des Kausystems beschrieben werden, wobei es in erster Linie darum gehen soll darzustellen, an welchen Funktionen des Kausystems sie beteiligt sind und in welcher Weise. Auf eine detailierte anatomische Beschreibung der Einzelmuskeln wird bewußt verzichtet, da bis auf einige Ausnahmen Name, Bau, Ursprung und Ansatz zahntechnisch keine Rolle spielen. Sofern einzelne Muskeln prothetisch bedeutsam sind, werden sie ausführlicher beschrieben, und es wird auf ihre Bedeutung hingewiesen.

a) Gaumenmuskeln und Schlundbogenmuskeln

Die Muskulatur des weichen Gaumens besteht aus zwei funktionell verschiedenen Muskelgruppen, den Gaumenmuskeln und

Muskel	Ursprung	Ansatz
Mundringmuskel (M. orbicularis oris)	Alveolenhügel der oberen und unteren Schneidezähne	Wangenmuskelknoten am Mundwinkel
Trompetermuskel (M. buccinator)	Alveolarteil und -fortsatz im Bereich der 2. Molaren und an der Flügelunterkiefernaht	Wangenmuskelknoten am Mundwinkel
Nasenmuskel (M. nasalis)	Alveolenhügel von oberem 2. Schneidezahn und Eckzahn	Nasenrücken und Nasenflügel
Kinnmuskel (M. mentalis)	Alveolenhügel der unteren 2. Schneidezähne	Haut des Kinns

Tab. 4.3 Ursprünge und Ansätze von Mundring-, Trompeter-, Nasen- und Kinnmuskel.

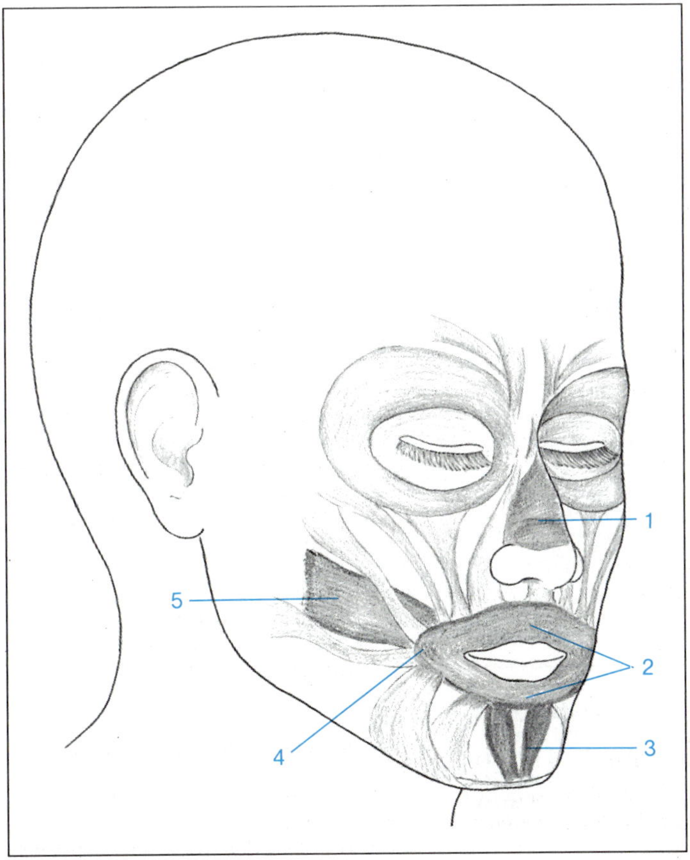

Abb. 4.30 Die Mimischen Muskeln im Bereich des Äußeren Mundes:
1 Nasenmuskel
2 Mundringmuskel
3 Kinnmuskel
4 Wangenmuskelknoten
5 Trompetermuskel

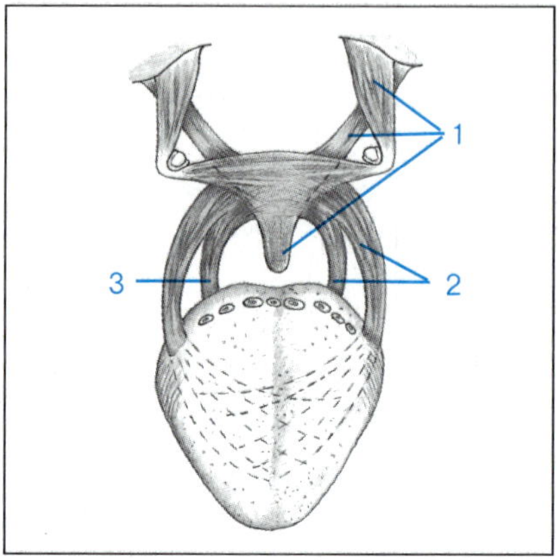

Abb. 4.31 Lage der Gaumen- und Schlundbogenmuskeln:
1 Gaumenmuskeln
2 Schlundbogenmuskeln (fungieren teilweise auch als Schlundheber [3])

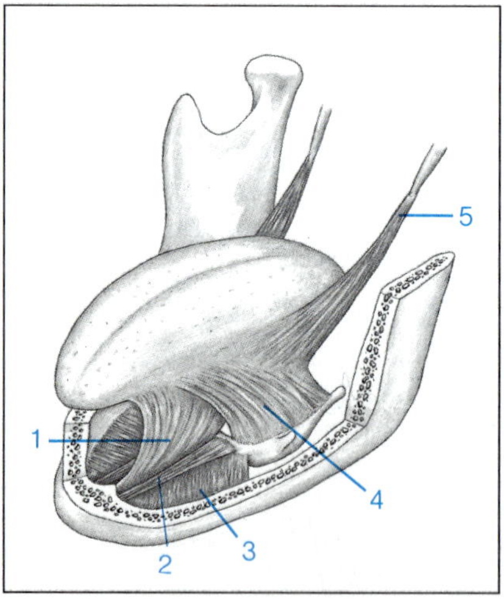

Abb. 4.32 Räumliche Darstellung der Äußeren Zungenmuskeln und zweier Oberer Zungenbeinmuskeln: 1 Kinnzungenmuskel, 2 Kinnzungenbeinmuskel, 3 Kieferzungenbeinmuskel, 4 Zungenbeinzungenmuskel, 5 Griffelzungenmuskel

den Schlundbogenmuskeln (Abb. 4.31). Sie dienen allesamt dem Schlucken und teilweise auch der Lautbildung.

Die Gaumenmuskeln heben und spannen das Gaumensegel an und drücken es gegen die Schlundwand. Diese Bewegungen dienen dem Verschließen des Nasenrachenraumes zu Beginn des Schluckvorgangs und im Rahmen der Lautbildung der Formung der Klangfarbe einzelner Laute (zum Beispiel des Vokals A oder der Konsonanten G und K).

Die Schlundbogenmuskeln haben mehrere Aufgaben.
Sie können bei festgestellter Zunge das Gaumensegel herunterziehen (zum Beispiel zur Formung der nasalen Konsonanten m/n/ng), im Rahmen des Schluckvorgangs helfen sie mit, den Schlund anzuheben und die Schlundwand einzuschnüren. Sie bilden zusammen mit querverlaufenden Zungenmuskelfasern einen Muskelring, bei dessen Kontraktion sich die Schlundenge stark verkleinert und beim Schluckvorgang ein durch die Schlundenge hindurchtretender Bissen abgeschnitten wird (s. Abb. 4.31).

b) Zungenmuskeln
Um die vielfältigen Aufgaben im Rahmen des Kauens, Schluckens und Lautbildens erfüllen zu können, besteht der Zungenkörper in seinem Inneren fast ausschließlich aus Muskelgewebe (siehe Kap. 6.1). Funktionell unterscheidet man zwei Muskelgruppen: Äußere Zungenmuskeln und Innere Zungenmuskeln.

Aufgabe der Äußeren Zungenmuskeln (auch Skelettmuskeln der Zunge genannt, Abb. 4.32) ist es, die Zunge innerhalb der Mundhöhle zu verlagern. Sie haben deshalb ihren Ursprung an benachbarten Knochen. Zieht sich ein Äußerer Zungenmuskel zusammen, so verlagert er den Zungenkörper zu seinem Ursprung hin.

Zur Ausführung der vielfältigen Zungenfunktionen muß die Form des Zungenkörpers verändert werden; dies ist die Aufgabe der Inneren Zungenmuskeln (oder der Zungeneigenen Muskeln, Abb. 4.33). Zu diesem Zweck verlaufen die Fasern dieser Muskeln teils in sagittaler, teils in vertikaler und teils in transversaler Richtung, so daß die Form des Zungenkörpers in allen drei Raumebenen verändert werden kann.

Von totalprothetischer Bedeutung ist nur der Ursprung des Kinnzungenmuskels. Dieser paarige Äußere Zungenmuskel entspringt links und rechts der oberen Kinndorne an der Innenseite des Unterkiefers.

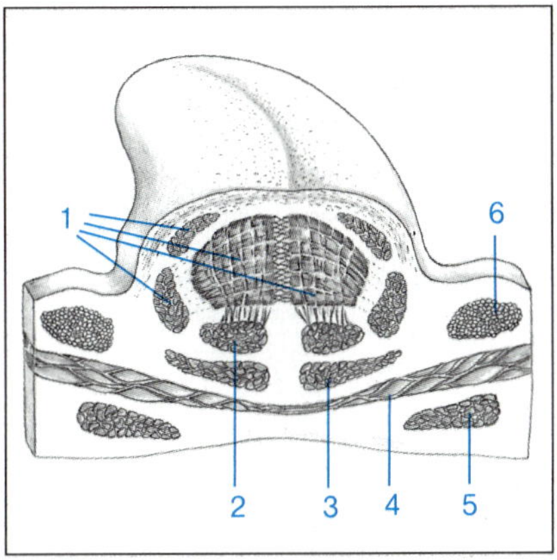

Abb. 4.33 Querschnitt durch den Zungenkörper und den Mundboden:
1 Innere Zungenmuskeln
2 Zungenbeinzungenmuskel
3 Kinnzungenbeinmuskel
4 Kieferzungenbeinmuskel
5 Vorderer Bauch des Zweibauchmuskels, 6 Unterzungenspeicheldrüse

c) Schlundmuskeln

Die Rachenwand (Schlundwand) wird fast ausschließlich von den Schlundmuskeln gebildet, deren Bewegungen vor allem dem Schluckvorgang dienen. Sie werden nach ihrer Funktion in die Gruppe der Schlundheber und in die Gruppe der Schlundschnürer eingeteilt. Die Schlundheber heben den Schlund an und verkürzen ihn, die Schlundschnürer engen den Rachenraum oberhalb des Bissens ein und treiben damit den Bissen abwärts in die Speiseröhre. Gleichzeitig heben sie das Zungenbein und den Kehlkopf an (Abb. 4.34).

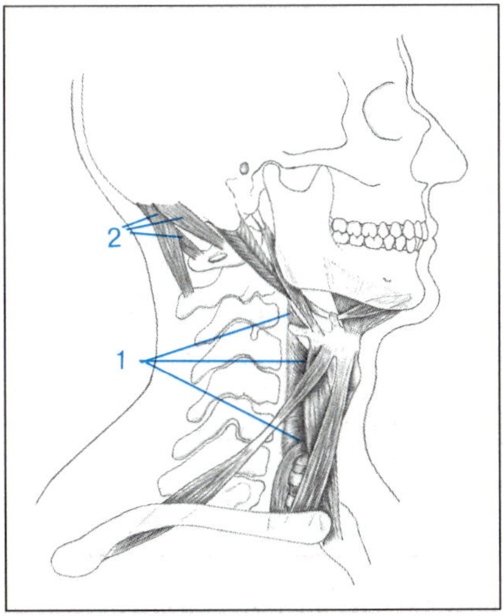

Abb. 4.34 Seitenansicht der Schlundmuskeln und der Nackenmuskeln:
1 Schlundschnürer
2 Nackenmuskeln
(Schlundheber s. Abb. 4.31)

d) Nackenmuskeln und Halswendemuskel

Diese Muskeln sind für das Kopfwenden und das Zurückneigen des Kopfes zuständig. Letzteres ist für die Kieferrelationsbestimmung von Bedeutung: Neigt sich der Kopf durch die Kontraktion von Kopfwender und Nackenmuskeln zurück, so wird dabei der Mund leicht geöffnet und der Unterkiefer etwas zurückverlagert. Ein in liegender oder nach hinten geneigter Kopfhaltung genommener Biß weicht stark von einem Biß ab, bei dem der Kopf mehr auf die Brust gelegt wurde (Abb. 4.35).

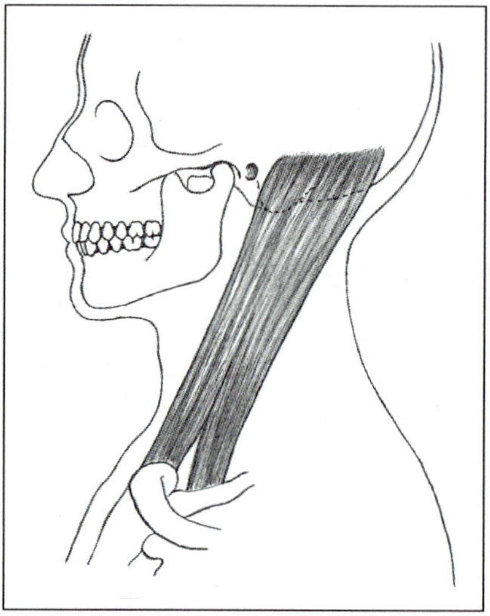

Abb. 4.35 Seitenansicht des Halswendemuskel

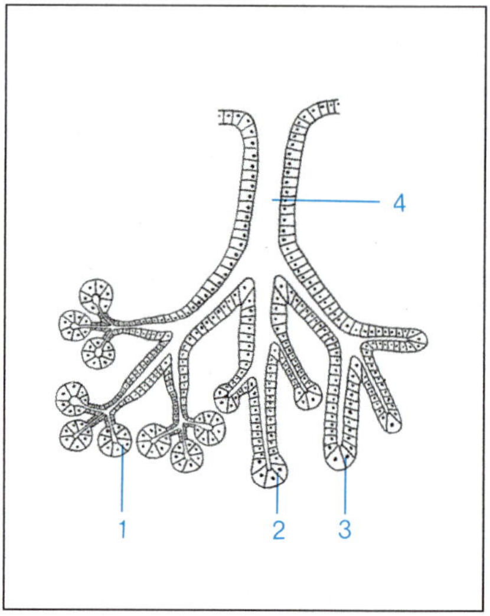

Abb. 4.36 Schematischer Bau einer Speicheldrüse:
1 beerenförmiges Drüsenendstück
2 säckchenförmiges Drüsenendstück
3 röhrenförmiges Drüsenendstück
4 Ausführgang

4.1.4 Anatomie der Speicheldrüsen

4.1.4.1 Bau und Funktion einer Speicheldrüse

Drüsen (Glandulae) sind Sekret ausscheidende (= sezernierende) Epithelzellen, die durch Bindegewebe zum Drüsenkörper zusammengefaßt sind und ihr Sekret über einen Ausführgang an eine innere Körperoberfläche abgeben. Für die Zahntechnik sind nur die Speicheldrüsen von Bedeutung – exokrine Drüsen, die ihr Sekret, den Speichel (Saliva), in die Mundhöhle abgeben.

Der Drüsenkörper besteht aus vielen sogenannten Drüsenendstücken. Darunter versteht man eine Gruppe dicht beieinanderliegender, sekretabsondernder Epithelzellen, die ihre Sekrete in einen gemeinsamen Ausführungsgang ausscheiden. Je nach der Form unterscheidet man beerenförmige, säckchenförmige und röhrenförmige Endstücke (Abb. 4.36). Im Bereich des Gaumens oder der Lippen enthält die Mundschleimhaut sehr viele Drüsenendstücke, die ihr Sekret alle über einen eigenen Ausführgang abgeben, sie werden als kleine Speicheldrüsen bezeichnet. Die sogenannten großen Speicheldrüsen stellen alle eine Ansammlung von vielen Drüsenendstücken dar. Die Ausführgänge jedes Drüsenendstücks sind Teil eines stark verzweigten Ausführgangsystems, das die Sekrete aller Endstücke sammelt und aus einem großen gemeinsamen Ausführgang in die Mundhöhle beziehungsweise in den Mundvorhof abgibt.

Der Drüsenkörper kann unterschiedliche Endstücke enthalten. Besteht er zum größeren Teil aus beerenförmigen Endstücken, so wird der Speichel sehr dünnflüssig und wäßrig sein (seröser Speichel). Überwiegt der Anteil der röhrenförmigen Endstücke, so wird der Speichel eine schleimig-zähflüssige Konsistenz haben (mucöser Speichel).

4.1.4.2 Speichelarten

Je nach Zusammensetzung der Speichelbestandteile hat der Mundspeichel verschiedene Konsistenz. Man unterscheidet den

- serösen Speichel, einen salz- und eiweißreichen Verdünnungsspeichel, der auch Verdauungsenzyme enthält von dem
- mukösen Speichel, einem zähen, fadenziehenden, salz- und eiweißarmen, schleimigen Gleitspeichel.
- Der gemischte oder auch sero-mucöse Speichel stellt eine Mischform dar, bei der meist der seröse oder der mucöse Anteil überwiegt.

4.1.4.3 Speichelbestandteile und ihre Funktionen

Der Mundspeichel hat ähnlich dem Blut eine Vielzahl von Funktionen, und enthält deshalb eine ganze Reihe von Speichelbestandteilen.

1. Wasser

Das Wasser macht etwa 99 Prozent des Speichels aus und dient dem Feuchthalten der Mundschleimhaut sowie dem Durchfeuchten und Lösen der Nahrungsbestandteile – Grundvoraussetzung für die Mundverdauung und das Wahrnehmen von Geschmacksreizen.

2. Schleimstoffe (Muzine)

Sie halten die Mundschleimhaut schlüpfrig, ebenso den Bissen und machen ihn damit schluckfähig. Sie erleichtern das Kauen und Sprechbewegungen und verleihen dem Speichel eine gewisse Klebrigkeit, was den Halt von Totalprothesen unterstützt.

3. Verdauungsenzyme

Das Enzym α-Amylase (Ptyalin) dient der Vorverdauung von Kohlenhydraten, wie beispielsweise der Stärke. Es baut diese Vielfachzucker zu Doppelzuckern ab. Das Enzym beginnt zwar schon während des Kauens mit seiner Tätigkeit, entfaltet seine volle Wirkung aber erst im Magen.

4. Ionen

Der Speichel enthält Natrium-, Kalium-, Chlor- und Bikarbonat-Ionen, von denen vor allem der hohe Gehalt an Bikarbonat-Ionen (HCO_2) für ein alkalisches Milieu sorgt – Voraussetzung für die Wirksamkeit der α-Amylase und für den Schutz des Zahnschmelzes, denn in saurem Milieu würden die Kalkbestandteile des Zahnschmelzes angegriffen. Daneben stabilisieren (puffern) die Ionen den pH-Wert zwischen 7 und 8. Die Chlor-Ionen wirken außerdem als Aktivatoren der α-Amylase. Eine wichtige Rolle spielt das im Speichel enthaltene Calciumbikarbonat nicht nur bei der Remineralisierung des Zahnschmelzes sondern leider auch bei der Zahnsteinbildung. Vor allem an den Zahnflächen in unmittelbarer Nachbarschaft der Ausmündungen der großen Speicheldrüsen bildet sich bevorzugt Zahnstein. Dies gilt vor allem für die Bukkalflächen der oberen zweiten Molaren und die Lingualflächen der unteren Schneidezähne. Nicht zuletzt wegen seines hohen Gehalts an Ionen wirkt der Speichel als Elektrolyt. Er hat aus diesem Grund auf Metalle in der Mundhöhle auch eine korrosive Wirkung (siehe dazu auch Band I „Metalle“, Kapitel 9. Korrosion).

5. Zellen und Stoffe des Immunsystems

Als Zellen des Immunsystems enthält der Speichel Lymphozyten und Granulozyten, zwei Arten von weißen Blutkörperchen, die man auch Speichelkörperchen nennt. Sie entstammen den Mandeln sowie speziellen retikulären Bindegewebsbezirken der Schleimhäute und dienen der Abwehr von Krankheitserregern. Dieselbe Aufgabe haben im Speichel enthaltene Antikörper, das Enzym Lysozym und Rhodanid-Ionen. Dem Gehalt an Lysozym verdankt der Speichel seine bakterientötende Wirkung, indem durch das Enzym die Bakterienwand abgebaut und das Bakterium dem giftigen Einfluß anderer Speichelstoffe zugänglich gemacht wird, beispielsweise den Rhodanid-Ionen.

6. Sonstige zelluläre Bestandteile
An sonstigen zellulären Bestandteilen enthält der Speichel abgestorbene und abgestoßene (abgeschilferte) Epithelzellen der Mundschleimhaut, und Mikroorganismen der Mundhöhle (durchschnittlich 10 bis 400 Millionen Bakterien und Fadenpilze je Milliliter).

4.1.4.4 Die Großen Speicheldrüsen

Die Ohrspeicheldrüse (Glandula parotis) ist die größte Mundspeicheldrüse. Sie liegt vor dem Ohr unter der Haut und auf dem Großen Kaumuskel. Ihr Ausführgang verläuft etwa in Höhe des Jochbogens auf dem Großen Kaumuskel waagerecht nach vorn, biegt um dessen vorderen Rand, durchbricht den Trompetermuskel und mündet in Höhe des oberen 2. Molaren auf der Wangeninnenseite in einem Schleimhautzapfen, Parotispapille genannt, in den Mundvorhof. Sie produziert rein serösen Speichel.

Die Unterkieferspeicheldrüse (Glandula submandibularis) liegt unterhalb des Kieferzungenbeinmuskels und berührt die hintere Innenwand des Unterkieferkörpers in der Unterkiefergrube. Ihr Ausführgang biegt um den hinteren Rand des Kieferzungenbeinmuskels herum und verläuft auf dessen oberer Fläche nach vorn, um links und rechts des Zungenbändchens in einem Schleimhautzapfen, der Unterzungenspeichelpapille zu münden. Sie produziert gemischten Speichel, wobei der seröse Anteil überwiegt.

Die Unterzungenspeicheldrüse (Glandula sublingualis) liegt unter der Mundbodenschleimhaut auf dem Kieferzungenbeinmuskel und berührt die vordere Innenwand des Unterkieferkörpers in der Unterzungengrube. Sie ist die kleinste der drei großen Speicheldrüsen und besteht aus einem Komplex von bis zu fünfzig Einzeldrüsen, die eigene Ausführgänge besitzen. Die meisten Ausführgänge münden einzeln auf der Unterzungenfalte, nur der Ausführgang des am weitesten vorn gelegenen Drüsenpakets mündet in der Unterzungenspeichelpapille. Sie produziert ebenfalls gemischten Speichel (Abb. 4.37).

4.1.4.5 Die Kleinen Speicheldrüsen

Die kleinen Mundspeicheldrüsen liegen in Form von kleinen Drüsenpaketen in der Mundschleimhaut und haben einfache, meist sehr kurze Ausführgänge, über die sie den Speichel direkt in den Mundvorhof oder in die Mundhöhle abgeben.

Die Lippenspeicheldrüsen (Glandulae labiales) sind mehrere etwa erbsengroße Drüsenpakete in der vestibulären Lippenwand, deren Ausführgänge in den Mundvorhof münden. Sie produzieren gemischten Speichel.

Die Wangenspeicheldrüsen (Glandulae buccales) sind kleine Drüsenpakete in der Wangenschleimhaut, die im vorderen Wangenbereich spärlich, weiter hinten zahlreich vorhanden sind. Sie geben ihren gemischten Speichel ebenfalls in den Mundvorhof ab.

Die Gaumenspeicheldrüsen (Glandulae palatinae) liegen als vereinzelte Drüsen im seitlichen und hinteren Bereich des Harten Gaumens, nur im Weichen Gaumen bilden sie eine zusammenhängende Schicht; einige ihrer Ausführgänge münden in den Gaumengrübchen. Sie produzieren rein mukösen Speichel.

Die Zungenspeicheldrüsen (Glandulae linguales) sind auf mehrere Bereiche der Zunge verteilt. Eine größere Drüse, die Zungenspitzendrüse, gibt ihren gemischten Speichel über mehrere Ausführgänge an der Unterseite der Zunge neben dem Zungenbändchen in die Mundhöhle ab, weitere Drüsen im Bereich des Zungengrundes und am seitlichen hinteren Rand der Zunge produzieren mucösen Speichel. Im Wallgraben der Wallpapillen und in den Furchen der Blattpapillen befinden sich Drüsen, die rein serösen Speichel produzieren; er dient zum Freispülen der Geschmackspapillen von Geschmacksstoffen.

4.1.5 Anatomie des Kiefergelenks

4.1.5.1 Bau des Kiefergelenks

Das Kiefergelenk (Articulatio temporomandibularis) gehört zu den sogenannten echten Gelenken, bei denen die miteinander verbundenen Knochenenden durch einen Spalt getrennt sind und sich gegeneinander bewegen können. Das Kiefergelenk unterscheidet sich jedoch in einigen anatomischen Merkmalen von allen übrigen Gelenken unseres Körpers (Abb. 4.38 und Abb. 4.39).

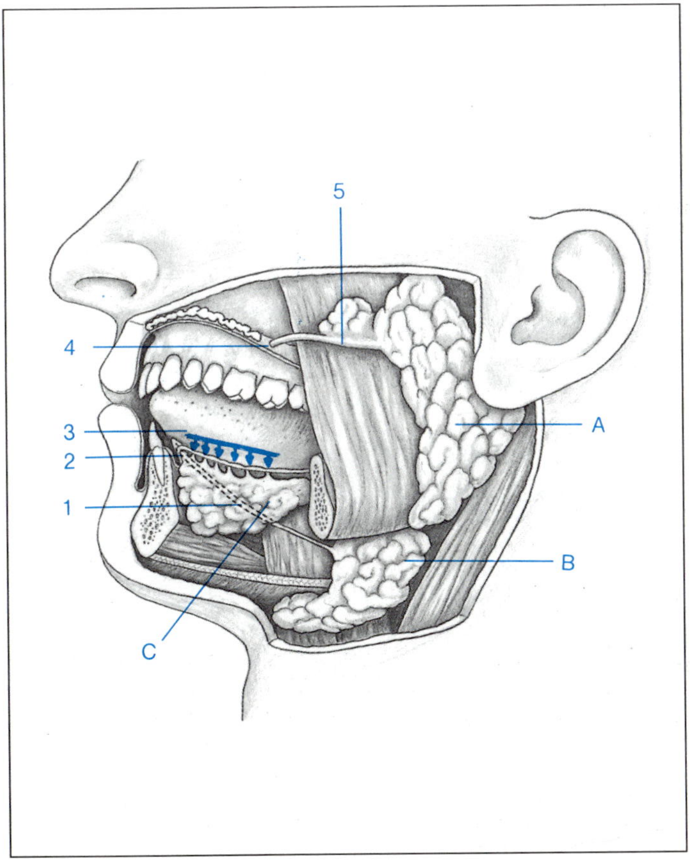

Abb. 4.37 Die Lage der großen Speicheldrüsen und ihrer Ausführgänge: A Ohrspeicheldrüse B Unterkieferspeicheldrüse C Unterzungenspeicheldrüse 1 Ausführung der Unterkieferspeicheldrüse 2 Unterzungenspeichelpapille 3 Mündungen der Unterzungenspeicheldrüse in der Unterzungenfalte 4 Parotispapille 5 Ausführgang der Ohrspeicheldrüse

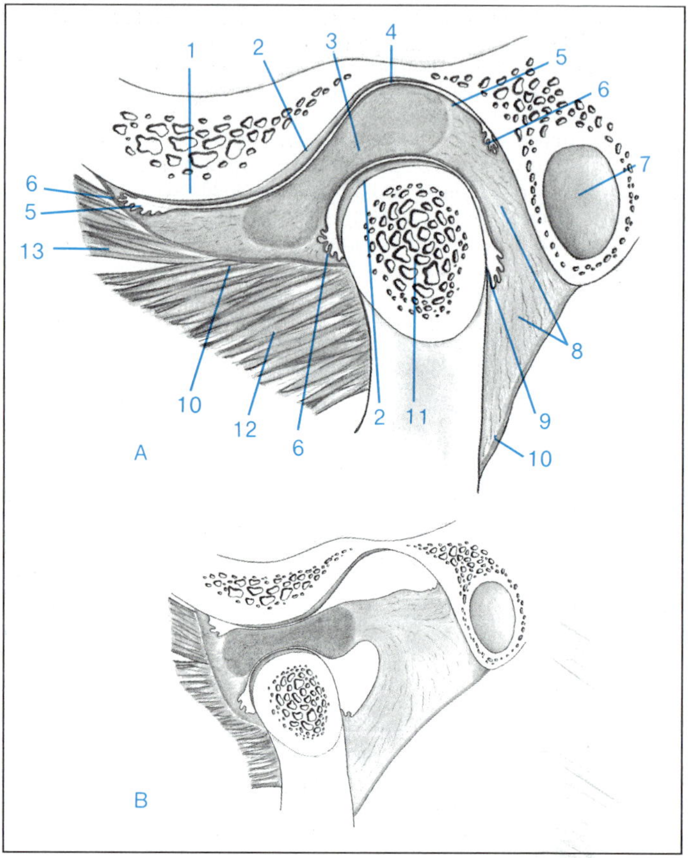

Abb. 4.38 Sagittalschnitt durch das linke Kiefergelenk: A in habitueller Interkuspidation, B in protrudierter Position, 1 Gelenkhöckerchen, 2 Gelenkknorpel, 3 Diskus, 4 Gelenkgrube, 5 Oberer Gelenkspalt, 6 Synovialzotten, 7 Äußerer Gehörgang, 8 Bilaminäre Zone, 9 Unterer Gelenkspalt, 10 Gelenkkapsel, 11 Gelenkkopf, 12 Unterer Bauch des Seitlichen Flügelmuskels, 13 Oberer Bauch des Seitlichen Flügelmuskels

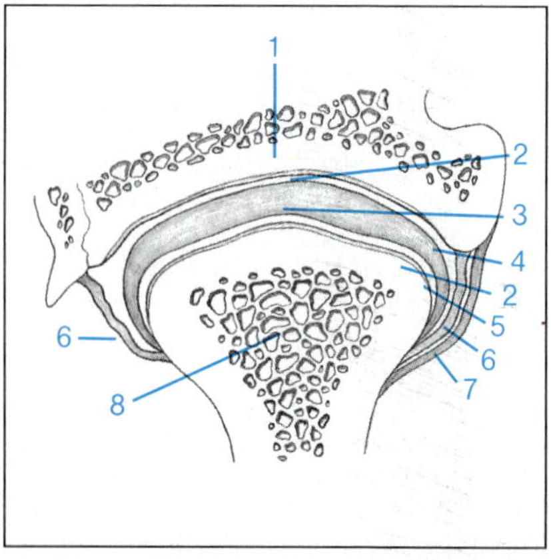

Abb. 4.39 Frontalschnitt durch das linke Kiefergelenk:
1 Gelenkgrube
2 Gelenkknorpel
3 Diskus
4 Oberer Gelenkspalt
5 Unterer Gelenkspalt
6 Gelenkkapsel
7 Schläfenunterkieferband
8 Gelenkkopf

Die Knochen, die sich beim Kiefergelenk gegeneinander bewegen, sind Teile des Schläfenbeins und des Unterkiefers.
Die Gelenkgrube (Fossa mandibularis) ist eine Vertiefung an der unteren Außenseite des Schläfenbeins vor dem äußeren Gehöreingang. Direkt vor der Gelenkgrube liegt ein knöcherner, querstehender Wulst, den man als Gelenkhöckerchen (Tuberculum articulare oder auch Eminentia articularis) bezeichnet. Die Vorderfläche der konkav ausgeformten Gelenkgrube geht in die konvexe, schräg nach vorne und unten geneigte Rückfläche des Gelenkhöckerchens über.

Der Gelenkgrube gegenüber liegt das walzenförmige, obere Ende des Gelenkfortsatzes des Unterkiefers, Gelenkkopf oder Kondylus genannt. Die beiden Gelenkköpfe sind leicht schräg angeordnet, so daß sich die verlängerten Querachsen beider Kondylen – in der Horizontalebene betrachtet – am vorderen Rand des Hinterhauptslochs in einem stumpfen Winkel von etwa 150° bis 165° schneiden.

Die Gelenkflächen (Facies articulares), worunter man die sich gegeneinander bewegenden Knochenoberflächen versteht, sind mit blutgefäßlosem Gelenkknorpel (Cartilago articularis) überzogen. Er bedeckt die Gelenkfläche des Gelenkkopfs vollständig, ebenso die Vorderfläche der Gelenkgrube und die Rückfläche des Gelenkhöckerchens.

Im Unterschied zu allen anderen Gelenken haben die Gelenkflächen des Kiefergelenks keinen direkten Kontakt miteinander, denn zwischen beiden liegt eine Zwischengelenkscheibe, der sogenannte Diskus articularis. Er unterteilt den Gelenkraum in zwei Kammern, den oberen und unteren Gelenkspalt (Spatium articulare superius bzw. inferius). Der Diskus ist an der Innen- und Außenseite des Gelenkkopfs durch zwei kurze Bänder befestigt; dadurch sitzt er dem Kondylus gleichsam wie eine Kappe auf. Der hintere Teil des Diskus ist an der Rückfläche der Gelenkgrube befestigt. Sein vorderer Rand steht über die Gelenkkapsel mit dem oberen Bauch des Seitlichen Flügelmuskels in Verbindung.

Der Diskus besteht aus einem kollagenfaserigen Gewebe, dessen Fasern an der Ober- und Unterseite in Längsrichtung, im Inneren jedoch in allen Raumrichtungen verlaufen. Er ist in der Mitte mit ein bis zwei Millimetern am dünnsten, am vorderen Rand zwei bis drei Millimeter und am hinteren Rand drei bis vier Millimeter dick. Sein zentraler Teil enthält keine Blutgefäße, dafür aber ein dichtes Netz von Kollagenfasern und Knorpelzellen. Der hintere Teil des Diskus besteht aus lockerem, reich mit Fasern, Blutgefäßen und Nerven durchsetzten Bindegewebe, wird Bilaminäre Zone genannt und besteht aus zwei Schichten. Die obere Schicht enthält im Gegensatz zur unteren keine Kollagenfasern, sondern elastische Elastinfasern. Ihre Aufgabe ist es, den bei Kieferbewegungen nach vorne mitwandernden Diskus bei Rückschubbewegungen des Unterkiefers wieder in seine Ausgangslage zu ziehen. Damit der Diskus bei Vorschubbewegungen durch die elastischen Fasern nicht vom Kondylus nach hinten abgezogen werden kann, wird der obere Bauch des Seitlichen Flügelmuskels aktiv: er kontrahiert bei Vor- und Rückschubbewegungen des Unterkiefers gerade so stark, daß er die Straffung der elastischen Fasern ausgleicht und den Diskus immer in seiner Position hält.

Die dünne und relativ schlaffe Gelenkkapsel (Capsula articularis), die das Gelenk luftdicht abschließt, setzt sich aus zwei Schichten zusammen. Die äußere Faserschicht (Membrana fibrosa) besteht aus kollagenen Faserbündeln, die innere Schicht, Synovialhaut (Membrana synovialis) genannt, kleidet die beiden Gelenkspalte aus, außer in den Bereichen der Ober- und Unterfläche des Diskus und der Gelenkflächen. Sie ist faserarm, enthält Nerven und Blutgefäße und bildet Falten, die Synovialzotten. Sie bildet nur sehr geringe Mengen an Gelenkflüssigkeit, die sogenannte Synovia.

Die Befestigungslinie der Gelenkkapsel beschreibt am Schläfenbein etwa einen Kreis, der vorn über das Gelenkhöckerchen und seitlich entlang des Knorpelrandes verläuft. Am Unterkiefer folgt sie vorn dem Knorpelrand, hinten liegt sie etwa fünf Millimeter darunter.

Funktionell gesehen gehören zum Kiefergelenk noch drei Gelenkbänder. Von diesen ist nur das seitlich gelegene Schläfenunterkieferband (Ligamentum laterale), das am Jochbogen seinen Ursprung hat und am Unterkieferhals ansetzt, ein Verstärkungsband. Das Keilbeinunterkieferband (Ligamentum sphenomandibulare) entspringt am Keilbeindorn des großen Flügels des Keilbeins und hat seinen Ansatz am Züngelchen an der Innenseite des Unterkieferastes. Der Ursprung des Griffelunterkieferbandes (Ligamentum stylomandibulare) befindet sich am Griffelfortsatz des Schläfenbeins, der Ansatz am hinteren unteren Rand des Unterkieferastes. Das Keilbeinunterkieferband und das Griffelunterkieferband haben zwar keine räumliche Beziehung zum Kiefergelenk, spielen aber bei der Begrenzung von Kieferbewegungen eine Rolle.

Der Bau des Kiefergelenks ist individuell recht unterschiedlich und hängt sehr stark von der Ausbildung des Gebisses ab. Bei Veränderungen des funktionellen Gleichgewichts, zum Beispiel nach Verlust von Zähnen, paßt sich das Kiefergelenk durch Umbauvorgänge den neuen Verhältnissen rasch an, indem es die Gelenkgrube und den Kondylus entsprechend ummodelliert (Abb. 4.40).

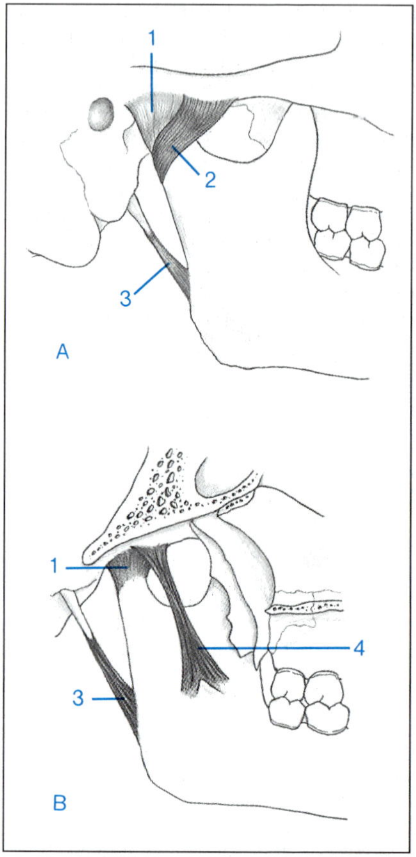

Abb. 4.40 Kiefergelenkbänder:
A Lateralansicht eines rechten Kiefergelenks
B Medialansicht eines linken Kiefergelenks
1 Gelenkkapsel
2 Schläfenunterkieferband
3 Griffelunterkieferband
4 Keilbeinunterkieferband

4.1.5.2 Funktion des Kiefergelenks

Am Beispiel des Kiefergelenks zeigt sich das Zusammenspiel von Form und Funktion besonders deutlich. Daher wird dieser Zusammenhang im folgenden sehr ausführlich dargestellt.

Eine wichtige Besonderheit des Kiefergelenks ist seine Fähigkeit, zwei grundverschiedene Bewegungen ausführen zu können. Wie bei anderen Gelenken ist der Gelenkkopf in der Lage, sich in der Gelenkgrube um eine Achse zu drehen. Diese Bewegung nennt man Dreh- oder Scharnierbewegung oder auch Rotation. Der Gelenkkopf kann sich dabei um eine vertikale, sagittale sowie eine horizontale Achse drehen. Im Gegensatz zu allen anderen Gelenken kann der Gelenkkopf beim Kiefergelenk aus der Gelenkgrube heraustreten (vgl. Abb. 4.38 B). Dies ist notwendig, um mit dem Unterkiefer Mahlbewegungen ausführen zu können. Diese Art der Bewegung nennt man Gleitbewegung oder Translation.

Beide Bewegungsarten können für sich allein wie auch in Kombination ausgeführt werden. Da beide Kiefergelenke über den Unterkiefer miteinander verbunden sind, vermögen sie sich nicht unabhängig voneinander zu bewegen. Auf die eben erwähnten Bewegungen des Gelenkkopfs ist der Bau des Kiefergelenks im wesentlichen abgestimmt.

Der untere Bauch des seitlichen Flügelmuskels zieht den Gelenkkopf aus der Gelenkgrube heraus, die horizontalen Fasern des Schläfenmuskels ziehen ihn wieder in die Gelenkgrube zurück. Um die Reibung der sich gegeneinander bewegenden Gelenkflächen zu mindern, sind diese mit Gelenkknorpel überzogen. Er besteht aus Faserknorpel, um der erhöhten mechanischen Beanspruchung gewachsen zu sein und ist in Bereichen erhöhter Beanspruchung besonders dick. Ein Druckpolster in Form der Zwischengelenkscheibe (Diskus) ist zwischen den Gelenkkopf und die Gelenkflächen von Gelenkgrube und Gelenkhöckerchen eingefügt.
Da der Diskus durch kurze seitliche Bänder am Gelenkkopf befestigt ist, bewegt er sich wie eine aufgesetzte Kappe zusammen mit dem Gelenkkopf. Wichtig ist dabei, daß sich das dünne, gefäßlose Zentrum des Diskus immer an der Stelle zwischen Gelenkkopf und Rückfläche des Gelenkhöckerchens befindet, an der der Gelenkkopf am stärksten gegen die Gelenkfläche des Gelenkhöckerchens drückt (Abb. 4.41).

Er kann aber dem Gelenkkopf nicht in vollem Umfang folgen (der Gelenkkopf kann maximal 15 Millimeter, der Diskus nur etwa sieben Millimeter gleiten), weil seine Bewegung durch die gedehnten Elastinfasern der Bilaminären Zone gebremst wird. Diese Rückhaltekräfte bewirken dabei auch ein leichtes Drehen des Diskus um seine Befestigungsstellen am Gelenkkopf nach hinten. Damit der Diskus bei Vorschubbewegungen durch die elastischen Fasern nicht vom Kondylus nach hinten abgezogen

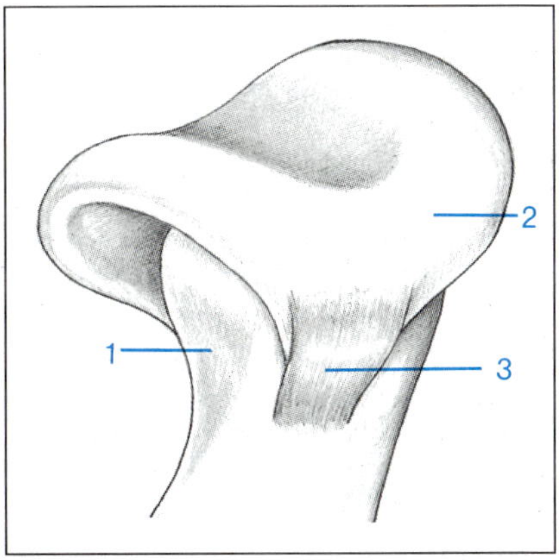

Abb. 4.41 Räumliche Darstellung des Diskus:
1 Gelenkkopf, 2 Diskus,
3 Befestigungsbänder
Die Darstellung zeigt deutlich, daß der Diskus dem Gelenkkopf wie eine Kappe aufsitzt und über Befestigungsbänder an der Innen- und Außenseite des Gelenkkopfs befestigt ist.

werden kann, wird der obere Bauch des Seitlichen Flügelmuskels aktiv: er kontrahiert bei Vor- und Rückschubbewegungen des Unterkiefers gerade so stark, daß er die Straffung der elastischen Fasern ausgleicht und den Diskus immer in seiner Position hält. Auch beim Zurückgleiten des Gelenkkopfs in die Gelenkgrube muß der Diskus ebenfalls immer optimal plaziert sein. Auch hier sorgt der obere Bauch des Seitlichen Flügelmuskels mit seiner Kontraktion, daß der Diskus durch die gestrafften Elastinfasern nicht zu schnell zurückgezogen wird. Hieraus wird verständlich, daß die beiden Bäuche des Seitlichen Flügelmuskels zwar zusammenarbeiten, in ihrer Funktion aber antagonistisch wirken.

Beim Mundöffnen führt das Kiefergelenk eine reine Drehbewegung aus, die erst gegen Ende der Bewegung in eine kombinierte Dreh-Gleitbewegung übergeht. Dabei dreht sich der Gelenkkopf anfänglich um seine horizontale Achse, die sogenannte Scharnierachse, wobei der Diskus durch die Elastinfasern in der Gelenkgrube zurückgehalten wird. Diese Bewegung wird im weiteren Verlauf mit der oben beschriebenen Gleitbewegung von Gelenkkopf und Diskus kombiniert.

Der Diskus ist wegen seines kollagenfaserigen Gewebes gut verformbar. Dies ist auch notwendig, weil er sich mit seinen Oberflächen immer optimal an die Form der Gelenkflächen anpassen und damit Größenunterschiede (= Inkongruenz) zwischen Gelenkkopf und Gelenkgrube ausgleichen können muß. Zudem ist die Gelenkgrube deutlich größer als der Gelenkkopf, damit sich dieser bei einer Drehung im Gelenk schrägstellen kann.
Der Diskus trennt das Kiefergelenk in zwei Teile. Der obere Gelenkteil, der durch die Oberseite des Diskus und die Gelenkfläche des Gelenkhöckerchens gebildet wird, ist für die Ausführung der Gleitbewegung zuständig, der untere Teil, bei dem der Gelenkkopf sich an der Diskusunterseite bewegt, ist für die Drehbewegung verantwortlich.

Damit der Gelenkkopf mit dem ihm gleichsam aufgeschnallten Diskus eine Gleitbewegung ausführen kann, ist die Gelenkkapsel weit und schlaff und kann so die Bewegung nicht behindern. Auch ist ihre innere Schicht, die Synovialhaut, stark gefaltet und erlaubt dem Diskus und dem Gelenkkopf, sich weit nach vorn zu verlagern. Lymphgefäße der Synovialhaut liefern das Serum für die Gelenkflüssigkeit, die durch ihre schleimähnliche Beschaffenheit die Reibung der gegeneinander bewegten Flächen herabsetzen soll.

Zahlreiche in die äußere Faserschicht der Gelenkkapsel eingelagerte Rezeptoren wirken bei der Kontrolle und Steuerung von Bewegungen und Stellungsänderungen des Unterkiefers mit.

Als einziges der drei Gelenkbänder verstärkt das Schläfenunterkieferband die Gelenkkapsel des Kiefergelenks. Außerdem schränkt es extreme Vorwärts- und Rückwärtsbewegungen sowie extreme Seitwärtsbewegungen des Gelenkkopfs ein und begrenzt dadurch die entsprechenden Bewegungen des Unterkiefers. Griffelunterkieferband und Keilbeinunterkieferband hemmen nur Mundöffnungs-und Vorwärtsbewegungen des Unterkiefers in Extremstellungen.

4.1.5.3 Besonderheiten des Kiefergelenks

Das Kiefergelenk nimmt wegen einiger Besonderheiten eine Sonderstellung unter den Gelenken des Menschen ein.

1. Das rechte und das linke Kiefergelenk können sich nicht wie alle anderen Gelenke unabhängig voneinander bewegen, weil die zwei Kondylen als Bestandteile des Unterkiefers zwangsweise an jeder UK-Bewegung beteiligt sind.

2. Die Form der Kondylen paßt im Gegensatz zu den anderen Gelenken nicht zur Form der Gelenkgrube und zur Form der Rückfläche des Gelenkhöckerchens; dies wird als Inkongruenz bezeichnet.

3. Eine verformbare, anpassungsfähige Zwischengelenkscheibe, der Diskus, muß diese Inkongruenz ausgleichen. Über Zwischengelenkscheiben verfügen sonst nur noch die Kniegelenke und das Schlüssel-Brustbeingelenk.

4. Jedes Kiefergelenk hat zwei Gelenkspalte, weil der Diskus die Gelenkhöhle vollständig durchzieht und den Gelenkraum in zwei Teile aufteilt („Zweikammergelenk").

5. Im Gegensatz zu allen anderen Gelenken, die nur Drehbewegungen durchführen können, ist das Kiefergelenk in der Lage, sowohl Dreh- als auch Gleitbewegungen durchzuführen.

6. Bei Bewegungen verläßt der Gelenkkopf die Gelenkgrube und kehrt in diese zurück, ohne daß das Gelenk dadurch geschädigt wird. Bei jedem anderen Gelenk bedeutet das Heraustreten des Gelenkkopfes aus der Gelenkgrube eine mehr oder weniger folgenschwere Schädigung („Zerrung" oder „Verstauchung") des Gelenks.

4.1.6 Anatomie der Haut und Mundschleimhaut

Haut und Mundschleimhaut stellen Organe mit vielfältigen Aufgaben dar. Aufgrund vieler nahezu gleicher Aufgaben haben sie auch einen mehr oder weniger gleichartigen Aufbau und unterscheiden sich nur in wenigen histologischen Merkmalen. Aus diesem Grund werden zuerst der Bau und die Funktion der Haut und daran anschließend die Unterschiede zwischen Mundschleimhaut und Haut dargestellt.

Bau und Funktion der Haut
Die Haut, die im Bereich des Kausystems die äußere Körperoberfläche bedeckt, besteht aus drei Schichten (Abb. 4.42):

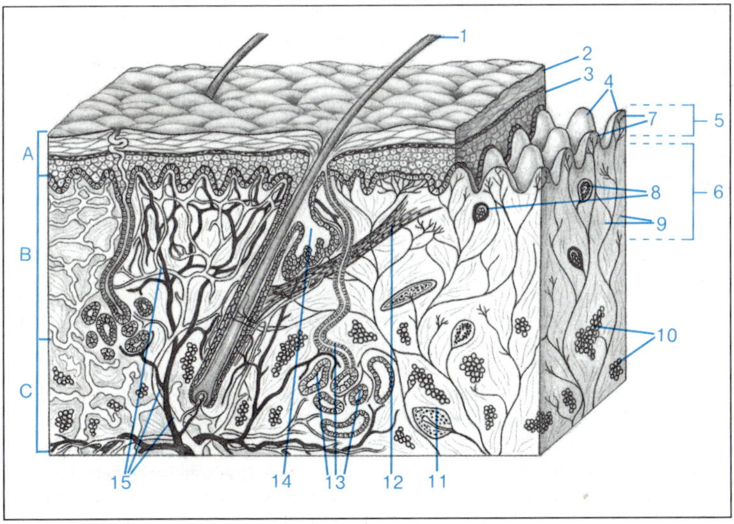

Abb. 4.42 Aufbau der Haut (Räumliche Darstellung):
A Oberhaut, B Lederhaut, C Unterhaut
1 Haar, 2 verhorntes Epithel,
3 Keimschicht, 4 Bindegewebspapillen,
5 Papillarschicht, 6 Geflechtschicht,
7 Freie Nervenendigungen,
8 Meissnersche Tastkörperchen,
9 Kollagenfasergeflecht, 10 Fettgewebe,
11 Vater-Pacinisches Lamellenkörperchen, 12 Haarmuskel, 13 Schweißdrüse,
14 Talgdrüse, 15 Blutkapillaren

- Oberhaut (Epidermis)
- Lederhaut (Corium)
- Unterhaut (Subcutis)

Oberhaut
Die Oberhaut besteht aus mehrschichtigem Plattenepithel. Die untersten Zellagen werden Keimschicht genannt und dienen der Erneuerung des Epithels, die mittleren erfahren eine zunehmende Verhornung und in den obersten werden die verhornten und abgestorbenen Zellen als Hornschuppen abgestoßen (= abgeschilfert). Die verhornten Zellschichten schützen den Körper vor Wasserverlust (Verdunstung über die Körperoberfläche) und vor chemischen Schäden, da die Zellen weitgehend säureresistent sind. Die untersten Zellschichten enthalten sogenannte Melanozyten, die Pigmentkörperchen bilden. Diese schützen den Körper vor UV-Strahlen und bestimmen die Hautfarbe des Menschen.

Lederhaut
Sie besteht aus zwei Bindegewebsschichten. Die außen gelegene Papillarschicht ist mit ihren tief ins Epithel der Keimschicht einragenden Bindegewebspapillen fest mit der Oberhaut verbunden. Besonders beanspruchte Hautflächen haben eine höhere Anzahl von Papillen pro Hautfläche. In den Papillen findet man zahlreiche Blutkapillarschlingen, Lymphkapillaren, Zellen des Immunsystems, freie Nervenendigungen und Nervenendkörperchen. Die innere Schicht, die Geflechtschicht, setzt die Papillarschicht nach innen fort und zeichnet sich zusätzlich durch ein dichtes Flechtwerk aus kollagenfaserigen und elastischen Netzen aus. Das Kollagenfasergeflecht verleiht der Haut ihre Reißfestigkeit und Dehnbarkeit, während die elastischen Fasernetze mit ihren Rückstellkräften die elastische Verformung der Haut ermöglichen.

Die Blutkapillaren der Lederhaut dienen zum einen der Ernährung der Haut, zum anderen helfen sie bei der Wärmeregulation des Körpers mit. Durch ihre Erweiterung kann die mit dem Blut transportierte überschüssige Körperwärme über die äußere Hautschicht an die Umgebungsluft abgegeben werden. Die Verengung der Kapillarschlingen unterbindet umgekehrt die Blutzirkulation und damit die Abgabe von Wärme an die Umgebungsluft – der Körper wird vor Auskühlung geschützt. Das durch die erweiterten Kapillarschlingen fließende Blut schimmert durch die Oberhaut und läßt die Haut gerötet erscheinen, während eine Verengung der Kapillarschlingen die Haut erblassen läßt. So haben die Blutkapillaren beim Erröten beziehungsweise Erblassen der Gesichtshaut indirekt noch Kommunikationsfunktion. Über die Lymphkapillaren werden die Stoffwechselschlakken aus der Haut abtransportiert, die Zellen der Immunabwehr sorgen für die Abwehr von Krankheitserregern, Gift- und Fremdstoffen, die in den Körper eingedrungen sind.

In der Lederhaut sind ferner eine Reihe wichtiger Sinnesorgane eingelagert. Merkelsche Tastzellen, Meissnersche Tastkörperchen und Vater-Pacinische Lamellenkörperchen der Geflechtschicht ermöglichen die Wahrnehmung feinster Tast- und Druckreize. Die freien Nervenendigungen, die in die Papillarschicht und teilweise auch zwischen die Epithelzellen der Oberhaut eingelagert sind, dienen der Wahrnehmung von Temperatur- und Schmerzreizen.

Wichtige Funktionen haben nicht zuletzt die in die Lederhaut eingelagerten Hautdrüsen. Die Schweißdrüsen erfüllen mehrere Aufgaben. Ihr Sekret, der Schweiß, überzieht die Hautoberfläche mit einem Säurefilm („Säureschutzmantel") und schützt dadurch den Körper vor dem Eindringen von Krankheitserregern. Bei der Verdunstung des Schweißes entsteht Verdunstungskälte, mit deren Hilfe der erhitzte Körper abgekühlt werden kann. Durch Abgabe von Salzen in den Schweiß helfen die Schweißdrüsen außerdem noch mit, den Wasserhaushalt des Körpers zu steuern und somit bei der Ausscheidung von Stoffwechselabfallprodukten. Die an die Haarwurzelscheide angelagerten Talgdrüsen überziehen mit ihrem Sekret, dem Talg, die Hautoberfläche. Sie halten sie dadurch geschmeidig und verhindern ihr Sprödewerden.

Die mit ihren Wurzelscheiden in der Lederhaut verankerten Haare dienen dem Wärmeschutz (Kopfbehaarung) und dem Tastempfinden. Der Haarmuskel preßt die Talgdrüsen zusammen und bewirkt dadurch den Ausfluß des Sekrets. Verhaltensbiologisch ist er als Haaraufrichter („wenn sich einem die Haare sträuben") von Bedeutung.

Unterhaut
Sie stellt die Verbindung zwischen der Haut und dem darunterliegenden Körpergewebe her und besteht aus mit Fettgewebe durchsetztem faserigem Bindegewebe. Die Zahl der Bindegewebsfasern bestimmt, ob diese Verbindung locker ist und dadurch eine starke Hautverschieblichkeit möglich ist oder ob diese Verbindung durch zahlreiche Fasern sehr straff ist, so daß sie nur eine sehr geringe Hautverschieblichkeit zuläßt (wie dies bei der sehr straff mit der Mimischen Muskulatur verbundenen Gesichtshaut der Fall ist).

Das kammerartig in das Bindegewebe der Unterhaut eingelagerte Fettgewebe dient zum einen der Aufnahme überschüssigen Fetts, zum anderen als Polstergewebe; ein Beispiel ist der Wangenfettpropf im Mundwinkelbereich. Eine weitere wichtige Rolle spielt das Fettgewebe als Isolationsmaterial gegen Kälte und als Energielieferant für die körpereigene Wärmeproduktion.

Unterschiede zwischen Mundschleimhaut und Haut
Die Schleimhaut (Tunica mucosa) des Mundes überzieht die inneren Oberflächen im Bereich des Mundvorhofs und der Mundhöhle, die Nasenhöhle und den Rachenraum. Sie unterscheidet sich von der Haut nur in wenigen Merkmalen.

Die Schleimhaut besteht wie die Haut normalerweise aus drei Schichten, die

1. Schleimhautepithel (Epithelum mucosae),
2. Schleimhautbindegewebe (Lamina propria mucosae)
3. Unterschleimhautbindegewebe (Tela submucosa)

genannt werden. In Ausnahmefällen ist die Schleimhaut nur zweischichtig, zum Beispiel in der gingivalen Schleimhaut, besser bekannt als Zahnfleisch. Alle Schleimhäute haben keine Haare und Schweißdrüsen, Talgdrüsen findet man nur im Lippenrot der Lippenschleimhaut. Mit Ausnahme des Zahnfleischs sind in die Bindegewebeschichten der Schleimhäute kleine Speicheldrüsen eingelagert, die den schleimigen Überzug auf der Schleimhautoberfläche produzieren.
An mechanisch besonders beanspruchten Stellen ist das Schleimhautepithel leicht verhornt und durch dichtstehende und große Papillen mit dem Schleimhautbindegewebe so stark verzapft, daß die Schleimhaut unverschieblich mit der Unterlage verbunden wird. Typisch ist dies für die Schleimhaut des harten Gaumens, des Zungenrückens und des Zahnfleisches.
In den übrigen, weniger beanspruchten Bereichen ist die Schleimhaut unverhornt, weniger gut bis gar nicht verzapft und leicht verschiebbar mit der muskulösen Unterlage verbunden.

4.1.7 Anatomie der Blutgefäße

4.1.7.1 Bau und Funktionen von Blutgefäßen
Blut- und Lymphgefäße sind Kreislauforgane, die dem Stofftransport dienen. Sie stellen Schläuche dar, in denen das Blut beziehungsweise die Lymphe fließt. Die Blutgefäße sind zahntechnisch von untergeordneter Bedeutung und werden daher bewußt sehr knapp dargestellt. (Interessierte Leser werden auf Lehrbücher der Biologie oder der Anatomie verwiesen.)

Der Bau von Blutgefäßen

Die Wand größerer Gefäße besteht immer aus mehreren Schichten. Die Innenschicht besteht aus einer Lage von flachen Epithelzellen, die die Gefäßwand abdichten und dem Stoff-, Flüssigkeits- und Gasaustausch dienen. Ringförmig angeordnete, glatte Muskelzellen und elastische Fasernetze bilden die Mittelschicht. Die Muskeln werden zur Gefäßverengung benötigt, die Fasernetze sorgen mit ihrer Rückstellkraft dafür, daß eine verengte oder erweiterte Gefäßwand wieder in ihre Ausgangslage zurückkehrt. Die Außenschicht besteht aus Bindegewebe, in dem sich Fasernetze und Nervenfasern befinden. Diese Schicht stellt die Verbindung zum umgebenden Gewebe her.

Die Wand der sehr feinen Haargefäße wird nur aus einer innenliegenden flachen Epithelschicht und einer außenliegenden ganz dünnen Ringmuskelschicht gebildet. Bedingt durch die unterschiedlichen Funktionen gibt es bei den verschiedenen Gefäßarten geringfügige Unterschiede im Feinbau der einzelnen Wandschichten (Abb. 4.43).

Funktion von Blutgefäßen

Nach ihrer Funktion unterscheidet man folgende Arten von Blutgefäßen:

1. Arterien

Arterien oder Schlagadern sind Blutgefäße, die Blut vom Herzen wegführen. Sie versorgen im Bereich des Kausystems die Organe mit sauerstoff- und nährstoffreichem Blut.

2. Venen

Venen oder Blutadern sind Blutgefäße, die Blut dem Herzen zuführen. Sie führen im Bereich des Kausystems Kohlendioxid und teilweise auch Stoffwechselabfallprodukte von den Organen ab.

3. Kapillaren

Die kleinen Arterien verzweigen sich im Zielgebiet, das sie mit Sauerstoff und den im Blut enthaltenen Stoffen versorgen sollen, zu einem Netzwerk feiner Haargefäße, sogenannnter Kapillaren. Haargefäße oder Kapillaren sind kleinste Blutgefäße des Körpers, die dem Gas- und Stoffaustausch zwischen Blut und Gewebe dienen; deshalb besteht ihre Gefäßwand nur noch aus einschichtigem Epithel. Der Stofftransport aus den Kapillaren ins umliegende Gewebe, wie umgekehrt vom Gewebe in die Kapillaren, erfolgt nach dem Prinzip der Diffusion oder durch Bläschentransport entweder direkt durch die Epithelzellwand oder durch Spalten zwischen den Zellen. Auch weiße Blutkörperchen können durch die Endothelzellen hindurch ins benachbarte Gewebe übertreten. Die Kapillarverzweigungen vereinigen sich im weiteren Verlauf wieder in einer kleinen Vene, und transportieren über dieselbe Gase (zum Beispiel CO^2) und Stoffe ab, die aus dem Gewebe in die Kapillaren übergetreten sind (Abb. 4.44).

4. Lymphgefäße

Die Lymphgefäße stellen eine Art „Abwassersystem" dar und sind im Prinzip ähnlich gebaut wie die Venen. Stoffwechselabfallprodukte („Schlacken"), die die Körperzellen in die umgebende Gewebsflüssigkeit ausscheiden, werden zusammen mit der Gewebsflüssigkeit von Lymphkapillaren aufgenommen. Die Lymphe, wie die Flüssigkeit in den Lymphkapillaren genannt wird, gelangt über nachfolgende größere Lymphgefäße, die in eine große Vene münden in den Blutkreislauf. Die „Schlacken" werden, wenn sie mit dem Blut die Nieren durchströmen, dort herausgefiltert und als Harn beim Wasserlassen ausgeschieden. In die Bahnen der Lymphgefäße sind Lymphknoten eingeschaltet, die als Filter- und Sammelstationen für die Lymphe dienen.

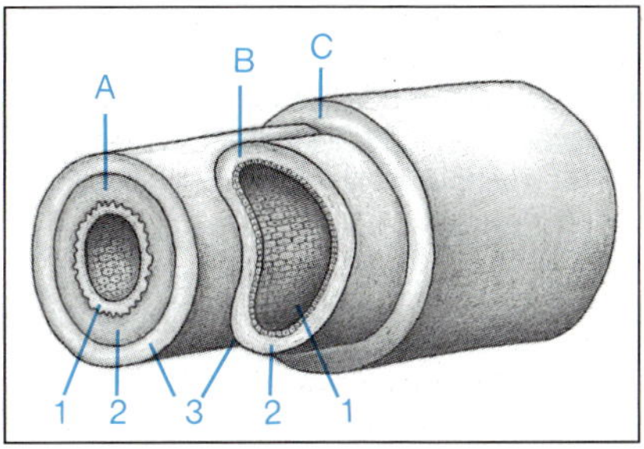

Abb. 4.43 ◀ Bau einer Arterie und einer Vene:
A Arterie, B Vene,
C umhüllendes Bindegewebe
1 Innenschicht, 2 Mittelschicht,
3 Außenschicht

Abb. 4.44 ▼ Bau einer Kapillare:
1 Weißes Blutkörperchen durch eine Lücke in der Kapillarwand in das Körpergewebe übertretend
2 Rotes Blutkörperchen
3 Epithelzelle der Kapillarwand

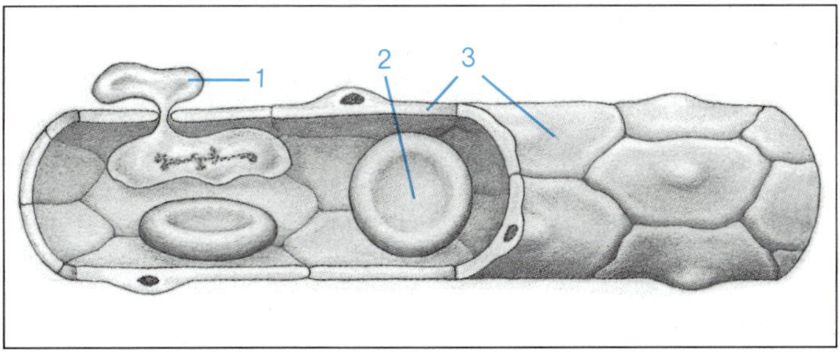

4.1.7.2 Blutgefäße im Kausystem

Arterien

Das Kausystem wird von Ästen der Halsschlagader versorgt, die sich in die Äußere und Innere Kopfschlagader teilt. Die Versorgungsbereiche der Inneren Kopfschlagader (A. carotis interna) sind die Augen, die Augenhöhlen und das Gehirn. Alle anderen Bereiche des Kopfes werden von der Äußeren Kopfschlagader (A. carotis externa) versorgt.

Venen und Lymphgefäße

Das venöse Blut aus dem Gesichtsschädel, dem oberen Teil der Halsorgane und dem Gehirnschädel wird in einer großen Halsvene und mehreren kleinen Venen zur oberen Brustkorböffnung geleitet. Dort tritt das Blut dann in die dort verlaufende obere Hohlvene ein und gelangt über diese ins Herz. Die Lymphe des Kopfes und des Halses fließt über Lymphgefäße, die ebenfalls in die obere Hohlvene münden, zurück ins venöse Blut.

Blut- wie Lymphgefäße spielen für die Zahntechnik nur an den Stellen eine Rolle, wo sie durch Zahnersatz an ihrer Versorgungsfunktion gehindert werden. Auf eine ausführliche Beschreibung einzelner Blutgefäßzweige wurde deshalb verzichtet.

> Totalprothetisch von Bedeutung sind die Austrittsstellen von Blutgefäßen am Kinnloch und an der Schneidezahnpapille.

4.1.8 Anatomie des Gehirns, der Nerven und Sinnesorgane

4.1.8.1 Bau und Funktion des Gehirns

Dieses weiche und leicht verletzliche Organ enthält Nervenzellen und Gliazellen (zirka 14 Milliarden) und ist stark von Blutgefäßen durchzogen. Es ist von drei Schutzhüllen umgeben, der harten Hirnhaut, der Spinnwebenhaut und der weichen Hirnhaut. Der Raum zwischen Spinnwebenhaut und weicher Hirnhaut ist mit Gehirnflüssigkeit gefüllt und wird Liquor genannt. Sie umgibt das Gehirn wie ein

Wasserkissen und stellt einen Schutz gegen Stoßeinwirkungen dar. Die Gehirnflüssigkeit füllt zudem innere Hohlräume des Gehirns aus, die Ventrikel. Das Gehirn gliedert man in fünf Teile, die bei der Steuerung des Körpers besondere Aufgaben zu erfüllen haben (Abb. 4.45):

- Großhirn
- Zwischenhirn
- Mittelhirn
- Kleinhirn
- Nachhirn

Das Großhirn, das mit Ausnahme des Kleinhirns alle anderen Hirnteile überlagert, besteht im wesentlichen aus zwei halbkugelförmigen Teilen (Hemisphären), die ihrerseits aus verschiedenen Großhirnlappen, Windungen und Einschnitten aufgebaut sind. Die Aufgaben des Großhirns sind vielfältig und lassen sich teilweise bestimmten Großhirnbereichen, sogenannten Zentren oder Feldern zuordnen.

In die Wahrnehmungsfelder des Großhirns gelangen Informationen aus den meisten Sinnesorganen. Man kennt Wahrnehmungsfelder für den Geruch, den Geschmack, den Tastsinn und ein Seh- und ein Hörzentrum. Auch sind Erinnerungsfelder bekannt, in denen Erinnerungsbilder von früheren Eindrücken aufbewahrt werden. In den Assoziationszentren werden Informationen von Sinnesorganen mit Informationen aus anderen Hirnteilen verknüpft. Auch Lern- und Gedächtnisvorgänge spielen sich im Großhirn ab. Von Bewegungsfeldern nehmen Nervenimpulse ihren Ausgang, die willkürliche Bewegungen von Muskeln steuern.

Das Zwischenhirn ist eine wichtige Schaltstation, durch die Informationen vom Körper zum Großhirn hindurchlaufen wie auch in umgekehrter Richtung vom Großhirn in alle Körperregionen. Darüber hinaus ist es an der Steuerung der Eingeweide beteiligt. Andere Teile des Zwischenhirns beeinflussen die Hirnanhangsdrüse, eine wichtige, am Boden des Zwischenhirns gelegene Hormondrüse.

Das Mittelhirn ist der kleinste Hirnteil. Er enthält Nervenbahnen und wichtige Zentren, die unter anderem den Sehreflex sowie die dazugehörigen optisch-akustischen Reflexe und die Feinabstimmung des Muskeltonus regeln.

Das Kleinhirn regelt die groben motorischen Impulse des Großhirns und nimmt Feinabstimmungen beim Bewegen der Muskeln, Gelenke und auch beim Einsatz von Kraft vor. Es hat entscheidenden Anteil an der unbewußten Kontrolle von Haltung und Bewegung.

Das Nachhirn ist eine Fortsetzung des Rückenmarks nach oben und wird deshalb auch „verlängertes Rückenmark" genannt. Durch das Nachhirn verlaufen sämtliche Nervenbahnen des Rückenmarks, die zu höher gelegenen Gehirnteilen wie der Großhirnrinde ziehen.

4.1.8.2 Bau und Funktion der Nerven

Jeder Nerv besteht aus einer unterschiedlichen Anzahl von Nervenfasern, die von einer aus konzentrischen Lamellen bestehenden Hülle umgeben sind. Unter einem „Nerv" versteht man also ein Bündel von Nervenfasern, eingebettet in zartes, faseriges Bindegewebe. Bei einem großen Nerv können mehrere Faserbündel zu sogenannten primären Faserbündel zusammengefaßt sein (Abb. 4.46), die von einer starken kollagenfaserigen Bindegewebshülle umgeben sind. Das die primären Nervenfaserbündel einhüllende Bindegewebe enthält außer zahlreichen Fasern auch Fettgewebe und Blutgefäße.

Nervenfasern dienen der Reizleitung, die Bindegewebshüllen dem Zusammenhalt der Nervenfasern und die Blutgefäße der Versorgung des gesamten Nervs.

Die Steuerung des Kausystems durch das Zentrale Nervensystem erfolgt mit Hilfe von Hirnnerven, einigen Rückenmarknerven und Zweigen des Halssympathicus.

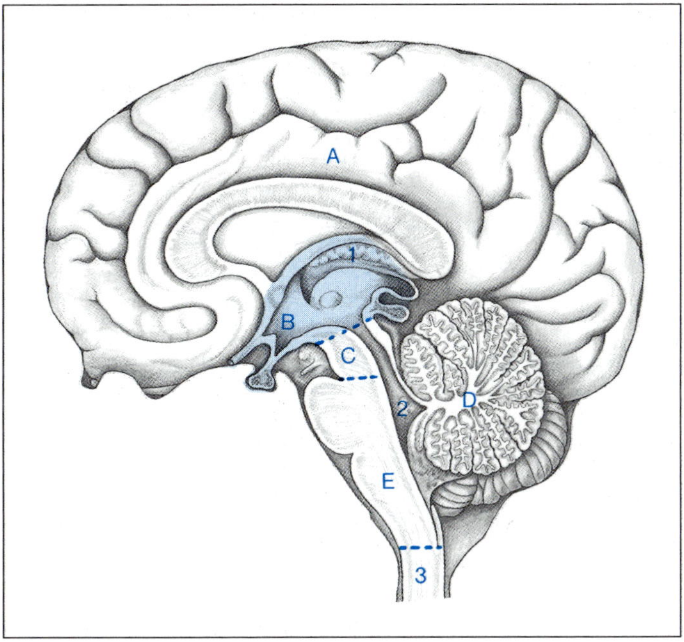

Abb. 4.45 Medianschnitt durch das menschliche Gehirn:
A Großhirn,
B Zwischenhirn,
C Mittelhirn,
D Kleinhirn,
E Nachhirn
(D + E bilden den Hirnstamm)
1 Thalamus,
2 Ventrikel,
3 Rückenmark

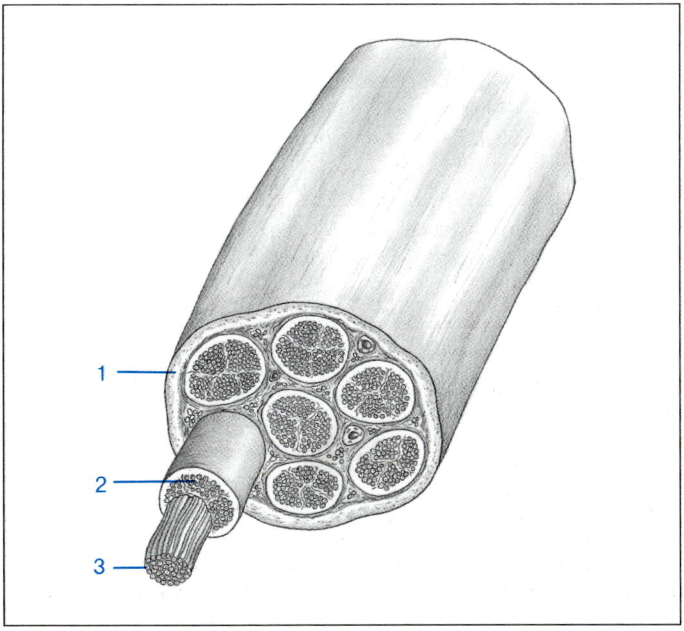

Abb. 4.46 Bau eines Nervs (Schematische Darstellung):
1 Bindegewebshülle
2 Nervenfaserbündel
3 Nervenfaser

Hirnnerven
Die Hirnnerven (auch Kopfnerven genannt) sind paarig und entspringen alle an der Unterseite des Hirnstamms, der aus dem Zwischen-, Mittel- und Nachhirn sowie dem verlängerten Rückenmark besteht. In ihnen verlaufen sensible Nervenfasern, deren Zellkörper in den Sinnesorganen liegen und deren Neuriten zum Gehirn hin verlaufen sowie motorische Nervenfasern, deren Zellkörper sich im Gehirn befinden und die zu Organen hinführen. Da das Gehirn durch die Knochen des Gehirnschädels vollständig umschlossen wird, besitzt die Schädelbasis Öffnungen, durch die die Gehirnnerven aus dem Schädel austreten können. Die Tabelle 4.4 listet alle am Kausystem beteiligten Hirnnerven und deren Versorgungsgebiete auf (Abb. 4.47 und Abb. 4.48).

Halsnerven
Der erste Halsnerv versorgt zusammen mit dem zweiten motorisch den Kinnzungenbeinmuskel. Ein von den ersten vier Halsnerven gebildetes Nervengeflecht ist unter anderem für die motorische Versorgung der Unteren Zungenbeinmuskeln zuständig.

Halssympathicus
Er versorgt mit sogenannten sympathi-

Hirnnerv	**Versorgungsgebiete im Kausystem durch:** **sensible Nervenfasern**	**motorische Nervenfasern**
Riechnerv (N. olfactorius)	Riechepithel der Nase	
Drillingsnerv (N. trigeminus)	Gesicht und Kopf bis Scheitel, Nasen-, Augen-, Mundhöhle	Kaumuskeln Kieferzungenbeinmuskel Zweibauchmuskel (hinterer Bauch), Gaumensegelspanner
Gesichtsnerv (N. facialis)	Geschmacksfasern aus vorderer Zungenhälfte	Mimische Muskeln Griffelzungenbeinmuskel Zweibauchmuskel (vorderer Bauch), Tränendrüse, Speicheldrüsen des Mundbodens
Zungenschlundnerv (N. glossopharyngeus)	Geschmacksfasern aus hinterer Zungenhälfte Schlund	Schlund Ohrspeicheldrüse Gaumen- und Schlundbogenmuskeln
„Herumschweifender“ Nerv (N. vagus)	Geschmacksknospen um Kehlkopfeingang	Kehlkopf
Zusatznerv (N. accessorius)		Halswender (Muskel)
Unterzungennerv (N. hypoglossus)		Zungenmuskeln

Tab. 4.4 Übersicht über die Gehirnnerven des Kausystems und deren sensible und motorische Versorgungsgebiete.

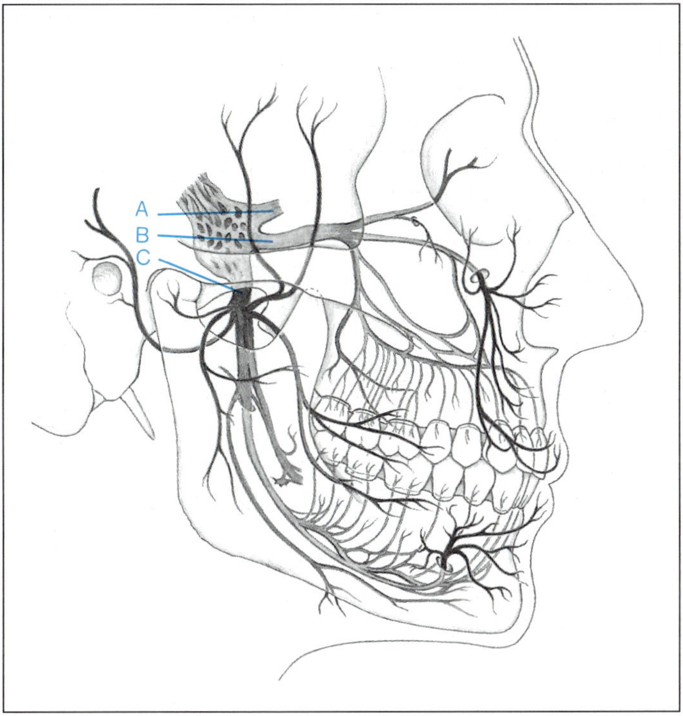

Abb. 4.47 Nervus trigeminus: A Augenast, B Oberkieferast, C Unterkieferast (Der zahntechnisch bedeutungslose Augenast ist bis auf ein kurzes Anfangsstück nicht dargestellt.)

schen Nervenfasern, das heißt motorischen Nervenfasern des vegetativen Nervensystems, die Tränendrüsen, die Nasen- und Gaumenschleimhaut und alle Speicheldrüsen.

> Totalprothetisch von Bedeutung sind die Austrittsstellen von Nerven am Kinnloch und an der Schneidezahnpapille.

4.1.8.3 Bau und Funktion der Sinnesorgane

Sie dienen mit ihren Sinneszellen, den Rezeptoren, der Wahrnehmung von Reizen aus der Umwelt und aus dem Körperinneren. Mit ihrer Hilfe ist das Gehirn immer über alle Vorgänge im Körper und über alle Veränderungen außerhalb des Körpers informiert.

Da es in der Natur keinen „Universalrezeptor" gibt, muß für jede Reizart ein spezieller

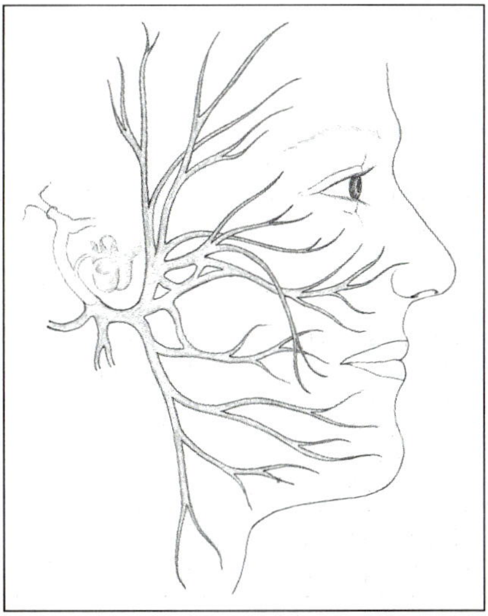

Abb. 4.48 Nervus facialis

Rezeptortyp im Körper vorhanden sein – auch in der Technik ist ein „Universalmeßfühler“, der alles erkennen („fühlen“) kann, nicht machbar. In jedem Sinnesorgan sind deshalb mehrere gleichartige Rezeptoren (= Sinneszellen) zusammen mit anderen Zellen und Hilfsstrukturen zusammengefaßt und dienen zur Wahrnehmung einer ganz bestimmten Reizart. Von den vielen Sinnesorganen unseres Körpers werden im folgenden nur diejenigen erwähnt, die im Kausystem eine Rolle spielen.

Muskelspindeln
Sie nehmen Längenänderungen der Muskelfasern wahr und informieren das Gehirn über den momentanen Verkürzungszustand eines Muskels. In den Skelettmuskeln sind Muskelspindeln im Bereich des Muskelbauches eingelagert; ihre Anzahl ist jedoch in den einzelnen Muskeln unterschiedlich.

Eine Muskelspindel besteht aus fünf bis zehn dünnen quergestreiften Muskelfasern, die von einer flüssigkeitsgefüllten, bindegewebigen Kapsel umgeben sind. Die Fasern der bis zu zehn Millimeter langen Spindeln liegen parallel zu den übrigen Fasern des Muskels und werden daher von der Streckung und Verkürzung des Muskels in gleicher Weise betroffen. Innerhalb der Kapsel, am Mittelteil der Muskelfasern, enden sensible Nervenfasern, deren Enden sich spiralig um die Muskelfasern wickeln. Bei Streckung des Muskels werden diese Nervenfasern erregt, und zwar um so stärker, je stärker der Muskel gestreckt wird, bei Kontraktion des Muskels erlischt die Erregung. Damit ist klar: Muskelspindeln enthalten Dehnungsrezeptoren, durch deren Meldungen das Gehirn die Länge des Muskels erkennt, da ein Muskel um so länger ist, je stärker er gedehnt wird (Abb. 4.49).

Sehnenorgane
Sie informieren das Gehirn über den Grad der Muskelspannung (Tonus). Sehnenorgane liegen am Übergang zwischen Sehne und Muskel. Sie bestehen aus einem Bündel kollagener Fasern, die von einer dünnen Bindegewebshülle umgeben sind und von einer Nervenfaser versorgt werden. Sie verzweigt sich nach ihrem Durchtritt durch die Kapsel in zahlreiche, die einzelnen Kollagenfasern umspinnende Äste. Man nimmt an, daß die locker angeordneten Kollagenfasern bei Spannung gestrafft werden und einen Druck auf die zwischen ihnen gelegenen Nervenfasern ausüben. Der dadurch ausgelöste Impuls wird dem Gehirn zugeleitet. Auf diese Weise ist das Gehirn über das Maß der Anspannung eines Muskels informiert: Je stärker die Kollagenfasern gespannt werden, um so stärker ist der Muskel angespannt (Abb. 4.50).

Lamellenkörperchen
Sie enthalten Dehnungsrezeptoren und sind ähnlich wie die Vater-Pacinischen Körperchen gebaut, aber kleiner als diese (Abb. 4.51). Lamellenkörperchen findet man an Ansatzstellen von Sehnen, zum Beispiel von Kiefergelenksbändern und in den Gelenkkapseln der Kiefergelenke. Sie melden dem Gehirn den Dehnungsgrad der Bänder sowie die Lage von Gelenkteilen zueinander und informieren das Gehirn genauestens über Bewegungen.

Sinnesorgane der Wurzelhaut
Die Empfindungen der Sinnesorgane der Wurzelhaut sind für die Steuerung der Kieferbewegungen durch das Gehirn von großer Bedeutung. Es werden drei Formen unterschieden:
1. freie Nervenendigungen
2. spindelartige Nervenendigungen
3. sogenannte Endringe

Die freien Nervenendigungen stellen knollenförmig verdickte, nicht abgekapselte (freie) Endaufzweigungen von Nervenfasern dar. Ihnen wird die Schmerzwahrnehmung zugeschrieben.
Die beiden anderen Typen von Sinnesorgane sind für die Druckempfindung zuständig. Bei der spindelartigen Nervenendigung ist das Ende einer Nervenfaser von Zellen und Bindegewebe eingekapselt. Die

sehr kompliziert strukturierten Endringe enthalten mehrere ringförmig-spiralig angeordnete Nervenfasern, die sich mehrfach verzweigen und frei endigen. Die Druckempfindungen der beiden letztgenannten Sinnesorgane sind außerordentlich fein. Leichteste Zahnkontakte und kleinste, zwischen den Kontaktflächen befindliche Partikel ab einer Größe von 5 µm werden registriert.

Sinnesorgane der Haut und Schleimhaut
Mit ihnen werden zahlreiche Reize aus der Umwelt wahrgenommen, wie zum Beispiel Druck-, Berührungs-, Wärme-, Kälte-, Schmerz-, Geschmacks- und Geruchsempfindungen. Aus diesem Grunde gibt es eine Fülle von verschiedenen, in die Haut und Schleimhaut eingelagerten Rezeptorarten. Sie alle aufzuzählen und ihren Bau und ihre Funktionsweise zu erklären, würde den Rahmen des vorliegenden Buches sprengen und ist für die Zahntechnik auch nicht von Bedeutung. Daher soll nur kurz die Lage und Funktion weniger Sinnesorgane erwähnt werden.

Den sogenannten freien Nervenendigungen der Haut wird die Schmerz- und Temperaturwahrnehmung zugeschrieben. Sie liegen in der Hauptsache an der Grenze zwischen Hornhaut (Epidermis) und Lederhaut (Corium) (s. Abb. 4.51). Von den verschiedenen Nervenendkörperchen, die

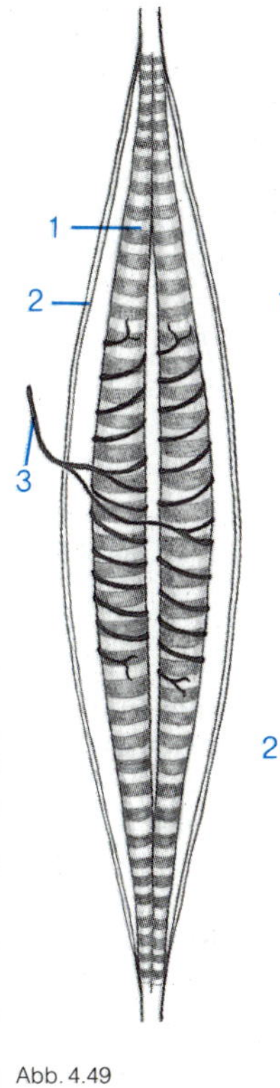

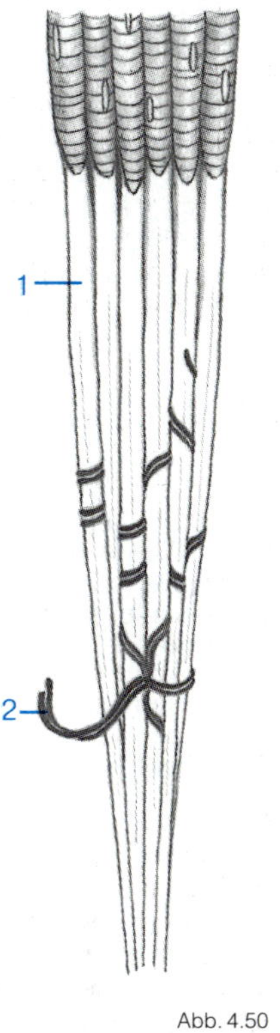

Abb. 4.49 ▲ Schematischer Bau einer Muskelspindel: 1 Muskelfaser, 2 Kapsel, 3 sensible Nervenfaserendigung

Abb. 4.50 Schematischer Bau eines Sehnenorgans: 1 Sehnenfaser, 2 sensible Nervenfaser ▲

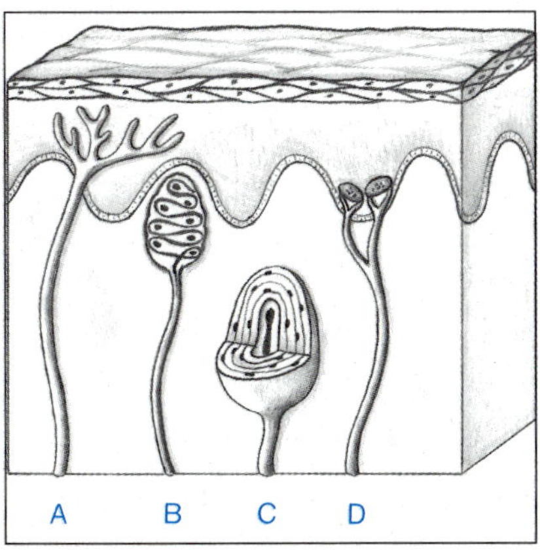

Abb. 4.51 ◀ Schematische Darstellung der wichtigsten Sinnesorgane der Haut:
A Freie Nervenendigungen
B Meissnersche Tastkörperchen
C Vater-Pacinische Lamellenkörperchen
D Merkelsche Tastzellen

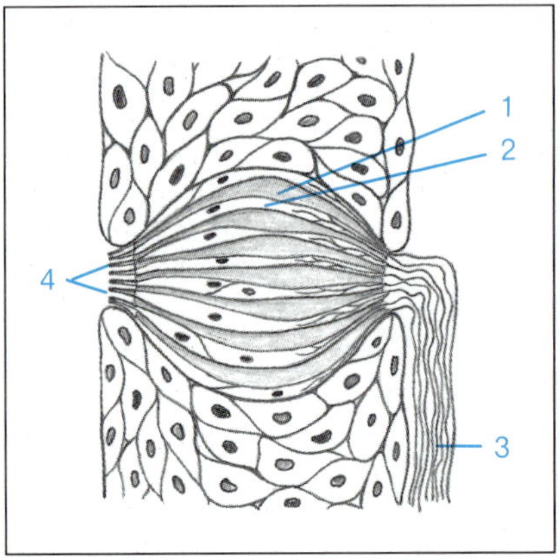

Abb. 4.52 Schematischer Bau einer Geschmacksknospe:
1 Stützzelle (dunkel)
2 Sinneszelle (hell)
3 Nervenfaser
4 fingerartige Zellmembranausstülpungen der Sinneszellen (hier laufen die chemischen Vorgänge der Geschmackswahrnehmung ab)

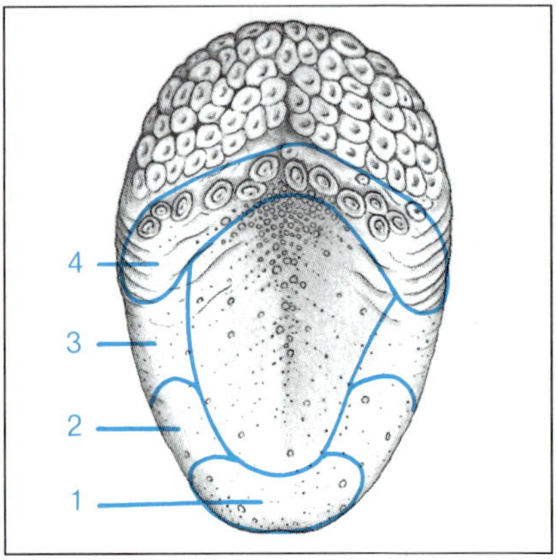

Abb. 4.53 Wahrnehmungsfelder der Geschmacksqualitäten auf der Zungenoberfläche:
1 süß, 2 salzig, 3 sauer, 4 bitter

man in der Lederhaut und in der Unterhaut findet, dienen die Merkelschen Tastzellen der Druckwahrnehmung, die Meissnerschen Tastkörperchen der Empfindung von Berührungsreizen und die Vater-Pacinischen Lamellenkörperchen neben der Druckwahrnehmung in der Hauptsache zur Wahrnehmung von Vibrationen. Die drei zuletzt genannten Sinnesorganarten sind überall dort besonders zahlreich vorhanden, wo es auf besonders feine Tastempfindungen ankommt, so in der Schleimhaut des Lippenrots oder in der Gaumenschleimhaut oder in der Schleimhaut der Zungenspitze.

Die auf der Zungenschleimhaut des Zungenrückens, am Gaumen und an der hinteren Rachenwand vorkommenden Geschmackssinneszellen sind in einer Geschmacksknospe gebündelt und besteht aus Sinnes- und Stützzellen (Abb. 4.52). Die Geschmacksknospen der Zunge liegen vorzugsweise in den „Gräben" zwischen den Papillen der Zungenschleimhaut. Für jede der vier Geschmacksqualitäten gibt es eigene Sinneszellen. Ihre Verteilung über die Zungenoberfläche zeigt die Abbildung 4.53.

Die Wahrnehmung der Geruchsreize erfolgt über die Sinneszellen der Riechschleimhaut. Zu diesem Zweck besteht das Epithel der Riechschleimhaut aus Sinneszellen, sogenannten Riechzellen, und Stützzellen (Abb. 4.54). Man vermutet, daß die Riechhaare der Riechzellen zusammen mit der die Riechschleimhaut überziehenden Schleimschicht bei der Geruchsempfindung eine wichtige Rolle spielen. Die Riechschleimhaut ist beim Menschen in beiden Nasenhöhlen auf einen kleinen Bezirk am Oberrand der oberen Nasenmuschel und der gegenüberliegenden Fläche der Nasenscheidewand begrenzt. Ihre Gesamtfläche beträgt etwa 5 cm^2.

Die Sinneszellen der Riechschleimhaut sind zudem an der „Geschmacksempfin-

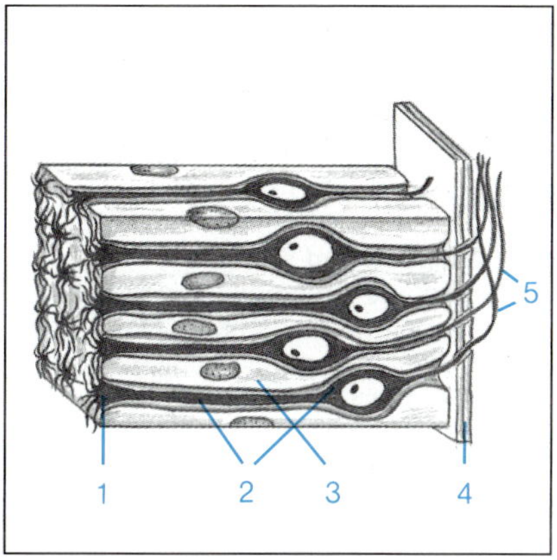

Abb. 4.54 Ausschnitt aus dem Epithel der Riechschleimhaut (Schemazeichnung):
1 Riechkolben mit Sinneshärchen
2 Riechzelle (Sinneszelle)
3 Stützzelle
4 Basalmembran
5 Nervenfasern

dung" beteiligt: Leichtflüchtige Geschmacksmoleküle, die während des Kauens über den Rachenraum in die Nasenhöhle gelangen, werden von den Riechzellen wahrgenommen und ergeben im Gehirn zusammen mit den Wahrnehmungen der Geschmacksknospen eine feine Geschmacksempfindung.

4.2 Anatomie des Mundes

Die Kenntnis der anatomischen Verhältnisse der Mundhöhle ist Voraussetzung für das Verständnis, wie die Funktionen des Kausystems durch Zahnersatz beeinflußt werden und so direkten Einfluß auf die Arbeit des Zahntechnikers haben. Dies ist in besonderem Maße bei der Basisgestaltung einer totalen Prothese der Fall, bei der auf zahlreiche anatomische Gegebenheiten Rücksicht genommen werden muß.

Die Mundhöhle (Cavum oris) stellt den mit Schleimhaut ausgekleideten, vordersten Abschnitt des Verdauungstraktes dar. Sie untergliedert sich in drei Abschnitte: den Mundvorhof, die eigentliche Mundhöhle und einen Übergangsbereich, die Rachenenge, der in den Rachen (= Schlund) überleitet. In der Zahnheilkunde wird zudem die Mundregion des Gesichts als sogenannter „Äußerer Mund" zur Mundhöhle hinzugerechnet.

Topographische Abgrenzung der Abschnitte der Mundhöhle:
Das Zentrum des Äußeren Mundes bildet der Mundspalt, umgeben von Ober- und Unterlippe. Zu diesem Bereich gehören auch noch die Nasenspitze mit den Nasenflügeln, die beiden Wangen im Bereich der Mundwinkel und der Kinnvorsprung.

Der Mundvorhof (Vestibulum oris) ist ein hufeisenförmiger Spalt, der
- nach außen von den Innenflächen der Lippen und Wangen,
- nach innen von den Vestibulärflächen der Zähne und der Kieferkämme,
- nach oben und unten von den Umschlagsfalten und
- nach hinten von den Fügelunterkiefernähten begrenzt wird.

Die eigentliche Mundhöhle (Cavum oris proprium) ist ein Hohlraum, der von folgenden anatomischen Strukturen abgegrenzt wird:
- nach außen von den Oralflächen der Zähne und Kieferkämme,
- nach oben vom Harten und Weichen Gaumen,
- nach unten von der Zunge und dem Mundboden und
- nach hinten von der Rachenenge.

Die Rachenenge (Isthmus faucium) ist ein ganz kurzer, enger Hohlraum, der die eigentliche Mundhöhle mit dem Rachen verbindet. Begrenzt wird die Rachenenge
- nach vorn durch die Mundhöhle,
- nach oben durch das Gaumensegel,

- zur Seite durch die Gaumenbögen und Gaumenmandeln,
- nach unten durch die Zunge und
- nach hinten durch den Rachen (Abb. 4.55).

4.2.1 Der vollbezahnte Mund

4.2.1.1 Äußerer Mund

Im Zentrum des Äußeren Mundes liegt die Mundöffnung, die bei leicht geöffnetem Mund als Mundspalte (Rima oris) bezeichnet wird. Ihre rechte und linke seitliche Begrenzung nennt man Mundwinkel (Angulus oris). Bei leicht geschlossenem Mund ist nur eine horizontal verlaufende Berührungslinie der lose aufeinander liegenden Lippen zu sehen, die Lippenschlußlinie.

Zu den wichtigsten anatomischen Gegebenheiten des Äußeren Mundes zählen Oberlippe und Unterlippe. In der Anatomie versteht man darunter das muskulöse Hautgewebe, das im Bereich des Oberkiefers vom Mundspalt bis zum unteren Nasenrand und im Bereich des Unterkiefers vom Mundspalt bis zum Kinn reicht.

Der rotgefärbte Schleimhautbereich beider Lippen wird Lippenrot genannt. Das obere Lippenrot hat in der Mitte eine knotenartige Verdickung, das Oberlippenhöckerchen (Tuberculum labii superioris). Diesem liegt die Unterlippenfurche (Sulcus labii inferioris) gegenüber, eine kleine Einbuchtung in der Mitte des unteren Lippenrots. Ebenfalls in der Mitte der Oberlippe liegt eine flache Hautrinne, die Oberlippengrübchen (Philtrum) genannt wird und in senkrechter Richtung vom unteren Rand der Nase zum Oberlippenhöckerchen verläuft.

Die seitliche Begrenzung der Oberlippe bildet die Nasenlippenfurche (Sulcus nasolabialis), eine unterschiedlich tiefe Rinne, die vom unteren Nasenflügelrand aus zum Mundwinkel verläuft und sich bei vielen Menschen besonders deutlich beim Lachen oder Lächeln abzeichnet. Gegen das Kinn wird die Unterlippe ebenfalls durch eine querverlaufende Furche abgegrenzt, die Kinnlippenfurche (Sulcus mentolabialis). Während der Kontraktion des Kinnmuskels bildet sich auf dem Kinnvorsprung eine kleine Hautvertiefung, die Kinngrübchen genannt wird (Abb. 4.56).

4.2.1.2 Lippen und Wangen

Die Grundlage der Lippen und Wangen ist eine von der mimischen Muskulatur gebildete Muskelplatte, die außen von Haut und innen von Schleimhaut bedeckt ist.

Bei den Lippen (Labia) wird diese Muskelplatte vom Mundringmuskel gebildet, der unter dem Lippenrot hakenförmig nach außen gekrempelt ist, und dadurch eine Vorwölbung des Lippenrots nach außen bewirkt. Das Lippenrot ist der Übergangsbereich zwischen der Haut und der Mundschleimhaut, in dem die Blutkapillaren durch das dünne Epithel hindurchscheinen und so die rötliche Farbe dieses Lippenbereichs bedingen. Die Schleimhaut der Lippeninnenseite trägt ein dickes, unverhorntes Epithel, in das kleine Speicheldrüsen eingelagert sind.

Die muskulöse Grundlage der Wangen (Buccae) wird vom Trompetermuskel gebildet. Außen liegt diesem Muskel der verschiebliche Wangenfettpfropf auf. Die Schleimhaut der Wangeninnenseite enthält ebenfalls Speicheldrüsen, die bis in die Muskulatur hineinreichen. In der Parotispapille (Papilla parotidea), einer zapfenartigen Schleimhauterhebung gegenüber den oberen zweiten Molaren, mündet der Ausführgang der Ohrspeicheldrüse.

Die Schleimhaut der Lippen und Wangen schlägt am höchst- und tiefstgelegensten Rand des Mundvorhofs, der Umschlagsfalte (Fornix vestibuli), um und setzt sich auf den gegenüberliegenden Kieferkämmen als sogenannte Alveoläre Schleimhaut fort. Die Schleimhaut der Lippen und Wangen sowie die Alveoläre Schleimhaut sind verschieblich, um den vielfältigen Bewegungen der Lippen und Wangen bei der Mimik, dem Kauen und Sprechen folgen zu kön-

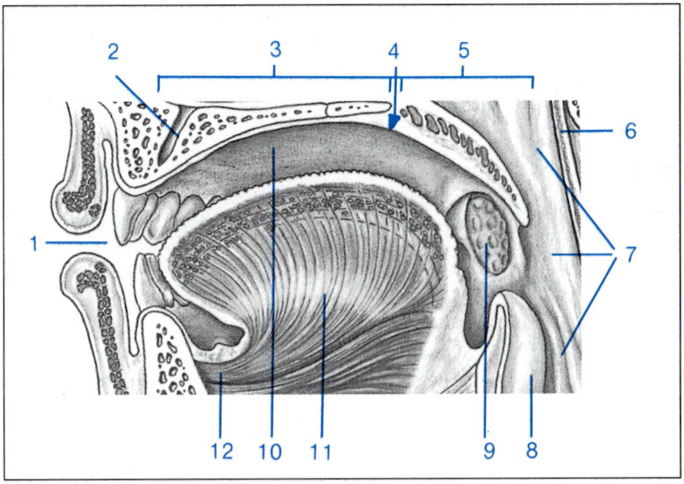

Abb. 4.55 Medianschnitt durch die Mundhöhle: 1 Mundvorhof, 2 Schneidezahnkanal, 3 Harter Gaumen, 4 A-Linie, 5 Weicher Gaumen, 6 Rachenwand, 7 Rachen, 8 Kehldeckel, 9 Gaumenmandel, 10 Eigentliche Mundhöhle, 11 Zunge, 12 Mundboden

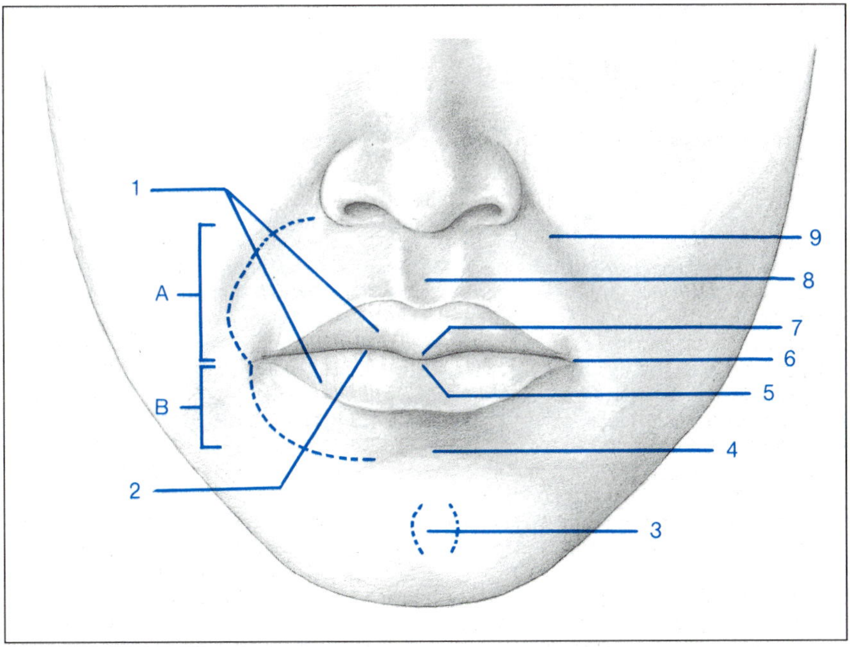

Abb. 4.56 Der Äußere Mund (Frontalansicht): A Oberlippe, B Unterlippe (Gestrichelte Linie = Begrenzung von Oberlippe und Unterlippe), 1 Lippenrot, 2 Lippenschlußlinie, 3 Kinngrübchen, 4 Kinnlippenfurche, 5 Unterlippenfurche, 6 Mundwinkel, 7 Oberlippenhöckerchen, 8 Oberlippengrübchen, 9 Nasenlippenfurche

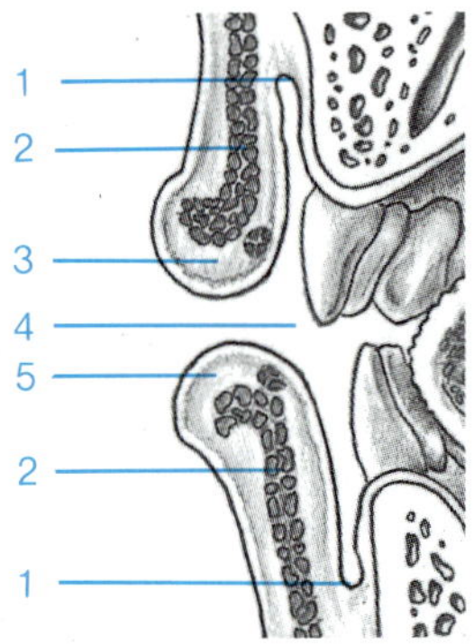

Abb. 4.57 Medianschnitt durch die Lippen und den Mundvorhof: 1 Umschlagsfalte, 2 Mundringmuskel, 3 Oberlippe, 4 Mundvorhof, 5 Unterlippe

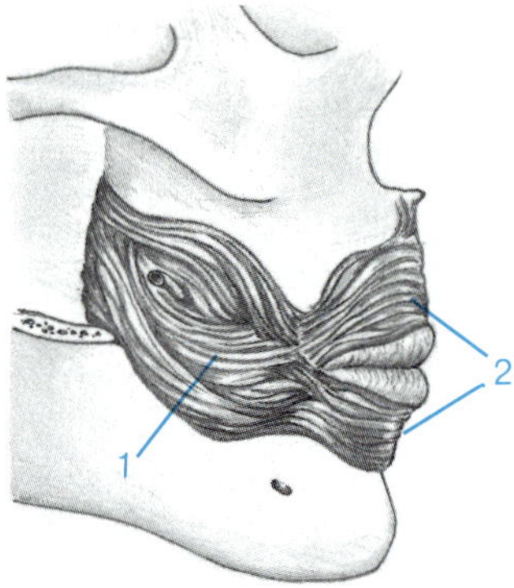

Abb. 4.58 Trompetermuskel und Mundringmuskel als funktionelle Einheit: 1 Trompetermuskel, 2 Mundringmuskel

nen; hierbei ändern auch die beiden Umschlagsfalten ihre Lage (Abb. 4.57).

Die Wangen- und Lippenschleimhäute sind über die Lippenbändchen und Wangenbändchen mit den Kieferkämmen verbunden. Diese Bändchen stellen mit Fasern verstärkte Schleimhautfalten dar, die quer durch den Mundvorhof verlaufen und die Schleimhaut direkt mit den Kieferkämmen verbinden; bei Bewegungen der Lippen und Wangen spannen sie sich mehr oder weniger stark an. Oberes und unteres Lippenbändchen (Frenulum labii superioris und Frenulum labii inferioris) liegen im Ober- und Unterkiefer genau in der Medianebene, die Wangenbändchen (Frenula buccae, Einzahl Frenulum buccae) in jedem Quadranten im Bereich der Prämolaren; in selteneren Fällen findet man je zwei Wangenbändchen.

Da Trompetermuskel und Mundringmuskel im Mundwinkelbereich miteinander verflochten sind, bilden sie zusammen eine funktionelle Einheit, die Zirkuläres System genannt wird. Sie stellen sozusagen eine durchgehende Muskelschlinge dar, die parallel zu den Vestibulärflächen der Zahnreihen und der Kieferkämme verläuft (Abb. 4.58). Eine Kontraktion ihrer Muskelfasern, wie dies beim Kauen der Fall ist, bewirkt, daß die Lippen gegen die Frontzähne und die Wangen gegen die Seitenzähne gedrückt werden. Hierdurch wird verhindert, daß Teile des Speiseballens in den Mundvorhof abgleiten können. Da dieser ständige Lippen- und Wangendruck regulierenden Einfluß auf die Zähne hätte, wirkt ihm der Zungendruck entgegen. Dieser Sachverhalt ist bei der Frontzahnaufstellung zu berücksichtigen.

4.2.1.3 Kieferkämme

Die Schleimhaut der Lippen und Wangen setzt sich jenseits der Umschlagfalte auf den Kieferkämmen fort und bedeckt die Vestibulär- und Oralflächen der zahntragenden Teile der Kieferknochen, die Alveolarfortsätze vollständig. Nach ihrem histologischen Aufbau unterscheidet man auf der Vestibulärfläche drei Schleimhautbereiche:

1. die alveoläre Schleimhaut (= alveoläre Mucosa),
2. das alveoläre Zahnfleisch (= alveoläre Gingiva) und
3. das freie Zahnfleisch (= marginale Gingiva).

Während die alveoläre Schleimhaut und das freie Zahnfleisch verschieblich (beweglich) sind, ist das alveoläre Zahnfleisch unverschieblich auf den oralen und vestibulären Flächen der Alveolarfortsätze befestigt. Aus diesem Grunde wird das freie Zahnfleisch als bewegliches Zahnfleisch und das alveoläre Zahnfleisch als befestigtes Zahnfleisch bezeichnet. Freies und alveoläres Zahnfleisch sind im Gegensatz zur alveolären Schleimhaut sehr widerstandsfähig gegen Druck und Reibung, da das Epithel stark verhornt ist und eine dichte, faserreiche Bindegewebsunterlage besitzt.

Auch in ihrem Aussehen unterscheiden sich die drei Schleimhautbereiche. Die alveoläre Schleimhaut ist wie die Mundschleimhaut von dunkelroter Farbe und besitzt eine glatte Oberfläche, das alveoläre Zahnfleisch ist rosa gefärbt und hat durch seine Tüpfelung ein orangenschalenähnliches Aussehen. Das freie, etwas dunkler gefärbte Zahnfleisch wölbt sich ganz schwach vor und ist daher als girlandenartiger Zahnfleischsaum am Kronenrand erkennbar.

Die Grenze zwischen alveolärer Schleimhaut und alveolärem Zahnfleisch bildet die muco-gingivale Grenzlinie, die Grenze zwischen alveolärem und freiem Zahnfleisch wird marginale Furche genannt.

Das distale Ende der Kieferkämme direkt hinter den letzten Molaren markiert ein vertikal verlaufendes, schleimhautüberzogenes Bändchen, die Flügelunterkiefernaht (Raphe pterygomandibularis, Abb. 4.59); Sie hat ihren Ursprung am Flügelhaken des Flügelfortsatzes des Keilbeins und setzt

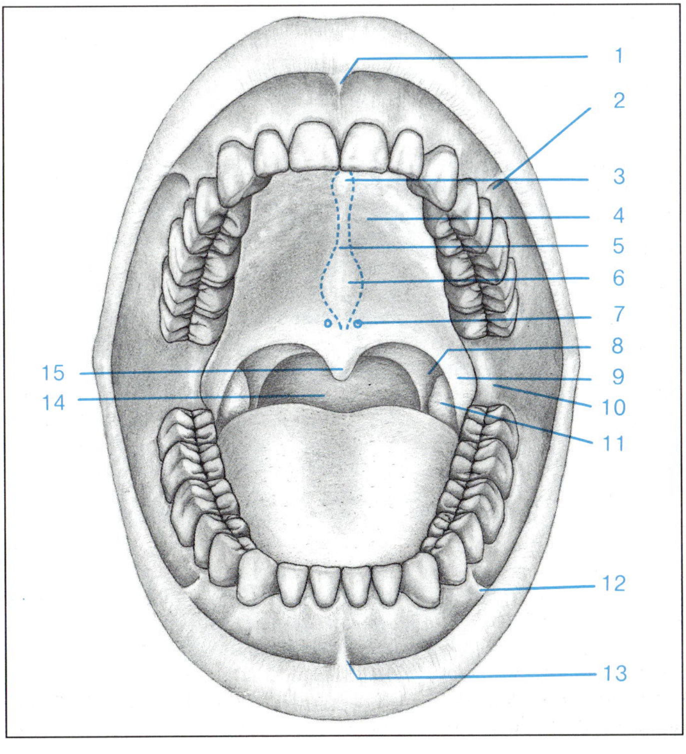

Abb. 4.59 Blick in den Mundvorhof und die Mundhöhle: 1 Oberes Lippenbändchen, 2 Oberes Wangenbändchen, 3 Schneidezahnpapille, 4 Gaumenfalten, 5 Gaumennaht, 6 Gaumenwulst, 7 Gaumengrübchen, 8 Gaumenschlundbogen, 9 Gaumenzungenbogen, 10 Flügelunterkiefernaht, 11 Gaumenmandel, 12 Unteres Wangenbändchen, 13 Unteres Lippenbändchen, 14 Rachenenge, 15 Zäpfchen

am Molarendreieck des Unterkiefers an. An ihrer Bukkalfläche ist der Trompetermuskel mit einem Großteil seiner distalen Faserenden befestigt. Auf diese Weise bilden Flügelunterkiefernaht und Trompetermuskel zugleich die distale Begrenzung des Mundvorhofs. An der Oralseite der Flügelunterkiefernaht sind auch noch Faserenden des Oberen Schlundschnürers befestigt.

4.2.1.4 Gaumen und Gaumenbögen

Das Dach der eigentlichen Mundhöhle wird vom Gaumen (Palatum) gebildet, der gleichzeitig auch der Boden der Nasenhöhle ist. Man unterscheidet den Harten Gaumen (Palatum durum) vom Weichen Gaumen (Palatum molle). Als Harten Gaumen bezeichnet man den vorderen, mit einer knöchernen Unterlage versehenen Teil des Gaumens, als Weichen Gaumen den sich daran anschließenden, hinteren, muskulösen und beweglichen Teil (vgl. Abb.4.55).

Die knöcherne Grundlage des Harten Gaumens besteht aus den beiden Gaumenfortsätzen des Oberkiefers und den beiden horizontalen Platten des Gaumenbeins. Die fest mit der Knochenhaut dieser Knochen verwachsene Schleimhaut hat eine Reihe wichtiger Schleimhautstrukturen ausgebildet:

- Genau in der Gaumenmitte erstreckt sich in sagittaler Richtung eine dünne Schleimhautleiste, die Gaumennaht (Raphe palati), die direkt hinter den beiden ersten oberen Schneidezähnen beginnt und im Weichen Gaumen endet. In seltenen Fällen endet die Gaumennaht erst am hintersten Ende des Weichen Gaumens, am Zäpfchen. (Diese schleimhäutige Gaumennaht (Raphe palati) bedeckt genau die knöcherne Mittlere Gaumennaht (Sutura palatina mediana), was leider häufig zu Begriffsverwechslungen führt.)

- Über dem Schneidezahnloch, aus dem Nerven und Blutgefäße zur Versorgung der Gaumenschleimhaut und des Zahnfleisches im Bereich des Zwischenkiefers austreten, liegt in der Medianebene ein Schleimhautzapfen, Schneidezahnpapille (Papilla incisiva) genannt. Sie dient als Druckpolster, da die austretenden Nerven und Blutgefäße besonders druckempfindlich sind. Im Gegensatz dazu sind die Nerven und Blutgefäße, die zu den großen und kleinen Gaumenlöchern austreten, durch das Schleimhautgewebe in diesem Bereich ausreichend geschützt.

- Ebenfalls nicht zu übersehen sind die Gaumenfalten (Plicae palatinae transversae), die im vordersten Teil des Gaumens, distal der Frontzähne und links und rechts der Gaumennaht liegen. Es sind 3 bis 4 querverlaufende Schleimhautkämme, die gemeinsam der Zunge als Widerlager beim Wenden des Speiseballens dienen.

- In der Mitte des Gaumens begrenzt der wulstige Verlauf der Schleimhaut eine Knochenauftreibung, die als Gaumenwulst (Torus palatinus), bezeichnet wird. Er ist nur bei einem Teil der Menschen vorhanden und mehr oder weniger deutlich ausgebildet.

- Häufig sind am hinteren Rand des Harten Gaumens, links und rechts der Gaumennaht, zwei kleine Schleimhautvertiefungen sichtbar; sie werden Gaumengrübchen (Foveolae palatinae) genannt und können als Orientierung für die dorsale Lage der A-Linie benutzt werden.

Die Grenze zwischen Hartem und Weichem Gaumen verläuft knapp hinter den Gaumengrübchen, etwa in Höhe des letzten Molaren. Mit dieser Grenze fällt auch die Grenze zwischen der unbeweglichen Schleimhaut des Harten Gaumens und der beweglichen Schleimhaut des Weichen Gaumens zusammen, die in der Totalprothetik eine wesentliche Rolle spielt. Exakt kann diese Grenze nur vom Zahnarzt bestimmt werden, indem er entweder die Nasenblaslinie oder die A-Linie ermittelt, welche am Übergang von unbeweglicher zu beweglicher Schleimhaut liegen.

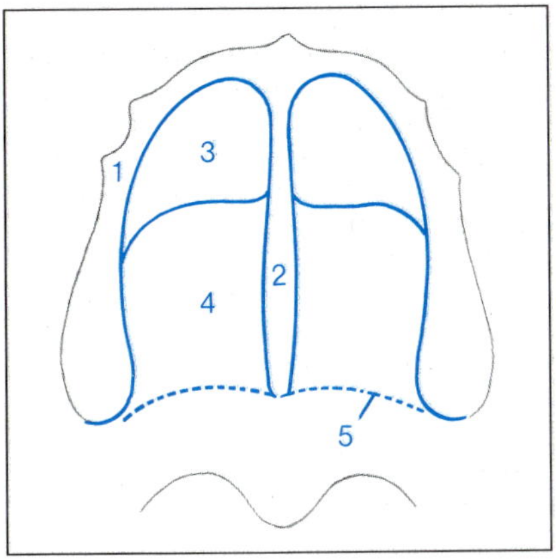

Abb. 4.60 ◀ Die Gewebezonen der Gaumenschleimhaut:
1 Fibröse Randzone, 2 Fibröse Medianzone, 3 Fettpolsterzone, 4 Drüsenzone, 5 A-Linie

Abb. 4.61 ▼ Frontalschnitt durch die Gaumenschleimhaut bei einem zahnlosen Menschen:
A Fibröse Randzone, B Fettpolsterzone, C Fibröse Medianzone
1 Fettpolster, 2 Kammhaut, 3 Gaumennaht

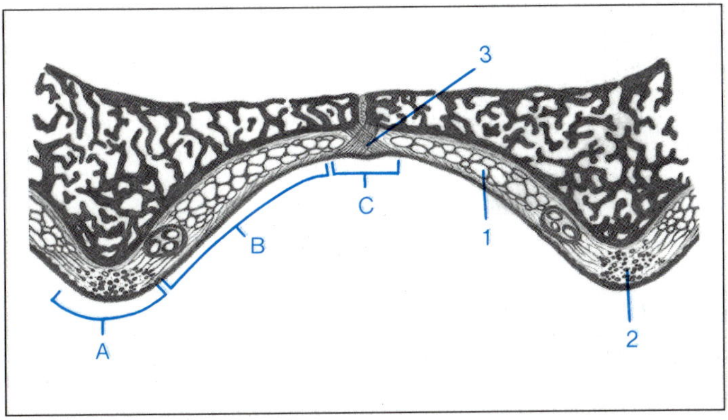

Die Grundlage des weichen Gaumens ist eine Sehnen-Muskel-Platte, die aus der sehnigen Fortsetzung der Knochenhaut des knöchernen Gaumens und den in sie einstrahlenden Sehnenfasern der Gaumenmuskeln besteht und mit Schleimhaut bedeckt ist. Der hintere Abschnitt des Weichen Gaumens wird als Gaumensegel (Velum palatinum) bezeichnet, dessen hinterer Rand in der Medianebene im Zäpfchen (Uvula) ausläuft. Seitlich geht der weiche Gaumen in die Gaumenbögen und die dazwischenliegende Gaumengrube über.

Im Bereich des Harten Gaumens ist die Schleimhaut unverschieblich an der Knochenhaut befestigt. Im vorderen Abschnitt enthält sie Fettläppchen, im hinteren Abschnitt des Harten Gaumens und im Weichen Gaumen sind zahlreiche kleine Speicheldrüsen (Glandulae palatinae) in die Schleimhaut eingelagert. Bedingt durch diese Gewebeunterschiede weisen einzelne Bereiche des Harten Gaumens unterschiedliche Nachgiebigkeit oder Resilienz auf. Man unterscheidet topographisch vier Resilienzzonen der Gaumenschleimhaut:

- Die geringste Nachgiebigkeit findet sich im Gebiet der Fibrösen Randzone und der Fibrösen Medianzone,
- in der Fettgewebszone ist die Schleimhaut nachgiebiger und
- am nachgiebigsten ist sie in der Drüsenzone (Abb. 4.60 und Abb. 4.61).

Die paarig angelegten Gaumenbögen der Rachenenge (vgl. Abb. 4.59) sind Schleimhautfalten, deren Grundlage von den Schlundbogenmuskeln gebildet wird. Der vordere Gaumenbogen, der Gaumenzungenbogen (Arcus palatoglossus), zieht vom Gaumen zur Zunge und enthält die Muskelfasern des gleichnamigen Muskels. Der hintere Gaumenbogen, der Gaumenschlundbogen (Arcus palatopharyngeus), verläuft vom Gaumen zur Rachenwand und wird vom Gaumenschlundmuskel gebildet. Zwischen vorderem und hinterem Gaumenbogen liegt die Gaumengrube (Fossa tonsillaris), eine Vertiefung, in der sich die Gaumenmandel (Tonsilla palatina) befindet (Abb. 4.62).

4.2.1.5 Mundboden und Zunge

Der Mundboden (Abb. 4.63) besteht in der Hauptsache aus dem Kieferzungenbeinmuskel („Mundbodenmuskel"), der durch den Kinnzungenbeinmuskel und den Zweibauchmuskel verstärkt wird. Der hintere Bereich des Mundbodens ist durch Bindegewebe abgeschlossen. Die dünne Schleimhaut ist sehr verschieblich, dunkelrosa gefärbt und bildet links und rechts vom Zungenbändchen zwei Schleimhautfalten, die Unterzungenfalten (Plicae sublinguales), in der die Ausführgänge der Unterzungenspeicheldrüsen münden. Zu beiden Seiten des Zungenbändchens befindet sich ein Schleimhauthöcker, die Unterzungenspeichelpapille (Caruncula sublingualis) – in ihr mündet der Ausführgang der Unterkieferspeicheldrüse.

Die Zunge (Lingua) liegt dem Mundboden auf. Man unterscheidet das hintere Teilstück, den Zungengrund oder die Zungenwurzel (Radix linguae) und das vordere Teilstück, den Zungenkörper (Corpus linguae); er läuft in die gerundete Zungenspitze (Apex linguae) aus. Eine Längsfurche teilt die obere Fläche des Zungenkörpers, den Zungenrücken (Dorsum linguae), in eine linke und eine rechte Hälfte. Der die Zähne berührende Teil der Zunge heißt Zungenrand (Margo linguae) und grenzt den Zungenrücken gegen die Unterfläche des Zungenkörpers, die Zungenunterfläche (Facies inferior linguae), ab. Das Zungenbändchen (Frenulum linguae) zieht als eine in der Mitte gelegene Schleimhautfalte vom Mundboden an die Zungenunterfläche (Abb. 4.64).

Die Schleimhaut des Zungenrückens ist durch Fasern unverschieblich mit den Muskeln des Zungenkörpers verbunden und auf die Tast-, Temperatur- und Geschmacksempfindung spezialisiert. Hierzu besitzt sie Papillen, bei denen sich vier Formen unterscheiden lassen (Abb. 4.65):

Fadenförmige Papillen (Papillae filiformes) sind kleine, rachenwärts gerichtete, teilweise verhornte Epithelspitzen, die über den Zungenrücken verstreut sind und vorwiegend der Tastempfindung dienen. Sie geben der Zungenoberfläche eine rauhe Beschaffenheit und ein samtartiges Aussehen.

Pilzförmige Papillen (Papillae fungiformes)
Diese rötlichen, 0,5 bis 1,5 Millimeter hohen Papillen liegen hauptsächlich am Zungenrand und im Bereich der Zungenspitze.

Umwallte Papillen (Papillae vallatae)
Vor dem Zungengrund findet man in V-förmiger Anordnung sechs bis zwölf warzenförmige Geschmackspapillen von ein bis drei Millimeter Durchmesser. Sie sind von einem Graben umgeben, dessen oberer ringförmiger Rand sich leicht über die Oberfläche des Zungenrückens erhebt. Die Geschmacksknospen liegen in der Wand des Grabens, auf dessen Grund seröse Speicheldrüsen zum Fortspülen der Geschmacksstoffe münden.

Blätterförmige Papillen (Papillae foliatae)
Diese Papillen stellen quere Schleimhautfalten („Blätter") am hinteren Seitenrand der Zunge dar. Im Epithel der Schleimhautfalten liegen Geschmacksknospen, in der Tiefe der Schleimhautfalten münden seröse Speicheldrüsen.

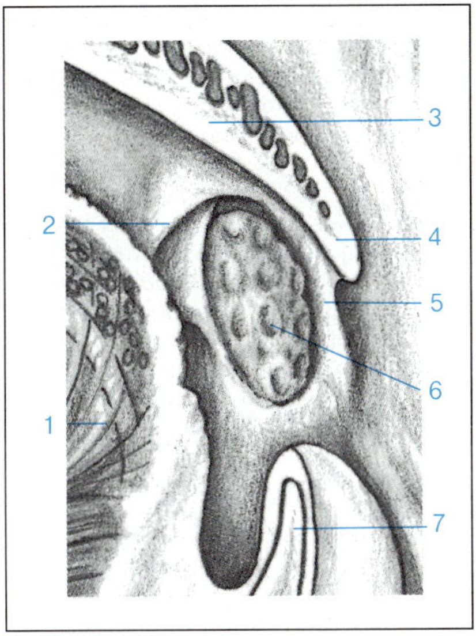

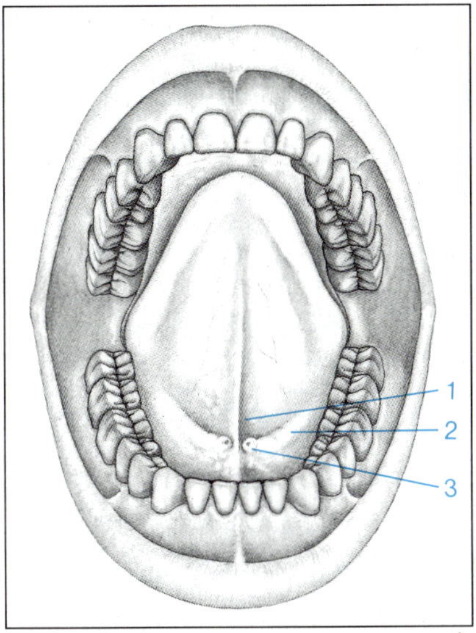

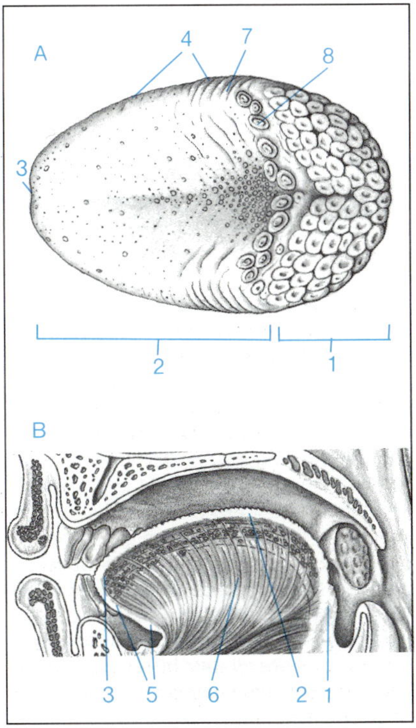

Abb. 4.62 ▼ Medianschnitt durch die Rachenenge: 1 Zunge, 2 Gaumenzungenbogen, 3 Weicher Gaumen, 4 Zäpfchen, 5 Gaumenschlundbogen, 6 Gaumenmandel, 7 Kehldeckel

Abb. 4.63 ▲ Blick in den Mundvorhof und auf den Mundboden: 1 Zungenbändchen, 2 Unterzungenfalte, 3 Unterzungenspeichelpapille

Abb. 4.64 ◀ Topographie der Zunge: A Okklusalansicht, B Medianschnitt 1 Zungengrund, 2 Zungenrücken, 3 Zungenspitze, 4 Zungenrand, 5 Zungenunterfläche, 6 Zungenkörper, 7 Blätterförmige Papillen, 8 Umwallte Papille

Abb. 4.65 ▼ Ausschnitt aus der Zungenschleimhaut: 1 Umwallte Papille, 2 Pilzförmige Papille, 3 Fadenförmige Papille (Blätterförmige Papillen s. Abb. 4.64 [7])

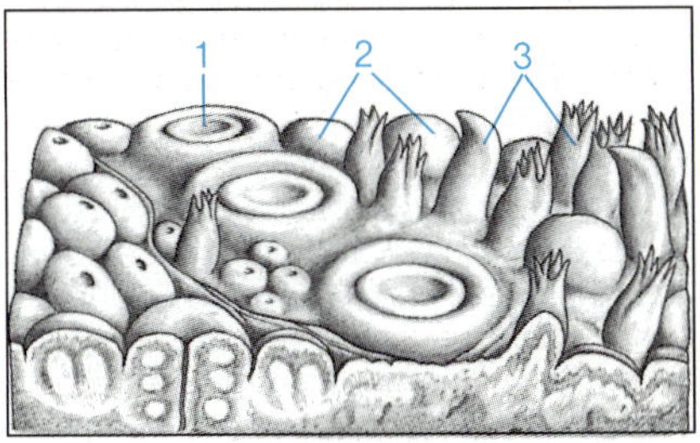

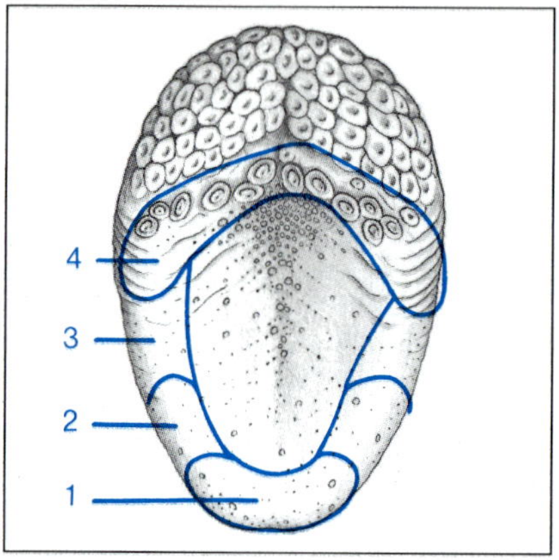

Abb. 4.66 Wahrnehmungsgebiete der Geschmacksqualitäten auf der Zunge: 1 süß, 2 salzig, 3 sauer, 4 bitter

Die Wahrnehmung der vier Geschmacksqualitäten süß, sauer, bitter und salzig läßt sich bestimmten Gebieten der Zungenschleimhaut zuordnen (Abb. 4.66).

4.2.2 Der zahnlose Mund

4.2.2.1 Durch Zahnverlust und Alter bedingte Veränderungen

Zähne gehen entweder durch Extraktion verloren, als Folge eines durch Karies ausgelösten Entzündungsprozesses oder im Laufe vieler Jahre durch Abbau des Alveolarknochens als Folge entzündlicher Erkrankungen des Zahnhalteapparats. In beiden Fällen findet ein Abbau (Resorption) des Alveolarrandes sowie der dünnen Alveolarwände statt. Dieser Knochenabbau ist mit einem deutlichen Schwund (Atrophie) des Alveolarfortsatzes verbunden, das Ergebnis ist ein abgerundeter, merklich reduzierter Alveolarfortsatz.

Der Alveolarfortsatz atrophiert nach der Extraktion eines Zahnes unterschiedlich schnell. Die Resorptionsrate im Unterkiefer beträgt in den ersten drei Monaten nach dem Zahnverlust etwa zwölf Millimeter pro Jahr, nimmt danach aber sehr rasch ab und stabilisiert sich nach dem zweiten Jahr bei einer Resorptionsrate von durchschnittlich 0,5 Millimeter pro Jahr.
Daneben bestimmen noch individuelle Gebißverhältnisse und die Ursache des Zahnverlusts die Form der zahnlosen Kiefer (Abb. 4.67).

Im Oberkiefer werden hauptsächlich die Alveolarfortsätze von den Schwundvorgängen betroffen, wobei die Atrophie von vorn nach hinten fortschreitet. Meist ist der Alveolarfortsatz zu einer Kante reduziert oder nahezu eben. Das Profil des Kieferkamms kann individuell sehr verschieden sein (Abb. 4.68). Das hintere Drittel des Harten Gaumens wird mit zunehmendem Alter meist papierdünn, nicht selten treten Knochendefekte auf, so daß Mund- und Nasenhöhle nur noch durch Schleimhaut getrennt sind. Im Gegensatz dazu verdickt sich nicht selten das Knochengewebe zu beiden Seiten der Mittleren Gaumennaht; diese Verdickung wird als Gaumenwulst oder Torus palatinus bezeichnet.

Die Kammhöhe schwankt in den einzelnen Kieferabschnitten sehr stark: Im Bereich der Oberkieferhöcker baut sich der Kieferkamm am wenigsten ab, während frontale Bereiche bei hochgradigem Schwund bis auf das Niveau des Gaumendachs resorbiert sein können; hierdurch entstehen brettartig flache Oberkieferformen.

Entsprechend der Neigung der Wurzeln der oberen Zähne und des Alveolarfortsatzes von bukkal nach innen oben dem Gaumen zu (palatinal) wird als Folge des Zahnverlustes der Bogen des Kieferkamms immer kleiner. In extremen Fällen, wie dies häufiger bei Frauen vorkommt, kann er bis auf die Ausmaße eines Säuglingskiefers atrophieren. Der Alveolarkamm liegt dann in solchen Fällen im Bereich der Gesichtsmitte in Höhe des vorderen Nasendorns, im dorsalen Bereich auf dem Niveau des unteren Randes des Jochbeinfortsatzes. Die Schneidezahnpapille, die beim vollbezahnten Kiefer etwa 8 mm hinter der Labialfläche der mittleren oberen Schneidezähne liegt, verlagert sich bei fortschreitender

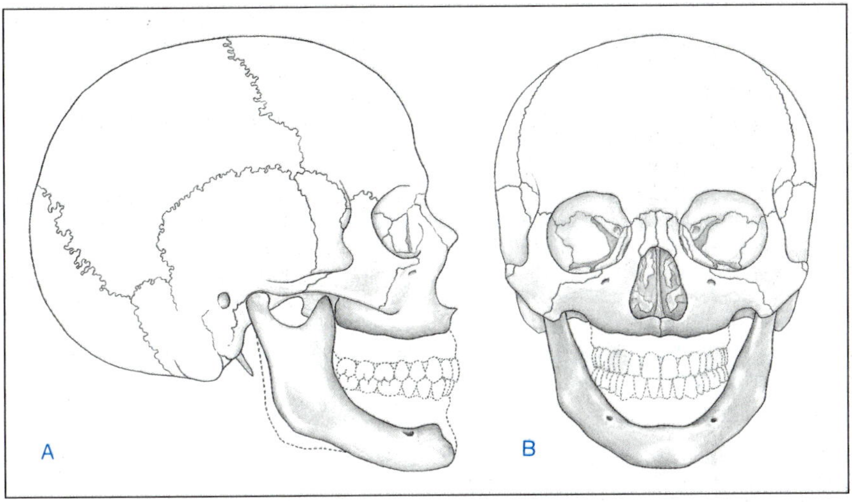

Abb. 4.67 ▲ Ausmaß der Atrophie von Oberkiefer und Unterkiefer an einem Greisenschädel:
A Lateralansicht, B Frontalansicht

Abb. 4.68 ▼ Verschiedene Profilformen atrophierter Kieferkämme:
Frontalschnitte:
A durch den Oberkiefer
B durch den Unterkiefer
1 Nasenhöhle, 2 Kieferhöhle, 3 linker Kieferkamm

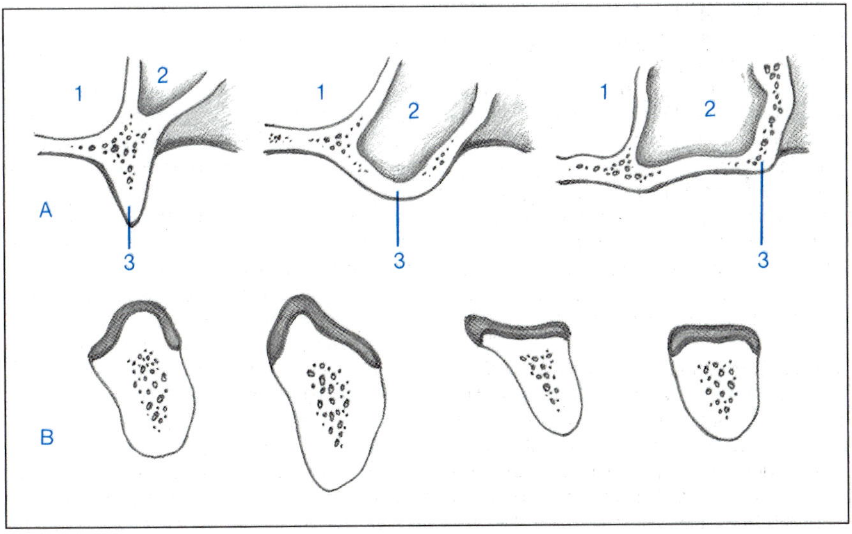

Atrophie immer mehr auf die Höhe des Alveolarfortsatzes (Abb. 4.69).

Der Schwund des Alveolarteils ist im Unterkiefer noch ausgeprägter, da die Resorptionsrate hier im Durchschnitt drei- bis viermal größer als im Oberkiefer ist. Die Form des Kieferkamms hängt davon ab, in welchen Bereichen besonders starke Abbauvorgänge stattgefunden haben. Kaum einer Formveränderung sind dabei die Bereiche der Molarendreiecke unterworfen. Im Gegensatz zum Oberkiefer wird mit zunehmender Atrophie der Bogen des Kieferkamms im Unterkiefer immer größer.

Bei hochgradiger Atrophie liegt das Kinnloch in Höhe des Kieferkamms und stellenweise kann die kompakte Knochensubstanz über dem Unterkieferkanal völlig fehlen, so daß dieser dann nur noch von Mundschleimhaut bedeckt ist. Bei derart starker Atrophie ragt die Kieferzungenbeinlinie als scharfe Kante nach innen vor, die Kinndorne sind häufig verlängert (Als Grund wird hierfür eine stärkere Aktivität des Kieferzungenbeinmuskels und des Kinnzungenmuskels angesehen, denn Zahnlose sind gezwungen, die Nahrung gegen das Gaumendach zu drücken und die Nahrung zu zerquetschen) (Abb. 4.70).

Nach dem Verlust der Zähne bildet sich auf der abgeheilten Oberfläche des zahnlosen Alveolarfortsatzes (Planum alveolare) eine derbe, fest an die Unterlage angeheftete, unverschiebliche Schleimhaut. Diese Schleimhaut kann mit dem Zahnfleisch des bezahnten Kiefers verglichen werden; im Falle des zahnlosen Kiefers spricht man dann von einer Kammhaut.

Im Bereich von Kieferkammabschnitten, die durch eine Prothese über längere Zeit überlastet werden, baut sich das Knochengewebe des Alveolarfortsatzes als Folge der anhaltenden Schleimhautentzündung ab und wird durch ein Bindegewebepolster ersetzt. Dieser dann unter Druck sehr bewegliche Kieferkammabschnitt wird Schlotterkamm genannt.

Die Atrophie der Kieferkämme wirkt sich auch auf das Antlitz aus: Im Unterkiefer vergrößert sich der Alveolarteil nach vestibulär und läßt vor allem das Kinn hervortreten. Beim Kieferschluß kann der untere Kieferkamm wesentlich weiter an den oberen herangeführt werden, das Untergesicht verkürzt sich dabei sehr stark, das Lippenrot wird strichförmig und die Lippen fallen ein. Hierdurch verstärken sich nicht nur die Nasenlippenfalten, sondern es kommt ganz allgemein zu einer vermehrten Faltenbildung im Bereich des Äußeren Mundes. Weitere, durch Zahnverlust bedingte Veränderungen, sind Umbauvorgänge in den Kiefergelenken, Abbau und völliger Schwund des die Gelenkflächen bedeckenden Gelenkknorpels und des Diskus.

Mit zunehmender Atrophie der Kieferkämme vermindert sich ebenfalls die Kaukraft; sie beträgt im Extremfall nur noch etwa ein Drittel der Kaukraft des ehemaligen vollbezahnten Gebisses. Durch die fehlenden Zahnreihen ist zudem die Sprechfunktion nachhaltig beinträchtigt.

4.2.2.2 Totalprothetisch bedeutsame anatomische Gegebenheiten

> Zahlreiche anatomische Strukturen des Mundvorhofs und der Mundhöhle sind bei der Fertigung einer Totalprothese von Bedeutung, geht es doch darum, der Prothese einen möglichst guten Halt zu geben, ohne dabei angrenzendes Gewebe zu schädigen oder in seiner Funktion zu behindern.

Der Halt einer Totalprothese
Im Gegensatz zur Teilprothese können bei einer totalen Prothese Zähne nicht mehr zum Prothesenhalt herangezogen werden. Ihr Halt wird durch mehrere Haftmechanismen ermöglicht:

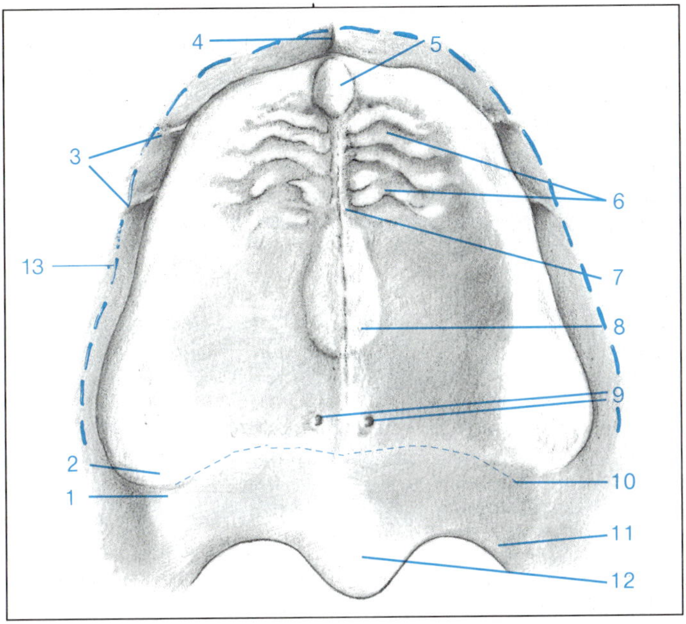

Abb. 4.69 Okklusalansicht eines zahnlosen Oberkiefers und Gaumens: 1 Flügelunterkiefernaht, 2 Oberkieferhöcker, 3 Wangenbändchen, 4 Lippenbändchen, 5 Schneidezahnpapille, 6 Gaumenfalten, 7 Gaumennaht, 8 Gaumenwulst, 9 Gaumengrübchen, 10 A-Linie, 11 Gaumenschlundbogen, 12 Zäpfchen, 13 Umschlagsfalte

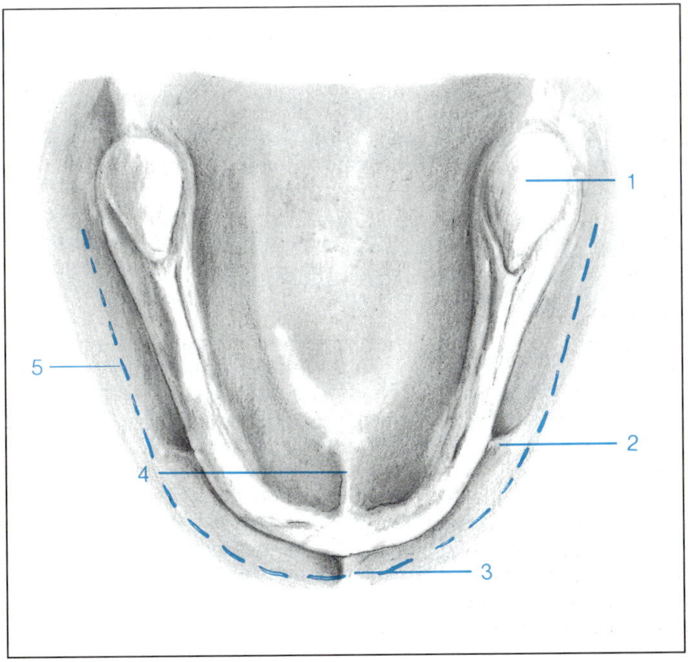

Abb. 4.70 Okklusalansicht eines zahnlosen Unterkiefers: 1 Tuberculum alveolare mandibulae, 2 Wangenbändchen, 3 Lippenbändchen, 4 Zungenbändchen genbändchen, 5 Umschlagsfalte

Den entscheidenden Anteil am Halt einer Prothese hat der „Saugeffekt". Durch das Andrücken der Prothese an die Schleimhaut des Kiefers beim Einsetzen der Prothese oder beim Zubeißen, wird Luft verdrängt, die sich zwischen Schleimhaut und Prothesenbasis befindet. Dadurch wirkt der Luftdruck nur einseitig auf die der Zunge zugewandte Prothesenfläche ein und drückt die Prothese gegen den Gaumen.

Voraussetzung für einen guten Saugeffekt ist ein dichtabschließender Prothesenrand, der wegen seiner Ventilfunktion als Ventilrand bezeichnet wird. Erreicht wird dies dadurch, daß zum einen der vestibuläre Rand von Oberkiefer- und Unterkieferprothese, sowie der linguale Unterkiefer-Prothesenrand im Bereich der beweglichen Schleimhaut liegt (die Prothesenbasis bedeckt nicht nur die Kammhaut), und zum anderen der dorsale Oberkiefer-Prothesenrand die A-Linie nach dorsal nicht überschreitet. So bleibt während der Kau-, Schluck- und Sprechbewegungen ein inniger Kontakt zwischen Schleimhaut und Prothesenrand erhalten. Da dieser Schleimhauttyp empfindlich auf mechanische Beanspruchungen (Druck, Reibung) reagiert, sollte der Prothesenrand rund, nicht zu dünn und gut poliert sein.

Die durch den Saugeffekt erzielte Haftung wird zusätzlich noch durch Adhäsionskräfte verstärkt, indem der zwischen Prothesenbasis und Schleimhaut liegende Speichel, insbesondere der mucöse Speichel, wie ein „Klebstoff" wirkt.

Ist der Spalt zwischen Prothesenbasis und Schleimhaut sehr klein, und ist er vollständig mit einem dünnen Speichelfilm ausgefüllt, so verstärken noch Kapillarkräfte den Prothesenhalt.

Ähnlich wie ein dünner Wasserfilm zwischen zwei Glasflächen diese zusammenhält, so sorgt auch der Speichelfilm für die Haftung der Prothesenbasis an der Schleimhaut. Voraussetzung dafür ist eine möglichst nahe (paßgenaue) Anlagerung der Prothesenbasis an die Schleimhaut des Kiefers. Je größer die Fläche der Prothesenbasis ist, desto besser ist der Halt der Prothese, und um so geringer die Belastung der Schleimhaut.

Um den Halt einer Prothese zu verbessern, gibt es außerdem noch die Möglichkeit, untersichgehende Stellen der Kiefer für eine zusätzliche mechanische Verankerung zu nützen sowie die Fläche der Prothesenbasis durch Ausdehnung (Extension) in dafür geeignete Bereiche zu vergrößern.

Geeignete Unterschnitte stellen am Oberkiefer die bukkalen Wände der Oberkieferhöcker dar. Ebenfalls unterschnittig ist die Innenfläche des Unterkieferkörpers im Bereich des retromolaren Raumes (s. u.). Die Unterschnitte existieren aber nicht bei jedem zahnlosen Menschen.
Eine dorsale Abdichtung des Prothesenrandes wird durch Umfassen des Oberkieferhöckers und des Tuberculum alveolare mandibulae erreicht. Dabei ist jedoch zu beachten, daß am Oberkieferhöcker und am Flügelhaken die Flügelunterkiefernaht ihren Ursprung hat. Sie ist gegebenenfalls durch eine Aussparung zu berücksichtigen.

Die Flügelunterkiefernaht, die distal des unteren Weisheitszahns am Molarendreieck ihren Ansatz hat, läßt nach Verlust des unteren Weisheitszahnes dort eine kleine Schleimhauterhebung entstehen, die Tuberculum alveolare mandibulae genannt wird. Dieses Tuberculum hat die Form einer Birne und besteht aus einem derben vorderen und einem weichen hinteren Teil. Bei Unterkieferprothesen kann aber meist nur der vordere Teil des Tuberculum alveolare mandibulae umfaßt werden, da in den hinteren Bereich die Flügelunterkiefernaht einstrahlt und beim weiten Öffnen des Mundes die Prothese abhebeln kann.

Im Bereich des Mundvorhofs ist es für den Prothesenhalt vorteilhaft, wenn die sogenannte Bukkinatortasche, eine Verbreiterung des Mundvorhofs dorsal des Wangenbändchens, durch die Unterkieferprothese voll ausgefüllt wird. Weiter dorsal kann der Prothesenrand noch in den Tuber-Masseter-Spalt, einen Spalt zwischen dem Vorderrand des Großen Kaumuskels und dem Tuberculum alveolare mandibulae, ausgedehnt werden.

Auf der Lingualseite des Unterkiefers gibt es mehrere Möglichkeiten zur Extension des Prothesenrandes.

Mesial, oberhalb des Ursprungs des Kinnzungenmuskels, im sogenannten sublingualen Bereich, ist eine horizontale Erweiterung der Prothenbasis in Form von Unterzungenflügeln möglich.

Distal angrenzend besteht eine kleine Extensionsmöglichkeit zur Unterzungengrube hin, der Prothesenrand sollte aber im Bereich der distal daran anschließenden Unterzungenspeicheldrüse wieder eingezogen werden.

Der enge Spalt zwischen Unterkiefer und Zungenwurzel, der Sulcus alveolo-lingualis, ist ebenfalls zur Extension des Prothesenrandes unter die Zunge geeignet, weil die Zungenmuskulatur den Sulcus verengt und hierdurch den lingualen Prothesenrand an den Unterkiefer drückt.

Etwa im Bereich des distalen Endes des Tuberculum alveolare mandibulae vertieft sich der Sulcus alveolo-lingualis nach dorsal zum retromolaren Raum, einer ringsherum von Muskulatur begrenzten Schleimhautbucht. In diese Region kann bei vielen zahnlosen Menschen die Prothesenbasis in Form von sogenannten Retromolaren Flügeln extendiert werden und zwar vom Tuberculum alveolare mandibulae aus nach dorsal und kaudal. Diese retromolaren Flügel können einer Unterkieferprothese einen besonderen Halt gegen transversal, nach vorn und oben gerichtete Kräfte geben.

Weitere Muskeln können bei ungünstigen Kieferverhältnissen zur Lagestabilisierung einer Prothese herangezogen werden. So legen sich beispielsweise die Wangen und Lippen durch Kontraktion des Mundringmuskels und der beiden Trompetermuskeln an die Vestibulärflächen der Prothesen und drücken diese auf ihre Unterlage. Ähnlich stabilisierend wirkt die Zungenmuskulatur auf die Lingualfläche einer Unterkieferprothese. Um diesen Effekt optimal ausnutzen zu können, gibt es Vorschläge, wie die Prothesenflächen muskelgerecht („muskelgriffig") gestaltet sein sollten. Darunter versteht man die konvexe bzw. konkave Ausarbeitung der Außen- und Innenflächen des Prothesenkörpers im Querschnitt. Es wird beispielsweise vorgeschlagen, die Labial- und Bukkalflächen der Prothesenbasen leicht konvex, die Lingualfläche der Unterkieferprothese leicht konkav auszuarbeiten. Auch an folgenden Stellen sollten die Bukkalflächen konkav gestaltet sein: im Oberkiefer hinter den letzten Molaren und im Unterkiefer ab dem zweiten Molaren.

Beeinträchtigung des Prothesenhalts

Es gibt eine ganze Reihe von anatomischen Strukturen, die, wenn sie bei der Prothesengestaltung nicht beachtet werden, eine Lockerung beziehungsweise Abhebelung der Prothesen von ihren Unterlagen bewirken können. Man versucht dies bei der Prothesenherstellung durch Hohllegen, Aussparen oder Einziehen zu vermeiden.

Zu beachten sind:

- Alle Bändchen, die sich bei Bewegungen der Lippen, Wangen und der Zunge anspannen und am Prothesenrand reiben und sich entzünden könnten, wenn dieser innerhalb ihres Bewegungsspielraums liegt.

- Das Schleimhautgewebe der Umschlagsfalte könnte bei Lippen- und Wangenbewegungen ebenfalls gegen den Prothesenrand drücken.

- Die Ursprünge von Mundringmuskel, Trompetermuskel, Nasenmuskel sowie Kinnmuskel liegen bei sehr stark abgebauten Kieferkämmen am Alveolarrand und können mit dem Prothesenrand in Berührung kommen, wenn ihre sich verdickenden Muskelbäuche in der Funktion gegen den Prothesenrand drücken.

- Das Gewebe eines Schlotterkamms ist, wie der Name andeutet, stark verschieblich und stellt daher kein stabiles Prothesenlager dar.

- Die Jochbein-Alveolar-Leiste kann bei sehr stark abgebautem Alveolarfortsatz mit dem Rand der Oberkiefer-Prothese in Berührung kommen und bei fortschreitender Atrophie zum Abhebeln der Prothese führen.

- Der Gaumenwulst, eine wulstige Knochenverdickung in der Mitte des Gaumens, baut sich im Alter nicht ab. Auf ihm kann eine Oberkieferprothese aufliegen und bei fortschreitendem Schwund des Alveolarfortsatzes und unterlassener Unterfütterung des harten Gaumens zu schaukeln beginnen.

- Der weiche Gaumen wird beim Schlukken und Sprechen angehoben. Es gibt aber auch Sprachlaute zu deren Bildung der weiche Gaumen abgesenkt werden muß. In beiden Fällen kann dies zum Verlust des Prothesenhalts führen. Liegt der hintere Prothesenrand dorsal der A-Linie, (= Ah-Linie), so kann beim Anheben des weichen Gaumens zwischen Gaumenschleimhaut und Prothesenrand ein Spalt entstehen und der „Saugeffekt" wird aufgehoben. Beim Absenken des Weichen Gaumens drückt dieser gegen den Prothesenrand und hebelt die Prothese möglicherweise ab.

Der Zahnarzt kann mit zwei einfachen Methoden den Übergang vom Harten zum Weichen Gaumen feststellen. Im ersten Fall läßt er den Patienten ein kurzgesprochenes „A" oder „Ka" aussprechen. Dabei wird der weiche Gaumen durch Kontraktion der Gaumenmuskeln angehoben und die „A-Linie" zeichnet sich deutlich ab.

Im anderen Fall fordert er den Patienten auf, die Nase zuzuhalten und gleichzeitig Luft in die Nasenhöhle zu pressen. Dabei wird das Gaumensegel passiv nach unten gedrückt („Nasenblaseffekt") und die Grenze zwischen Hartem und Weichem Gaumen zeichnet sich als Nasenblaslinie mit unterschiedlicher Verlaufsform ab. Sie kann entlang der Tuberlinie verlaufen (Verbindungslinie des distalen Randes beider Oberkieferhöcker, (Abb. 4.71), häufig auch entsprechend der Form des Hinteren Nasendorns in einem Doppelbogen mit der Spitze in der Medianebene nach hinten, oder nicht selten in einem nach vorn konvexen Bogen.

Grundsätzlich gilt, daß die A-Linie und Nasenblaslinie nicht identisch sind, immer liegt die A-Linie etwas dorsal der Nasenblaslinie.

- Der Kieferzungenbeinmuskel, der an der Kieferzungenbeinlinie ansetzt, liegt bei stark abgebautem Kieferkamm vor allem im dorsalen Bereich in Höhe der Umschlagsfalte und hat damit direkten Kontakt mit dem Prothesenrand. In solchen Fällen ist nicht nur der Prothesenhalt äußerst gering, schon durch schwache Muskeltätigkeit kann es zum Abhebeln der Prothese kommen.

- Der Kinnzungenmuskel, der am Kinndorn seinen Ursprung hat, kann ebenfalls

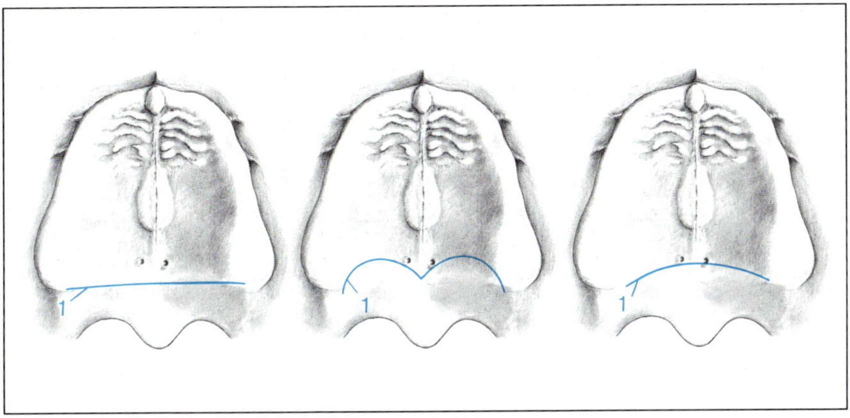

Abb. 4.71 Unterschiedliche Verlaufsformen der Nasenblaslinie: 1 Nasenblaslinie

bei geschwundenem Kieferkamm mit dem Prothesenrand in Berührung kommen und ein Abhebeln der Prothese bewirken.

- Die Flügelunterkiefernaht hat im Bereich des weichen hinteren Teils des Tuberculum alveolare mandibulae ihren Ansatz. Das dorsale Ende einer Unterkieferprothese darf nicht in diesen Bereich ausgedehnt werden, da sich die Flügelunterkiefernaht beim Mundöffnen stark spannt. Sie würde in dieser Situation gegen den Prothesenrand drücken und dadurch die Prothese abhebeln.

Beeinträchtigung des Prothesenlagers

Wichtig ist, daß die Prothesen keine schmerzhaften Druckstellen an den Prothesenlagern verursachen. Diese Gefahr besteht vor allen Dingen dort, wo bewegliche Schleimhautpartien, Bändchen und Muskelursprünge beziehungsweise -ansätze direkt mit falsch gestalteten Prothesenrändern in Berührung kommen. Die Schleimhaut an den eben erwähnten Stellen ist gegen Reibung besonders empfindlich. Wird dem betroffenen Gewebe nicht durch Aussparung der notwendige Freiraum gegeben, kann es zu Geschwüren kommen.

Besonders druckempfindlich sind Kinnloch und Schneidezahnpapille, da dort Nerven und Blutgefäße austreten. Deshalb werden diese Stellen durch Einlegen von Zinnfolie hohlgelegt. (Im Bereich der großen und kleinen Gaumenlöcher wirkt das Drüsengewebe in der Gaumenschleimhaut als Druckpolster, so daß dort keine Druckentlastung notwendig ist.)

Häufig findet sich eine schwach ausgeprägte Knochenauftreibung, der Torus mandibularis an der Innenseite des Unterkieferkörpers. Diese Auftreibung reicht meist vom Eckzahnbereich bis zum zweiten Prämolaren und ist ebenfalls druckgefährdet, weil seine bedeckende Schleimhaut sehr dünn und daher sehr druckempfindlich ist.

An dieser Stelle soll noch einmal darauf hingewiesen werden, daß bei einem alten, zahnlosen Menschen das hintere Drittel des Harten Gaumens schon papierdünn sein kann, und nicht selten ist der Knochen in diesem Bereich sogar völlig geschwunden, so daß Mund- und Nasenhöhle nur durch Schleimhaut getrennt sind. Diesen Sachverhalt gilt es vor allem beim Radieren der A-Linie oder dem Einradieren von „Saugkammern“ zu beachten.

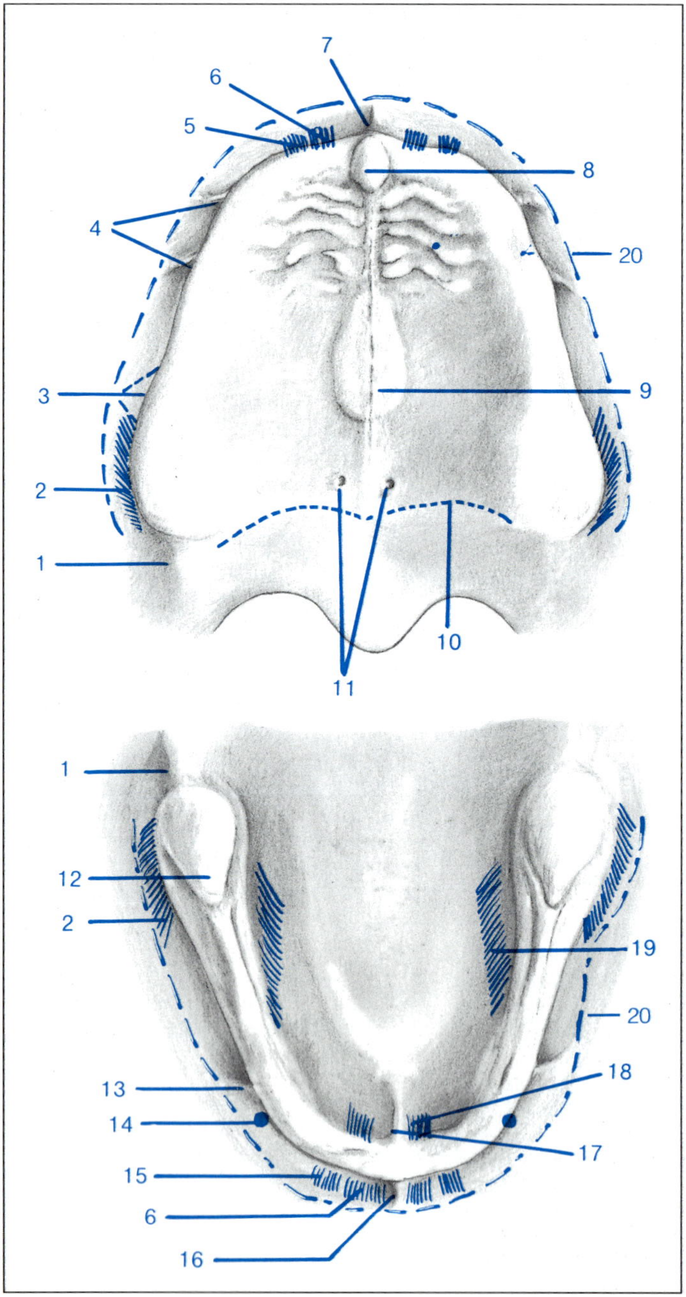

Abb. 4.72 Totalprothetisch bedeutsame anatomische Strukturen im Bereich des Mundvorhofes und der eigentlichen Mundhöhle bei einem zahnlosen Menschen. (Schematisierte Darstellung der Okklusalansicht eines zahnlosen Oberkiefers und Unterkiefers.)
1 Flügelunterkiefernaht, 2 Trompetermuskel, 3 Jochbein-Alveolar-Leiste, 4 Obere Wangenbändchen, 5 Nasenmuskel, 6 Mundringmuskel, 7 Oberes Lippenbändchen, 8 Schneidezahnpapille, 9 Gaumenwulst, 10 A-Linie, 11 Gaumengrübchen, 12 Tuberculum alveolare mandibulae, 13 Unteres Wangenbändchen, 14 Kinnloch, 15 Kinnmuskel, 16 Unteres Lippenbändchen, 17 Zungenbändchen, 18 Kinnzungenmuskel, 19 Kieferzungenbeinmuskel, 20 Umschlagsfalte

Es ist auch notwendig, beweglichen Schleimhautpartien, Bändchen und Muskeln den nötigen Bewegungsspielraum zu lassen, um sicherzustellen, daß deren Funktion nicht beeinträchtigt wird.
Dies erreicht man automatisch, indem man darauf achtet, daß durch Hohllegen, Aussparen und Einziehen keine dieser Strukturen gedrückt wird und diese den Halt der Prothesen nicht beeinträchtigen (Abb. 4.72).

4.3 Anatomie des Gebisses

4.3.1 Begriff Eugnathie

Unter Eugnathie (eu = griechische Vorsilbe mit der Bedeutung wohl- gut-, gnathos griech. = Kiefer) versteht man nicht nur ein Gebiß mit harmonisch geformten Zahnreihen, sondern die Fehlerlosigkeit und Harmonie in Form und Funktion aller das Kausystem bildenden anatomischen Bestandteile: der Zähne, Parodontien, Alveolarfortsätze, Kiefergelenke und der beteiligten Muskulatur, aber auch Schleimhäute, Drüsen, Nerven, Blut- und Lymphgefäße.

Zwar kann das wohlgeformte, harmonische Idealgebiß nicht Ziel jeglicher zahnärztlichen und zahntechnischen Maßnahme sein, dennoch ist es wichtig, sich an einem auf statistischen Mittelwerten beruhenden Ideal- oder Normgebiß zu orientieren: sei es, um sich zu Beginn seiner Ausbildung erst einmal eine klare Vorstellung über die räumliche Orientierung der Zähne zu verschaffen, sei es, um später bei der Anfertigung von Zahnersatz den günstigsten Kompromiß zwischen vorhandener Patientensituation und dem Idealgebiß anstreben zu können. Nur wer die Gestaltmerkmale jedes einzelnen Zahnes erfaßt, die dreidimensionale Orientierung der Zähne in Ober- und Unterkiefer sowie deren Beziehungen zu den Zähnen des Gegenkiefers begriffen hat, ist in der Lage, sich schon beim Betrachten der Stumpfsituation die Form und Stellung der Zähne der fertigen Arbeit vorstellen zu können.

Der Zahntechniker gleicht in diesem Fall einem Bildhauer, der schon vor Beginn der Arbeit die zu schaffende Form vor seinem geistigen Auge stehen hat. In der Regel hat der Künstler aber zuvor durch Anfertigung von Skizzen oder eines Wachs- oder Tonmodells versucht, die Form im wahrsten Sinne des Wortes „zu begreifen" und zu „erfassen", bevor er sie in das entsprechende Material umsetzt. Nicht ohne Grund nannte sich der erste Zusammenschluß von Zahntechnikern im vergangenen Jahrhundert „Vereinigung der Zahnkünstler".

4.3.2 Orientierung der Zähne im Eugnathen Gebiß

> Die Anordnung der Zähne und der Zahnbögen ist abhängig von der Richtung des Zahndurchbruchs und den Kräften, die nach dem Durchbruch auf die Zähne einwirken.

Der Begriff „Neutrale Zone" beschreibt den Raum, in welchem sich ein Kräftegleichgewicht zwischen der Zunge, der Lippen- und Wangenmuskulatur einstellt und in der die Zähne eine mehr oder weniger stabile Stellung einnehmen.

Ein gestörtes Gleichgewicht in diesem System, wie es durch übermäßigen Zungendruck beim Schlucken, durch Mundatmung oder als Folge schlechter Angewohnheiten wie Daumenlutschen, Zungenpressen und ähnlichem hervorgerufen wird, kann zu einer Fehlstellung einzelner Zähne oder zu einer Verformung der Kiefer oder einer gestörten Stellung der Kiefer zueinander führen.

Die Abbildung 4.73 zeigt die Stellung der Frontzähne und der Seitenzähne in Beziehung zu dieser neutralen Zone, in der zwischen den in unterschiedlicher Richtung wirkenden Muskeln ein muskuläres Gleichgewicht besteht.

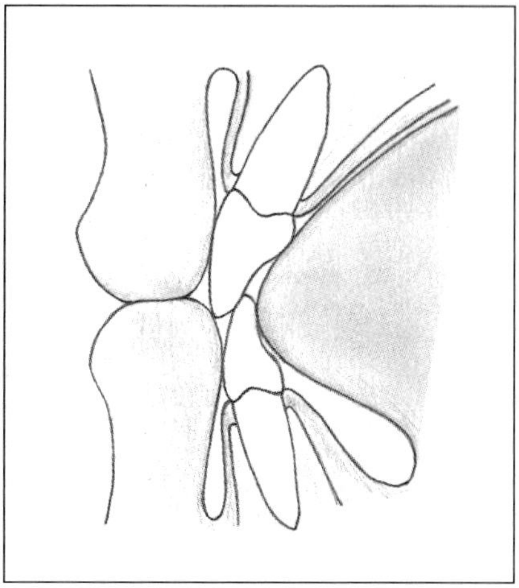

Abb. 4.73 Die neutrale Zone

4.3.3 Orientierung der Zähne im Bezug zur Horizontalebene

Betrachtet man die Zahnreihen von Ober- und Unterkiefer aus okklusaler Sicht und verbindet ferner die Schneidekanten und bukkalen Höckerspitzen durch eine Linie, so läßt sich feststellen: der obere Zahnbogen hat nahezu die Form einer halben Ellipse, der untere Zahnbogen die Form einer Parabel.

Ellipse und Parabel sind geometrische Figuren, die in ihrem Kurvenverlauf nicht deckungsgleich sind, da die Ellipse in der Nähe des Scheitelpunkts breiter als die Parabel ist. Diese unterschiedliche Form und Größe der Zahnbögen hat zur Folge, daß die Oberkieferzähne mit den Schneidekanten der Frontzähne und den Scherhöckern der Seitenzähne labial und bukkal über die Zähne des Unterkiefers hinausragen. Die Zähne des Unterkiefers liegen beim eugnathen Gebiß mit ihren Schneidekanten und bukkalen Höckern immer innerhalb der Oberkieferzähne (Abb. 4.74 und 4.75).

4.3.4 Orientierung der Zähne im Bezug zur Sagittalebene

Die Stellung der Frontzähne

Durch die größere Breite der oberen Frontzähne ist der obere Zahnbogen etwas weiter gespannt als der untere. Beim Kieferschluß gleiten im eugnathen Gebiß die Schneidekanten der unteren Frontzähne an den palatinalen Flächen der oberen Schneidezähne entlang, es entsteht dadurch eine Scherwirkung. Deshalb bezeichnet man den Normalbiß auch als Scherenbiß.

Bei geschlossenen Zahnreihen überragen die oberen Frontzähne mit ihren Schneidekanten die unteren in vertikaler Richtung um etwa zwei Millimeter. Im englischen Sprachgebrauch – vor allem auch in der Kieferorthopädie – wird dieser vertikale Überbiß als Overbite bezeichnet. In sagittaler Richtung besteht zwischen den Palatinalflächen der oberen Schneidezähne und den Labialflächen der unteren ein minimaler Abstand; er wird in der Fachliteratur mit etwa 40 µ angegeben und als Over-Jet bezeichnet. Ober- und Unterkieferzahnachsen stehen im eugnathen Gebiß in einem Winkel von durchschnittlich 130° zueinander; er wird als interinzisaler Winkel oder interkoronaler Öffnungswinkel bezeichnet (Abb. 4.76).

Auf die Abweichungen von dieser als „Scherenbiß" oder „Normalbiß" bezeichneten Zahnstellung wird im Kapitel „Dysgnathien" näher eingegangen werden. Der Vollständigkeit wegen seien die möglichen abweichenden Stellungen in der Front hier kurz aufgeführt (Abb. 4.77).

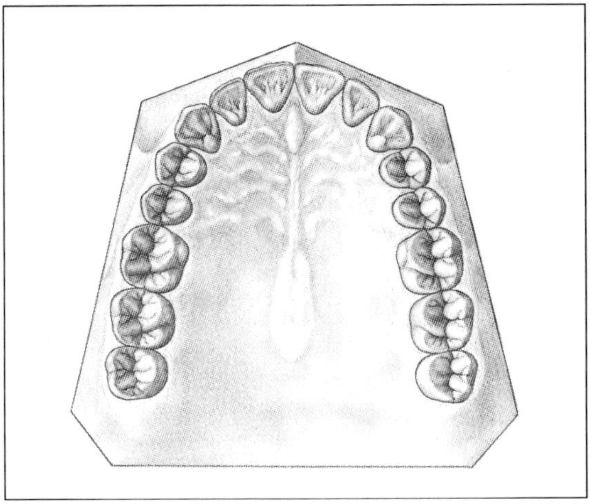

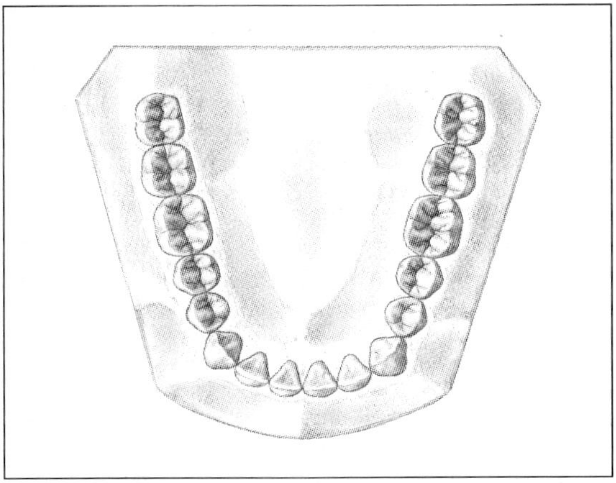

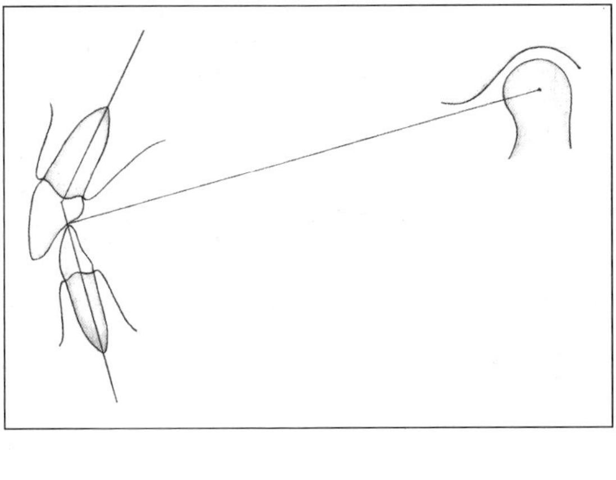

▲ Abb. 4.74 Der obere Zahnbogen hat die Form einer halben Ellipse

◀ Abb. 4.75 Der untere Zahnbogen hat die Form einer Parabel

▼ Abb. 4.76 Normalbiß in der Front und die Achsenneigung der oberen und unteren Frontzähne mit interinzisalem Winkel; er beträgt im Durchschnitt 135 Grad. Die unteren Frontzähne sind dabei so ausgerichtet, daß ihre Zahnlängsachsen Lote auf die Verbindungslinie Inzisalkante-Scharnierachse darstellen. Zum anderen sollte die Schneidekante der unteren Zähne in Habitueller Interkuspidation genau auf den Scheitelpunkt der Wendetangente der palatinalen Konkavität der oberen Schneidezähne zeigen.

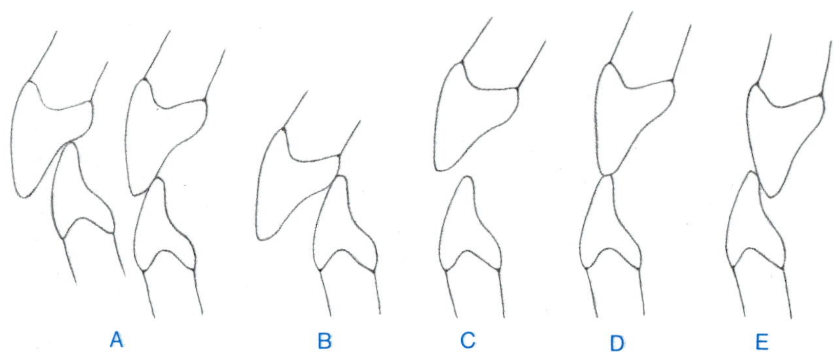

Abb. 4.77 Frontzahnstellungen im Schlußbiß:
A Normalbiß (Scherenbiß)
B Tiefer Biß (Deckbiß)
C Offener Biß
D Kopfbiß
E Umgekehrter Überbiß (Progene Verzahnung)

- Überragen beim Kieferschluß die oberen Frontzähne die unteren um mehr als drei Millimeter, so spricht man vom tiefen Biß.
- Beim offenen Biß besteht nur Zahnkontakt im Seitenzahnbereich, die oberen und unteren Frontzähne klaffen in vertikaler Richtung auseinander.
- Der Kopfbiß ist dadurch gekennzeichnet, daß im Schlußbiß die Schneidekanten der Frontzähne aufeinander stehen.
- Ragen im Schlußbiß die unteren Frontzähne vor die oberen, so bezeichnet man diese Frontzahnbeziehung als umgekehrten Frontzahnüberbiß oder progene Verzahnung oder Progenie.
- Ragen die oberen Frontzähne weit vor die unteren, so bezeichnet man dies als Prognatie.

Die Stellung der Seitenzähne (= Spee-Kurve)

Betrachtet man die Zahnreihe von vestibulär und verbindet die inzisalen Kanten und bukkalen Höckerspitzen der oberen und unteren Zähne, so läßt sich feststellen: Die Oberkieferzähne formen mit ihren Schneidekanten und bukkalen Höckern einen konvexen, nach distal ansteigenden Kreisbogen; man nennt diese Kurve Sagittale Okklusionskurve. Nach dem Kieler Anatomen Graf von Spee, der diesen Sachverhalt im Jahre 1890 als erster beschrieb, bezeichnet man die Sagittale Okklusionskurve in der Zahnheilkunde als Spee-Kurve; ihr Mittelpunkt – als Schnittpunkt der Zahnachsen von Eckzahn bis zum letzten Molaren liegt im Bereich der Augenhöhle. Nach Spee „... liegen die Okklusalflächen der Molaren im Oberkiefer auf einer nach unten konvex gebogenen, im Unterkiefer auf einer nach oben konkav gebogenen Fläche“ *(Spee, 1890)* (Abb. 4.78 a und b).

(Anmerkung: V. Spee war der Ansicht, daß Okklusion wie „Mühlsteine“ funktioniere und daß Unterkieferbewegungen „in zirkulären Bahnen auftreten, die denen eines Pendels um eine Achse ähnlich sind“. Auch wollte er bei seinen Untersuchungen festgestellt haben, daß der Kreisbogen in seinem weiteren Verlauf durch die Vorderfläche des Gelenkkopfs und die hintere Gelenkfläche des Gelenkhöckerchens führt. Er folgerte daraus, daß bei einer Vorschubbewegung des Unterkiefers sich die Kondylen und Zähne auf derselben Kreisbahn bewegen, die Zähne folglich immer in

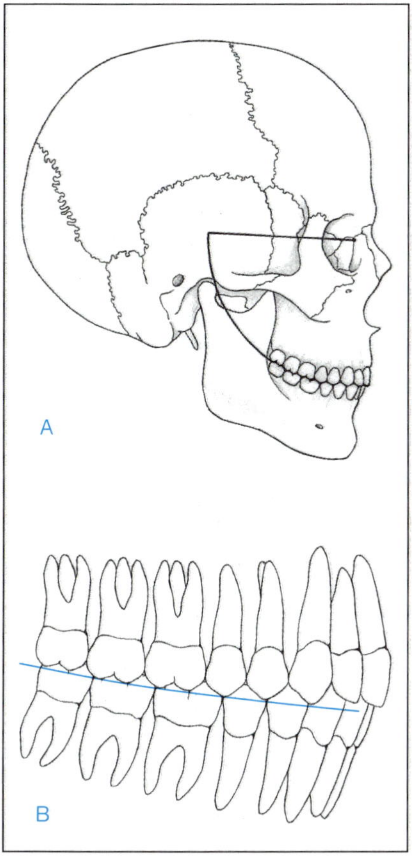

Abb. 4.78
A Spee-Kurve – wie v. Spee sie verstand
B Die Spee-Kurve im natürlichen Gebiß verläuft meist flacher.

Kontakt blieben und es zu keinem Klaffen im Seitenzahnbereich komme. Nach heutiger Erkenntnis verläuft die Kurve wesentlich flacher, außerdem führt die Front- und Eckzahnführung im eugnathen Gebiß zur Trennung der Seitenzahnreihen. V. Spee war ferner der Ansicht, diese von ihm gefundene Gesetzmäßigkeit müsse bei der Herstellung von Totalprothesen berücksichtigt werden, um besseres Kauvermögen zu erreichen und Hebelwirkungen während des Kauens zu vermeiden.)

4.3.5 Orientierung der Zähne im Bezug zur Frontalebene

Die Stellung der Frontzähne
Die oberen Frontzähne weisen unterschiedliche Stellung auf: Die oberen mittleren Schneidezähne stehen nahezu senkrecht, die seitlichen Schneidezähne sind wie die Eckzähne leicht nach distal geneigt. Die unteren Schneidezähne stehen senkrecht im Kiefer, der untere Eckzahn zeigt eine leichte Neigung nach distal.

Die Stellung der Seitenzähne (= Wilson-Kurve)
Betrachtet man die Seitenzähne in der Frontalebene, so findet man eine charakteristische Neigung der Ober- und Unterkieferzähne: Die Zahnwurzeln der Oberkieferzähne sind nach palatinal geneigt, als Folge davon sind die Zahnkronen und deren Kauflächen im Oberkiefer nach vestibulär ausgerichtet; die Kronen der Unterkieferzähne und deren Kauflächen sind nach lingual gekippt, die Wurzeln zeigen eine nach distal zunehmende Abweichung ihrer Wurzeln nach vestibulär. Die von der Zahnlängsachse abweichende Neigung der Unterkieferzahnkronen nach lingual bezeichnet man als Kronenflucht – sie ist ein charakteristisches Erkennungsmerkmal der unteren Seitenzähne und wird im Kapitel 5.2 ausführlicher besprochen.
Verbindet man die Höcker gleichnamiger Zähne in transversaler Richtung, so erhält man ebenfalls eine konkave Kurve. Sie wird als transversale Okklusionskurve oder Wilson-Kurve bezeichnet und weist bei den ersten unteren Prämolaren – bedingt durch die geringe Höhe der lingualen Höcker – ihre stärkste Durchbiegung auf. Zu den letzten Molaren nimmt ihre Krümmung immer mehr ab (Abb. 4.79).

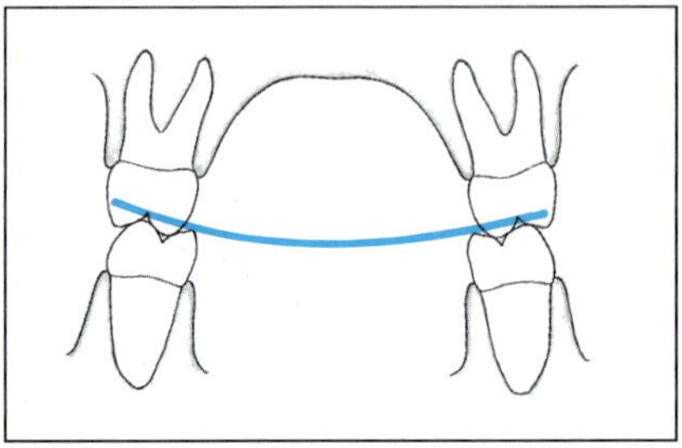

Abb. 4.79 Wilson-Kurve

Verwindungskurve
Betrachtet man die Schneidekanten und Kauflächen der Seitenzähne des Unterkiefers als Flächen und reiht diese aneinander, so entsteht ein gewundenes Band; es wird als Verwindungskurve bezeichnet. Nur diese laut Ackermann als Schraubenlinienprinzip („helikoidales Prinzip") bezeichnete Anordnung der Zähne im eugnathen Gebiß macht es seiner Meinung nach möglich, daß in Abbeißstellung nur die Schneidezähne Kontakt haben, während die übrigen Backenzähne auseinanderklaffen. Grundsätzlich läßt sich sagen, daß durch diese Anordnung der Zähne auf gewundenen Kurven ein störungsfreies Bewegen der antagonistischen Zähne in die Habituelle Interkuspidation möglich ist, in der sich dann die Zähne maximal ineinander verzahnen.

Monson-Kalotte
In der Zeit um die Jahrhundertwende mangelte es nicht an Versuchen, die Stellung der Zähne im natürlichen Gebiß mathematisch exakt zu ermitteln, um daraus Regeln für die Zahnaufstellung für Totalprothesen abzuleiten. Ein weiteres Ergebnis dieser Versuche war die von Monson aufgestellte „Kalottentheorie". Sie besagt, daß sich die Zahnachsen aller Oberkieferzähne in einem gemeinsamen Punkt treffen; dieser liegt laut Monson im Bereich des Hahnenkamms des Siebbeins. Als Folge dieser räumlichen Orientierung aller Oberkieferzähne sollen die Schneidekanten und Kauflächen der Oberkieferzähne auf der gekrümmten Oberfläche eines Kugelausschnitts liegen, der einen Radius von 14,4 Zentimeter hat.

Nach seiner Vorgabe entwickelten Artikulatorenhersteller eine „Aufstellkalotte", mit deren Hilfe das Aufstellen von Totalprothesenzähnen in Mittelwertartikulatoren erleichtert werden sollte. Die heute gebräuchlichen Kalotten weisen gegenüber der ursprünglichen Monsonkalotte meist einen kleineren Radius und damit eine etwas stärkere Krümmung auf.

Die nachstehende Abbildung zeigt zusammenfassend die durchschnittliche Neigung der Zähne in bezug zur Okklusionsebene (Abb. 4.80).

4.3.6 Räumliche Orientierung des Gebisses im Schädel

Wie sich die Lage jedes einzelnen Zahnes in bezug auf die Raumebenen beschreiben läßt, so gibt es auch Anhaltspunkte für die räumliche Orientierung des gesamten Gebisses im Schädel. Um diese Beziehungen der Zahnreihen zum Gesichtsschädel verständlich zu machen, hat man einige Orientierungslinien geschaffen, deren Bezugspunkte am Schädel oder an den

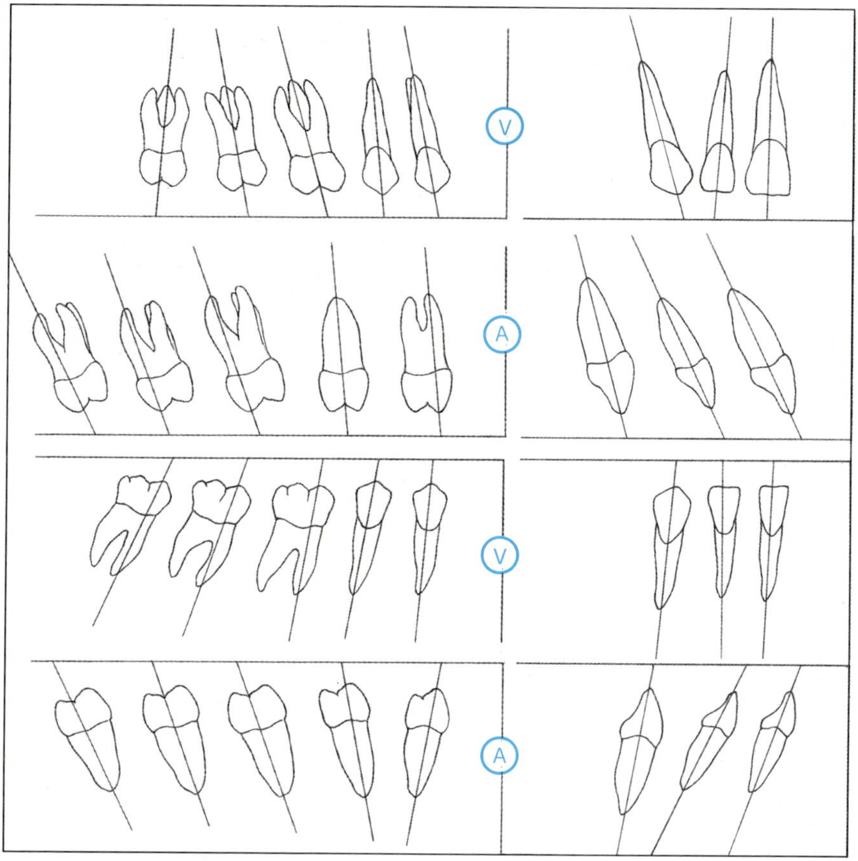

Abb. 4.80 Durchschnittliche Neigung der Zähne im Bezug zur Okklusionsebene, dargestellt in Vestibular-Ansicht (= V) und in Approximal-Ansicht (= A).

Zähnen eindeutig festgelegt sind, und vor allem für die Kieferorthopädie Bedeutung haben. Die nachstehend aufgeführten Linien dienen zudem für die Anfertigung von Zahnersatz als prothetische Bezugsebenen.

Okklusionsebene (Kauebene)

Die Kauflächen und Schneidekanten aller Zähne treffen sich ungefähr in einer Ebene, weshalb man sie als Okklusionsebene bezeichnet; früher wurde dafür der Ausdruck Kauebene verwendet. Gleichzeitig läßt sich feststellen, daß die durch den Inzisalpunkt und die beiden distobukkalen Höckerspitzen der zweiten unteren Molaren festgelegte prothetische Okklusionsebene bei leichtem Zahnreihenschluß in der Front mit der Lippenspalte übereinstimmt. Der vordere Bezugspunkt der Okklusionsebene hat damit auch eine Weichteilbeziehung, die bei der Festlegung der vertikalen Relation beim Zahnlosen herangezogen werden kann (Abb. 4.81).

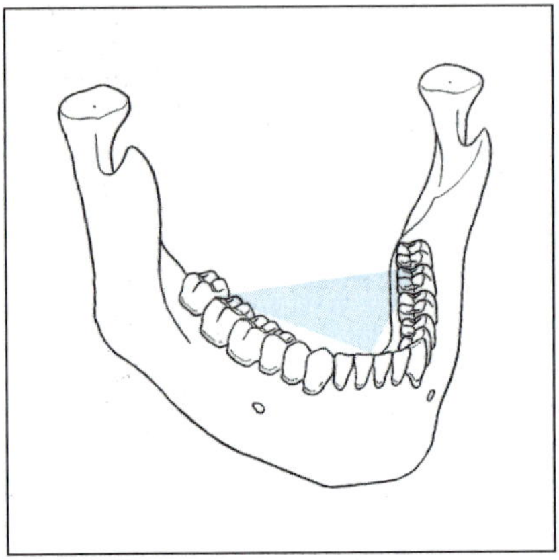

Abb. 4.81A Festlegung der Okklusionsebene

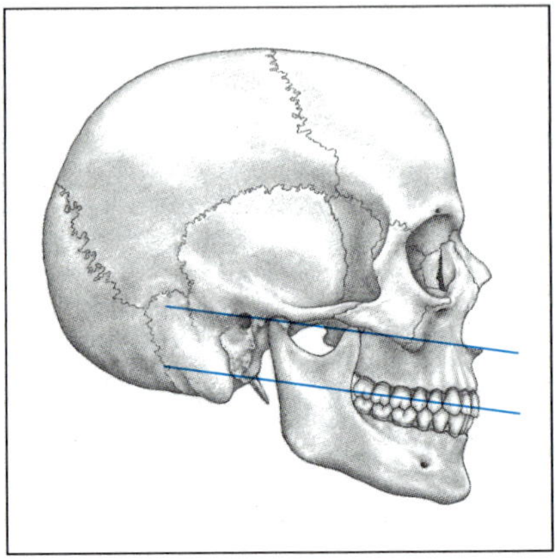

Abb. 4.81B Okklusionsebene und Campersche Ebene verlaufen annähernd parallel.

Da es sich bei der Beziehung der Zähne zueinander aber um keine plane Fläche handelt, ist die Okklusionsebene lediglich als eine Bezugsebene zu verstehen, von der aus weitere Detailanalysen gemacht werden können; funktionell gehört die Okklusionsebene dem Unterkiefer an.

Campersche Ebene
Um beim Zahnlosen die verlorengegangene Okklusionsebene zu rekonstruieren, wird häufig die Campersche Ebene als prothetische Bezugsebene herangezogen. Man geht davon aus, daß die Okklusionsebene im Seitenzahnbereich parallel zur Camperschen Ebene verläuft, außerdem liegt die Okklusionsebene im Frontzahnbereich bei leichtem Lippenschluß in Höhe der Lippenschlußlinie und ist gleichzeitig parallel zur Bipupillarlinie (Abb. 4.82).

Frankfurter Horizontale
Sie findet neben ihrer Verwendung als Meßebene in der Kieferorthopädie (Fernröntgenanalyse) vor allem auch Anwendung in der Prothetik: Zur Übertragung von Oberkiefermodellen benützt man häufig einen (ungefähr) zur Frankfurter Horizontalen ausgerichteten Schnellübertragungsbogen oder Gesichtsbogen. Zwischen Camperscher Ebene und Frankfurter Horizontale ergibt sich ein Winkel von 10° bis 15° (Abb. 4.83).

Bonwill-Dreieck
Der amerikanische Zahnarzt Bonwill war der erste, der die Beziehung zwischen dem Zahnbogen des Unterkiefers und seiner Einpasssung in denselben in Form eines gleichseitigen Dreiecks beschrieb. Das nach ihm benannte Dreieck wird durch die Verbindung folgender Punkte gebildet:

1. dem linken und rechten Kondylenmittelpunkt und
2. dem Inzisalpunkt.

Nach Bonwill entsteht durch die Verbindung dieser Punkte ein gleichseitiges Dreieck mit einer Seitenlänge von 10,5 Zentimeter. Dieses Maß benutzte er zur Konstruktion des ersten brauchbaren Artikulators, der im Jahre 1864 als „Bonwill-Artikulator" auf den Markt kam. Noch heute wird diese Beziehung in der Artikulatorenkonstruktion angewandt, jedoch wurde die Schenkellänge nach neueren Untersuchungen auf 11 Zentimeter bis 11,5 Zentimeter vergrößert.
Das Bonwillsche Dreieck hat mit der Okklusionsebene einen gemeinsamen Bezugspunkt: den Inzisalpunkt.

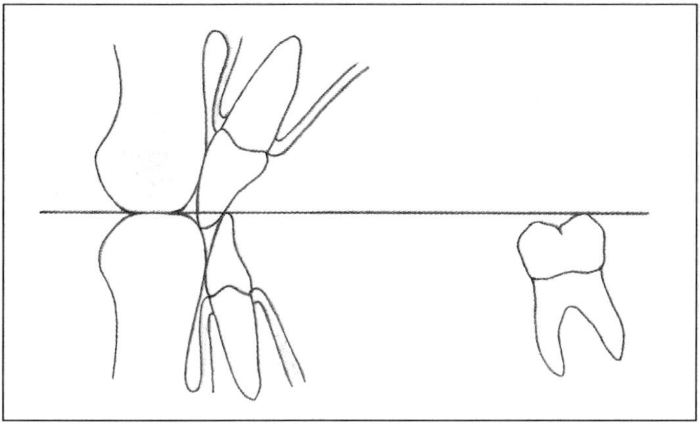

Abb. 4.82 Okklusionsebene und Lippenschlußlinie

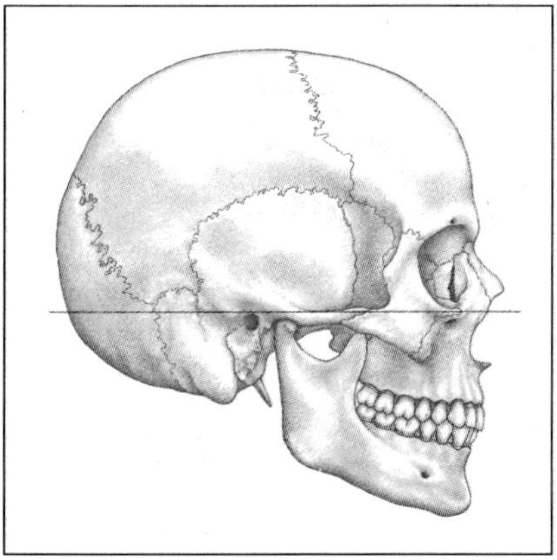

Abb. 4.83 Frankfurter Horizontale

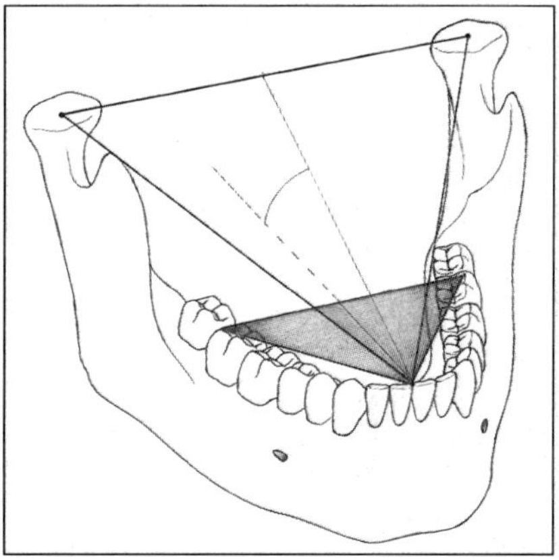

Abb. 4.84 Unterkiefer mit eingezeichnetem Bonwill-Dreieck und Balkwill-Winkel

Balkwill-Winkel

Der Balkwill-Winkel geht auf Untersuchungen des englischen Zahnarztes Balkwill zurück und gibt die Neigung des Bonwill-Dreiecks zur Kauebene an – im Durchschnitt 22° bis 27°. Er ist wie das Bonwill-Dreieck ein Durchschnittswert, der bei der Konstruktion von sogenannten „Mittelwertartikulatoren" Anwendung findet; in der Regel ist der Balkwillwinkel mit 25° eingegeben (Abb. 4.84).

4.4 Anatomie der Zähne und des Zahnhalteapparats

4.4.1 Bau der Zähne und des Zahnhalteapparats

Bau der Zähne

Jeder Zahn (Dens, Mehrzahl = Dentes) besteht aus einer Zahnkrone und, je nach Zahnart, aus einer oder mehreren Wurzeln. Als Zahnkrone (Corona dentis) bezeichnet man den vom Zahnschmelz überzogenen und teilweise vom Zahnfleisch bedeckten, sichtbaren Teil eines Zahnes, die Zahnwurzel (Radix dentis) ist der im Kieferknochen steckende und zur Verankerung dienende Teil des Zahnes. Der Übergangsbereich von der Zahnkrone zur Zahnwurzel wird als Zahnhals (Collum dentis) bezeichnet. Das spitz zulaufende Ende der Zahnwurzel nennt man Wurzelspitze (Apex radicis dentis).

Der Zahn besteht aus drei verschiedenen kalkhaltigen Zahnhartsubstanzen, die einen zentral gelegenen Hohlraum, die Zahnhöhle (Cavum dentis) umgeben. Diese ist mit Weichgewebe, dem Zahnmark (Pulpa dentis) ausgefüllt und wird vom Zahnbein (Dentinum dentis) umschlossen. Im Bereich der Zahnkrone wird das Zahnbein von einer Kappe aus Zahnschmelz (Enamelum dentis) bedeckt, im Wurzelbereich überzieht Zahnzement (Cementum dentis, auch Wurzelzement genannt) das Zahnbein. An jeder Wurzelspitze befindet sich eine Öffnung, das Wurzelloch (Foramen apicis dentis), an das sich nach innen ein enger, tunnelartiger Gang, der Wurzelkanal (Canalis radicis dentis) anschließt. Wurzelloch und Wurzelkanal ermöglichen Nerven und Blutgefäßen den Zutritt zur Zahnhöhle. Bei vielen Zähnen ist der Wurzelkanal im Wurzelspitzenbereich in mehrere Kanäle aufgespalten, wobei jeder Kanal in einem eigenen kleinen Wurzelloch ausmündet. Diese Verästelung der Wurzelkanäle bezeichnet man als apikales Delta.

Bau des Zahnhalteapparats

Jede Zahnwurzel ist in einer Vertiefung des Kieferknochens, dem Zahnfach (Alveola), durch einen kompliziert gebauten Faserapparat, Zahnhalteapparat, Zahnbett, Parodontium oder kurz Parodont genannt, beweglich verankert. Anatomisch handelt es sich dabei um eine Syndesmose, das heißt, eine gelenkartige Verbindung zwischen Zahn und Kieferknochen durch fibröses (= faseriges) Gewebe. In den Nomina anatomica findet man deshalb dafür auch den Ausdruck Articulatio dento-alveolaris. Die den Zahnhalteapparat bildenden Strukturen sind:

1. Das Zahnfleisch (Gingiva, marginales Zahnfleisch beziehungsweise marginales Parodont)
2. Die Wurzelhaut (Desmodont, Periodontalligament)
3. Das Wurzelzement (Cementum)
4. Die knöcherne Wand des Zahnfachs im Alveolarknochen (Alveole)

Eine kurze Erklärung zur verwirrenden Vielfalt der in der Fachliteratur anzutreffenden Begriffe erscheint an dieser Stelle angebracht: Redet der eine von „Parodontium" und „Marginalem Parodont", spricht ein anderer vom „Periodont". Dasselbe gilt für den Ausdruck „Wurzelhaut": Man findet neben dem Begriff „Periodontium" vor allem den Ausdruck „Desmodont"; die Literatur in den neuen Bundesländern verwendete einheitlich die Begriffe „Periodontalligament" und „intraalveolärer Faserapparat". Auch in neuesten Veröffentlichungen findet man im westdeutschen zahnmedizinischen und zahntechnischen Schrifttum die Begriffe Parodontium, Parodont und Marginales Parodont, so daß es auch für uns schwierig ist, sich nicht an diese Vorgabe zu halten. Wir werden von dieser Festlegung insofern abweichen, indem wir die gebräuchlichen Begriffe Zahnfleisch (Gingiva) und Marginales Parodont weiterhin verwenden, uns ansonsten aber an die internationalen Nomenklaturvorgaben halten.

Es soll deshalb an dieser Stelle kurz in Wort und Bild der begriffliche Sachverhalt dargestellt werden, wie ihn die Nomenklaturkommission international verbindlich festgelegt hat (Abb. 4.85). Als Periodontium wird das ganze, den Zahn umgebende Gewebe bezeichnet, bei dem folgende Anteile unterschieden werden:

- Das Periodontium protectoris bezeichnet den äußeren Teil des Periodontiums mit dem Äußeren Saumepithel (oder Oralen Gingivaepithel) – er entspricht dem meist dafür verwendeten Begriff marginales Zahnfleisch oder marginale Gingiva.

- Der den Zahn berührende Teil des Periodontiums wird als Periodontium insertionis bezeichnet und besteht aus dem Inneren Saumepithel (oder Saumepithel) und der Wurzelhaut.

- Als Wurzelhaut oder Desmodontium bezeichnet man alle Bindegewebsfasern, die im Zement befestigt sind und teils ins Zahnfleisch, teils in die Alveolenwand ziehen, sowie die dazwischen eingelagerten Nerven und Blutgefäße. Die Wurzelhaut füllt den Periodontalspalt aus, einen schmalen, durchschnittlich etwa 0,15 Millimeter breiten Spalt zwischen Zahnwurzel und Alveolenwand.

- Als Wurzelzement oder Cementum bezeichnet man die knochenähnliche Substanz, die den Zahn von der Schmelz-Zement-Grenze bis zur Wurzelspitze umgibt und die Fasern der Wurzelhaut aufnimmt.

- Die knöcherne Innenwand der Alveole wird als Os alveolare bezeichnet.

Die topographische Einteilung des Parodonts

Entsprechend der Lage teilt man das Parodontium in drei Bereiche ein (Abb. 4.86):

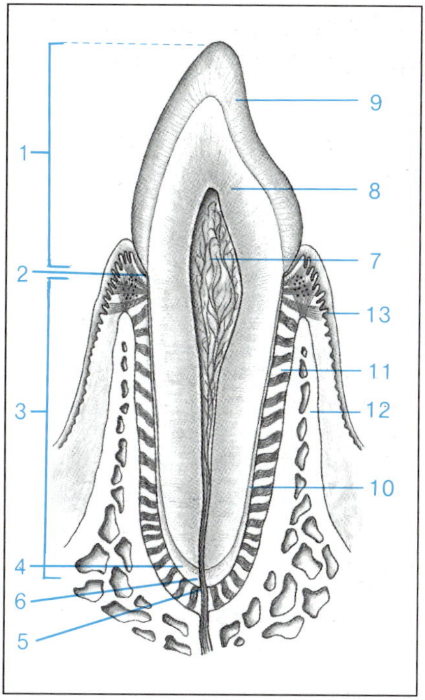

Abb. 4.85 Sagittalschnitt durch einen unteren Zahn und den Zahnhalteapparat:
1 Zahnkrone
2 Zahnhals
3 Zahnwurzel
4 Wurzelspitze
5 Wurzelloch
6 Wurzelkanal
7 Zahnmark
8 Dentin
9 Zahnschmelz
10 Zahnzement
11 Wurzelhaut
12 Alveolarknochen
13 Zahnfleisch

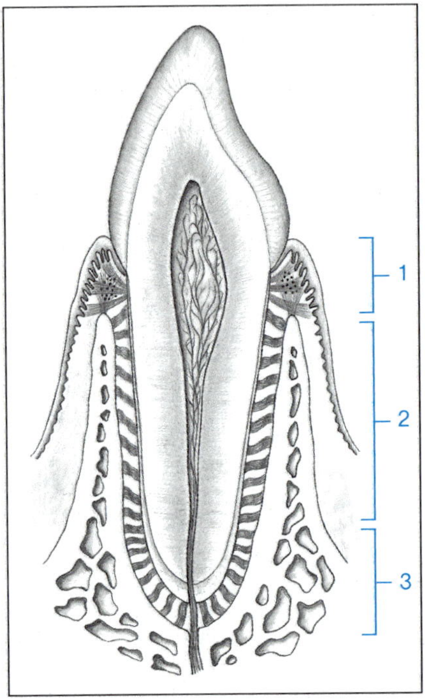

Abb. 4.86 Topographische Einteilung des Parodonts:
1 Marginales Parodont
2 Alveoläres Parodont
3 Apikales Parodont

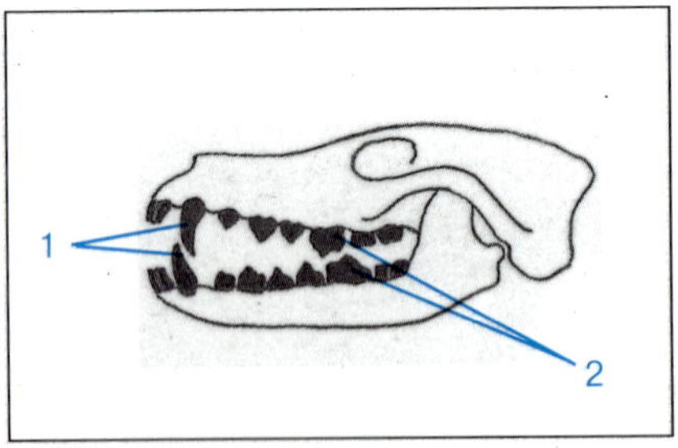

Abb. 4.87 Gebiß eines Hundes in Lateralansicht:
1 „Fangzahn"   2 „Reißzahn"

1. Das Marginale Parodont
Als Marginales Prodont bezeichnet man den im Bereich des Zahnfleischrandes gelegenen Teil des Halteapparats.
2. Das Alveoläre Parodont
Darunter versteht man den im Bereich der Alveole gelegenen Teil des Zahnhalteapparats, an dem das Wurzelzement, die Wurzelhaut und die knöcherne Wand des Zahnfachs beteiligt sind.
3. Das Apikale Parodont
Als Apikales Parodont bezeichnet man alle Gewebestrukturen, die den Zahn im Bereich der Wurzelspitze verankern.

4.4.2 Funktionen der Zähne und des Zahnhalteapparats

Die Funktionen der Zähne

Der Mensch ist ein sogenannter Allesfresser. Das bedeutet, daß er sich sowohl von pflanzlicher Nahrung als auch von Fleisch ernährt. Mit seinen Zähnen muß er deshalb beide Arten von Nahrung bearbeiten können. Daher zeigen seine Zähne sowohl Merkmale eines typischen Pflanzenfressergebisses als auch eines typischen Fleischfressergebisses. Welche Zahntypen und welche Formmerkmale zur Ernährung durch Fleisch oder pflanzliche Nahrung notwendig sind, läßt sich anhand der Zähne eines typischen Pflanzenfressergebisses und eines typischen Fleischfressergebisses deutlicher zeigen.

Zähne eines typischen Fleischfressers und ihre Funktionen: (Beispiel Hund, Abb. 4.87) Die meißelförmigen Schneidezähne besitzen scharfe Schneiden und sind relativ klein, denn sie werden nur zum Abnagen von Knochen und zum Zerbeißen von Sehnen und Bändern benötigt. Mit den ausgeprägten, dolchförmigen Eckzähnen („Fangzähnen") wird die erjagte Beute festgehalten und getötet. Die spitzhöckerigen Backenzähne bilden mit ihren scharfkantigen Schneiden eine gezackte Schere zum Zerschneiden von Sehnen und Fleisch und zum Zerknacken und Zermalmen von Knochen. Ermöglicht wird die Scherwirkung

durch eine besonders straffe Führung der Kiefergelenke, die ein seitliches Ausweichen des Unterkiefers verhindert. Auffallend groß sind in jedem Quadranten die ersten großen Backenzähne („Reißzähne"), mit deren Hilfe Fleischfetzen vom Beutetier abgerissen werden können. Die Reißzähne haben bei Hunden und Bären zusätzlich noch eine breite, stumpfhöckerige Mahlfläche zum besseren Zermalmen größerer Knochen.
Alle Zähne des Fleischfressergebisses stehen in einer mehr oder weniger geschlossene Zahnreihe, eine auffällige Lücke zwischen Front- und Backenzähnen ist nicht erkennbar.

Zähne eines typischen Pflanzenfressers und ihre Funktionen zeigt die Abbildung 4.88 am Beispiel Rind. Die relativ großen Schneidezähne sind nach vorne geneigt, breit und schaufelförmig und haben scharfkantige Schneiden. Sie dienen dem Abtrennen der Nahrung (Grasbüschel oder kleine Zweige). Dies geschieht entweder nach dem Prinzip der Kneifzange, indem die Schneidezähne von Ober- und Unterkiefer aufeinandertreffen (wie beim Pferd) oder indem die Nahrung mit den unteren Schneidezähnen gegen eine knöcherne Druckplatte im Oberkiefer gepreßt und mit einem Kopfruck abgerissen wird (wie beim Rind). Zum Bearbeiten pflanzlicher Nahrung sind keine Eckzähne notwendig. Im Gegensatz zu den Raubtieren sind sie deshalb überhaupt nicht oder nur sehr schwach entwickelt, oder sie haben die Form von Schneidezähnen angenommen und sind funktionell diesen zugeordnet.

Eine ausgeprägte Zahnlücke zwischen den Front- und Backenzähnen ermöglicht der Zunge, Pflanzenbüschel zu erfassen, zwischen die Schneidezähne zu ziehen und dann, wie oben beschrieben, abzutrennen. Die Backenzähne haben relativ große, breitflächige Zahnkronen mit raspelartigen Kauflächen („Mahlzähne"). Da die Backenzähne in einer dicht geschlossenen Zahnreihe stehen, bilden ihre Kauflächen in jedem Quadranten eine große, lückenlose Mahlfläche. Durch seitliche Kaubewegungen („Mahlbewegungen"), die das lose, vollkommen flache Kiefergelenk ermöglicht, wird die pflanzliche Nahrung zerrieben. Dabei wirken die scharfkantigen Schmelzfalten der Kauflächen wie eine Raspel. So können auch pflanzliche Zellen mit ihren widerstandsfähigen, faserreichen Zellwänden für die anschließenden Verdauungsvorgänge aufgeschlossen werden.

Wenn man die typischen Formmerkmale eines Pflanzen- und Fleischfressergebisses kennt, fällt es nicht schwer, den Zusammenhang zwischen einzelnen Kaufunktionen und den Formmerkmalen der Zahntypen des menschlichen Gebisses zu erkennen.

Die menschlichen Zähne und ihre Funktionen:
Die Schneidezähne des Menschen sind, wie die Schneidezähne der Pflanzen- und Fleischfresser auch, meißelförmig und mit einer scharfen Schneidekante versehen und dienen in erster Linie dem „Abbeißen" von mundgerechten Nahrungsportionen. Sie sind wie bei den Fleischfressern annähernd vertikal ausgerichtet, und im Schlußbiß liegen die oberen Schneidekanten vestibulär und unterhalb der unteren Schneidekanten. Diese Anordnung hat zweierlei Vorteile:

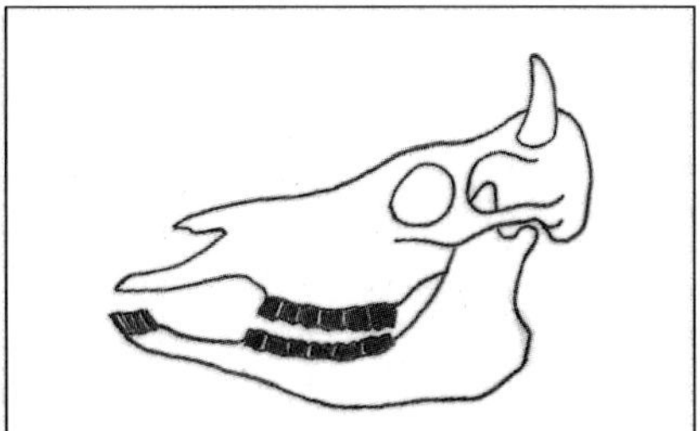

Abb. 4.88 Gebiß eines Rindes in Lateralansicht

Beim Abbeißen schneiden sich die Schneidekanten wie die Schneiden von Stemmeisen immer tiefer in die Nahrung hinein und werden auf kreisförmigen Bahnen aufeinander zugeführt. Gegen Ende des Zubeißens wird die teilweise schon abgetrennte Nahrungsportion vollständig von der übrigen Nahrung (zum Beispiel einem Apfel) abgeschnitten, indem die Schneidekanten wie die Kanten einer Schere aneinander vorbeigeführt werden.
Wird der Unterkiefer ein klein wenig nach vorn geschoben, so daß die Schneidekanten in der sogenannten Kopfbißposition direkt übereinanderstehen, wirken die Schneidekanten beim Kieferschluß wie die Kanten einer Beißzange und kneifen dazwischenliegende Nahrungsbestandteile wie Sehnen oder zähe Fleischfasern durch.
Zu erwähnen ist schließlich noch die Bedeutung der Schneidezähne beim Vorschieben des Unterkiefers unter Zahnkontakt: Indem die unteren Schneidekanten entlang den Palatinalflächen der oberen Schneidezähne schräg nach vorne und unten gleiten, kommt es bei Kieferbewegungen zur sofortigen Trennung der Seitenzahnreihen („Schneidezahnführung oder Frontzahnführung").

Der kegelförmige Eckzahn des heutigen Menschen ist in seiner Größe stark reduziert. Von seinen ursprünglichen Funktionen sind nur noch das Festhalten von zäher oder harter Nahrung übriggeblieben. Da zum Abreißen die Hände zu Hilfe genommen werden, reicht es aus, wenn er für diese Funktion nur ein klein wenig über die anderen Zähne hinausragt; seine Zahnwurzel – die längste aller Zähne – gibt ihm den notwendigen Halt. Seine zwei abgewinkelten, in mesio-distaler Richtung verlaufenden Schneidekanten deuten darauf hin, daß er als Frontzahn auch am Abbeißen beteiligt ist. Ähnlich den Schneidezähnen spielt er bei der Trennung der Seitenzahnreihen bei Seitwärtsbewegungen unter Zahnkontakt eine wichtige Rolle („Eckzahnführung").

Die Backenzähne dienen vornehmlich dem Zerkleinern (Zermahlen) der abgetrennten Nahrung und deren Durchmischung mit Speichel. Dazu haben sie eine aus Höckern, Randleisten, Gruben und Fissuren bestehende breite Kaufläche. Den Prämolaren mit ihren kleinen Kauflächen kommt dabei die Rolle der Grobzerkleinerung zu, während die großflächigen Molaren die Zerkleinerung vollenden.

Die oberen palatinalen und unteren bukkalen Höcker werden Stampfhöcker genannt. Sie sorgen dafür, daß feste oder körnerhaltige Nahrungsbestandteile zerstampft werden und gleichzeitig Speichel unter die zerkleinerten Nahrungsteile gemischt wird. Die oberen bukkalen und die unteren lingualen Höcker haben Schneide- und Scherfunktion, weshalb man sie auch als Scherhöcker bezeichnet.

Die Fissuren dienen einerseits als „Rinnen" für den Abfluß der zerquetschten Nahrung, andererseits als „Ein- und Ausflugschneisen" für die Höckerspitzen der Gegenzähne bei den Kaubewegungen. In die Gruben oder Grübchen tauchen beim Kieferschluß die Stampfhöcker der Gegenzähne ein. Körnige Nahrungsbestandteile, die in den Gruben liegen bleiben, werden durch diese am Wegrollen gehindert und können dann von den Stampfhöckern zertrümmert werden.

Die Zähne des Menschen bilden zwei geschlossene Zahnreihen, die im Gegensatz zu den Menschenaffen und den affenähnlichen Vorfahren des Menschen keinerlei Zahnlücken zeigen.

Beteiligung der Zähne an den Funktionen des Kausystems:

1. Kaufunktion

Sie müssen Nahrung festhalten, Nahrungsbrocken abbeißen oder abreißen, Sehnen und Bänder durchkneifen, sowie Nahrungsbrocken zerkleinern und mit Speichel durchmischen.

Durch ihre Form schützen sie den Zahnfleischrand beim Kauen.

Ihre glatten und abgerundeten Oberflächen müssen eine gute Reinigung durch Wangen, Lippen und die Zunge bieten.

Sie müssen bei den Kieferbewegungen unter Zahnkontakt ein hindernisfreies Gleiten der Zähne ermöglichen.

Durch Übertragung der Kaukräfte an den Zahnhalteapparat sind sie indirekt noch an folgenden Teilfunktionen beteiligt:

a) Aufnahme der Kaukräfte durch die Kieferknochen.

b) Ermitteln der Kaukräfte durch Rezeptoren der Wurzelhaut und Weiterleitung der Meßwerte an das ZNS zur Regulation der Kaubewegungen sowie zur Auslösung von Schutzreflexen.

2. Lautbildungsfunktion
Geschlossene Zahnreihen mit annähernd gleichgroßen Zähnen sind eine wichtige anatomische Vorraussetzung für das Sprechen, Singen und Pfeifen.

3. Signalfunktion
Das Zeigen des Eckzahns als Warnsignal an den Gegner spielt beim heutigen Menschen keine Rolle mehr und ist in der Form des Lachens in seiner ursprünglichen Bedeutung nicht mehr erkennbar.

4. Ästhetische Funktion
Der Pflege- und Gesundheitszustand, die Zahnstellung sowie die Zahnform spielen für das Aussehen eines Menschen eine wesentliche Rolle. Zahnlücken, verfärbte oder kariöse Zähne, die bei geöffnetem Mund sichtbar werden, beeinflussen das Aussehen negativ. Nach vorne gekippte Frontzähne führen bei geschlossenem Mund zu „aufgeworfenen" Lippen, während das Fehlen dieser Zähne bei zahnlosen Patienten zu „eingefallenen" Lippen führt. Passen künstliche Frontzähne in ihrer Form nicht zum Konstitutionstyp des Menschen, dann werden die Zähne als ästhetisch störend empfunden.

Die Funktionen des Zahnhalteapparates
Die Gewebestrukturen des Zahnhalteapparats bilden eine funktionelle Einheit und erfüllen mehrere Funktionen:
1. Verankerungsfunktion
Sie verankern den einzelnen Zahn im Kiefer, dies allerdings auf unterschiedliche Weise:
Der größte Anteil der den Zahn verankernden Faserstrukturen liegt im Bereich des alveolären Parodonts und weist eine auffällige Ausrichtung schräg nach apikal auf. Deshalb kommt auch diesem Abschnitt neben der Verankerungsfunktion der Zähne die wichtige Aufgabe zu, die auf die Zähne einwirkenden Druckkräfte über die Sharpeyschen Fasern in Zugkräfte auf den Kieferknochen umzuwandeln und damit abzubauen.

Im Bereich des apikalen Parodonts verdickt sich der Periodontalspalt und die Fasern ordnen sich mehr radial zur Zahnwurzeloberfläche an. Durch diese Ausrichtung wirken sie vor allem Kräften entgegen, die den Zahn zu kippen versuchen. Außerdem verhindern sie die Verkürzung der Sharpeyschen Fasern, die sich wie alle Kollagenfaserstrukturen bei fehlender Dehnungsbelastung zu verkürzen beginnen. Durch den Antagonistenkontakt, der den Zahn bei jeder okklusalen Belastung leicht in die Alveole versenkt, werden die Fasern gestreckt und so verhindert, daß durch Verkürzung der Fasern der Zahn aus der Alveole gezogen wird.

2. Koppelungsfunktion
Die horizontalen Faserstrukturen des marginalen Parodonts verbinden alle Zähne eines Kiefers zu einer geschlossenen Zahnreihe; diese als „sagittale Gewebekoppelung" bezeichnete Konstruktion dient der Verteilung von horizontal angreifenden Kräften auf die Parodontien möglichst vieler Zähne.

3. Schutzfunktion
Dem marginalen Parodont kommt eine wichtige Abdichtungs- und Schutzfunktion zu, indem die Gewebestrukturen des mar-

ginalen Parodonts den durchgebrochenen Zahn gegen die Mundhöhle hin abdichten und das Eindringen von Bakterien und Nahrungspartikeln verhindern.

4.5 Feinbau der Zähne

4.5.1 Schmelz

Der Zahnschmelz (Enamelum dentis), früher als Substantia adamantina (griech. adamas = Stahl) bezeichnet, bedeckt als kappenartiger Überzug den in die Mundhöhle hineinragenden Dentinkern des Zahnes. Seine größte Dicke von etwa 2,5 Millimeter erreicht der Schmelz an den Schneidekanten der Frontzähne und an den Höckerspitzen der Backenzähne, zum Zahnhals hin läuft der Schmelz in einer immer dünner werdenden Schicht von wenigen tausendstel Millimeter aus.

Physikalisch-chemische Eigenschaften
Er ist im wesentlichen transparent, besitzt aber eine graue bis bläulich-weiße Eigentönung. Beeinflußt wird dieser Farbton vom Grad der Transparenz des Zahnschmelzes sowie vom darunterliegenden, gelblichen Dentinkern des Zahnes, wodurch der bleibende Zahn seinen gelblich-weißen bis weißlich-grauen Farbton erhält. Bei den Milchzähnen ist der Schmelzmantel im allgemeinen nur halb so dick wie bei den bleibenden Zähnen, zugleich ist er intensiver weiß gefärbt.

Der Zahnschmelz ist die härteste und auch sprödeste Substanz des menschlichen Körpers. Seine Härte schwankt zwischen fünf bis acht in der Mohsschen Ritzhärteskala, seine Knoop-Härtewerte betragen 260 bis 360. Dies entspricht 300 bis 400 VH Vickers-Härte oder etwa 60 Prozent des Quarzes. Seine außerordentliche Härte verdankt der ausgereifte Zahnschmelz seiner chemischen Zusammensetzung: Er ist ein fast rein kristallines Gefüge vom Kristalltyp des Apatits und besteht zu 96 Prozent seines Gewichts aus anorganischen Salzen, ein Prozent organischen Substanzen und zirka drei Prozent Wasser. Der größte Teil des Wassers ist an Apatitkristallite gebunden („Kristallwasser"), nur ein geringer Teil ist frei in der organischen Substanz verfügbar. Die organischen Bestandteile sind unter anderem Eiweiße und geringe Mengen an Kohlenhydraten und Fetten. Die Hydroxylapatit- wie die Fluorapatitkristallite bestehen vorwiegend aus Kalzium und Phosphor, mit geringen Anteilen von Natrium, Magnesium, Chlor und Kalium. Es wurde bereits erwähnt, daß der Hydroxylapatit durch Einlagerung von Fluor zu Fluorapatit wird und in dieser Form eine größere mechanische Härte und eine geringere Säurelöslichkeit aufweist.

In geringem Maße ist der Schmelz für Stoffe durchlässig. Man konnte mit Hilfe markierter Moleküle feststellen, daß Wasser und Alkohol den Schmelz relativ rasch durchströmen können und so dazu beitragen, daß die chemische Zusammensetzung des Schmelzes erhalten bleibt.

Strukturen des Schmelzes
Im ausgereiften,fertigen Zahnschmelz zeigen sich die Schmelzprismen als langgestreckte, etwa drei bis sechs µm dicke „Stäbe" mit schlüssellochförmigem Querschnitt. Sie erstrecken sich in s-förmiger Windung von der Schmelz-Dentin-Grenze bis dicht unter die Schmelzoberfläche, wobei auf einen Quadratmillimeter Schmelzoberfläche etwa 20 000 bis 30 000 Schmelzprismen zulaufen. Diese äußerste, etwa 30 µm dicke Außenschicht des Zahnschmelzes wird deshalb Prismenfreier Schmelz genannt. Chemische Untersuchungen zeigen, daß Prismenfreier Schmelz große Mengen an Fluoriden enthält. Die Prismenfreie Schmelzschicht ist härter, dichter mineralisiert und weniger säurelöslich als die tieferliegenden Schichten aus prismatischem Schmelz (Abb. 4.89).

Früher wurde angenommen, daß Schmelzprismen gebündelte Schmelzkristalle darstellten, die von einer organischen Substanz umgeben seien, Prismenscheide

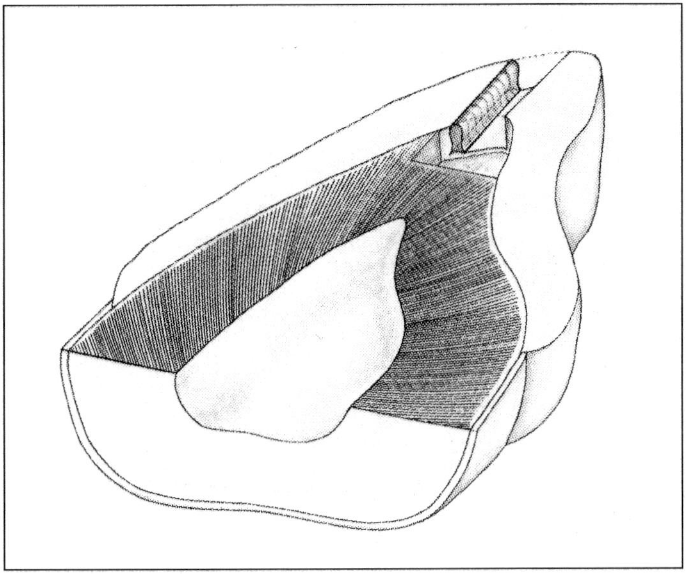

Abb. 4.89 ◀ Verlauf der Schmelzprismen

Abb. 4.90 ▼ Anordnung der Schmelzkristalle im Grenzbereich zweier benachbarter Schmelzprismen

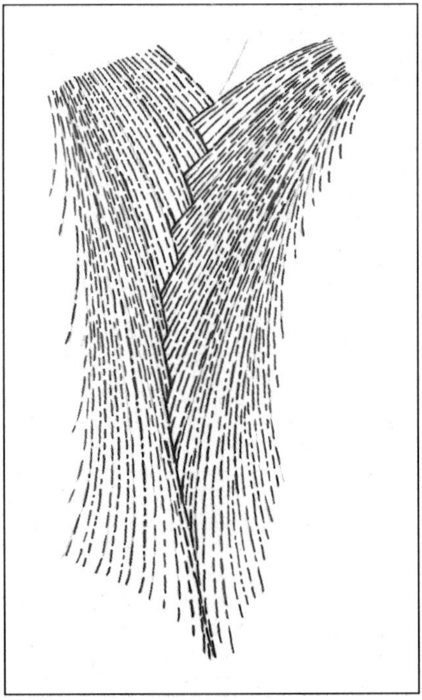

genannt. Deshalb bezeichnete man die Grenzschicht zwischen zwei benachbarten Schmelzprismen auch als „Kittsubstanz“ oder „Interprismatische Substanz“. Licht- und vor allem elektronenmikroskopische Untersuchungen haben zu der Erkenntnis geführt, daß die Prismenränder nur ein optisches Phänomen darstellen. Es kommt dadurch zustande, daß die Apatitkristalle im Inneren der Prismen in Längsrichtung ausgerichtet sind, zu den Prismenrändern hin ausfiedern und sich mit den benachbarten Schmelzprismen verzahnen (Abb. 4.90).

Im Hinblick auf die mechanische Belastung des Schmelzes ist die Anordnung der unzähligen, in unterschiedlichste Richtungen verlaufenden Kristallite und Schmelzprismen sehr sinnvoll gelöst: Bei jeder punktförmigen oder flächenhaften Belastung des Zahnschmelzes verteilt sich der Druck stets auf mehrere Prismen und somit auf die riesige Anzahl der Kristallite. Diese leiten dann den Druck auf tieferliegende Schichten weiter. Nur durch diese Anordnung ist eine hohe Belastung des relativ harten und damit auch spröden Zahnschmelzes möglich, ohne daß es zu Absprengungen einzelner Schmelzteile kommt.

Die kleineren Baueinheiten der Schmelzprismen sind die Apatitkristallite (Anmerkung: Als Kristallit bezeichnet man einen Kristall, der durch Nachbarkristalle an seinem Wachstum gehindert wurde). Die Kristallite des Zahnschmelzes sind leicht abgeflachte, sechskantige (hexagonale) Stäbe von 25 x 40 x 160 Nanometer, also größer als jene des Dentins (3 nm lang, 3 nm breit und 60 nm lang); chemisch stellen sie Kalziumphosphatkristalle des Apatittyps dar (Abb. 4.91).

Die Ablagerung des Zahnschmelzes in Schichten („Retziusstreifen") wurde bereits bei der Schmelzbildung dargestellt, ebenso das wellenförmige Auslaufen der einzelnen Schichten an der Oberfläche (Perikymatien).

Abb. 4.91 ▼ Form und Größenverhältnisse der Kristallite von Zahnschmelz und Dentin

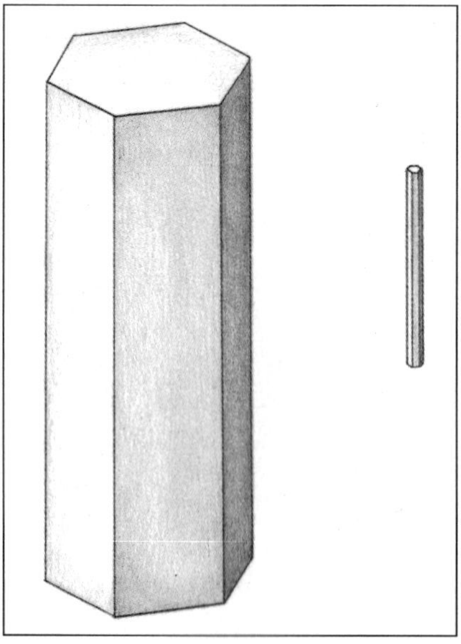

4.5.2 Dentin

Das Zahnbein (Dentinum dentis) bildet die Hauptmasse des Zahnes und gibt den Zähnen ihre Gestalt. Es wird zur Mundhöhle hin von der Schmelzkappe, im Wurzelbereich vom Zement bedeckt und enthält im Inneren das Zahnmark.

Physikalisch-chemische Eigenschaften
In Farbe und Aufbau ist das Dentin dem Knochengewebe sehr ähnlich: es besitzt eine blaßgelbe Eigenfarbe und trägt so entscheidend zur Farbgebung des natürlichen Zahnes bei. Es ist wie das Knochengewebe ein mineralisiertes Bindegewebe, zwischen dessen Bindegewebszellen und Kollagenfasern Kalksalze eingelagert werden. Deshalb ist auch die chemische Zusammensetzung des Dentins dem Knochen recht ähnlich: Dentin besteht zu 70 Prozent seines Gewichts aus anorganischen Substanzen, zu 18 Prozent aus organischen und zu 12 Prozent aus Wasser. Wie bei allen mineralisierten Geweben des Körpers besteht auch der mineralische Anteil des Dentins überwiegend aus Hydroxylapatitkristallen, die Kristalle sind jedoch im Vergleich zum Schmelz wesentlich kleiner (s. Abb. 4.89). Aus dieser Verbindung von kollagenfaserigem Grundgerüst und kristallinem Gefüge ergibt sich eine große mechanische Festigkeit bei gleichzeitiger hoher Elastizität und Verformbarkeit (ähnlich einer Billardkugel aus Elfenbein oder auch dem Stahlbeton vergleichbar).

Strukturen und Funktionen des Dentins
Auch das Dentin wird wie der Schmelz von den Odontoblastenzellen in rhythmischen Schüben gebildet. Die Phasen aktiver Mineralisation und darauffolgender Ruhephase sind daher ebenso wie beim Schmelz in Form von Streifen oder Schichten erkennbar. In einem entkalkten Längsschnitt lassen sich die einzelnen Dentinschichten beziehungsweise Dentinarten gut verdeutlichen: Die äußere, an der Schmelz-Dentin-Grenze liegende und etwa 1o bis 30 µm dicke Schicht wird als Manteldentin bezeichnet. Das zirkumpulpale Dentin bildet

die Hauptmasse des Dentins zwischen Pulpahöhle und Manteldentin. In Pulpanähe finden wir eine nur schwach mineralisierte Zone, das sogenannte Prädentin. Das die Wand des Dentinkanälchens auskleidende Dentin heißt peritubuläres Dentin. Es ist wesentlich stärker mineralisiert als das zwischen den Kanälchen liegende und die Hauptmasse des Dentins bildende intertubuläre Dentin (Abb. 4.92).

Alles bis zum Abschluß des Wurzelwachstums gebildete Dentin wird als Primärdentin bezeichnet und ist an seiner gelblichen Farbe erkennbar. Das nach Abschluß des Wurzelwachstums gebildete Dentin hat eine leicht bräunliche Farbe und wird Sekundärdentin genannt. An Stellen, an denen Primärdentin durch Abrasion, kariöse Prozesse oder zahnärztliche Maßnahmen (Kavitäten- oder Stumpfpräparationen) freigelegt wird, entsteht als Reaktion der verletzten Odontoblastenfortsätze Reiz- oder Reparaturdentin. Es wird in der Fachliteratur auch als Tertiärdentin bezeichnet und weist eine sehr unregelmäßige Anordnung der Dentinkanälchen auf. Auch dieses Dentin ist in der Farbe dunkler als das unbeschädigte Primärdentin.

Betrachtet man Schnitte durch das Dentin, so erkennt man deutlich das Röhrensystem der Dentinkanälchen. Sie verlaufen von der Pulpahöhle nahezu radiär in Richtung Schmelz-Dentin-Grenze (beziehungsweise Dentin-Zement-Grenze im Wurzelbereich). In ihrem Inneren liegen die Odontoblastenfortsätze oder Tomesschen Fortsätze. Sie füllen die Dentinkanälchen aber nicht völlig aus, sondern sind von Gewebeflüssigkeit umspült, die der Versorgung des Dentins und der Reizleitung dient. Die Tomesschen Fortsätze stehen über dünne Seitenästchen mit benachbarten Odontoblastenfortsätzen in Verbindung stehen.
Die außerordentlich hohe Kanaldichte und Verlaufsrichtung der Dentinkanälchen ist zum einen bei Ausbreitung einer Karies von Bedeutung, da diese sich nach Zerstörung des kompakten Zahnschmelzes im Dentin wesentlich rascher ausbreiten kann, zum anderen verletzt jede Präparation die im Innern der Kanälchen liegenden Odontoblastenfortsätze. Man schätzt, daß bei ei-

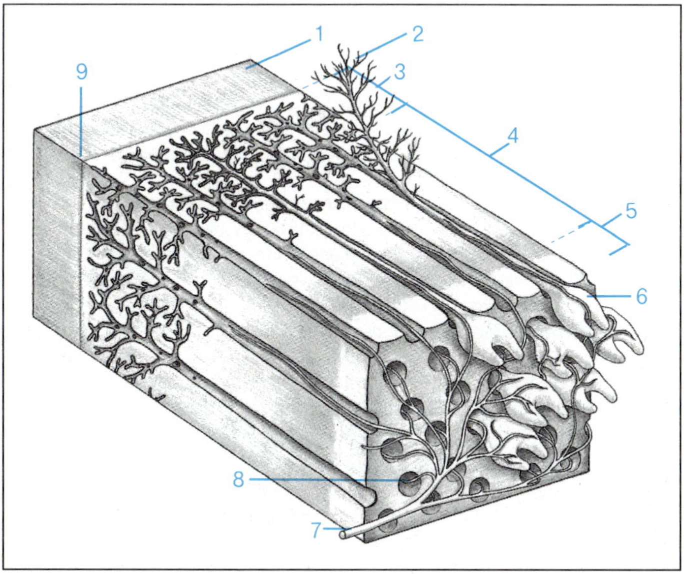

Abb. 4.92 Topographische und strukturelle Einteilung des Dentins: 1 Zahnschmelz, 2 Odontoblastenfortsatz (= Tomesscher Fortsatz), 3 Manteldentin, 4 Zirkumpulpales Dentin, 5 Prädentin, 6 Odontoblastenzelle, 7 Nervenfasern, 8 Dentinkanälchen, 9 Schmelz-Dentin-Grenze

ner Präparation für eine Zahnfüllung eine „Wundfläche" von mindestens fünf Quadratmillimeter, bei einer Kronenpräparation eines Molaren eine Fläche von mindestens zwölf Quadratmillimeter geschaffen wird.

Im Gegensatz zum Zahnschmelz ist das Dentin kein totes Gewebe. Ausdruck der Vitalität des Dentins ist zum einen die soeben beschriebene Fähigkeit zur Bildung von Reiz- oder Tertiärdentin bei auftretenden Reizen, zum anderen die Schmerzwahrnehmung. Für die Sensibilität des Dentins auf Berührung, Temperaturwechsel, Luftzug oder chemische Substanzen sorgen sensible Nervenfasern. Sie stehen über Synapsen mit den Odontoblastenzellen in Kontakt, es strahlen aber auch Nervenfasern selbst bis in den Bereich des Prädentins in das Dentinkanälchen ein. Wird beim Präparieren die sensible Faser angeschnitten, zerrissen oder gequetscht, so kommt es durch die beschädigten Fasern selbst zu einer Reizleitung. Chemische und thermische Reize werden über die den Tomesschen Fortsatz umspülende Gewebeflüssigkeit geleitet und führen zur Erregung der Fortsätze und Nervenfasern.

4.5.3 Wurzelzement

Physikalisch-chemische Eigenschaften
Von allen Zahnhartgeweben ist das Wurzelzement (Cementum dentis, Substantia ossea) die am wenigsten dicht mineralisierte Substanz und entspricht in seiner chemischen Zusammensetzung nahezu dem Knochen: Bezogen auf sein Gewicht enthält Zement etwa 65 Prozent anorganische, 23 Prozent organische Stoffe und etwa 12 Prozent Wasser. Die organische Hauptkomponente sind eingelagerte Kollagenfasern, die anorganische Komponente setzt sich hauptsächlich aus Hydroxylapatitkristallen zusammen. Diese sind klein und flach, ähnlich denen des Dentins.

Das Wurzelzement ist leicht gelblich gefärbt, weicher als Dentin und etwa gleich hart wie Knochen. Die Zementschicht ist im Bereich des Zahnhalses sehr dünn (zirka 10 µm) und nimmt zur Wurzelspitze hin an Stärke zu (zirka 600 µm). Auch im Bereich der Gabelungsstelle mehrwurzeliger Zähne (= Bifurkation bei zweiwurzligen Zähnen, Trifurkation bei dreiwurzeligen Zähnen) ist das Zement wesentlich dicker als in den anderen Wurzelbereichen (Abb. 4.93).

Strukturen der Zements
Man unterscheidet zwei Arten von Zement: zellfreies oder azelluläres Zement und zellhaltiges oder zelluläres Zement.

Zellfreies Zement bedeckt als sehr dünner Überzug die gesamte Wurzeloberfläche. Wie sein Name sagt, enthält es keine Zellen, nur parallel zur Wurzeloberfläche verlaufende Kollagenfasern. Da das zellfreie Zement zuerst gebildet wird, bezeichnen einige Autoren es auch als Primärzement, entsprechend das später gebildete zelluläre Zement als Sekundärzement.

Zellhaltiges Zement wird erst mit Beginn des Zahndurchbruchs und zunächst nur im Bereich der Wurzelspitze gebildet, später reicht es etwa bis zur Wurzelmitte des Zahnes. Im Bereich der Bi- und Trifurkation mehrwurzeliger Zähne findet man direkt dem Dentin aufgelagertes zellhaltiges Zement, das zellfreie Zement fehlt also in diesem Bereich, dafür findet man auf der Wurzeloberfläche unterhalb der Schmelz-Zement-Grenze nur zellfreies Zement.

Funktionen des Wurzelzements
Die Hauptfunktion des Wurzelzements ist die Verankerung des Zahnes im Kiefer. Zu diesem Zweck werden kollagene Faserbündel, die Sharpeyschen Fasern, sowohl in der knöchernen Wand des Zahnfachs als auch in den äußersten Schichten des Wurzelzements eingeschlossen. Somit ist das Wurzelzement durch seine Auflagerung auf das Wurzeldentin zum einen Bestandteil des Zahnes, durch die Verankerung der Shapeyschen Fasern zugleich auch Teil des Zahnhalteapparats.

Zahnzement besitzt als lebendes Gewebe

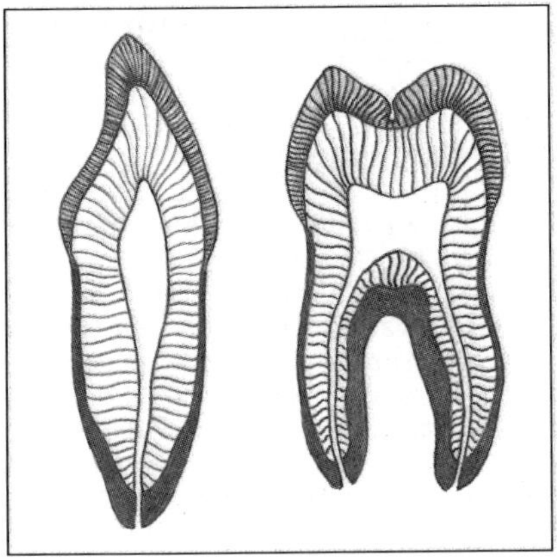

Abb. 4.93 Lage und Dicke des Wurzelzements

die Fähigkeit zur funktionellen Anpassung an veränderte Situationen: Wenn Zähne im Verlaufe von natürlichen, also durch Kippen oder Fehlbelastung ausgelösten Vorgängen oder durch kieferorthopädische Maßnahmen gesteuerte Zahnbewegungen ihre Position verändern, so werden im Bereich der Zugzonen neue Schichten von Wurzelzement angelagert, im Bereich der Druckzonen baut sich das Zement ab.

Sollte es als Folge von Schlageinwirkungen oder Stößen zu einem Bruch der Zahnwurzel kommen (= Wurzelfraktur), so ist das Zahnzement in der Lage, durch Mineralisation der Bruchstelle die einzelnen Bruchstücke wieder miteinander zu vereinigen. Beim Herauswachsen von Zähnen aus der Alveole verlängert sich die Wurzel, indem um die Wurzelspitze herum zusätzliche Zementschichten aufgelagert werden. Diese Funktionen des Zahnzements bezeichnet man als reparatorische und kompensatorische Aufgaben.

4.5.4 Pulpa

Das Zahnmark (Pulpa dentis) ist ein lockeres, dem Gallertgewebe nahestehendes Bindegewebe. Es entsteht mit Beginn der Wurzelbildung aus dem gefäßreichen embryonalen Bindegewebe der Zahnpapille und füllt nach Abschluß der Wurzelbildung die vom Dentinkern des Zahnes umschlossene Zahnmarkhöhle oder Pulpakammer (= Pulpenkavum) aus. Der im Bereich der Krone befindliche Teil wird als Kronenpulpa bezeichnet, der im Bereich der Wurzelkanäle gelegene Teil als Wurzelpulpa. Durch die enge Verwandtschaft zum lockeren Bindegewebe entsprechen alle Bestandteile der Pulpa denen, die man in allen lockeren Bindegeweben findet, nämlich Zellen, Fasern (aber nur Kollagenfasern und retikuläre Fasern, keine elastischen Fasern), eine wasserreiche, gelartige interzelluläre Grundsubstanz, Blutgefäße und Nerven.

Strukturen der Pulpa und ihre Funktion

Die das Dentin bildenden Odontoblastenzellen formen die Grenzschicht des Pulpagewebes zum Prädentin hin. Im durchgebrochenen Zahn besteht sie aus nur einer Zellschicht, bei fortschreitender Dentinbildung ordnen sich die Odontoblasten in mehreren Zellschichten an der Pulpawand an.

Die Fibroblasten sind die am häufigsten vorkommenden Zellen der Pulpa, sternförmige Zellen, die durch Ausläufer untereinander verbunden sind. Als aktive Fibroblasten scheiden sie Kollagen und Interzellularsubstanz aus und haben die Fähigkeit, sich zu Odontoblastenzellen und Freßzellen umwandeln können. Die weniger aktiven Fibroblasten werden Fibrozyten genannt und bilden zusammen mit den Fasern ein dreidimensionales Gitternetz.

Die wichtigsten Abwehrzellen sind die Histiozyten oder Freßzellen (Makrophagen). Bei Entzündungen werden sie zu freien Makrophagen und bewegen sich durch die Pulpa. Vereinzelt finden sich auch Lymphozyten, in entzündeten Pulpen auch Leukozyten.

Die Pulpa erhält ihre Versorgung von den Arterien, die vor dem Eintritt in das Innere des Zahnes zahlreiche Äste zur Versorgung der Wurzelhaut und des Alveolarknochens abgeben. Sie dringen zusammen mit den Nerven als Nerven-Gefäß-Bündel über eine oder mehrere Öffnungen in den Wurzelkanal ein, geben zahlreiche Nebenäste ab und enden in einem Kapillargeflecht nahe den Odontoblasten. Der Abfluß erfolgt über kleine Venen, die sich zur Zentralvene vereinigen und die Pulpa wieder am Foramen apicale verlassen. Ob die Pulpa auch Lymphgefäße enthält, ist mit letztgültiger Sicherheit noch nicht erwiesen.

Verglichen mit anderen Bindegeweben finden sich in der Pulpa sehr viele Nervenfasern. Die Nerven entstammen dem Nervus trigeminus und dem Vegetativen Nervensystem und treten zusammen mit den Gefäßen in das Innere des Zahnes ein. Bereits im Wurzelkanal zweigen zahlreiche Fasern vom Hauptbündel ab und bilden wie die Arterien unterhalb der Odontoblastenzellen ein dichtes Nervengeflecht. Von dort ziehen feine Ästchen zu den Odontoblasten oder durch diese hindurch in die Dentinkanälchen. Obgleich bisher noch keine Synapsen zwischen den Nervenendigungen und den Odontoblasten mit Sicherheit nachgewiesen wurden, nimmt man an, daß die Erregung der Odontoblasten auf die Nervenendigungen übertragen wird oder die freien Nervenendigungen selbst durch den Reiz erregt werden. Die einzige Empfindung, die von der Pulpa wahrgenommen werden kann, ist Schmerz. Ob Druck, hohe oder tiefe Temperaturen, chemische oder sonstige Reize – alle werden sie als „Schmerz“ wahrgenommen.

Mit zunehmendem Alter nimmt die Größe der Pulpa sowie der Durchmesser der Wurzelkanäle durch fortgesetztes Dentinwachstum ab, das Gewebe verdichtet sich durch zusätzliche Einlagerung von Kollagenfasern und die Blutversorgung wird geringer. Gelegentlich wächst die Pulpa auch völlig zu und wird verkalkt.

4.6 Feinbau des Zahnhalteapparats

4.6.1 Zahnfleisch

Als Zahnfleisch (Gingiva) bezeichnet man den Teil der Mundschleimhaut, der die Zähne umschließt und den oberen Teil des Alveolarfortsatzes bedeckt. Gleichzeitig stellt die Gingiva topographisch den am weitesten außen gelegenen Teil des Zahnhalteapparats dar und wird deswegen auch als Marginales Parodontium oder Marginales Parodont bezeichnet. Die Farbe des gesunden Zahnfleischs ist blaßrosa, durch Pigmentierung können mehr oder weniger starke bräunliche bis dunkelblaue oder schwarze Verfärbungen auftreten; diese Pigmentierung ist rasseabhängig und für das Zahnfleisch dunkelhäutiger Menschen typisch.

Topographische Einteilung des Zahnfleisches

1. Die Freie oder Marginale Gingiva

ist ein schmaler, beweglicher Gewebestreifen, der wellenförmig der Kontur der Zahnhälse beziehungsweise der Schmelz-Zement-Grenze folgt. Sie schwankt in ihrer Breite zwischen einem Millimeter bei Kindern und Jugendlichen und etwa eineinhalb bis zwei Millimetern bei Erwachsenen. Die Bezeichnung „frei“ rührt von der Tatsache her, daß das Zahnfleisch in diesem Bereich mit dem darunterliegenden Zahn nicht fest verbunden, sondern nur an der Zahnoberfläche angeheftet ist. Deshalb läßt sich die Freie Gingiva schon bei geringer mechanischer Krafteinwirkung leicht verschieben oder von der Zahnoberfläche ablösen (Abb. 4.94).

Im Bereich der vestibulären Flächen der Frontzähne und der Prämolaren wird der Zahnfleischrand gegen die weiter apikal gelegene, Befestigte Gingiva durch eine flache Einziehung, die Gingivale Furche, abgegrenzt. Sie ist bei manchen Menschen deutlich ausgeprägt, bei anderen fehlt sie völlig.

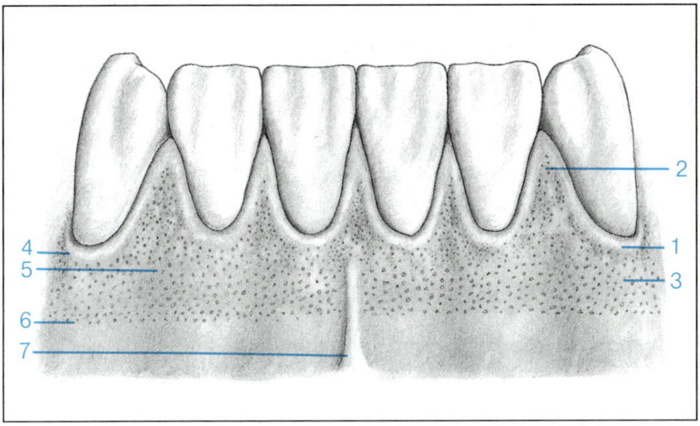

Abb. 4.94 Topographische Einteilung des Zahnfleisches: 1 Freie oder Marginale Gingiva, 2 Interdentale Gingiva, 3 Befestigte Gingiva, 4 Gingivale Furche, 5 Tüpfel oder Stippel, 6 Mukogingivale Grenzlinie, 7 Unteres Lippenbändchen

2. Die interdentale Gingiva

Zwischen den Zähnen ragt die Marginale Gingiva keilförmig in den Interdentalraum hinein und schließt beim Gesunden als sogenannte Zahnfleischpapille oder Interdentalpapille den interdentalen Bereich nach vestibulär und oral völlig ab. Vestibuläre und orale Zahnfleischpapille sind durch eine sattelförmige Einsenkung verbunden, die als Interdentaler Sattel oder Interdentaler Col bezeichnet wird. Auch im interdentalen Bereich unterscheidet man zwischen Freier, an der Zahnoberfläche angehefteter Gingiva und der am Knochen des Zahnzwischenfachs angewachsenen Befestigten Gingiva (Abb. 4.95).

Die Form der Interdentalpapille wird von den Konturen der Zahnflächen bestimmt, die den jeweiligen Interdentalraum bilden:

- haben die Zähne breitflächige Approximalkontakte, so ist die Papille schmal und niedrig.
- konvexe Konturen mit kleinen, koronal liegenden Approximalkontakten gehen mit einer breiten und hoch in den Interdentalraum aufragenden Interdentalpapille einher.
- Überlappen sich die Zähne und ist der Interdentalraum dadurch stark verkleinert oder überhaupt nicht vorhanden, so findet man abgerundete, aus dem Interdentalraum herausquellende Papillen (Abb. 4.96).

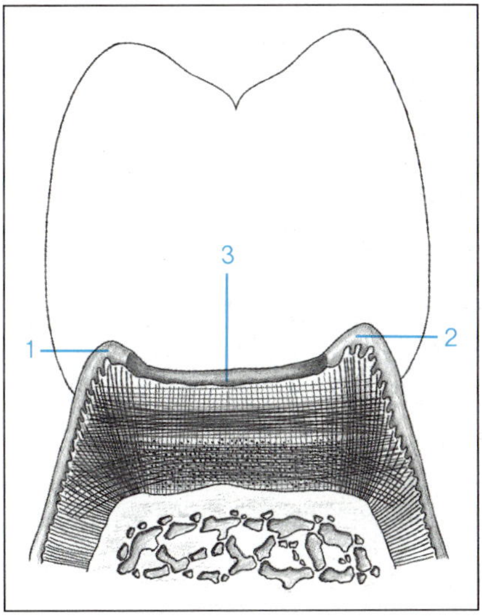

Abb. 4.95 Querschnitt durch den Interdentalraum. Man erkennt die niedrigere linguale (1), und die höhere vestibuläre (2) Interdentalpapille, dazwischen die sattelartige Einsenkung der Gingiva, der interdentale Col (3)

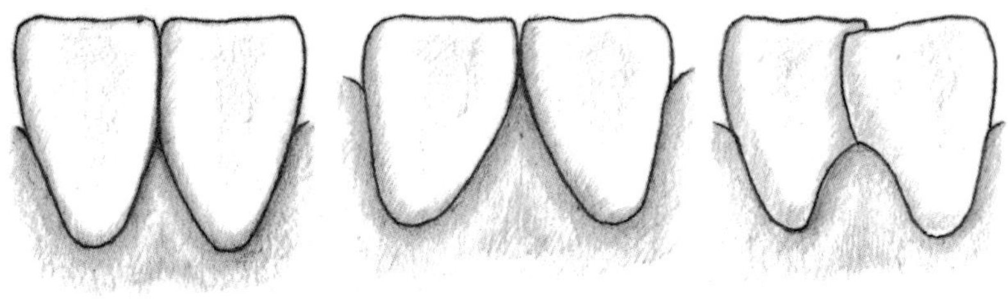

Abb. 4.96 Rückwirkung von Zahnkontur und Zahnstellung auf die Form der Interdentalpapille

3. Die Befestigte Gingiva
Attached Gingiva oder Alveoläre Gingiva ist der sich an die Freie Gingiva anschließende, drei bis neun Millimeter breite Gewebestreifen zwischen der Gingivalen Furche und der Beweglichen Alveolarschleimhaut oder Mukosa. Dieser Übergang wird durch die Mukogingivale Grenzlinie markiert, wo die blaßrosa Farbe der Befestigten Gingiva in dunkelrot umschlägt. Die auffälligen Farbunterschiede rühren vom unterschiedlichen Verhornungsgrad, der Anzahl der eingelagerten Blutgefäße und deren Abstand zur Oberfläche her. Am Gaumen findet sich keine deutliche Trennungslinie, weil die unverschiebliche Gaumenschleimhaut bis zur Freien Gingiva reicht.

Wie der Name schon ausdrückt, ist die Befestigte Gingiva fest und unverschieblich mit der Knochenhaut des Alveolarknochens verbunden. Die Befestigung erfolgt durch büschelartig angeordnete Bindegewebefasern, die von der Knochenhaut in die Papillen einstrahlen und ihr ein charakteristisches, orangenschalenähnliches Aussehen verleihen: Die Oberfläche der gesunden, Befestigten Gingiva weist zahlreiche, unregelmäßig verteilte, punktförmige bis ovale und etwa 0,6 bis 1,4 Millimeter große und bis zu o,5 Millimeter tiefe Eindellungen auf; sie werden als Stippel oder Tüpfel bezeichnet. Die Stippelung beginnt in unregelmäßiger Folge an der Mukogingivalen Grenzlinie und endet abrupt an der Gingivalen Furche – die Freie Gingiva weist somit keine Stippelung auf.
Die Nachahmung dieser Stippelung sollte – wenn überhaupt – nur im sichtbaren Bereich erfolgen, also im Bereich der Frontzähne. Es gibt nämlich ein gewichtiges Gegenargument gegen diese Nachahmung der Oberflächenstruktur: Die in der Regel mit einem krummgebogenen, feinen Rosenbohrer erzeugten Vertiefungen in der Prothesenoberfläche sind ideale Retentionsmöglichkeiten für Plaque- und Zahnsteinablagerungen.

Aufbau der Marginalen Gingiva (Marginales Parodont)
Die Marginale Gingiva wird aus zwei Gewebestrukturen gebildet: dem die Oberfläche bedeckenden Gingivaepithel und dem daruntergelegenen gingivalen Bindegewebe (Abb. 4.97).

1. Gingivaepithel
Das Gingivaepithel ist Teil der Auskleidung der gesamten Mundhöhle mit Epithel. Es wird unterteilt in das orale Gingivaepithel, das orale Sulkusepithel und das Saumepithel.

Das Orale Gingivaepithel (früher: Äußeres

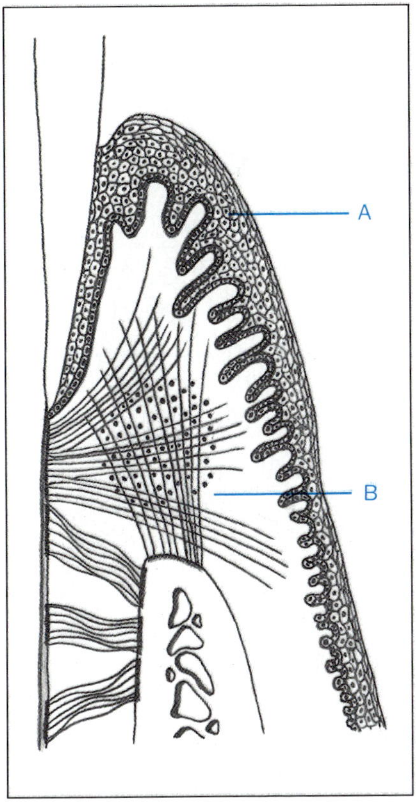

Abb. 4.97 Schematische Darstellung des gingivalen Epithels (A) und des gingivalen Bindegewebes (B)

Saumepithel) erstreckt sich von der mukogingivalen Grenzlinie bis zum Gingivalrand. Da es beim Kauen mehr oder weniger stark mechanisch beansprucht wird, ist es als mehrschichtiges Plattenepithel aufgebaut, dessen Zellen im Bereich der Befestigten Gingiva verhornt (= keratinisiert), im Bereich der weniger beanspruchten Freien Gingiva nur teilweise verhornt (= parakeratinisiert) sind. Es ist mit dem tiefergelegenen Bindegewebe durch zapfenartige Ausstülpungen, den Papillen, verbunden.

Am höchsten Punkt, dem Gingivalrand, geht das Orale Gingivaepithel in unverhorntes, die innere Wand der Zahnfleischfurche auskleidendes Orales Sulkusepithel über. Als Zahnfleischfurche (Sulcus gingivae) oder Gingivalsulkus bezeichnet man die schmale, rinnenartige Vertiefung zwischen Zahnfleischsaum und Zahnschmelz. Der tiefste Punkt der Zahnfleischfurche wird Sulkusboden oder Fundus genannt. Die physiologische Zahnfleischfurche ist etwa O,5 Millimeter tief. Dies entspricht jedoch nicht dem klinisch meßbaren Sulkus, das heißt, der mit einer Sonde gemessenen Zahnfleischfurchentiefe. Diese liegt in der Regel bei ein bis zwei Millimeter, da selbst beim vorsichtigsten Sondieren bis zum ersten, spürbaren Widerstand das Zahnfleisch immer leicht von der Zahnoberfläche abgerissen wird.

Als Saumepithel oder Verbindungsepithel (früher: Inneres Saumepithel) bezeichnet man das von außen nicht sichtbare, der Zahnoberfläche aufgelagerte Epithel der Freien Gingiva. Auffällig ist, daß es nicht wie das Orale Gingivaepithel durch Papillen mit dem darunterliegenden Bindegewebe verzapft ist. Auf weitere feinstrukturelle Besonderheiten soll nicht näher eingegangen werden.

Das Saumepithel erstreckt sich als etwa zwei Millimeter hoher Epithelring vom Boden der Zahnfleischfurche bis zur Schmelz-Zement-Grenze und bildet mit seiner innersten, der Zahnoberfläche aufgelagerten Zellschicht den sogenannten Epithelansatz. Der Begriff Epithelansatz beschreibt einen komplizierten Haftmechanismus, der zwischen der Zahnoberfläche und der ihr aufliegenden, innersten Zellschicht des Saumepithels besteht und den man als eine Art „Verklebung“ umschreiben kann. Es gelingt der Natur damit zwar, das rein kristalline Gefüge des Zahnschmelzes mit organischem Gewebe zu verbinden, diese Verbindung zwischen Epithelansatz und Zahnoberfläche ist aber verständlicherweise nur schwach und anfällig gegen mechanische und bakterielle Einflüsse (Abb. 4.98).

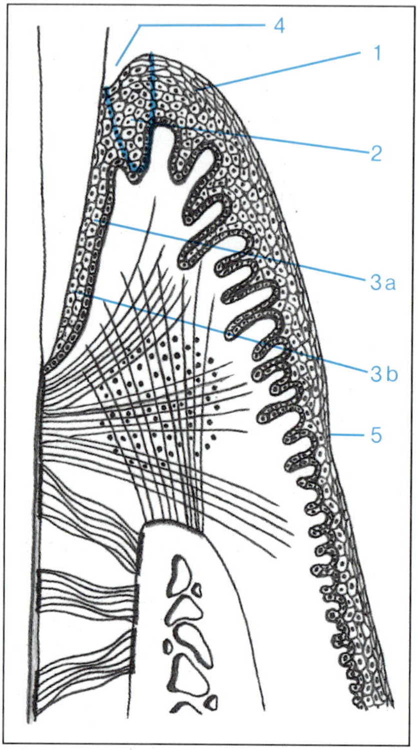

Abb. 4.98 Gingivales Epithel:
1 Orales Gingivaepithel
2 Orales Sulkusepithel
3 Saumepithel (3 A)
Epithelansatz (3 B)
4 Zahnfleischfurche
5 Gingivale Furche
sie trennt Freie und Befestigte Gingiva

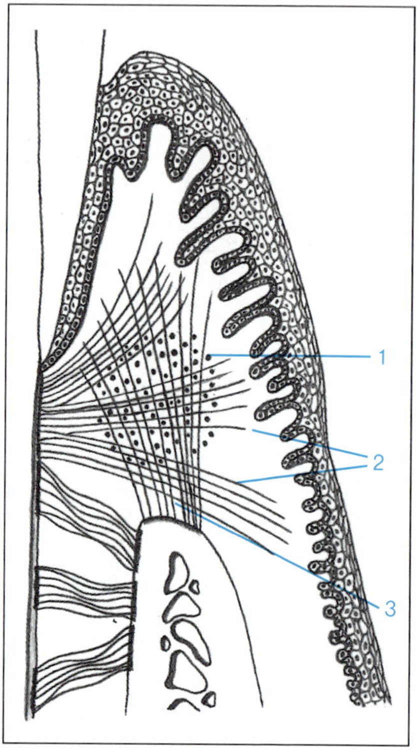

Abb. 4.99 Faserverlauf im gingivalen Bindegewebe (sagittal):
1 Zirkuläre Fasern
2 Dento-gingivale Fasern
3 Alveolo-gingivale Fasern

2. Gingivales Bindegewebe

Das unter dem Epithel liegende gingivale Bindegewebe entspricht in seinem histologischen Aufbau einem straffen, faserigen Bindegewebe mit eingelagerten Nerven, Blut- und Lymphgefäßen, das von zahlreichen, in unterschiedliche Richtungen verlaufenden Kollagenfaserbündeln beherrscht wird; sie machen etwa 60 Prozent des Gewebes aus. Sie bilden den Supraalveolären Faserapparat (früher Ringband oder Ligamentum circulare genannt) und verstärken so die nicht besonders feste Verklebung zwischen Zahnoberfläche und Epithelansatz. Man unterscheidet entsprechend ihrer Verlaufsrichtung zahlreiche Kollagenfaserbündel, von denen die wichtigsten genannt werden sollen:

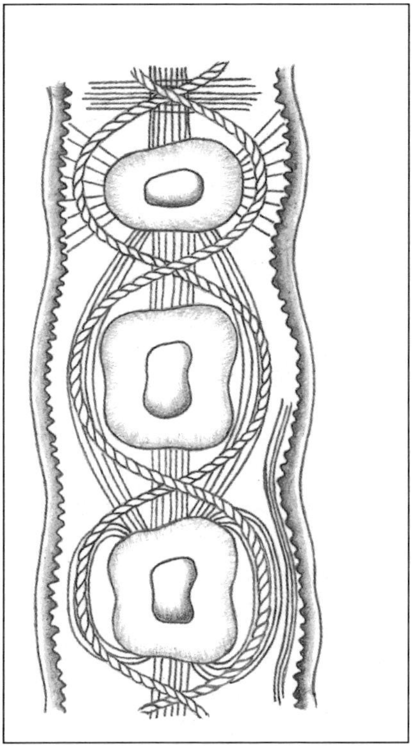

Abb. 4.100 Faserverlauf im gingivalen Bindegewebe (horizontal): Die schematische Darstellung zeigt nur einen Teil der histologisch nachweisbaren Faserzüge des marginalen Parodonts. Sie verankern nicht nur das Gingivale Gewebe an Knochen und Zahnoberfläche, sondern stabilisieren die Position der einzelnen Zähne, vereinigen die Zähne eines Kiefers zu einer geschlossenen Zahnreihe und schließen zusammen mit dem Saumepithel den Zahn fest gegen die Mundhöhle hin ab.

- Zirkuläre Faserbündel umkreisen den Zahn ringförmig. Sie spalten Faserzüge ab, die die Zähne in Achterwindungen umlaufen.
- Dento-gingivale Faserbündel strahlen vom unterhalb der Schmelz-Zement-Grenze gelegenen Wurzelzement fächerartig in das Gewebe der freien Gingiva aus.
- Alveolo-gingivale Faserbündel strahlen vom Alveolarrand in die freie und interdentale Gingiva ein.
- Transseptale oder Interdentale Fasern verlaufen in Längsrichtung und strahlen in das Zement unterhalb der Schmelz-Zement-Grenze ein.
- Interpapilläre Faserbündel verbinden die vestibulären Zahnfleischpapillen mit den oralen (Abb. 4.99 und 4.100).

Marginales Parodont und Stumpfpräparation

An dieser Stelle erscheinen einige Anmerkungen zur Lage der Präparationsgrenze beziehungsweise des Kronenrandes angebracht:
Wird bei Kronen- und Brückenersatz unterhalb des Zahnfleischrandes präpariert, so wird das Marginale Parodont zerstört und im Verlaufe der Wundheilung bildet sich an Stelle des Epithelansatzes ein verhorntes Epithel. Zwar lagert sich das Zahnfleisch nach Einsetzen der Krone oder Brücke an den Kronenrand an, aber weder bei Gold-, Kunststoff- oder Keramikoberflächen kommt es zu einer dem Epithelansatz vergleichbaren Verbindung. Zwischen Zahnoberfläche und Zahnfleisch besteht ein Spalt, in den Nahrungsreste und Bakterien leicht eindringen können und der deshalb nur durch gründliche Pflege gesunderhalten werden kann.

Dies ist der Grund, weshalb Parodontologen fordern, den Kronenrand wo immer möglich über den Zahnfleischrand zu legen. Zwar gibt es kosmetische und teilweise auch prothetische Gründe, aber in zahlreichen Fällen ist eine supragingivale Präparationsgrenze ohne weiteres möglich. Dadurch bleibt nicht nur das Marginale Parodont und der wichtige Epithelansatz unversehrt, es geht auch wesentlich weniger Zahnsubstanz verloren. Der über dem Zahnfleisch gelegene Kronenrand stellt allerdings, was Zeit und Präzision betrifft, an Zahnarzt und Zahntechniker hohe Anforderungen, die leider nicht immer entsprechend honoriert werden.

4.6.2 Wurzelhaut

Die Wurzelhaut (Desmodontium) ist das dichte faserreiche Bindegewebe, das den engen Spalt zwischen der Wurzeloberfläche und der Alveolenwand ausfüllt. Er wird als Periodontalspalt bezeichnet und hat beim Erwachsenen eine durchschnittliche Breite von ungefähr 0,2 Millimeter. Bei funktionellen Belastungen des Zahnes verbreitert sich der Periodontalspalt, im fortgeschrittenen Alter und bei fehlendem Antagonistenkontakt nimmt die Breite des Spalts auf etwa 0,15 bis 0,1 Millimeter ab. Da der Periodontalspalt im zervikalen wie im apikalen Bereich geringfügig breiter ist als in der Wurzelmitte, sagt man, der Spalt habe im Längsschnitt die Form einer Sanduhr. Besonders bei Parafunktionen und den hierbei auftretenden, ständigen Horizontalkräften nimmt die Sanduhrform durch Knochenabbau im zevikalen und apikalen Bereich deutlich zu (Abb. 4.101).

Strukturelemente der Wurzelhaut
Die Wurzelhaut besteht aus Zellen, Bindegewebsfasern, Gefäßen und Nerven, die in eine gelartige Grundsubstanz eingelagert sind.

Die vorherrschenden Zellen der Wurzelhaut sind die Fibroblasten. Sie bilden entweder als typische Fibroblasten die gelartige Grundsubstanz und die Fasern der Wurzelhaut oder nehmen die Gestalt von Zementoblasten, Osteoblasten, Osteoklasten und Zementoklasten an. Als Zementoblasten und Osteoblasten bauen sie bei funktioneller Belastung des Zahnes Zement- und Knochensubstanz auf, zu Osteoklasten und Zementoklasten wandeln sich die Fibroblasten um, wenn im Rahmen von Umbau- oder Abbauvorgängen Knochen- oder Zementstrukturen aufgelöst werden sollen – zum Beispiel im Rahmen kieferorthopädischer Zahnregulierungen.

Das Hauptelement der Wurzelhaut sind die Kollagenfasern, die in Bündeln angeordnet sind und bezeichnet werden. Genau genommen bezeichnet man nur die in die

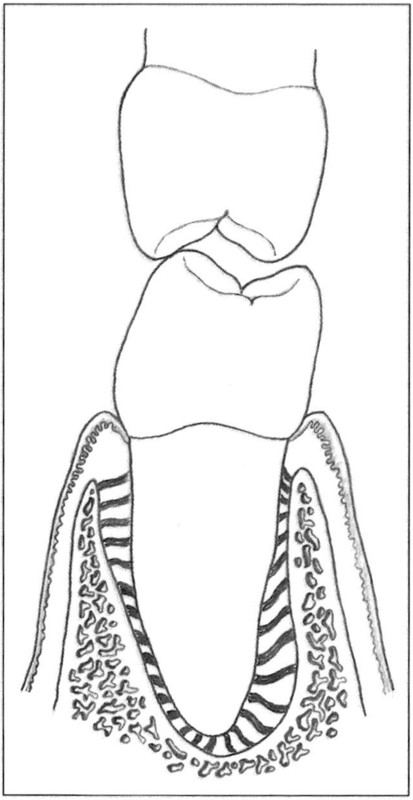

Abb. 4.101 Sanduhrförmiger Querschnitt der Alveole

Hartsubstanzen eingelassenen Faseranteile als Sharpeysche Fasern; dennoch wird in der Regel die gesamte Faser Sharpeysche Faser genannt.
Im Längsschnitt zeigt sich, daß die Faserbündel in verschiedenen Abschnitten des Periodontalspalts unterschiedlich ausgerichtet sind: im Zahnhalsbereich sind die Fasern zunächst leicht nach koronal und horizontal ausgerichtet, im Hauptteil des Periodontalspalts in schräg apikaler Richtung, und im Wurzelspitzenbereich ordnen sich die Faserbündel strahlenförmig an.

Die Faserbündel sind nicht geradlinig zwischen Wurzelzement und Alveoleninnen-

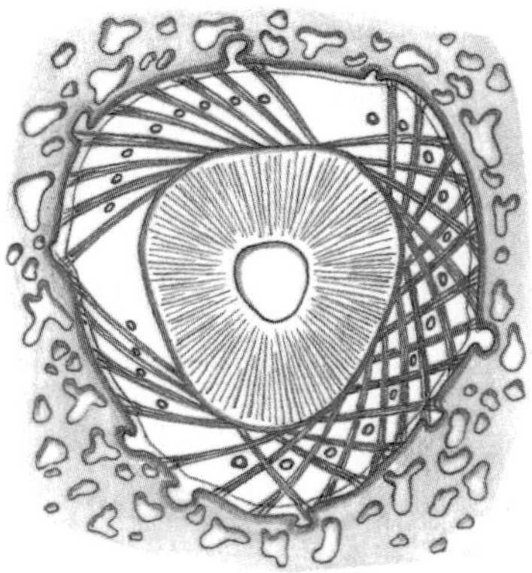

Abb. 4.102 Die Ausrichtung der Faserbündel im Periodontalspalt (horizontal)

wand aufgespannt, sondern zeigen einen deutlich gewellten Verlauf. Diese Art der Faseranordnung ist funktionell bedingt, denn sie ermöglicht den Zähnen Bewegungen in ihren Alveolen. Bei Kaubelastung, Schlägen oder Stößen auf den Zahn strecken sich die Fasern, fangen dadurch die Druckkräfte auf und wandeln sie in Zugkräfte auf den Alveolarknochen um. Sie schützen auf diese Weise Zahn und Kieferknochen vor Beschädigungen.

Im Querschnitt wird deutlich, daß die Faserbündel nicht radiär angeordnet sind, sondern sich im Periodontalspalt überkreuzen. Auf diese Weise wird die Zahnwurzel in alle Raumrichtungen verspannt und sichert den Zahn gegen Drehungen (= Rotationen) in der Alveole (Abb. 4.102).

Zahlreiche Blut und Lymphgefäße versorgen die Wurzelhaut; sie bilden in ihrem Inneren fein verzweigte, korbgeflechtartige Gefäßnetze. Im Verlaufe anhaltender Entzündungen können die feinen Blutgefäße im Bereich der marginalen Gingiva bei mechanischer Beanspruchung platzen, wie dies beim Zähneputzen oder Kauen fester Nahrung der Fall ist. Es kommt dann zum typischen Zahnfleischbluten. Neben der Versorgung der Wurzelhaut wirkt das Gefäßnetz vor allem auch als Flüssigkeitspolster, das die auf die Zähne einwirkenden Kaukräfte hydraulisch abfedert, indem die Gefäßnetze bei Belastung ausgepreßt werden und sich bei Entlastung wieder füllen.

Der Bereich um die Wurzelspitze ist mit deutlich mehr Nerven versorgt als die übrigen Teile. Man findet zwei Arten von Rezeptoren: Druckrezeptoren (sogenannte Mechanorezeptoren) und Schmerzrezeptoren. Die Druckempfindung ist außerordentlich verfeinert: Untersuchungen haben ergeben, daß schon kleinste Kontakterhöhungen im Bereich von acht bis zehn µm – sogenannte okklusale Interferenzen – bereits spürbar wahrgenommen werden.
Die Rezeptoren schützen gleichzeitig auch die Zähne vor Beschädigung, indem sie bei Wahrnehmung eines harten Gegenstandes sofort den Öffnungsreflex auslösen.

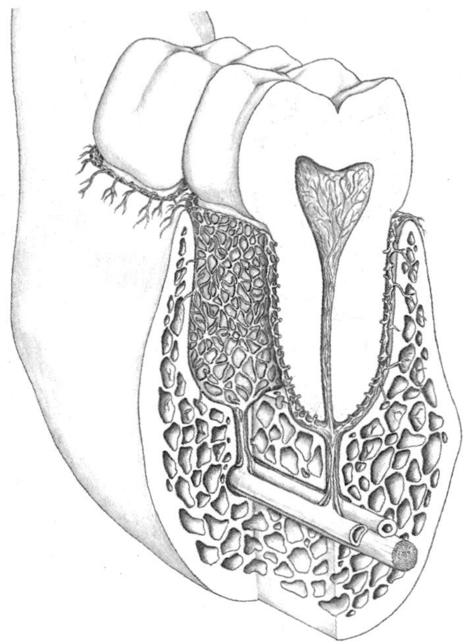

Abb. 4.103 Versorgung des Zahnes, des Zahnhalteapparats und des Kieferknochens mit Nerven und Blutgefäße. Zu beachten ist vor allem das in die Wurzelhaut eingelagerte korbgeflechtartige Netz von Blutgefäßen.

4.6.3 Wurzelzement

Das Wurzelzement wurde bereits beschrieben. Strukturell gehört das Wurzelzement zu den Zahnhartsubstanzen, zugleich ist es ein Teil des Zahnhalteapparats: Die in das Wurzelzement eingelagerten zahlreichen Sharpeyschen Fasern verankern den Zahn in der Alveole.

4.6.4 Alveolarknochen

Der prinzipielle Aufbau des Knochens wurde bereits beschrieben. Die äußere Knochenschicht besteht wie die innere Alveolenwand aus kompakter Knochensubstanz, die innere Wand ist aber recht dünn und siebartig durchlöchert. Durch diese Öffnungen gelangen Blut- und Lymphgefäße sowie Nerven aus dem Inneren der Schwammschicht oder Spongiosa in die Wurzelhaut.

Als Alveolarknochen wird nur die dünne, die Zahnfächer bildende Knochenschicht in Ober- und Unterkiefer bezeichnet. Der übrige Teil des Knochens wird im Oberkiefer als Alveolarfortsatz (Processus alveolaris) und im Unterkiefer als Alveolarteil (Pars alveolaris) bezeichnet und wird nicht dem Parodontium zugerechnet. Die Alveolarfortsätze sind zahnabhängige Strukturen, das heißt, sie entwickeln sich während der Wurzelbildung der Zähne und bilden sich nach Verlust derselben wieder zurück.

Zusammen mit dem Wurzelzement und den Fasern der Wurzelhaut dient der Alveolarknochen zur Verankerung der Zähne. Er nimmt ferner Kräfte auf, die beim Sprechen, Kauen, Schlucken, Pressen oder Knirschen auf die Zähne einwirken und verteilt sie gleichmäßig auf den gesamten Kieferknochen. Größe und Form der Alveolarfortsätze sowie Lage und Form der Alveolen werden stark von der Durchbruchsrichtung, der Stellung, der Größe und der Form der einzelnen Zähne sowie deren Wurzeln bestimmt.

Kapitel 5
Morphologie der Zähne

Der Inhalt auf einen Blick

5.1 Allgemeine Morphologie der bleibenden Zähne

Der Begriff Morphologie ist der griechischen Sprache entlehnt und bedeutet „Lehre von den Formen", in diesem Falle also Lehre von den Zahnformen. Im Kapitel 4.4 wurde dargestellt, daß die Zähne unseres Gebisses entsprechend ihrer Funktion auch unterschiedliche Formen haben.

Die erste, grundlegende Voraussetzung für das Nachgestalten von Zahnkronen ist die Fähigkeit, jeden Zahn des Gebisses auf Grund allgemeiner und besonderer, zahnspezifischer Merkmale eindeutig unterscheiden zu können. Danach ist es wichtig, diese individuellen, jeden Zahn kennzeichnenden Formmerkmerkmale zu erfassen, um sie bei der Nachbildung berücksichtigen zu können. Nicht zuletzt ist aber jeder Zahn als Teil des Kausystems so geschaffen, daß er sich nicht nur harmonisch in den Zahnbogen einfügt, sondern sich im Schlußbiß vollkommen mit den Zähnen des Gegenkiefers verzahnt und bei Kieferbewegungen aufgrund seiner Kauflächengestalt vollkommen störungsfrei an den Zähnen des Gegenkiefers vorbeigleitet.

Mit den nachfolgenden Beschreibungen der einzelnen Zähne und Zeichnungen der verschiedenen Ansichten soll die Morphologie jedes einzelnen Zahnes begreifbar werden. Dennoch gibt es nichts besseres als das Vorbild der Natur. Jedem Auszubildenden ist deshalb anzuraten, sich eine Sammlung von Abgüssen unzerstörter Gebisse oder unversehrter extrahierter Zähnen anzulegen und so von der Natur selbst die Formenvielfalt und Harmonie der Zahnformen zu erlernen. Jeder Zahn läßt sich nach Beantwortung nachstehender Fragen eindeutig bestimmen:

1. Handelt es sich um einen Milchzahn oder einen Zahn des bleibenden Gebisses?
2. Ist es ein Schneidezahn, ein Eckzahn, ein Prämolar oder ein Molar?
3. Wenn es ein Schneidezahn ist, handelt es sich um den mittleren oder den seitlichen Schneidezahn? Wenn es ein Prämolar ist, handelt es sich um den ersten oder zweiten Prämolaren? Wenn es ein Molar ist, handelt es sich um den ersten, zweiten oder dritten Molaren?
4. Ist es ein Oberkieferzahn oder gehört er dem Unterkiefer an?
5. Stammt er aus der rechten oder linken Kieferhäfte?

5.1.1 Merkmale zur Unterscheidung einzelner Zähne

Auf Mühlreiter gehen drei Orientierungshilfen zurück, mit denen Zähne nach ihrer Lage und Stellung unterschieden werden können: das Krümmungsmerkmal, das Winkelmerkmal und das Wurzelmerkmal. Ein weiteres, typisches Merkmal unterer Zähne ist die Kronenflucht.

Das Krümmungsmerkmal
auch als Flächen-, Massen- oder Bogenmerkmal bezeichnet, zeigt sich besonders deutlich an den Schneidezähnen und Eckzähnen, ist aber auch bei den Backenzähnen gut erkennbar: Betrachtet man die Vestibulärfläche eines Zahnes aus inzisaler beziehungsweise okklusaler Ansicht, so fällt auf, daß der mesiale Flächenanteil kleiner ist und eine stärkere Krümmung aufweist als der distale. Wird die Vestibulärfläche eines Zahnes, beispielsweise dem Eckzahn, durch eine senkrecht verlaufende Mittelleiste in zwei Hälften geteilt, so ist diese Leiste immer nach mesial verschoben.

Eine Ausnahme bildet der obere erste Prämolar: Bei ihm ist der mesiale Anteil der Vestibulärfläche fast immer flacher, der distale Anteil stärker gekrümmt; man sagt, er besitzt ein umgekehrtes Krümmungsmerkmal (Abb. 5.1).

Das Winkelmerkmal
ist besonders deutlich an den oberen mittleren und seitlichen Schneidezähnen zu er-

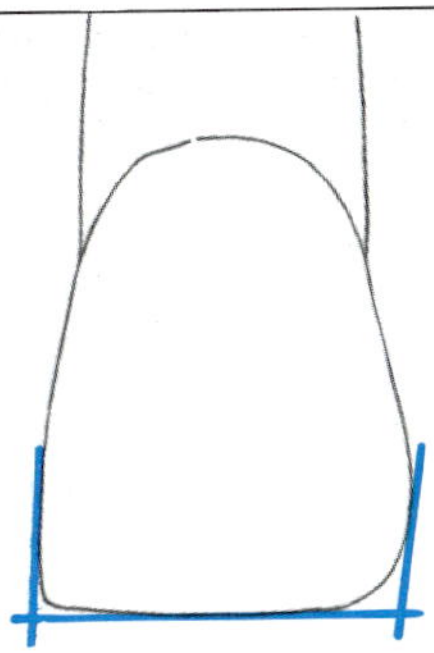

Abb. 5.1 Winkelmerkmal

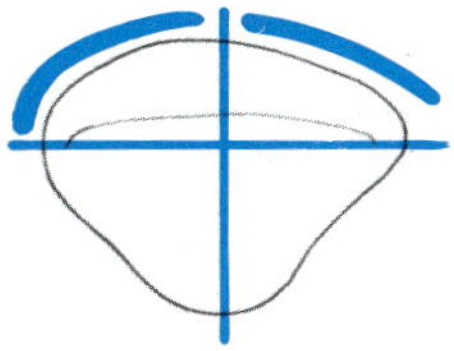

Abb. 5.2 Krümmungsmerkmal

Abb. 5.3 Wurzelmerkmal

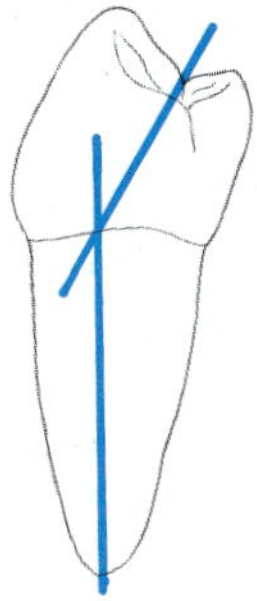

Abb. 5.4 Kronenflucht

kennen, etwas weniger deutlich bei den unteren seitlichen Schneidezähnen: Wie die Abbildung zeigt, ist der Winkel zwischen Schneidekante und mesialer Approximalfläche immer spitzer als der zwischen Schneidekante und distaler Approximalfläche (Abb. 5.2).

Das Wurzelmerkmal
ist zwar das konstanteste aller Merkmale, hat aber als Unterscheidungsmerkmal für den Zahntechniker keine Bedeutung und kann allenfalls bei der Andeutung der Zahnwurzeln bei Totalprothesen berücksichtigt werden. Es ist an allen Zähnen vorhanden, besonders ausgeprägt aber an den einwurzeligen Zähnen: Aus vestibulärer Sicht zeigt sich, daß die Wurzel – bezogen auf die Zahnlängsachse – geringfügig nach distal abweicht. Häufig wird das Wurzelmerkmal noch durch eine Abknickung der Wurzelspitze nach distal verstärkt (Abb. 5.3).

Die Kronenflucht
ist gemeinsames Merkmal aller unteren Seitenzähne. Betrachtet man einen unteren Zahn aus approximaler Richtung, so fällt auf, daß die Krone deutlich nach lingual geneigt ist. Kronen- und Wurzelachse treffen sich im Zahnhalsbereich unter einem stumpfen Winkel, der deshalb als Zahnhalswinkel oder Kollumwinkel bezeichnet wird. Denkt man sich die Wurzelachse in Richtung Okklusalfläche verlängert, so läßt sich auch eine Erklärung für diesen Sachverhalt finden: die bukkalen Höcker der unteren Seitenzähne haben als sogenannte „Stampfhöcker“ die Hauptlast bei der Nahrungszerkleinerung zu tragen (siehe Kap. 5.1.4). Durch die Lingualneigung der unteren Zahnkronen wird erreicht, daß die Höckerspitzen der bukkalen Höcker genau in der Verlängerung der Zahnlängsachse liegen (Abb. 5.4).

5.1.2 Flächen der Zahnkronen

Geometrisch betrachtet stellt jede Zahnkrone einen Körper dar, der bei Frontzähnen von vier, bei Prämolaren und Molaren von fünf Flächen begrenzt wird. Nach ihrer Lage unterscheidet man:

- Die dem Mundvorhof zugewandte Fläche wird bei den Frontzähnen Lippenfläche oder Labialfläche (Facies labialis), bei den Backenzähnen Wangenfläche oder Bukkalfläche (Facies buccalis) genannt.

- Die der Mundhöhle zu gelegene Fläche heißt Oralfläche (Facies oralis). In der Regel wird die orale Fläche der oberen Zähne als Gaumenfläche oder Palatinalfläche (Facies palatinalis) bezeichnet, die der unteren Zähne als Zungenfläche oder Lingualfläche (Facies lingualis).

- Die einander zugekehrten Flächen zweier benachbarter Zähne werden mesiale und distale Berührungsflächen, Approximalflächen oder Kontaktflächen (Facies contactus mesialis und Facies contactus distalis) genannt.

- Die sich beim Kieferschluß berührenden Zahnflächen heißen Kauflächen oder Okklusalflächen. Eine ausgeprägte Kaufläche (Facies occlusalis) findet man jedoch nur bei den Prämolaren und Molaren, bei den Frontzähnen ist die Okklusalfläche zu einer Schneidekante oder Inzisalkante (Facies incisalis) reduziert.

5.1.3 Anatomische und physiologische Kaufläche

Von der Gestaltung her gesehen sind die Kauflächen so aufgebaut, daß sie mit einem Minimum an Kraftaufwand ein Maximum an Kaueffekt gewährleisten. Mit planen Kauflächen könnten Speisen von fester oder zäher Beschaffenheit nur mit extrem großem Kraftaufwand der Kaumuskulatur zerkleinert werden. Durch die ausgeprägten Höcker und Randleisten wirken die Zähne beim Kieferschluß wie Schneidewerkzeuge mit mehreren Schneiden.

Alle Höckerabhänge und Randleisten sind konvex gewölbt, so daß beim Kieferschluß nur punktförmige okklusale Kontakte zustande kommen. Zu direkten, kurzzeitigen okklusalen Kontakten kommt es erst am Ende des Kauvorgangs, wenn die Nahrung schon sehr stark zerkleinert ist und beim Schluckvorgang. Dabei konnte mit Hilfe von Meßfühlern nachgewiesen werden, daß diese Kontakte sehr schwach sind, denn unmittelbar nach Erreichen des ersten Berührungskontakts der Zähne endet die Muskelkontraktion der Mundschließer schlagartig und setzt reflektorisch die nächste Öffnungsbewegung ein. Erst im Laufe des Lebens werden aus punktförmigen Kontakten allmählich mehr oder weniger große Kontaktflächen – ein völlig normaler physiologischer Entwicklungsprozeß.

Mit großen Kräften verbundene, übermäßig lang andauernde Zahnkontakte sind unphysiologisch und treten meist im Zusammenhang mit Parafunktionen auf. Dabei werden die Zähne übermäßig belastet, die konvexen Höckerabhänge flachen stark ab, und die höckerige Kaufläche verwandelt sich in eine breit abradierte und in extremen Fällen vollkommen ebene Fläche. Ein Zerkleinern von Nahrung gleicht dann mehr einem Zerquetschen und ist nur mit einem übermäßig großen Kraftaufwand der Kaumuskulatur zu leisten. Als Folge davon werden auch andere Strukturen des Kausystems stark überlastet und geschädigt.

Man unterscheidet zwischen Anatomischer und Physiologischer Kaufläche. Die Anatomische Kaufläche liegt innerhalb der von den Höckerspitzen ausgehenden mesialen und distalen Höckerabhänge und den beiden Randleisten und nimmt bei den oberen Seitenzähnen 55 Prozent, bei den unteren Seitenzähnen 45 Prozent des bukkolingualen Kronendurchmessers in Anspruch. Der Frontalschnitt zeigt ferner deutlich, daß die Höckerspitzen immer etwas zur Mitte der Kaufläche hin verlagert sind. Die Physiologische Kaufläche bezieht die bukkalen Höckerabhänge der unteren Seitenzähne und die palatinalen Abhänge der oberen Seitenzähne in die Kaufunktion mit ein (Abb. 5.5 und 5.6).

5.1.4 Scherhöcker und Stampfhöcker

Ein Frontalschnitt durch zwei Backenzähne zeigt die unterschiedliche Form und Breite der bukkalen und palatinalen beziehungsweise lingualen Höcker:

Die bukkalen Höcker der unteren Seitenzähne und die palatinalen Höcker der oberen Seitenzähne sind stark abgerundet und wesentlich breiter als die benachbarten lin-

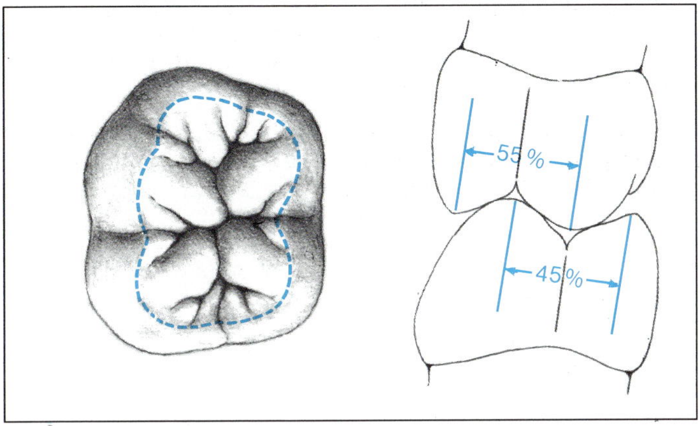

Abb. 5.5 Ausmaß der anatomischen Kaufläche von okklusal und im Frontalschnitt.

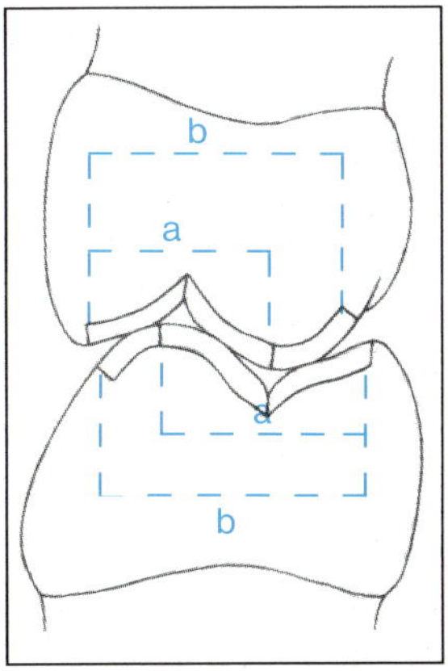

Abb. 5.6 Ausmaß der physiologischen Kaufläche (nach Jankelson):
a Anatomische Kaufläche
b Physiologische Kaufläche

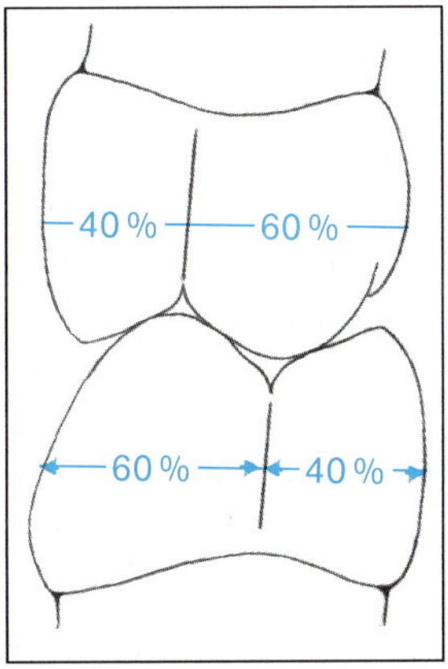

Abb. 5.7 Breite der Scher- und Stampfhöcker

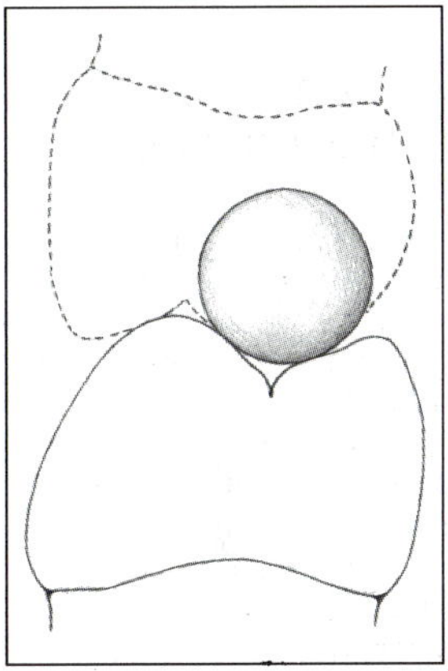

Abb. 5.8 Der Stampfhöcker ist rund wie eine Kugel

gualen beziehungsweise bukkalen; sie beanspruchen etwa 60 Prozent des bukkolingualen Kronendurchmessers. Sie werden Stampfhöcker genannt, da sie beim Kieferschluß die Nahrung zwischen die Höcker des gegenüberliegenden Zahnes gleiten und dort die Nahrung zerstampfen. Andere Bezeichnungen für diese Höcker sind Tragende Höcker oder Zentrische Höcker. Die Stampfhöcker sollten wie eine kleine Kugel gestaltet werden. Nur so können sie sich dreipunktartig in den Gruben ihrer Antagonisten abstützen und die drei Kontaktpunkte oder Stops eng beieinander liegen. Modelliert man Stampfhöcker sehr breitflächig, dann liegen die Kontaktpunkte weit auseinander, man erhält keine saubere Verschlüsselung, die Grube des Antagonisten und damit der gesamte Zahn werden zu breit (Abb. 5.7, 5.8 und 5.9).

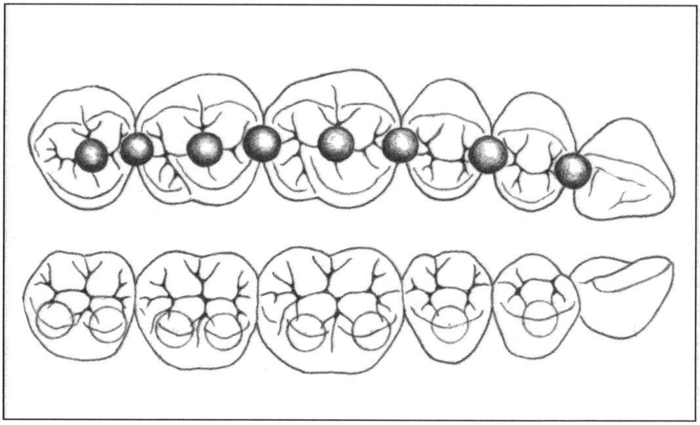

Abb. 5.9 Die kugeligen Stampfhöcker stützen sich punktförmig in den Gruben der gegenüberliegenden oder antagonistischen Zähne ab. Diese punktförmigen Kontakte werden Stops genannt. Hier am Beispiel der unteren Stampfhöcker dargestellt.

Die lingualen Höcker der unteren Seitenzähne und die bukkalen Höcker der oberen Seitenzähne sind scharfkantiger und nehmen etwa 40 Prozent des bukkolingualen Kronendurchmessers in Anspruch. Entsprechend ihrer Funktion werden sie als Scherhöcker bezeichnet: Beim Kieferschluß gleiten die Scherhöcker an den Stampfhöckern des Antagonisten vorbei und zerscheren dabei die Nahrungsteile. Andere Bezeichnungen für diese Höcker sind Nichttragende oder Nicht zentrische Höcker. Eine wichtige Aufgabe der Scherhöcker ist der Schutz von Zunge und Wange: Bei falsch gestalteten Scherhöckern geraten Zunge und Wange leicht zwischen die Stampfhöcker und man beißt sich auf Zunge oder Wange.

5.1.5 Kauflächenelemente

Höcker

Während sich die Okklusalfläche der Frontzähne zu einer Schneidekante ausgebildet hat, formt die Krone der Eckzähne eine ausgeprägte Höckerspitze, bei den Prämolaren finden wir zwei oder drei, und bei den Molaren bis zu fünf mehr oder weniger ausgeprägte Höcker. Einhöckerige Zähne sind die Eckzähne, zweihöckerige Zähne sind die Prämolaren – mit Ausnahme des zweiten unteren Prämolaren, der häufig zwei linguale Höcker aufweist. Dreihöckerige Zähne finden wir bei den oberen zweiten Molaren, den Weisheitszähnen und den bereits erwähnten unteren zweiten Molaren. Vierhöckerige Zähne sind die oberen ersten und zweiten Molaren und die unteren zweiten Molaren und fünfhöckerige Zähne sind die unteren ersten Molaren.

Die Bezeichnung der einzelnen Höcker leitet sich von ihrer Lage ab: Man unterscheidet zwischen bukkalen oder vestibulären Höckern und lingualen beziehungsweise palatinalen Höckern. Bei mehrhöckerigen Zähnen wie den Molaren teilt man die bukkalen Höcker in einen mesio-bukkalen und disto-bukkalen Höcker ein, bei den lingualen Höckern unterscheidet man einen mesio-lingualen und einen disto-lingualen Höcker. Der erste untere Molar besitzt bukkal noch einen kleinen dritten Höcker, dieser wird als distaler Höcker bezeichnet.

Die Höckerspitze ist die höchste Erhebung eines Höckers, von der aus sich vier Höckerabhänge in unterschiedliche Richtungen absenken:

- Die sich zur Wange, Zunge oder zum Gaumen hin absenkenden Abhänge werden entsprechend ihrer Verlaufsrichtung als bukkale, linguale und palatinale Abhänge bezeichnet.
- Die von den Höckerspitzen nach mesial

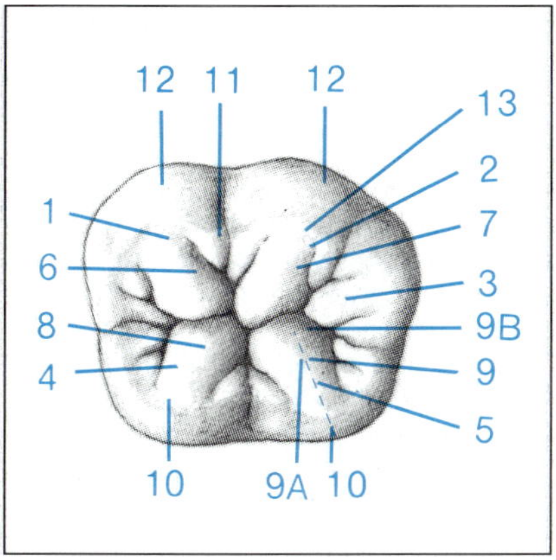

Abb. 5.10 Bezeichnungen der Höcker, Höckerabhänge und Randleisten an unteren Zähnen:
1 mesio-bukkaler Höcker
2 disto-bukkaler Höcker (= zentro-bukkaler Höcker)
3 distaler Höcker
4 mesio-lingualer Höcker
5 disto-lingualer Höcker
6 mesio-bukkaler Dreieckswulst
7 disto-bukkaler Dreieckswulst
8 mesio-lingualer Dreieckswulst
9 disto-lingualer Dreieckswulst
9 A mesialer Abhang des disto-lingualen Dreieckswulstes
9 B distaler Abhang
10 lingualer Höckerabhang
11 Nebenwulst (= Ergänzungswulst)
12 bukkaler Höckerabhang
13 Höckerspitze

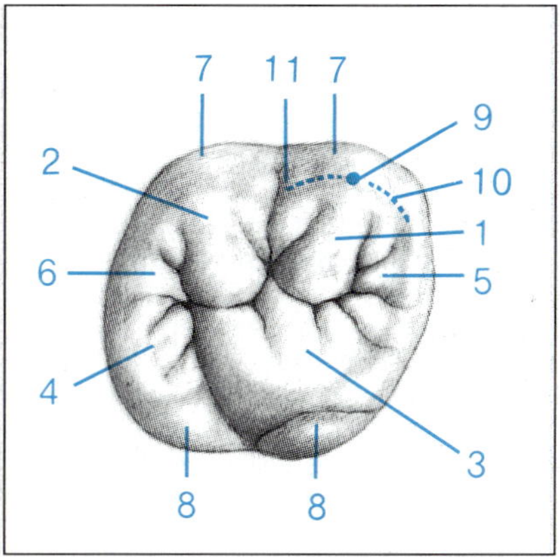

Abb. 5.11 Bezeichnungen der Höcker, Höckerabhänge und Randleisten an oberen Zähnen:
1 mesio-bukkaler Höcker
2 disto-bukkaler Höcker
3 mesio-palatinaler Höcker
4 disto-palatinaler Höcker
5 mesiale Randleiste
6 distale Randleiste
7 bukkaler Höckerabhang
8 palatinaler Höckerabhang
9 Höckerspitze des mesio-bukkalen Höckers
10 mesialer Höckergrat
11 distaler Höckergrat

und distal abfallenden Abhänge heißen mesiale und distale Höckerabhänge. Ihr Hauptmerkmal ist der Höckergrat, der bei Scherhöckern mehr scharfkantig, bei Stampfhöckern weicher abgerundet ist. Sie begrenzen die Ausdehnung der anatomischen Kaufläche zu den bukkalen, lingualen und palatinalen Außenflächen des Zahnes.

- Die von den Höckerspitzen zum Zentrum der Kaufläche ziehenden, zunehmend breiter werdenden Abhänge nennt man Dreieckswülste. Jeder Dreieckswulst besitzt einen nach mesial und distal abfallenden Abhang, auf denen die wichtigen punktförmigen Okklusionskontakte oder Stops zwischen Unter- und Oberkieferzähnen liegen. Zu jedem Dreieckswulst gehören kleine Zusatzleisten oder Ergänzungswülste, die neben den Dreieckswülsten angeordnet sind.

Randleisten

Die mesialen und distalen Höckerabhänge gehen im approximalen Bereich in zwei wulstartige Leisten über, die mesiale und distale Randleiste. Sie begrenzen die Okklusalflächen nach mesial und distal und dienen als okklusale Stops (Abb. 5.10 und 5.11).

Gruben
Ein weiterer, charakteristischer Bestandteil der Kaufläche sind die Gruben (lateinisch: Fossae, Einzahl die Fossa). Sie werden gemeinsam von den Randleisten, Dreieckswülsten und Nebenwülsten gebildet und sind unterschiedlich groß und tief. Zweihöckerige Zähne wie die Prämolaren besitzen eine mesiale und distale Grube, bei mehrhöckerigen Zähnen liegt zwischen diesen beiden Gruben – und ziemlich genau im Zentrum der Okklusalfläche – eine dritte, die zentrale Grube. Der tiefste Punkt der zentralen Grube sollte dabei möglichst nahe der Zahnachse liegen, die Spitze des antagonistischen, zentrischen Höckers genau in die Mitte der zentralen Grube zeigen.

Fissuren
Die Höcker, Dreieckswülste, Nebenwülste und Randleisten trennenden Furchen nennt man Fissuren. Die in mesiodistaler Richtung verlaufende Fissur, welche die bukkalen Höcker von den lingualen beziehungsweise palatinalen abgrenzt, wird als Längsfissur oder Zentralfissur bezeichnet; sie entspringen in der mesialen Grube und enden in der distalen. Bei mehrhöckerigen Zähnen trennen sogenannte Querfissuren die bukkalen beziehungsweise lingualen oder palatinalen Höcker voneinander, die zwischen Dreieckswülsten und Ergänzungswülsten liegenden Vertiefungen heißen Nebenfissuren.

Die richtige Lage und Form der Fissuren ist für die Funktion des Zahnes von wesentlicher Bedeutung: Fissuren müssen breit und tief genug sein und die Kaufläche in der richtigen Richtung durchqueren. Nur so wird den antagonistischen Höckern das ungestörte Durchgleiten bei allen Kieferbewegungen ermöglicht, die Gleitbahnen entsprechen dabei in ihrer Lage genau den Höckerbewegungen. Neben dieser Funktion dienen die Fissuren als Abflußrinnen der zerkleinerten Nahrungspartikel (Abb. 5.12 und 5.13).

5.1.6 Anatomischer und prothetischer Äquator

Alle Zahnkronen haben eine mehr oder weniger ausgeprägte Tonnenform. Die größte Ausdehnung einer Zahnkrone, bezogen auf die Zahnlängsachse, wird Anatomischer Äquator genannt. Mit Hilfe eines parallel zur Zahnachse um den Zahn geführten Graphitstifts läßt sich diese größte Ausdehnung als Linie markieren und wird auch als Kurvaturlinie bezeichnet. Im Bereich der Approximalflächen verläuft der anatomische Äquator dicht unter der Okklusalfläche beziehungsweise Inzisalkante, oral und vestibulär liegt er nahezu in der Mitte dieser Zahnflächen.

Der anatomische Äquator teilt die anatomische Zahnkrone in eine oberhalb des Äquators gelegene Suprawölbung und eine zervikal gelegene Infrawölbung. Letztere wird auch als „unter sich gehender Bereich“ eines Zahnes bezeichnet und spielt als Verankerungs- oder Retentionsgebiet von Klammerunterarmen bei partiellen Prothesen eine wichtige Rolle: Der Klammerarm muß sich beim Übergleiten über den Äquator aufbiegen, dann wieder in seine ursprüngliche Lage zurückfedern und dadurch die Prothese am Klammerzahn verankern; Einzelheiten sind in Fachbüchern zur Partiellen Prothese unter dem Stichwort „Gestaltung von Klammerarmen“ nachzulesen (Abb. 5.14).

Die Lage des anatomischen Äquators und die sich daraus ableitende äußere Kontur der Krone hat besondere Bedeutung für die Gesunderhaltung des marginalen Parodonts. Deshalb müssen nicht nur die Kauflächen, sondern auch die Kontur der Zahnkronen, Approximalflächen und Approximalkontakte funktionell so gestaltet sein, daß sie das marginale Parodont des Zahnes schützen.

- Beim natürlichen Zahn leitet der Äquator durch seine Lage und Kontur die Nahrungsteilchen zum Zahnfleisch hin ab und

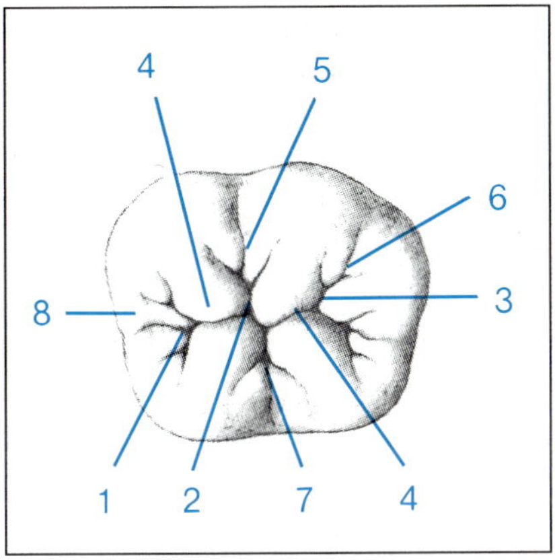

Abb. 5.12 Bezeichnungen der Gruben und Fissuren an unteren Seitenzähnen:
1 mesiale Grube
2 zentrale Grube
3 distale Grube
4 Längsfissur (= Zentralfissur)
5 mesio-bukkale Querfissur
6 disto-bukkale Querfissur
7 linguale Querfissur
8 mesiale Randfissur

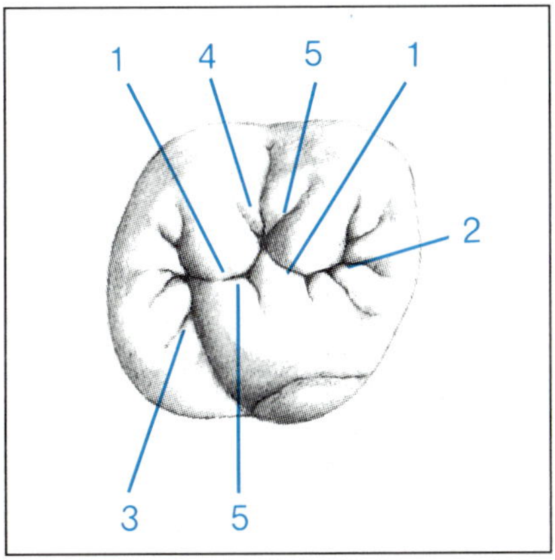

Abb. 5.13 Bezeichnungen der Gruben und Fissuren an oberen Seitenzähnen:
1 Längsfissur (= Zentralfissur)
2 mesiale Randfissur
3 palatinale Querfissur
4 bukkale Querfissur
5 Nebenfissur

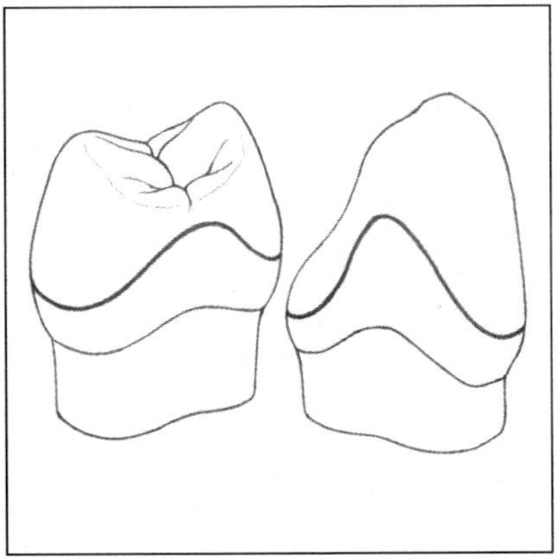

Abb. 5.14 Verlauf des anatomischen Äquators mit Supra- und Infrawölbung

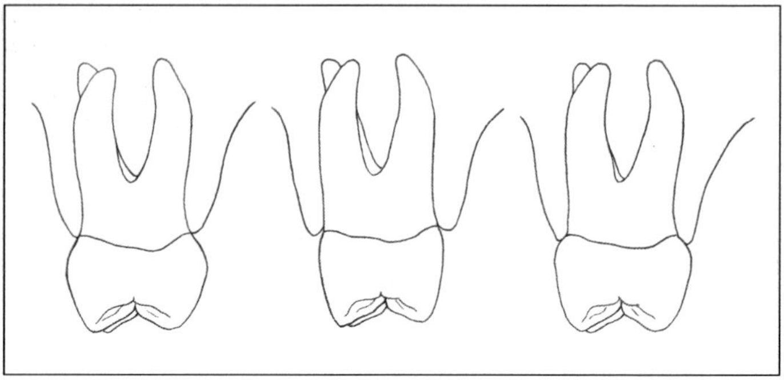

Abb. 5.15 Die äußere Kontur der Krone hat besondere Bedeutung für die Gesunderhaltung des marginalen Parodonts.

schützt so vor allem beim Zerkleinern harter und fester Speisen die Interdentalpapille und die marginale Gingiva vor Beschädigung.

- Fehlt der Äquator durch zu geringe Konturierung der Krone, so treffen die Speiseteilchen direkt auf den Zahnfleischrand auf und werden zudem in die Zahnfleischfurche gedrängt. Die Folge sind Reizungen und Entzündungen der marginalen Gingiva.
- Durch eine zu bauchige Gestaltung (Überkonturierung) von Kronen entstehen Schmutznischen, in denen sich Nahrungsreste ablagern und durch schlechte Reinigungsmöglichkeiten verstärkt Zahnbeläge bilden. Die Folge sind ebenfalls Reizungen und Entzündungen des marginalen Parodonts (Abb. 5.15).

Betrachtet man nun nicht nur einen einzelnen Zahn, sondern alle Zähne eines Kiefers, so läßt sich schon beim eugnathen Gebiß eine auffällige Divergenz der Zahnlängsachsen feststellen. Besonders groß sind diese Abweichungen in Lückengebissen, bei denen Zähne mehr oder weniger stark gekippt sind. Wird in einem solchen Fall ein Zahnersatz über mehrere Klammern verankert, so ist es unmöglich, die einzelnen Klammern nach dem anatomischen Äquator jedes einzelnen Zahnes auszurichten. Es ist deshalb notwendig, die größten Umfänge aller für die Verankerung der Prothese vorgesehenen Zähne zu ermitteln, bezogen auf eine gemeinsame Einschubrichtung. Dieser größte Umfang einer Zahnkrone, bezogen auf die gemeinsame Einschubrichtung aller Klammern einer Prothese, wird Prothetischer Äquator genannt, die am Zahn mit Hilfe eines Parallelometers ermittelte Linie als Klammerführungslinie (Abb. 5.16).

5.1.7 Wurzelform und Wurzelanzahl

Alle Zahnwurzeln, ganz gleich, ob ihr Querschnitt kreisrund oder abgeflacht ist, verjüngen sich gleichmäßig vom Zahnhals zur Wurzelspitze, haben also konische Form. Anzahl, Stärke und Form der Wurzeln sind funktionell auf die Zahnkrone abgestimmt, wobei die Wurzellänge in einem bestimmten Verhältnis zur Kronenlänge steht. Als Faustregel kann gelten: Krone zu Wurzel = ein Drittel zu zwei Drittel. Die Wurzelformen der einzelnen Zähne sind in den Abbildungen 5.23 bis 5.37 im Kapitel 5.2 dargestellt.

Die Anzahl der Wurzeln sind den beiden nachstehenden Abbildungen zu entnehmen: einwurzelige Zähne sind die Schneidezähne, die Eckzähne und die unteren Prämolaren, zweiwurzelige Zähne sind in 60 Prozent der Fälle die oberen ersten Prämolaren, seltener der obere zweite Molar und die unteren Molaren, dreiwurzelige Zähne sind die oberen Molaren. Ausnahmen von dieser Regel machen die Weisheitszähne, bei denen die Zahl der Wurzeln stark schwankt (Abb. 5.17 und 5.18).

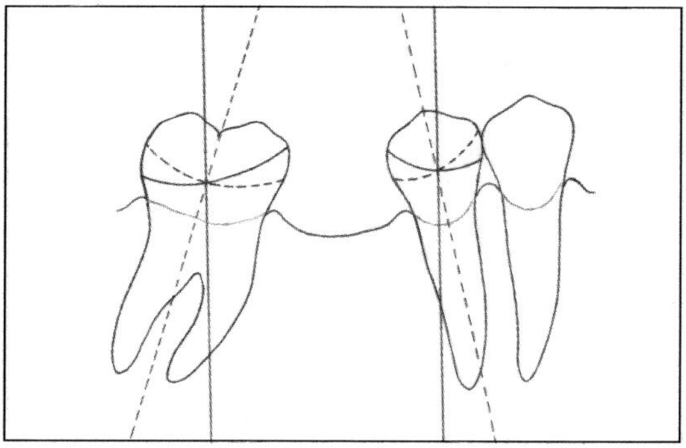

Abb. 5.16 Zahnlängsachsen mit anatomischem Äquator im Vergleich zur Einschubrichtung der Prothese mit prothetischem Äquator

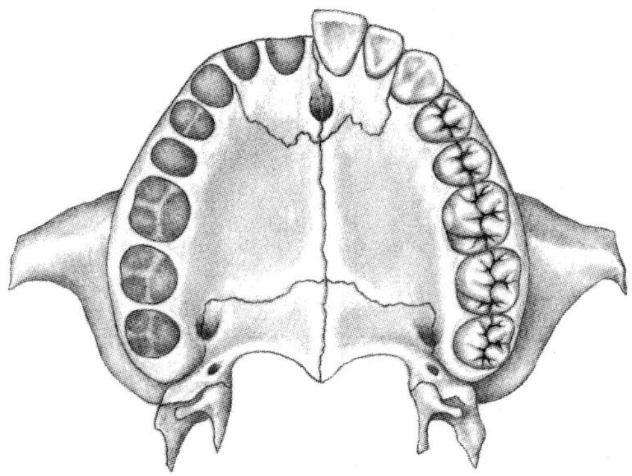

Abb. 5.17 Knöcherner Gaumen mit Alveolen

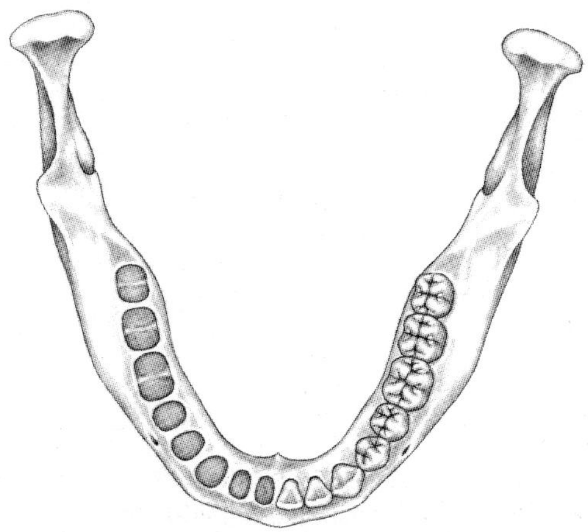

Abb. 5.18 Unterkiefer mit Alveolen

Die Gabelungsstelle zweiwurzeliger Zähne wird als Bifurkation bezeichnet, die Gabelungsstelle dreiwurzeliger Zähne als Trifurkation (Abb. 5.19).

5.1.8 Farbe der Zähne

Trotz unzähliger Farbnuancen ist der Grundton des Zahnes mit wenigen Ausnahmen leicht gelblich. Der Grundton beruht auf der Farbe des Dentins und verändert sich von der Schmelz-Zement-Grenze zur Schneide hin mit zunehmender Dicke und Transparenz des Zahnschmelzes: im Zahnhalsbereich, ungefähr im zervikalen Kronenenddrittel, überwiegt der gelbliche Grundton, im Bereich der Schneidekanten, Höckerspitzen und im Approximalbereich erscheinen die Zähne teilweise bläulich transparent.

Mit zunehmender Verkalkung nimmt auch die Homogenität der Zahnhartsubstanzen zu und damit auch die Transparenz des Zahnschmelzes; dies gilt in gleichem Maße für das Dentin, dessen Dentinkanälchen mit fortschreitendem Alter ebenfalls immer enger werden. Als Folge davon zeigen in verschiedenen Lebensaltern die Zähne unterschiedliche, alterstypische Farbnuancierungen: Der frisch durchgebrochene Zahn hat einen auffälligen gelblichen Grundton, mit zunehmendem Alter werden die Zähne immer heller und erscheinen zunehmend weißlicher. Im fortgeschrittenen Lebensalter gehen sie dann wieder mehr ins Gelbliche, Bräunliche oder aber auch Graue über. Auch gibt es zwischen den einzelnen Frontzähnen Farbunterschiede, die bei der Schichtung berücksichtigt werden sollten: Im natürlichen Gebiß sind die Eckzähne dunkler als die Schneidezähne, die Prämolaren wiederum etwas dunkler als die Eckzähne.

Zonen mangelhafter Verkalkung im Dentin oder beginnende Entmineralisierung des Zahnschmelzes als Folge kariöser Zerstörung setzen die Transparenz stark herab und äußern sich als kreidige Verfärbungen in der Zahnoberfläche. Man spricht deshalb von Kreide- oder Schmelzflecken, geflecktem Schmelz oder im Englischen von „mottled teeth". Das gleiche Erscheinungsbild zeigen Zähne bei übermäßiger Fluoridzufuhr: auch hier finden sich auf den Zahnflächen weißliche, kreidige Verfärbungen, die als sogenannte Fluorose des Zahnschmelzes bezeichnet wird.

Durch mechanische oder thermische Einwirkungen wie Schläge, Stöße, Zerbeißen harter Nahrungsbestandteile wie Nüssen oder großen Temperaturunterschieden können sich feine Risse und Sprünge im Schmelz ergeben; durch Einlagerungen von Salzen treten sie im Laufe der Zeit bräunlich bis schwärzlich hervor. Als alterstypische Gebrauchsspuren kann sie der Zahntechniker durch Einlegen oder Aufmalen nachahmen und so der Zahnoberfläche noch mehr Natürlichkeit verleihen.

5.2 Spezielle Morphologie der bleibenden Zähne

Alle Angaben über durchschnittliche Größenverhältnisse der Zähne stellen durchschnittliche, auf Mühlreiter zurückgehende Größenverhältnisse dar (Tabelle 1). Er veröffentlichte 1870 eine erste, umfassende Beschreibung der Zähne des menschlichen Gebisses, die in den zwanziger Jahren von de Jonge-Cohen überarbeitet und

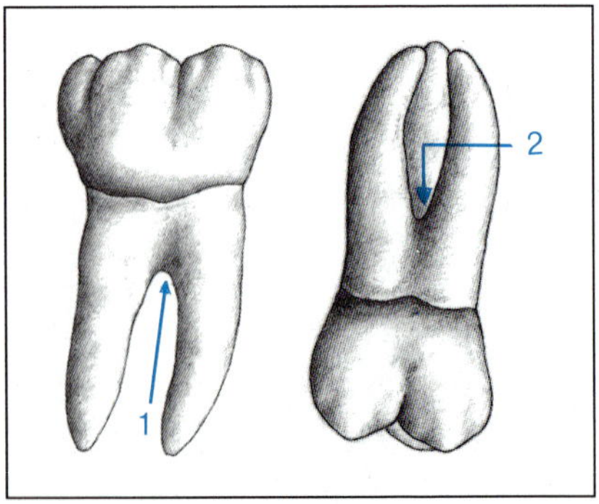

Abb. 5.19 Bifurkation und Trifurkation: 1 Bifurkation, 2 Trifurkation

Frontzähne						
Zahn	11/21	12/22	31/41	32/42	31/41	32/42
Kronenbreite						
Schneidekante :	8,4	6,5	5,4	5,9		
zwischen Kontaktpunkten :					7,6	6,7
am Zahnhals						
mesiodistal :	6,7	5,1	3,9	4,2	5,6	5,3
labiopalatinal :	7,3	6,0			8,1	
labiolingual :			5,9	6,2		7,8
Kronenlänge :	11,6	9,0–10,2	9,4	9,9	10,9	11,4
Gesamtlänge :	24,0	22,5	21,4	23,2	27,0	25,4

Prämolaren				
Zahn	14/24	15/25	34/44	35/45
Kronenbreite				
zwischen Kontaktpunkten :	6,8			7,3
Zahnhals				
mesiodistal :	5,1	6,3	6,8	5,5
bukkopalatinal :	8,9	8,3		
bukkolingual :			6,9	8,3
Kronenlänge				
bukkal :	8,7	7,9	7,5–11,0	8,5
lingual :	7,5	7,5	5,0–5,8	
Gesamtlänge :	21,7	21,5	18,5–27,0 (ø=22,8)	23,2

Molaren				
Zahn	16/26	17/27	36/46	37/47
Kronenbreite				
mesiodistal :	10,1	9,8	11,5	10,7
bukkopalatinal :	11,7	11,5		
bukkolingual :			10,4	9,8
Kronenhöhe (bukkal) :	7,7	7,7	8,3	8,1
Gesamtlänge (bukkal):	21,3	21,1	22,8	22,8

Tab. 5.1 Durchschnittliche Größenverhältnisse der Zähne (in Millimetern)

systematisiert wurde. Zahlreiche Untersuchungen haben Mühlreiters Meßwerte bestätigt; diese durchschnittlichen Größenangaben können verständlicherweise nur eine ungefähre Richtschnur sein, die Abweichung der einzelnen Zähne ist teilweise recht groß.

5.2.1 Die Schneidezähne

Gemeinsames Merkmal aller Schneidezähne ist die breite, schaufel- oder meißelförmige Krone, deren Labialflächen konvex und deren linguale Flächen konkav sind. Die Grundform der Labialfläche aller Schneidezähne ist dreieckig oder quadratisch bis rechteckig, wobei als charakteristisches Merkmal die mesiale Ecke der Schneidekante in der Regel einen spitzeren Winkel aufweist als die distale. Nach dem Zahndurchtritt erkennt man an den Schneidekanten zwei bis drei Randhöckerchen, Randtuberkel und Mamelons. Sie werden als Folge der einsetzenden Kautätigkeit meist schon in den ersten Jahren nach Durchbruch der Zähne eingeebnet, und es entsteht die für den Erwachsenenzahn charakteristische, geradlinig verlaufende Schneidekante (Abb. 5.20).

Die Lingual- beziehungsweise Palatinalfläche wird seitlich von zwei mehr oder weniger ausgeprägten Randleisten begrenzt; sie laufen zum Zahnhals hin im Zahnhöcker oder Tuberculum dentale zusammen (Abb. 5.21).

Die Approximalflächen haben mesial und distal annähernd dreieckige Form. Die Spitze des Dreiecks bildet die schmale, nur aus Schmelz bestehende Schneidekante, die Basis bildet die Schmelz-Zement-Grenze, die sich in Richtung Schneidekante konkav einwölbt. Mit Ausnahme der unteren mittleren weisen alle Schneidezähne ein Krümmungsmerkmal auf (Abb. 5.22).

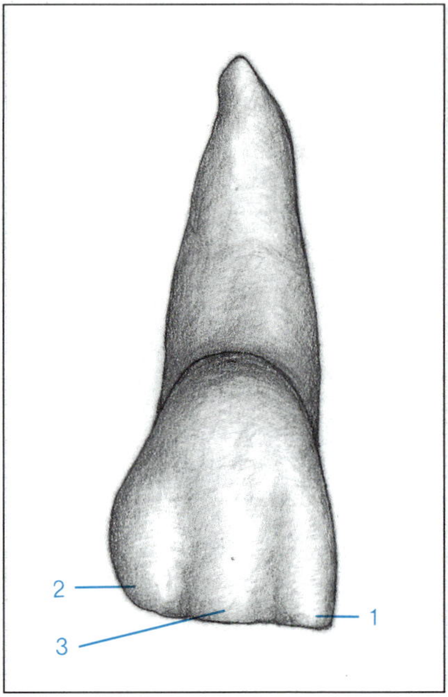

Abb. 5.20 Labialansicht eines Schneidezahns:
1 mesiale Ecke, 2 distale Ecke,
3 Randhöckerchen oder Mamelons

5.2.2 Der obere mittlere Schneidezahn

Allgemeines

Der obere mittlere Schneidezahn ist der markanteste Zahn des menschlichen Gebisses. Er ist der größte aller Schneidezähne und prägt mit seiner Form und Stellung das Aussehen des Gesichtes entscheidend (Abb. 5.23).

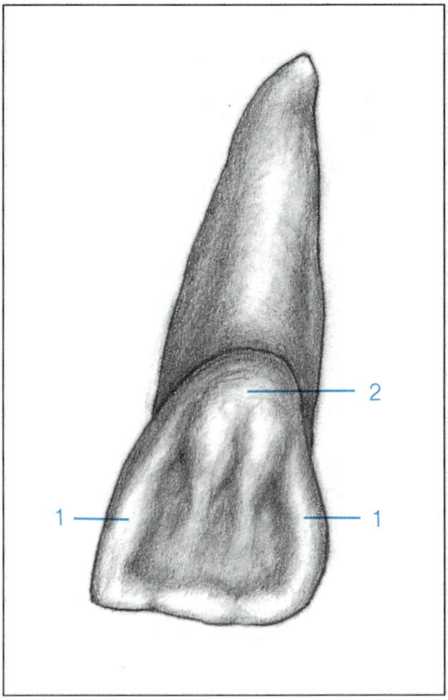

Abb. 5.21 Palatinalansicht eines Schneidezahns:
1 Randleisten, 2 Tuberculum dentale (Cingulum)

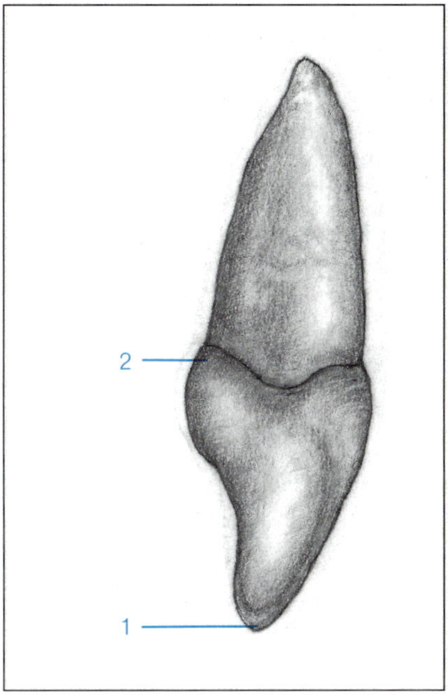

Abb. 5.22 Approximalansicht eines Schneidezahns:
1 Schneidekante,
2 Schmelz-Zement-Grenze

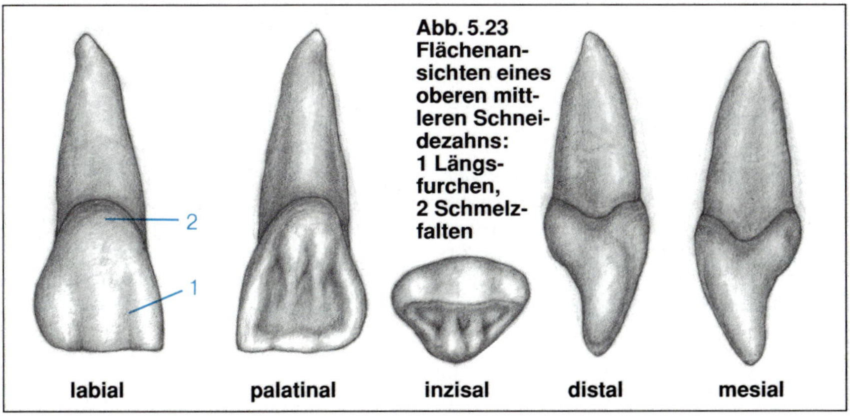

Abb. 5.23 Flächenansichten eines oberen mittleren Schneidezahns:
1 Längsfurchen,
2 Schmelzfalten

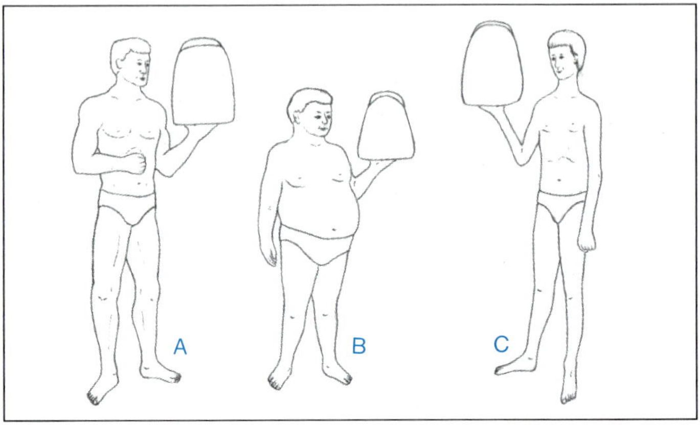

Abb. 5.24 Die drei Grundformen der Zähne und ihre Beziehungen zum Konstitutionstyp: A quadratisch bis rechteckig, B dreieckig und C oval

Labialfläche

Die Form der Labialflächen läßt sich auf drei Grundformen zurückführen: quadratisch bis rechteckig, dreieckig und oval. Dieser Dreiteilung entsprechen auch die den Frontzahngarnituren zugrundegelegten Typisierungen. Sie beruhen auf den von Gysi und Williams sowie Kretschmer und Hörauf aufgestellten Prinzipien der Typenharmonie (pyknisch – athletisch – leptosom), das heißt der Harmonie zwischen Gesichtsform und Form der Frontzähne (Abb. 5.24).

Der zwischen Schneidekante und mesialer Approximalfläche gebildete mesioinzisale Winkel ist in der Regel spitzer als der distoinzisale und beträgt nahezu 90°. Die distoinzisale Ecke ist meist leicht abgerundet. Das Profil der mesialen Approximalfläche bildet im inzisalen Kronendrittel eine nahezu gerade Linie, das Profil der distalen ist stärker abgerundet.

In Längsrichtung verlaufen zwei Furchen, die in der Mitte der Labialfläche beginnen und bis zur Schneidekante reichen. Bei jugendlichen Zähnen enden sie in zwei Einschnitten und teilen die Schneidekante in drei Höcker, die sogenannten Randhöckerchen.

Im zervikalen Kronendrittel beobachtet man häufig mehrere parallel zum Kronenrand verlaufende Schmelzfalten oder Schmelzfurchen. Sie sollten bei der Gestaltung der Labialflächen nachgeahmt werden, da sie der Zahnoberfläche ihr natürliches Aussehen geben. Die Labialfläche ist in horizontaler wie auch in vertikaler Richtung schwach gewölbt, im Bereich des Zahnhalses ist die Wölbung am stärksten.

Palatinalfläche

Die Palatinalfläche hat in etwa die gleiche Umrißform wie die Labialfläche. Sie verjüngt sich jedoch stärker zum Zahnhals hin, so daß der Zahnhals palatinal schlanker ist als labial. Dem ausgeprägten Tuberculum entspringen zwei wulstartige Randleisten, die zur Schneidekante hin flach auslaufen; die mesiale Randleiste ist dabei stets kräftiger entwickelt und länger als die distale. Gelegentlich entspringt dem Tuberculum dentale auch eine zur Schneidekante hin auslaufende Mittelleiste.

Approximalansicht

Die Seitenansicht zeigt deutlich die Keilform der Schneidezahnkrone, deren Schneidekante in Verlängerung der Zahnachse liegt. Mesiale und distale Approximalfläche sind nahezu gleich geformt; sie sind beide annähernd dreieckig, wobei die mesiale Fläche immer etwas breiter ist als die distale.

Die konkav durchgebogenen Randleisten

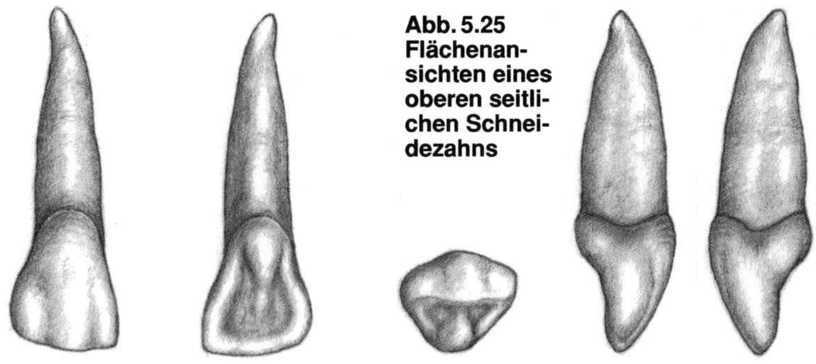

Abb. 5.25 Flächenansichten eines oberen seitlichen Schneidezahns

lassen die Schaufelform des Zahnes noch deutlicher hervortreten. Aus approximaler Sicht ist das kräftig entwickelte Tuberkulum gut zu erkennen. Die stärkste Krümmung des Profils der Labialfläche liegt im Bereich des Zahnhalses und wird zur Schneidekante hin immer schwächer.

Inzisalansicht
Aus inzisaler Ansicht fällt auf, daß der mesiale Anteil der Labialfläche (= mesiale Facette) kleiner und sein Profil deutlich stärker gekrümmt ist, der distale Anteil (= distale Facette) ist größer, sein Profil zeigt eine schwächere Wölbung. Dieser Sachverhalt ist als Krümmungsmerkmal bekannt.

Die Profillinien der approximalen Berührungsflächen sind beide konvex gekrümmt, wobei mesial die Krümmung weniger stark ausfällt als distal, weil die mesiale Fläche etwas breiter ist.

5.2.3 Der obere seitliche Schneidezahn

Allgemeines
Der seitliche Schneidezahn, häufig kurz als „der Laterale" bezeichnet, ist meist nur die verkleinerte Form des mittleren. Zusammen mit den dritten Molaren ist er der Zahn mit den meisten Formvarianten (Abb. 5.25).

Labialfläche
Durch den großen Unterschied zwischen Schneidekanten- und Zahnhalsbreite wirkt die Krone meist noch schlanker und zierlicher. An den Schneidekanten jugendlicher Zähne findet man meist zwei, selten drei Mamelons. Die distale wie auch die mesiale Ecke sind stärker abgerundet und auch das Winkelmerkmal ist häufig stärker ausgeprägt. Die in Längsrichtung verlaufenden Furchen sind entweder nur ganz schwach ausgebildet oder fehlen völlig.

Palatinalfläche
Auch sie hat in etwa die Form des mittleren Schneidezahnes: Sie ist ebenfalls kleiner als die Labialfläche und verjüngt sich noch stärker zum Zahnhals hin als bei den mittleren Schneidezähnen. Die Palatinalfläche ist mehr oder weniger tief ausgehöhlt. Zur Schneidekante hin flachen die Randleisten fast völlig ab.

Im Bereich des Tuberculums kann sich zwischen den Randleisten eine tiefe Bucht bilden. Sie wird als Blindes Grübchen oder Blindes Loch (lateinisch: Foramen caecum) bezeichnet und stellt eine bevorzugte Angriffsstelle für die Karies dar.

Approximalansicht
Die beiden Berührungsflächen sind annähernd gleich geformt und entsprechen in der Grundform denen des oberen mittleren

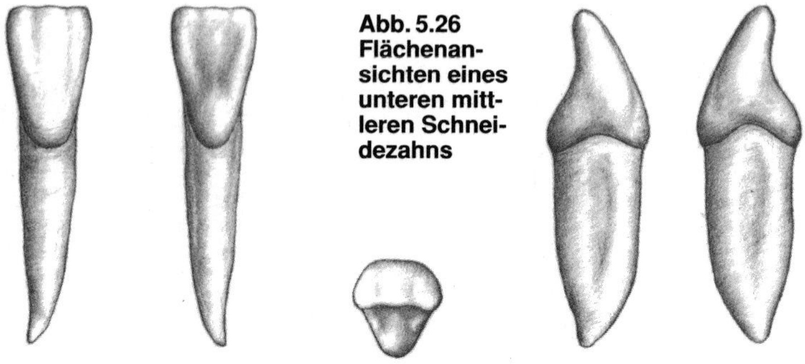

Abb. 5.26 Flächenansichten eines unteren mittleren Schneidezahns

Schneidezahnes. Aus approximaler Ansicht ist die ausgeprägte Schaufelform sowie das hervortretende Tuberculum dentale besonders gut zu erkennen. Auch beim seitlichen Schneidezahn liegt die stärkste Krümmung des Profils der Labialfläche im Zahnhalsbereich.

Inzisalansicht

Man erkennt, daß die Krone insgesamt einen stärker gerundeten Umriß hat als der mittlere Schneidezahn. Vor allem das Profil der Labialfläche ist in vertikaler und horizontaler Richtung deutlich stärker gekrümmt als das des mittleren Schneidezahnes, ebenso die Profillinien der mesialen und distalen Approximalflächen.

5.2.4 Der untere mittlere Schneidezahn

Allgemeines

Die unteren Schneidezähne sind wesentlich schmaler als die des Oberkiefers. Die mittleren Schneidezähne sind dabei noch geringfügig schmaler als die seitlichen und stellen damit die kleinsten Zähne des menschlichen Gebisses dar. Gemeinsames Merkmal der unteren Schneidezähne ist die typische, meißelförmige Krone. Die Schneidekante der frisch durchgebrochenen Zähne zeigt drei gleichmäßige Randhöckerchen (Abb. 5.26).

Labialfläche

Die Labialfläche des unteren mittleren Schneidezahns zeigt als einzige von allen Zähnen eine Symmetrie zwischen mesialer und distaler Zahnhälfte, indem mesiale und distale Approximalfläche mit der Schneidekante nahezu rechte Winkel bilden. Die Labialfläche verjüngt sich symmetrisch zum Zahnhals.

Die Labialfläche ist in beiden Richtungen nur ganz schwach gewölbt, die Oberfläche ist meist völlig glatt und Längsfurchen sind allenfalls sehr schwach angedeutet.

Lingualfläche

Die glatte, leicht konkave Lingualfläche wird von zwei schwach ausgebildeten Randleisten und einem nur wenig hervortretenden Tuberkulum eingerahmt. Sie ist nur geringfügig ausgehöhlt und glatt. Die „Schaufelform" ist beim mittleren wie beim seitlichen unteren Schneidezahn nicht besonders ausgeprägt.

Approximalansicht

Durch die symmetrische Form des Zahnes sind auch beide Approximalflächen annähernd gleich groß. Mesiale wie distale Ansicht zeigen die Meißelform der Zähne deutlich. Gut erkennbar sind die leicht konvexe Krümmung des Profils der Labialfläche und die schwach konkave Form des Profils der Lingualfläche.

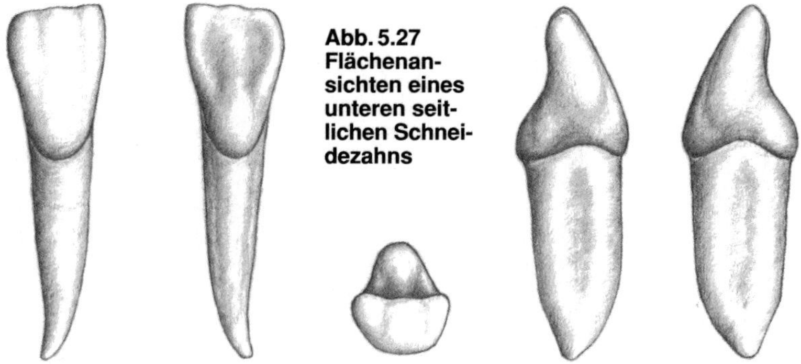

Abb. 5.27 Flächenansichten eines unteren seitlichen Schneidezahns

Inzisalansicht
Deutlich zu sehen ist, daß die Krone eine im Querschnitt dreieckige Form hat. Die Profillinien der Approximalflächen sind leicht konvex gekrümmt, nur am Übergang zur Lingualfläche ist die Krümmung beider Flächen stärker.

5.2.5 Der untere seitliche Schneidezahn

Allgemeines
Der untere seitliche Schneidezahn ist in mesiodistaler Richtung etwas größer als der mittlere und weist nur auf der Labialfläche Unterschiede zum mittleren Schneidezahn auf (Abb. 5.27).

Labialfläche
Sie ist gegenüber dem mittleren Schneidezahn geringfügig breiter.
Die distoinzisale Ecke ist meist etwas abgerundet und leicht nach zervikal verlagert. Der untere seitliche Schneidezahn hat also in der Regel ein Winkelmerkmal, das ihn vom mittleren unterscheiden läßt. Das Profil der distalen Approximalfläche ist stärker gekrümmt als das der mesialen. Wie alle Schneidezähne besitzen jugendliche Zähne Mamelons.

Lingualfläche und Approximalflächen
sind mit den entsprechenden Flächen der mittleren Schneidezähne nahezu identisch.

Inzisalansicht
Aus inzisaler Sicht erscheint die Krone im Schneidekantenbereich gegenüber der Wurzel und dem Zahnhals leicht nach distal gedreht.

5.2.6 Eckzähne

Die Eckzähne sind die einzigen Zähne des menschlichen Gebisses mit nur einem Höcker und stellen morphologisch den Übergang zwischen den Schneidezähnen und den Prämolaren dar. Ihre Wurzeln sind die längsten und dicksten aller Zähne; deshalb sind sie besonders gut in den Kiefern verankert und gehen für gewöhnlich auch als letzte verloren. Obwohl unsere Eckzähne im Laufe der Entwicklungsgeschichte ihre ursprünglichen Funktionen verloren haben, sind sie immer noch die auffallendsten Zähne beider Zahnbögen und stehen gleichsam als „Eckpfeiler" zwischen den Schneidezähnen und den Backenzähnen.
Sie tragen zum einen zusammen mit den Frontzähnen zu einem harmonischen Gesichtsausdruck bei, helfen mit beim Erfassen der Nahrung und dienen ferner zum Abscheren von Nahrungsteilchen. Nicht zuletzt dienen sie mit den Frontzähnen durch zahlreiche, in ihr Parodontium eingelagerten Rezeptoren, als wichtige Steuerorgane für die Kieferbewegungen.

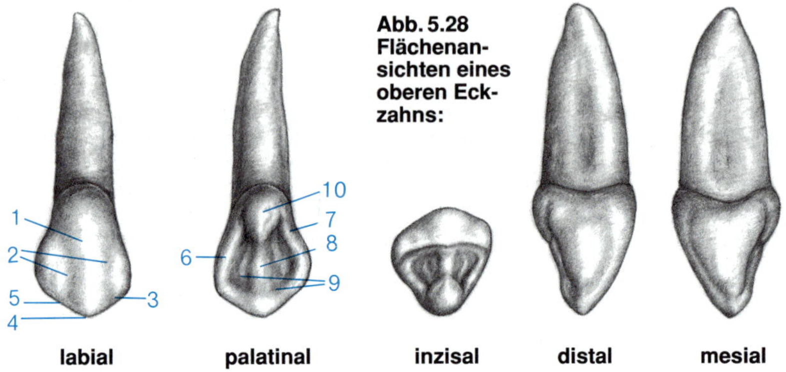

Abb. 5.28 Flächenansichten eines oberen Eckzahns:

1 labiale Mittelleiste
2 Längsfurchen
3 mesiale Schneidekante
4 Höckerspitze
5 distale Schneidekante
6 mesiale Randleiste
7 distale Randleiste
8 palatinale Mittelleiste
9 palatinale Gruben
10 Randhöckerchen (Tuberkulum oder Cingulum)

5.2.7 Der obere Eckzahn

Allgemeines
Die Schneidekante des Eckzahnes ist im Gegensatz zu den Schneidezähnen winkelig abgeknickt, so daß sich eine Höckerspitze ausbildet (Abb. 5.28).

Labialfläche
Die Labialfläche ist in senkrechter und waagerechter Richtung deutlich konvex gekrümmt, ihre stärkste Krümmung weist sie im Bereich des Zahnhalses auf. Der mesiale Schenkel der Schneidekante ist kürzer und weniger stark geneigt, der distale ist länger und verläuft steiler. Dadurch liegt auch die mit der mesialen Approximalfläche gebildete, mesioinzisale Ecke tiefer und ist scharfkantiger, die distoinzisale Ecke liegt deutlich höher und ist stärker abgerundet.

Von der Höckerspitze zum Zahnhals hin erstreckt sich eine mehr oder weniger ausgeprägte Mittelleiste und teilt die Labialfläche in einen schmaleren mesialen Flächenanteil (= mesiale Facette) und einen breiteren distalen Flächenanteil (= distale Facette). Zu beiden Seiten der Leiste findet man häufig seichte Längsfurchen, die an den Schneidekanten beginnen und zum Zahnhals hin flach auslaufen.

Die mesiale Approximalfläche ist länger und ihre Profillinie zum Zahnhals hin schwach konvex gekrümmt oder gerade. Die Profillinie der distalen Approximalfläche weist im Bereich der distoinzisalen Ecke eine deutlich konvexe Krümmung auf, in der Nähe des Zahnhalses ist sie meist leicht konkav ausgeformt.

Palatinalfläche
Sie weist den gleichen Umriß wie die Labialfläche auf, verjüngt sich jedoch stärker zum Zahnhals hin. Mesial und distal wird sie von zwei kräftigen, wulstartigen Randleisten begrenzt. Die mesiale ist in der Regel kräftiger entwickelt und erstreckt sich weiter in Richtung Schneidekante als die

distale. Im Zahnhalsbereich laufen die Randleisten in einem ausgeprägten Tuberkulum zusammen. In Längsrichtung erstreckt sich vom Tuberkulum bis zur Höckerspitze eine kräftige Mittelleiste. Sie teilt die Palatinalfläche in zwei mehr oder weniger tiefe Gruben, die als mesiopalatinale und distopalatinale Gruben bezeichnet werden.

Approximalansicht
Aus mesialer und distaler Sicht wird deutlich, daß die Krone im Bereich des Zahnhalses eine erhebliche Breite aufweist, die Schneidekante liegt genau in Verlängerung der Zahnachse. Die Schmelz-Zement-Grenze verläuft in einem flachen Bogen und ist nicht mehr so stark nach inzisal durchgebogen wie bei den Schneidezähnen.

Das Profil der Labialfläche weist über die gesamte Fläche eine schwach konvexe Krümmung auf, die nur im Bereich des Zahnhalses stärker wird.

Die Palatinalfläche ist leicht konkav ausgeformt und endet im ausgeprägten Tuberkulum, so daß ihr Profil eine ausgeprägte S-Form erhält.

Inzisalansicht
Aus inzisaler Sicht ist das Krümmungsmerkmal besonders gut zu erkennen: Das Profil der mesialen Hälfte der Labialfläche ist stärker abgerundet, das der distalen ist abgeflacht und meist sogar leicht konkav ausgebildet. Die mesiale Approximalfläche ist verhältnismäßig breit und ihr Profil flach gekrümmt, die distale Fläche schmal und ihre Profillinie stark konvex gekrümmt.
Gut erkennbar sind die drei palatinalen Leisten: die mesiale Randleiste, die etwas kräftigere distale, die ausgeprägte Mittelleiste und das hervortretende Tuberkulum.

5.2.8 Der untere Eckzahn

Allgemeines
Der untere Eckzahn hat dieselbe Gestalt und die gleichen charakteristischen Merkmale wie der obere. In labiolingualer Richtung ist er fast so breit wie der des Oberkiefers, in mesiodistaler Richtung ist er aber im Durchschnitt um etwa einen Millimeter schmaler und erscheint dadurch viel schlanker und länger. Zusammen mit den unteren Schneidezähnen gehen die unteren Eckzähne mit als letzte verloren (Abb. 5.29).

Labialfläche
Die Schneidekante formt eine für Eckzähne charakteristische Spitze, jedoch ist diese in der Regel etwas mehr abgerundet als beim oberen Eckzahn. Der mesiale Schenkel der Schneidekante ist kürzer und verläuft flacher, der distale ist länger und verläuft steiler; die distoinzisale Ecke liegt somit höher als die mesioinzisale.

Die von der Eckzahnspitze zum Zahnhals verlaufende Mittelleiste ist nicht so ausgeprägt wie beim oberen, die Furchen zu beiden Seiten der Mittelleiste sind flacher. Dennoch ist eine deutliche Dreiteilung der Labialfläche erkennbar.

Die Profillinie der mesialen Approximalfläche verläuft von der Schneidekante zunächst nahezu senkrecht nach zervikal und geht dann in eine gleichmäßig konvexe Krümmung über. Die distoinzisale Ecke ist stark abgerundet und ragt deutlich über die Wurzel hinaus. Zum Zahnhals hin ist die Profillinie der distalen Approximalfläche häufig leicht konkav eingezogen.

Lingualfläche
Die distale und mesiale Randleiste sind normalerweise wesentlich schwächer ausgebildet als bei den oberen Eckzähnen, ebenso die Mittelleiste und das Tuberkulum. Die lingualen Gruben sind sehr flach oder überhaupt nicht vorhanden. Insge-

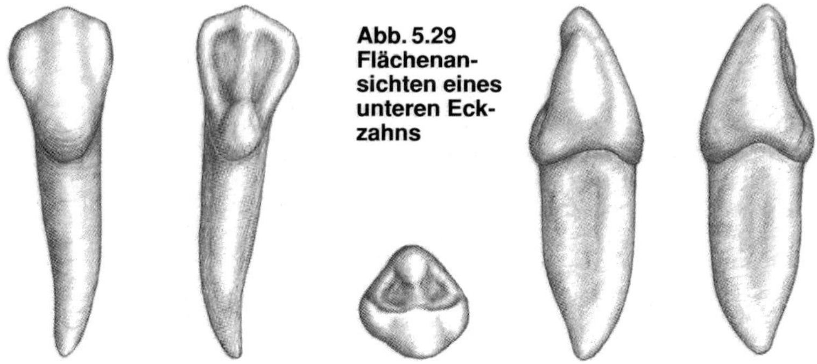

Abb. 5.29 Flächenansichten eines unteren Eckzahns

samt ähneln die Lingualflächen mehr denen der unteren Schneidezähne als denen der oberen Eckzähne.

Approximalansicht
Aus approximaler Sicht zeigt sich die Dreiecks- oder Keilform der Krone besonders deutlich. Das Profil der Labialfläche ist konvex gekrümmt und hat seine stärkste Wölbung im Bereich des Zahnhalses, das der Lingualfläche weist wie bei den oberen Eckzähnen und den Schneidezähnen eine schwache S-Form auf.

Inzisalansicht
Gut erkennbar ist die Krümmung der Labialfläche in horizontaler Richtung, das Krümmungsmerkmal ist also deutlich auszumachen. Wie bei den oberen Eckzähnen weist die Profillinie der mesialen Approximalfläche fast keine Krümmung auf, das Profil der distalen Fläche ist deutlich konvex gekrümmt.

5.2.9 Die Prämolaren

Prämolaren – in wörtlicher Übersetzung „vor den Molaren stehende Zähne" – findet man nur im bleibenden Gebiß; sie treten dort an die Stelle der Milchmolaren. Eine andere für diese Zähne gebräuchliche Bezeichnung, nämlich „Bikuspidaten", weist auf ihr besonderes morphologisches Merkmal hin: Prämolaren sind Zähne, bei denen sich das palatinale beziehungsweise linguale Tuberkulum zu einem zweiten, mehr oder weniger stark ausgeprägten Höcker entwickelt hat (Bi = zwei, Cuspis = Höcker). Genau genommen trifft diese Bezeichnung nicht für alle Prämolaren zu, da der untere zweite Prämolar häufig drei Höcker aufweist: einen bukkalen und zwei linguale. Für diesen Zahntyp ist dann die Bezeichnung „Trikuspidat" die richtigere (Tri = drei).

Die Zweihöckerigkeit der Prämolaren deutet auf ihre Funktion innerhalb der Zahnreihe hin: Sie stellen Übergangsformen zwischen den Eckzähnen und den Großen Backenzähnen dar, die sowohl wie die Eckzähne zum Festhalten des Bissens dienen, gleichzeitig wie große Backenzähne auch zur groben Zerkleinerung der Nahrung geeignet sind. Obere und untere Prämolaren lassen sich deutlich voneinander unterscheiden, wobei die beiden oberen Prämolaren einander viel ähnlicher sind als die unteren.

5.2.10 Der obere erste Prämolar

Allgemeines
Im Gegensatz zu allen anderen Prämolaren besitzt der obere erste in der Regel zwei Wurzeln, eine bukkale und eine palatinale (Abb. 5.30).

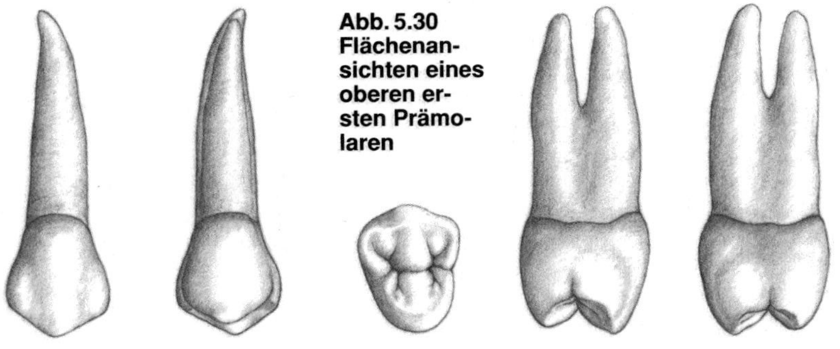

Abb. 5.30 Flächenansichten eines oberen ersten Prämolaren

Bukkalfläche

Die bukkale Fläche des ersten oberen Prämolaren gleicht stark der Labialfläche eines Eckzahnes. Sie weist jedoch in den meisten Fällen ein umgekehrtes Winkel- und Krümmungsmerkmal auf: Die von der Höckerspitze zum Zahnhals verlaufende, meist nur schwach ausgebildete Mittelleiste ist nach distal verschoben. Hierdurch ist die mesiale Facette schwächer gekrümmt als die distale. Dieses umgekehrte Winkel- und Krümmungsmerkmal läßt ihn leicht vom oberen zweiten Prämolaren unterscheiden. Zu beiden Seiten der Mittelleiste verlaufen Längsfurchen, die sich bis zu den Schneidekanten erstrecken und mehr oder weniger tief eingekerbt sind.
Mesiale und distale Schneidekante formen eine abgerundete Höckerspitze. Da diese nach distal verschoben ist, ist die mesiale Kante länger als die distale und erscheint auch weniger stark geneigt (umgekehrtes Winkelmerkmal). Der Zahn ist im Bereich der mesioinzisalen und distoinzisalen Ecke stark aufgebaucht und abgerundet; beide Ecken überragen den Zahnhalsbereich deutlich.

Palatinalfläche

Die Palatinalfläche ist kleiner als die Bukkalfläche und weist eine stärkere konvexe Krümmung auf als die bukkale. Der stark abgerundete palatinale Höcker tendiert stark nach mesial. Dies ist ein wichtiges funktionelles Merkmal dieses Zahnes und des hinter ihm stehenden zweiten Prämolaren, um für die bukkalen Höcker der unteren Prämolaren Freiraum bei der Mediotrusionsbewegung zu schaffen.

Approximalansicht

Die Approximalflächen sind breiter als höher. Aus mesialer wie distaler Ansicht ist der niedrigere palatinale Höcker gut zu erkennen, ebenso die stärkere Krümmung der Palatinalfläche. Die Okklusalfläche liegt mit ihrem Zentrum genau über der Wurzel. Eine mesiale Randfissur teilt die mesiale Randleiste und zieht sich dann meist noch weiter in die mesiale Approximalfläche hinein.

Okklusalansicht

Von okklusal wird der ovale Umriß der Krone deutlich: Der bukkale Höcker ist wesentlich breiter als der palatinale; mesiobukkale und distobukkale Ecke sind kantiger. Der gesamte palatinale Höcker tendiert deutlich nach mesial, wobei die Höckerspitze nur leicht nach mesial verschoben ist. Durch dieses Merkmal erhält der untere bukkale Höcker des zweiten unteren Molaren einen Freiraum und kann bei Kieferbewegungen (Mediotrusionsbewegungen) störungsfrei vorbeigleiten.

Ausgeprägte mesiale und distale Randleisten begrenzen mit den mesialen und di-

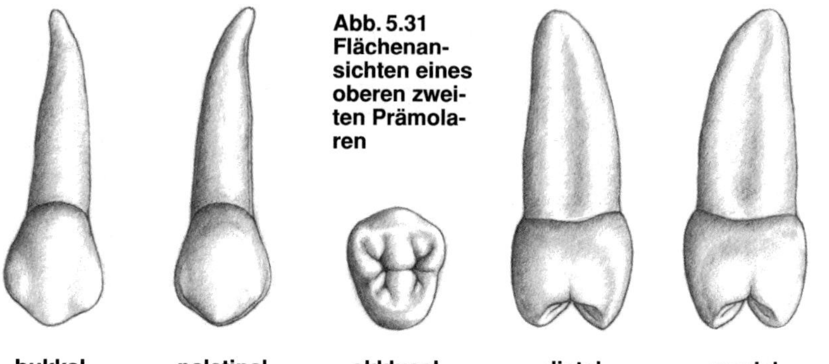

Abb. 5.31 Flächenansichten eines oberen zweiten Prämolaren

stalen Höckerabhängen die Kaufläche des Zahnes. Breite Dreieckswülste senken sich von den Höckerspitzen zur Zentralfissur hinab. Der bukkale Dreieckswulst ist etwas länger, wodurch die zentrale Fissur leicht nach palatinal verschoben wird. Zwischen den Dreieckswülsten und Randleisten bilden sich eine geringfügig größere mesiale und eine etwas kleinere distale Grube. Die zentrale Fissur endet distal vor der Randleiste in der distalen Grube, wo sie sich vor der Randleiste in zwei kleine Nebenfissuren aufgabelt.

Der mesiale Teil der Zentralfissur schneidet als „mesiale Randfissur" die Randleiste deutlich ein und erstreckt sich weit in die mesiale Approximalfläche. Gut erkennbar ist die für den oberen ersten Prämolaren charakteristische Nierenform – zusammen mit der mesialen Einkerbung ein typisches Erkennungsmerkmal dieses Zahnes.

5.2.11 Der obere zweite Prämolar

Allgemeines

Die Formunterschiede beider Prämolaren sind recht gering. Der obere zweite Prämolar ist in der Regel nur etwas kleiner, schmaler und symmetrischer als der erste, der bukkale Höcker ist geringfügig breiter und eckiger als der palatinale. Letzterer ist nahezu gleich hoch wie der bukkale und wie beim oberen ersten Prämolaren leicht nach mesial versetzt. Der Zahn weist eine größere Formenvielfalt auf als der obere erste Prämolar (Abb. 5.31).

Bukkalfläche

Verglichen mit dem ersten Prämolaren ist die Bukkalfläche fast einen Millimeter schmaler und stärker gekrümmt. Mesiale und distale Schneidekante verlaufen steiler und gehen in schwachen Rundungen in die Approximalflächen über, die Höckerspitze ist stärker abgerundet als beim ersten Prämolaren.

Die Mittelleiste ist nur schwach entwickelt, verläuft meist genau in der Mitte und gibt der Bukkalfläche ein symmetrisches Aussehen. Vertikale Furchen beiderseits der Mittelleiste sind häufig nur ganz schwach ausgebildet.

Palatinalfläche

Da der palatinale Höcker fast die Höhe und Breite des bukkalen erreicht, stimmt die Palatinalfläche in ihrem Umriß nahezu mit der Bukkalfläche überein.

Approximalansicht

Aus approximaler Sicht ist gut zu erkennen, daß beide Höcker nahezu gleich hoch sind. Im übrigen gleichen mesiale und distale Approximalfläche denen des ersten Prämolaren, nur sind sie in vertikaler Richtung etwas schwächer gekrümmt.

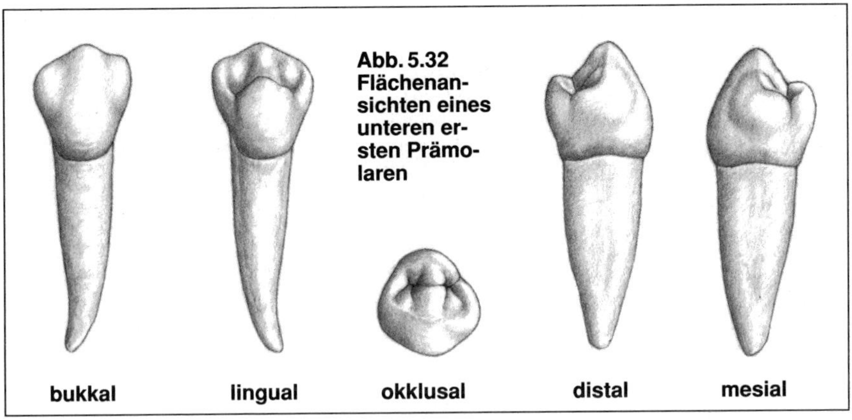

Abb. 5.32 Flächenansichten eines unteren ersten Prämolaren

Okklusalansicht

Der auffälligste Unterschied ist das Fehlen der mesialen Randfissur und die Einkerbung der mesialen Approximalfläche, die dem ersten Prämolaren seine auffallende Nierenform gibt. Aus okklusaler Sicht wird die Symmetrie des gesamten Zahnes und der geringe Breitenunterschied zwischen dem bukkalen und palatinalen Höcker deutlich.

Bukkaler und palatinaler Dreieckswulst laufen fast geradlinig aufeinander zu, die recht kurze zentrale Fissur liegt genau in der Mitte der Kaufläche.

Der Dreieckswulst des bukkalen Höckers besitzt in der Regel neben dem Hauptwulst zwei ausgeprägte Nebenwülste, die in Richtung mesiobukkale und distobukkale Ecke ziehen. Der palatinale Höcker ist abgerundet, sein Dreieckswulst ähnelt mit seinen Nebenwülsten dem bukkalen, ist aber nicht so deutlich ausgeformt. Die palatinale Höckerspitze tendiert wie die des ersten oberen Prämolaren leicht nach mesial.

5.2.12 Der untere erste Prämolar

Allgemeines

Der untere erste Prämolar ist der kleinste aller Prämolaren. In seinem Aussehen ähnelt er sehr stark einem Eckzahn: Er hat einen hoch aufragenden bukkalen Höcker, der linguale ist stark verkümmert. In seltenen Fällen ist der linguale Höcker kräftig entwickelt, so daß er nahezu die Höhe des bukkalen erreicht (Abb. 5.32).

Bukkalfläche

Die bukkale Fläche weist eine starke Krümmung auf, vor allem im Bereich des Zahnhalses. Eine meist recht schwach entwickelte Mittelleiste endet in einer abgerundeten Höckerspitze und teilt die Bukkalfläche in eine etwas kleinere, stärker gekrümmte mesiale Facette und eine etwas größere, schwächer gekrümmte distale. Längsfurchen zu beiden Seiten der Mittelleiste sind meist nur schwach angedeutet. Die mesiale Schneidekante ist geringfügig kürzer und verläuft flacher, die distale ist etwas steiler und länger.

Lingualfläche

Die Lingualfläche ist nicht nur viel schmaler als die bukkale, sondern vor allem bedeutend niedriger. Bei manchen Zähnen erreicht sie nur die Ausmaße des Tuberkulums der Eckzähne, so daß – bis auf wenige Ausnahmen – der linguale Höcker beim Kieferschluß keinen Kontakt mit seinem Antagonisten hat.

Approximalansicht

Aus mesialer wie distaler Sicht ist die starke Lingualneigung der Krone besonders

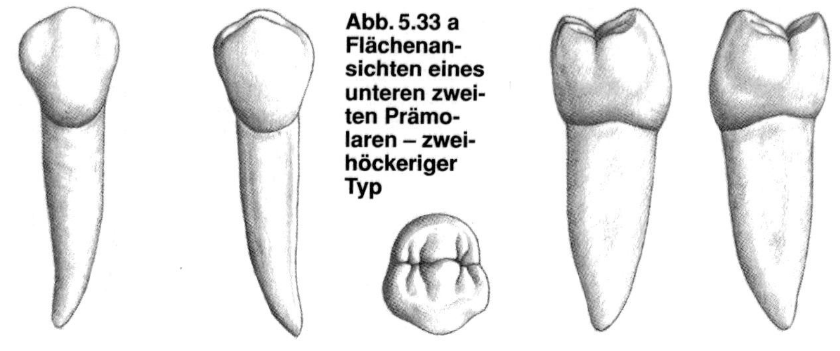

Abb. 5.33 a Flächenansichten eines unteren zweiten Prämolaren – zweihöckeriger Typ

gut zu erkennen, ebenso die ausgeprägte Krümmung der lingualen und vor allem der bukkalen Fläche. Die Spitze des bukkalen Höckers liegt ziemlich genau in der Kronenmitte und über der Längsachse des Zahnes, der linguale Höcker ragt weit über den Zahnhals nach lingual. Besonders deutlich wird das Größenverhältnis zwischen bukkalem und lingualem Höcker: Der bukkale beansprucht nahezu drei Viertel des bukkolingualen Kronendurchmessers und zwei Drittel der gesamten Kaufläche.

Okklusalansicht

Von okklusal erscheint der Gesamtumriß des ersten Prämolaren rautenförmig. Die stark nach lingual verlagerte Zentralfissur ist häufig nur schwach entwickelt, die beiden Dreieckswülste verschmelzen in diesem Fall zu einer in bukkolingualer Richtung verlaufenden Leiste.
Zwischen den Dreieckswülsten und den kräftigen Randleisten bilden sich ein mesiales und ein distales Grübchen. Häufig ziehen von diesen Grübchen feine Nebenfissuren in beide Höcker und lassen an den Randleisten ein mesiales und distales Randhöckerchen entstehen. Ebenso häufig zieht vom mesialen Grübchen eine Fissur über die Randleiste hinweg in den mesiolingualen Teil der Approximalfläche.
Um den Kontakt mit dem Eckzahn zu ermöglichen, liegt die stärkste Wölbung der mesialen Approximalfläche weiter bukkal als bei der distalen.

5.2.13 Der untere zweite Prämolar

Allgemeines

Der untere zweite Prämolar ist der größte aller Prämolaren und zugleich der Seitenzahn mit der größten Formenvielfalt. Der linguale Höcker erreicht im Gegensatz zum ersten Prämolaren fast die Höhe des bukkalen.

Der Zahn kommt in zwei Hauptformen vor: als zweihöckeriger Zahntyp mit einem lingualen Höcker und als dreihöckeriger Typ mit zwei lingualen Höckern (Abb. 5.33 a und b).

Bukkalfläche

Die Bukkalfläche gleicht der des ersten Prämolaren, nur verlaufen die Schneidekanten flacher und die Höckerspitze ist stärker abgerundet. Das Winkelmerkmal ist meist nur schwach vorhanden, wodurch die Bukkalfläche ein nahezu symmetrisches Aussehen erhält. Die Mittelleiste und die beiden Längsfurchen sind normalerweise nur schwach ausgebildet.

Lingualfläche

Zweihöckeriger Typ: Der linguale Höcker

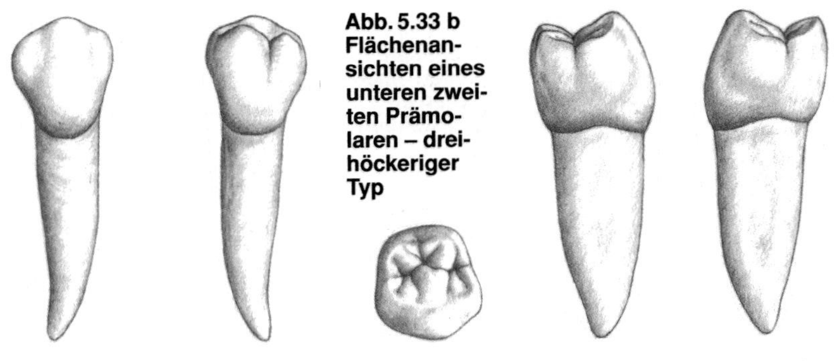

Abb. 5.33 b Flächenansichten eines unteren zweiten Prämolaren – dreihöckeriger Typ

erreicht nicht ganz die Höhe und Breite des bukkalen, seine ausgeprägte Spitze ist meist etwas nach mesial verschoben und gibt der Lingualfläche ein leicht asymmetrisches Aussehen.

Dreihöckeriger Typ: Die Labialfläche ist meist nur geringfügig schmaler als die bukkale. Der linguale Höcker wird durch die von der Okklusalfläche kommende linguale Fissur in zwei unterschiedlich große Höcker geteilt: einen größeren mesiolingualen und einen kleineren distolingualen. Die beide linguale Höcker trennende linguale Fissur liegt meist genau gegenüber der Spitze des bukkalen Höckers.

Approximalansicht
Die Krone ist in bukkolingualer Richtung geringfügig breiter, und die Lingual- und Bukkalfläche sind schwächer gekrümmt als beim ersten Prämolaren. Auch beim unteren zweiten Prämolaren zeigt sich deutlich eine Lingualneigung der Krone, sie ist jedoch nicht so stark wie beim ersten Prämolaren.

Okklusalansicht
Zweihöckeriger Typ: Der linguale Höcker ist etwas schmaler als der bukkale. Vom bukkalen Höcker senkt sich ein breiter Dreieckswulst zur Zentralfissur ab und trifft in der Tiefe der zentralen Fissur auf den kürzeren lingualen Dreieckswulst. Im Unterschied zum ersten unteren Prämolaren sind die Dreieckswülste durch eine deutliche Zentralfissur getrennt. Sie endet vor den Randleisten jeweils in einer mesialen und distalen Grube. Von beiden Gruben ziehen Fissuren in die Höcker und gabeln sich häufig in weitere Nebenfissuren auf.

Dreihöckeriger Typ: Durch die beiden lingualen Höcker gleicht der Umriß der Kaufläche annähernd einem Quadrat mit abgerundeten Ecken. Die Dreieckswülste der drei Höcker werden von ausgeprägten Fissuren deutlich voneinander getrennt. Sie laufen ziemlich genau im Mittelpunkt der Kaufläche in einer zentralen Grube zusammen und formen ein für den dreihöckerigen Kronentyp charakteristisches Y-förmiges Fissurenmuster. Die zentrale Fissur endet vor den Randleisten in einer etwas größeren mesialen und einer kleineren distalen Grube. Von beiden Gruben ziehen mehrere Nebenfissuren in die einzelnen Höcker.

5.2.14 Die Molaren

Die Molaren – in wörtlicher Übersetzung Mahlzähne – sind die größten Zähne des menschlichen Gebisses. Ihre breite, mehrhöckerige Kaufläche eignet sich besonders gut zum Zerschneiden und Zerstampfen der Nahrung, vor allem in Verbindung mit ihren kräftigen Wurzeln, die besonders gut zur Aufnahme großer Kaudrücke ge-

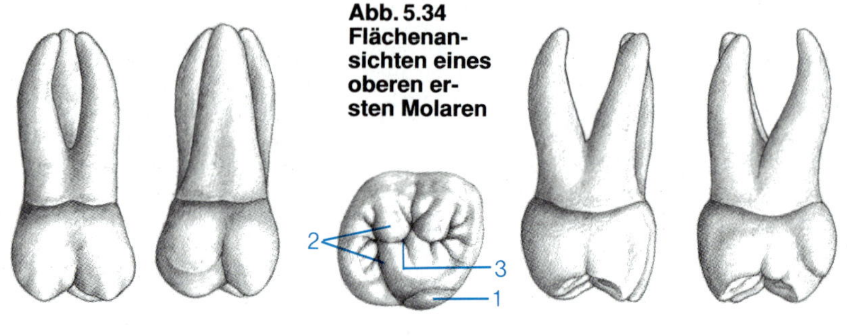

Abb. 5.34 Flächenansichten eines oberen ersten Molaren

1 Carabelli-Höcker, 2 Crista transversa, 3 Stuart-Furche

eignet sind. Obere Molaren besitzen mit Ausnahme des dritten drei Wurzeln, untere Molaren nur zwei. Bedeutsam ist aber, daß die Molaren große Kräfte aufnehmen können, wenn diese in senkrechter Richtung auf den Zahn einwirken. Horizontalkräften gegenüber, wie dies bei Parafunktionen der Fall ist, hält der Zahn nicht besonders gut stand und beginnt, sich rasch zu lockern.

5.2.15 Der obere erste Molar

Allgemeines
Der obere erste Molar ist normalerweise der größte Molar eines jeden Quadranten; die Krone ist in bukkopalatinaler Richtung breiter als in mesiodistaler. Er weist vier gut entwickelte Höcker auf und einen zusätzlichen, meist nur schwach augebildeten fünften Höcker im mesialen Teil der Palatinalfläche – besser bekannt unter dem Namen Carabelli-Höcker (Abb. 5.34).

Bukkalfläche
Beide bukkalen Höcker haben annähernd die gleiche Höhe. In der Regel ist aber der mesiobukkale Höcker geringfügig höher und breiter als der distobukkale. Eine von der Okklusalfläche kommende bukkale Fissur erstreckt sich etwa bis zur Mitte der bukkalen Fläche und trennt die beiden Höcker. Sie endet manchmal in einem Grübchen und stellt dann eine bevorzugte Angriffsstelle für die Karies dar.

Das Profil der distalen Approximalfläche weist über die gesamte Länge eine deutlich konvexe Krümmung auf (das der mesialen nur im okklusalen Drittel) und verläuft zum Zahnhals hin fast gerade, teilweise sogar leicht konkav. Die stärkste Profilkrümmung beider Flächen liegt immer nahe der Okklusalfläche und bildet den Kontaktpunkt mit dem Nachbarzahn.

Palatinalfläche
Die Palatinalfläche ist etwas schmaler als die bukkale, der mesiopalatinale Höcker ist deutlich breiter und auch höher als der distopalatinale. Er beansprucht etwa drei Fünftel der Palatinalfläche, ist stärker abgerundet und bis auf wenige Ausnahmen immer der größte Höcker dieses Zahnes. Beide Höcker werden durch die palatinale Fissur getrennt, die sich in der Regel bis etwa in die Mitte der palatinalen Fläche erstreckt.

Der mesiopalatinale Höcker ist durch das Auftreten des Tuberculum Carabelli gekennzeichnet, den man bei etwa 60 Prozent aller oberen ersten Molaren antrifft.

Dieser flache, zusätzliche Höcker entspringt der Palatinalfläche und endet etwa zwei Millimeter unterhalb der Höckerspitze. Im Normalfall grenzt er sich durch eine bogenförmige Furche vom mesiopalatinalen Höcker ab. Form und Größe des Carabelli-Höckers sind stark schwankend.

Approximalansicht
Mesiale und distale Approximalfläche entsprechen in ihren Umrissen einander, die distale ist aber kleiner und vor allem niedriger als die mesiale. Der größte Durchmesser des Zahnes liegt im Zahnhalsdrittel, die Krone verjüngt sich zur Okklusalfläche hin. Gut erkennbar ist die unterschiedliche Form der Höcker: Die bukkalen sind wegen ihrer abscherenden Funktion scharfkantig, die palatinalen als Stampfhöcker deutlich abgerundet. Die mesiale Randleiste liegt höher als die distale und wird häufig von einer mesialen Randfissur geteilt, die sich noch ein Stück weit auf die mesiale Fläche erstreckt.

Das Profil der Bukkalfläche hat im Bereich des Zahnhalses seine stärkste Wölbung, ansonsten ist es bis zu den Höckerspitzen nur schwach gekrümmt. Das Profil der Palatinalfläche weist über die gesamte Fläche eine deutlich stärkere Krümmung auf, wodurch die palatinalen Höcker etwas mehr zur Zahnmitte verlagert werden. Der Abstand der Höckerspitzen beträgt deshalb immer etwas weniger als die Hälfte des bukkopalatinalen Kronendurchmessers.

Okklusalansicht
Der Umriß der Okklusalfläche gleicht einer Raute: die spitzen Winkel liegen mesiobukkal und distopalatinal, die stumpfen Winkel mesiopalatinal und distobukkal. Gut zu erkennen ist, daß der Zahn mesial wesentlich breiter ist als distal; dieser Sachverhalt und der große, mesiopalatinale Höcker sind auffallende Merkmale zur Unterscheidung des rechten oberen Molaren vom linken. Der mesiobukkale Höcker ragt an der Übergangsstelle in die mesiale Approximalfläche weit nach bukkal vor und ist deutlich stärker gekrümmt als der distobukkale. Die Bukkalfläche der Molaren hat also wie die anderen Zähne ein deutliches Krümmungsmerkmal.

Der größte der vier Höcker ist der mesiopalatinale, gefolgt vom mesiobukkalen, dem distobukkalen und dem distopalatinalen. Ein zusätzlicher, unterschiedlich großer Höcker kann auf der palatinalen Fläche des mesiopalatinalen Höckers vorhanden sein: das bereits beschriebene Tuberculum Carabelli. Die einzelnen Höcker sind entweder durch ein unregelmäßiges, H-förmiges Fissurenmuster voneinander getrennt, sehr häufig aber sind der mesiopalatinale und distobukkale Höcker durch eine transversal verlaufende Leiste, die Crista transversa, miteinander verbunden.

Ausgangspunkt der Transversalleiste ist die höchste Erhebung des mesiopalatinalen Höckers, von wo aus sich der distale Höckerabhang in einem ausgeprägten Bogen zur Okklusalfläche absenkt und sich in der Tiefe der Kaufläche mit dem Dreieckswulst des distobukkalen Höckers verbindet. Der Verlauf der Crista transversa muß bei der Modellation unbedingt beachtet werden, da sonst kein störungsfreies Aus- und Eingleiten des unteren distobukkalen und distalen Höckers möglich ist. Die Nichtbeachtung dieses funktionell bedingten Verlaufs der Crista transversa – häufig auch noch verbunden mit einer zu ausgeprägten Modellation des distalen Höckers des unteren ersten Molaren und einer zu geringen Verlagerung desselben nach lingual – ist eine der Hauptursachen für die gerade bei diesem Zahn häufig auftretenden Balancestörungen.

Der Dreieckswulst des mesiopalatinalen Höckers fällt direkt in die zentrale Grube ab und trifft dort auf den Dreieckswulst des mesiobukkalen Höckers. Nach mesial trennt ihn eine deutliche Fissur von der mesialen Randleiste ab. Häufig hat der mesiopalatinale Höcker mesial der Crista transversa einen zweiten, schmaleren Dreieckswulst. Dieser ist durch eine mehr oder weniger ausgeprägte Fissur getrennt, die in der Tie-

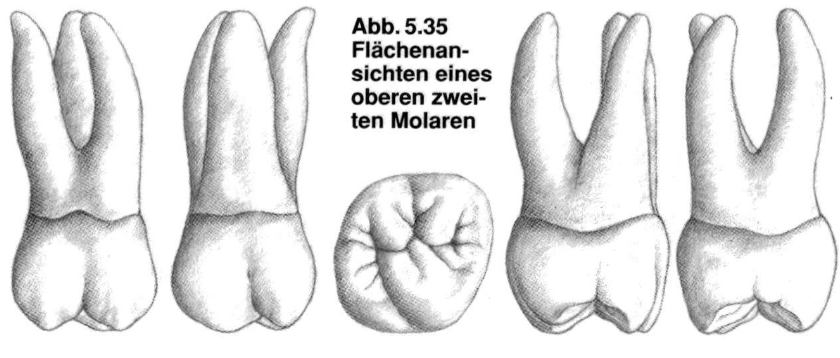

Abb. 5.35 Flächenansichten eines oberen zweiten Molaren

fe der zentralen Grube entspringt und sich bis zum Höckergrat des mesiopalatinalen Höckers erstreckt. Sie wird Stuart-Furche genannt und hat eine wichtige funktionelle Bedeutung: Sie ermöglicht dem unteren distobukkalen Höcker das ungestörte Aus- und Eingleiten bei der Mediotrusion.

Die große zentrale Grube liegt ziemlich genau im Zentrum der Okklusalfläche und wird vom mesiobukkalen und distobukkalen Dreieckswulst und der Crista transversa gebildet. In der zentralen Grube entspringen mehrere Fissuren:

- In mesialer Richtung erstreckt sich die zentrale Fissur; sie mündet vor der mesialen Randleiste in der mesialen Grube. Kurze, sich aufgabelnde Ergänzungsfissuren ziehen von der mesialen Grube in die Randleiste und lassen dort häufig ein mesiales Randhöckerchen entstehen.
- In bukkaler Richtung und im rechten Winkel zur zentralen Fissur verläuft die bukkale Fissur. Sie trennt die beiden bukkalen Höcker und setzt sich noch etwa bis zur Mitte der Bukkalfläche fort.
- Die distale Fissur ist in den meisten Fällen sehr kurz und endet an der Crista transversa. Sie kann aber auch die Crista transversa überqueren und vor der distalen Randleiste in der distalen Grube auslaufen. Der distalen Grube entspringen häufig mehrere kurze Fissuren und lassen vor der distalen Randleiste mehrere kleine Randhöckerchen entstehen.

Hinter der Crista transversa schneidet die palatinale Fissur tief in die Okklusalfläche ein. Sie beginnt etwa in der Mitte der Palatinalfläche in der Nähe des Kronenrandes und zieht schräg nach distal über die gesamte Kaufläche zur distalen Randleiste; sie trennt auf diese Weise den mesiopalatinalen Höcker deutlich vom distopalatinalen und und endet vor der distalen Randleiste in einer Gabelung. Der Höckergrat des distopalatinalen Höckers verläuft ungefähr parallel zur Crista transversa und geht in die distale Randleiste über.

5.2.16 Der obere zweite Molar

Die Krone des oberen zweiten Molaren kommt vor allem in zwei typischen Ausbildungsformen vor.

Als vierhöckerige Form ist sie eine fast getreue aber verkleinerte Ausgabe des ersten Molaren, nur der distopalatinale Höcker ist noch stärker verkleinert als beim oberen ersten Molaren.

Bei der dreihöckerigen Form fehlt der distopalatinale Höcker, die Crista transversa bildet sich zur distalen Randleiste um. Der ursprünglich mesiopalatinale Höcker ist nach distal verschoben und steht fast genau gegenüber der bukkalen Fissur, wel-

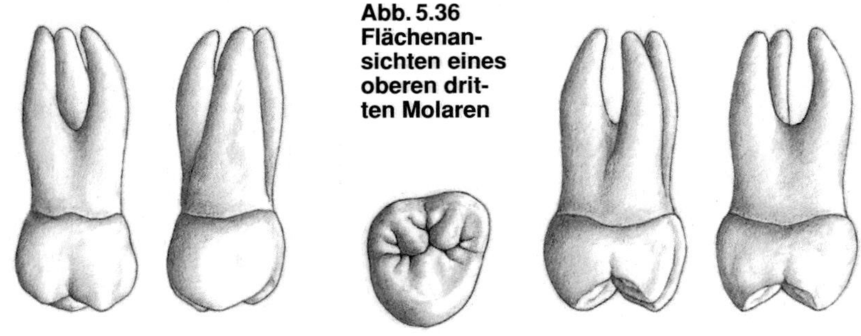

Abb. 5.36 Flächenansichten eines oberen dritten Molaren

che die beiden bukkalen Höcker voneinander trennt. Die Krone erhält hierdurch einen nahezu trapezförmigen Querschnitt (Abb. 5.35).

5.2.17 Der obere dritte Molar

Der obere dritte Molar oder Weisheitszahn unterliegt in seiner Form und Größe außerordentlichen Schwankungen. Ebenso schwankend ist die Anzahl und Anordnung der Höcker: Sie reicht vom einhöckerigen Stiftzahn bis zur Kaufläche mit zahlreichen kleinen, unregelmäßig über die ganze Kaufläche verteilten Höckern.

Die häufigste Form ist die dreihöckerige mit zwei bukkalen und einem lingualen Höcker, seltener findet man vierhöckerige Typen mit einem stark verkleinerten distopalatinalen Höcker. In zahlreichen Fällen wird der Weisheitszahn überhaupt nicht mehr angelegt oder verbleibt, da kein Platz im Kiefer vorhanden ist, als „retinierter Zahn" im Inneren des Kieferknochens (Abb. 5.36).

5.2.18 Der untere erste Molar

Allgemeines

Der untere erste Molar unterscheidet sich in mehreren Merkmalen vom oberen: Die Krone besitzt drei unterschiedlich große bukkale und zwei etwa gleich große linguale Höcker, die Krone ist insgesamt länger als breit, und ihr Fissurenrelief bildet eine Kreuzform. Wie alle Kronen unterer Zähne weisen auch die Kronen der unteren ersten Molaren eine Lingualneigung auf, die Kronenflucht, und sie haben nur eine mesiale und distale Wurzel. Seltener findet sich eine auf vier Höcker reduzierte Kronenform, die der des nachstehend beschriebenen unteren zweiten Molaren entspricht (Abb. 5.37).

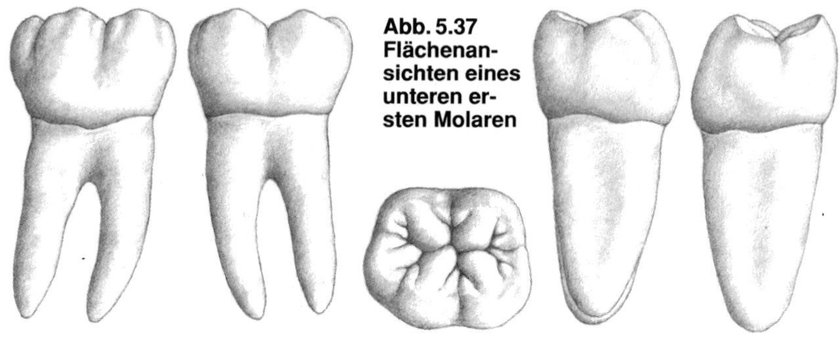

Abb. 5.37 Flächenansichten eines unteren ersten Molaren

Bukkalfläche

Die Bukkalfläche wird von drei Höckern gebildet: Der mesiobukkale Höcker ist der breiteste und höchste, der distobukkale (= zentrobukkale oder zentrale) Höcker ist geringfügig schmaler und etwas niedriger, der schmalste und niedrigste der drei Höcker ist der distale. Das Profil der beiden Approximalflächen weist eine starke Krümmung auf; dadurch verjüngt sich die Bukkalfläche stark zum Zahnhals hin. Die den mesiobukkalen und distobukkalen Höcker trennende mesiobukkale Fissur endet etwa in der Mitte der Fläche in einem teilweise recht tiefen Grübchen (Foramen caecum) – einer bevorzugten Angriffsstelle für die Karies. Die den distobukkalen und distalen Höcker trennende distobukkale Fissur erstreckt sich ebenfalls etwa bis zur Mitte der Bukkalfläche, läuft aber flach aus.

Lingualfläche

Die Lingualfläche ist geringfügig kleiner als die bukkale. Sie wird von zwei Höckern gebildet, von denen der mesiolinguale nur unwesentlich breiter und höher ist als der distolinguale. Entsprechend ihrer Funktion als Scherhöcker sind die lingualen Höcker spitzer als die bukkalen. Die beide Höcker trennende linguale Fissur erstreckt sich nicht sehr weit auf die Lingualfläche.

Approximalansicht

Das Profil der bukkalen Fläche neigt sich stark nach lingual und hat seine stärkste Krümmung im okklusalen Bereich, in der Mitte ist es flach oder leicht konkav und weist erst wieder im Bereich des Zahnhalses eine schwache Krümmung auf. Das Profil der Lingualfläche hat seine stärkste Krümmung im Höckerbereich, ansonsten ist die Fläche nur schwach gekrümmt bis plan und geht im Zahnhalsbereich in eine leichte Wölbung über.

Die Höckerspitzen der bukkalen Höcker sind als Folge der Kronenflucht wie bei allen unteren Seitenzähnen deutlich nach lingual verlagert. Als Stampfhöcker sind ihre Höckerspitzen stärker abgerundet, die lingualen Höcker sind entsprechend ihrer Funktion als Scherhöcker scharfkantiger geformt. Im Vergleich mit den lingualen Höckern sind die bukkalen etwas niedriger.

Okklusale Ansicht

Die Okklusalfläche des am häufigsten vorkommenden fünfhöckerigen Kronentyps erhält durch die unterschiedliche Anzahl der bukkalen und lingualen Höcker einen leicht trapezförmigen Umriß.
Sie wird durch die in mesiodistaler Richtung verlaufende Zentralfissur in eine bukkale und eine linguale Hälfte geteilt. Diese verläuft aber nicht völlig geradlinig, sondern mehr zickzackartig, da sich der distobukkale Höcker leicht zwischen die beiden lingualen Höcker schiebt.

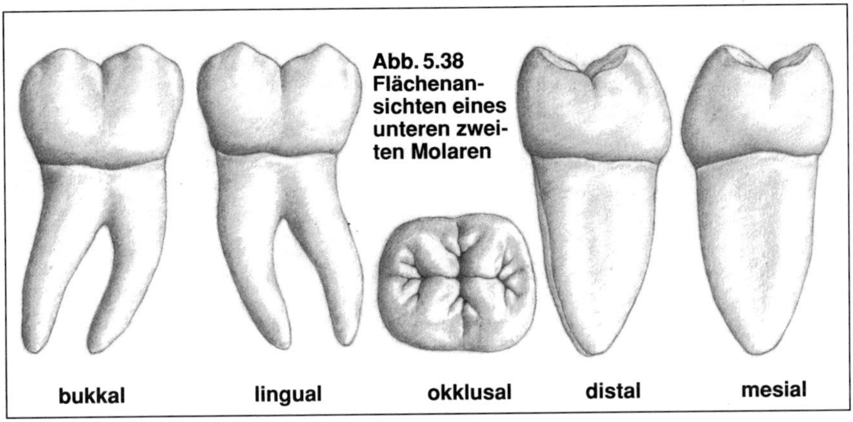

Abb. 5.38 Flächenansichten eines unteren zweiten Molaren

Die Größe und Höhe der bukkalen Höcker nimmt von mesial nach distal ab: der größte ist der mesiobukkale, der distobukkale ist geringfügig schmaler, und der kleinste der drei Höcker ist der distale. Durch die Tatsache, daß der mesiobukkale Höcker nicht nur etwas weiter nach bukkal vorragt, sondern auch der distale Höcker deutlich nach lingual gedreht ist, weist der Zahn nicht nur ein deutliches Krümmungsmerkmal auf, sondern ist mesial geringfügig breiter als distal.

Mesiobukkaler, distobukkaler und distaler Höcker werden von zwei Fissuren getrennt, die der zentralen Grube entspringen. Die mesiobukkale Querfissur zweigt nahezu rechtwinklig von der Zentralfissur nach bukkal ab, die distobukkale Querfissur schräg nach distal. Für den Verlauf dieser Fissur gibt es ebenfalls eine funktionelle Erklärung: Sie entspricht in ihrer Ausrichtung der Bewegungsbahn des mesiopalatinalen Höckers des oberen ersten Molaren bei der Mediotrusion. Wie die bukkalen Höcker werden auch der mesiolinguale und distolinguale Höcker von einer in der zentralen Grube entspringenden und fast rechtwinklig von der Zentralfissur abzweigenden lingualen Fissur getrennt.

Die Okklusalfläche ist von drei Gruben gekennzeichnet:

- Die größte ist die nahezu in der Zahnmitte liegende zentrale Grube. Sie wird von den Dreieckswülsten des mesiobukkalen, distobukkalen und des mesiolingualen Höckers gebildet und dient der Abstützung des oberen mesiopalatinalen Höckers.
- Zwischen mesialer Randleiste, mesiolingualem und mesiobukkalem Dreieckswulst liegt die mesiale Grube. Ihr entspringt als Fortsetzung der Zentralfissur nach mesial eine kurze, sich aufgabelnde Fissur, die an der mesialen Randleiste häufig ein Randhöckerchen entstehen läßt.
- Zwischen distobukkalem, distolingualem und distalem Höcker bildet sich die flache distale Grube.

In 90 Prozent aller Fälle ist der mesiolinguale Höcker mit dem distobukkalen durch eine über die zentrale Grube hinwegziehende Leiste verbunden.

5.2.19 Der untere zweite Molar

Allgemeines

Von einzelnen Ausnahmen abgesehen, ist die Krone etwas kleiner als die des unteren ersten Molaren und besitzt in den meisten Fällen vier Höcker (Abb. 5.38).

Bukkalfläche

Die Bukkalfläche gleicht der des ersten Molaren, nur ist sie im Durchschnitt einen knappen Millimeter niedriger und schmaler. Die Bukkalfläche wird von zwei Höckern

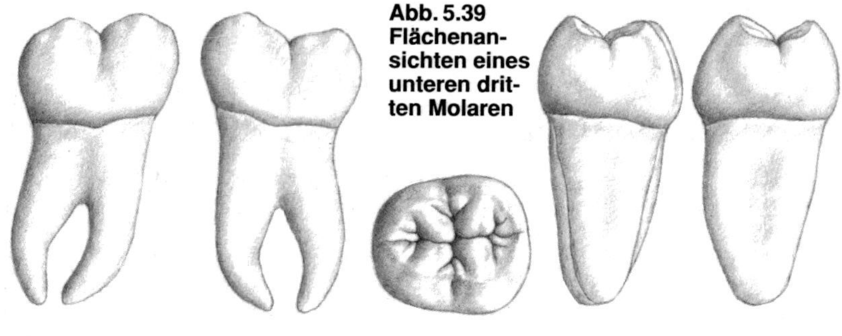

Abb. 5.39 Flächenansichten eines unteren dritten Molaren

mit abgerundeten Spitzen gebildet, von denen der mesiobukkale Höcker geringfügig höher und breiter ist als der distobukkale. Die beide Höcker trennende bukkale Fissur erstreckt sich etwa bis in die Mitte der Bukkalfläche.

Das Profil beider Approximalflächen ist wie beim ersten Molaren konvex gekrümmt, wodurch sich die Bukkalfläche zum Zahnhals hin verjüngt, jedoch nicht so stark wie beim ersten Molaren.

Lingualfläche
Von den beiden lingualen Höckern ist der mesiolinguale etwas größer und höher als der distolinguale. Sie werden durch die linguale Fissur getrennt, die sich wie beim ersten Molaren auf der Mitte der Labialfläche verliert. Gegenüber den bukkalen Höckern sind die lingualen entsprechend ihrer Funktion als Scherhöcker scharfkantiger.

Approximalansicht
Aus mesialer und distaler Sicht ähnelt die Krone sehr stark dem unteren ersten Molaren; die geringfügig niedrigeren bukkalen Höcker sind ebenfalls deutlich nach lingual geneigt. Das Profil der bukkalen Fläche ist in der Nähe des Zahnhalses ausgeprägt konvex gekrümmt, zur Okklusalfläche hin flacht die Krümmung stark ab. Das Profil der lingualen Fläche weist eine schwache aber gleichmäßige Krümmung über die gesamte Fläche auf.

Okklusalansicht
Im Unterschied zum ersten Molaren sind Bukkal- und Lingualfläche annähernd gleich lang, die Krone ist im Durchschnitt einen Millimeter länger als breit. Zahnumriß und Kaufläche erhalten dadurch eine rechteckige bis nahezu quadratische Form.

Die Dreieckswülste der vier Höcker sind zum Zentrum der Kaufläche ausgerichtet. Sie treffen sich in der zentralen Fissur und formen zwei transversale, sich überkreuzende Leisten.

Die große zentrale Grube liegt ungefähr im Zentrum der Kaufläche, die kleine mesiale Grube liegt zwischen den Dreieckswülsten des mesiobukkalen und mesiolingualen Höckers und der mesialen Randleiste, und die sehr kleine distale Grube liegt zwischen den beiden Dreieckswülsten des distobukkalen und distolingualen Höckers und der distalen Randleiste. Die mesiale Randleiste ist oft v-förmig eingeschnitten und läßt vor der Randleiste kleine Randhöckerchen entstehen.

Das typische Fissurenmuster der zweiten Molaren ist das eines Kreuzes. Die Zentralfissur beginnt in der zentralen Grube und erstreckt sich nach mesial und distal bis zur mesialen und distalen Randleiste. Bukkale und linguale Querfissur treffen im Zentrum der Kaufläche im rechten Winkel aufeinander oder sind leicht gegeneinander versetzt.

5.2.20 Der untere dritte Molar

Der untere dritte Molar zeigt, wenn auch in viel geringerem Maße als der obere, eine große Variationsbreite in Form und Größe. Er ist in der Regel etwas kleiner als der untere zweite Molar, doch größer als der obere Weisheitszahn (Abb. 5.39).

In etwa der Hälfte aller Fälle ist der Zahn vierhöckerig und stellt eine verkleinerte Kopie des unteren zweiten Molaren dar, die Ecken sind aber immer stark abgerundet, und die Fissuren sind sehr unregelmäßig angeordnet. Daneben finden sich dem unteren ersten Molaren entsprechende, fünfhöckerige Formen mit drei bukkalen und zwei lingualen Höckern, Zähne mit zwei bukkalen und einem lingualen Höcker und solche mit sechs oder mehr kleineren, unregelmäßig angeordneten Höckern.

5.3 Spezielle Morphologie der Milchzähne

Die Milchzähne weisen neben ihrer geringeren Zahl und Größe in ihrem Aufbau einige Unterschiede gegenüber den Zähnen des bleibenden Gebisses auf. Der Größenunterschied ist genau auf die Verhältnisse des Gesichtsschädels abgestimmt: Er ist beim Kind relativ breiter und niedriger als beim Erwachsenen, infolgedessen sind auch die Kronen der Milchzähne breiter und niedriger als die der Ersatzzähne.

Auffallend ist auch die starke Spreizung der Milchmolarenwurzeln. Die nachrückenden Prämolaren liegen zentral in der Mitte der Bifurkation beziehungsweise Trifurkation und der Milchzahn bleibt durch diese Konstruktion bis kurz vor den Durchbruch des Prämolaren im Kiefer verankert. Eine weitere Besonderheit der Milchzähne ist der wulstartig verdickte Schmelzrand, durch den Krone und Wurzel deutlich voneinander abgesetzt sind.

Eine fast normale Erscheinung ist die starke Abrasion der Milchzähne. Sie hat ihre Ursache in einer wesentlich schwächeren Mineralisierung des Schmelzes der Milchzähne. Die schwächere Mineralisation des Milchzahnschmelzes gibt den Zähnen ein milchig-weißes bis bläulich-weißliches, porzellanartiges Aussehen. Dieser Sachverhalt erklärt auch das Zustandekommen der Bezeichnung „Milchzahn". Da Milchzähne vom Zahntechniker nicht ersetzt werden, wird auf eine Beschreibung verzichtet.

5.4 Approximale und okklusale Kontaktbeziehungen der Zähne

Die Stellung der Zähne, beziehungsweise die Form der Zahnreihen, sind das Ergebnis eines mehr oder weniger stabilen, dreidimensionalen Gleichgewichts zwischen dem Wangen-, Zungen- und Lippendruck, sowie den auf die Zähne einwirkenden okklusalen Kräften und den in das marginale Parodont eingelagerten Kollagenfaserbündeln, die die Zähne untereinander zu einer geschlossenen Zahnreihe verankern. Zudem werden die beim Kieferschluß, sowie von Lippen-, Wangen- und Zungenmuskulatur erzeugten Druck- und Schubkräfte durch die bewegliche Aufhängung der Zähne ihren Alveolen gleichmäßig auf den gesamten Zahnbogen verteilt. Damit wird verhindert, daß einzelne Bereiche des Kiefers und des Zahnhalteapparats überbelastet werden.

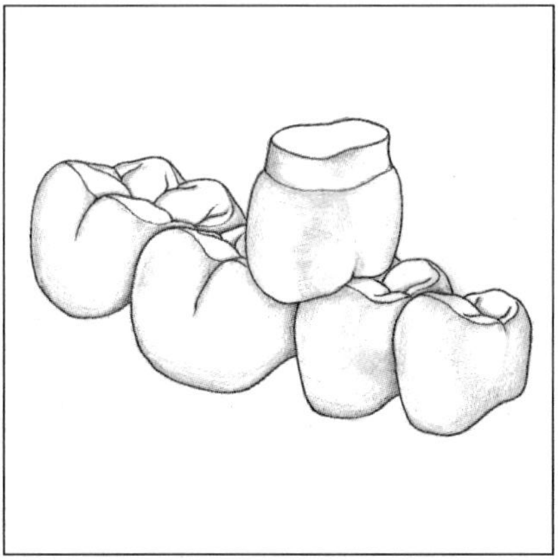

Abb. 5.40 Approximale und okklusale Kontakte sind für die Stabilität der Zahnreihen von größter Bedeutung, damit die Zähne durch einwirkende Kräfte nicht in andere Positionen bewegt werden.

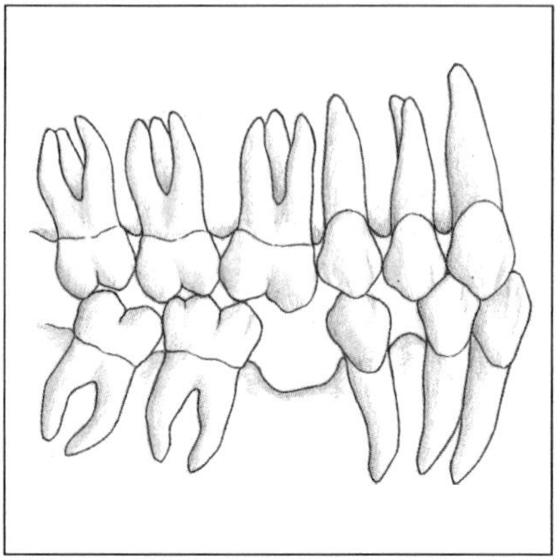

Abb. 5.41 Folgen fehlender oder falscher Kontaktbeziehungen

Approximale und okklusale Kontaktbeziehungen haben deshalb für die Stabilität der Zahnreihen – man sagt auch für die Biostatik der Okklusion – eine nicht zu unterschätzende Bedeutung (Abb. 5.40): Schon der Verlust eines Zahnes kann für die Stellung der Zähne und die Statik der Zahnreihen schwerwiegende Folgen haben; ebenso können einzelne Kronen durch falsch gestaltete Kauflächen oder fehlende okklusale Beziehung die gesamte Okklusion nachhaltig beeinflussen (die Krone soll den Patienten nicht stören und wird deshalb von vornherein leicht außer Kontakt gestellt). Die Zähne versuchen, durch Kippung und horizontale und vertikale Zahnwanderung neue Kontaktbeziehungen zu finden. Diese neuen Kontaktverhältnisse führen aber in den meisten Fällen zu Störungen der Funktion, Abrasionen und Überlastung einzelner Teile des Kausystems, sei es der Muskeln, der Kiefergelenke, der Parodontien und Alveolarknochen.

5.4.1 Die Funktion der approximalen Kontaktbeziehungen

Aus okklusaler wie aus lateraler Ansicht ist deutlich zu erkennen, daß sich im vollbezahnten Gebiß benachbarte Zähne mit ihren approximalen Flächen berühren. Auf Grund der konvexen Wölbung der Zahnkronen kommt es an den Berührungsflächen nur zu punktförmigen Kontakten. Die Berührungsstelle, die immer dicht unterhalb der Schneidekante oder Okklusalfläche liegt, wird deshalb als Approximaler Kontaktpunkt bezeichnet.

Die Approximalen Kontaktpunkte dienen mehreren Zielen:

- Sie dienen einmal zum Schutz der Interdentalpapille, die beim gesunden Marginalen Parodont hoch in den Interdentalraum einragt,
- zum anderen verhindern sie das Einpressen von Speiseteilchen in den Interdentalraum, die sogenannte Speiseimpaktion,
- und nicht zuletzt dienen sie der horizontalen Abstützung der Zähne gegeneinan-

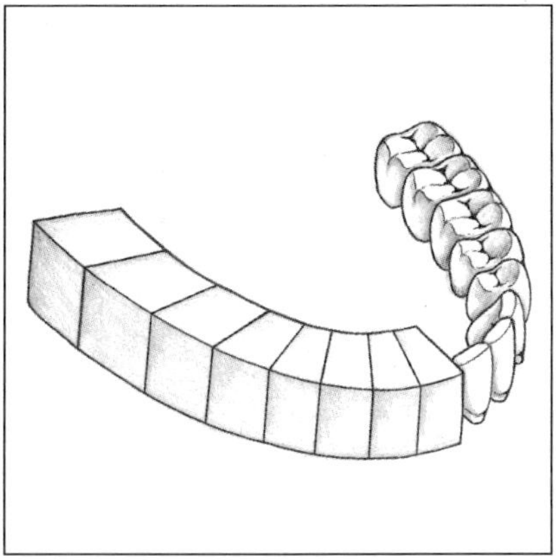

Abb. 5.42 Die Zähne verkeilen sich wie die Steine eines gemauerten Rundbogens.

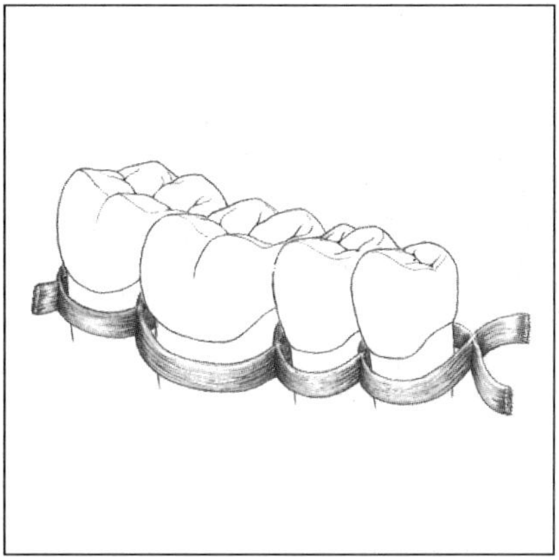

Abb. 5.43 Sagittale Gewebskoppelung

der, das heißt, sie stabilisieren jeden Zahn in seiner Stellung im Zahnbogen und verhindern die Zahnwanderung.

Geht der approximale Kontakt verloren, so kommt es zu Zahnkippungen, Zahnwanderungen sowie zum Herauswachsen (= Elongation) der Zähne des Gegenkiefers (Abb. 5.41). Die Folgen sind Fehlbelastungen, die nicht nur zu Schädigungen des Zahnhalteapparats führen, sondern darüber hinaus krankhafte und meist sehr schmerzhafte Veränderungen der Muskulatur (= Myopathien) und der Kiefergelenke (= Arthropathien) zur Folge haben.

Weitere sinnvolle Konstruktionen dienen dazu, die Stabilität der Zahnreihe zu gewährleisten: Da der bukkale Umfang des Zahnbogens größer ist als der linguale, läßt sich die Anordnung der Zähne mit den Steinen eines gemauerten Torbogens vergleichen. Bei Krafteinwirkungen von vestibulär verkeilen sich die Zähne und die Kraft wird über die Kontaktpunkte an die Nachbarzähne weitergeleitet (Abb. 5.42).

Gegenüber lingual ansetzenden Kräften ist der Zahn ebenfalls geschützt – nur weniger gut: Die ins Marginale Parodont eingelagerten Kollagenfaserbündel – und hier insbesondere die interdentalen und in Achterwindungen die Zähne umlaufenden Längsfaserbündel – verkoppeln die Zähne miteinander. Lingual ansetzende Kräfte, die den Zahn nach vestibulär kippen wollen, führen zur Straffung dieser unelastischen Fasern und wirken dann der einwirkenden Kraft entgegen. Diese Art der Verbindung der Zähne untereinander wird als Sagittale Gewebskoppelung bezeichnet (Abb. 5.43).

Schließlich dient die im folgenden näher zu beschreibende okklusale Beziehung der Zähne über Höcker-Gruben- und Höcker-Randleisten-Kontakte, wie sie beim Kauen oder Schlucken auftreten, zur dreidimensionalen Stabilisierung der Zahnreihe und zur Verhinderung von Zahnbewegungen.

Zahnbewegungen
Durch seine Konstruktion besitzt der Zahnhalteapparat die Fähigkeit, auf ihn einwirkende Kräfte aufzufangen und sich durch Umbauvorgänge veränderten Situationen anzupassen. Man unterscheidet dabei physiologische Zahnbewegungen, physio-

logische Zahnwanderungen und künstlich erzeugte, durch kieferorthopädische Apparaturen ausgelöste, orthodontisch gesteuerte Zahnbewegungen.

1. Physiologische Zahnbewegungen
Die beim Kauen, Sprechen, Schlucken, Pressen und Knirschen erzeugten Kräfte werden vom Zahnhalteapparat aufgefangen und führen, sofern die physiologischen Grenzen nicht überschritten werden, zu geringfügigen Zahnbewegungen: Der Zahn wird entweder in die Alveole gedrückt oder es kommt zu schwachen Auslenkungen. Nach Wegfall der einwirkenden Kraft erfolgt durch Blutgefäße und Sharpeysche Fasern eine Rückstellung in die ursprüngliche Lage. Diese physiologischen Zahnbewegungen bewirken aber nur die ständige Erneuerung der parodontalen Gewebe, haben jedoch keine bleibende Veränderung der Zahnstellung zur Folge.

2. Physiologische Zahnwanderungen
Physiologische Zahnwanderungen betreffen Stellungsänderungen einzelner Zähne im Alveolarfortsatz. Um die Stellung eines Zahnes im Zahnfach bleibend zu verändern, ist ein Umbau des gesamten Halteapparats erforderlich. Die Zahnwanderung läßt sich vor allem in zwei Richtungen beobachten: als horizontale Mesialwanderung der Zähne und als vertikale okklusale Drift.

Als Mesialwanderung bezeichnet man die Tatsache, daß die bleibenden Zähne eines vollbezahnten Zahnbogens mit zunehmendem Alter des Menschen zur Mitte des Bogens rücken. Der Grund für dieses Verhalten der Zähne ist der durch die Kautätigkeit im Bereich der Approximalkontakte auftretende Schmelzverlust. Er führt zur Umwandlung der Kontaktpunkte zu Kontaktflächen, der Zahnbogen verkürzt dabei im Laufe des Lebens um etwa 0,5 Zentimeter. Die treibende Kraft für die Mesialwanderung liegt im Faserapparat des marginalen Parodonts, vor allem in den interdentalen Fasern. Wird ein Zahn aus einer geschlossenen Zahnreihe entfernt, so vereinigen sich die interdentalen Faserbündel auch über die Zahnlücke hinweg und der distal der Lücke stehende Zahn beginnt langsam nach mesial zu wandern und zu kippen (vgl. Abb. 5.41).

Die okklusale Drift soll den Schmelzverlust an den Höckern der Kaufläche ausgleichen, der im Laufe der Jahre durch die Kautätigkeit auftritt. Durch Zementauflagerungen an der Wurzelspitze verdickt sich das apikale Wurzelzement und verlängert dadurch die Zahnwurzel. Gleichzeitig erfolgt auch am Boden der Alveole eine Neubildung von Knochensubstanz.

3. Orthodontisch gesteuerte Zahnbewegungen
Orthodontisch gesteuerte Zahnbewegungen werden durch kieferorthopädische Apparaturen ausgelöst, mit deren Hilfe unterschiedlich starke Kräfte auf den Zahnhalteapparat ausgeübt werden. Die Umbauvorgänge im Zahnhalteapparat gleichen grundsätzlich denen der physiologischen Zahnbewegungen, nur laufen sie wesentlich rascher ab, und es wird auch wesentlich mehr Gewebe ab- und aufgebaut. Bei orthodontisch gesteuerten Zahnbewegungen werden im Zahnhalteapparat je nach Angriffspunkt der einwirkenden Kraft unterschiedlich große Druck- und Zugzonen geschaffen: Dem Hebelgesetz entsprechend findet man bei kippenden Bewegungen die größten Druck- und Zugkräfte am Alveolarrand beziehungsweise im Wurzelspitzenbereich.

5.4.2 Lage und Form der Approximalkontakte

Im jugendlichen Gebiß berühren sich die Zähne punktförmig. Die korrekte Lage der Approximalkontakte aus frontaler und lateraler Sicht zeigen die Abbildungen 5.44 und 5.45.
Durch die bewegliche Aufhängung der Zähne im Zahnfach und die Ableitung der einwirkenden Kräfte auf die Nachbarzähne reiben die Approximalflächen beim Kauen

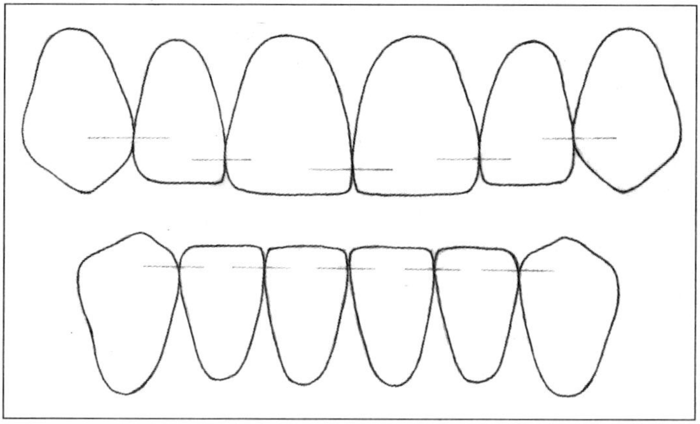

Abb. 5.44 Korrekte Lage der approximalen Kontaktpunkte aus frontaler Sicht

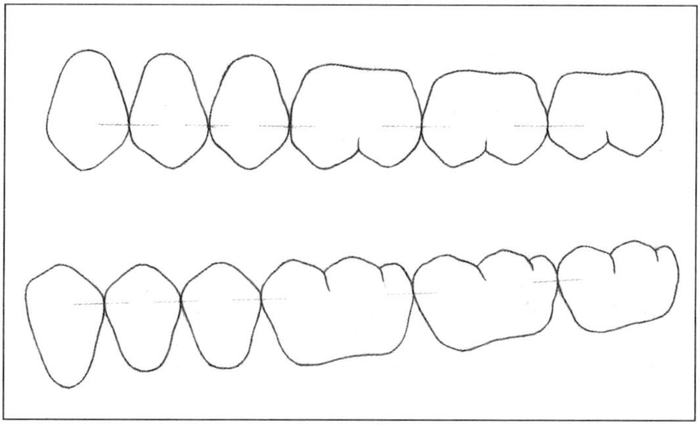

Abb. 5.45 Korrekte Lage der approximalen Kontaktpunkte aus lateraler Sicht

aneinander und die approximalen Kontaktpunkte wandeln sich mit zunehmendem Alter in Kontaktflächen um. Auffällig ist die typische, unterschiedlich gekrümmte Form zweier benachbarter Flächen: Die distale Approximalfläche eines Prämolaren oder Molaren ist konvex gekrümmt, die mesiale Approximalfläche konkav; man bezeichnet sie deshalb als „Sphärische Approximalkontakte“ (Abb. 5.46 und 5.47).

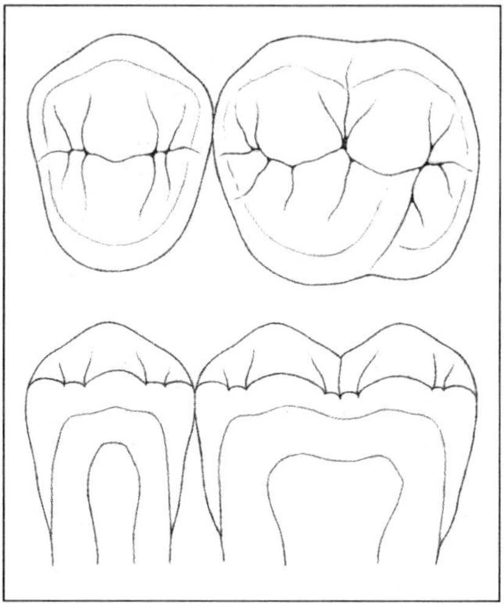

Abb. 5.46 Punktförmige Approximalkontakte

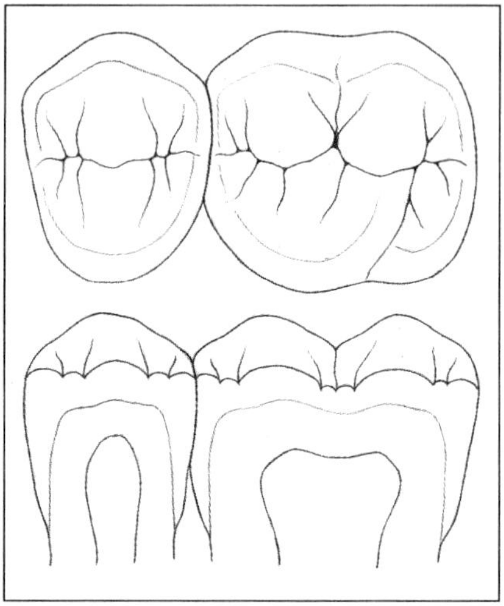

Abb. 5.47 Sphärische Approximalkontakte (Beachte: Mesiale Kontaktflächen sind stets konkav, distale immer konvex.)

5.4.3 Okklusale Kontaktbeziehungen

Durch die Aktivität der Mundschließer läßt sich der Unterkiefer so weit an den Oberkiefer heranführen, bis die Kauflächen der Zähne eine weitere Kranialbewegung des Unterkiefers stoppen. Die dabei zwischen den Ober- und Unterkieferzähnen auftretenden Kontaktbeziehungen bezeichnet man als okklusale Kontakte, die Lagebeziehung zwischen Oberkiefer und Unterkiefer unter Kontakt als Okklusion.

Während man früher zwischen Okklusion als statischer Position der Zähne im Kieferschluß und der Artikulation als dynamischem Geschehen bei Kieferbewegungen unterschied, bezeichnet man seit einigen Jahren jegliche Kontaktbeziehung der Zahnreihen als Okklusion. Damit enthält dieser Begriff sowohl die statische als auch die dynamische Komponente, wenn auch nicht verschwiegen werden darf, daß in jüngerer Zeit für die dynamische Komponente der Okklusion, also die Kontaktbeziehungen zwischen Ober- und Unterkieferzähnen während Kieferbewegungen wieder der Begriff dynamische Okklusion beziehungsweise der Doppelausdruck „Okklusion/Artikulation" zu finden ist.

5.4.3.1 Die Zahn zu zwei Zahn Beziehung

Schlußbiß oder Habituelle Interkuspidation

Die Kieferposition bei maximaler Annäherung und größtmöglicher Verschlüsselung des Unterkiefers mit dem Oberkiefer wurde früher (und großenteils auch noch heute) als Schlußbiß, Schlußokklusion oder Zentrische Okklusion bezeichnet. In den siebziger Jahren ersetzte man in der zahnmedizinischen Fachliteratur diesen Begriff durch den Ausdruck Habituelle Okklusion, der dann in den vergangenen Jahren eine nochmalige Veränderung zu dem Ausdruck Habituelle Interkuspidation erfuhr; er soll auch in diesem Buch anstelle des Begriffes Schlußbiß verwendet werden.

Haupt- und Nebenantagonist

Aus frontaler wie aus bukkaler Sicht läßt sich erkennen, daß im Eugnathen Gebiß

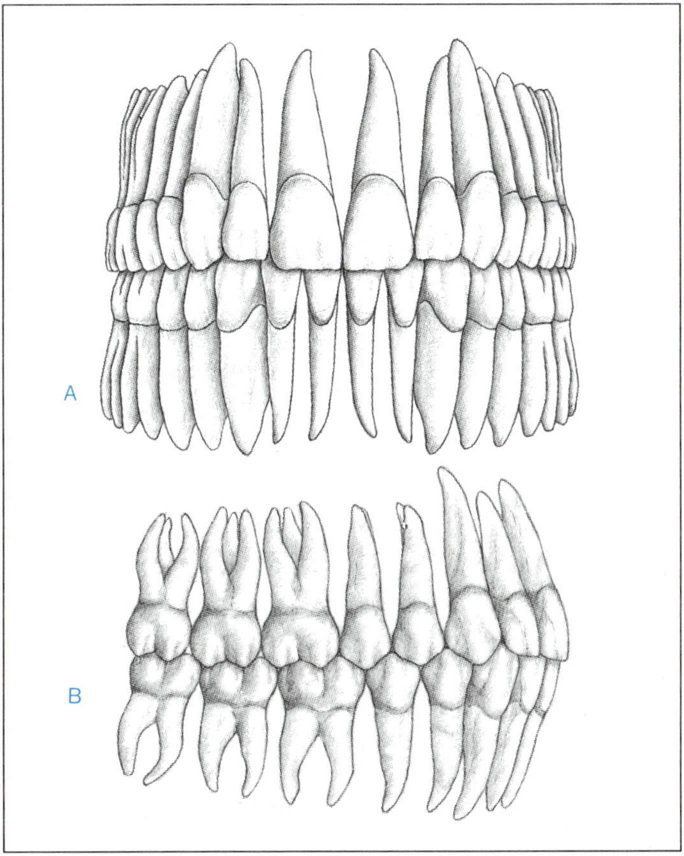

Abb. 5.48 Haupt- und Nebenantagonisten: A Frontalansicht, B Lateralansicht. Hauptantagonist für den unteren 5er ist der obere 5er, also der gleichnamige Zahn. Nebenantagonist ist der davorstehende 4er.

die unteren Zähne zu den oberen eine ganz bestimmte Position einnehmen: Aufgrund der unterschiedlichen Breite der oberen und unteren mittleren und seitlichen Schneidezähne kommt es zu einer Verschiebung beider Zahnreihen gegeneinander, beim Kieferschluß hat deshalb mit Ausnahme der unteren mittleren Schneidezähne und der oberen dritten Molaren jeder Zahn Kontakt zu zwei Zähnen des Gegenkiefers. Man bezeichnet diese bei den meisten Menschen anzutreffende Anordnung als „Zahn zu zwei Zahn Beziehung".

Der mit seinem gleichnamigen Zahn im Gegenkiefer zusammentreffende Zahn wird als Hauptantagonist bezeichnet, sein mitokkludierender Nachbar als Nebenantagonist. Nebenantagonist im Oberkiefer ist für die unteren Zähne der vor dem Hauptantagonisten stehende obere Zahn, Nebenantagonist im Unterkiefer ist für die oberen Zähne der hinter dem Hauptantagonisten stehende untere Zahn.

Hierzu zwei Beispiele:
Hauptantagonist für den Zahn 34 ist im Oberkiefer Zahn 24, Nebenantagonist ist 23. Für den Zahn 25 ist der Hauptantagonist im Unterkiefer 35, der Nebenantagonist 36 (Abb. 5.48)

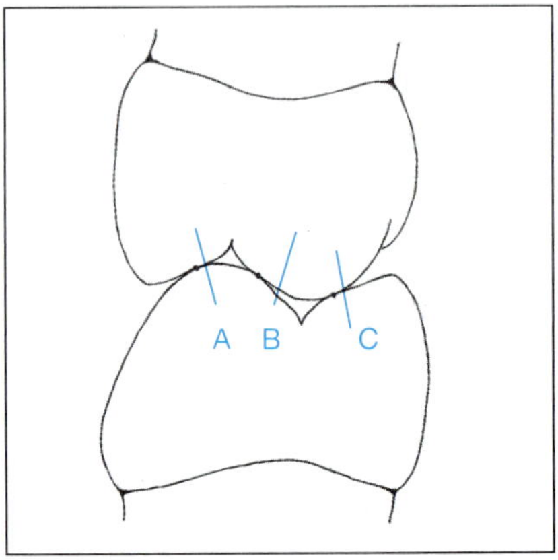

Abb. 5.49 A-, B- und C-Kontakte: Der wichtigste der drei Kontakte ist der B-Kontakt, da er ziemlich genau im Bereich der Zahnlängsachse liegt.

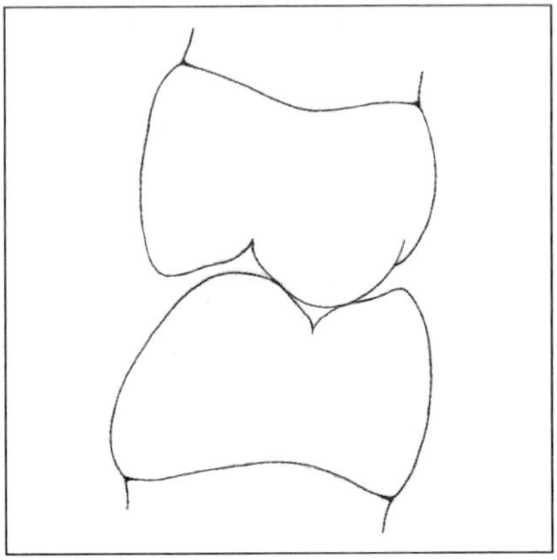

Abb. 5.50 B- und C-Kontakte (oder B- und A-Kontakte) sind stabil

A-, B- und C-Kontakte

Zwischen konvexen Flächen sind in bukkolingualer Richtung prinzipiell drei punktförmige Kontaktbeziehungen möglich, die aus didaktischen Gründen mit den Buchstaben A, B und C bezeichnet werden (Abb. 5.49).

- Kontakte zwischen bukkalen Höckern nennt man A-Kontakte,
- Kontakte zwischen tragenden oder zentrischen Höckern B-Kontakte und
- Kontakte zwischen lingualen und palatinalen Höckern C-Kontakte.

Sind alle drei Kontakte vorhanden oder wenigstens ein A- und B-Kontakt oder ein B- und C-Kontakt, so wird der Kaudruck in Richtung der Zahnachsen abgeleitet und der Zahnhalteapparat gleichmäßig belastet. Die Kippung der Zähne wird verhindert, ebenso eine Aufteilung der Kaudruckkräfte in Zug- und Druckkräfte auf die Strukturen des Zahnhalteapparats, die eine Schädigung desselben, verbunden mit einer Lockerung der Zähne und sanduhrartigen Erweiterung der Alveole zur Folge haben. Daraus können wir ableiten: Von den drei Kontakten ist der B-Kontakt der bedeutsamste, er und ein weiterer Kontakt sollten deshalb an jedem Zahn vorhanden sein (Abb. 5.50)!

Sind nur ein A- und ein B-Kontakt oder gar nur ein A- oder B-Kontakt vorhanden, dann beginnen Zähne entlang der Schrägflächen der Dreieckswülste zu wandern: Der untere Zahn kippt dabei so lange nach lingual, der obere nach bukkal, bis er einen neuen B-Kontakt gefunden hat. Dieser neue B-Kontakt ist aber kein korrekter B-Kontakt, und die Folge sind fast immer sogenannte „Balancestörungen" (auf die Begriffe Balancestörungen und Hyperbalancen wird noch näher eingegangen) (Abb. 5.51).

Deswegen ist es für jede Zahntechnikerin und jeden Zahntechniker wichtig zu wissen, wo diese okklusalen Kontakte normalerweise liegen beziehungsweise liegen sollten. Im Rahmen dieses Buches kann aber nur Grundlegendes zur Lage okklusaler Kontakte gesagt werden. Ausführliches Wissen erwirbt man nur durch Besuch guter Aufwachskurse oder das Studium spezieller Fachliteratur, wie das in gleicher Reihe erschienene Buch von U. Lotzmann „Die Prinzipien der Okklusion".

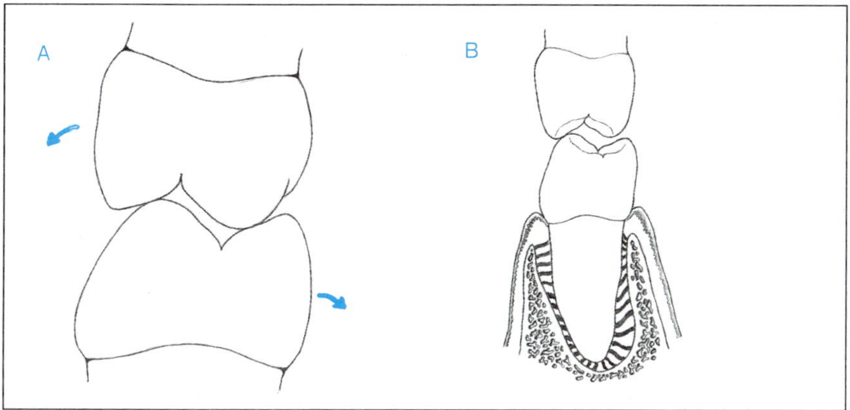

Abb. 5.51 A und B
Fehlende oder falsche Kontakte führen zur Kippung der Zähne (A) und sanduhrförmigen Erweiterung der Alveole (B).

Die Okklusalansichten einer Ober- und Unterkieferzahnreihe auf der vorderen und hinteren inneren Umschlagseite beruhen auf den idealtypischen Kauflächen der von Lundeen und Payne entwickelten Modelle für die Aufwachstechnik. Vorzug dieser Modelle ist, daß sie einfache, schematisierte, aber funktionsgerechte Kauflächen haben, an denen man deshalb die Funktion besonders gut lernen kann. Die Zahntechnik der letzten Jahre hat zum Teil Kauflächen hervorgebracht, die auf den ersten Blick hin ungeheuer beeindrucken, bei genauerer Betrachtung aber erkennen lassen, daß sie funktionell falsch gestaltet sind und im Munde des Patienten Störungen verursachen müssen.

Mit der farblichen Unterscheidung der Kontaktbeziehungen nach einem bestimmten Farbsystem soll verständlich gemacht werden, welche Kontakte zusammengehören und welche Funktion der jeweilige Kontakt hat.

Schließstopper und Ausgleichskontakte und ihre Funktion:
Zur Erklärung dieser beiden Begriffe sollen zunächst die unteren bukkalen Höcker betrachtet werden. Jeweils mesial von der Höckerspitze findet sich auf Innenseite des vorderen Umschlags ein rot eingezeichneter Kontakt, distal der Höckerspitze ein grüner Kontakt. Beim Schließen des Unterkiefers treffen die roten, mesial von der Höckerspitze liegenden Kontaktpunkte auf den nach distal geneigten Randleisten der oberen bukkalen Höcker auf und stoppen die Schließbewegung des Unterkiefers. Man bezeichnet deshalb diese Kontakte als Schließstopper oder englisch als closure stoppers.
Die grün eingezeichneten, auf den nach distal geneigten Höckerabhängen liegenden Kontakte werden Ausgleichsstopper, Ausgleichskontakte oder Equalizer genannt. Werden beim Kieferschluß die Kontaktbeziehungen zwischen Schließstoppern und Ausgleichsstoppern in Ober- und Unterkiefer gleichzeitig erreicht, so wirken die Ausgleichskontakte genau in Gegenrichtung der Schließstopper. Die beiden Kontakte heben sich in ihren Kraftwirkungen auf und die Zahnreihe bleibt in mesiodistaler Richtung stabil.

Fehlen die entsprechenden Schließstopper, so gleitet der Unterkiefer durch den nach vorne gerichteten Zug der Kaumuskulatur nach mesial weg. Da die Zahnfront reine Abbeiß- und Tastfunktion hat, ist sie von Natur aus nicht in der Lage, bei fehlenden Kontakten im Seitenzahnbereich den Unterkiefer in seiner Position zu halten. Ein auffälliges, typisches Merkmal fehlender Schließstopper ist die sich auffächernde Zahnfront; man braucht also für eine stabile Zahnfront Schließstopper im Seitenzahnbereich.

Entsprechend führen fehlende Ausgleichskontakte zu einem Abgleiten des Unterkiefers nach distal. Als Folge davon wird der Gelenkkopf des Unterkiefers tiefer in die Gelenkgrube gezogen und verdrängt den Diskus articularis nach vorn; dies hat häufig sehr starke Kiefergelenksschmerzen zur Folge. Den Ausgleichskontakten kommt also die wichtige Aufgabe zu, die Kiefergelenke zu schützen. Man kann also sagen: Die Schließstopper und Ausgleichskontakte stabilisieren die Zahnreihe nicht nur in mesiodistaler Richtung, insbesondere schützen die Schließstopper die Zahnfront, die Ausgleicher die Kiefergelenke (Abb. 5.52).

Aktive und Passive Zentrik

Nimmt man ein Modellpaar mit Zahn zu zwei Zahn Beziehung zur Hand und betrachtet die Stellung der Höcker nahe der Habituellen Interkuspidation, so kann man sich gut vorstellen, wie sich die zentrischen Höcker der Ober- und Unterkieferzähne beim weiteren Kieferschluß „aktiv" in die Gruben und gegen die Randleisten ihrer Antagonisten bewegen. Aus der Sicht der Gruben und Randleisten kann man sagen, daß sie die unteren zentrischen Höcker über punktförmige Kontakte „passiv aufnehmen".

Deshalb bezeichnet Slavicek die auf den unteren bukkalen Höckern liegenden Kontaktpunkte als Aktive Zentrik des Unterkiefers, die zugehörige Passive Zentrik des Oberkiefers liegt auf den Randleisten und in den zentralen Gruben der oberen Molaren. Die Aktive Zentrik des Oberkiefers liegt entsprechend auf den palatinalen Höckern der Prämolaren und Molaren, die zugehörige Passive Zentrik des Unterkiefers liegt in den distalen Gruben der Prämolaren, bei den Molaren in den zentralen Gruben und auf den Randleisten.

Aktive und Passive Zentrik der Ober- und Unterkieferzähne

Mit Hilfe der auf der Innenseite der vorderen Umschlagseite abgebildeten Kontaktbeziehungen sollen die Kontakte der aktiven und passiven Zentrik in Ober- und Unterkiefer besprochen werden. Die Farben geben dabei jeweils an, ob es sich um einen Schließstopper, einen Ausgleicher oder einen B-Kontakt handelt.

Aktive Zentriken der Unterkieferzähne

Unterer erster Prämolar

Der bukkale Höcker des unteren ersten Prämolaren trifft auf die distale Randleiste des oberen Eckzahns und die mesiale Randleiste des oberen ersten Prämolaren.

Unterer zweiter Prämolar

Der bukkale Höcker des unteren zweiten Prämolaren trifft auf die distale Randleiste des oberen ersten Molaren und die mesiale Randleiste des oberen zweiten Molaren.

Unterer erster Molar

Der mesiobukkale Höcker des ersten Molaren trifft auf die distale Randleiste des oberen zweiten Prämolaren und die mesiale Randleiste des oberen ersten Molaren.

Der distobukkale Höcker des unteren ersten Molaren stützt sich dreipunktartig in der zentralen Grube der unteren Molaren ab.

Der dritte, distale Höcker des ersten unteren Molaren hat keinen Kontakt mit seinem Antagonisten.

Unterer zweiter Molar

Der mesiobukkale Höcker des unteren zweiten Molaren verhält sich wie der erste Molar: Er hat Randleistenkontakte mit der distalen Randleiste des oberen ersten Molaren und der mesialen Randleiste des oberen zweiten Molaren.

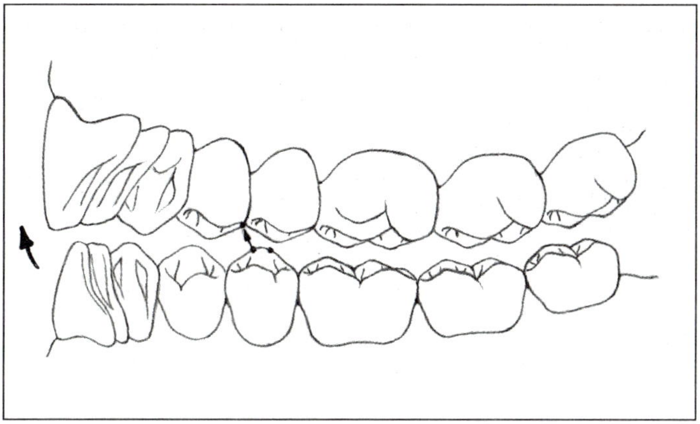

Abb. 5.52 Schließstopper und Ausgleichskontakte

Der distobukkale Höcker des unteren zweiten Molaren hat wie der distobukkale Höcker des unteren ersten Molaren Grubenkontakt in der zentralen Grube des oberen zweiten Molaren.

Unterer dritter Molar

Da die unteren dritten Molaren in ihrer Form stark unterschiedlich sind, läßt sich keine allgemeingültige Aussage über die Kontaktbeziehung machen.

Aktive Zentriken der Oberkieferzähne

Oberer erster Prämolar

Der palatinale Höcker des oberen ersten Prämolaren hat fast nie Kontakt mit der distalen Grube des unteren ersten Prämolaren. Wird dort ein Dreipunktkontakt gestaltet, so entspricht dieser dem des oberen zweiten Prämolaren.

Oberer zweiter Prämolar

Der palatinale Höcker des oberen zweiten Prämolaren stützt sich dreipunktartig in der distalen Grube des unteren zweiten Prämolaren ab.

Oberer erster Molar

Der mesiopalatinale Höcker des oberen ersten Molaren okkludiert mit einem Dreipunktkontakt in der zentralen Grube des unteren ersten Molaren.

Der distopalatinale Höcker des oberen ersten Molaren trifft auf die distale Randleiste des unteren ersten Molaren und auf die mesiale Randleiste des unteren zweiten Molaren.

Oberer zweiter Molar

Der obere zweite Molar entspricht in den meisten Fällen in seiner Gestalt dem oberen ersten Molaren und hat deshalb dieselben Kontaktbeziehungen, wie sie zuvor für den oberen ersten Molaren beschrieben wurden.

Oberer dritter Molar

Auch er weist wie die unteren dritten Molaren eine so starke Abweichung in der Form auf, daß allgemeingültige Aussagen nicht sinnvoll sind.

Zusammenfassend läßt sich für die korrekte Lage der A-, B- und C-Kontakte folgendes sagen:

Unterkiefer

- Schließstopper (= closure stoppers) liegen immer auf nach mesial geneigten Abhängen.
- Ausgleichskontakte (= equalizer) liegen auf nach distal geneigten Abhängen.
- B-Kontakte liegen auf nach distal geneigten Abhängen.

Oberkiefer

- Schließstopper liegen immer auf nach distal geneigten Abhängen.
- Ausgleichskontakte liegen immer auf nach mesial geneigten Abhängen.
- B-Kontakte liegen immer auf nach mesial geneigten Abhängen.

5.4.3.2 Die Zahn zu Zahn Beziehung
Die Zahn zu Zahn Beziehung kommt im natürlichen Gebiß seltener vor, gelegentlich findet man auf der einen Gebißhälfte eine Zahn zu zwei Zahn Beziehung und auf der anderen Seite eine Zahn zu Zahn Beziehung. Die Zahn zu Zahn Beziehung ist – verglichen mit der Zahn zu zwei Zahn Beziehung – eigentlich ein „kieferorthopädisches Krankheitsbild": eine Distalbißlage des Unterkiefers um eine halbe Prämolarenbreite.

Lange Jahre galt in der Gnathologie die von dem unlängst verstorbenen amerikanischen Zahnarzt Peter K. Thomas entwickelte Zahn zu Zahn Beziehung als das anzustrebende Idealziel einer organischen Okklusion, und jede größere Versorgung wurde in Zahn zu Zahn Relation gestaltet.

Die Zahn zu Zahn Beziehung ist ein „durchgestyltes" Okklusionskonzept einer reinen Höcker-Gruben-Beziehung zwischen Zähnen: Jeder Höcker der Backenzähne stützt sich in einer Grube des Gegenzahnes ab, Randleistenkontakte sind nicht vorhanden. Nach Thomas wird dadurch nicht nur jeder Zahn in Richtung der Zahnlängsachse belastet und schädigende Horizontalkräfte weitestgehend vermieden, sondern es wird vor allem auch das Einpressen von Nahrung in den Interdentalraum, die Speiseimpaktierung, verhindert.

Grundsätzlich gilt es zu beachten, daß sich bei der Zahn zu Zahn Beziehung immer drei Kontaktpunkte um die Höckerspitze herum anordnen. Die drei Stops sollten sehr nahe beieinanderliegen, damit zum einen der Höcker nicht zu breit wird und die Zentrik deutlich ist, zum anderen ergeben breite Höcker eine viel zu breite Kaufläche und nicht zuletzt stören breite Höcker häufig bei Kieferbewegungen.

Eine ausführliche Beschreibung der Kontakte der Aktiven und Passiven Zentrik bei der Zahn zu Zahn Beziehung unterbleibt, die korrekte Lage ist der Abbildung auf der hinteren inneren Umschlagseite zu entnehmen. Auch für ihre prinzipielle Lage gilt, was bei der Zahn zu zwei Zahn Beziehung schon gesagt wurde.

Auch bei der Zahn zu Zahn Beziehung gilt: Ein eindeutiger, funktionell richtig gestalteter Dreipunktkontakt bei jedem Zahn ist vollkommen ausreichend und besser als viele, zu Störungen neigende, falschplazierte Dreipunktkontakte! Vor allem der Anfänger sollte sich von vielen „Konfettis" auf der Kaufläche nicht beeindrucken lassen und in einem solchen Fall erst einmal überprüfen, ob all diese Kontakte funktionell richtig angeordnet sind.

Kapitel 6
Physiologie des Kausystems

Der Inhalt auf einen Blick

6.1 Funktionen des Kausystems

Tiefergehende Kenntnisse über die Funktionen des Kausystems sind in der Zahntechnik unabdingbar, da der Zahnersatz diese Funktionen mehr oder weniger stark beeinflußt. Wie in Kapitel 1.6 erwähnt, hat das Kausystem im wesentlichen die nachstehenden Funktionen; sie stellen zugleich Teilfunktionen anderer Organsysteme dar:

Kaufunktion (= Mastikatorische Funktion): Nahrungsaufnahme, Nahrungszerkleinerung, Nahrungsverarbeitung und Nahrungstransport (Beißen, Kauen, Saugen, Lecken, Schlucken, Rülpsen, Spucken, Würgen, Erbrechen).

Wahrnehmungsfunktion (=Sensitiv-sensorische Funktion): Wahrnehmung von Tastempfindungen (Berührung, Druck, Stellung, Bewegung), Schmerz-, Temperatur-, Geschmacks- und erotisierender Empfindungen (Küssen).

Lautbildungsfunktion (= Phonetische Funktion): Sprechen, Singen, Zischen, Pfeifen und Geräuschenachahmen.

Ästhetisch-physiognomische Funktion: Veränderungen des Gesichtsausdrucks (Lachen, Weinen).

Atmungsfunktion (= Respiratorische Funktion): Atmen, Schnarchen, Blasen, Husten, Niesen, Schnupfen.

Die Kaufunktion wird von den im Bereich des Mundes und Rachens gelegenen Organen des Verdauungssystems wahrgenommen, die Atmungs- und Lautbildungsfunktion von Organen des Atmungssystems im Bereich der Oberen Luftwege und die Wahrnehmungsfunktion von Sinnesorganen des Nervensystems. An der ästhetisch-physiognomischen Funktion sind Organe zahlreicher Organsysteme beteiligt, deren Funktionen und Bedeutungen im Rahmen des jeweiligen Organsystems ausführlicher dargestellt werden.

6.1.1 Funktionen im Rahmen des Verdauungssystems

Das Verdauungssystem wird von den Organen des sogenannten Verdauungstrakts und den dort einmündenden Verdauungsdrüsen gebildet. Der Verdauungstrakt ist sozusagen ein Rohr, das den Körper durchzieht und in seinen verschiedenen Abschnitten unterschiedlich geweitet ist. Der Mundspalt stellt den Eingang, der After den Ausgang des Rohres dar. Innerhalb dieses Rohres laufen die Verdauungsprozesse ab, bei denen die Nährstoffe aus den Nahrungsmitteln herausgelöst werden. Hierzu sind Verdauungsenzyme aus den benachbarten Verdauungsdrüsen nötig.

Der Verdauungstrakt untergliedert sich grob in folgende Abschnitte:
- Mund
- Speiseröhre
- Magen
- Dünndarm
- Dickdarm
- Enddarm.

Zu den Verdauungsdrüsen zählen:
- Speicheldrüsen
- Bauchspeicheldrüse
- Leber
- Galle.

Alle Organe eines Organsystems arbeiten im Rahmen einer wichtigen, übergeordneten Funktion zusammen, wobei jedes Organ bestimmte Teilfunktionen übernimmt. Welche Teilfunktionen im Rahmen der Verdauung jedes Verdauungsorgan des Verdauungssystems übernimmt, zeigt die folgende Tabelle. Mit Ausnahme des Mundes spielen die Organe des Verdauungssystems in der Zahntechnik keine Rolle, auf eine ausführliche Beschreibung ihres Aufbaus wurde deshalb bewußt verzichtet (Tabelle 6.1 und Abb. 6.1).

Organ	Funktionen
Mund	Nahrungskontrolle, mechanische Zerkleinerung und Einspeichelung der Nahrung, Vorverdauung von Kohlehydraten
Speiseröhre	Weiterleitung des Speisebreis an den Magen
Magen	Fortsetzung der Kohlehydratvorverdauung Vorverdauung von Eiweißen
Dünndarm	Endverdauung von Kohlehydraten und Eiweißen, Fettverdauung, Aufnahme der Nährstoffe durch die Darmwand in das Blut
Dickdarm	Wasserrückgewinnung und damit verbunden Eindickung unverdaulicher Nahrungsreste, Kotbildung
Enddarm	Ansammlung und Ausscheidung des Kots
Speicheldrüsen	Anfeuchten (Lösen) und Neutralisieren der Nahrung, Produktion von Enzymen zur Kohlehydratvorverdauung, Gleitfähigmachen der Nahrung
Bauchspeicheldrüse	Produktion von Enzymen zur Endverdauung von Kohlehydraten und Eiweißen und zur Fettverdauung,
Leber	Produktion des Gallensaftes (eines **Emulgators**)
Galle	Ausscheidung des Gallensaftes zur Unterstützung der Fettverdauung

Tab. 6.1 Funktionen der Verdauungsorgane

Die Verdauungsvorgänge im Bereich des Mundes, auch Mundverdauung genannt, werden unter den Stichworten „Kauen“ und „Schlucken“ im nachfolgenden Text näher erläutert. Zum Begriff „Kauen“ ist ferner noch anzumerken, daß man darunter in der Zahnheilkunde nicht nur das Zerbeißen von Nahrung versteht, sondern alle Vorgänge der Mundverdauung, beginnend mit der Nahrungskontrolle und -aufnahme bis hin zum Schluckvorgang.

6.1.1.1 Kauen

Das Kauen beginnt eigentlich schon mit dem Betrachten der Nahrung und seiner Geruchswahrnehmung vor der Nahrungsaufnahme. Dies dient zum einen der Kontrolle der Nahrung und zum anderen der Auslösung der Speichelsekretion. Redewendungen wie „das Auge ißt mit“ oder „da läuft einem ja gleich das Wasser im Munde zusammen“ verdeutlichen dies.

Die Nahrungskontrolle spielt eine ganz wesentliche Rolle. Sie soll verhindern, daß der Organismus durch verdorbene, ungenießbare Nahrung vergiftet wird, und daß die Schleimhäute und Verdauungsorgane nicht durch scharfkantige oder spitze Nahrungsbestandteile verletzt werden. Die Nahrungskontrolle findet während des gesamten Kauvorgangs statt. Dazu werden

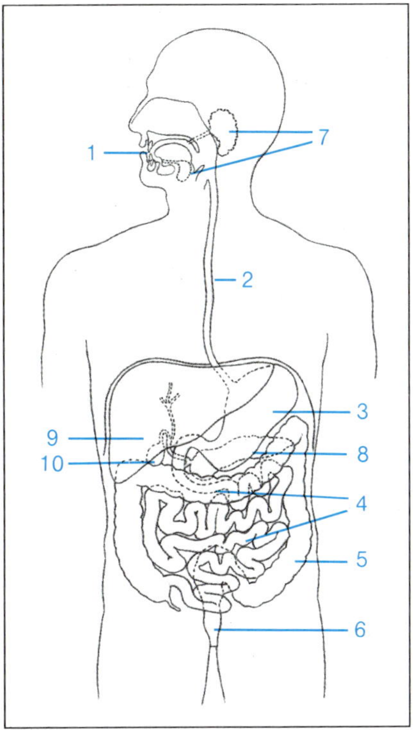

Abb. 6.1 Organe der Verdauung
1 Mund, 2 Speiseröhre, 3 Magen, 4 Dünndarm, 5 Dickdarm, 6 Enddarm, 7 Speicheldrüsen, 8 Bauchspeicheldrüse, 9 Leber, 10 Gallenblase

im Gehirn Sinneswahrnehmungen der Augen sowie Geruchs-, Geschmacks-, Tast-, Schmerz- und Temperaturwahrnehmungen verarbeitet, um im Notfall das Ausspucken oder Erbrechen der Nahrung zu veranlassen.

Damit für das spätere Einspeicheln der Nahrung genügend Speichel zur Verfügung steht, bedarf es einer rechtzeitigen Auslösung der Speichelproduktion, denn die Speicheldrüsen produzieren keinen größeren Speichelvorrat. Auf diese Weise wird einer möglichen Selbstverdauung durch Speichelenzyme vorgebeugt. Die Speichelproduktion wird durch Geschmacksstoffe der Nahrung ausgelöst, und vom Geschmack hängt die Menge und Zusammensetzung des Speichels weitgehend ab.

Die Nahrungsaufnahme kann unterschiedlich erfolgen. Mundgerecht portionierte Nahrung kann mit den Fingern oder mit dem Eßbesteck entweder direkt in die Mundhöhle oder zwischen die Lippen, die die Nahrung festhalten und anschließend in Richtung Mundhöhle bewegen, befördert werden, wo sie von der Zunge übernommen wird. Die Nahrung kann aber auch durch Abbeißen von Brocken mit den Schneidezähnen (bei fester Nahrung) oder mit den Eckzähnen und Prämolaren (bei zäher Nahrung) in die Mundhöhle gelangen.
Flüssigkeit wird auf zweierlei Art aufgenommen: Entweder wird sie schluckweise aus einem Gefäß in die Mundhöhle geleert oder durch Erzeugung von Unterdruck in die Mundhöhle gesaugt und anschließend gleich geschluckt.

Die mechanische Reizung der Mundschleimhaut durch den Nahrungsbissen löst eine verstärkte Speichelsekretion aus. Die Kontraktion des Großen Kaumuskels und der Oberen Zungenbeinmuskeln unterstützen den Speichelabfluß aus den großen Speicheldrüsen, indem diese Muskeln im Rahmen der Kieferbewegungen leicht auf die benachbarten Speicheldrüsen drücken.

Als nächstes transportiert die Zunge den Nahrungsbissen zwischen die Prämolaren der linken oder rechten Kieferseite, wo er durch Mahlbewegungen mechanisch grob zerkleinert und mit Speichel durchmischt wird. Die Zerkleinerung der Nahrung dient der Oberflächenvergrößerung, um den Speichelenzymen eine größere Angriffsfläche zu bieten und so eine intensivere Vorverdauung der Kohlenhydrate zu ermöglichen.

Mahlbewegungen sind „kreisende", sich wiederholende (zyklische) freie Kieferbewegungen, deren Bewegungsmuster von Mensch zu Mensch und manchmal auch von Zyklus zu Zyklus verschieden ist. Ein typischer Kauzyklus eines Erwachsenen, der Vier-Phasen-Rundbiß nach Gysi, ist im Kapitel 6.2.3 beschrieben.

Das Abgleiten des abgequetschten Anteils des Bissens in den unteren Mundvorhof wird durch die dicht an den Zahnreihen anliegende Wange verhindert. (Deswegen beißt man sich auch manchmal auf die Wange.) Damit der zerstampfte und teilweise schon mit Speichel durchmischte Bissen weiter zerkleinert und durchmischt werden kann, formt die Zunge aus den zerquetschten Anteilen mit Hilfe des Gaumens wieder einen neuen Bissen. Anschließend wendet sie ihn, indem sie ihn gegen die Gaumenfalten drückt und sich selbst zur Seite bewegt, und schiebt ihn dann auf der anderen Kieferseite zwischen die Prämolaren. Dort wird der Bissen weiter durch Mahlbewegungen zerkleinert und mit Speichel durchmischt.

Im weiteren Verlauf, in dem sich Mahlbewegungen mit anschließender Bissenformung, Bissenwendung sowie Transport zwischen die Backenzähne mehrfach wiederholen, wird der Bissen von der Zunge zur Feinzermahlung zwischen die Molaren geschoben. Nach Abschluß der Zerkleinerung und Durchmischung schiebt die Zunge den Bissen in Richtung Rachenenge, drückt ihn dort gegen das Gaumensegel und löst dadurch den Schluckvorgang aus.

6.1.1.2 Schlucken

Der Schluckvorgang dient zum einen der Sicherung der Atemwege, zum anderen dem Transport der zerkleinerten und eingespeichelten Nahrung durch den Rachen zur Speiseröhre.

Bevor der Bissen durch den Rachen transportiert werden kann, muß verhindert werden, daß Teile des Bissens vom Rachen in die Nasenhöhle oder vom Rachen in Kehlkopf und Luftröhre gelangen können. Daher wird zu Beginn des Schluckvorgangs das Gaumensegel angehoben, gespannt und gegen die hintere Schlundwand gedrückt. Diese wölbt sich wulstartig vor und versperrt so den Zugang zur Nasenhöhle. Der Kehlkopf hebt sich, der Kehlkopfeingang nähert sich dem Kehldeckel. Letzterer wird nun durch Rückwärtsbewegung des Zungengrundes auf den Kehlkopfeingang gedrückt, gleichzeitig schließt sich im Kehlkopf die Stimmritze und die Atemtätigkeit wird kurzzeitig eingestellt. So wird verhindert, daß Nahrung in die Luftröhre gelangen kann.

Anschließend quetscht die Zunge wie ein Stempel den Bissen durch die Rachenenge in den Rachenraum, von wo aus er durch Einschnürung der Rachenwand nach unten zur Speiseröhre geschoben wird. Die Speiseröhre übernimmt nun den Bissen und befördert ihn weiter in den Magen.

In der Mundhöhle befindliche Flüssigkeiten werden zum einen durch den großen Stempeldruck der Zunge, zum anderen durch eine ruckartige, kräftige Kontraktion des Mundbodens und des oberen Schlundschnürers durch den Rachen und die Speiseröhre bis in den Magen gespritzt („Spritzschluck").

6.1.2 Funktionen im Rahmen des Atmungssystems

Die Organe des Atmungssystems ermöglichen zusammen die Atmung, wobei zwischen Äußerer und Innerer Atmung unterschieden wird. Hauptfunktion der Äußeren Atmung ist, Sauerstoff aus der Luft aufzunehmen und Kohlendioxid an diese abzugeben. Die Innere Atmung sorgt dafür, daß Sauerstoff aus dem Blut in die Zellen und Kohlendioxid aus den Zellen ins Blut gelangt.

Zu den Organen des Äußeren Atmungssystems rechnet man die luftleitenden Atmungsorgane, die dem Gasaustausch dienenden Lungen und die die Ventilation der Lungen bewirkenden Organe.

Der obere Teil der luftleitenden Organe liegt im Kopf und wird als Oberer Luftweg bezeichnet. Er wird gebildet von

- der Nase mit den Nasenhöhlen,
- den Nasennebenhöhlen und
- dem Rachen.

Der untere Teil der luftleitenden Organe liegt im Hals und im Rumpf und wird als Unterer Luftweg bezeichnet. Er wird gebildet von

- Kehlkopf,
- Luftröhre,
- Bronchien und Bronchiolen sowie
- den Lungenbläschen (Lungenalveolen).

Brustkorb und Zwerchfell bewirken die Ventilation der Lunge, worunter man die Bewegung von Luft in die Lunge hinein oder aus ihr heraus versteht (Abb. 6.2).

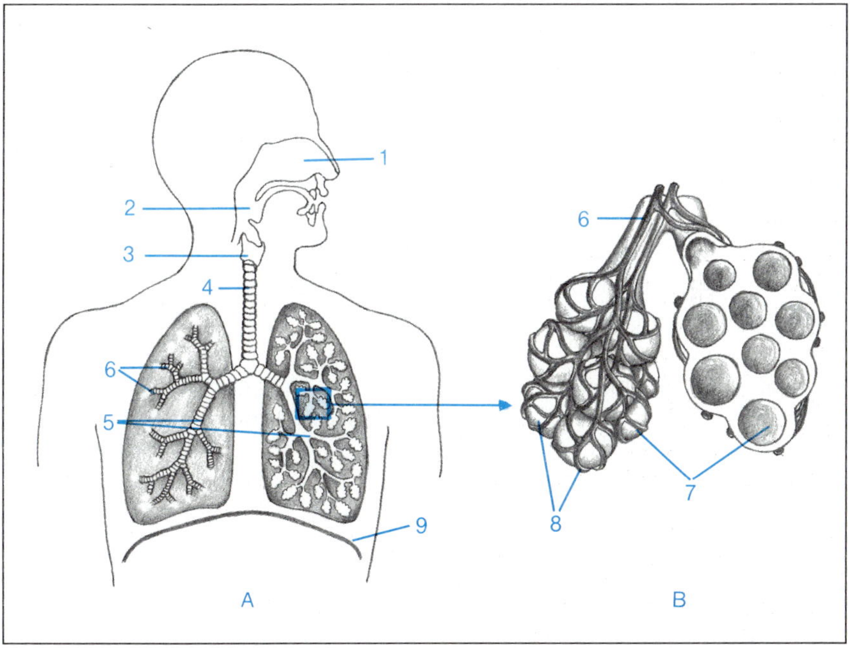

Abb. 6.2 Organe der Atmung:
A Die Organe in der Übersicht
B Bronchiole mit einer Traube von Lungenbläschen – links in der Aufsicht mit umgebenden Lungenkapillaren, rechts im Längsschnitt dargestellt (stark vergrößerter Ausschnitt aus [A]).

1 Nasenhöhle, 2 Rachen, 3 Kehlkopf, 4 Luftröhre, 5 Bronchien, 6 Bronchiolen, 7 Lungenbläschen, 8 Lungenkapillaren, 9 Zwerchfell

Organ	Funktionen
Nase u. **Nasenhöhle**	Vorwärmung, Anfeuchtung und Reinigung der Atemluft
Nasennebenhöhlen	Vorwärmung der Atemluft
Rachen	Verschließen des oberen Atemwegs beim Schlucken
Kehlkopf	Verschließen des unteren Atemwegs beim Schlucken
Luftröhre	Leitung und Reinigung der Atemluft
Bronchien/Bronchiolen	Leitung, in den Bronchien auch noch Reinigung der Atemluft
Lungenalveolen	Gasaustausch zwischen Blut und Atemluft
Brustkorb u. **Zwerchfell**	Erzeugung der Luftzirkulation in der Lunge und in den luftleitenden Organen

Tab. 6.2 Funktionen der Atmungsorgane

Die Tabelle 6.2 zeigt, welche Funktionen im Rahmen der Äußeren Atmung jedes der erwähnten und in Abbildung 6.2 dargestellten Organe übernimmt.

Von den Funktionen Atmen und Sprechen, an deren Ausführung sich auch Organe außerhalb des Kausystems beteiligen, sind nur die Vorgänge im Bereich von Nasenhöhle, Mundhöhle und Rachenraum für die Zahntechnik von Bedeutung; nur diese werden deshalb auch beschrieben.

6.1.2.1 Atmen

Die Atemluft wird beim Durchströmen durch die Nasenhöhle gereinigt, indem Partikel der Luft teilweise an den kurzen, steifen Haaren im Bereich der Nasenöffnungen, die wie ein Schutzgitter wirken, hängen bleiben, oder am Schleimfilm des Flimmerepithels der Nasenschleimhaut haften bleiben. Der Schleim mitsamt den Partikeln wird dann durch den Flimmerschlag des Epithels zum Rachen transportiert und anschließend verschluckt.

Die vielen Nasenschleim produzierenden Becherzellen und zahlreiche kleine Drüsen sorgen für eine Befeuchtung der Atemluft, ein Venengeflecht der Nasenschleimhaut im Bereich der mittleren und unteren Nasenmuschel für deren Erwärmung.

Für die Geruchswahrnehmung ist die Riechschleimhaut auf der oberen Nasenmuschel und an der Nasenscheidewand zuständig.

Zur Reinigung der Nase durch Ausschnupfen (Schneuzen) wird beim Ausatmen eine große Luftmenge schnell durch die Nasenhöhle gepreßt, wodurch Sekretanhäufungen auf der Nasenschleimhaut mitgerissen und nach draußen befördert werden.

6.1.2.2 Sprechen

Die Fähigkeit der Sprache ist eines von mehreren Merkmalen, in denen sich Mensch und Tier unterscheidet. Die Sprache ist für ihn von zentraler Bedeutung, weil sie ihm eine intensive Kommunikation mit anderen Menschen ermöglicht. Dies wird besonders in Fällen fehlender Frontzähne, Hasenscharten oder Wolfsrachen, Verlust von Zunge oder Lippengewebe sowie Hirn- und Nervenverletzungen deutlich, bei denen die Sprache stark an Verständlichkeit einbüßt. Die Wiederherstellung der Sprechfunktion ist eine von mehreren Aufgaben, die Zahnersatz und Defektprothesen (Obturatoren) zu erfüllen haben.

Voraussetzung für die Tonerzeugung ist ein ununterbrochener Luftstrom ausreichender Luftmenge und Drucks, der durch den Atmungsapparat beim Ausatmen bereitgestellt wird. Die aus den Lungen strömende Luft passiert den Kehlkopf, setzt dabei die Stimmbänder in Schwingungen und läßt einen Ton entstehen (auch Phonation genannt). Dieser kann durch unterschiedliche Einstellungen der Stimmbänder in Höhe und Lautstärke verändert werden.

Die Tonwellen, die durch die Stimmbänder hervorgerufen werden, sind jedoch weit von dem entfernt, was wir als Sprache hören. Erst verschiedene Resonanzkörper verleihen der Stimme ihre charakteristischen Eigenschaften und verstärken den Ton. Diesem Zweck dienen die vielen kleinen Hohlräume in Knochen, wie beispielsweise die Kiefer-, Stirn- und Keilbeinhöhlen, und die größeren Hohlräume wie der Rachen, die Nasenhöhle und die Mundhöhle sowie der Brustkorb.

In der Mundhöhle und dem unteren Rachen, zusammen als Ansatzrohr bezeichnet, werden letztendlich die Sprachlaute erzeugt (auch Artikulation genannt), an deren charakteristischer Formung fast alle Strukturen der Mundhöhle beteiligt sind.

Bei den Vokalen (a/e/i/o/u) spielen die Weite und Öffnung der Mundhöhle eine wichtige Rolle, die nicht zuletzt auch durch die Kieferstellung und die Lage der Zunge, Zungenform und Abschluß des Nasenrachens durch das Gaumensegel und die vorgewölbte Rachenwand bestimmt wird. Zudem wölbt sich der Gaumen des Menschen hoch auf, damit die Zunge genügend Spielraum hat und ein Hohlraum für die Vokalbildung vorhanden ist.

Die Konsonanten entstehen an drei verschiedenen Artikulationszonen: den Lippen, den Zähnen und dem Gaumen. (Man spricht daher von Lippenlauten oder labialen Lauten, Zahnlauten oder dentalen Lauten und von Gaumenlauten oder gutturalen Lauten.) Für die Lippenlaute sind fleischige (wulstige) und sehr bewegliche Lippen notwendig, für die Zahnlaute eine geschlossene Zahnreihe mit annähernd gleich hohen Zähnen. Für die sogenannten nasalen Konsonanten (m/n/ng) wird der Nasenrachenraum ausnahmsweise nicht verschlossen, damit die Atemluft durch die Nasenhöhle geleitet werden kann, wodurch diese Laute ihre typisch „näselnde“ Klangfarbe erhalten. Überhaupt spielt die Nasenhöhle zusammen mit dem Harten und Weichen Gaumen als Resonanzboden eine wichtige Rolle. Änderungen ihrer Resonanzverhältnisse, beispielsweise durch eine bei Schnupfen angeschwollene Schleimhaut kann die Sprache stark beeinflussen.

Man unterscheidet bei den Konsonanten Reibelaute von Explosionslauten und stimmhafte von stimmlosen Konsonanten. Reibelaute entstehen, wenn der Luftstrom an Verengungsstellen (an Spalten zwischen den Lippen oder den Zähnen oder zwischen Gaumen und Zunge) verwirbelt wird. Explosionslaute kommen durch völligen Verschluß der Artikulationsstellen und plötzlichem Öffnen zustande. Stimmlose Konsonanten werden nur durch den Luftstrom der ausgeatmeten Atemluft erzeugt, während bei den Stimmhaften Konsonanten vom Kehlkopf zusätzlich noch Schwingungen erzeugt werden. Die nachfolgende Tabelle gibt eine Übersicht über die Konsonantenarten und ihre Artikulationszonen (Tabelle 6.3).

	stimm-haft	stimm-los
a) **Reibelaute:**		
labio-dental	w	f
dental	s	ss
guttural	j	sch u. ch
b) **Explosions-laute:**		
labial	b	p
dental	d	t
guttural	g	k
c) **Nasale Laute:**		
labial	m	
dental	n	
guttural	ng	

Tab. 6.3 Unterteilung der Konsonanten

Eine bedeutsame Rolle beim Sprechen spielt auch das Gehirn. Es muß die vielen komplexen Vorgänge steuern, wozu ein mehrjähriger Lernprozeß und die Fähigkeit zum Hören notwendig ist. Es ist dabei zu erstaunlichen Leistungen fähig. Ist die Artikulation beispielsweise durch Mißbildungen des Kausystems, wie Hasenscharte oder Wolfsrachen gestört, so sind die betroffenen Menschen dank des Gehirns meist in der Lage Laute zu erzeugen, die den normalen Sprachlauten sehr nahe kommen.

6.1.3 Funktionen des Nervensystems

Der Mensch muß Vorgänge in der Umwelt, aber auch im Körperinneren wahrnehmen können, wozu er sich seiner vielen Sinnesorgane bedient. Ihre Informationen ermöglichen dem Gehirn, geeignete Körperreaktionen auf Umwelteinflüsse zu veranlassen oder die Vorgänge im Körperinneren zu koordinieren und zu steuern. Im Bereich des Kausystems liegen auffallend viele Sinnesorgane, deren Wahrnehmungsfunktionen nicht nur dem Kausystem, sondern dem ganzen Körper dienen.

In der Zahnheilkunde gewinnen Studien über die Steuerung der Muskelbewegungen des Kausystems (die sogenannte Neuromuskuläre Steuerung) immer mehr an Bedeutung. Aus diesen Studien weiß man, daß auch die in der Zahntechnik eine zentrale Rolle spielenden Kieferbewegungen das Ergebnis eines wohlkoordinierten Zusammenwirkens zwischen Kaumuskulatur, Kiefergelenken und Zähnen darstellen. Wird das harmonische Zusammenspiel gestört, so hat dies auf alle Fälle eine Änderung der komplexen Steuerungsmechanismen zur Folge, was wiederum negative Auswirkungen auf die Kaumuskeln, das Kiefergelenk und die Zähne haben kann. Um diesen Zusammenhang besser verständlich zu machen, folgt in den nachfolgenden beiden Teilkapiteln die Darstellung des allgemeinen Aufbaus und der Funktionsprinzipien des Nervensystems.

6.1.3.1 Bau, Einteilung und Funktionen des Nervensystems

Aufbau des Nervensystems

Die Steuerung und Koordination der Körpervorgänge wird durch viele Milliarden einzelner Nervenzellen (Neuronen) ermöglicht, die über ihre Fortsätze miteinander in Verbindung stehen und ein Netzwerk bilden, unterstützt von den Gliazellen. Das Gehirn und das Rückenmark setzen sich aus etwa zwölf Milliarden Nervenzellen zusammen, von denen jede mit einigen hundert oder tausend anderen Nervenzellen in Verbindung steht.

Die einzelne Nervenzelle stellt den Grundbaustein des Nervensystems dar. Im Nervennetz sind die Nervenzellen in bestimmter Weise miteinander verschaltet. Sie bilden entweder durch Anordnung hintereinander sogenannte Neuronenketten oder, wenn Nervenzellen über zurückgeführte Nervenfaserabzweigungen selbst wieder erregt werden, sogenannte Neuronenkreise; dies ist im Gehirn und Rückenmark der Fall. Die Art der Verschaltung der

Nervenzellen ist für die Leistungsfähigkeit des Nervensystems von entscheidender Bedeutung.

Funktionelle Baueinheit des Nervensystems ist der sogenannte Leitungsbogen, der sich aus kettenartig hintereinander angeordneten Nervenzellen zusammensetzt. Er besteht im einfachsten Fall aus einer sensiblen und einer motorischen Nervenzelle. Meistens setzt sich jedoch ein Leitungsbogen aus mehreren hintereinandergeschalteten, sensiblen und motorischen Nervenzellen zusammen. Kompliziert gebaute Leitungsbögen umfassen mehrere sensible und motorische Neuronenketten, die dann als (sensible beziehungsweise motorische) Leitungsbahnen bezeichnet werden.

Die verschiedenen Nervenzellen eines Leitungsbogens sind zugleich auch Bestandteile von Organen des Nervensystems mit ganz bestimmten Funktionen.

Einteilung des Nervensystems
Das Nervensystem wird üblicherweise nach zwei verschiedenen Kriterien eingeteilt.

Nach dem Kriterium der Lage unterscheidet man:

- Zentrales Nervensystem (ZNS) = Es stellt den Teil des Nervensystems dar, der im Zentrum des Körpers liegt. Gemeint sind Gehirn und Rückenmark.

- Peripheres Nervensystem (PNS) = umfaßt den Teil des Nervensystems, der an der Peripherie des Körpers liegt. Darunter versteht man alle Nerven, die zum ZNS hin- und von diesem wegführen.

Nach dem Kriterium der Funktion unterscheidet man:

- Animalisches Nervensystem („Umweltnervensystem") = der Teil des Nervensystems, der die Beziehung des Organismus zur Umwelt steuert.

- Vegetatives Nervensystem („Eingeweidenervensystem") = der Teil des Nervensystems, der den inneren Betrieb des Organismus regelt.

Einteilung der Nervenfasern
Nerven können aus zweierlei Nervenfasern bestehen:
- Sensible Nervenfasern = Nervenfasern, die Reize von den Sinnesorganen zum ZNS leiten;
- Motorische Nervenfasern = Nervenfasern, die Reize vom ZNS zu den Organen leiten, die auf einen Reiz reagieren sollen.

Aufgaben des Nervensystems
Die Organe des Nervensystems arbeiten im Organismus bei folgenden Funktionen zusammen:
- Aufnahme von Reizen
- Weiterleitung von Reizen
- Verarbeitung von Reizen
- Speicherung von Reizen und
- Beantwortung von Reizen.

> Unter Reizen versteht man Wahrnehmungen oder Informationen aus der Umwelt oder dem Körperinneren.

6.1.3.2 Bau und Funktion von Leitungsbögen
Den prinzipiellen Aufbau eines Leitungsbogens zeigt das nachfolgende Schema, das auch Reiz-Reaktions-Schema genannt wird. Es zeigt zum einen, wie es durch einen aufgenommenen Reiz zu einer Reaktion eines Organs mit Hilfe des Nervensystems kommt, zum anderen zeigt es auch, welche Funktionen die einzelnen Nervenzellen eines Leitungsbogens haben. Das Schema wird im anschließenden Text erklärt (Abb. 6.3).

Abb. 6.3 Schema eines Leitungsbogens („Reiz-Reaktions-Schema")

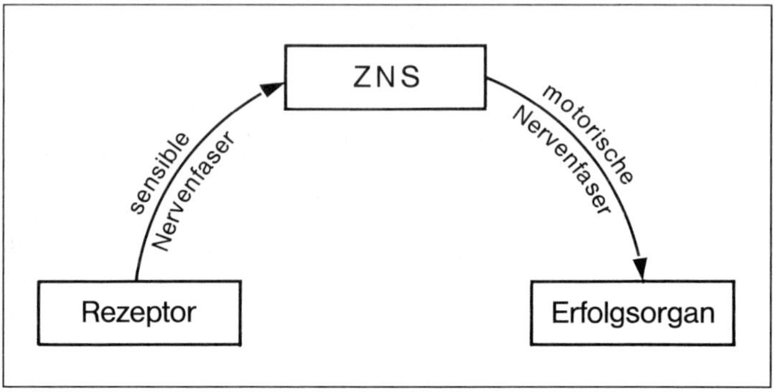

Abb. 6.4 Schema eines Reflexbogens Man beachte: Die Erregung einer sensiblen Nervenfaser wird unmittelbar auf die motorische Nervenfaser übertragen, die das zuständige Erfolgsorgan zur Reaktion veranlaßt. In vielen Fällen wird das Gehirn lediglich „über die Vorgänge informiert" (gestrichelte Linien).

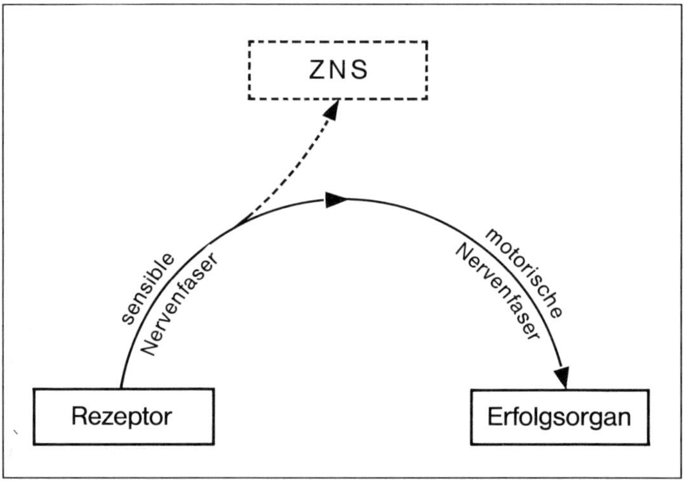

Am Anfang jedes Steuerungsvorgangs durch das Nervensystem steht die Aufnahme von Reizen. Die Reize stammen entweder aus der Umwelt oder aus dem Körperinneren und werden in Sinnesorganen mit Hilfe von sogenannten Rezeptoren aufgenommen. Rezeptoren sind spezielle Nervenzellen (Sinneszellen), die sich auf die Wahrnehmung ganz bestimmter Reize spezialisiert haben. Da jeder Rezeptor immer nur eine ganz bestimmte Reizart wahrnehmen kann, verfügt der Körper über eine Vielzahl verschiedener Rezeptortypen und damit auch über verschiedene Arten von Sinnesorganen.

Die Weiterleitung aufgenommener Reize an das Gehirn geschieht mit Hilfe von sensiblen Nervenfasern. Hierunter versteht man Nervenfasern, die vom Ort der Reizaufnahme direkt zum Gehirn hin verlaufen, und ausschließlich Sinneswahrnehmungen weiterleiten.

Die im Gehirn ankommenden Reize werden über sogenannte (Leitungs-)Bahnen den zuständigen Feldern und Zentren zur Reizverarbeitung und Reizspeicherung zugeführt. Bei der Reizverarbeitung vergleicht das Gehirn im wesentlichen die neu eingetroffenen Daten (zum Beispiel Reizart oder Reizstärke) mit vorhandenen Daten.

Werden dabei Abweichungen festgestellt, so kann das Gehirn notwendige Korrekturen veranlassen – zum Beispiel einer Kieferbewegung. Viele neu eintreffende Reize werden gespeichert. Dies hilft dem Gehirn, Abläufe von sich ständig wiederholenden Vorgängen zu merken (zu „erlernen“), um sie später gezielt steuern zu können. (Diesem Zweck dient das „ständige Üben“ zum Beispiel beim Modellieren, im Sport, in der Fahrstunde oder beim Lernen von Fachbegriffen.)

Die Weiterleitung von Steuerbefehlen des Gehirns an jene Organe, die auf einen Reiz reagieren sollen, geschieht über motorische Nervenfasern. Gemeint sind damit Nervenfasern, die vom Gehirn aus zu den Erfolgsorganen verlaufen. Als Erfolgsorgane bezeichnet man die Organe, durch die eine Beantwortung eines Reizes (eine Reaktion) erfolgen soll.

Da auch die Erfolgsorgane Sinneszellen enthalten, ist das Gehirn in der Lage, die Ausführung der Reizbeantwortung durch die Erfolgsorgane zu kontrollieren. Somit schließt sich der „Regelkreis“, denn das Nervensystem stellt ein Regelsystem dar, das sich durch Rückkoppelung selbsttätig steuert.

Reflexbögen

In vielen Fällen sind die sensiblen Nervenfasern von Sinnesorganen so verschaltet, daß die von ihnen weitergeleiteten Reize im Organismus immer wieder dieselben Reaktionen hervorrufen, die sich als besonders zweckmäßig herausgestellt haben. Sich andauernd wiederholende Reaktionen des Organismus auf Reizungen von Sinnesorganen nennt man Reflexe. Die Leitungsbögen, die Reflexe erzeugen, sind einfacher gebaut (Abb. 6.4) und werden Reflexbögen genannt.

Da nur wenige Nervenzellen beteiligt sind, können Reflexe sehr schnell ausgelöst und dadurch einfache Reizsituationen wirksam beantwortet werden. Da in diesen Fällen die Mitwirkung von höheren Zentren des Gehirns nicht notwendig ist, wird das Gehirn nicht direkt in den Reflexbogen einbezogen. Daher können Reflexe in der Regel nicht durch das Gehirn beeinflußt werden. Die meisten Reflexe sind Schutzreflexe, bei denen es auf Schnelligkeit ankommt, um den Körper vor Schaden zu bewahren (zum Beispiel wenn man ahnungslos auf einen Kirschkern beißt und dadurch der Kieferöffnungsreflex ausgelöst wird). Andere Reflexe dienen der Aufrechterhaltung des Gleichgewichts, ohne die wir nicht aufrecht stehen, gehen und sitzen könnten oder der Ausführung ganz normaler Körperfunktionen wie dem Schlucken (Schluckreflex).

Bei den Reflexen unterscheidet man:

- Eigenreflexe sind Reflexe, bei denen das reizaufnehmende Organ selbst seinen eigenen Reiz beantwortet,
- bei Fremdreflexen geschieht die Reizbeantwortung durch andere, fremde Organe.
- Unbedingte Reflexe sind durch das Erbgut vorprogrammiert und stehen von Geburt an dem Menschen zur Verfügung. Der bekannteste dieser Reflexe ist der Saugreflex, bei dem auch leicht zu verstehen ist, warum er angeboren sein muß.
- Die bedingten Reflexe erwirbt der Mensch erst im Laufe seines Lebens.

6.2 Die Bewegungen des Unterkiefers; ihre Aufzeichnung und Simulation in Artikulatoren

6.2.1 Grundbewegungen der Kiefergelenke

Rotation und Translation

Bereits bei der Beschreibung des Kiefergelenkbaus wurde darauf hingewiesen, daß sich das Kiefergelenk sowohl im Bau als auch in der Funktion von anderen Gelenken des menschlichen Körpers unterscheidet. Als Grundbewegungen der Kiefergelenke lassen sich unterscheiden:

1. Drehbewegungen (= Scharnierbewegungen oder Rotationsbewegungen),
2. Gleitbewegungen (= Translationsbewegungen).

Der untere und der obere Gelenkraum unterscheiden sich in ihrer Funktion völlig voneinander: Reine Rotationsbewegungen, wie sie beim Sprechen oder leichten Öffnen des Mundes bis etwa 2,5 Zentimeter Inzisalkantenabstand erfolgen, spielen sich ausschließlich im unteren Gelenkraum ab; hierbei dreht sich der Kondylus an der unteren Fläche des Diskus. Bei Gleitbewegungen, wie sie der Unterkiefer beim Vorschieben in die Abbeißstellung durchführt, gleitet der Diskus mit seiner oberen Fläche auf der Gelenkfläche des Gelenkhöckerchens. Man bezeichnet deshalb das Kiefergelenk auch als „Gelenk mit transportabler Gelenkgrube".

Die häufigsten Kiefergelenksbewegungen sind kombinierte Drehgleitbewegungen, wie dies beim weiten Öffnen des Mundes, beim Sprechen oder Kauen der Fall ist.

Die rein geometrische Betrachtung der Unterkieferbewegung ist ein vereinfachtes Modell der tatsächlichen Bewegungsvorgänge: Die eigentliche Bewegungssfunktion resultiert aus einem dynamischen Gleichgewicht der gesamten, an der Bewegung in irgendeiner Form beteiligten Muskulatur. Sie wird in mehreren untereinander verknüpften Regelkreisen über Rezeptoren im Inneren des Zahnmarks, im Parodont, den Muskeln selbst, den Bändern und den Gelenkkapseln gesteuert. Indem stets mehrere Muskeln aktiviert sind, wird der Unterkiefer in seiner Position gehalten sowie in seiner Lage verändert. Diese muskulär geführte Bewegung bewirkt ihrerseits Stellungsänderungen des Kondylus und des Diskus, die weiter oben beschrieben wurden.

6.2.2 Grundbewegungen des Unterkiefers

Die hohe Beweglichkeit der Kiefergelenke und die Tatsache, daß sich der Unterkiefer als einziger Knochen des Körpers in zwei Gelenken gleichzeitig bewegt, haben komplizierte dreidimensionale Bewegungen zur Folge. Sie lassen sich in nachstehende Grundbewegungen einteilen:

1. Öffnungs- und Schließbewegungen, sie werden als Depression und Elevation bezeichnet,
2. Vorschub- und Rückschubbewegungen, Protrusion und Retrusion genannt,
3. Seitwärtsbewegungen, sogenannte Links- und Rechtslateralbewegungen oder Laterotrusionsbewegungen,
4. Seitwärtsbewegungen, die mit einer Vorschub- oder Rückschubbewegung kombiniert sind, sie heißen latero-protrusive und latero-retrusive Bewegungen.

Daneben bezeichnet man alle Bewegungen des Unterkiefers aus der Habituellen Interkuspidation heraus in protrusive oder laterale Stellungen auch als Exkursionsbewegungen.

Die Öffnungs- und Schließbewegungen sind symmetrische Bewegungen, bei denen die Kondylen nach vorne rotieren sowie die Gelenkscheiben und die Kondylen sich nach vorne bewegen, je weiter der Mund geöffnet wird; der Kieferschluß verläuft genau umgekehrt.

Lateralbewegungen des Unterkiefers sind asymmetrisch, die Bewegungen der Kondylen unterscheiden sich: Bei einer Linkslateralbewegung gleitet der rechte Kondylus mit dem ihm aufgelagerten Diskus aus der Gelenkgrube heraus nach vorne, innen und unten. Er bewegt sich dabei in einem leichten Bogen um eine im linken Kondylus gelegene, vertikale Achse, die sich im Verlaufe der Bewegung zudem nach außen verlagert. Durch diese Vielfalt an Bewegungsmöglichkeiten wird verständlich, daß

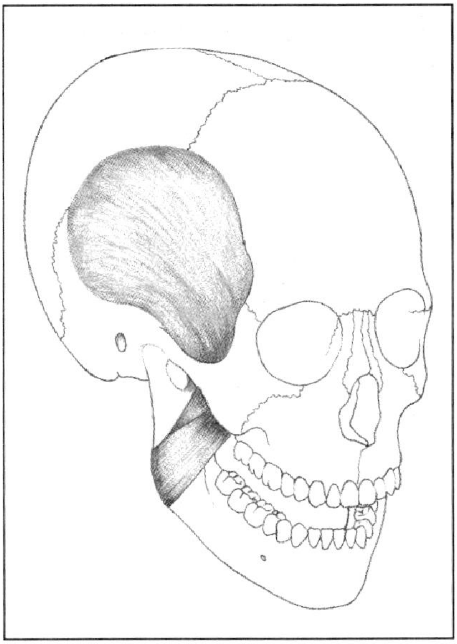

Abb. 6.5 Unterkieferbewegungen ohne Zahnkontakt: Die Gelenke führen, die Muskeln bewegen, das ZNS kontrolliert und koordiniert die Bewegungen.

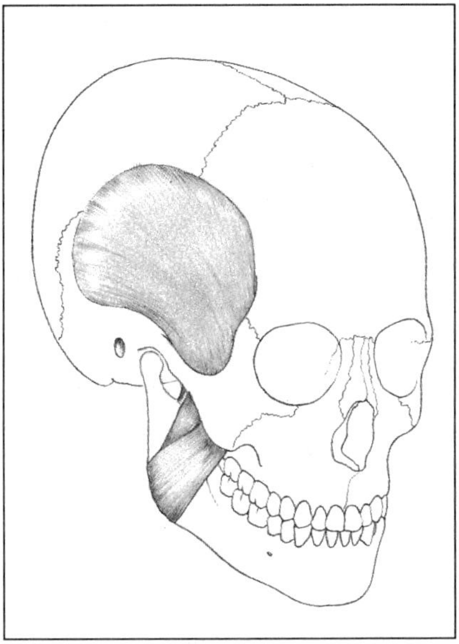

Abb. 6.6 Unterkieferbewegungen mit Zahnkontakt: Die Zähne führen, die Muskeln bewegen, das ZNS kontrolliert und koordiniert.

es trotz jahrzehntelanger, intensivster Forschungen bis heute noch nicht völlig gelungen ist, die komplexen Unterkieferbewegungen letztgültig zu beschreiben.

Die Bewegungen des Unterkiefers und ihre Beziehung zur Okklusion

Die Bewegungen des Unterkiefers werden durch das Zusammenspiel von Nerven und Muskeln des Kausystems ausgelöst und ausgeführt.

Stehen die Zähne außer Kontakt, dann wird die Unterkieferbewegung rein neuromuskulär gesteuert, das heißt, die in den Kiefergelenksstrukturen und den Muskeln gelegenen Rezeptoren steuern die Bewegungen des Unterkiefers durch Übermittlung von Informationen über Lage-, Druck- und Zugverhältnisse in diesen Organen (Abb. 6.5).

Bewegt sich der Unterkiefer dagegen unter Zahnkontakt, dann spielen die Gelenke eher eine passive Rolle und die Bewegung wird über in die Parodontien und Pulpen der Front-, Eck- und Backenzähne eingelagerte Rezeptoren gesteuert (Abb. 6.6).

6.2.3 Grenzbewegungen und funktionelle Bewegungen

Grenzbewegungen

Die Bewegungsmöglichkeiten der Kiefergelenke werden durch die Anatomie der beiden Gelenke, die Kauflächen der Zähne und die Kontraktionsmöglichkeiten der am Unterkiefer ansetzenden Muskeln beeinflußt, vor allem aber durch die Elastizität der Gelenkbänder und der Gelenkkapseln begrenzt. Die äußersten Bewegungen, die der Unterkiefer ausführen kann, heißen

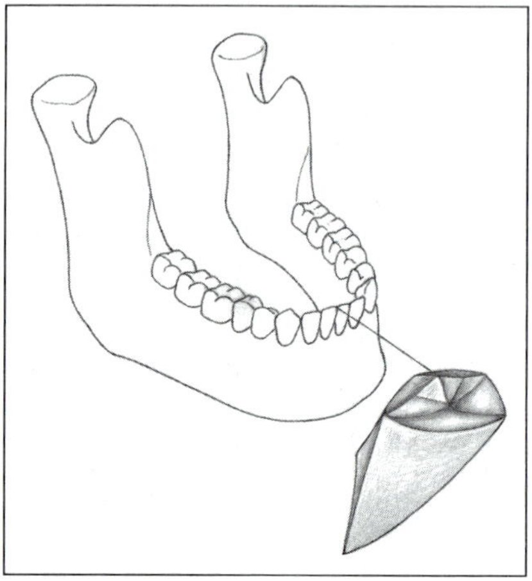

Abb. 6.7 Posseltsche „Banane“

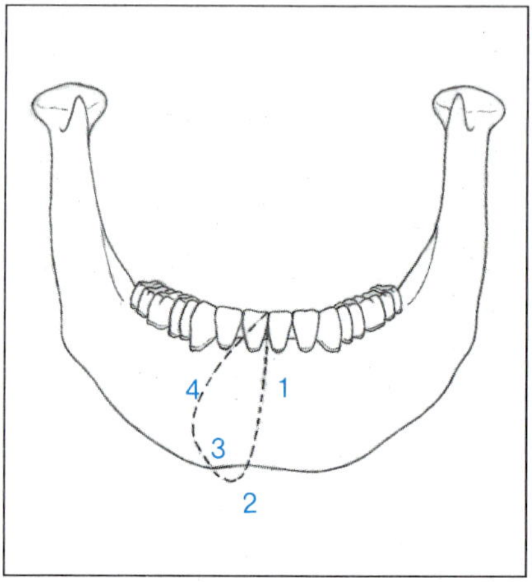

Abb. 6.8 Kauzyklus in der Frontalebene („4-Phasen-Rundbiß“, wie ihn Gysi zu Anfang des Jahrhunderts beschrieb)

deshalb Grenzbewegungen. Sie zeigen die Grenzen der Bewegungsmöglichkeiten des Unterkiefers auf, über die hinaus Bewegungen nur unter Schädigung der Kiefergelenke möglich sind.

Mit Hilfe von Aufzeichnungsgeräten lassen sich die Grenzbewegungen in den drei Raumebenen festhalten. Sie ergeben charakteristische, reproduzierbare Bewegungsbahnen, die noch ausführlicher besprochen werden. Der gesamte Bereich der gelenk- und zahngeführten Grenzbewegungen des Unterkiefers läßt sich besonders anschaulich am räumlichen Bewegungsdiagramm des Inzisalpunkts darstellen. Der schwedische Wissenschaftler U. Posselt zeichnete die dreidimensionalen Unterkieferbewegungen in einem dunklen Raum mit Hilfe dreier in den Raumebenen aufgestellten Kameras und mit am Kinn seiner Studenten befestigten Glühlämpchen auf. Das Ergebnis war die in Abbildung 6.7 dargestellte räumliche Hüllkurve, die in der Literatur als „Posseltsche Banane“ bezeichnet wird.

Die Aufzeichnung der Kieferbewegungen erfolgt entweder im Inneren der Mundhöhle mit Schreibplatten (= intraorale Registrierung) oder außerhalb des Mundes mit Hilfe eines als Pantographen bezeichneten Aufzeichnungsgerätes (= extraorale Registrierung). In den Anfängen der Artikulationslehre dienten die Aufzeichnungen zum besseren Verständnis der Bewegungsabläufe im Kausystem, später vor allem dazu, volljustierbare Artikulatoren mit den bei der Aufzeichnung ermittelten Patientenwerten individuell einzustellen. Heutzutage dienen sie neben der Artikulatorenprogrammierung für die Beurteilung der Okklusion im Artikulator, der Kiefergelenksdiagnostik und für eine umfassende Behandlungsplanung: So kann eine Aufzeichnung der Kieferbewegungen Aufschluß über Störungen der Okklusion geben, vor allem über mögliche Störungen der Bewegungsabläufe in den Gelenken und deren mögliche Ursachen. Diese sollten dann vor Beginn der prothetischen Versorgung behoben werden.

Funktionelle Unterkieferbewegungen, Artikulationsbewegungen und freie Bewegungen

Die Grenzbewegungen stellen zwar den größtmöglichen Bewegungsraum des Unterkiefers dar, jedoch reichen die meisten Kieferbewegungen, die der Unterkiefer beim Sprechen, Kauen oder Schlucken ausführt, selten bis an die Grenze des größtmöglichen Bewegungsraumes.

Die beim Sprechen, Kauen oder Schlucken ausgeführten Unterkieferbewegungen, die der eigentlichen Funktion des Kausystems entsprechen, werden deshalb Funktionelle Bewegungen genannt. Sie laufen entweder wie beim Sprechen völlig ohne Zahnkontakt ab oder unter Kontakt der Zähne, wie dies in der Endphase der Nahrungszerkleinerung und beim Schlucken der Fall ist. Man bezeichnet die Bewegungen unter Zahnkontakt als Artikulationsbewegungen, Bewegungen ohne Zahnkontakt dagegen als Freie Bewegungen.

Funktionelle Bewegungen: Kauen, Schlucken und Sprechen

Kauen, Schlucken und Sprechen sind mit die wichtigsten Funktionen des Kausystems. Die Lautbildung wurde bereits näher beschrieben, so daß hier nur auf die Bewegungen beim Kauen und Schlucken eingegangen wird.

Kauen

Ein typischer Kauzyklus läßt sich in drei Phasen untergliedern:

1. Die Öffnungsphase, in der sich der Unterkiefer absenkt,
2. die Schließphase, in der der Unterkiefer angehoben wird, und
3. die Okklusionsphase, während der die maximale Interkuspidation der Zähne erreicht wird.

Schon um die Jahrhundertwende zeichnete der große Pionier der Funktionsanalyse, A. Gysi, den Kauzyklus auf. Er unterschied vier Phasen der Unterkieferbewegung, indem er zwischen die Öffnungs- und Schließphase noch eine weitere Phase der Seitverlagerung des Unterkiefers zur Arbeitsseite hin einfügte. Man spricht daher vom Vier-Phasen-Rundbiß nach Gysi (Abb. 6.8).

Die Kieferbewegungen des Erwachsenen beim Kauvorgang beginnen damit, daß sich der Unterkiefer in der Öffnungsphase aus der Habituellen Interkuspidation (früher: Schlußbiß) entweder direkt nach kaudal absenkt. Nur bei starker Kautätigkeit verlagert er sich zunächst geringfügig über die Medianebene hinweg zur Nichtarbeitsseite und senkt sich dann parallel zur Medianebene weiter nach unten ab (1). Am Ende der Öffnungsbewegung erfolgt eine Verlagerung des Unterkiefers in Richtung der Kauseite (2); diese Seitverlagerung setzt sich noch bis in die Anfangsphase der Schließbewegung fort (3). Die Okklusionsphase (4) beginnt mit dem Kontakt der oberen und unteren bukkalen Höcker der Arbeitsseite. Am Ende der Okklusionsphase führt die Muskelaktivität der Mundschließer den Unterkiefer nach oben und zur Mitte hin in die maximale Verschlüsselung der Zähne; dabei gleiten die unteren bukkalen Höcker auf den oberen bukkalen Höckern weiter nach medial und zerteilen die Speise.

Die Ausrichtung der Zähne und der Kieferkämme sind somit ein Ausdruck ihrer Funktion: Die beim Zerkauen der Speisen auftretenden, teilweise sehr hohen Kräfte, werden durch diese Anordnung in Richtung der Zahnlängsachsen abgeleitet (sie erreichen bei Vollbezahnten im Molarenbereich Werte von 450 bis 700 N).

Hier ist anzumerken, daß beim normalen Kauvorgang die ersten Schließbewegungen durch die sich zwischen den Zahnreihen befindliche Nahrung ohne Zahnkontakt erfolgen. Erst wenn die Speise stärker zerkleinert ist, kommen bei jedem Kauzyklus minimale okklusale Kontakte zustande. Sobald der Unterkiefer vollständig in der Habituellen Interkuspidation schließt, tritt bei Patienten mit einer normalen Okklusion eine kurze Bewegungspause (zirka 200 ms) ein.

Auffallend ist, daß bei Europäern der Kauzyklus relativ schmal und oval ist. Völker mit einfacheren Lebens- und Ernährungs-

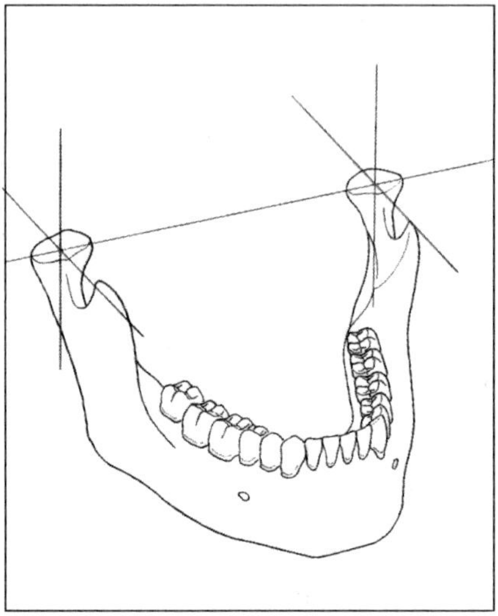

Abb. 6.9 Rotationsachsen des Unterkiefers

gewohnheiten, zum Beispiel die australischen Ureinwohner oder die Eskimos, besitzen breite Kauzyklen. Die kräftigen, weit ausholenden Mahlbewegungen dienen dazu, die festen und zähen Speisen wirksam zu zerkleinern. Dabei werden die Höcker sehr stark abradiert und es entstehen breite, in Relation zur Frontzahnführung und den Kiefergelenken geneigte Kauflächensegmente, die planparallell aufeinander „eingebissen" sind. Bei Europäern mit kleinen Mahlbewegungen ist der Abrieb der Zähne entsprechend geringer, es sei denn, die Zähne werden durch Parafunktionen über das normale Maß hinaus beansprucht.

Schlucken

Zu Beginn des Schluckvorganges hebt sich in der Regel der Unterkiefer in die Habituelle Interkuspidation und schafft so eine stabile Position, von der aus die unteren Zungenbeinmuskeln zu kontrahieren beginnen und den Schluckvorgang einleiten. Hat die Nahrung in der Speiseröhre etwa die Höhe der Schlüsselbeine erreicht, so erschlafft der Gaumen, der Kehlkopf senkt sich und Unterkiefer und Zunge werden wieder in ihre Ruhelage gebracht.

6.2.4 Rotationsachsen des Unterkiefers bei Kieferbewegungen

Der Unterkiefer bewegt sich im Raume um drei Achsen: Bei Öffnungs- und Schließbewegungen dreht sich der Unterkiefer um eine horizontale Achse, die sich bei Vorschub- und Rückschubbewegungen in Richtung der Bewegung verlagert. Bei Seitwärtsbewegungen des Unterkiefers, wie zum Beispiel einer Linkslateralbewegung, schwingt der Unterkiefer um eine im linken Gelenk gelegene, vertikale Achse. Diese verlagert sich im Verlaufe der Bewegung zudem noch etwas nach außen, und gleichzeitig bewegt sich der Unterkiefer – aus frontaler Sicht betrachtet – auch noch um eine sagittale Achse.

Von diesen drei Achsen ist nur die horizontale Achse von besonderer Bedeutung, denn sie ist die einzige der drei Achsen, die sich mit einfachen Mitteln außerhalb des Kopfes lokalisieren und durch Aufzeichnung in ihren Bewegungen beschreiben läßt.

Nur mit Hilfe elektronischer Aufzeichnungsverfahren lassen sich auch die beiden anderen Achsen darstellen und diagnostisch auswerten. (So sind beispielsweise Beschleunigungen und Verzögerungen der Vertikalachse wichtig für die Diagnostik von Diskusstörungen) (Abb. 6.9).

6.2.5 Die Scharnierachse des Unterkiefers und die terminale Scharnierachse

Bei Öffnungs- und Schließbewegungen führt der Unterkiefer scharnierähnliche Bewegungen um eine horizontale Achse aus. Man bezeichnet deshalb die horizontale

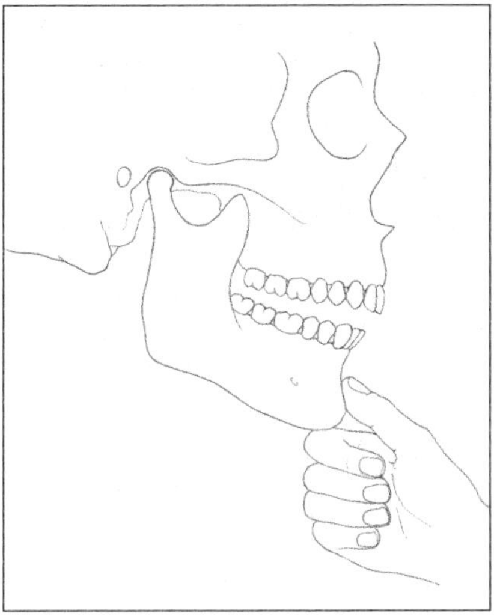

Abb. 6.10 Scharnierachsenbewegung des Unterkiefers in terminaler Scharnierachsenposition

Abb. 6.11 In terminaler Scharnierachsenposition sollten sich die Kondylen in nicht seitenverschobener Lage in den Gelenkgruben befinden.

Rotationsachse des Unterkiefers als Scharnierachse. Wird der Unterkiefer weiter geöffnet, so gleiten die Kondylen aus den Gelenkgruben heraus, und die Scharnierachse wandert nach vorne und unten. Die Scharnierachse ist also eine zum Unterkiefer gehörige Achse, die sich bei Bewegungen entsprechend verlagert. Da die Unterkieferbewegung im allgemeinen eine kombinierte Dreh-Gleitbewegung der Kondylen darstellt, ist ein genaues Bestimmen der Scharnierachse nur in einer ganz bestimmten Position möglich.

Zu diesem Zweck bringt man am Unterkiefer ein Registriergerät an, bewegt den Unterkiefer unter leichter Führung in seine rückwärtige Position, bei der die Kondylen in den Gelenkgruben ihre höchste Stellung einnehmen und markiert die Austrittsstellen der Scharnierachse auf der Haut. Dabei läßt sich feststellen: Bis zu einem Schneidekantenabstand von etwa 2,5 Zentimeter führt der Unterkiefer bei Öffnungs- und Schließbewegungen reine Rotationsbewegungen um die Scharnierachse aus. Wiederholt man diesen Vorgang, so zeigt sich, daß diese Punkte immer wieder an derselben Stelle aufgefunden werden können.

Man bezeichnet diese reproduzierbare Position des Unterkiefers beziehungsweise seiner Kondylen als Terminale Scharnierachsenposition, die Lage der Scharnierachse in dieser Position als Terminale Scharnierachse. Der Begriff Terminale Scharnierachsenposition beschreibt also jene Position des Unterkiefers, bei der sich die Kondylen in den Gelenkgruben in retraler (rückwärtiger) und beim Gesunden gleichzeitig in kranialer (höchstgelegener) Stellung befinden. Aus frontaler Sicht betrachtet sollten die Kondylen zudem in nicht seitenverschobener Lage in den Gelenkgruben liegen. Die Bestimmung der terminalen Scharnierachse hat zum einen Bedeutung für das Einartikulieren des Oberkiefermodells in den Artikulator, zum anderen für die graphische Aufzeichnung von Kieferbewegungen (Abb. 6.10 und 6.11).

6.2.6 Exakte und arbiträre Scharnierachsenlokalisation

Exakte Scharnierachsenlokalisation

Die Technik der Scharnierachsenbestimmung geht von der Überlegung aus, daß das Rotationszentrum eines rotierenden Körpers der Ort der geringsten Bewegung ist. Nach diesem Prinzip lassen sich mit Hilfe eines am Unterkiefer befestigten Scharnierachsenlokalisators die beiden Rotationszentren lokalisieren und die gedachten Austrittsstellen der terminalen Scharnierachse auf der Haut bestimmen. Ein weit verbreitetes Gerät zur Scharnierachsenlokalisation ist der Almore-Bogen, dessen prinzipieller Bau in Abbildung 6.12 schematisch dargestellt ist und dessen Funktion kurz beschrieben werden soll:

Zunächst wird ein mit einem Stiel versehener Löffel mit Zinkoxideugenolpaste, Gips, Alginat oder ähnlichem gefüllt und auf die Unterkieferzähne gedrückt. Nach Abbinden des Materials wird mittels einer Klemmschraube ein Querstab angebracht, der an beiden Seiten zwei Seitenarme besitzt. Die teleskopartigen Seitenarme haben an ihrem vorderen Ende zwei Wippen, mit deren Hilfe sich ihre Neigung verändern läßt, und mit einer am vorderen Ende befindlichen Schraube lassen sie sich auch in der Länge verstellen. An ihrem hinteren Ende befindet sich eine Buchse, in die nun in horizontaler Richtung Lokalisationsnadeln eingesteckt werden.

Die Seitenarme werden auf den ungefähren Scharnierachsenpunkt ausgerichtet und leichte Öffnungs- und Schließbewegungen in der Terminalen Scharnierachsenposition durchgeführt. Dabei beobachtet man den Ausschlag der der Haut aufliegenden Lokalisationsnadeln und verstellt so lange die Seitenarme in Neigung und Länge, bis die Nadelspitzen keinen Ausschlag mehr zeigen. Drehen sich die Nadeln bei Öffnungs- und Schließbewegungen nur noch um sich selbst, so sind die Austrittsstellen der terminalen Scharnierachse auf der Haut ermittelt. Hat man sich überzeugt, daß die Scharnierachse exakt lokalisiert wurde, so kann diese mit Tätowierfarbe dauerhaft fixiert werden; dies erspart bei zukünftigen Maßnahmen eine erneute Ermittlung.

Arbiträre Scharnierachsenlokalisation

Die exakte Ermittlung der terminalen Scharnierachse als Voraussetzung für eine räumlich korrekte Modellmontage ist in der Zahnheilkunde unumstritten, erfordert aber einen gewissen Zeitaufwand. Bei vielen Patienten mit gesunden Gelenken und einer befriedigenden Okklusion ist deshalb diese größtmögliche Genauigkeit für die Übertragung der Modelle nicht erforderlich, dennoch sollen die Modelle so genau als möglich übertragen werden.

Diesem Zweck dient die Arbiträre Scharnierachsenbestimmung, die das zeitaufwendige, genaue Lokalisieren der Scharnierachse vermeidet und sich mit einer angenommenen, mittelwertigen Scharnierachsenposition begnügt (arbiträr = nach Ermessen, willkürlich). Für die Bestimmung der arbiträren Scharnierachsenpunkte gibt es zwei gebräuchliche Verfahren:

1. Beim ersten Verfahren geht man davon aus, daß der Scharnierachsenpunkt auf einer Verbindungslinie von der Mitte des Tragus zum Augenwinkel liegt, 13 Millimeter vor dem hinteren Tragusrand. Man legt zur Bestimmung der Scharnierachse ein Lineal so der Haut auf, daß es auf die Mitte des Tragus und auf den Augenwinkel zeigt, zeichnet auf der Haut vor dem Ohr eine kleine Strecke an und trägt auf dieser vom hinteren Tragusrand 13 Millimeter ab; der Schnittpunkt markiert den arbiträren Scharnierachsenpunkt. Da die Modelle bei dieser Methode häufig zu stark zur Okklusionsebene geneigt im Artikulator stehen, wird nicht selten der tiefergelegene Infraorbitalpunkt (= Orbitale) als vorderer Bezugspunkt gewählt, der Scharnierachsenpunkt wird dabei ebenfalls 13 Millimeter vor dem Tragusrand festgelegt (Abb. 6.13).

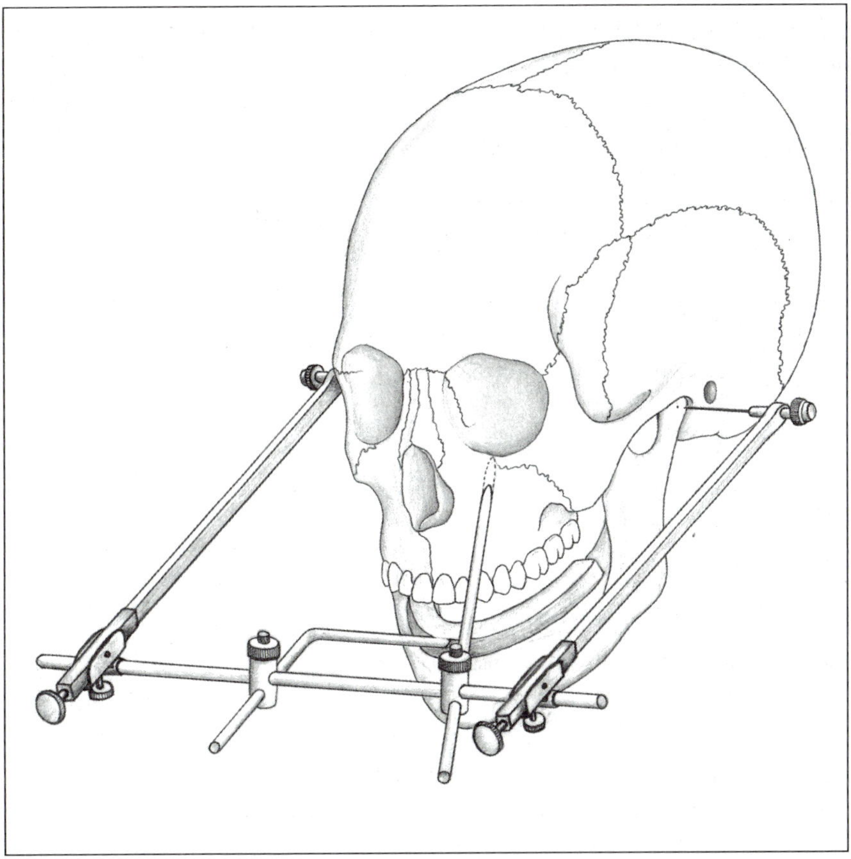

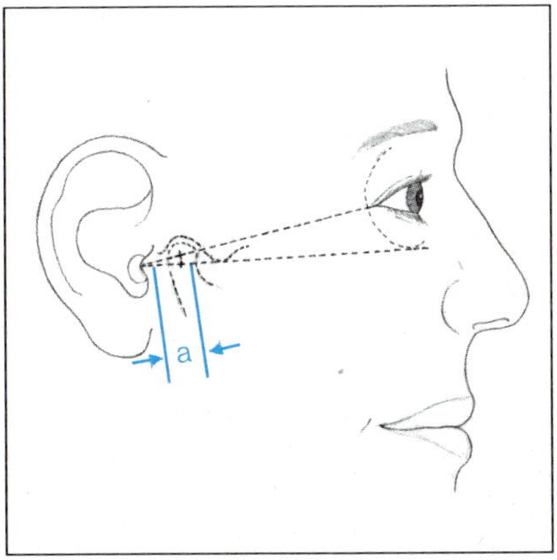

Abb. 6.12 ▲ Scharnierachsenlokalisator und Prinzip der exakten Scharnierachsenlokalisation

Abb. 6.13 ◀ Arbiträrer Scharnierachsenpunkt
a = 13 mm

2. Eine andere Möglichkeit der Arbiträren Scharnierachsenbestimmung ist konstruktiv in die als Ohroliven bezeichneten Ohrstöpsel eines Schnellübertragungsbogens eingegeben. Sie beruht auf Messungen, die folgenden Sachverhalt ergaben: Werden die Ohroliven in die äußeren Gehöreingänge eingesetzt und so weit als möglich nach vorne geschoben, dann befindet sich die Arbiträre Scharnierachse im Durchschnitt 13 mm vor dem hinteren Tragusrand auf der Verbindungslinie Tragusmitte – Orbitale (= Infraorbitalpunkt).

Deshalb haben die Schnellübertragungsbögen in den Ohroliven kleine Bohrungen, die dieser Beziehung entsprechen. Bei der Abnahme des Gesichtsbogens vom Patienten und der Übertragung des Gesichtsbogens auf den Artikulator wird diese Relation dann direkt übernommen (Abb. 6.14 und 6.15).

6.3 Unterkieferpositionen und Kondylenposition

Gerade auf dem Gebiet der Beschreibung der Okklusionspositionen und der zugehörigen Gelenkspositionen wurde in den vergangenen Jahren eine Vielzahl von Begriffen geschafffen. Sie sind einander teilweise so ähnlich, daß ohne Wissen um die Bedeutung der einzelnen Begriffe eine Verwechslung leicht möglich ist und somit die Gefahr besteht, daß Begriffe falsch verstanden werden. Nicht zuletzt wurden zahlreiche dieser Begriffe mit einer ganz bestimmten Vorstellung verbunden, wie die „ideale Okklusion" auszusehen habe und mit welchen Maßnahmen diese bei der Versorgung mit Zahnersatz erreicht werden könne.

In den folgenden Kapiteln soll deshalb versucht werden, die den entsprechenden Unterkieferpositionen im Laufe der Jahre zugeordneten Begriffe umfassend darzustellen und deutlich voneinander abzugrenzen. Denn erst wenn der Sinngehalt der einzelnen Begriffe verstanden ist, läßt sich der mit ihnen verbundene Sachverhalt gedanklich von anderen Begriffen trennen, die von der Schreibweise zwar sehr ähnlich oder gleich erscheinen, in ihrer Bedeutung aber völlig unterschiedlich oder sogar gegensätzlich sind.

6.3.1 Ruhelage (Ruheschwebelage)

In aufrechter Körperhaltung und entspanntem Zustand nimmt der Unterkiefer stets einen bestimmten Abstand zum Oberkiefer ein. In dieser Stellung zeigt die Muskulatur die geringste Aktivität, und der Unterkiefer schwebt praktisch in seiner muskulären Aufhängung. Deshalb bezeichnet man diese neuromuskulär gesteuerte, fest im Gehirn einprogrammierte, unbewußte Abstandshaltung des Unterkiefers zum Oberkiefer als Ruhelage, Ruheschwebe oder Ruheschwebelage.

Mißt man den Abstand zwischen den Zahnreihen, so läßt sich feststellen, daß diese im Durchschnitt zwei bis vier Millimeter außer Kontakt sind, wobei dieser Wert von zwei bis sieben Millimeter schwanken kann. Deshalb wird für den Ausdruck Ruheschwebelage häufig auch der Begriff Interokklusalabstand verwendet, in der englischsprachigen Literatur findet man dafür die Bezeichnung free way space.

Früher nahm man an, daß die Ruheschwebelage zeitlebens unveränderlich ist. Elektromyographische Untersuchungen haben aber ergeben, daß sich auch die Ruheschwebelage verändert, wenn sich die okklusalen Verhältnisse des Patienten ändern. Dies ist beispielsweise der Fall, wenn Zähne extrahiert oder die Okklusionsebene durch prothetische Maßnahmen verändert wird. Ferner ist bekannt, daß sich die Aktivität der Kaumuskulatur durch Streß oder starke Erregung erhöht und dies zu einer Verringerung der Ruheschwebelage führt. Zudem zeigte sich, daß eine geringfügige Vergrößerung des Interokklusalabstandes

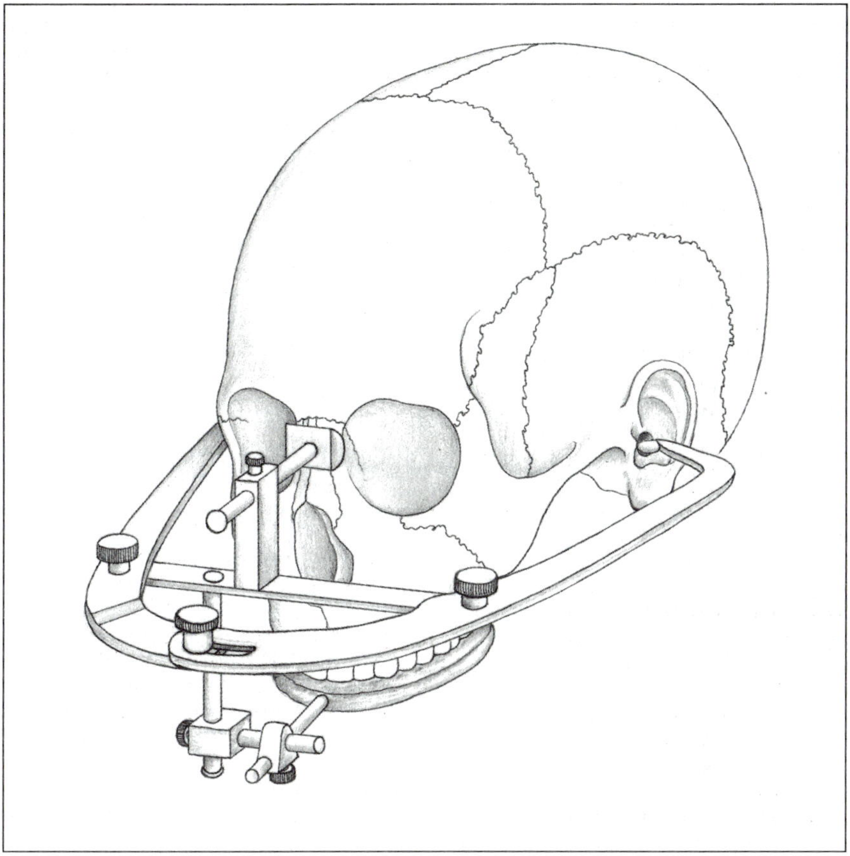

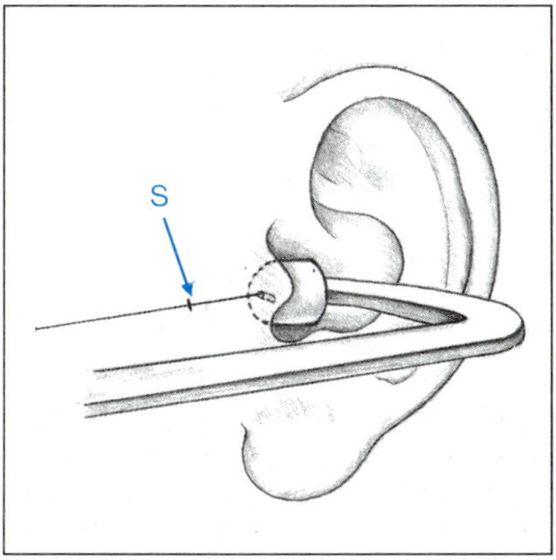

Abb. 6.14 ▲ Angelegter Schnellübertragungsbogen mit Ohroliven

Abb. 6.15 ◀ Die Beziehung der Ohroliven zur exakten Scharnierachse:
Der exakte Scharnierachspunkt (s) liegt im Durchschnitt 13 mm vor dem hinteren Tragusrand auf der Verbindungslinie
Tragusmitte – Orbitale (= Infraorbitalpunkt).

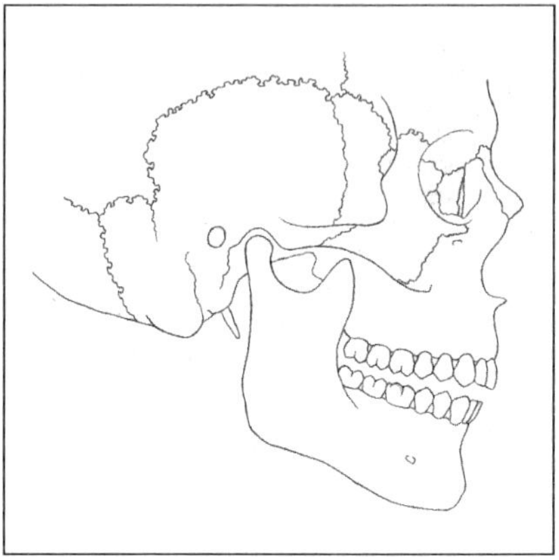

Abb. 6.16 Ruheschwebelage des Unterkiefers

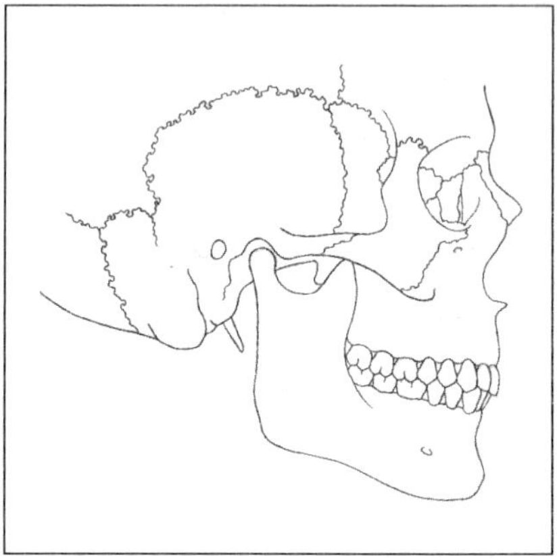

Abb. 6.17 Habituelle Interkuspidation

(bis zirka zwei Millimeter) vom Kausystem ohne Schwierigkeiten angenommen wird, die Verringerung des Interokklusalabstandes jedoch in den meisten Fällen eine erhöhte Muskelaktivität zur Folge hat.

Somit ist die Ruheschwebelage die wichtigste Kieferposition der Prothetik, vor allem für die Totalprothetik: Ergibt sich nämlich beim Zahnlosen nach mehrmaligem Messen ein konstanter Abstand, so läßt sich über diesem Wert die vertikale Relation des Patienten festlegen, also die für die Aufstellung der Zähne als prothetische Bezugsebene benötigte Okklusionsebene.

Betrachtet man die Lage der Kondylen und des gesamten Unterkiefers in der Ruheschwebelage, so läßt sich feststellen, daß sich die Diskus-Kondylus-Einheit durch Kontraktion der Kaumuskulatur in den meisten Fällen leicht nach vorne gegen den Abhang des Gelenkhöckerchens abstützt. Die Kondylen liegen also nicht in der Tiefe der Gelenkgruben, sondern geringfügig davor. Entsprechend liegt der Unterkiefer in der Ruheschwebelage etwas nach vorn verlagert und unterhalb der nachstehend beschriebenen Habituellen Interkuspidation (Abb. 6.16).

6.3.2 Habituelle Interkuspidation (Interkuspidationsposition = IKP)

Schließt der Patient aus der Ruheschwebelage oder einer anderen Unterkieferposition heraus seine Zahnreihen, so müssen sich die Zähne nicht erst in die größtmögliche Verschlüsselung der Zahnreihen hineintasten, sondern bewegen sich auf Grund erlernter Reflexmuster sofort in diese Stellung. Weil in dieser Position die Schließbewegung des Unterkiefers endet, wurde für diese Kieferposition der Ausdruck Schlußbiß oder Schlußokklusion geprägt.

Sie ist eine vom neuronalen Steuerungssystem erlernte und nur durch die Höcker-Fissuren-Verzahnung bestimmte Kieferposition – unabhängig von der Lage der Kondylen in ihren Gelenkgruben. Dennoch fällt auf, daß bei etwa 90 Prozent der Bevölkerung die Kondylen meist geringfügig nach vorn und etwas nach unten gegen den Abhang des Gelenkhöckerchens verlagert sind; nur bei etwa 10 Prozent der Bevölkerung liegen die Kondylen in dieser Position zentral in der Tiefe der Gelenkgrube.

Diese gewohnheitsbedingte Position, bei der sich die Zähne des Unterkiefers mit denen des Oberkiefers maximal ineinander verzahnen, wird deshalb Habituelle Interkuspidation genannt (habituell = gewohnheitsmäßig, Interkuspidation = Höckerverzahnung); gelegentlich trifft man auf den Ausdruck Habituelle Okklusion. Sehr häufig aber wird anstelle des Ausdrucks Habituelle Interkuspidation die sich aus dem Begriff Interkuspidationsposition ableitende Kurzform IKP verwendet. Da sich in dieser Position die Zahnreihen größtmöglich ineinander verzahnen, findet man ferner noch den Ausdruck Maximale Interkuspidation. Ein letzter, ebenfalls anzutreffender Begriff ist Interokklusale Position, abgekürzt IOP (Abb. 6.17).

Weil sich beim Kieferschluß die Zähne gleichsam selbst ineinander zentrieren, wurde in der amerikanischen Literatur für die im europäischen Sprachraum gebräuchlichen Begriffe Schlußbiß und Habituelle Interkuspidation der Ausdruck „centric occlusion" geprägt. Deshalb kann es sein, daß man auch in einem deutschsprachigen Fachbuch auf den Begriff Zentrische Okklusion stößt. Dieser Begriff bezieht sich aber ausschließlich auf eine Okklusionsposition und ist leicht mit dem nachfolgend beschriebenen Ausdruck Zentrische Relation zu verwechseln; letzterer beschreibt eine bestimmte Position der Kondylen in den Gelenkgruben.

6.3.3 Zentrale Relation und der Begriff „Zentrik"

Der Begriff Zentrale Relation, Zentrische Relation oder Zentrik leitet sich vom englischen Begriff „centric relation" ab. Er wurde von der Gnathologie geprägt, um damit eine bestimmte, eindeutige Stellung des Unterkiefers beziehungsweise der Kondylen in den Gelenkgruben zu beschreiben:

> In zentraler Relation befinden sich die Kondylen in ihrer rückwärtigen, höchsten und aus frontaler Sicht nicht seitenverschobenen Lage in den Gelenkgruben.

Man sagt deshalb auch, die Kondylen befinden sich „in Zentrik"; Gerber prägte dafür den Ausdruck „Zenitstellung der Kondylen".

Die Bedeutung der Reproduzierbarkeit dieser Position soll an einem Beispiel verdeutlicht werden: Legt man eine Murmel an den Rand einer kleinen Kuhle und versetzt ihr einen leichten Stoß, so wird die Kugel – den Gesetzen der Schwerkraft gehorchend – in der Tiefe der Grube eine zentrierte Lage einnehmen. Auch wenn man den Versuch mehrere Male durchführt, wird die Kugel immer dieselbe Lage einnehmen. Mit anderen Worten: Sofern an der Anordnung nichts verändert wird, nimmt die Kugel eine reproduzierbare Position in der tiefsten Stelle der Grube ein.

Übertragen wir dieses Bild auf die Position der Kondylen in der Tiefe der Gelenkgruben: Wird der Unterkiefer leicht geöffnet und damit die Zahnführung ausgeschaltet, und wird der Unterkiefer durch leichte Führung des Zahnarztes etwas nach rückwärts bewegt, dann nehmen die Kondylen stets dieselbe zentrierte, also reproduzierbare Lage in der Tiefe der Gelenkgruben ein wie im obigen Kugelbeispiel. Diese als Zentrale Relation bezeichnete Kondylenposition wurde bereits als „Terminale Scharnierachsenposition" beschrieben. Sie ist die einzige Unterkieferposition, in welcher der Unterkiefer bei leichten Öffnungs- und Schließbewegungen reine Drehbewegungen ausführt und stellt zugleich die einzige Bewegung dar, die der Artikulator exakt nachzuahmen in der Lage ist (Abb. 6.18).

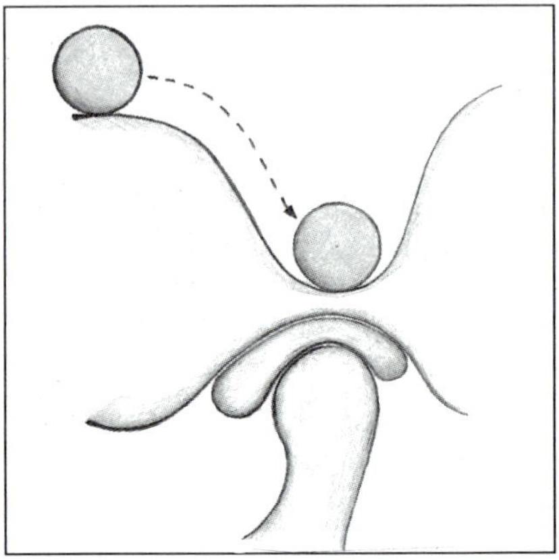

Abb. 6.18 Die Kugel nimmt auch bei mehrmaliger Wiederholung dieselbe Position ein, also eine reproduzierbare Position; dasselbe gilt für den Kondylus in der Tiefe der Gelenkgrube, wenn die Zahnführung ausgeschaltet ist.

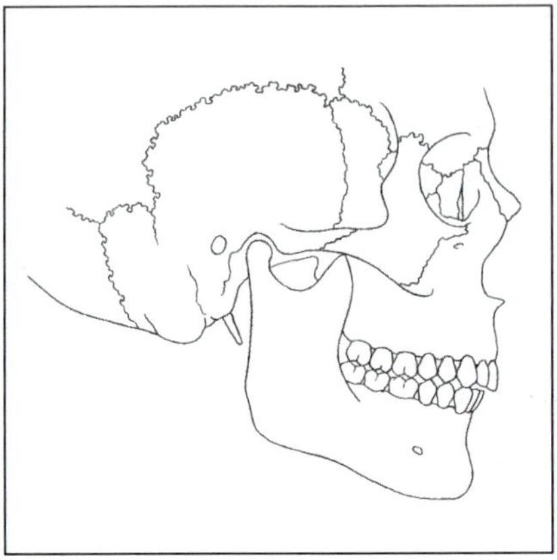

Abb. 6.19 Retrale Kontaktposition

> Um es deutlich herauszustellen: Die Begriffe „Zentrale Relation" und „Zentrik" dienen ausschließlich zur Beschreibung einer bestimmten Kondylenposition und bezeichnen die höchste, nicht seitenverschobene Lage der Kondylen in der Tiefe der Gelenkgruben; sie beziehen sich nicht auf eine bestimmte Okklusionsposition der Zahnreihen!

6.3.4 Retrale Kontaktposition (= RKP)

Bei etwa 90 Prozent der Bevölkerung läßt sich der Unterkiefer aus der Habituellen Interkuspidation noch etwa um einen Millimeter nach rückwärts ziehen. Bleibt dabei der Zahnkontakt beibehalten, so gleiten die Zähne aus ihrer maximalen Interkuspidationsposition in eine rückwärtige und etwas weiter kaudale Stellung; bei den meisten Menschen bestehen dann nur noch Kontakte im Seitenzahnbereich. Diese gegenüber der Habituellen Interkuspidation geringfügig nach rückwärts (= retral) verlagerte Unterkieferposition, in der zwischen den Seitenzahnreihen Kontakt besteht, bezeichnet man deshalb als Retrale Kontaktposition abgekürzt: RKP.

Betrachtet man die Position der Kondylen in Retraler Kontaktposition, so läßt sich feststellen, daß bei den oben beschriebenen 90 Prozent der Bevölkerung die Kondylen in der Tiefe der Gelenkgruben liegen. In Retraler Kontaktposition befinden sich somit die Kondylen in Zentraler Relation, der Unterkiefer in der Terminalen Scharnierachsenposition.

Retrale Kontaktposition und Zentrisches Registrat

Ihre besondere Bedeutung erhält diese Retrale Kontaktposition für die exakte, der Geometrie des Patienten entsprechenden Übertragung der Modelle in einen Artikulator durch den zuvor beschriebenen Sachverhalt: Führt der Zahnarzt den leicht geöffneten Unterkiefer des Patienten etwas nach rückwärts, dann nehmen die Kondylen ihre höchste Stellung in den Gelenkgru-

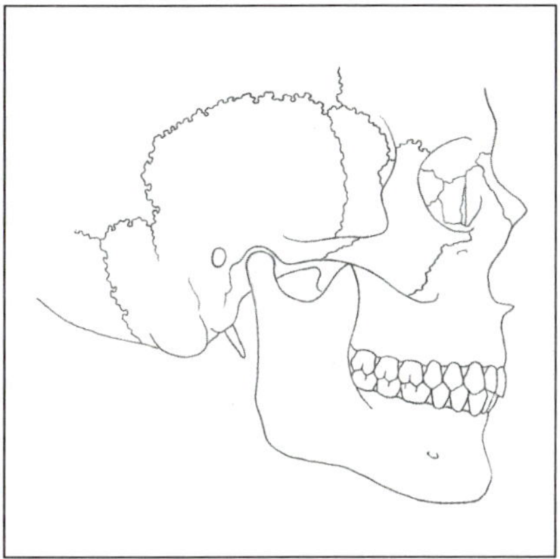

Abb. 6.20 IKP = RKP

ben ein. Sie befinden sich dann in Zentraler Relation, der einzig reproduzierbaren Kondylenposition, in der der Unterkiefer reine Scharnierbewegungen ausführt. Bringt er nun am Oberkiefer eine im Wasserbad erwärmte Wachsplatte an und läßt den Patienten unter Führung eine Schließbewegung ausführen, dann erfolgt der erste Zahnkontakt logischerweise in Retraler Kontaktposition.

> Mit Hilfe dieses als Zentrisches Registrat bezeichneten Wachsbisses läßt sich über die Retrale Kontaktposition die Zentrale Relation der Kondylen und damit die Terminale Scharnierachsenposition des Unterkiefers eindeutig und reproduzierbar festhalten.

Auch hier muß darauf hingewiesen werden, daß sehr häufig der ausschließlich auf die Kieferposition bezogene Begriff der RKP mit der zuvor beschriebenen zentralen Relation der Kondylen gleichgesetzt wird. Man sagt sehr häufig: „Die Kondylen befinden sich in RKP“ und meint genaugenommen, daß sich der Unterkiefer in Retraler Kontaktposition beziehungsweise Terminaler Scharnierachsenposition und die Kondylen in Zentraler Relation befinden (Abb. 6.19).

6.3.5 Habituelle Interkuspidation in Zentraler Relation (IKP = RKP)

Nur bei etwa 10 Prozent der Bevölkerung findet man, daß sich in Habitueller Interkuspidation auch die Kondylen in Zentraler Relation befinden: Wenn sich bei diesen Menschen die Zahnreihen unter maximalem Vielpunktkontakt ineinander verzahnen, stehen die Kondylen in den Gelenkgruben in ihrer höchsten, also kranialsten, nicht seitenverschobenen Position.

Ein anderer, häufiger gebrauchter Begriff für diese Position ist IKP = RKP oder IKP in Zentrik, seltener werden der Ausdruck Maximale Interkuspidation in Zentraler Relation verwendet oder der von Lauritzen stammende Begriff der TSIOS (= Terminale Scharnierachsen-Interokklusale Stellung). Gefährlich ist die Bezeichnung Zentrale Okklusion, da er dem für die Habituelle Interkuspidation verwendeten Ausdruck „zentrische Okklusion“ sehr ähnlich ist; er wird aber glücklicherweise nur selten verwendet (Abb. 6.20).

6.4 Gründe für die Aufzeichnung von Kieferbewegungen

In den Anfängen der Artikulationslehre dienten Aufzeichnungen der Kieferbewegungen vor allem für das Begreifen okklusaler Zusammenhänge. Später, als man die Bedeutung individueller Patientenwerte für die Simulation von Bewegungen erkannte, ging es vor allem darum, mit Hilfe der aufgezeichneten Bewegungen einen Artikulator so zu programmieren, daß sich die individuellen Patientenbewegungen bei der Herstellung von Zahnersatz möglichst genau simulieren ließen.

Heutzutage dienen die Aufzeichnungen in erster Linie der Diagnose und Behandlungsplanung. Die Frage, ob bei einem Patienten die Kieferbewegungen aufgezeichnet werden sollen oder müssen, stellt sich zwar häufig, die Antwort weiß man aber meist erst nach der Aufzeichnung – mit Ausnahme einiger weniger klinischer Anzeichen wie: einer sehr ungleichmäßigen Abrasion der Kauflächen, Ausbildung starker Schliffacetten, das Vorhandensein einer großen Immediate Side Shift oder Muskel- und Gelenkschmerzen u. ä. Nur etwa zehn bis fünfzehn Prozent aller Patienten, die prothetisch versorgt werden müssen, bedürfen einer Aufzeichnung der Kieferbewegungen zum Zwecke der Diagnose und Behandlungsplanung.

6.5 Verfahren für die Aufzeichnung von Kieferbewegungen

Schon im vergangenen Jahrhundert, in den Anfängen der modernen Zahnheilkunde, erkannte man, daß ohne das Verständnis der Bewegungsabläufe im Kausystem und ohne geeignete Simulationsgeräte kein funktioneller Zahnersatz angefertigt werden konnte. Deshalb wurde schon um das Jahr 1860 versucht, die Kieferbewegungen aufzuzeichnen und geeignete Simulationsgeräte zu entwickeln. Urväter dieser Anfänge der Artikulationslehre waren Bonwill, Balkwill, Walker, Dalbey, aber auch deutsche Wissenschaftler wie Wustrow, Gysi, Schröder, Hanau und Fischer, um nur einige Namen zu nennen.

Ein Versuch, die Kieferbewegungen des Patienten im Innern der Mundhöhle aufzuzeichnen, war der in prothetischen Büchern häufig dargestellte, von Wustrow entwickelte „Kaubahnträger“. Das Aufzeichnungsgerät bestand aus einer OK-Platte mit drei darin befestigten Stiften, die in drei mit Amalgam gefüllte Näpfchen zeigten, die auf einer UK-Platte befestigt waren. Der Patient wurde nun aufgefordert, Kieferbewegungen auszuführen, und er formte mit Hilfe der Stifte in den Näpfen ein dreidimensionales Bewegungsmuster des Unterkiefers aus. Die beiden Schablonen wurden in Habitueller Interkuspidation verschlüsselt und in einen Artikulator übertragen. Dessen Gelenke bestanden ebenfalls aus Näpfchen, die mit Amalgam beschickt waren, und durch Nachfahren der Bewegungen konnten so die Kieferbewegungen des Patienten dreidimensional in den Artikulator übertragen werden. Ein modernes Verfahren, das auf diesen Überlegungen beruht, ist das in den Abb. 6.21 und 6.22 dargestellte TMJ-Verfahren. Die in Unter- und Oberkiefer angebrachten Aufzeichnungsplatten (sogenannte „Clutches“ = Kupplungen) zeigt Abbildung 6.21. Das gebräuchlichste intraorale Verfahren ist die zweidimensionale Aufzeichnung des Pfeilwinkels oder Gotischen Bogens auf einer innerhalb der Zahnbögen in der Horizontalebene angebrachten Schreibplatte.

Im Gegensatz zur Intraoralen Aufzeichnung versuchten die meisten Wissenschaftler, die Kieferbewegungen mit Hilfe von außerhalb des Mundes befestigten Aufzeichnungsgeräten darzustellen. Man wählte zu diesem Zweck drei markante Unterkiefermeßpunkte, den Inzisalpunkt und die auf der Haut lokalisierbaren Rotationszentren der beiden Kondylen (= Scharnierachsenpunkte), deren Bewegungen mit Hilfe von in den drei Raumebenen angebrachten Schreibplatten aufgezeichnet wurden.

6.5.1 Intraorale Aufzeichnungsverfahren

Das gebräuchlichste Verfahren zur Aufzeichnung der Grenzbewegungen des Unterkiefers in der Horizontalebene ist die Intraorale Stützstiftregistrierung. Dieses Verfahren geht auf den genialen Hochschullehrer, Forscher und Konstrukteur Alfred Gysi zurück, der diese Aufzeichnung 1912 unter dem Namen „Pfeilwinkel-

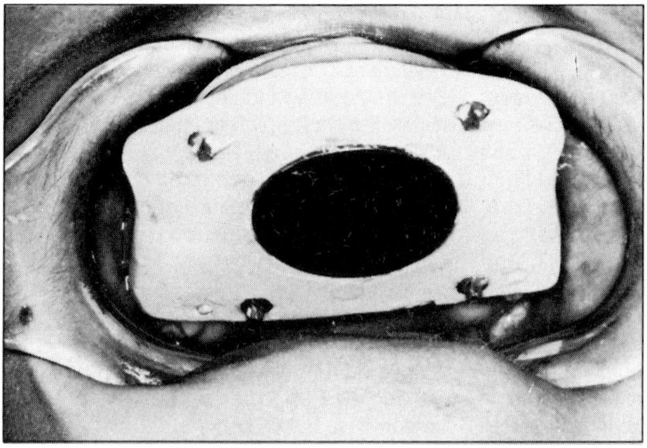

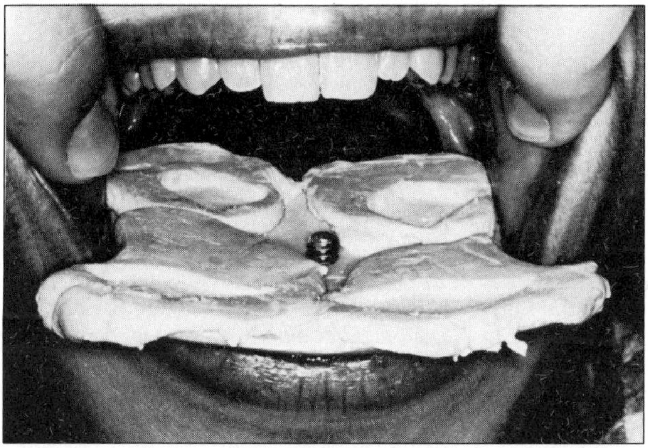

Foto: Ulrich Lotzmann aus „Die Prinzipien der Okklusion"

Abb. 6.21 A und B Das Prinzip der stereographischen Aufzeichnung der Kieferbewegungen: Die Oberkieferplatte mit den vier Schneidefüßchen (A). Nachdem der Patient unter Führung des Behandlers alle Grenzbewegungen durchgeführt hat, ergeben sich räumliche, in den Kunststoff eingravierte Bewegungsbahnen (B)

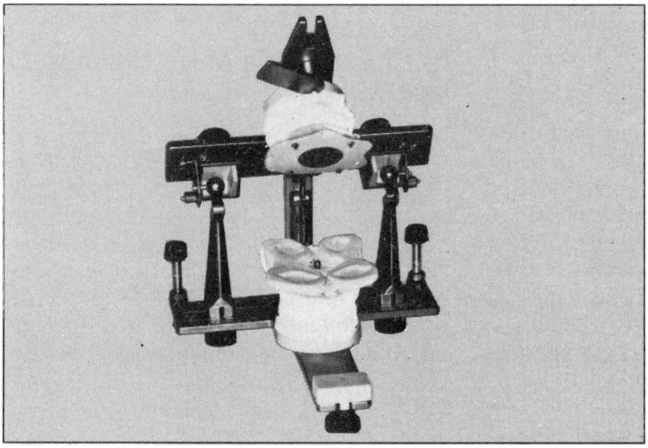

Foto: Ulrich Lotzmann aus „Die Prinzipien der Okklusion"

Abb. 6.22 Die Schablonen werden in den TMJ-Artikulator übertragen, die Gelenkboxen mit langsam aushärtendem Kunststoff gefüllt, und durch Nachfahren der Bewegungen lassen sich die individuellen, räumlichen Gelenkbahnen des Patienten nachformen

registrierung" (oder „Gotischer Bogen") bekannt machte.

Mc Grane griff 1949 diese Methode wieder auf, ebenso Gysis Schüler Gerber. Sie verlegten jedoch Schreibplatte und Stützstift aus Stabilitätsgründen ins Innere des Mundes, weshalb diese Registrierung als Intraorales Aufzeichnungsverfahren bezeichnet wird; die intraoralen Registrierbehelfe sind unter der Bezeichnung „Gerber-Registrierung" oder „Mc Grane-Platten" bekannt. Die Stützstiftregistrierung findet vor allem Anwendung in der Totalprothetik zur exakten Ermittlung der horizontalen Relation des Patienten. Ihr technischer Ablauf soll im folgenden kurz dargestellt werden (Abb. 6.23 A–F).

Auf dem unteren Wachswall wird die Registrierplatte befestigt, auf dem oberen Wachswall wird eine Platte mit Schreibstift so aufgesetzt, daß dieser auf die Mitte der Schreibplatte zeigt; diese wird vor dem Einsetzen mit einem Fettstift (Wachsmalkreide) eingefärbt. Wichtig für eine korrekte Aufzeichnung ist, daß der Stützstift in der Medianebene liegt und senkrecht auf der Schreibplatte steht. Das Gerbersche Registrierbesteck besitzt einen herausdrehbaren zentralen Stützstift, mit dessen Hilfe der Biß soweit gesperrt werden kann, daß die Bißschablonen störungsfrei gegeneinander bewegt werden können.

Da die Zahnführung ausgeschaltet und der Unterkiefer rein muskulär bewegt wird, trifft der Schreibstift beim Kieferschluß in einer Position auf der Registrierplatte auf, die der Habituellen Interkuspidation entspricht. Bei mehrfachem Kieferschluß bildet sich häufig ein kleines Feld von Markierungen, das als Adduktionsfeld bezeichnet wird. Der Patient wird nun gebeten, Vorschub- und Seitwärtsbewegungen auszuführen, wobei sich die Grenzbewegungen des Unterkiefers in Form einer Pfeilspitze aufzeichnen. Deshalb wird die Aufzeichnung auch als Pfeilwinkelregistrat bezeichnet.

Auf die Aufzeichnung wird nun ein mit einer Bohrung versehenes Plättchen aus Plexiglas gelegt und die Bohrung genau auf die Pfeilspitze ausgerichtet oder, bei abgerundeter Pfeilspitze, einen halben bis einen Millimeter hinter der Pfeilspitze. Mit Hilfe einer Schraube läßt sich dann das Plättchen auf der Schreibplatte fixieren, die Schablonen werden wieder in den Mund eingebracht und der Patient gebeten, die Zahnreihen zu schließen. Im Normalfall findet der Patient mühelos seine Habituelle Interkuspidation, der Stützstift rastet in der Bohrung ein, und mit Hilfe von Abdruckgips werden die Registrierplatten in dieser Lage verschlüsselt.

> Die Stützstiftregistrierung dient in erster Linie dazu, mit Hilfe der Pfeilwinkelspitze die richtige horizontale Lagebeziehung von Unter- und Oberkiefer in Habitueller Interkuspidation zu ermitteln.

Sind die Kiefergelenke gesund und weisen noch eine straffe Führung auf – was bei den wenigsten zahnlosen Menschen der Fall ist – so läßt sich aus der Pfeilwinkelspitze die Position des Unterkiefers in Habitueller Interkuspidation ableiten: Sie liegt im Durchschnitt einen halben bis einen Millimeter hinter der Pfeilspitze. In den meisten Fällen ist sie abgerundet, und die Lage der habituellen Interkuspidation muß dann durch Anlegen einer Tangente ermittelt werden.

6.5.2 Extraorale Aufzeichnungsverfahren

Extraorale Aufzeichnungen der Grenzbewegungen des Unterkiefers erfolgen mit Aufzeichnungsgeräten, die als Pantographen bezeichnet werden. Mit Hilfe von in der Horizontal- und Sagittalebene im Bereich der Kondylen und des Inzisalpunkts angebrachten Schreibplatten und Schreibstiften werden die Grenzbewegungen des Unterkiefers festgehalten.

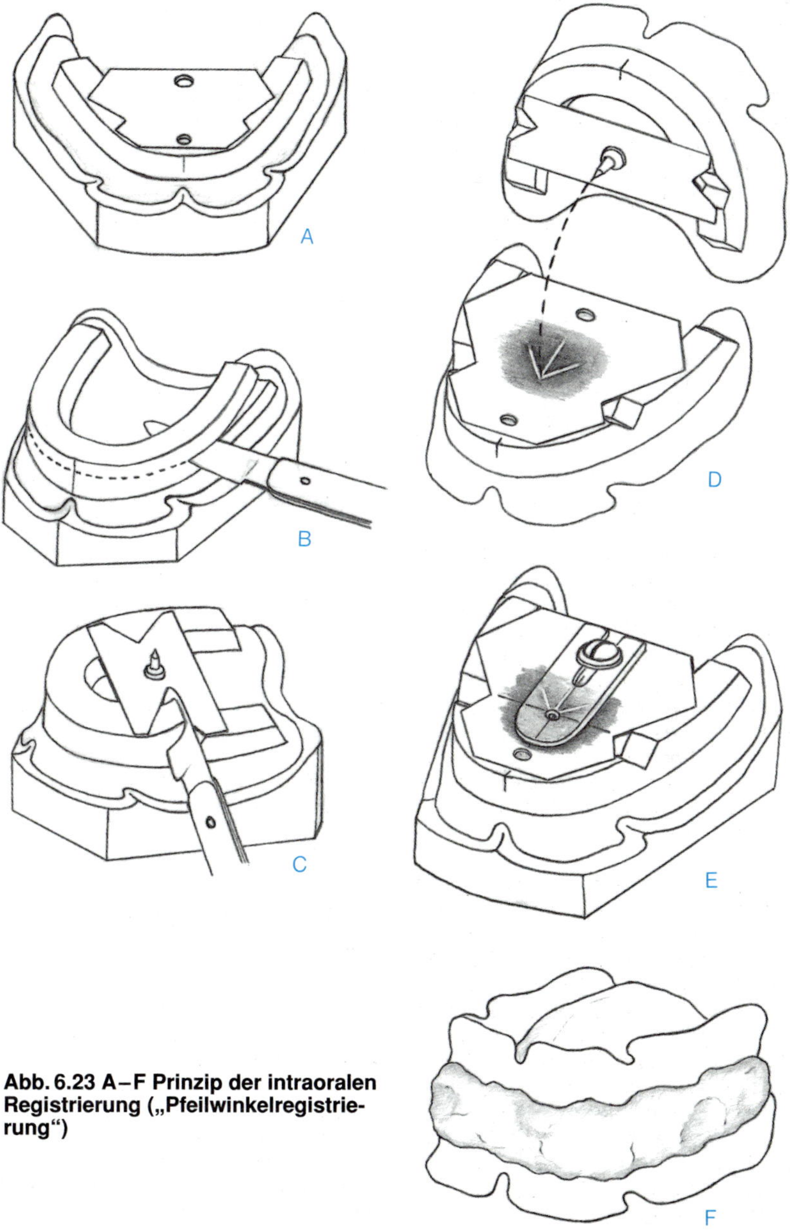

Abb. 6.23 A–F Prinzip der intraoralen Registrierung („Pfeilwinkelregistrierung“)

Abb. 6.24 Prinzip der pantographischen Aufzeichnung der Grenzbewegungen des Unterkiefers

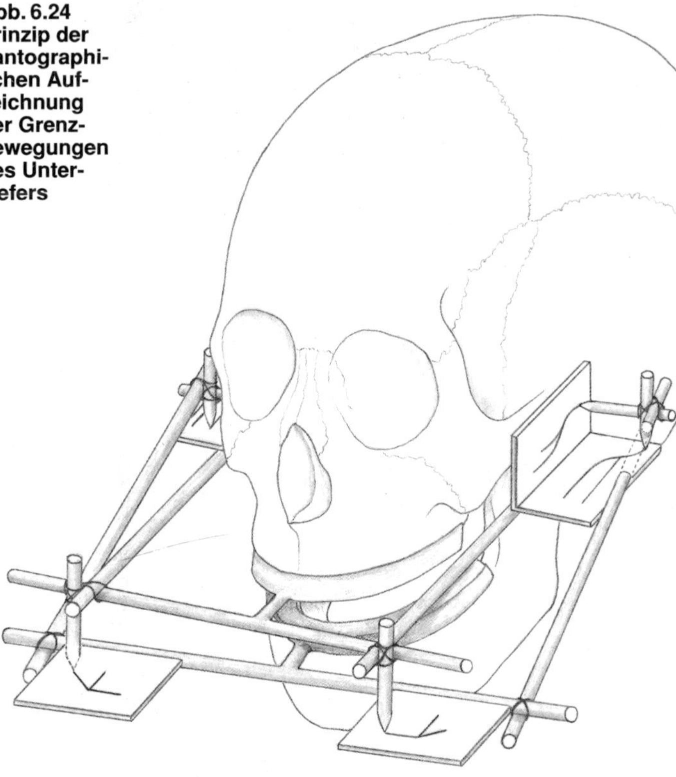

Da es sehr umfangreich wäre, den genauen Aufbau dieses Gerätes darzustellen, die klassische Stuart-Pantographie zu zeitintensiv ist und deshalb in der Zahnarztpraxis nur noch wenig angewandt wird, soll auf eine ausführliche Beschreibung verzichtet werden. Interessierten ist das Buch von Bauer/Gutowski zu empfehlen, in dem die Stuart-Pantographie und die Übertragung der Aufzeichnung auf den zugehörigen Artikulator sehr ausführlich dargestellt ist.

Zunächst wurde der Pantograph als Forschungsgerät entwickelt, um die komplizierten dreidimensionalen Kieferbewegungen durch zweidimensionale Aufzeichnung besser verstehen zu können. Bald wurde nicht nur ein zugehöriger Artikulator konstruiert, sondern auch ein Verfahren entwickelt, mit dem sich die aufgezeichneten individuellen Grenzbewegungen eines Patienten auf den Artikulator übertragen ließen. Hierzu befestigt man den Pantographen am Artikulator, und durch anschließendes Nachfahren der Bewegungen und Einstellen des mit allen Einstellmöglichkeiten ausgestatteten Artikulators läßt sich die Patientengeometrie in den Artikulator eingeben. Die individuellen Patientenbewegungen lassen sich so im Artikulator sehr genau nachvollziehen (Abb. 6.24).

Foto: W. Gühring

Abb. 6.25 Stuart-Artikulator

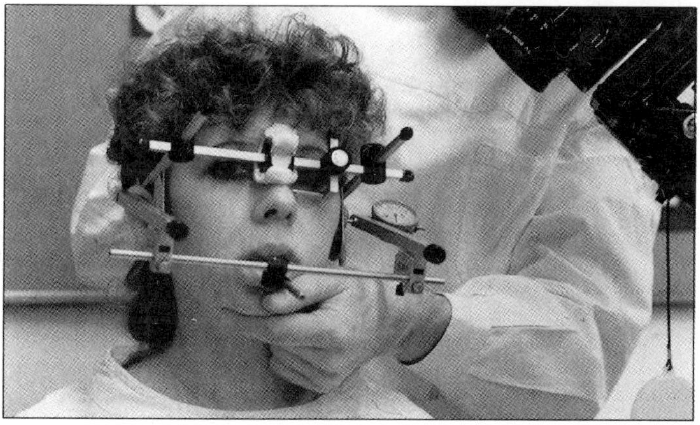

Foto: W. H. Stolle

Abb. 6.26 Angelegter Axiograph

Das klassische Gerät dieser Ära ist der Stuart-Artikulator, den Abbildung 6.25 zeigt. Allein schon die Abbildung läßt erahnen, wie zeitaufwendig dieses Verfahren ist. Dadurch wird verständlich, daß es für den normalen Praxis- und Laboralltag nie in Frage kommen konnte. Dennoch wurden viele grundlegende Erkenntnisse über Bewegungsabläufe und Störungen im Kausystem erst mit Hilfe zahlreicher Pantographien gewonnen. Nicht zuletzt ist es das Verdienst der Gnathologie, mit der Entwicklung dieser Artikulatoren auch eine vorher nicht gekannte Präzision in die Zahnheilkunde eingebracht zu haben. Auch die in den vergangenen Jahren entwickelten elektronischen Verfahren wie der String-Recorder, der Axiocomp oder das ECR-System beruhen letztlich auf Forschungsergebnissen, die mit Hilfe der klassischen Pantographie gewonnen wurden. Die klassische Pantographie wurde in den 70er Jahren von Verfahren abgelöst, die als „Mini-Pantographie" bezeichnet werden; zu ihnen zählen der Denar-Mini-Recorder, der Lee-Quick-Analyzer und die Axiographie von Slavicek und Mack, die mit die weiteste Verbreitung gefunden hat. Auch hier muß auf entsprechende Fachliteratur (siehe Literaturverzeichnis) verwiesen werden (Abb. 6.25 und 6.26).

6.6 Die Bewegungen der Kondylen

6.6.1 Bewegungsbahnen in der Sagittalebene

Kondylenbahn

Bei Vorschubbewegungen und weiter Mundöffnung, wie dies beim Sprechen, Abbeißen oder Gähnen der Fall ist, aber auch bei Seitwärtsbewegungen wie beim Kauen, gleiten die Kondylen mit dem aufgelagerten Diskus nach vorne und unten. Bringt man vor dem Ohr im Bereich des Kiefergelenks eine Schreibplatte an und zeichnet diese Bewegungsbahn auf, dann wird deutlich, daß sich die Kondylen auf einer mehr oder weniger stark gekrümmten Bahn bewegen. Diese nach kaudal konvexe Bahn ist im Durchschnitt zehn bis fünfzehn Millimeter lang und wird Kondylenbahn genannt. Anzumerken ist, daß man bei der Aufzeichnung der Bewegung am Patienten nicht die tatsächliche, anatomische Bewegung des Kondylus registriert, sondern vielmehr den Bewegungsverlauf der Scharnierachse. Der Begriff Kondylenbahn bezeichnet folglich die Bahn, die ein bestimmter Punkt der Scharnierachse während der Vorwärts- und Seitwärtsbewegung des Unterkiefers in der Sagittalebene durchläuft.

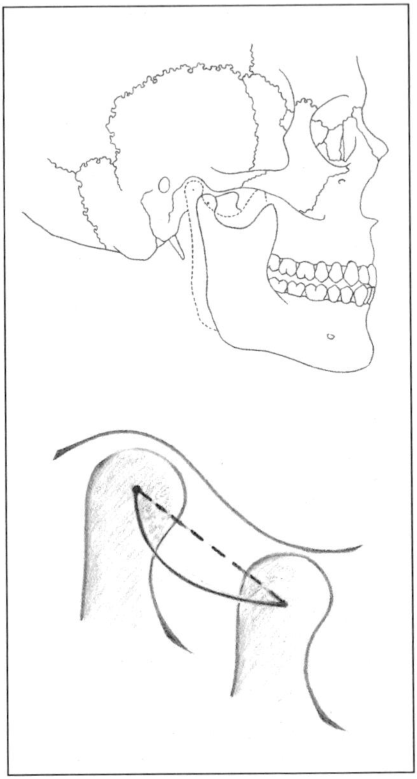

Abb. 6.27 Tatsächliche Kondylenbahn und vereinfachte Kondylenbahn

Die individuell geneigte und unterschiedlich stark gekrümmte Bewegungsbahn der Kondylen läßt sich als vereinfachte Kondylenbahn in Form einer Geraden darstellen, indem man den Anfangs- und Endpunkt der Kondylenbewegung durch eine Gerade verbindet; in dieser vereinfachten Form als plane Fläche wird sie auch in den meisten Artikulatoren simuliert (Abb. 6.27).

Kondylenbahnwinkel

Um die unterschiedliche Neigung der individuellen Kondylenbahn, die sogenannte Gelenkbahnneigung oder Kondylenbahnneigung anzugeben, bedient man sich des Begriffs Kondylenbahnwinkel. Da Winkel bekanntlich durch Schnitt zweier Geraden entstehen, benötigt man neben der vereinfachten Kondylenbahn eine zweite Gerade. Man wählt zu diesem Zweck eine durch Schädelbezugspunkte festgelegte Gerade. Da es hierfür mehrere Möglichkeiten gibt, ist diese zweite Bezugsgerade jeweils anzugeben.

1. Bezugsgerade ist die Campersche Ebene

Die Campersche Ebene ist die klassische Bezugsebene, zu der die Kondylenbahnneigung in Beziehung gesetzt wurde. Die durchschnittliche Neigung der Kondylenbahn zur Camperschen Ebene ermittelten Wissenschaftler wie A. Gysi um die Jahr-

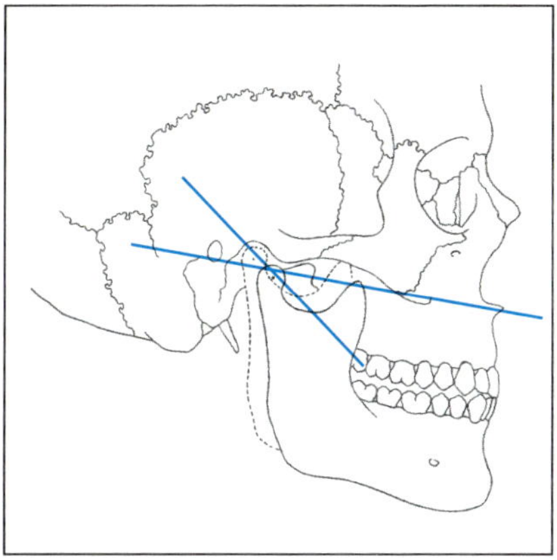

Abb. 6.28 Der Kondylenbahnwinkel mit der Camperschen Ebene als Bezugsgeraden beträgt im Durchschnitt 33°

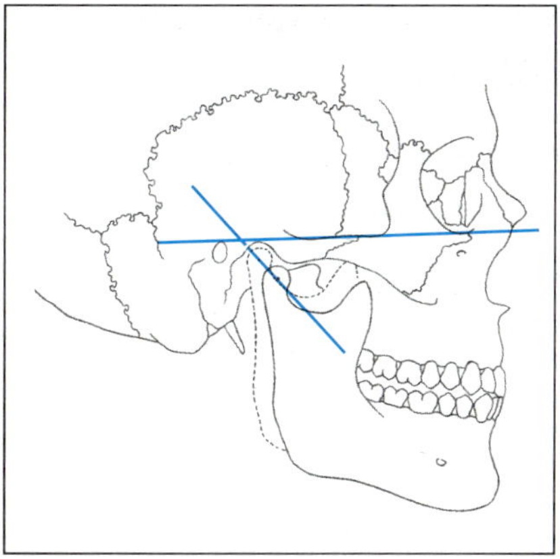

Abb. 6.29 Der Kondylenbahnwinkel mit der in ihrer Lage der Frankfurter Horizontalen nahezu entsprechenden Scharnierachsen-Orbitalebene als Bezugsgeraden beträgt im Durchschnitt 40°

hundertwende mit durchschnittlich 33 bis 34° und bezeichneten diesen Winkel als Gelenkbahnneigungswinkel. In dieser Größe wurde er in Mittelwertartikulatoren wie dem Heilborn-Artikulator, dem Gysi-Simplex-Artikulator, dem New-Simplex und anderen Geräten eingegeben. Bei neueren Geräten wie dem Atomic-Artikulator, dem Handy II-Artikulator und dem Artex-S-Artikulator wurde die Kondylenbahn auf 30° reduziert, und beim Balance-Artikulator und dem mit ihm baugleichen Rational-Artikulator sogar auf 25°. Grund hierfür ist das als Christensensches Phänomen bekannte Verhalten des Unterkiefers bei Vorschub- und Seitwärtsbewegungen. Wird der Kondylenbahnwinkel in seinem Betrag verringert, so kommt es im Seitenzahnbereich zu einer wesentlich schwächeren Disklusion der Zähne. Diese Abflachung der Kondylenbahn zwingt den Zahntechniker zu einer flacheren Modellation (Abb. 6.28).

2. Bezugsgerade ist die Frankfurter Horizontale

Im Gegensatz zur Camperschen Ebene verläuft die Frankfurter Horizontale vom hinteren zum vorderen Bezugspunkt in wesentlich geringerer Neigung – im Durchschnitt sind dies etwa 10°. Bei Wahl der Frankfurter Horizontalen als Bezugsebene wird deshalb der durchschnittliche Kondylenbahnwinkel des Patienten mit 40° angenommen. Für die auf die Frankfurter Horizontale bezogene Kodylenbahnneigung verwendet man deshalb im nationalen wie internationalen Sprachgebrauch die Begriffe Horizontale Kondylenbahnneigung oder Horizontale Kondylarbahnneigung – abgekürzt HCN beziehungsweise HCI (= horizontal condylar inclination) (Abb. 6.29).

Genaugenommen ist es aber nicht die Frankfurter Horizontale, die in teiljustierbaren Artikulatoren als Bezugsebene verwendet wird, sondern die in der Lage nahezu identische Arbiträre Scharnierachsen-Orbita-Ebene. Die einzige Ausnahme bei teiljustierbaren Artikulatoren bildet der Condylator, bei dem die Campersche Ebene als Bezugsebene dient.

3. Bezugsebene ist die Scharnierachsen-Orbita-Ebene

Bestimmt man mit Hilfe eines Scharnierachsen-Lokalisationsgeräts wie dem Almore-Bogen die Scharnierachse des Patienten und verbindet den Scharnierachsenpunkt mit dem Infraorbitalpunkt, so erhält man einen patientenindividuellen Kondylenbahnwinkel. Bedeutung hat dieser Kondylenbahnwinkel für die Auswahl vorgefertigter Einsätze zur Programmierung von volljustierbarer Artikulatoren und für die Einstellung des individuellen Kondylenbahnwinkels bei teiljustierbaren Artikulatoren.

Der Fischer-Winkel
Zeichnet man neben dieser reinen Protrusionsbewegung auch die Mediotrusionsbewegung auf, so stellt man fest, daß zu Beginn der Bewegung die Mediotrusionsbahn mit der Protrusionsbahn übereinstimmt. Erst zum Ende der Mediotrusionsbewegung trennt sie sich von der Protrusionsbahn und weicht weiter nach kaudal ab; auch ist die Mediotrusionsspur stets einige Millimeter länger als die Protrusionsspur. Der zwischen Protrusionsbahn und Mediotrusionsbahn entstehende Winkel wird als Fischer-Winkel bezeichnet. Er beträgt im Durchschnitt etwa 10°.

Wie die Abbildung 6.30 zeigt, ist der Fischer-Winkel in erster Linie ein projektionsbedingtes Phänomen und hat eine wesentlich geringere Bedeutung für die Kieferbewegungen und die Okklusion als man früher annahm. Der Grund für diese Überbewertung ist in der Tatsache zu suchen, daß bei den älteren Aufzeichnungsverfahren die Schreibplatten wesentlich weiter von den Kondylen entfernt angebracht waren. Durch projektionsbedingte Verzeichnung (entsprechend den Gesetzmäßigkeiten des Strahlensatzes) und durch eine geringfügig steilere Neigung des medialen Flächenanteils der Gelenkgrube trennen sich die Bahnen früher und deutlicher voneinander als bei gelenknaher Aufzeichnung.

6.6.2 Bewegungsbahnen in der Horizontal- und Frontalebene

Die Abbildung 6.31 zeigt schematisch eine Unterkieferbewegung nach links. Um die Bewegungsabläufe zu verstehen, soll die Bewegung zunächst stark vereinfacht beschrieben werden; auf die genauen Bewegungsabläufe und ihre Auswirkungen auf die Okklusion wird danach eingegangen. Wir nehmen zu diesem Zweck an, daß der Unterkiefer eine Linkslateralbewegung ausführt und der linke Kondylus sich dabei um eine feststehende vertikale Achse dreht (tatsächlich erfolgt eine Verlagerung des gesamten Unterkiefers zu dieser Seite hin).

Zunächst aber sollen an Hand der vereinfachten Kondylenbewegung eine Reihe von Begriffen erläutert werden. Sie wurden im Laufe der vergangenen Jahrzehnte geprägt und werden heute noch in unterschiedlicher Häufigkeit verwendet.

Da sich bei einer Linkslateralbewegung die linke Unterkieferseite im Bezug zu ihrer Ausgangslage von der Medianebene wegbewegt, wird diese sich zur Seite hin verlagernde Unterkieferhälfte als Laterotrusionsseite bezeichnet, der zugehörige, sich gleichzeitig mit nach außen verlagernde Kondylus wird Laterotrusionskondylus genannt. Da für das Kausystem „kauen" soviel wie arbeiten bedeutet und der Unterkiefer sich stets zu der Seite hinbewegt, auf der Nahrung zerkaut werden soll, wurde für diese Seite der ebenfalls häufig anzutreffende Begriff Arbeitsseite geprägt. Der Kondylus der Arbeitsseite wird entsprechend Arbeitskondylus genannt.

Die sich zur Medianebene hin verlagernde Seite – in unserem Beispiel also die rechte Kieferseite – bezeichnet man als Mediotrusionsseite, den nach vorne und innen schwingenden Kondylus als Mediotrusionskondylus. Andere, gebräuchliche Begriffe für diese Seite beziehungsweise die Kondylen sind Leerlaufseite oder Nichtarbeitsseite.

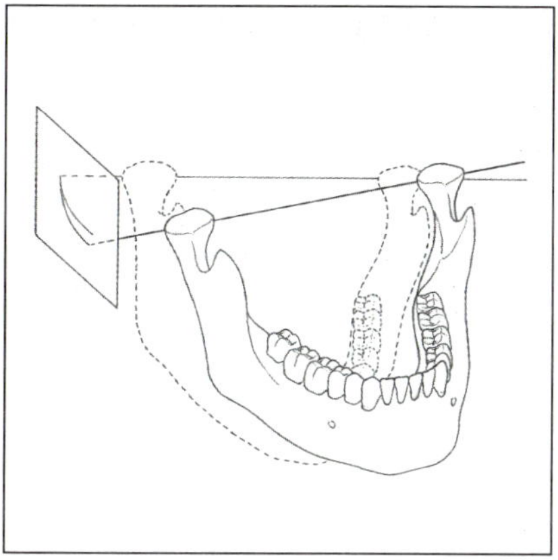

Abb. 6.30 ◀ Der Fischer-Winkel ist in erster Linie ein projektionstechnisch bedingtes Phänomen

Abb. 6.31 ▼ Begriffe, die den Seiten und Kondylen bei der Seitwärtsverlagerung des Unterkiefers zugeordnet werden

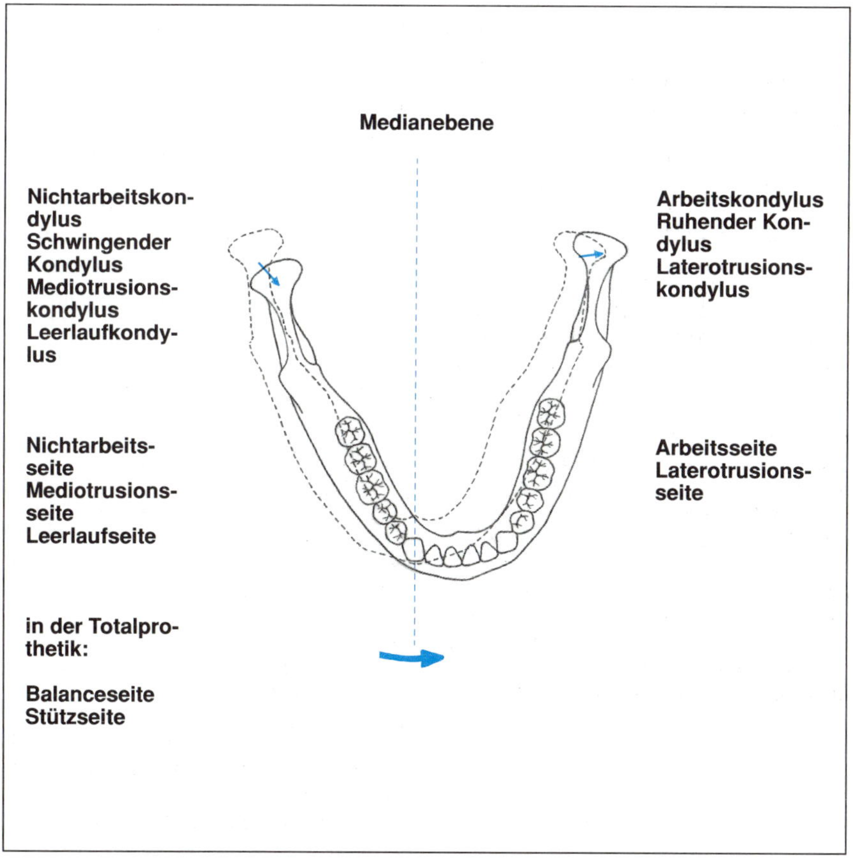

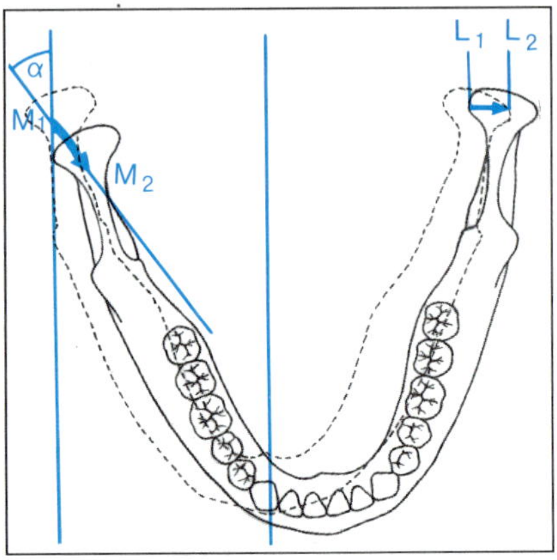

Abb. 6.32 Laterotrusion:
α = Bennettwinkel
Er wird gebildet von der Verbindungsgeraden durch den Anfangs- und Endpunkt der Mediotrusionsbahn M1 und M2 und einer Parallelen zur Medianebene (= Paramedianebene) durch den Startpunkt der Bewegung.
$\overrightarrow{L_1L_2}$ = Bennettbewegung
Sie ist das seitliche und gleichzeitig räumliche Versetzen des Laterotrusionskondylus während der Lateralbewegung.

Ältere, aus den Anfängen der Artikulationslehre stammende Begriffe sind Ruhender Kondylus für den Laterotrusionskondylus; man war der Auffassung, daß der Kondylus bei Bewegungen in der Tiefe der Gelenkgrube verbleibe und nur leichte Rotationsbewegungen ausführe. Im Gegensatz dazu wurde der Mediotrusionskondylus, der bei Kieferbewegungen nach vorne, unten und innen gleitet – gleichsam im Raume schwingt – als Schwingender Kondylus bezeichnet. Der Statik der Totalprothese und den dort geltenden Gesetzmäßigkeiten entstammen die für die Mediotrusionsseite gelegentlich noch anzutreffenden Begriffe Balanceseite und Stützseite.

Der Bennett-Winkel
Projiziert man die Verlagerung der Kondylen auf eine in Höhe der Frankfurter Horizontalen gelegene, horizontale Ebene, so stellt sich der Bewegungsverlauf der Kondylen wie folgt dar:

Bei einer Linkslateralbewegung bewegt sich der rechte, als Mediotrusionskondylus bezeichnete Kondylus nach vorwärts und einwärts. Legt man (entsprechend der vereinfachten Kondylenbahn in der Sagittalebene) eine Verbindungsgerade durch Anfangs- und Endpunkt der Mediotrusionsbewegung und zieht durch den Ausgangspunkt der Mediotrusionsbewegung eine Parallele zur Medianebene, so bildet sich zwischen beiden Geraden ein dem Kondylenbahnwinkel vergleichbarer Winkel; er wird als Bennett-Winkel bezeichnet. Da die Parallele zur Medianebene in ihrer Verlaufsrichtung der Protrusionsbewegung des Unterkiefers entspricht, läßt sich der Bennett-Winkel auch folgendermaßen definieren:

> Der Bennett-Winkel ist der vom Mediotrusionskondylus zwischen der Protrusions- und Mediotrusionsbahn gebildete und auf die Horizontalebene projizierte Winkel.

Die Bennettbewegung des Unterkiefers
Die Bennettbewegung wurde von Sir N. G. Bennett im Jahre 1907 zum ersten Mal beschrieben. Die kürzeste Definition dieses Begriffs läßt sich in etwa so beschreiben: Sie ist das seitliche, räumliche Versetzen des Unterkiefers während der Lateralbewegung und läßt sich im Laterotrusionsgelenk als eine mehr oder weniger starke Verlagerung des Kondylus nach außen beobachten. Der seitliche Versatz beträgt im Durchschnitt etwa einen Millimeter, wobei sich der Kondylus fast immer noch in einer weiteren Raumebene verlagert.

Deshalb wird die Bennettbewegung meist wie folgt definiert:

> Als Bennettbewegung bezeichnet man das seitliche und räumliche Verlagern des Laterotrusionskondylus bei einer Seitwärtsbewegung.

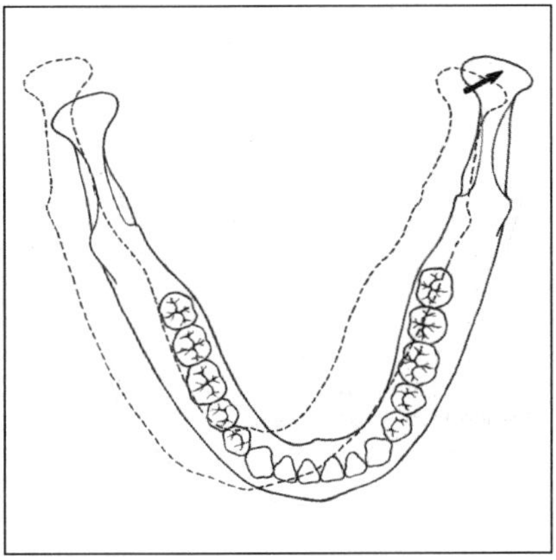

Abb. 6.33 Latero-Retrusion

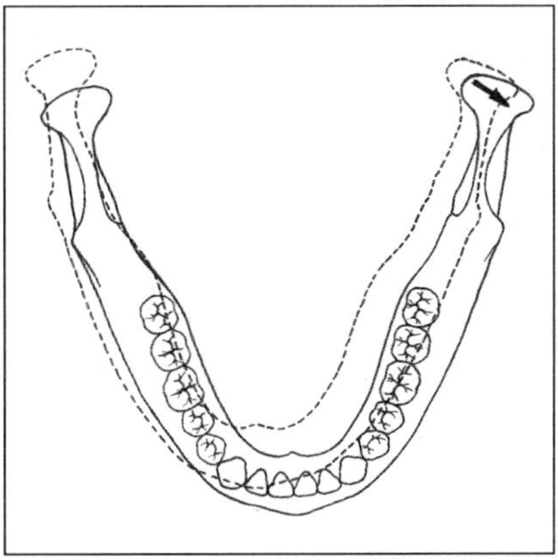

Abb. 6.34 Latero-Protrusion

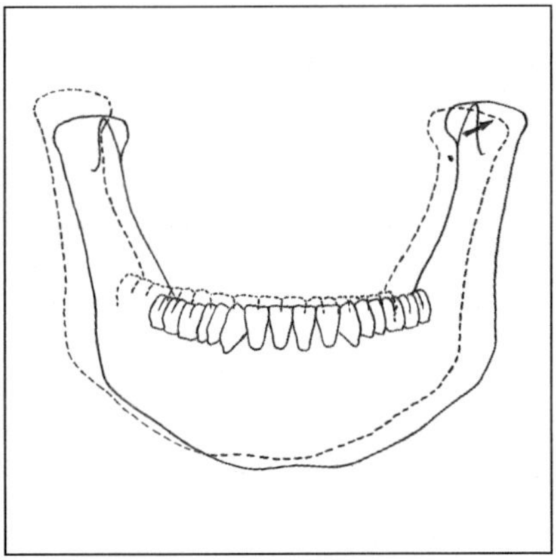

Abb. 6.35 Latero-Surtrusion

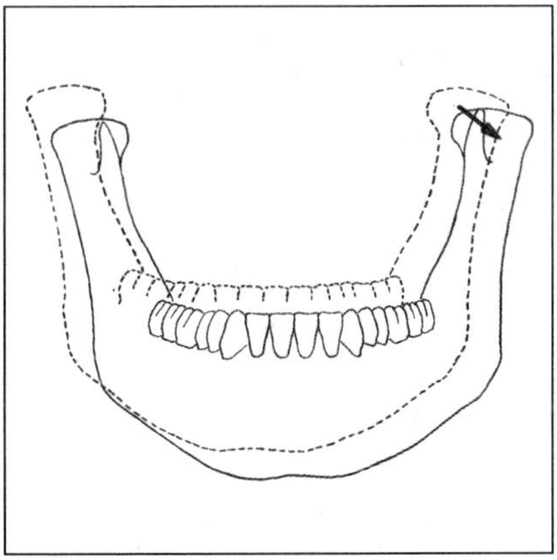

Abb. 6.36 Latero-Detrusion

Die Abbildungen 6.32 bis 6.36 sollen die räumlichen Bewegungen im Laterotrusionsgelenk verdeutlichen:

- im einfachsten Fall bewegt sich die Kondylus nur nach lateral; dies wird als Laterotrusion bezeichnet
- er kann sich aber auch zur Seite und nach hinten (= Latero-Retrusion)
- zur Seite und nach vorn (= Latero-Protrusion)
- zur Seite und nach unten (= Latero-Detrusion) oder
- zur Seite und nach oben (= Latero-Surtrusion) bewegen.

Die Bennettbewegung wirkt sich aber verständlicherweise auch auf die Bewegung im Mediotrusionsgelenk aus und damit auf die Größe des Bennettwinkels: Ohne Bennettbewegung des Laterotrusionskondylus ließe sich am Mediotrusionskondylus nur ein Bennett-Winkel von etwa 6° messen, durch den seitlichen Versatz ergibt sich ein Bennett-Winkel von durchschnittlich 15° (in Mittelwertartikulatoren wird deshalb der Bennettwinkel in dieser Größe als fester Wert eingegeben).

6.6.3 Formen der Bennett-Bewegung und ihre Ursachen

Normale und Initiale Bennett-Bewegung (Immediate Side Shift)
Normalerweise verläuft die Bennett-Bewegung nahezu synchron zur Seitwärtsbewegung des Unterkiefers: Je weiter sich der Mediotrusionskondylus nach vorne und innen bewegt, desto weiter wandert der Laterotrusionskondylus nach außen. Diese gleichmäßig verlaufende Bennett-Bewegung wird als Gleichmäßige Seitwärtsbewegung oder Progressive Side Shift bezeichnet.

Die Größe und der zeitliche Beginn der Bennettbewegung weichen bei verschiedenen Menschen stark voneinander ab. Bei Aufzeichnung von Bewegungen fällt auf, daß die Bewegungsbahn des Mediotrusionskondylus vor allem auf den ersten vier Millimetern stark variieren kann. Die Abbildung 6.37 zeigt deutlich, daß sich trotz völlig unterschiedlicher Bewegungsverläufe ein scheinbar gleich großer Bennettwinkel ergibt.

Bei etwa 90 Prozent der erwachsenen Patienten erfolgt unmittelbar vor Beginn der eigentlichen Seitwärtsbewegung ein deutlicher Versatz des Unterkiefers zur Medianebene hin in Richtung der Scharnierachse, noch bevor sich der Mediotrusionskondylus nach vorn und einwärts zu bewegen beginnt. Dieses auffällige, unmittelbare Versetzen des Unterkiefers vor Beginn der eigentlichen Lateralbewegung wird Initiale Bennett-Bewegung oder Immediate Side Shift (= ISS) genannt. Die Auswirkungen dieser unmittelbaren Seitwärtsbewegung auf die Bewegungen der Höcker werden noch näher beschrieben (Abb. 6.38).

Ursache für die Initiale Bennett-Bewegung
Im Frontalschnitt betrachtet liegen bei gesunden, normalen Gelenken die Kondylen zusammen mit dem Diskus der medialen Gelenkgrubenwand an (Abb. 6.39), auf der gegenüberliegenden Seite verhindern die Gelenkkapsel und das ihr aufgelagerte relativ straff gespannte Schläfen-Unterkieferband zudem ein Versetzen des Laterotrusionkondylus.

> Bei Gelenken mit initialer Bennett-Bewegung besteht zwischen Kondylus und medialer Gelenkgrubenwand ein Spielraum, und das gegenüberliegende Schläfen-Unterkieferband ist mehr oder weniger stark überdehnt.

Die initiale Bennett-Bewegung ist also auch ein deutliches Zeichen für eine Überdehnung des die Gelenkkapsel verstärkenden Schläfen-Unterkieferbandes und der Gelenkkapsel und steht in engem Zusammenhang mit Artikulationsstörungen und Parafunktionen. Um die Initiale Bennett-Bewegung beim Patienten zu ermitteln, wird mit einer Hand der Kopf seitlich abgestützt und mit der anderen Hand der Unterkiefer im Bereich des Unterkieferwinkels kräftig zur Mitte hin gedrückt.

Es ist sinnvoll, vor größeren Rehabilitationen im Rahmen der Klinischen Funktionsanalyse diese Grenzbewegung zu erfassen, da der Patient beim Aufstützen des Kopfes, bei einer seitlichen Schlaflage oder vor allem bei Parafunktionen solche Unterkieferhaltungen regelmäßig einnimmt.

Dies bestätigt sich immer wieder bei Funktionsanalysen, wenn die Schliffflächen am Modell im Artikulator mit geraden Bennetteinsätzen nicht nachzuvollziehen sind, jedoch bei Verwendung sogenannter Side-Shift-Einsätze oder Gelenkboxen mit Retrusiv-Surtrusiv-Möglichkeiten klar aufgefunden werden. Hier zeigt sich schon ein entscheidender Nachteil aller mechanischen Simulationsgeräte: Artikulatoren sind auf Grund ihrer starren Konstruktion nicht in der Lage, die Nachgiebigkeit von Geweben oder die Verwindung und Durchbiegung des Unterkiefers bei Kaubewegungen oder Parafunktionen zu simulieren.

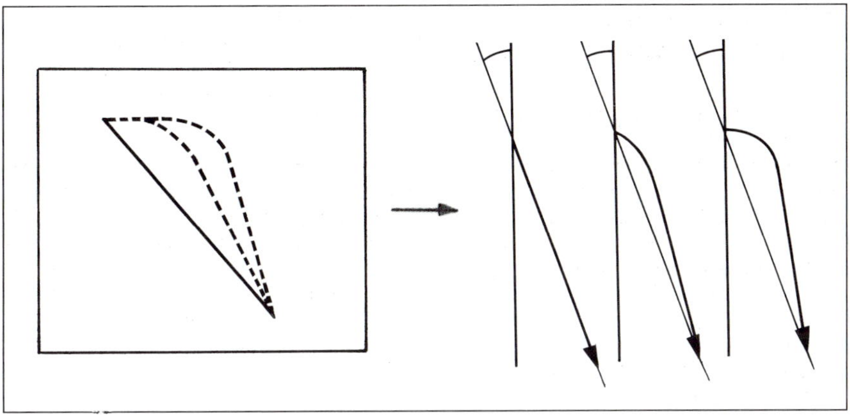

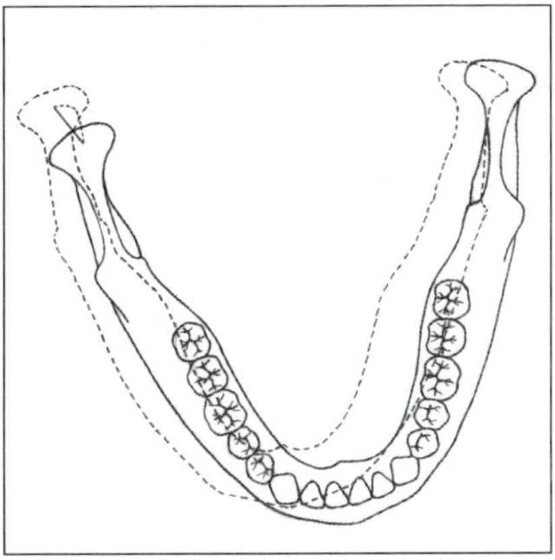

Abb. 6.37 ▲ Trotz scheinbar gleichem Bennettwinkel sind die Bahnen in der Anfangsphase der Bewegung völlig unterschiedlich.

Abb. 6.38 ◀ Normale (= gleichmäßige) und Initiale Bennettbewegung (ISS):

—— Normale Bennettbewegung
- - - - Initiale Bennettbewegung

Abb. 6.39 ▼ Gesundes Gelenk (A) und Gelenk mit Immediate Side Shift (B).

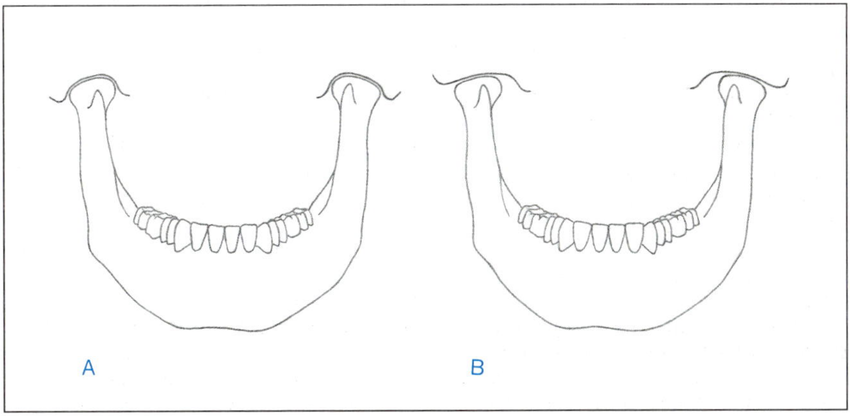

6.7 Bewegungen des Inzisalpunkts

6.7.1 Bewegungen in der Sagittalebene

Das Posselt-Diagramm
Es wurde bereits aufgezeigt, daß die Grenzbewegungen des Unterkiefers eine räumliche Hüllkurve umschreiben, die von Posselt ausführlich erforscht und beschrieben wurde. Bekannter noch als diese dreidimensionale „Posseltsche Banane" ist das zweidimensionale „Posselt-Diagramm": Es verdeutlicht die Grenzbewegungen des Inzisalpunkts in der Sagittalebene. Die markanten Positionen werden Grenzpositionen genannt (Abb. 6.40). Einige wurden als Unterkieferpositionen bereits beschrieben.

Grenzpositionen des Posselt-Diagramms
- Die obere, durch die Zahnreihen begrenzte Bahn entspricht der Bewegungsmöglichkeit des Unterkiefers nach vorn und hinten unter Beibehaltung des Zahnkontaktes, wobei Position 1 den Startpunkt der Bewegungen bezeichnet. Diese Position stellt die maximale Annäherung des Unterkiefers an den Oberkiefer dar und wurde bereits als Habituelle Interkuspidation oder IKP beschrieben.

- Aus dieser dem Patienten eigenen Okklusionsposition kann der Unterkiefer aktiv nach vorne bewegt werden. Er gleitet dabei mit den inzisalen Kanten der unteren Schneidezähne an den palatinalen Führungsflächen der oberen Frontzähne in die Position 2, die Kopfbißstellung oder Schneidekantenstellung der Frontzähne.

- Durch weitere Kontraktion der Kaumuskulatur kann der Unterkiefer in die Position 3 bewegt werden. Sie stellt die größtmögliche Vorschubbewegung des Unterkiefers oder Maximale Protrusion dar. Im gesunden Kauorgan ist diese Bewegung stets symmetrisch, das heißt, sie erfolgt ohne ein seitliches Versetzen des Unterkiefers. Tritt bei dieser Bewegung ein laterales Verschieben des Unterkiefers auf, so weist dies auf eine gestörte Bewegung im linken oder rechten Kiefergelenk hin.

- Aus der habituellen Interkuspidation läßt sich der Unterkiefer bei etwa 90 Prozent aller Menschen noch geringfügig nach rückwärts verlagern. Dabei gleitet der Unterkiefer auf den als Retrusionsfacetten bezeichneten Flächen der Zähne in die gegenüber der IKP weiter hinten und unten gelegene Position 4, die Retrale Kontaktposition.

- Aus dieser als Terminale Scharnierachsenposition des Unterkiefers beschriebenen Grenzposition, in der sich die Kondylen in der Tiefe der Gelenkgrube in einer zwanglosen, nicht seitenverschobenen Stellung befinden, kann der Unterkiefer bis zu einem Schneidekantenabstand von etwa 25 Millimeter reine Rotations- oder Scharnierbewegungen ausführen.

> Sie ist die einzig reproduzierbare Unterkieferbewegung, die mit der Öffnungs- und Schließbewegung im Artikulator übereinstimmt.

Die Position 5 bezeichnet den Endpunkt der reinen Scharnierbewegung um die Terminale Scharnierachse. Wird der Unterkiefer über diesen Punkt hinaus geöffnet, dann setzt durch Zug der nach vorne gerichteten Kaumuskulatur eine Gleitbewegung der Kondylen ein.

- Die Öffnungsbewegung endet in Position 6; sie markiert die Maximale Mundöffnung. Die Grenzbewegungsfigur wird durch die Schließbewegung aus der maximalen Mundöffnung in die maximale Protrusion ergänzt.

- Die normale Mundöffnung aus der Habituellen Interkuspidation heraus bis in die maximale Öffnung verläuft in sagittaler Richtung in einer schwach gekrümmten

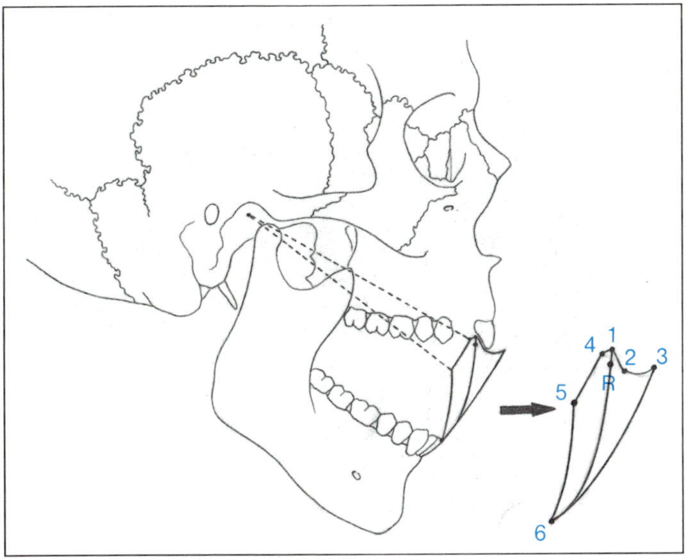

Abb. 6.40 Posselt-Diagramm: 1 Habituelle Interkuspidation, 2 Kopfbißstellung, 3 Maximale Protrusion, 4 Retrale Kontaktposition, 5 Endpunkt der Scharnierbewegung, 6 Maximale Öffnung, R Ruhelage des Unterkiefers

oder leicht fließenden Linie; auf dieser Bahn liegt die mit R bezeichnete Ruhelage oder Ruheschwebelage des Unterkiefers.

Beim gesunden Menschen betragen die Durchschnittswerte für die Bewegungen aus der Habituellen Interkuspidation in die verschiedenen Grenzpositionen: Retrusion 0 bis 2 Millimeter, Protrusion 7 bis 10 Millimeter, Öffnung 40 bis 60 Millimeter.

6.7.2 Bewegungen in der Horizontalebene

Pfeilwinkel oder Gotischer Bogen

Die Aufzeichnung der Grenzbewegungen in der Horizontalebene erfolgt meist nicht genau im Bereich des Inzisalpunkts, sondern mit innerhalb der Zahnbögen oder Wachswälle befestigten Aufzeichnungsapparaturen. Die gebräuchlichsten Verfahren (Mc Grane und Gerber) wurden bereits beschrieben. Das Ergebnis ist die in Abbildung 6.41 gezeigte, symmetrische Figur; sie wird nach ihrer Form Pfeilwinkel oder Gotischer Bogen genannt.

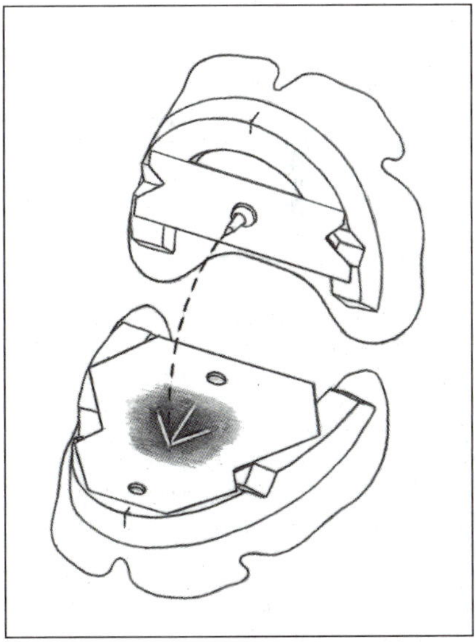

Abb. 6.41 Registrierplatten und aufgezeichneter Pfeilwinkel

Zu beachten ist, daß sich durch Anbringen der Schreibplatte im Unterkiefer ein spiegelbildlicher Pfeilwinkel ergibt. Weniger bekannt und verbreitet ist die von Lucia aufgezeigte Methode des „Frontalen Jig“, bei der an den unteren Schneidezähnen im Bereich des Inzisalpunkts ein abgezwickter Nagel festgewachst und entsprechend an den Oberkieferfrontzähnen eine kleine Schreibplatte befestigt wird. Mit diesem Verfahren ergibt sich der Pfeilwinkel tatsächlich als Grenzbewegungsdiagramm des Inzisalpunktes in der Horizontalebene. Zeichnet man die Bewegungen des Unterkiefers mit extraoralen Verfahren auf, zum Beispiel dem Pantographen, bei denen vorn zu beiden Seiten des Inzisalpunkts Schreibplatten angebracht werden, so erhält man zwei asymetrische Pfeilwinkel (vgl. Abb. 6.24).

Die Bezeichnung „Pfeilwinkel“ geht aus der Form der aufgezeichneten Bewegung eindeutig hervor und wird aus der Abbildung 6.41 leicht verständlich. Der Begriff „Gotischer Bogen“ stammt von A. Gysi und beschreibt die Form des Pfeilwinkels, wie er bei Zahnlosen meistens angetroffen wird: Da diese Patienten keine Zahnführung besitzen, zeichnet sich im Gegensatz zu bezahnten Patienten meist ein Pfeilwinkel auf, dessen beide Schenkel in einem leicht gekrümmten Bogen auf die Spitze zulaufen. Mit Phantasie kann man darin den spitz zulaufenden Bogen eines gotischen Kirchenfensters oder Torbogens erkennen.

> Sind die Kiefergelenke gesund und besitzt der Patient eine Front-Eckzahn-Führung, dann entspricht die Pfeilwinkelspitze der Position des Unterkiefers in Retraler Kontaktposition oder RKP. Die Habituelle Interkuspidation oder IKP liegt im Durchschnitt einen halben bis einen Millimeter hinter der Pfeilspitze.

Bei Patienten mit initialer Bennett-Bewegung oder Totalprothesenträgern ist sie in der Regel abgerundet und die RKP muß dann durch Anlegen von Tangenten ermittelt werden.

6.7.3 Bewegungen in der Frontalebene

Die Grenzbewegungen des Inzisalpunkts sind in der Abbildung 6.42 dargestellt und ergeben sich als Schnitt durch die Posseltsche Banane in frontaler Richtung. Position 1 markiert die Habituelle Interkuspidation, der Gleitweg in die laterale Grenzposition führt in eine Stellung, bei der bei vorhandener Front-Eckzahn-Führung nur noch die Eckzahnspitzen Kontakt haben (Position 2). Über diese funktionelle Position hinaus kann der Unterkiefer noch weiter nach lateral in die größtmögliche rechts- und linkslaterale Stellung bewegt werden, bis die Kapsel- und Bandstrukturen die Bewegung beenden (Position 3). Die Bewegung aus diesen Positionen in die maximale Öffnung vervollständigt das Diagramm (Position 4). Bei gesunden Gelenken und störungsfreier Okklusion ist festzustellen, daß die Öffnungsbewegung ziemlich genau in der Medianebene erfolgt. Bei Patienten, deren Gelenke durch Parafunktionen eine Initiale Bennettbewegung aufweisen, zeigen sich bei der Öffnungsbewegung s-förmig gekrümmte Bahnen. Bei Gelenksschäden ist die Mundöffnung teilweise stark eingeschränkt und die Figur flacht sich in vertikaler Richtung stark ab.

6.8 Bestimmungsfaktoren des okklusalen Reliefs

Das okklusale Relief, das heißt die Anordnung und Ausformung der Höcker, der damit zusammenhängende Verlauf und die Tiefe der Fissuren der Seitenzähne und nicht zuletzt die Konturen der Palatinalflächen oberer Frontzähne sind von einer Reihe individueller Faktoren abhängig. Bestimmende Faktoren sind:

- Die Kondylenbahn beziehungsweise der Kondylenbahnwinkel
- der Bennettwinkel und die Bennettbewegung
- der Interkondylarabstand
- die Lage der Okklusionsebene im Verhältnis zur Kondylenbahn

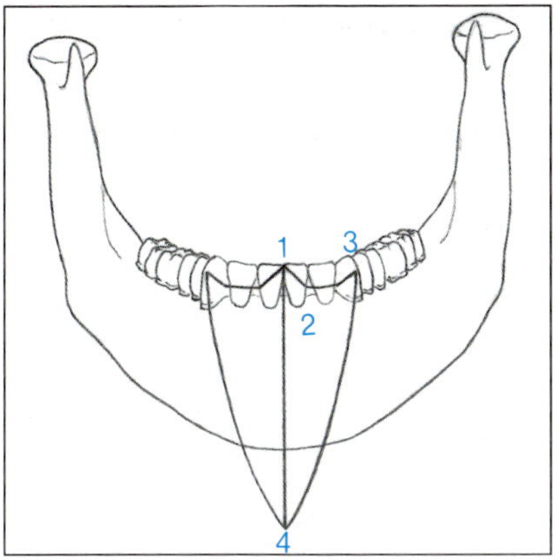

Abb. 6.42 Posselt-Diagramm in der Frontalebene. 1 = habituelle Interkuspidation, 2 = Kopfbißstellung, 3 = Maximale Laterotrusion, 4 = Maximale Öffnung

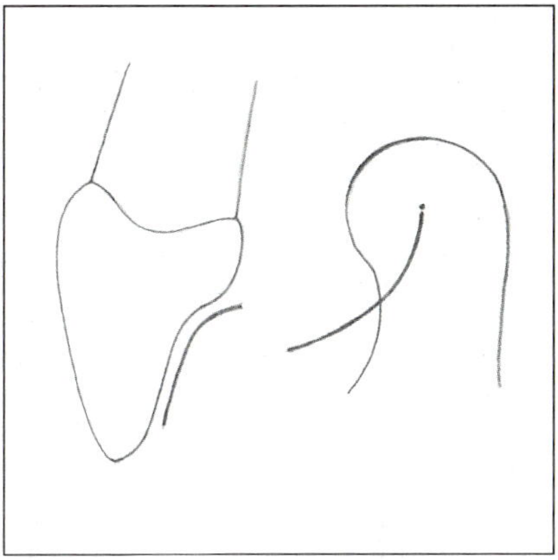

Abb. 6.43 Die Kondylenbahn verhält sich in ihrem Verlauf genau umgekehrt wie die palatinale Kontur der Front-

- der Verlauf von Spee-Kurve und Wilson-Kurve
- die Überbißverhältnisse in der Front.

6.8.1 Kondylenbahn und Frontzahnführung

Die Funktion der Kondylenbahn ist, bei Vorschub-oder Seitwärtsbewegungen zusammen mit den Frontzähnen die sofortige Trennung des Zahnkontakts im Seitenzahnbereich zu gewährleisten. Dieser Sachverhalt wurde bereits zuvor im Zusammenhang mit dem Christensenschen Phänomen dargestellt.

> Je steiler deshalb die Kondylenbahn des Patienten ist, desto steiler können die Höcker gestaltet werden, je flacher die Kondylenbahn, desto flacher müssen die Höcker gestaltet werden.

Die palatinalen Konkavitäten der oberen Frontzähne verhalten sich dabei in ihrer Form genau umgekehrt wie die Kondylenbahn: Sie beginnen mit einer flachen, fast horizontalen Führungsfläche und gehen dann erst in eine sehr steile, nach vorne abwärts geneigte Bahn über (Abb. 6.43).

6.8.2 Bennettbewegung

Frontzahngestaltung

Die Gestaltung der Palatinalflächen der oberen Frontzähne hängt vom Ausmaß der Initialen Bennettbewegung ab:

> Bei kleiner Immediate Side Shift können die palatinalen Führungsleisten steil modelliert werden. Bei großer Initialer Bennettbewegung müssen diese stärker konkav gestaltet werden.

Man vermeidet damit, daß der Patient sich in der Front gleichsam „eingesperrt" fühlt, wenn er hinten im Gelenk ein zu großes seitliches Spiel hat (Abb. 6.44).

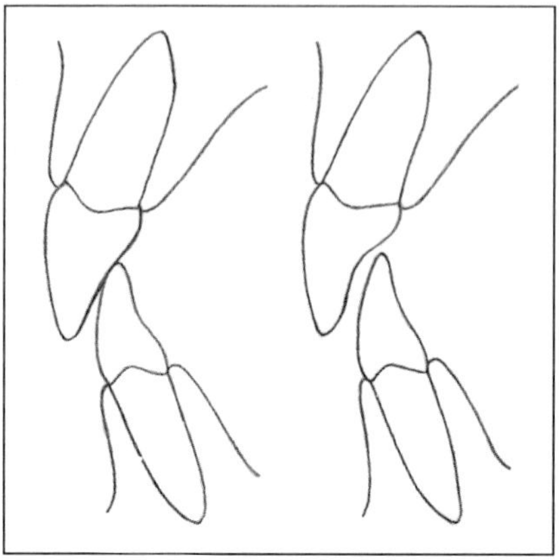

Abb. 6.44 Die Größe der initialen Bennettbewegung bestimmt die Form der Palatinalflächen: Schwach konkave Palatinalflächen bei kleiner initialer Bennettbewegung, stark konkave Palatinalflächen bei großer ISS.

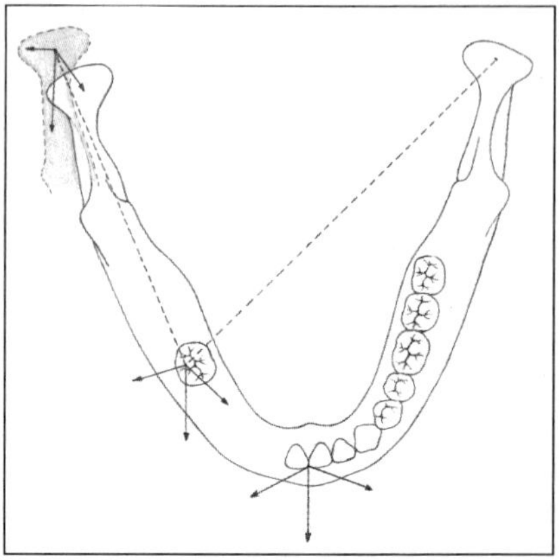

Abb. 6.45 Bei Kieferbewegungen beschreibt jeder Höcker ein pfeilwinkelartiges, asymetrisches Bewegungsmuster; nur im Bereich des Inzisalpunkts ergibt sich ein symmetrischer Pfeilwinkel.

Seitenzahngestaltung

Für die Rekonstruktion des Seitenzahngebiets ist das Ausmaß der Initialen Bennettbewegung von entscheidender Bedeutung. Im gesunden Gelenk oder in Gelenken mit geringer Initialer Bennettbewegung liegt – wie schon zuvor beschrieben – der Kondylus in Habitueller Interkuspidation der medialen Gelenkgrubenwand an. Bei einer Seitbewegung kommt es deshalb zu einer raschen Disklusion der Seitenzahnreihen.

Bei großer Initialer Bennettbewegung hat der Kondylus zur medialen Gelenkgrubenwand einen Spielraum, weshalb die Immediate Side Shift schon als ein „Ausleiern" der Gelenkgrube bezeichnet wurde. Da die Gelenkführung zu Beginn der Bewegung fehlt, ist ein sofortiges Trennen der Seitenzahnreihen unmöglich. Die Folge ist, daß die Höcker sowohl auf der Mediotrusionsseite wie vor allem auch auf der Laterotrusionsseite aufeinandertreffen. Auf der Mediotrusionsseite auftretende Störkontakte bezeichnet man dabei als Balancekontakte oder Hyperbalancen, Störkontakte auf der Laterotrusionsseite als Laterotrusionsstörungen.

Wie oben beschrieben, hat die Bennettbewegung einen entscheidenden Einfluß auf die Bewegungsbahnen der Höcker, vor allem in Form der unmittelbaren Seitwärtsbewegung oder Initialen Bennettbewegung des Unterkiefers. Ihre Auswirkung soll in der Horizontal- und Frontalebene dargestellt werden.

Die Bewegungsbahnen der Zähne im Kauflächenrelief des Gegenkiefers bei normaler Bennettbewegung

Um den Sachverhalt verständlich zu machen, soll die tatsächliche Bewegung zunächst so vereinfacht werden, daß sich der Kondylus der Arbeitsseite nicht entsprechend der Bennettbewegung nach außen versetzt, sondern sich um eine feststehende vertikale Achse dreht. In diesem Fall läßt sich die Arbeits- oder Laterotrusionsbahn eines Höckers als Kreisbogen darstellen, Kreismittelpunkt ist der angenommene Kondylenmittelpunkt, der Radius entspricht der Strecke Laterotrusionskondylus-Höckerspitze. Auf dieselbe Weise läßt sich die Mediotrusionsbahn dieses Höckers ermitteln. Zeichnet man nun noch die Protrusionsspur ein, so wird deutlich, daß jede Höckerspitze bei ihren Bewegungen ein dem Pfeilwinkel entsprechendes Bewegungsmuster schreibt, jedoch ist dieses nur im Bereich des Inzisalpunkts symmetrisch, für alle Höcker asymetrisch (Abb. 6.45).

Die Abbildung 6.46 soll verdeutlichen, wie sich ein Höcker durch das Kauflächenrelief seines Gegenzahnes bewegt; er schreibt dabei sein Bewegungsmuster spiegelbildlich in die Kaufläche des Gegenzahnes.

Betrachtet man unter diesem Gesichtspunkt den Fissurenverlauf eines Zahnes, so wird einem der Zusammenhang zwischen Höckerbewegung und Ausrichtung der Fissuren sehr rasch verständlich:

> Die Fissuren eines Zahnes – insbesondere bei Molaren – sind so angeordnet, daß bei Kieferbewegungen ein störungsfreies „Durchgleiten" der Höcker des Gegenzahnes möglich ist.

Gerber bezeichnete deshalb die Fissuren anschaulich als „Einflugschneisen" für die antagonistischen zentrischen Höcker und nicht ohne Grund sagt Motsch: Die Gestalt der Kaufläche eines Zahnes ist dessen erstarrte Funktion!
Zusammenfassend sind in der Abb. 6.47 alle Bewegungsbahnen unterer und oberer Zentrischer Höcker bei normaler Bennettbewegung eingezeichnet .

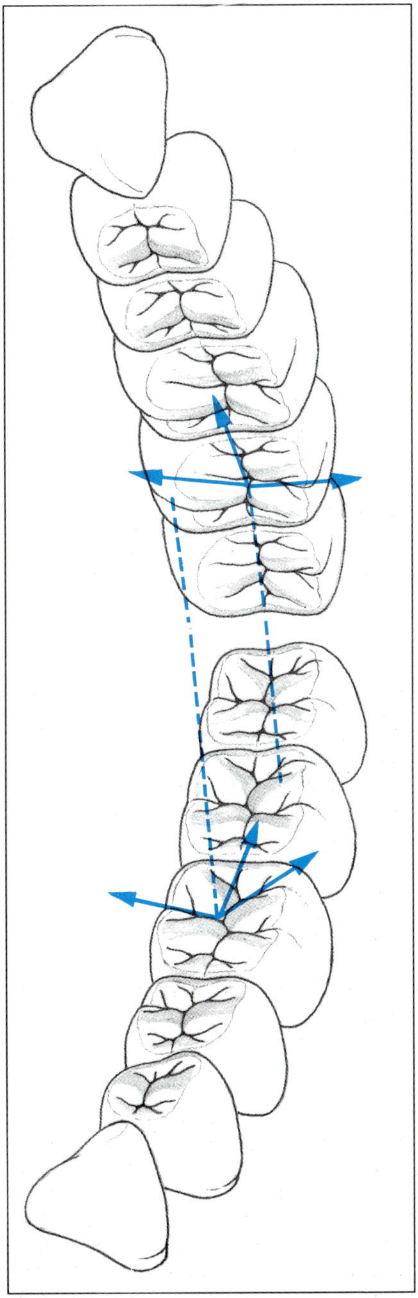

Abb. 6.46 ▶ Bewegungsspuren des unteren distobukkalen Höckers und des oberen mesiopalatinalen Höckers

Abb. 6.47 Die Bewegungsbahnen oberer zentrischer Höcker im Kauflächenrelief der Unterkieferzähne und der unteren zentrischen Höcker im Oberkiefer bei normaler Bennettbewegung

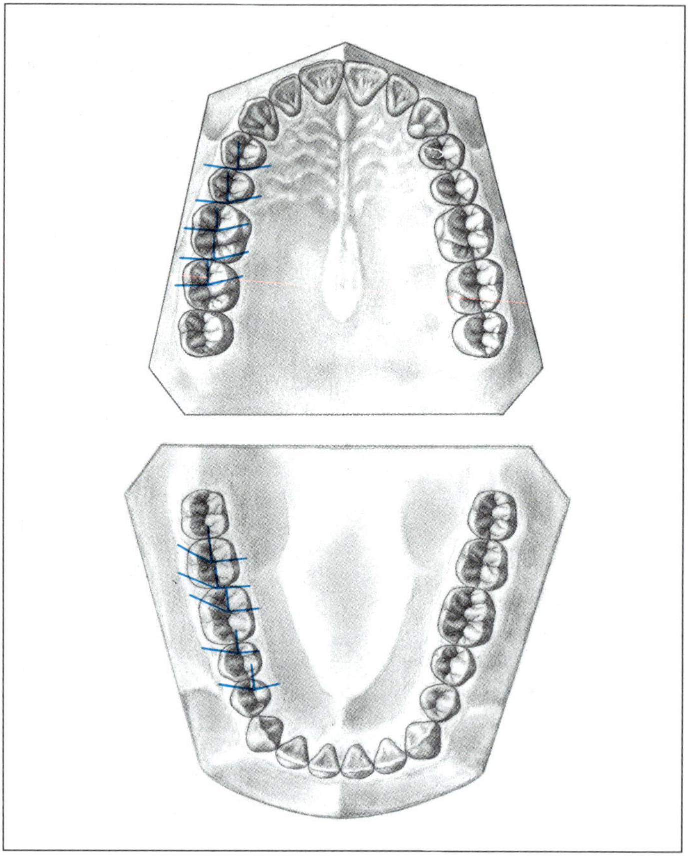

Abb. 6.48 Projektion der Bewegungsbahn des mesiopalatinalen Höckers eines Oberkiefermolaren im antagonistischen Unterkieferzahn bei normaler (1) und bei initialer Bennettbewegung (2)

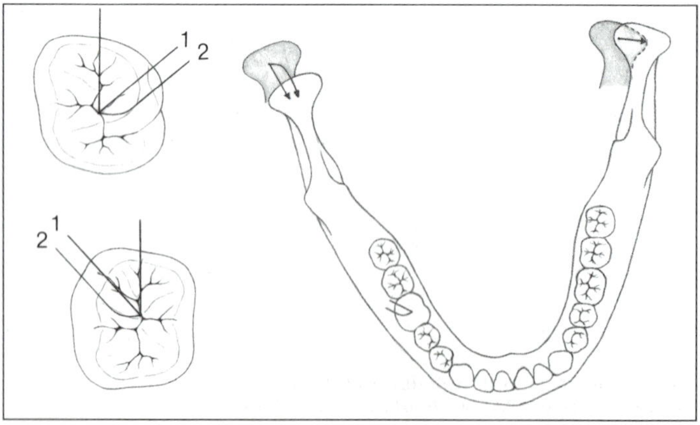

Bewegungsbahnen bei Initialer Bennettbewegung

An der Okklusalansicht eines unteren ersten Molaren soll beispielhaft verdeutlicht werden, wie sich die Höcker bei normaler und Initialer Bennettbewegung im Kauflächenrelief des Antagonisten bewegen: In Abbildung 6.48 ist der Weg eingezeichnet, den der mesiopalatinale Höcker eines oberen Molaren bei der Protrusion, Mediotrusion und Laterotrusion im Kauflächenrelief des ersten unteren Molaren beschreibt: Bei normaler Bennettbewegung (Bahn 1) bewegt sich der mesiopalatinale Höcker des oberen ersten Molaren bei einer Mediotrusion korrekt in der Einflugschneise zwischen dem distobukkalen und distalen Höcker des unteren Molaren, bei der Laterotrusion durch die linguale Querfissur zwischen mesiolingualem und distolingualem Höcker.

Die Bahn 2 zeigt, was bei einer großen Immediate Side Shift passiert: Die beiden wichtigsten zentrischen Höcker bewegen sich zunächst gegeneinander in Richtung der Scharnierachse und kollidieren somit zwangsläufig miteinander.

Aus der Abbildung 6.48 wird eine wichtige Grundregel deutlich:

> Je größer die Initiale Bennettbewegung, desto weiter mesial verlaufen die Bewegungsbahnen oberer Höcker im Kauflächenrelief der unteren Zähne und desto weiter distal bewegen sich die Unterkieferhöcker im Kauflächenrelief der oberen Zähne.

Es wurde bereits auf die Ursachen der Initialen Bennettbewegung hingewiesen: Die medialen Grubenwände sind als Folge lang anhaltender Parafunktionen (wie dem Zähneknirschen) ausgearbeitet, die lateralen Gelenkbänder sind überdehnt und der Unterkiefer hat ein seitliches Spiel und durch die fehlende (weil heruntergeknirschte) Eckzahnführung können die Seitenzahnreihen nicht sofort getrennt werden. Als Folge davon treffen auf der Mediotrusionsseite die unteren bukkalen Höcker mit den oberen palatinalen zusammen, auf der Laterotrusionsseite untere und obere bukkale Höcker.

Hieraus läßt sich eine weitere Grundregel ableiten:

> Je stärker die unmittelbare Seitwärtsbewegung ist, desto flacher müssen die Höcker und Gruben der Seitenzähne sein (Abb. 6.49).

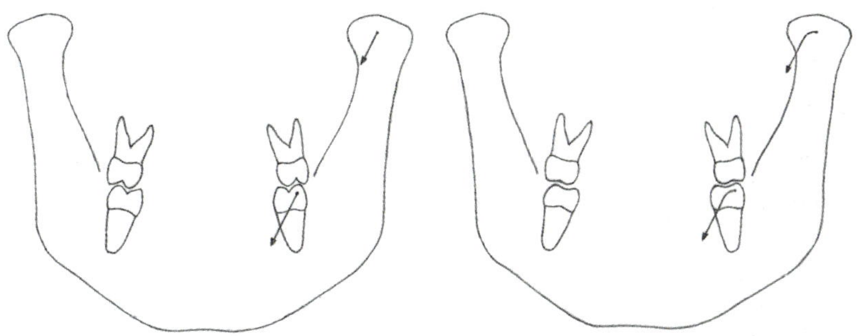

Abb. 6.49 Einfluß der initialen Bennettbewegung auf die Höckerhöhe aus frontaler Sicht

Leider sind nur wenige Artikulatoren in der Lage, diese für eine störungsfreie Okklusion bedeutsame Bewegung zu simulieren. Gerade sie ist (neben retrusiv-surtrusiven Bewegungen) die Ursache dafür, daß der Zahnersatz, der „im Artikulator so gut und störungsfrei funktioniert hatte", im Munde des Patienten Störungen verursacht und dann vom Zahnarzt mit mehr oder weniger großem zusätzlichen Zeitaufwand eingeschliffen werden muß. Voraussetzung für eine störungsfreie Okklusion ist aber nicht nur das Wissen um funktionelle Bewegungsabläufe und die Verwendung geeigneter Artikulatoren, sondern vor allem die Montage der Patientenmodelle genau in der Situation, die der räumlichen Lage der Zahnreihen im Schädel entspricht.

6.8.3 Interkondylarabstand

Bisher wurde deutlich, daß der Abstand des Höckers vom Rotationszentrum Einfluß auf dessen Bewegungsbahn hat. Ist also bei einem Patienten der Abstand zwischen seinen beiden Kondylen, der sogenannte Interkondylarabstand, größer, dann verlaufen auch die Laterotrusions- und Mediotrusionsbahnen der unteren Zähne im Kauflächenrelief der oberen weiter mesial. Je kleiner der Interkondylarabstand, desto weiter distal liegen die Laterotrusions- und Mediotrusionsbahnen (Abb. 6.50).

Da der Interkondylarabstand aber im Gegensatz zur Initialen Bennettbewegung nur unwesentliche Auswirkung auf das okklusale Relief hat, besitzen nur volljustierbare Artikulatoren die Möglichkeit, den Interkondylarabstand individuell einzustellen. Eine Ausnahme bildet der Whip Mix 1 Artikulator, bei dem der Interkondylarabstand in drei Stellungen variiert werden kann. (Gysi erkannte aber bereits zu Anfang des Jahrhunderts bei seinen Untersuchungen, daß sich die Bewegungsbahnen der Höcker zwischen kleinem und großem Interkondylarabstand nur insgesamt um drei bis fünf Grad unterscheiden und ließ deshalb diese Einstellmöglichkeit bei späteren Konstruktionen fallen.)

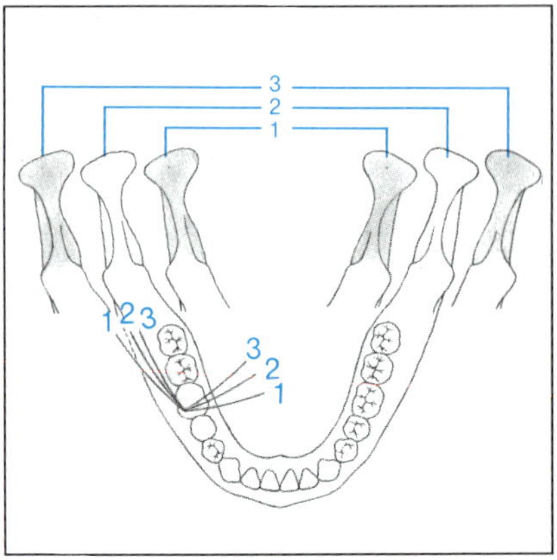

Abb. 6.50 Einfluß des Interkondylarabstandes auf die Bewegungsbahn antagonistischer Höcker:
1 = kleiner, 2 = mittlerer,
3 = großer Interkondylarabstand

6.8.4 Die Lage der Okklusionsebene im Verhältnis zur Kondylenbahn

Aus Abbildung 6.51 ist ersichtlich, daß bei gleicher Steilheit der Kondylenbahn, also gleichem Kondylenbahnwinkel, die Okklusionsebene zur Kondylenbahn eine unterschiedliche Neigung haben kann. Es leuchtet ein, daß eine stärkere Neigung der Okklusionsebene den Winkel zwischen ihr und der Kondylenbahn entsprechend verringert. Dies hat zur Folge, daß die Disklusion der Seitenzähne bei Vorschub- und Seitwärtsbewegungen nur sehr langsam einsetzt.

> Je kleiner also der Winkel zwischen Okklusionsebene und Kondylenbahn ist, desto flacher müssen die Höcker und Gruben der Zähne gestaltet werden, je größer der Winkel zwischen Okklusionsebene und Kondylenbahn ist, desto höher können die Höcker und desto tiefer die Gruben modelliert werden.

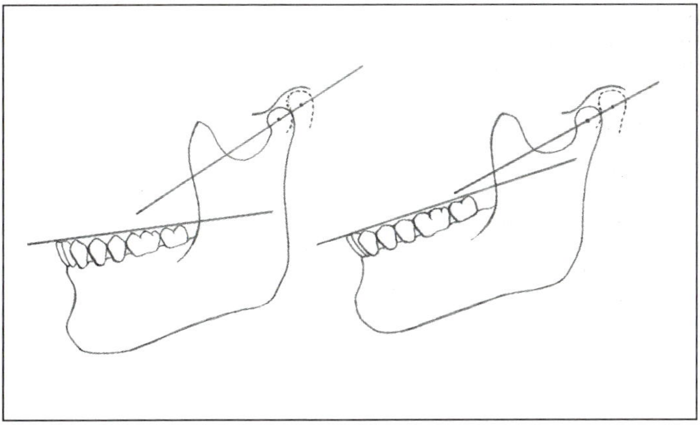

Abb. 6.51 Die Lage der Okklusionsebene im Bezug zur Kondylenbahnneigung beeinflußt die Höckerhöhe

Dennoch ist vor einer tiefen Verzahnung zu warnen, vor allem, wenn die Modellation im Mittelwertartikulator erfolgt, da hier die tatsächlichen geometrischen Verhältnisse des Patienten nicht berücksichtigt werden.

Deshalb wurde in den vergangenen Jahren damit begonnen, die Modelle im Mittelwertartikulator teilweise so einzuartikulieren, daß zwar der Inzisalpunkt auf die Spitze des Inzisalanzeigers ausgerichtet wird, die Modelle distal aber über die Okklusionsebene hinaus angehoben werden. Die Erklärung liegt auf der Hand: Durch dieses distale Anheben wird der Winkel zwischen Okklusionsebene und Kondylenbahn verkleinert und damit auch die Kondylenbahn entsprechend abgeflacht.

6.8.5 Der Verlauf von Spee-Kurve und Wilson-Kurve

Bei der Betrachtung der Zahnreihen von der Seite fällt auf, daß die Höcker immer höher und die Höckerabhänge immer steiler werden, je weiter wir in die Richtung der Frontzähne kommen; je weiter wir uns dem Gelenk nähern, desto flacher werden die Höcker und Höckerabhänge. Der Grund ist in der Tatsache zu suchen, daß nur durch diese Art der Höckergestaltung am Ende der Schließrotation in der Habituellen Interkuspidation ein allseitiger, gleichmäßiger Kontakt erreicht werden kann.

Gleichzeitig wissen wir, daß die Zähne in Kurven angeordnet sind; die Kurve wird in sagittaler Richtung als Spee-Kurve bezeichnet, in transversaler Richtung als Wilson-Kurve.

Bei stark ausgeprägter Spee- und Wilson-Kurve erfolgt die Trennung der Seitenzähne bei Vorschub- und Seitwärtsbewegungen nur sehr langsam, vor allem dann, wenn die Front-Eckzahnführung nur schwach ausgebildet oder überhaupt nicht vorhanden ist. Als Folge davon müssen die Höcker und Gruben entsprechend flacher gestaltet werden, um störende Balancekontakte zu vermeiden; bei flacherer Spee- und Wilson-Kurve können die Höcker entsprechend steiler gestaltet werden (Abb. 6.52).

Abb. 6.52 Der Einfluß der Spee-Kurve auf die Höckerhöhe

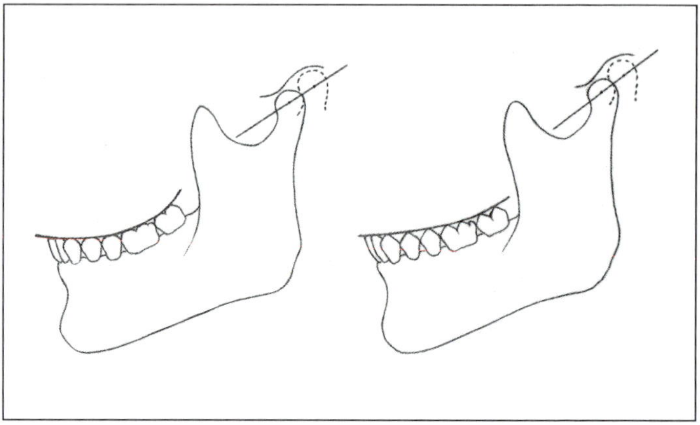

Das Christensensche Phänomen

Der Verlauf der Vorschubbewegungen des Unterkiefers unter Zahnkontakt wird neben der Frontzahnführung durch die Steilheit der Kondylenbahn bestimmt. Man kann dies feststellen, indem man zahnlose Kiefer mit planen Bißwällen versieht. Führt der Unterkiefer dann eine Vorschubbewegung unter Beibehaltung des Kontakts in der Front durch, so beginnen die planen Bißwälle dorsal zu klaffen. Das Klaffen ist um so stärker, je steiler die Kondylenbahn ist.

Dieses Phänomen wurde zum ersten Mal von dem dänischen Zahnarzt Christensen beschrieben, der diesen Sachverhalt im zahnlosen Munde mit Hilfe planer Bißwälle entdeckte. Dieser Sachverhalt gilt sowohl für die Sagittalebene („Sagittales Christensensches Phänomen"), wie auch für die Frontalebene („Transversales Christensensches Phänomen") (Abb. 6.53).

6.8.6 Überbißverhältnisse in der Front

> Je größer die sagittale Stufe, desto später (oder überhaupt nicht) setzt bei Vorschub- und Seitwärtsbewegungen die Front-Eckzahnführung ein, und kommt es zur Trennung der Seitenzahnreihen. Deshalb müssen die Höcker und Gruben der Seitenzähne entsprechend flacher gestaltet werden, um in der Funktion nicht zu stören. Dasselbe gilt für einen schwachen vertikalen Überbiß der Frontzähne in Habitueller Interkuspidation, für den Kopfbiß und nicht zuletzt für die Progenie.

Ebenso gilt, daß bei größerem oder großem vertikalem Überbiß, wie dies beim Deckbiß der Fall ist, eine ausgeprägte Front-Eckzahnführung besteht. Als Folge davon kommt es bei Vorschub- und Seitwärtsbewegungen zur sofortigen Trennung (= Diskclusion) der Seitenzähne, die Höcker können in solchen Fällen steiler und die Gruben tiefer gestaltet werden.

Dennoch ist von einer allzu tiefen Verzahnung in Habitueller Interkuspidation grundsätzlich abzuraten. Es ist eine falsche und für den Patienten folgenschwere Auffas-

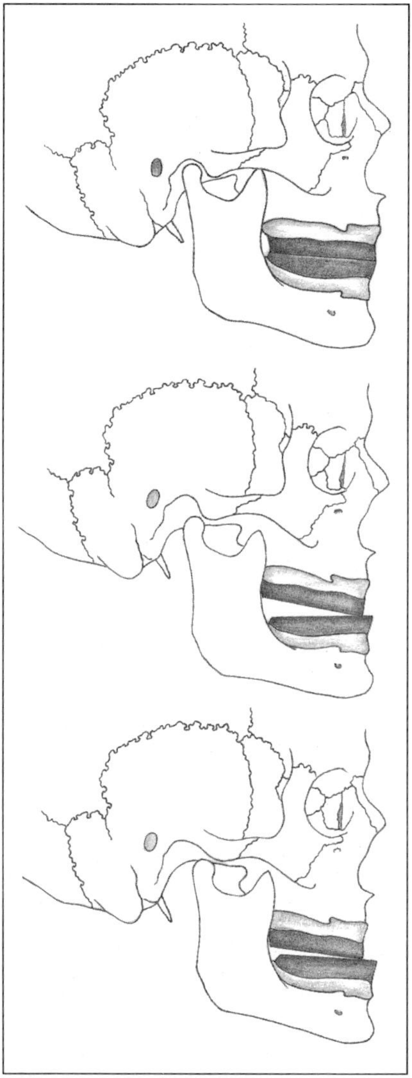

Abb. 6.53 Sagittales Christensensches Phänomen

sung, daß bei besonders steiler Frontzahnführung besonders tief verschlüsselt werden könnte. Beim tiefen Biß führen nämlich die Kiefergelenke zu Beginn des Öffnens zunächst keine Rotation, sondern eine Kaudalbewegung von zwei bis zehn Millimeter durch, um das Seitenzahngebiet zu entschlüsseln. Diese unphysiologische Bewegung kann in der Folge zu Parafunktionen und starken Kiefergelenksproblemen führen.

6.9 Die Simulation von Bewegungen in Artikulatoren

6.9.1 Die Anwendungsbereiche von Artikulatoren in der Zahnheilkunde

Schon im Jahre 1892 schrieb der Berliner Zahnarzt Warnekros: „Unter den Menschen, die gezwungen sind, wegen eines Zahndefekts ein Ersatzstück zu tragen, begegnet man fast allgemein der Klage, daß dasselbe beim Kauen nicht genügend Dienste leiste, und zwar um so weniger, je größer das betreffende Stück ist. Um den berechtigten Klagen über die Unzulänglichkeiten des Zahnersatzes abzuhelfen und demselben die möglichste Vollkommenheit zu geben, kommt es also darauf an, die Ersatzstücke nicht lediglich nach dem Zahnreihenschluß herzustellen, sondern in der allergenauesten Weise die Bewegungen des Unterkiefers beim Kauen im Munde jedes einzelnen Patienten zu berücksichtigen." Warnekros, etwas später Gysi und nach ihnen viele andere Wissenschaftler zeichneten deshalb die Kieferbewegungen nicht nur zu wissenschaftlichen Zwecken auf, sondern entwickelten Artikulatoren, mit deren Hilfe sich die Bewegungen des Unterkiefers nachvollziehen ließen.

Artikulatoren sind in der Zahnheilkunde unentbehrliche Hilfsmittel, mit deren Hilfe versucht wird, außerhalb des Mundes die Unterkieferbewegungen des Patienten zu simulieren. Sie dienen aber nicht nur, wie man als Zahntechniker glauben könnte, im zahntechnischen Labor zur Simulation der Patientenbewegungen für die Anfertigung von Zahnersatz, sondern haben eine ebenso wichtige Funktion in der zahnärztlichen Praxis.

Zahnärztliche Praxis
Kommt ein Patient zum ersten Mal zum Zahnarzt, so wird dieser sich zunächst im Rahmen der Anamnese ein Bild vom gesundheitlichen Zustand und dessen Gesamtpersönlichkeit machen (frühere oder noch bestehende Krankheiten, frühere zahnärztliche Behandlungen, private und berufliche Situation und vor allem die derzeitige berufliche und private psychische Belastung). Als nächstes wird er den Gebißzustand in seinen Patientenunterlagen festhalten und sich ein Bild von der Bereitschaft des Patienten zur Mundhygiene machen. Häufig ergänzt eine Gesamtröntgenaufnahme des Gebisses diesen ersten Abschnitt der Untersuchung.

Im Rahmen einer als Klinische Funktionsanalyse bezeichneten Untersuchung wird sich der Behandler dann durch Abtasten der Kaumuskulatur und der Kiefergelenke Klarheit über den Gesundheitszustand des Kausystems zu verschaffen versuchen. Dabei kommt er in den meisten Fällen zum Schluß, daß mit Ausnahme von mehr oder weniger ausgeprägten Zahnfleischtaschen an einzelnen Zähnen, Zahnfleischschwund, einem erhöhten Lockerungsgrad einzelner Zähne und dem Fehlen einzelner Zähne keine okklusalen Störungen oder Muskel- und Gelenkserkrankungen vorhanden sind.

Manchmal ist das Ergebnis der klinischen Funktionsanalyse, daß es sich im vorliegenden Fall um einen Patienten handelt, dessen Zähne starke Schliffacetten aufweisen und dessen Kieferbewegungen stark eingeschränkt sind: Der Patient kann den Mund kaum noch öffnen, seine Kaumuskulatur reagiert beim Abtasten stark schmerzempfindlich, und die Kiefergelenke verursachen bei Bewegungen stark knackende Geräusche.

In diesem Fall wird der Zahnarzt als nächsten Schritt eine Instrumentelle Funktionsanalyse durchführen. Ihr Ziel ist es, außerhalb des Mundes an Modellen die Stellung der Zahnreihen zueinander zu überprüfen. Voraussetzung hierfür ist, daß die Modelle des Patienten so in den Artikulator eingestellt werden, wie dies der dreidimensionalen Lage von Ober- und Unterkiefer im Schädel des Patienten entspricht. Da beim Nachahmen der Unterkieferbewegungen im Artikulator mögliche Ausweichbewegungen des Patienten entfallen, mit denen er sonst unbewußt störende Kontakte zu vermeiden sucht, lassen sich so die bei der Klinischen Funktionsanalyse festgestellten Beschwerden und ihre möglichen Ursachen genauer beurteilen und bestimmen – zum Beispiel Vorkontakte beim Kieferschluß oder Balancestörungen bei Kieferbewegungen.

Das Ergebnis der Instrumentellen Funktionsanalyse kann sein, daß eine Korrektur der Okklusion des Patienten – also Vorkontakte in der Zentrik oder Balancekontakte bei Kieferbewegungen – durch Einschleifen im Munde vorgenommen werden kann. Der Behandler kann aber auch zu der Erkenntnis kommen, daß der große Unterschied zwischen erstem Zahnkontakt und Habitueller Interkuspidation eine der Ursachen der Parafunktionen oder Gelenksprobleme des Patienten ist, und eine starke psychische Belastung des Patienten seine Parafunktionen noch verstärkt.

Um die dadurch ausgelösten Muskel- und Gelenksschmerzen zu beseitigen oder wenigstens zu bessern, muß in diesem Falle zunächst eine Schienentherapie durchgeführt werden, bei der das Kiefergelenk durch die Schiene entlastet und die Kondylen in eine physiologisch günstige Position eingestellt werden können. Eine weitere Möglichkeit könnte sein, daß der Zahnarzt feststellt, daß vor der eigentlichen prothetischen Versorgung eine kieferorthopädische Behandlung durchgeführt werden sollte, um zu einem befriedigenden Ergebnis zu kommen.

Die Instrumentelle Funktionsanaylse mit Hilfe des Artikulators dient somit der Diagnose und der Behandlungsplanung. Unabdingbare Voraussetzung dafür ist eine exakte Übertragung der Modelle entsprechend der Schädelgeometrie des Patienten.

Zahntechnisches Labor
Im Bereich des zahntechnischen Labors dienen Artikulatoren dazu, durch Simulation mit den in das Gerät eingebrachten Patientenmodellen die Herstellung von funktionellem Zahnersatz zu ermöglichen. Dieser Zahnersatz kann jedoch immer nur so gut sein, wie der Artikulator die räumlichen Bewegungen des Patienten zu simulieren in der Lage ist.

> Hierfür müssen zwei Grundvoraussetzungen erfüllt werden:
> 1. Der Artikulator muß konstruktiv so gestaltet sein, daß einzelne, am Patienten gemessene, individuelle Werte eingestellt werden können oder durch mittelwertige Einstellmöglichkeiten wenigstens eine gute Annäherung an die Unterkieferbewegungen erreicht wird.
> 2. Die Modelle müssen räumlich so in den Artikulator eingestellt werden, daß sie mit der dreidimensionalen Lage der Zahnreihen im Schädel möglichst genau übereinstimmen.

In den Anfängen der Zahnheilkunde waren die Zahnärzte und Zahntechniker in erster Linie darum bemüht, mit Hilfe einfacher, handlicher Geräte die Ober- und Unterkiefermodelle möglichst unkompliziert zueinander in Beziehung setzen zu können. Heute liegt der Schwerpunkt auf möglichst großer Genauigkeit bei der Übertragung der Modelle in den Artikulator und bei der Nachahmung der Patientenbewegungen.

Deshalb muß der Zahntechniker ein grundlegendes Wissen über die Funktionsabläufe im Kausystem besitzen, denn nur mit diesem Wissen kann er bestimmte Maßnahmen des Zahnarztes richtig einordnen und kann er beurteilen, warum in diesem Fall gerade diese Maßnahme durchgeführt wurde. Nicht zuletzt aber kann er die konstruktiven Möglichkeiten entsprechender Artikulatoren ausnützen und so bei der Anfertigung von Zahnersatz der genauen Simulation der Patientenbewegungen ein gutes Stück näher kommen.

6.9.2 Arcon- und Non-Arcon-Artikulatoren

Bei Artikulatoren gibt es zwei grundsätzlich verschiedene Prinzipien der kondylären Führung. Bergström prägte dafür im Jahre 1950 die Ausdrücke „Arcon-Artikulatoren und Non-Arcon-Artikulatoren“. Es kann im Rahmen eines Anatomiebuchs nur auf die grundsätzlichen Unterschiede dieser beiden Artikulatorentypen eingegangen werden. Genauere Einzelheiten über den konstruktiven Aufbau der einzelnen Geräte und die jeweilige Modellmontage ist in entsprechenden Prothetik-Fachbüchern nachzulesen.

Arcon-Artikulatoren
Der Begriff „Arcon“ ist die abgekürzte Zusammenfassung der Worte **AR**ticulatio = Gelenk und **CON**dylus = Gelenkkopf.

> Arcon-Artikulatoren zeigen konstruktiv denselben Aufbau wie das Kausystem: Wie am Schädel befinden sich am Artikulatorenoberteil zwei einstellbare Kondylargehäuse oder Kondylenboxen für die Gelenkführung, die den Kondylen entsprechenden Kondylarkugeln sind am Artikulatorenunterteil angebracht.

Deshalb erfolgt auch der Bewegungsverlauf im Artikulator in gleicher Richtung wie am Patienten (Abb. 6.54).

Abb. 6.54 Arcon-Artikulator (schematisch)

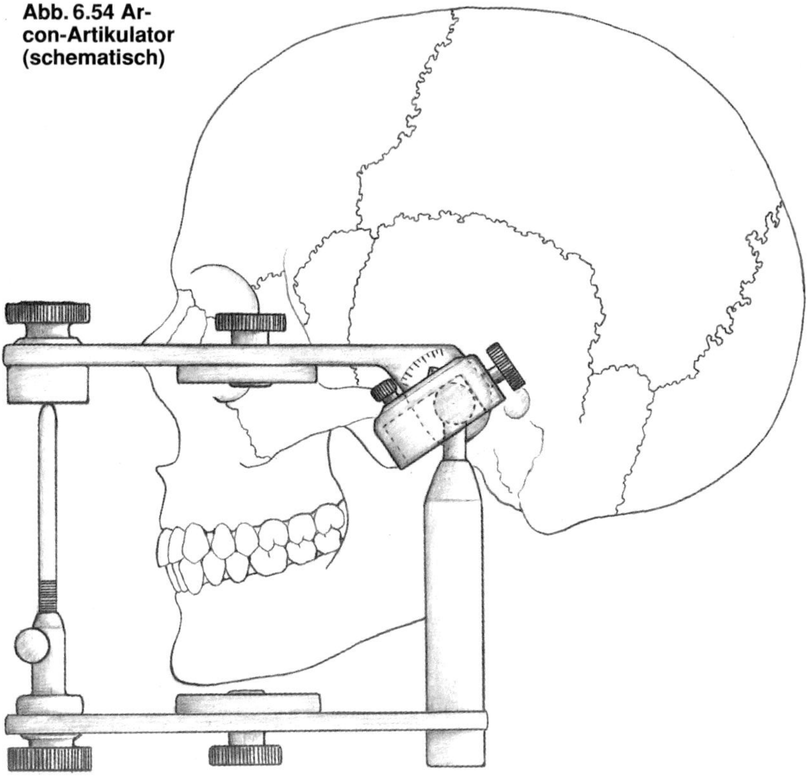

Ein Nachteil der Arcon-Artikulatoren ist das leichte Abheben der Kondylarkugeln – sowohl in der Artikulatorzentrik wie auch beim Nachfahren der Kieferbewegungen. Bei der Führung des Artikulators muß deshalb durch leichten Druck auf das Artikulatorenoberteil im Bereich der Kondylargehäuse eine versehentliche Trennung verhindert werden.

Häufig verwendete Artikulatoren sind bei Mittelwertartikulatoren:
Gysi-New-Simplex, Artex AS, Dental Hoby, Handy u. a
bei teiljustierbaren Artikulatoren:
Sam 1 und SAM 2, Whip Mix 1 und Whip Mix 2, Denar Mark II, Panadent, Artex AT, Artex AV, Artex AN und der BMS von Schuler.

(Anmerkung: Die volljustierbaren Artikulatoren, wie sie in Kapitel 6.9.3.3 besprochen werden, sind allesamt Arcon-Artikulatoren.)

Non-Arcon-Artikulatoren

Bei den Non-Arcon-Artikulatoren ist die Beziehung Kondylargehäuse-Kondylen genau umgekehrt. Die Kondylargehäuse mit der einstellbaren Kondylenführung befinden sich am Artikulatorenunterteil (sie werden bei diesen Artikulatoren als Gelenktrommeln oder Kondylentrommeln be-

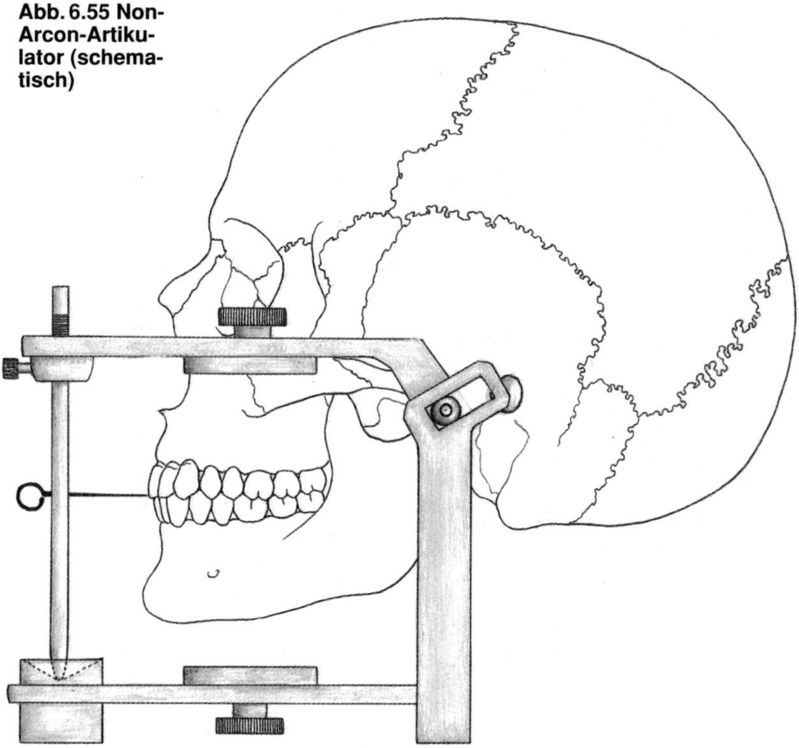

Abb. 6.55 Non-Arcon-Artikulator (schematisch)

zeichnet), das Artikulatorenoberteil besitzt an seinem hinteren Ende eine Achse, auf der zwei Kondylenkugeln beweglich angebracht sind. Die Führung der Kondylenkugeln erfolgt in einer Fräsung der Kondylentrommeln, die Kondylenbahnneigung wie die Einstellung des Bennettwinkels ist durch Verdrehen der Kondylentrommeln möglich. Bei einfachen Artikulatoren dieses Typs wie dem Atomic besteht die Kondylenführung nur aus einem eingefrästen Schlitz, in dem die Achse des Oberteils gleitet.

Da die kondylären Führungselemente bei Non-Arcon-Artikulatoren genau umgekehrt sind, erfolgt auch die Simulation der Bewegungen in umgekehrter Richtung: Der Leerlauf- oder Mediotrusionskondylus macht entgegen seiner sonst üblichen Vorwärts-Abwärts-Einwärts-Bewegung in Non-Arcon-Geräten eine Rückwärts-Aufwärts-Auswärts-Bewegung (Abb. 6.55).

Durch die Verbindung beider Artikulatorenteile können sich diese nicht voneinander trennen und erlauben dadurch eine exakte Schließbewegung in die Zentrik. Ein großer Nachteil aber ist, daß die gekrümmten Bahnen der Kodylenbewegungen meist nur als lineare Bewegungen wiedergegeben werden können (beim Artex S durch gekrümmte Fräsungen nachgeahmt) und die Simulation einer Initialen Bennettbewegung nicht oder ebenfalls nur geradlinig durch Versatz der Kugeln auf der Achse möglich ist.

Häufig verwendete Artikulatoren dieses Typs sind:
bei Mittelwertartikulatoren:
Balance, Rational, Artex S,
bei teiljustierbaren Artikulatoren:
Dentatus, Hanau H2, Artex T und TS.

6.9.3 Artikulatorenarten und ihre Einsatzbereiche

Der Markt bietet im wesentlichen vier Artikulatorenarten an:
- Okkludatoren
- Mittelwertartikulatoren
- Teiljustierbare Artikulatoren
sie werden häufig auch als „Halbjustierbare Artikulatoren“ oder „Halbeinstellbare Artikulatoren“ bezeichnet
- Volljustierbare Artikulatoren.

Bevor man sich für ein bestimmtes Aufzeichnungssystem und oder einen bestimmten Artikulator entscheidet, sollte man wissen, was man von dem ausgewählten System erwarten kann.

Die Okkludatoren reduzieren die Kieferbewegungen aufgrund ihrer einfachen Konstruktion zu reinen scharnierartigen Öffnungs- und Schließbewegungen, die Simulation räumlicher Bewegungen ist nicht möglich („Klipp-Klapp“).

Sollen nur einzelne Kronen innerhalb einer funktionierenden Okklusion ersetzt werden, so wird es in vielen Fällen genügen, diese mit Hilfe von Mittelwertartikulatoren und mit nach mittleren Werten einartikulierten Modellen anzufertigen, um ein befriedigendes Resultat zu erzielen.

Größere oder sehr große Rehabilitationen sollten heutzutage grundsätzlich nur in Teiljustierbaren Artikulatoren angefertigt werden und die Modelle wenigstens mit einem Schnellübertragungsbogen in den Artikulator eingestellt werden. Nur durch diese Maßnahmen lassen sich bei größeren Arbeiten mögliche Fehler auf ein geringes Maß reduzieren.

Nur bei großen Arbeiten und Patienten mit Kiefergelenksproblemen wird man heute noch Volljustierbare Artikulatoren verwenden. Durch vereinfachte Registrierverfahren wie der Axiographie (SAM) oder der Rotographie (Girrbach) lassen sich heute Erkrankungen der Kiefergelenke verhältnismäßig rasch diagnostizieren und die wichtigsten individuellen Werte des Patienten schnell und genau ermitteln, so daß auch in den meisten dieser Fälle ein Teiljustierbarer Artikulator ausreicht. Selbstverständlich werden die Modelle mit Hilfe des Übertragungsbogens in den Artikulator eingestellt.

6.9.3.1 Mittelwertartikulatoren

Die weiteste Verbreitung in den Laboratorien haben heutzutage immer noch die als „Mittelwertartikulatoren“ bezeichneten Geräte. Wie der Name schon andeutet, lassen sich mit diesen Geräten zwar Bewegungen simulieren, jedoch nur auf der Grundlage fest in das Gerät eingegebener Mittelwerte. Diese Werte beruhen auf Untersuchungen von Bonwill, Balkwill, v. Spee, Gysi, Bennett, Wilson, Walker, Schröder und vielen anderen Wissenschaftlern und entsprechen anatomischen Mittelwerten.

Individuelle Einstellmöglichkeiten bei Mittelwertartikulatoren, wie der Veränderung der Kondylenbahnneigung oder der Einstellmöglichkeit des Bennettwinkels, finden sich erst in den letzten Jahren bei neueren Konstruktionen, so zum Beispiel beim Artex-S, Balance oder Rational.

In der Regel sind folgende Mittelwerte fest in das Gerät eingegeben:
- Das Bonwilldreieck mit 105 bis 110 Millimeter Seitenlänge.
- Die Kondylenbahnneigung; sie beträgt bei älteren Mittelwertartikulatoren 33°, bei Artikulatoren neueren Datums 30° oder wie beim Balance-Artikulator sogar nur 25°; bei

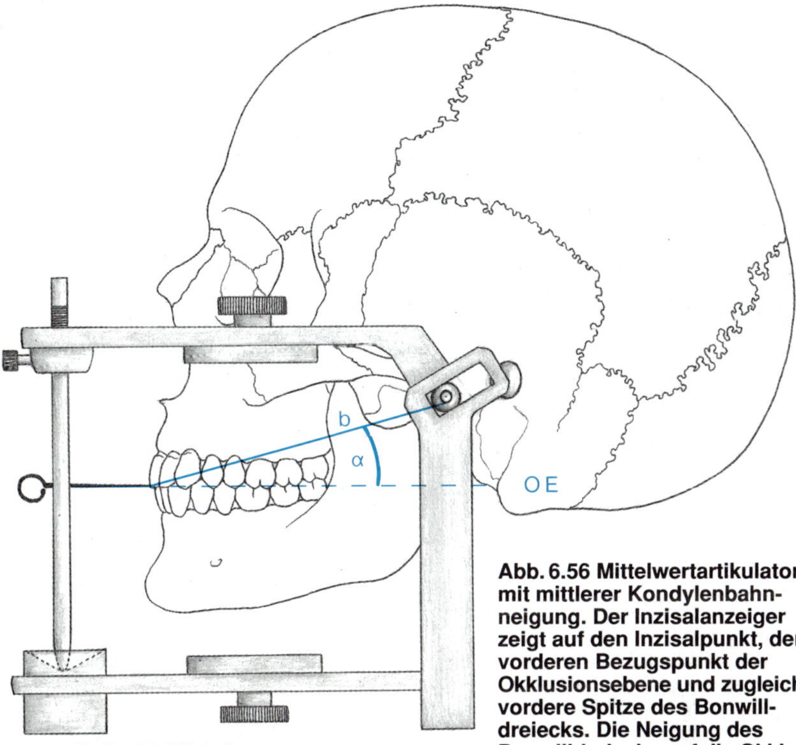

α = **Balkwill-Winkel**
b = Schenkel des Bonwilldreieck
OE = Okklusionsebene

Abb. 6.56 Mittelwertartikulator mit mittlerer Kondylenbahnneigung. Der Inzisalanzeiger zeigt auf den Inzisalpunkt, den vorderen Bezugspunkt der Okklusionsebene und zugleich vordere Spitze des Bonwilldreiecks. Die Neigung des Bonwilldreiecks auf die Okklusionsebene wird durch den Balkwillwinkel ausgedrückt.

Non-Arcon-Typen werden zum Teil verschieden steile, auswechselbare Kondylarführungen angeboten.

- Der Bennett-Winkel mit 15°.
- Die Frontzahn- oder Inzisalführung mit 10 bis 15°.
- Der Balkwill-Winkel mit durchschnittlich 22,5° (Abb. 6.56).

Die Simulation der Kondylenbahn und der Inzisalführung erfolgt bei Mittelwertartikulatoren in Form der vereinfachten, geraden Bahn. Die Auswirkung einer flacheren Kondylenbahn wurde bereits bei der Beschreibung der Kondylenbahn dargestellt: Sie bewirkt im Seitenzahnbereich eine wesentlich geringere Disklusion und zwingt zu flacherer Modellation. Den gleichen Effekt erreicht man, wie bereits erwähnt, wenn die Modelle so einartikuliert werden, daß sie distal etwas über die Okklusionsebene des Artikulators angehoben werden. Hierdurch verkleinert sich der Winkel zwischen Okklusionsebene und Kondylenbahn, und dies entspricht einer wesentlich verringerten Kondylenbahnneigung.

6.9.3.2 Teiljustierbare Artikulatoren

Wie der Name bereits andeutet, besitzen die zu dieser Gruppe zählenden Geräte verstellbare Elemente. In manchen Fachbüchern werden die teiljustierbaren Artikulatoren auch als „halbeinstellbare" oder „halbindividuelle" Artikulatoren bezeichnet, der Ausdruck teileinstellbar oder teiljustierbar ist aber sicherlich der geeignetere Begriff. Durch die Verstellmöglichkeiten lassen sich am Patienten ermittelte, individuelle Werte in das Gerät eingeben und damit die Kieferbewegungen wesentlich besser simulieren, als dies mit Mittelwertartikulatoren der Fall ist.

Neben der Einstellung individueller Patientenwerte besitzen diese Geräte den großen Vorteil, daß die schädelbezügliche Montage des Ober- und Unterkiefermodells mit Hilfe eines zum System gehörigen Gesichtsbogens möglich ist. Deshalb ist allen Geräten gemeinsam, daß ihr Artikulatorenoberteil in etwa zur Frankfurter Horizontalen ausgerichtet ist (mit Ausnahme des Gerberschen Condylators, dessen Bezugsebene die Campersche Ebene ist).

Grundsätzlich lassen sich bei allen Teiljustierbaren Artikulatoren folgende Werte individuell einstellen:

1. Die Inzisalführung

Für alle Teiljustierbaren Artikulatoren gibt es einstellbare Inzisalteller, mit denen die Frontzahnführung den individuellen Gegebenheiten des Patienten angepaßt werden kann; in vielen Fällen wird nach Einstellen des Artikulators mit den einartikulierten Modellen ein individueller Frontzahnführungsteller aus Kaltpolymerisat aufgebaut.

2. Die Kondylenbahnneigung (HCN)

Die Kondylargehäuse wie auch die Kondylartrommeln besitzen zu diesem Zweck eine Gradeinteilung, mit deren Hilfe die Kondylenbahn individuell einstellbar ist. Im Gegensatz zu älteren Geräten besitzen die Kondylargehäuse neuerer Artikulatoren entweder mittelwertig gekrümmte Kondylenbahnen oder es werden auswechselbare Kondylargehäuse mit unterschiedlichen Krümmungen angeboten (SAM). Eine weitere Möglichkeit ist das Auswechseln unterschiedlich gekrümmter Einsätze (ARTEX AV).

3. Der Bennett-Winkel und die Initiale Bennett-Bewegung

Die Berücksichtigung von Bennett-Winkel und Bennett-Bewegung werden konstruktiv unterschiedlich gelöst. Der Bennettwinkel ist durch Verdrehen der Bennettführungen oder Bennettklappen einstellbar; die Nachahmung der Mediotrusionsbewegung erfolgt linear durch Gleiten der Kondylenkugeln an den planen Flächen dieser Einsätze. Bei Geräten jüngeren Datums läßt sich die Initiale Bennettbewegung durch Austausch der linearen Bennetteinsätze gegen entsprechend ausgeformte Einsätze simulieren. Auf diese Weise kann eine beim Patienten festgestellte Initiale Bennettbewegung bei der Kauflächengestaltung bereits berücksichtigt werden und ein mögliches Aufeinandertreffen von Höckern bei vorhandener Immediate Side Shift von vornherein ausgeschaltet werden. Unnötige Schleifkorrekturen an der fertigen Arbeit im Munde des Patienten entfallen.

Eine noch größere Annäherung an die natürlichen, gekrümmten Bewegungsbahnen erreicht man mit anatomisch ausgeformten Gelenkboxen. Sie wurden zuerst im Panadent-Artikulator verwendet und haben neben räumlich gekrümmten Kondylenbahnen auch eine unterschiedliche Initiale Bennettbewegung (= ISS). Entsprechende Boxen mit unterschiedlicher Krümmung und Initialer Bennettbewegung besitzt auch der Artex AT.

Die Erkenntnis, daß Patienten mit Parafunktionen nicht nur eine mehr oder weniger große Immediate Side Shift besitzen, sondern vor allem in der Parafunktion retrusive und retrusiv-surtrusive Bewegungen ausführen, hat in zunehmendem Maße auch Einfluß auf die Neukonstruktionen von Artikulatoren. Einen Vorgeschmack auf die Artikulatorengeneration der 90er Jahre gibt der neue, von der Firma Schuler-Dental vorgestellte BMS-Artikulator, an dessen Konstruktion Zahntechnikermeister Polz wesentlich mitbeteiligt war und der neueste Artex-AN-Artikulator. Ihre Kondylargehäuse besitzen nicht nur anatomisch geformte

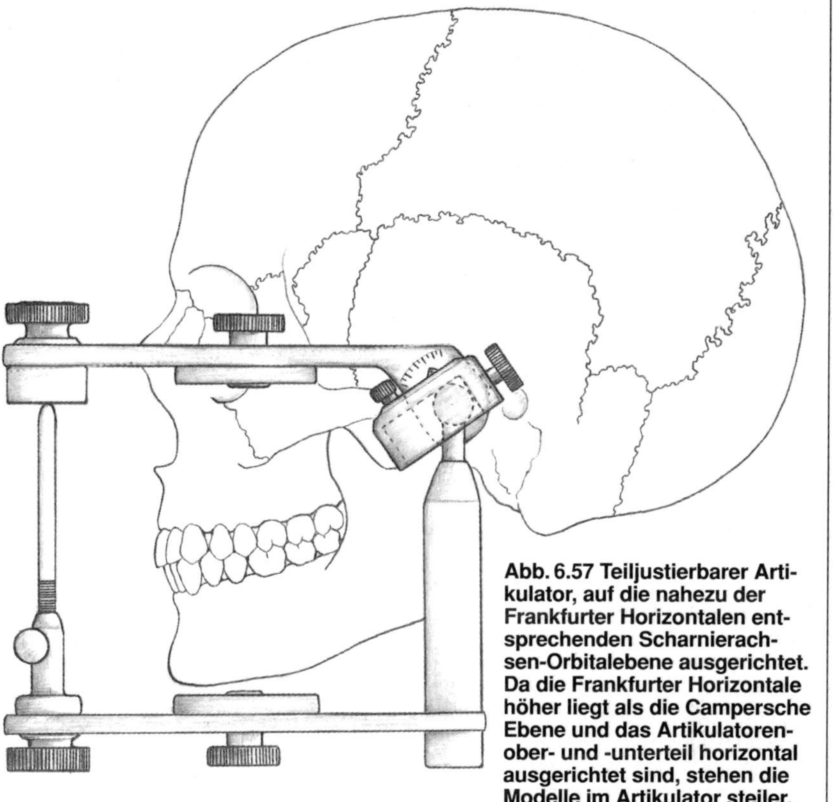

Abb. 6.57 Teiljustierbarer Artikulator, auf die nahezu der Frankfurter Horizontalen entsprechenden Scharnierachsen-Orbitalebene ausgerichtet. Da die Frankfurter Horizontale höher liegt als die Campersche Ebene und das Artikulatorenober- und -unterteil horizontal ausgerichtet sind, stehen die Modelle im Artikulator steiler.

Kondylenbahnen, sondern erlauben die Nachahmung surtrusiver und retrusiver Bewegungen, die vor allem bei Patienten mit Parafunktionen auftreten.

4. Interkondylarabstand

Bis auf den Whip Mix 1-Artikulator, bei dem der Interkondylarabstand auf drei Positionen einstellbar ist (groß, mittel, klein), verzichten alle anderen Artikulatorenhersteller bei teiljustierbaren Artikulatoren auf diese Möglichkeit. Zum einen stellte schon Gysi zu Anfang des Jahrhunderts fest, daß die Bewegungsbahnen zwischen großem und kleinem Interkondylarabstand nur um etwa drei bis fünf ° voneinander abweichen, zum anderen läßt sich nach Mack ein größerer Interkondylarabstand durch geringfügige Verkleinerung des Bennettwinkels kompensieren – ein kleinerer Interkondylarabstand entsprechend durch Vergrößerung des Bennettwinkels. In den meisten teiljustierbaren Artikulatoren ist der Interkondylarabstand mit 110 Millimetern fest eingegeben (Abb. 6.57).

6.9.3.3 Volljustierbare Artikulatoren

gehören zur Gruppe der Arcon-Artikulatoren und erlauben die individuelle Einstellung des Geräts auf patientenspezifische Werte. Voraussetzung ist, wie im Kapitel 4.3 beschrieben, eine Aufzeichnung der

Grenzbewegungen des Patienten mit Hilfe eines Pantographen oder Stereographen. Die „Programmierung" des Artikulators, das heißt die individuelle Einstellung der Artikulatorengeometrie auf die Schädelgeometrie des Patienten, erfolgt durch Nachfahren der aufgezeichneten oder eingravierten Bewegungsbahnen.

Im einzelnen lassen sich bei volleinstellbaren Artikulatoren folgende individuellen Patientenwerte einstellen:

- der Interkondylarabstand
- die Kondylenbahnneigung und Krümmung (= Kurvatur) der Bahn
- der Bennettwinkel und
- die Bennettbewegung.

Die Front-Eckzahnführung wird in der Regel als individueller Frontzahnführungsteller mit Kaltpolymerisat aufgebaut oder mit einem einstellbaren Frontzahnführungsteller den Bewegungsbahnen des Patienten angepaßt.

Die Bennettbewegung läßt sich in ihrer Größe und räumlichen Verlaufsrichtung sehr genau auf die tatsächlich im Munde des Patienten ablaufende Bewegung einstellen. Die Simulation einer im Gelenk des Patienten vorhandenen Initialen Bennettbewegung, gekoppelt mit möglicherweise vorhandenen latero-retrusiven und, vor allem bei Parafunktionen häufig ausgeführten, latero-surtrusiven und surtrusiv-retrusiven Bewegungen wird durch dreidimensional neigbare Gelenkboxen ermöglicht. Diese sind zudem noch mit Einsätzen versehen, die für eine ganz exakte Annäherung an die patienteneigene Gelenkanatomie noch individuell beschliffen werden können und so den tatsächlichen Bewegungen sehr nahe kommen.

Eine hundertprozentige, also völlig exakte Simulation ist alleine schon deshalb nicht möglich, da der starre, von Hand geführte Artikulator die bei den Kieferbewegungen auftretenden Verformungen des Unterkiefers niemals nachahmen kann. Dennoch erreicht man mit volljustierbaren Artikulatoren ein Höchstmaß an Genauigkeit bei der Simulation der Bewegungen. Erreichbar ist dies aber nur durch einen hohen Zeitaufwand bei der pantographischen Aufzeichnung der Grenzbewegungen wie auch bei der anschließenden Modellmontage und Programmierung des Artikulators durch Nachfahren der aufgezeichneten Bewegungen.

Deshalb werden volleinstellbare Artikulatoren vor allem bei Patienten mit massiven Muskel- und Kiefergelenksproblemen eingesetzt. Durch ihre große Genauigkeit lassen sich die Fehlermöglichkeiten bei der Instrumentellen Funktionsanalyse, der Planung und Durchführung therapeutischer Maßnahmen sowie der Anfertigung von Schienen oder Zahnersatz auf ein Mindestmaß begrenzen. Es leuchtet ein, daß als Voraussetzung für eine patientengenaue Modellmontage des Oberkiefers in volljustierbaren Artikulatoren nur die Scharnierachse-Orbita-Ebene in Frage kommen kann (Abb. 6.58).

6.10 Die Modellmontage in Artikulatoren und ihre Auswirkung auf die Simulation von Bewegungen

Die einfachste Art, Modelle in eine räumliche Beziehung zueinander zu bringen, ist der Okkludator. Da er aber außer einer Scharnierbewegung keine anderen räumlichen Unterkieferbewegungen zu simulieren in der Lage ist, hat er heutzutage allenfalls noch eine Daseinsberechtigung in der Ausstellungsvitrine als historisches Gerät der Zahntechnik vergangener Jahrzehnte.

Räumliche Bewegungen lassen sich erst mit Artikulatoren simulieren. Die Genauigkeit der Nachahmung ist aber davon abhängig, ob die Modelle entsprechend der Schädelgeometrie des Patienten in den Artikulator eingestellt wurden und ob das Gerät Einstellmöglichkeiten für individuelle Patientenwerte besitzt.

Foto: W. Gühring

Abb. 6.58 Volljustierbarer Artikulator (Stuart-Artikulator)

Am genauesten können deshalb volljustierbare Artikulatoren die Bewegungen des Patienten nachahmen, da die Modelle nicht nur der Schädel- und Scharnierachsengeometrie des Patienten entsprechend übertragen werden, sondern der Artikulator durch Aufzeichnung der Kieferbewegungen mit einem Pantographen und durch Nachfahren der aufgezeichneten Bahnen genau auf die Patientengeometrie eingestellt werden kann.

6.10.1 Die Montage von Modellen in Mittelwertartikulatoren

Die Modellmontage in Mittelwertartikulatoren erfolgt „schädelbezüglich", das heißt, die Modelle werden in Beziehung zu einer Schädelbezugsebene in den Artikulator eingestellt. Bezugsebene in Mittelwertartikulatoren ist die Campersche Ebene; sie wird durch das Artikulatorenoberteil dargestellt. Ober-, Unterteil und Okklusionsebene sind aus Gründen der einfachen Handhabung parallel zur Tischfläche ausgerichtet und erleichtern so das Einartikulieren. Die Okklusionsebene wird vorne durch den Inzisalanzeiger oder eine Nut im Inzisalstift markiert, hinten meist durch zwei in die Streben des Artikulatorenunterteils eingefräste Nuten. Ein über diese Punkte gespanntes Gummiband dient beim Einartikulieren als Orientierungshilfe.

Durch Ausrichten der Modelle zur Okklusionsebene des Artikulators und den durch den Inzisalanzeiger markierten vorderen Punkt des Bonwilldreiecks erfolgt eine mittelwertige, räumliche Zuordnung der Modelle zu den Artikulatorengelenken und der Camperschen Ebene. Dies ist aber nur dann der Fall, wenn der Artikulator einen Inzisalanzeiger besitzt und der Inzisalpunkt des Unterkiefermodells mit der Zeigerspitze in Berührung gebracht wird. Die Spitze des Zeigers markiert dann die Lage der Okklusionsebene in der Front und zugleich den vorderen Punkt des Bonwill-Dreiecks. Damit wird auch der in das Gerät als Mittelwert eingegebene Balkwill-Winkel berücksichtigt, also die Neigung des Bonwill-Dreiecks auf die Okklusionsebene (Abb. 6.59).

Abb. 6.59 Richtige Lage der Modelle im Mittelwertartikulator in bezug auf Okklusionsebene, Inzisalpunkt, Bonwill-Dreieck und Balkwill-Winkel

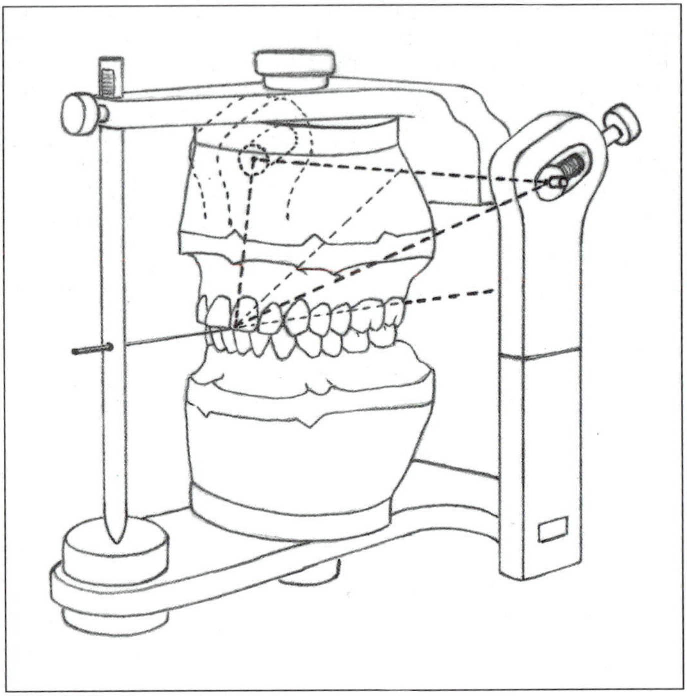

Abb. 6.60 A und B Für eine nahezu patientengenaue Simulation der Kieferbewegungen müssen die Unterkiefer- und Oberkieferzahnreihen im Artikulator dieselbe räumliche Lage haben wie im Schädel des Patienten.

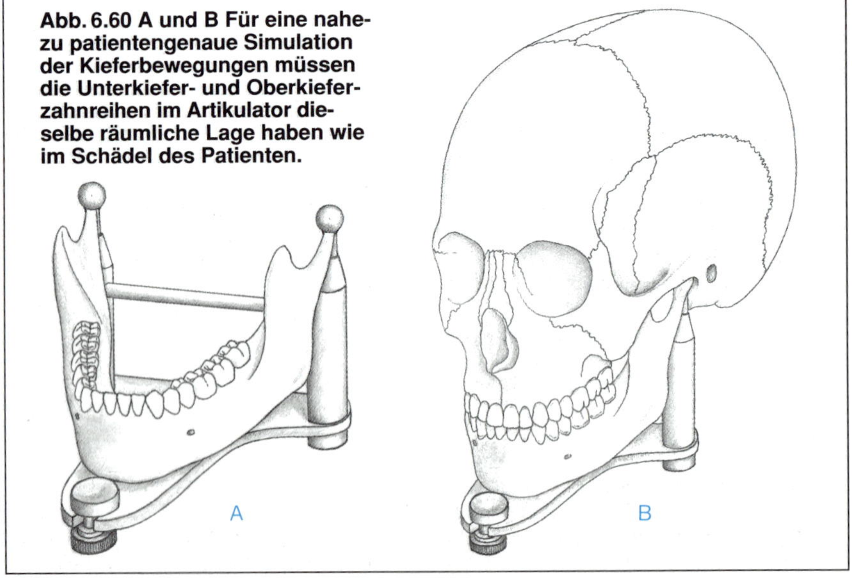

Besitzt der Artikulator keinen Inzisalanzeiger und werden die Modelle „gefühlsmäßig" nur mit Hilfe eines Gummibandes einartikuliert, so liegen Patientensituation und räumliche Lage der Modelle im Artikulator weit auseinander und der Artikulator simuliert weder die terminale Schließbewegung, noch Bewegungen, die mit den tatsächlichen Bewegungsabläufen im Munde des Patienten viel gemein haben. In den meisten Fällen bedarf der so gefertigte Zahnersatz einer mehr oder weniger umfangreichen Korrektur im Munde des Patienten.
Deshalb sollte ein Mittelwertartikulator für größere Arbeiten nicht mehr verwendet werden, da er den heutigen Anforderungen der schädelbezüglichen Zuordnung der Modelle im Artikulator nicht mehr gerecht wird und seine Möglichkeiten der Bewegungssimulation beschränkt sind.

6.10.2 Die Montage von Modellen in teiljustierbaren Artikulatoren

6.10.2.1 Die Bedeutung der Scharnierachse und des dritten, vorderen (= anterioren) Referenzpunktes für die schädel- und achsenbezügliche Modellmontage

Für eine patientengenaue Simulation der Kieferbewegungen müssen sich die Modelle im Artikulator in der gleichen Neigung und in gleichem Abstand von den Rotationszentren befinden, wie die Zahnreihen des Patienten in Relation zum Schädel und zu den Gelenken. Für die exakte Übertragung benötigt man deshalb am Schädel drei eindeutig bestimmbare Bezugspunkte, zu der die räumliche Lage der Oberkieferzahnreihe erfaßt werden kann. Der Artikulator muß dann so konstruiert sein, daß diese am Schädel abgegriffene, dreidimensionale Beziehung des Oberkiefers durch entsprechende Aufnahmepunkte exakt übertragen werden kann.

Die Grundlage des Bezugssystems zwischen Artikulator und Patient ist die Scharnierachse. Man wählte die Scharnierachse nicht nur wegen der Tatsache, daß sie eine immer wieder an derselben Stelle auffindbare Position des Unterkiefers darstellt, sondern vor allem deshalb, weil die Bewegung des Unterkiefers in terminaler Scharnierachsenposition die einzige ist, die auch der Artikulator exakt nachvollziehen kann. Deshalb bietet es sich an, diese auf der Haut lokalisierbaren Austrittsstellen der Scharnierachse als gemeinsame Übertragungspunkte zu wählen und die durch diese Punkte verlaufende Scharnierachse mit der Artikulatorenachse in Übereinstimmung zu bringen (Abb. 6.60).

Um nicht nur eine eindeutige Relation der Modelle in Bezug zur Scharnierachse zu bekommen, sondern auch das Oberkiefermodell zu einer dem Artikulatorenoberteil entsprechenden, horizontalen Bezugsebene des Schädel auszurichten, benötigt man einen dritten, vorderen (= anterioren) Schädelbezugspunkt. Der am meisten benutzte Punkt ist der Infraorbitalpunkt oder Orbitale. Er ist uns von der Anatomie des Schädels her als unterer Rand der Knöchernen Augenhöhle bekannt und wurde wegen seiner guten Tastbarkeit als vorderer Bezugspunkt gewählt. Der entsprechende Bezugspunkt am Artikulator wird durch den Orbitalanzeiger oder Orbita-Referenz markiert.

Die durch die Scharnierachsenpunkte und den Infraorbitalpunkt festgelegte Ebene entspricht in ihrer räumlichen Lage annähernd der Frankfurter Horizontalen und wird Scharnierachsen-Orbitalebene oder Scharnierachse-Orbita-Ebene genannt. Sie bietet zudem noch den Vorteil, daß die Modelle bei Ausrichtung auf diese Ebene nahezu in der Mitte des Artikulators zu liegen kommen. Man vermeidet damit, daß das Oberkiefermodell zu nahe am Artikulatorenoberteil einartikuliert, wird beziehungsweise der Unterkiefer zu nahe am Artikulatorenunterteil.

Mit einem sogenannten Gesichtsbogen, Übertragungsbogen oder Transferbogen, der auf die beiden Scharnierachsenpunkte und den Infraorbitalpunkt eingestellt wird, kann nun die räumliche Beziehung der Oberkieferzähne in Bezug zur Scharnierachse und zur Scharnierachsen-Orbitalebene des Patienten festgehalten und in einen Artikulator übertragen werden. Hierfür bieten sich zwei Möglichkeiten an, die nachfolgend näher beschrieben werden sollen: die Verwendung der Exakten Scharnierachse und die der Arbiträren Scharnierachse.

6.10.2.2 Die Übertragung des Oberkiefermodells mit Hilfe des Übertragungsbogens und der Exakten Scharnierachse

In spezialisierten Laboratorien kommt es nicht selten vor, daß die Modelle bereits einartikuliert angeliefert werden. In diesen Fällen wurde die Übertragung mit Hilfe eines Übertragungsbogens vorgenommen, der auf die zuvor ermittelte, exakte Scharnierachse ausgerichtet wird. Da der Techniker in der Regel nur die bereits einartikulierten Modelle erhält, soll hier kurz dargestellt werden, in welchen Fällen dieses Verfahren angewandt und wie dieses in seinen wichtigsten Schritten durchgeführt wird.

Die Übertragung der Modelle mit Hilfe der exakten Scharnierachse wird in der Regel nur bei Patienten mit Gelenksproblemen und bei großen Versorgungen angewandt.

> Der Zahnarzt benötigt die exakte schädel- und achsenbezügliche Montage der Modelle, wenn
> - er im Rahmen der Diagnose und der Behandlungsplanung eine Instrumentelle Funktionsanalyse durchführt,
> - eine therapeutische Aufbißschiene zur Behandlung einer Diskusverlagerung, Gelenkskompression oder von Parafunktionen angefertigt oder
> - große prothetische Versorgungen in terminaler Scharnierachsenposition vorgenommen werden sollen.

Das gebräuchliche Verfahren der exakten Übertragung der Modelle entsprechend der Schädelgeometrie des Patienten ist die schädelbezügliche Modellmontage mit Hilfe des Übertragungsbogens oder Gesichtsbogens.

In seinem Aufbau stimmt der Übertragungsbogen oder Gesichtsbogen praktisch mit dem Scharnierachsenlokalisator überein. Der einzige Unterschied ist, daß er anstelle des an den Unterkieferzähnen zu befestigenden Löffels eine u-förmige Bißgabel hat. Diese wird mit Wachs oder drei Kerr-Stops beschichtet und an den Oberkieferzähnen angedrückt. Der Patient hält die Bißgabel entweder durch Gegenbeißen in jeder beliebigen Unterkieferposition fest oder sie wird von Hand am Oberkiefer fixiert.

Über einen Querstab werden nun die beiden teleskopartigen Seitenarme und der Orbitalzeiger angebracht. Die Seitenarme werden mit ihren Scharnierachsnadeln auf die auf der Haut markierten Scharnierachsenpunkte ausgerichtet, der Orbitalzeiger auf den Orbitalpunkt. Damit ist die räumliche Lage des Oberkiefermodells in Bezug zur Scharnierachse erfaßt (Abb. 6.61). Man entfernt als nächstes den Gesichtsbogen vom Kopfe des Patienten. Mit einem Montagetisch, einer Montagehilfe und/oder einem Scharnierachsmontagegerät richtet man die Scharnierachsnadeln mit ihren Spitzen auf die Artikulatorachse aus. Das Artikulatorenoberteil wird nun soweit geschlossen, bis die am Oberteil angebrachte Orbitalreferenz gerade die Spitze des Orbitalzeigers berührt, und der Stützstift wird nun in dieser Höhe fixiert.

Als letztes folgt das Einartikulieren der Modelle. Man legt das mit einem Kontrollsockel versehene Oberkiefermodell in die Einbißmarken der Bißgabel und gipst es in den Artikulator ein (Abb. 6.62). Um den Unterkiefer in Terminaler Scharnierachsenposition einartikulieren zu können, muß zuvor in der zahnärztlichen Praxis ein „Zentrisches Registrat" genommen werden: Der

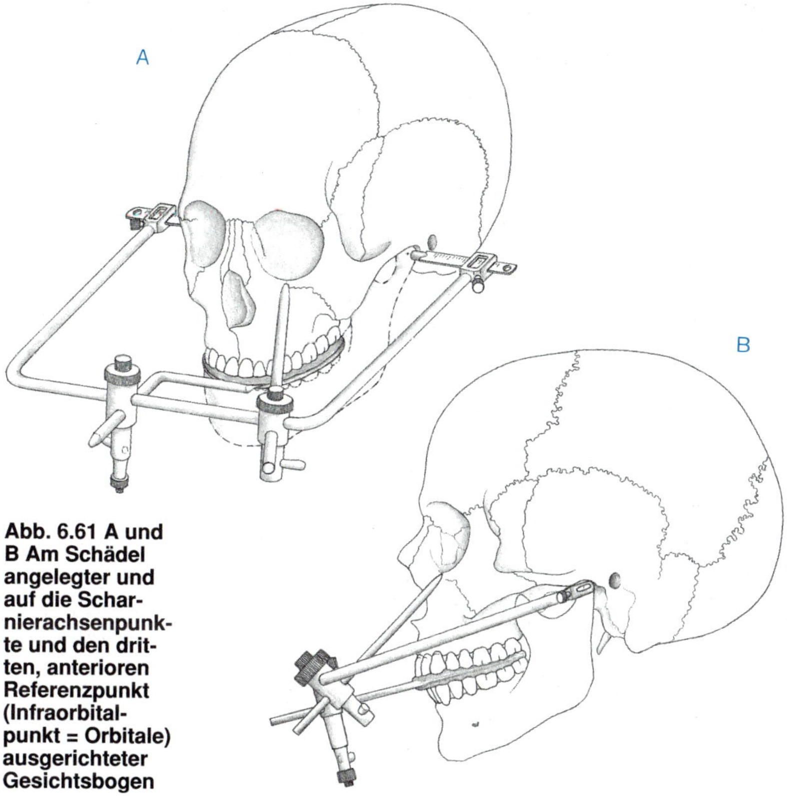

Abb. 6.61 A und B Am Schädel angelegter und auf die Scharnierachsenpunkte und den dritten, anterioren Referenzpunkt (Infraorbitalpunkt = Orbitale) ausgerichteter Gesichtsbogen

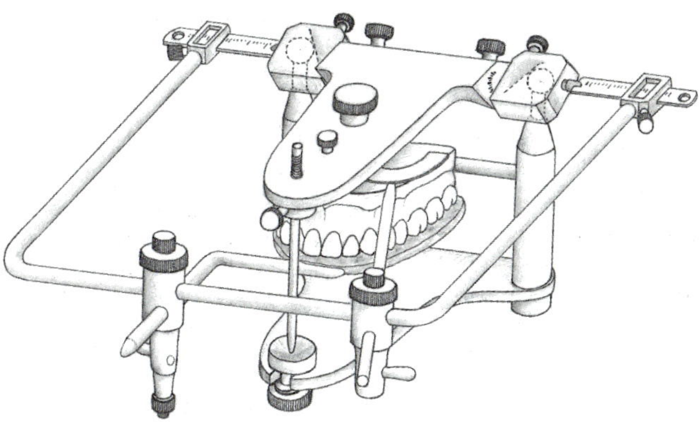

Abb. 6.62 Übertragung des Oberkiefermodells mit Hilfe des Gesichtsbogens auf den Artikulator. Das Artikulatoroberteil liegt der Orbitareferenz auf und entspricht nun in seiner Lage der (arbiträren) Scharnierachse-Orbita-Ebene.

Behandler legt den Oberkieferzähnen eine Wachsplatte auf, führt den Unterkiefer in terminaler Scharnierachsenposition an die Wachsplatte heran und läßt den Patienten in retraler Kontaktposition vorsichtig in das Wachs einbeißen. Mit diesem Zentrischen Registrat wird nun der Unterkiefer dem Oberkiefer achsenbezüglich zugeordnet und in dieser Lage in den Artikulator eingegipst.

Die patientenidentische, schädel- und achsenbezügliche Montage der Modelle läßt sich mit Hilfe des Kontrollsockels und zweier weiterer, in zentrischer Relation genommenen Wachsbisse („Checkbisse") überprüfen: Ist beim Schließen des Artikulators mit den verschiedenen Wachsbissen am Kontrollsockel kein Spalt zu erkennen, so sind die Modelle patientengenau in den Artikulator eingestellt.

Deshalb versteht es sich von selbst, daß das Einartikulieren der Modelle in der Zahnarztpraxis erfolgen muß. Würde dies erst im zahntechnischen Labor erfolgen, so könnten sich beim Transport des Übertragungsbogens Veränderungen ergeben und der zuvor betriebene Aufwand wäre sinnlos.

6.10.2.3 Die Übertragung des Oberkiefermodells mit Hilfe des Schnellübertragungsbogens und der Arbiträren Scharnierachse

Arbiträre Scharnierachse und Schnellmontage

Es ist zwar ideal, vor der Gesichtsbogenübertragung und der Montage der Modelle die exakte Scharnierachse zu ermitteln, doch ist dies nicht bei jedem Patienten erforderlich. Eine große Genauigkeit in der Übereinstimmung zwischen Patienten- und Artikulatorsituation, bei äußerst geringem Zeitaufwand, erreicht man mit einem Schnellübertragungsbogen („Quickmount Facebow" – kurz „Quickmount") oder Anatomischen Transferbogen.

Der Schnellübertragungsbogen dient dabei zur Übertragung der räumlichen Lage des Oberkiefers in den Artikulator. Man wählt bei diesem Verfahren aber nicht die Exakte Scharnierachse als Bezugspunkt für die Scharnierachsen-Orbitalebene, sondern die Arbiträre Scharnierachse. Mit Hilfe der arbiträren Achse und des dritten, vorderen Bezugspunktes wird wie bei der Exakten Scharnierachse eine horizontale Schädelbezugsebene festgelegt, die Arbiträre Achsorbitalebene des Schädels.

Weit verbreitet ist neben dem Dentatus-Bogen und seinen Varianten vor allem der Whip-Mix-Schnellübertragungsbogen und der in seinem konstruktiven Aufbau identische Anatomische Transferbogen von SAM.

Modellmontage mit dem Dentatus-Gesichtsbogen

Beim Dentatus-Gesichtsbogen wird zunächst die Arbiträre Scharnierachse bestimmt und auf der Haut markiert. Dann wird eine mit Wachs oder Kerr beschichtete Bißgabel auf der Oberkieferzahnreihe aufgelegt. Der aus einem Stück bestehende, u-förmige Gesichtsbogen wird mit den an den Seitenarmen befestigten Scharnierachsenanzeigern auf die arbiträren Scharnierachsenpunkte, der Orbitalzeiger auf den Infraorbitalpunkt ausgerichtet und dann in dieser Stellung fest verschraubt. Damit ist die räumliche Lage der Oberkieferzahnreihe im Bezug zur arbiträren Achse und dem dritten, anterioren Bezugspunkt eindeutig festgelegt.

Das weitere Verfahren der Modellmontage des Oberkiefermodells entspricht dem zuvor beschriebenen Vorgehen mit Hilfe der Exakten Scharnierachse: Die Scharnierachsenanzeiger werden auf die Artikulatorenachse ausgerichtet, der Infraorbitalanzeiger auf den Infraorbitalpunkt und das Oberkiefermodell in dieser Lage in den Artikulator eingegipst.

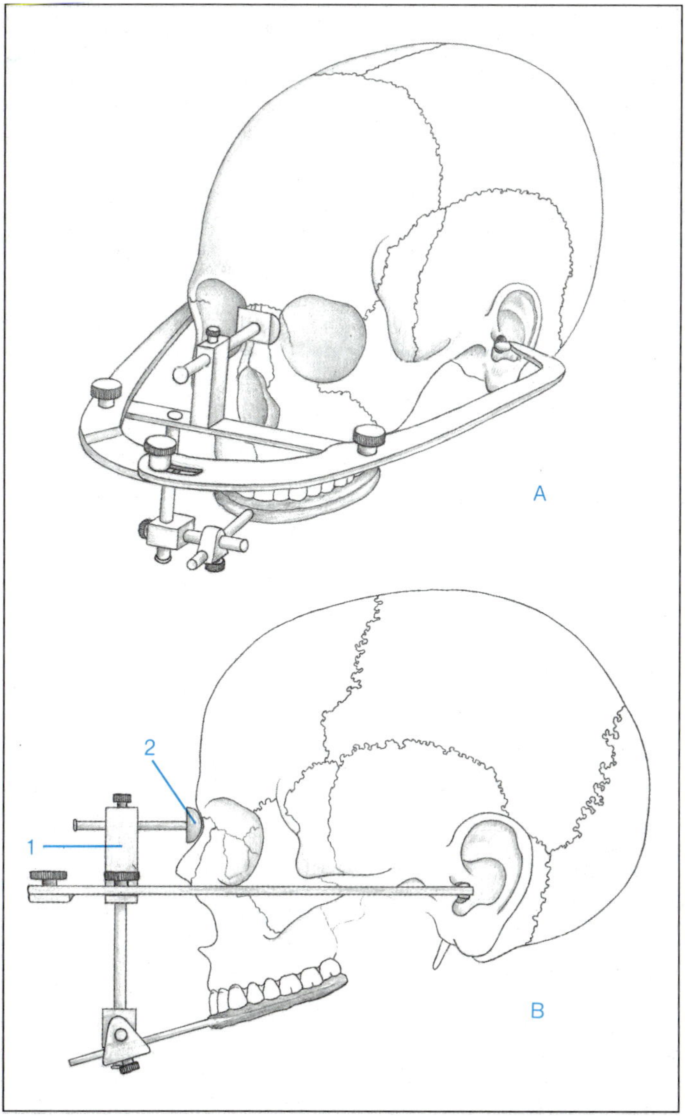

Abb. 6.63 A und B Am Schädel angebrachter Anatomischer Transferbogen. Die Ohroliven sind in die äußeren Gehöreingänge eingedrückt, durch die Glabellastütze wird der Bogen annähernd auf den Infraorbitalpunkt ausgerichtet. 1 Nasenstütze oder Nasensteg (fest oder in der Höhe verstellbar), 2 Glabellastütze

Modellmontage mit dem Anatomischen Transferbogen

Der Whip-Mix-Schnellübertragungsbogen, der baugleiche Anatomische Transferbogen von SAM (Abb. 6.63) und der Rotofix-Gesichtsbogen von Girrbach benützen zur räumlichen Übertragung des Oberkiefermodells die Arbiträre Scharnierachse und einen anterioren Referenzpunkt für die Festlegung der Arbiträren Scharnierachse-

Orbitalebene. Sie weisen aber gegenüber dem Dentatus-Gesichtsbogen zwei konstruktive Unterschiede auf:

1. Im Gegensatz zum Dentatusbogen besitzen diese Gesichtsbögen keine Scharnierachsenanzeiger, die auf die arbiträren Scharnierachsenpunkte der Haut ausgerichtet werden, sondern Ohrstöpsel oder Ohroliven, die in den Äußeren Gehöreingängen plaziert werden. Die Ohroliven besitzen eine Bohrung, die Beziehung der arbiträren Achse zu den Ohroliven wird beim Festziehen des Gesichtsbogens automatisch festgelegt.
2. Der vordere Referenzpunkt wird nicht exakt mit einem Infraorbitalzeiger ermittelt, sondern mit einer Nasenstütze (= Glabellastütze) bestimmt. Sie wird dem Gesichtsbogen aufgesteckt, an die Nasenwurzel gedrückt und richtet so den Gesichtsbogen vorne ungefähr auf die Höhe des Infraorbitalpunkts aus.

Zunächst wird wieder eine mit Wachs beschichtete Bißgabel den Oberkieferzähnen aufgelegt und mit dem Unterkiefer festgehalten. Die Scharnierachsenpunkte werden automatisch bestimmt, indem der Patient die an den beiden Bogenarmen angebrachten Ohroliven nach vorne und innen in die Äußeren Gehöreingänge drückt. Nun werden die drei Rändelschrauben fest angezogen und die Nasenstütze auf den Gesichtsbogen gesteckt, die Glabellastütze wird in die Nasenwurzel gedrückt und in dieser Situation festgezogen.
Die Glabellastütze ist – wie oben schon erwähnt – in ihrer Höhe so konstruiert, daß sie den Gesichtsbogen in seiner horizontalen Neigung vorne ungefähr auf den Infraorbitalpunkt ausrichtet. Der Gesichtsbogen ist damit in seiner Lage annähernd zur Scharnierachsen-Orbitalebene festgelegt. (Eine genaue Ausrichtung auf die Scharnierachsen-Orbitalebene erreicht man mit einem in der Höhe verstellbaren Nasensteg; er ist für die meisten Gesichtsbögen als Zubehör erhältlich).

Man nimmt nun den Gesichtsbogens durch Öffnen der Rändelschrauben ab und befestigt ihn am Artikulatorenoberteil. Zu diesem Zweck haben die Kondylargehäuse des Artikulators an den Seiten kleine Dorne, die man in die Bohrungen der Ohroliven einrasten läßt. Durch Anziehen der drei Rändelmuttern werden Gesichtsbogen und Artikulatorenoberteil fest miteinander verbunden. Nun wird das Artikulatorenoberteil mit dem Orbitalanzeiger durch Schwenken dem Gesichtsbogen aufgelegt und anschließend in einer Montagehilfe befestigt.

Bei Verwendung des SAM-Übertragungsbogens muß zudem darauf geachtet werden, daß die Kondylenbahnneigung für die Montage des Oberkiefermodells auf 30° eingestellt ist. Zuletzt wird das Oberkiefermodell in die Wachseinbisse auf der Oberseite der Bißgabel gelegt und eingegipst. Damit hat man ebenfalls die räumliche Lage des Oberkiefers zur arbiträren Achse und zur arbiträren Scharnierachsen-Orbitalebene auf den Artikulator übertragen. Das weitere Einartikulieren entspricht den zuvor beschriebenen Vorgehensweisen.

6.10.2.4 Die Zuordnung des Unterkiefers zum Oberkiefer

Ein Problem soll als letztes angesprochen werden. Viele Zahntechniker haben sich schon gefragt: Warum arbeitet der Zahnarzt mit dem Gesichtsbogen, ordnet dann aber den Unterkiefer in der IKP dem Oberkiefer zu? Was hat er sich dabei überhaupt gedacht?

Die Frage, ob der Unterkiefer in zentrischer Relation oder in Habitueller Interkuspidation dem Oberkiefer zugeordnet werden soll, war zu Zeiten der „klassischen Gnathologie" keine Frage. Da die prothetische Versorgung grundsätzlich nach dem Konzept der punktförmigen Zentrik vorgenommen wurde, mußte der Oberkiefer schädel- und achsenbezüglich in den Artikulator eingestellt werden, der Unterkiefer wurde dann mit Hilfe von zentrischen Registraten dem Oberkiefer in Terminaler Scharnierachsenposition zugeordnet – also in Retraler Kontaktposition.

Weil sich herausgestellt hat, daß dieses Konzept nicht auf alle Fälle anwendbar ist, geht man heutzutage davon aus, daß bei all den Patienten, die mit ihrer bisherigen okklusalen Beziehung zurechtkommen, diese auch bei der Neuanfertigung des Zahnersatzes als Situation in den Artikulator übernommen wird. Nur für die Fälle, wo der Behandler auf Grund des Ergebnisses der Klinischen Funktionsanalyse eine Instrumentelle Funktionsanalyse durchführen will, oder als Ergebnis der Instrumentellen Funktionsanalyse eine von der bisherigen Unterkiefer- und Kondylenposition abweichende Lage des Unterkiefers wünscht, müssen das Oberkiefermodell exakt schädel- und achsenbezüglich in den Artikulator eingestellt und das Unterkiefermodell dem Oberkiefermodell in terminaler Scharnierachsenposition zugeordnet werden – also in Retraler Kontaktposition des Unterkiefers, bei der sich die Kondylen in Zentraler Relation befinden.

Die Modellmontage erfolgt mit Hilfe des auf die Terminale Scharnierachse ausgerichteten Übertragungsbogens, die Zuordnung des Unterkiefers wie die Überprüfung der patientengenauen Übertragung der Modelle erfolgt mit Hilfe von zentrischen Registraten („Checkbissen") und der von Lauritzen in die Zahnheilkunde eingeführten Kontrollsockelmethode („Split-Cast"). Kommt es beim Schließen des Artikulatorenoberteils zu keinem Klaffen des Split-Cast, dann ist sowohl der Ober- wie der Unterkiefer schädel- und achsenbezüglich einartikuliert.

Der eigentliche Wert der zentrischen Relation und eines in dieser Position genommenen zentrischen Registrates wird damit offensichtlich:

1. Es ermöglicht eine genaue und vor allem überprüfbare schädelbezügliche Modellmontage des Oberkiefers.
2. Es zeigt – wenn der Split-Cast nirgends klafft, daß der Unterkiefer tatsächlich in terminaler Scharnierachsenposition dem Oberkiefer zugeordnet wurde.

Liegen keine Anzeichen für Muskel- oder Gelenkserkrankungen vor, dann wird der Zahnersatz verständlicherweise in der Habituellen Interkuspidation des Patienten angefertigt. Es reicht dann vollkommen aus, wenn der Oberkiefer mit Hilfe des Schnellübertragungsbogens schädelbezüglich einartikuliert wird.

Der Unterkiefer wird dann entweder mit Hilfe eines mitgelieferten Wachsregistrates dem Oberkiefer zugeordnet, das der Zahnarzt in der Habituellen Interkuspidation genommen hat oder, wenn die Restbezahnung eine eindeutige okklusale Verschlüsselung in der IKP zuläßt, vom Techniker in dieser Position fixiert und eingegipst.

> Auf das Anlegen eines Schnellübertragungsbogens sollte heutzutage grundsätzlich nicht mehr verzichtet werden, da diese Maßnahme nur wenige Minuten dauert und sich die Fehlermöglichkeiten bei der Simulation der Kieferbewegungen wesentlich verringern.

Die Verwendung eines Gesichtsbogens verlangt somit keinesfalls zwangsläufig die Zuordnung des Unterkiefers in terminaler Scharnierachsenposition. Sie ist eine nur wenige Minuten beanspruchende Maßnahme zur räumlichen Übertragung des Oberkiefermodells auf den Artikulator und sollte eine Grundforderung für die Anfertigung von Zahnersatz der 90er-Jahre sein.

Die Scheu vor der Verwendung eines Gesichtsbogens oder das Argument, die Maßnahme sei zu aufwendig und bringe auch keine entscheidende Verbesserung, sollte endgültig der Vergangenheit angehören.

6.11 Die Neuronale Steuerung der Kaubewegungen

Die Steuerung des Kausystems erfordert sehr komplexe Steuerungsmechanismen. Damit erreicht die Natur, daß die Organe des Kausystems optimale Leistungen bei geringstem Aufwand erzielen.

Die Steuerungsmechanismen des Kauvorgangs werden im nachfolgenden Text kurz erläutert (Abb. 6.64).

Die Informationen (Reize) unterschiedlichster Rezeptoren des Kausystems, die in der Wurzelhaut, den Muskelfasern, Kiefergelenksstrukturen, Bändern, Sehnen und der Mundschleimhaut eingelagert sind, werden über die sensiblen Nervenfasern der Gehirnnerven in die sensiblen Kerne des Hirnstammes geleitet.

Von hier gelangen sie zum Kauzentrum, das in der Brücke vermutet wird oder zum Thalamus im Zwischenhirn. Dem Kauzentrum wird die Steuerung des Rhythmus der Kaubewegungen zugeschrieben, der Thalamus erhält zudem noch Erregungen durch Empfindungen, die von Sinneszellen des Geruchs-, Geschmacks- und Gehörorgans ausgelöst werden. Im Thalamus erfolgt dann die Umschaltung der Erregungen entweder auf die Basalganglien oder auf ein sensibles Rindenfeld der Großhirnrinde.

Die motorischen Erregungen der Basalganglien gelangen über sogenannte Extrapyramidale Bahnen zu den motorischen Kernen und von dort mittels motorischer Nervenfasern der Gehirn- und Zervikalnerven zu den Muskeln des Kausystems. Erregungen in sensiblen Rindenfeldern der Großhirnrinde werden zu den motorischen Rindenfeldern und von dort über sogenannte Pyramidale Bahnen zu den motorischen Kernen geleitet.

Bei manchen Reflexen wie den „Schutzreflexen“ werden die intensiven sensiblen Erregungen direkt von den sensiblen Kernen des Hirnstamms auf die motorischen Kerne des Hirnstamms umgeschaltet. Dies hat den Vorteil, daß eine unmittelbare „Schutzreaktion“ ohne große zeitliche Verzögerung erfolgen kann.

Alle Bewegungen des Unterkiefers können auf zweierlei Arten ausgeführt werden: Entweder als willkürliche Bewegungen unter direkter und bewußter Kontrolle der Großhirnrinde oder, wie beim Kauen, als unwillkürliche Bewegungen, das heißt von Reflexen gesteuert. Letztere laufen über untergeordnete Gehirnzentren (Kauzentrum, sensible und motorische Kerne des Hirnstamms) ab und können entweder Unbedingte oder Bedingte Reflexe sein.

Da die Unterkieferbewegungen der willkürlichen Kontrolle unterliegen, können alle Informationen auf der Bewußtseinsebene verarbeitet und Muskelaktivitäten über motorische Nervenzellen und motorische Endplatten der Muskeln ausgelöst werden. Willkürliche und reflexbedingte Bewegungen können nacheinander ablaufen. So kann der erste Teil der Bewegung willkürlich gesteuert sein, zum Beispiel das Aufnehmen von Speisen in den Mund und das Abbeißen. Das darauffolgende rhythmische Kauen und Schlucken kann dann von unterbewußter Reflexkontrolle übernommen werden. Die willkürliche Kontrolle kann in diese Reflexe wiederum jederzeit eingreifen und die Steuerung übernehmen. Ebenso kann aber auch ein Schutzreflex, der als Folge eines Schmerzes ausgelöst wird, die willkürliche Kontrolle ausschalten und die Steuerung übernehmen.
Beim Kauen spielen die Kieferschluß- und Kieferöffnungsreflexe eine wichtige Rolle. Sie sind angeborene Reflexe, da sie schon der Säugling für seine Saugbewegungen benötigt. Das während des Milchzahndurchbruchs entwickelte rhythmische Kaubewegungsmuster wird vielfach als eine Folge von Kieferöffnungs- und Kieferschlußreflexen verstanden, wobei das Kauen selbst durch einen bewußten Impuls der Großhirnrinde ausgelöst wird.

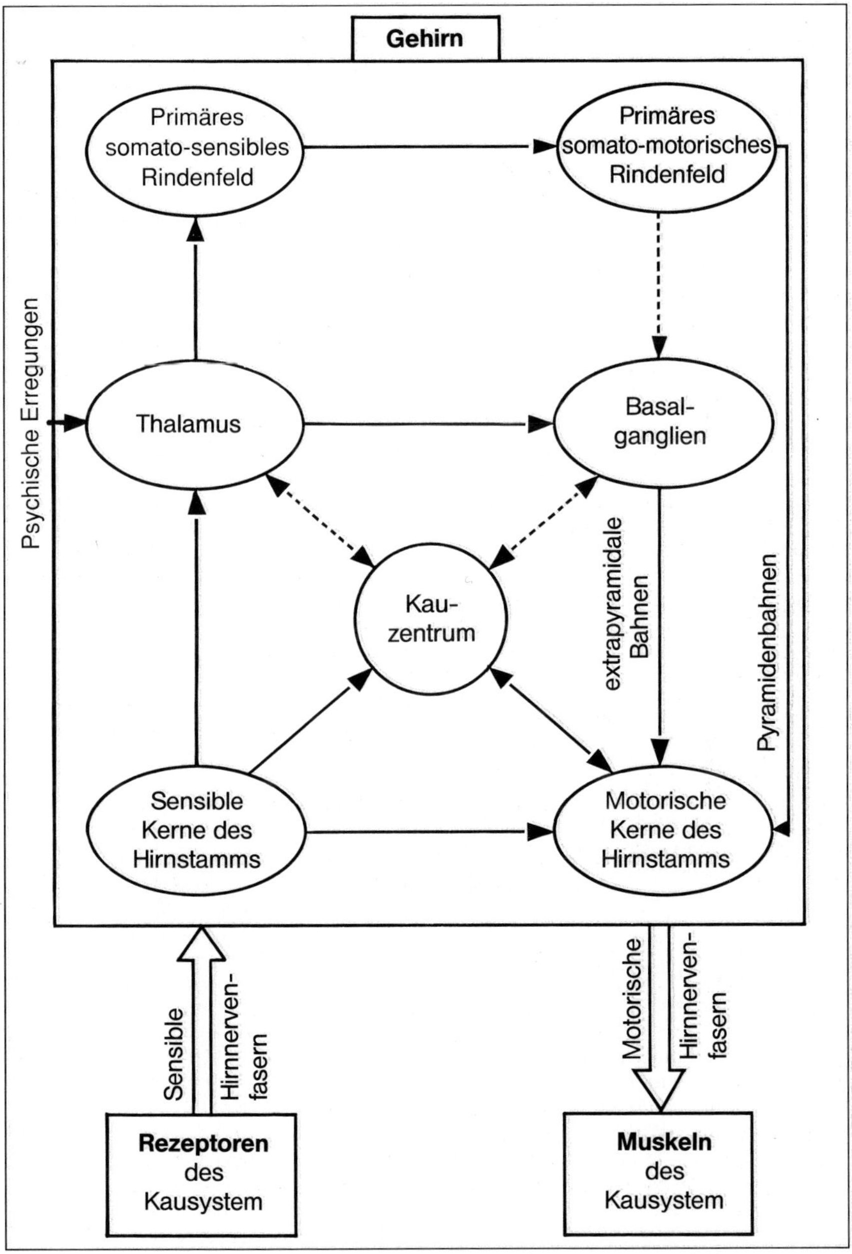

Abb. 6.64 Schema der Steuerung der Kauvorgänge

Der Kieferöffnungsreflex ist zudem noch ein Schutzreflex, der beispielsweise beim unvermittelten Aufbeißen auf einen nicht erwarteten, harten Gegenstand wie einem Steinchen oder Kirschkern sofort das weitere Kieferschließen abbricht und eine Kieferöffnung einleitet. Hierdurch werden Zähne und Zahnhalteapparat vor möglichen Schäden geschützt.

Eine wichtige Aufgabe kommt dem Kieferschlußreflex beim Halten des Unterkiefers in der Ruheschwebe zu. Er sorgt dafür, daß der Unterkiefer bei einer nicht vorgesehenen Absenkung sofort wieder seine ursprüngliche Position einnimmt. (Das Funktionieren dieses Reflexes überprüft der Arzt mit Hilfe des sogenannten Masseter-Reflexes: Durch Klopfen auf das Kinn senkt er den Unterkiefer nach unten ab, worauf der Masseter-Muskel sich sofort zusammenziehen und dadurch den UK anheben sollte.)

Zwei Eigenarten der Nervensystemsteuerung sollen noch kurz erwähnt werden:
1. Eine Verzweigung der sensiblen Nervenfaserenden, ausgestattet mit erregenden und hemmenden Endknöpfchen, sorgt dafür, daß die Kontraktion der Mundöffnermuskeln beim Kieferöffnen nicht durch eine gleichzeitige Kontraktion ihrer Antagonisten, den Mundschließermuskeln, behindert wird. Die erregenden Endknöpfe bewirken eine Erregung der zu den Mundöffnermuskeln führenden motorischen Nervenfasern, die hemmenden Endknöpfchen verhindern umgekehrt eine Erregung der motorischen Nervenfaser der Mundschließermuskeln und damit deren Kontraktion; dieses Phänomen wird Reziproke Innervation genannt.
2. Bei der Kontraktion eines Muskels wird dieser gedehnt und sein Dehnungsgrad von den Sehnenorganen ermittelt. Wird der Muskel stark gedehnt, so hört die Kontraktion auf und der Muskel erschlafft; dieses Phänomen wird als Inverser Dehnungsreflex bezeichnet. Da Muskeln wie die Kaumuskeln sehr große Kräfte entwickeln können, nimmt man an, daß die plötzliche Erschlaffung den Muskel schützt, von seinem Ursprung, seinem Ansatz oder von beiden Befestigungsstellen abgerissen zu werden.

Kapitel 7
Veränderungen im Kausystem

Der Inhalt auf einen Blick

7.1 Entwicklungsgestörte Veränderungen

Der häufigste Sitz von Fehlbildungen und Formveränderungen des menschlichen Organismus ist der Gesichts- und Kieferbereich; man rechnet, daß auf etwa 500 - 1000 Geburten eine der nachstehend aufgeführten Fehlbildungen von mehr oder weniger starkem Ausmaß kommt. Im wesentlichen unterscheidet man:

- Spaltbildungen im Gesichts- und Kieferbereich
- Zahnstellungs- und Bißanomalien (= Dysgnathien)
- Anomalien der Zähne
- Durchbruchstörungen.

Die Entstehung und typische Lage dieser Mißbildungen wird durch das Wissen um die Vorgänge bei der Entwicklung des Gesichts und des Oberkiefers verständlicher. Dabei bestimmt der Zeitpunkt des schädigenden Einflusses die Schwere der Mißbildung: Je früher die Schädigung einsetzt, desto schwerer wird die Mißbildung. Alle Fehlbildungen lassen sich auf zwei Ursachenkomplexe zurückführen:

Erbbedingte Fehlbildungen werden auf vererbte Genveränderungen zurückgeführt, die eine Störung bestimmter Stoffwechselvorgänge zur Folge haben. Laufen diese nicht mehr zeitgerecht oder intensiv genug ab, so kommt es zu Stoffwechselentgleisungen, die dann ihrerseits die Mißbildungen verursachen.

Umweltbedingte Fruchtschädigungen während der Embryonalentwicklung werden unter anderem durch Krankheiten der Mutter, Medikamente oder mit der Nahrung aufgenommene Gifte ausgelöst.

Häufig werden die auslösenden Ursachen in innere (= endogene) und äußere (= exogene) Ursachen eingeteilt. Eine exakte Trennung ist nicht möglich, da beispielsweise von außen kommende Einflüsse wie Strahlungseinwirkungen oder Gifte im Inneren des Körpers zu genetischen Schädigungen führen können. Ferner muß bedacht werden, daß die Möglichkeiten zur Erkennung ursächlicher Faktoren - zum Beispiel durch Versuche an Lebewesen - äußerst problematisch sind.

Somit läßt sich nur feststellen: Es sind zahlreiche Faktoren bekannt, die entweder die Mißbildungen ursächlich auslösen oder aber ihr Entstehen entscheidend begünstigen können, jedoch ist anzunehmen, daß in vielen Fällen erst das Zusammentreffen mehrerer Faktoren für eine Mißbildung verantwortlich ist.

7.1.1 Gesichts- und Kieferspalten

Gesichtsspalten, vor allem Spalten im Lippen-Kiefer-Gaumenbereich, sind die am häufigsten vorkommenden Fehlbildungen des menschlichen Organismus. Man rechnet heute etwa bei 600 Geburten mit einem Kind, das eine Spaltbildung in mehr oder weniger schwerer Form aufweist. Je nach Lage des Defekts unterscheidet man vordere und hintere Spaltbildungen:

Vordere Spaltbildungen liegen im Bereich der Lippen und Kiefer und dehnen sich maximal bis zum Schneidezahnloch aus, betreffen also nur den Zwischenkiefer, Hintere Spaltbildungen finden sich im Bereich hinter dem Schneidezahnloch und erstrecken sich von den Gaumenfortsätzen über die Gaumenbeine bis in den Weichen Gaumen. Beide Spaltformen können auch kombiniert als Lippen-Kiefer-Spalten (LK-Spalten oder kurz LKS), Lippen-Kiefer-Gaumen-Spalten (LKG-Spalten, kurz LKGS) und als Gaumen-Segel-Spalten vorkommen.

Dabei verteilen sich die Formen der Spaltbildungen wie folgt: Rund 50 Prozent aller Spalten sind durchgehende Lippen-Kiefer-Gaumen-Spalten, 30 Prozent der Spalten erstrecken sich nur auf den Harten und Weichen Gaumen und werden als Isolierte Gaumenspalten bezeichnet, und etwa

13 Prozent der Spaltbildungen betreffen ausschließlich die Lippen oder Lippen und Kiefer im vorderen Bereich. Im Volksmund werden Spaltbildungen der Lippe oder der Lippe und des Kiefers als „Hasenscharten" bezeichnet; Spaltbildungen, die sich auf Lippe, Kiefer und Gaumen erstrecken, werden „Wolfsrachen" genannt.

Wie bereits dargestellt, verschmelzen in der vierten Schwangerschaftswoche die fünf Gesichtsfortsätze miteinander. Die Ursache der Defekte ist also auf ein unvollständiges Verschmelzen der Gesichtswülste oder, wie in schweren Fällen, auf ein völliges Ausbleiben der Verschmelzung zurückzuführen.

Spaltformen

1. Lippenspalten

Lippenspalten – der Volksmund spricht von Hasenscharten – kommen bei Knaben doppelt so häufig vor als bei Mädchen und stellen die schwächsten Mißbildungsformen dar. Sie können isoliert auftreten, in den meisten Fällen sind sie aber mit Kieferspalten oder Kiefer-Gaumen-Spalten kombiniert.

Die leichteste Form ist eine nur schwach erkennbare Einkerbung der Lippe; man spricht in diesem Fall von einer Lippenkerbe oder einem Lippenkniff. Nicht selten ist bei Lippenspalten auch eine Kerbe im Alveolarfortsatz anzutreffen. Die Spaltbildung verläuft meist seitlich der Mittellinie, selten direkt in der Mitte und ist auf der linken Kieferseite doppelt so häufig anzutreffen wie auf der rechten (Abb. 7.1).

2. Lippen-Kiefer-Spalten

Lippen-Kiefer-Spalten verteilen sich nahezu gleichmäßig auf beide Geschlechter, wobei die Spaltbildungen auf der linken Seite viel häufiger sind als auf der rechten. Der Spalt zieht im Oberkiefer – entsprechend dem Verlauf der Zwischenkiefernaht – von der Lippe über den Kieferkamm zwischen seitlichem Schneidezahn und Eckzahn bis zum Schneidezahnloch, der übrige Teil des Gaumens ist geschlossen (Abb. 7.2).

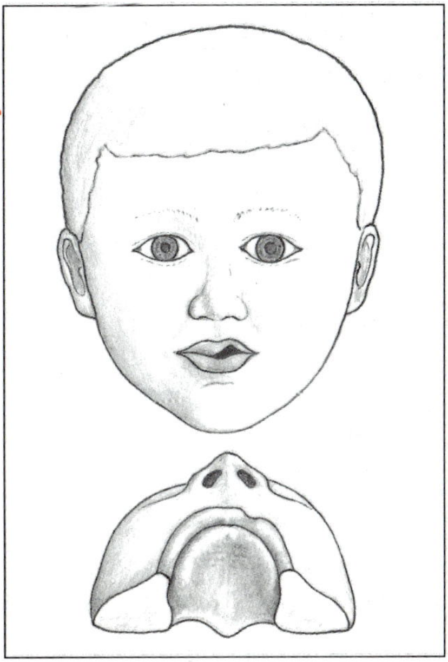

Abb. 7.1 ▲ Lippenkerbe

Abb. 7.2 ▼ Lippen-Kiefer-Spalte

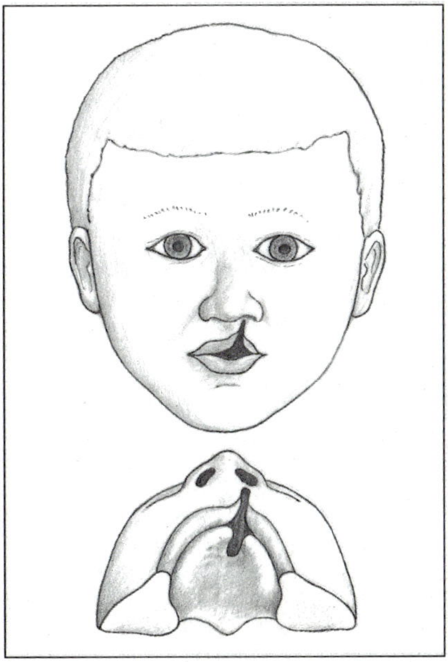

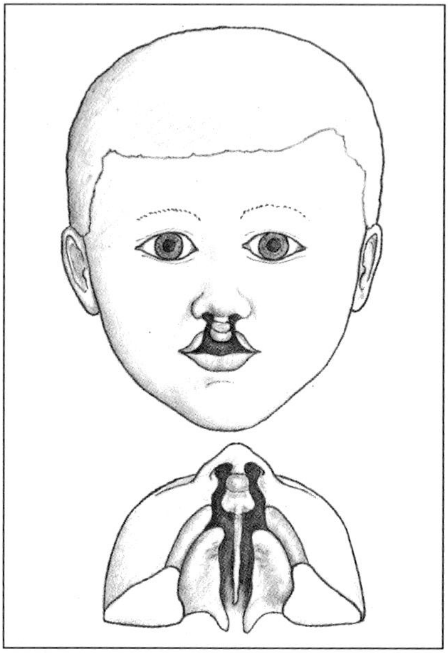

Abb. 7.3 ▲ Beidseitige Lippen-Kiefer-Gaumen-Spalte

Abb. 7.4 ▼ Velumspalte

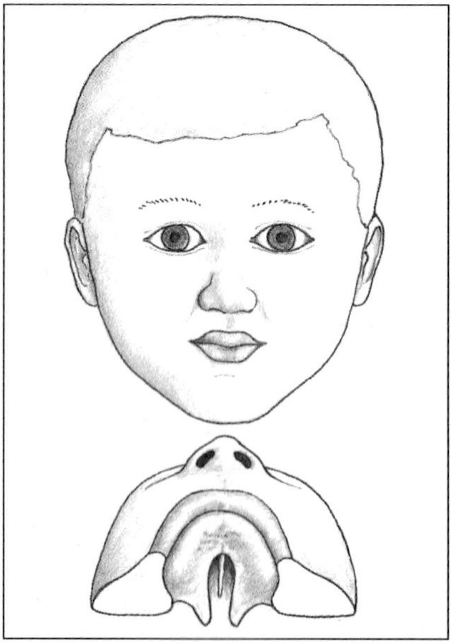

Wolfsrachen

3. Lippen-Kiefer-Gaumenspalten

Lippen-Kiefer-Gaumen-Spalten sind die am häufigsten vorkommenden Spaltformen; der Volksmund bezeichnet sie mit dem wenig schönen Namen Wolfsrachen. Man findet sie bei Jungen doppelt so häufig als bei Mädchen, wobei der Anteil der doppelseitigen Spalten etwa 40 Prozent ausmacht und die linke Seite ebenfalls wieder viel häufiger davon betroffen ist. Bei Lippen-Kiefer-Gaumen-Spalten handelt es sich um durchgehende Spalten, die sich von der Lippe, entlang der Zwischenkiefernaht und der mittleren Gaumennaht, bis in den Weichen Gaumen erstrecken.

Bei einseitigen Spalten ist das Pflugscharbein mit dem Harten Gaumen der gesunden Seite vereinigt, bei doppelseitigen Spalten haben Nasenscheidewand, Zwischenkiefer und der Mittelteil der Oberlippe (beide als der tiefste Teil des mittleren Nasenwulstes) keine Verbindung mit den Gaumenfortsätzen und der Zwischenkiefer steht dann bürzelartig hervor (Abb. 7.3).

4. Isolierte Gaumenspalten

Isolierte Gaumenspalten sind doppelseitige Spaltbildungen, bei denen der Defekt auf den Harten und Weichen Gaumen beschränkt bleibt: Die Lippen und mehr oder weniger große Teile im vorderen Bereich des Harten Gaumens sind geschlossen, nur der dahinterliegende Teil des Harten und Weichen Gaumens hat keine Verbindung zum Pflugscharbein. Ist nur der Weiche Gaumen gespalten, so spricht man von Gaumensegelspalten oder Velumspalten (Abb. 7.4).

5. Gesichtsspalten

Seltene Formen von Spaltbildungen im Gesichtsbereich sollen hier nur namentlich erwähnt werden: Senkrecht in der Medianebene verlaufende Unterkieferspalten entstehen bei ausbleibender Vereinigung der beiden Unterkieferwülste, Schräge Gesichtsspalten sind die Folge nicht vereinigter seitlicher Nasenwülste mit dem Oberkieferwulst und Quere Gesichtsspalten, die vom Mundwinkel quer nach hinten in die

Wange verlaufen, entstehen bei Nichtvereinigung von Ober- und Unterkieferwulst.

Entstehungsursachen

1. Erbbedingte Fehlbildungen (= Endogene Faktoren)

> Bei den häufigsten Fehlbildungen des Kiefer-Gesichts-Bereichs, den Lippen-Kiefer-Gaumen-Spalten, wird die Erblichkeit heute im Durchschnitt mit 15 bis 20 Prozent angegeben.

Dabei lassen sich geschlechtsspezifische Unterschiede feststellen: Lippen-Kiefer-Spalten und Lippen-Kiefer-Gaumen-Spalten findet man häufiger beim männlichen Geschlecht, Gaumen- und Gaumensegelspalten mehr beim weiblichen.

Es ist bekannt, daß bei den Spaltbildungen zwei verschiedene Gene eine Rolle spielen. Als weitere innere Faktoren sind die Überreife des Eies zum Zeitpunkt der Befruchtung, das zu frühe oder zu hohe Lebensalter der Mutter und die damit zusammenhängende Funktion der Eierstöcke zu nennen; auslösende Faktoren von seiten des Vaters und des Spermas werden ebenfalls vermutet.

2. Umweltbedingte Fruchtschädigungen (= Exogene Faktoren)

Infektionskrankheiten

In ganz besonderem Maße trifft dies auf die Rötelnerkrankung zu: Erfolgt die Infektion mit dem Rötelvirus im zweiten Schwangerschaftsmonat, so sind Mißbildungen dieser Entwicklungsperiode zu erwarten. Weitere mißbildungsauslösende Krankheiten sind Masern, Mumps und Windpocken und die durch Haustiere (vor allem Kaninchen) übertragene Toxoplasmose.

Mangelernährung

Einseitige Ernährung, vor allem der Mangel an Vitaminen des Vitamin-B-Komplexes, haben eine mißbildungsauslösende oder -begünstigende Wirkung (dieselbe Wirkung hat aber auch eine Überdosierung von Vitamin A).

Strahlenschäden

Die ersten Erkenntnisse über Mißbildungen durch Strahleneinwirkung ergaben die Auswertungen der durch die Atombombenabwürfe über Hiroshima und Nagasaki Geschädigten. Genauere Untersuchungen in der Umgebung von Atomreaktoren und in Atomtestgebieten lassen den eindeutigen Schluß zu, daß erhöhte Strahlenbelastungen zu Mißbildungen führen. Deshalb sollten während und vor allem zu Beginn einer Schwangerschaft keine Röntgenaufnahmen angefertigt werden.

Metallgifte, Alkohol und Medikamente

Toxische (= giftige) Substanzen, zum Beispiel auch die in zahntechnischen Laboratorien früher beim Verarbeiten von Modellgußlegierungen freigesetzten Metallgifte Beryllium und Kobalt – in Zahnarztpraxen vor allem Quecksilber – und übermäßiger Alkoholkonsum zu Beginn einer Schwangerschaft sind weitere Faktoren, die Mißbildungen auslösen können. Dieselbe Wirkung haben bestimmte, die Zellteilung hemmende Medikamente; hierzu zählen vor allem Cortison, das eine bindegewebshemmende Wirkung hat und deshalb das Verschmelzen der Wülste beeinträchtigt.

Die Versorgung von Lippen-Kiefer-Gaumen-Spalten

Die Versorgung von Lippen-Kiefer-Gaumen-Spalten unter Mithilfe des Zahntechnikers spielte in den vergangenen Jahrzehnten eine wesentlich größere Rolle als heutzutage. Früher vertraten die Ärzte die Auffassung, daß ein Verschluß des Gaumens erst nach Abschluß der körperlichen Entwicklung erfolgen sollte. Meist aber war der zu überbrückende Defekt dann so groß geworden, daß mehrere Operationen erforderlich waren und die Patienten häufig nach der ersten oder zweiten Operation auf weitere Behandlungen verzichteten.

Eine Abdeckung des Defektes erfolgte durch einen sogenannten Obturator, einer den Gaumenspalt bedeckenden Prothese, mit dessen Hilfe der Nasen-Rachen-Raum verschlossen und eine einigermaßen normale Nahrungsaufnahme und Lautbildung erreicht wurde. Dieser mußte entsprechend dem Oberkieferwachstum geändert beziehungsweise erneuert und entweder das ganze Leben oder bis zum Zeitpunkt des endgültigen operativen Verschlusses getragen werden.

Gegenwärtig werden Spaltdefekte bereits im ersten Lebensjahr geschlossen, da das Kind durch die heutigen Narkosetechniken schon mit etwa sechs Monaten körperlich in der Lage ist, den komplizierten chirurgischen Eingriff zu ertragen. Denn je früher dieser Eingriff erfolgt, desto normaler wird die Sprachentwicklung und die gesamte psychosoziale Entwicklung des Kindes verlaufen. Voraussetzung für das Erlernen einer normalen Sprache sind nun einmal ein bewegliches Gaumensegel, das bei der Lautbildung die hintere Rachenwand erreicht, eine normale Lippenfunktion bei ausreichend weitem Mundvorhof, eine annähernd normale Zahnstellung und eine gute Luftdurchlässigkeit der Nase.

Obwohl das Anfertigen von Obturatoren noch stets Inhalt des Ausbildungsberufsbildes ist, wird man aus den genannten Gründen im Laboralltag kaum mehr einen Obturator zu sehen bekommen oder gar vor die Aufgabe gestellt, einen solchen anzufertigen.

> Die Versorgung dieser Patienten erschöpft sich aber nicht nur im operativen Verschluß des Defekts, sondern schließt zahnerhaltende, prothetische, kieferorthopädische, hals-nasen-ohrenärztliche und sprachtherapeutische Maßnahmen mit ein.

- Zahnerhaltende Maßnahmen sind deshalb von so großer Bedeutung, weil die Zähne von Spaltpatienten häufiger Karies aufweisen. Ferner finden sich in viel stärkerem Maße Zahnstellungsanomalien, und diese haben verstärkte Plaquebildung, Karies und Parodontopathien zur Folge.
- Als prothetische Maßnahme genügt bei Lippen-Kiefer-Spalten in der Regel eine Versorgung mit mehrgliedrigen Brücken. Bei Lippen-Kiefer-Gaumen-Spalten sind größere Versorgungen erforderlich, mit denen dann auch nicht völlig geschlossene Gaumenbereiche abgedeckt werden können.
- Kieferorthopädische Maßnahmen sind häufiger nötig, da vorzeitiger Milchzahnverlust eine Kieferkompression auslöst.
- Der günstigste Zeitpunkt für sprachtherapeutische Maßnahmen liegt zwischen dem fünften und siebten Lebensjahr. In der Regel wird die Sprachtherapie kurz vor der Einschulung durchgeführt, indem eine Sprachheilbehandlung durch einen Logopäden erfolgt. Gleichzeitig werden den Eltern Anweisungen gegeben, nach denen sie zu Hause Sprachübungen durchführen können, so daß heute etwa 70 Prozent aller Gaumenspaltenkinder eine normale Sprache erreichen.

7.1.2 Gebiß- und Kieferanomalien

Anstelle des Begriffs „Gebiß- und Kieferanomalien" wird heute meist der Ausdruck Dysgnathien verwendet. Er umfaßt nicht nur alle Abweichungen der Zähne, sondern schließt alle Abweichungen der Zahnreihen, der Alveolarfortsätze, der Kieferkörper, der Kiefergelenke und der umgebenden Muskulatur mit ein. Damit ist der Begriff Dysgnathien nicht ausschließlich auf die vom Normalbiß, der Eugnathie abweichende Bißlage reduziert, sondern schließt alle sich aus einer falschen Kiefer- und Gebißentwicklung ergebenden Folgeerscheinungen mit ein. Bei der Entstehung von Dysgnathien spielen äußere (= exogene) und innere (= endogen oder genetisch bedingte) Ursachen eine entscheidende Rolle.

Ursachen

Innere Ursachen (= endogene Ursachen)
Als erbgebunden werden heutzutage folgende Anomalien angesehen:
- Keimlage und Durchbruchsrichtung der Zähne,
- Kronenform und Kronengröße,
- Form und Größe der Zahnwurzeln,
- Form und Größe der Zahnbögen und der Kiefer,
- Anomalien der Zahnanzahl,
- das Echte Diastema (ein sogenanntes Trema),
- der Deckbiß oder tiefe Biß,
- die Progenie,
- der skelettal offene Biß,
- und der Drehstand von Zähnen, vor allem der Schneidezähne.

Eine Untersuchung der Universität Frankfurt ergab, daß aussschließlich endogene oder ausschließlich exogene Ursachen sehr selten festzustellen waren. Bei etwa 75 Prozent der Patienten traten beide Faktoren auf, bei etwa 45 Prozent war die Dysgnathie durch exogene Ursachen entstanden, und nur bei etwa 20 Prozent ließen sich erblich bedingte Ursachen nachweisen.

Äußere Ursachen (= exogene Ursachen)
Bei den äußeren Ursachen spielen zwei Faktoren eine entscheidende Rolle: die Folgen eines vorzeitigen Milchzahnverlusts durch Zusammenbruch der Stützzone und sogenannte Habits, also schädigend wirkende Angewohnheiten wie Lutschen, Zungenpressen u. a., der frühzeitige Verlust der Sechsjahrmolaren wie auch der Verlust von bleibenden Frontzähnen durch Schläge oder Stöße. Hieraus läßt sich schlußfolgern: Eine wirksame Vorbeugung und eine deutliche Verringerung von Dysgnathien ist vor allem durch konsequente Milchzahnerhaltung und durch Abstellen aller die Gebißentwicklung negativ beeinflussenden Gewohnheiten zu erreichen (Abb. 7.5).

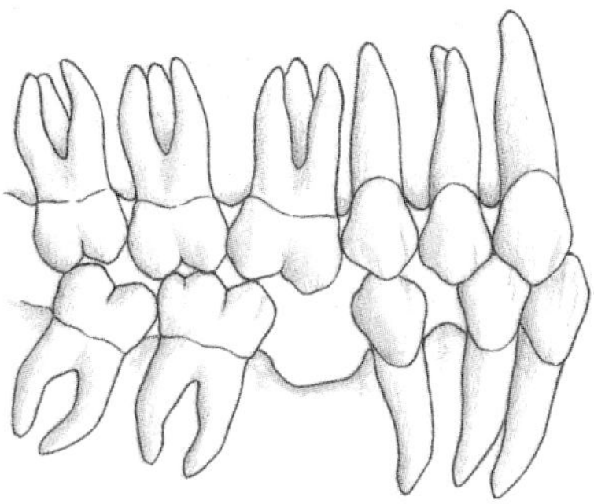

Abb. 7.5 Folgen vorzeitigen Milchzahnverlustes

Einteilung der Dysgnathien

Es ist beinahe unmöglich, die vielfältigen Formen abweichender Bißlagen in einem knappen, umfassenden und übersichtlichen Klassifizierungssystem unterzubringen; dies zeigen auch die zahlreichen Versuche namhafter Kieferorthopäden in den vergangenen Jahrzehnten. In der nachstehenden Darstellung sollen deshalb nur der Fehlstand einzelner Zähne und die von der Eugnathie abweichenden Bißlagen in sagittaler, vertikaler und transversaler Richtung, sogenannte Okklusionsabweichungen, dargestellt werden. Eine ausführliche Betrachtung der Dysgnathien aus kieferorthopädischer Sicht überschreitet unseres Erachtens den Umfang dieses Buches. Für Interessierte finden sich im Literaturverzeichnis Angaben über geeignete, weiterführende Fachliteratur.

1. Fehlstellungen von Zähnen

In diese Gruppe gehören alle örtlichen Abweichungen einzelner Zähne wie Kippungen und Drehungen, der Hoch- beziehungsweise Tiefstand von Zähnen (= Supra- und Infraposition) und Lückenstände wie das mittlere Diastema (= Trema). Ebenso zählen hierzu die Deckbisse, Offenen Bisse und Progene Verzahnungen. In Habitueller Interkuspidation liegt in den meisten dieser Fälle eine Regelverzahnung vor (Abb. 7.6).

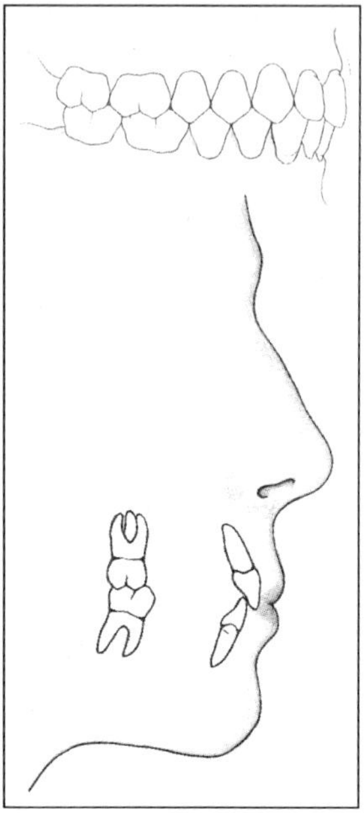

Abb. 7.6 Angle-Klasse I Gebißsituation und Profilbild

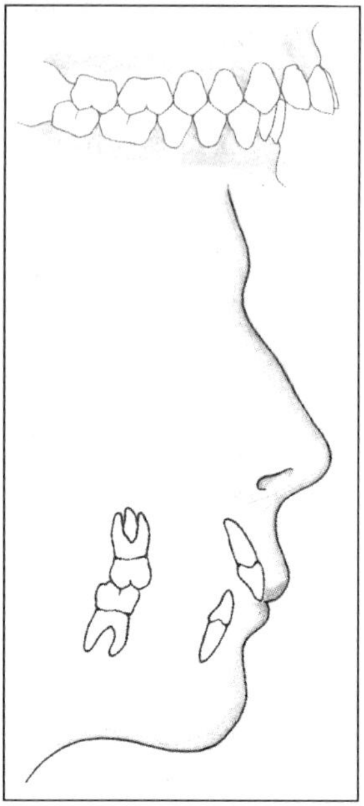

Abb. 7.7 Angle-Klasse II,1 Gebißsituation und Profilbild

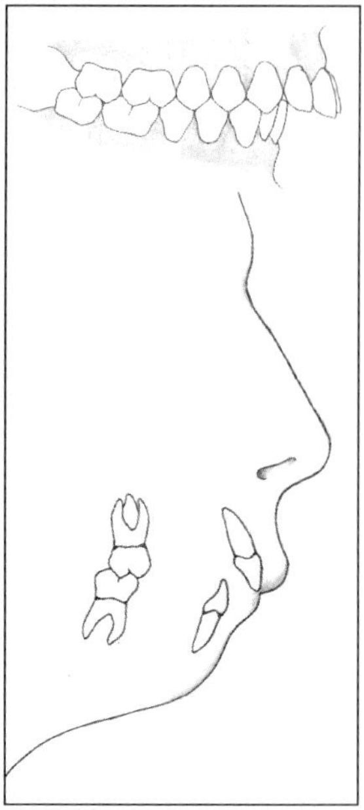

Abb. 7.8 Distalbiß mit Mikrogenie, Gebißsituation und Profilbild

2. In Habitueller Interkuspidation von der Eugnathie abweichende Bißlagen

Abweichungen in sagittaler Richtung

Die erste, noch heute gebräuchliche Klassifizierung stellte Angle im Jahre 1899 auf, bei der er die Bißlageabweichungen in sagittaler Richtung in drei Klassen einteilte. Ihr unbestreitbarer Vorteil ist die bestechende Einfachkeit, ihr großer Nachteil ist, daß alle vorkommenden Dysgnathien, die meist völlig verschiedene Ursachen haben, ausschließlich nach ihrer sagittalen Abweichung zusammengefaßt werden.

Bei seinem Einteilungsprinzip geht Angle von folgenden beiden Grundsätzen aus:

- Der Oberkiefer ist in sagittaler Richtung unbeeinflußbar.
- Die oberen ersten Molaren haben immer eine konstante Stellung innerhalb des Gesichtsschädels, sie stehen also immer an der richtigen Stelle und stellen damit den „Schlüssel der Okklusion" dar.

Jedoch wurde schon 1927 nachgewiesen, daß es keine absolute Konstanz der Stellung der oberen ersten Molaren innerhalb des Gesichtsschädels gibt. Aus diesem Grund haben Wissenschaftler in den vergangenen Jahrzehnten Systeme entwickelt, die andere, für die Ausprägung einer Dysgnathie bedeutsame Faktoren wie Erbfaktoren (wie bei der echten Progenie oder dem Deckbiß) oder ursächliche Gesichtspunkte mitberücksichtigen (sogenannte ätiologische Faktoren, zum Beispiel vorzeitiger Milchzahnverlust, Lutschgewohnheiten, die dann zu offenen Bissen oder Kreuzbissen führen können).

Im deutschen Schrifttum werden häufig an Stelle der Angle-Klassen I, II und III die Begriffe Neutralbiß, Distalbiß und Mesialbiß verwendet.

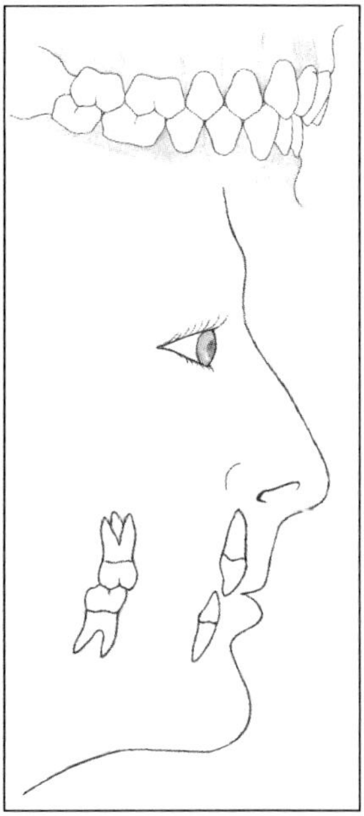

Abb. 7.9 Angle-Klasse II,2 Gebißsituation und Profilbild

Klassifizierung von sagittalen Abweichungen in Angle-Klassen

1. Anomalien, die mit einer Neutralbißlage verbunden sind (= Angle-Klasse I)
Zu dieser Gruppe zählen alle Zahnfehlstellungen, Deckbisse und Offenen Bisse, wie sie zuvor unter Punkt 1 „Fehlstellung von Zähnen" dargestellt wurden. In Habitueller Interkuspidation besteht auf beiden Kieferseiten ein Neutralbiß, nur einzelne Zähne oder Zahngruppen (vor allem im Frontzahngebiet) weichen von der Eugnathie ab (vgl. Abb. 7.6).

2. Anomalien, die einen Distalbiß aufweisen (Angle-Klasse II, = „Prognathie")
Die Angle-Klasse II ist durch die Verlagerung des Unterkiefers im Schlußbiß nach distal charakterisiert. Eine Verschiebung von einer halben Prämolarenbreite (etwa drei bis vier Millimeter) äußert sich dann in einer Zahn zu Zahn Beziehung, bei einer Distalverschiebung von einer Prämolarenbreite besteht wiederum eine Höcker-Fissuren-Verzahnung, jedoch okkludiert in diesem Fall der mesio-bukkale Höcker des oberen ersten Molaren mit dem unteren zweiten Prämolaren und dem ersten unteren Molaren. Man unterteilt die Angle-Klasse II wegen auffälliger Unterschiede in der Frontzahnstellung in die Abteilungen II,1 und II,2.

Angle-Klasse II,1
Die Angle-Klasse II,1 ist durch ein auffälliges Vorstehen der oberen Frontzähne gekennzeichnet, meist in Form einer spitz zulaufenden Front („Spitzfront"). Die Frontzähne des Oberkiefers können zusätzlich noch nach labial, die unteren Frontzähne nach lingual gekippt sein (sogenannte „alveoläre Protrusion" der oberen und „alveoläre Retrusion" der unteren Frontzähne) und den Gesamteindruck noch verstärken. Dies ist der Grund, weshalb für die Distalbißlage häufig der Ausdruck Prognathie verwandt wird (Abb. 7.7).
Bißlagefehler der Angle-Klasse II,1 können aber auch durch andere Ursachen zustande kommen, zum Beispiel

- durch eine erblich bedingte Unterentwicklung des Unterkiefers. Sie wird als Mikrogenie bezeichnet,
- durch einen im Vergleich zum normal entwickelten Unterkiefer überentwickelten Oberkiefer, Makrognathie genannt,
- durch Rücklage des Unterkiefers in Habitueller Interkuspidation. Sie wird als Retroposition des Unterkiefers bezeichnet und hat ihre Ursachen vor allem in der Mundatmung, in intensiven Lutschgewohnheiten über das sechste Lebensjahr hinaus oder ist die Folge einer Rachitis (Abb. 7.8).

Angle-Klasse II,2
Die Angle-Klasse II,2 weist eine Retrusion der oberen Frontzähne auf; sie wird in der kieferorthopädischen Literatur auch als „Flachfront" bezeichnet. Das wesentliche Merkmal dieser Klasse ist die Steilstellung der oberen mittleren Schneidezähne, verbunden mit einem Deckbiß (Abb. 7.9).

3. Anomalien, die einen Mesialbiß aufweisen (Angle-Klasse III, = „Progenie")
Das markante Merkmal dieser Dysgnathie ist das mehr oder weniger stark hervorragende Kinn, von dem sich der Name Progenie ableitet (pro = vor , geneion = Kinn). In ihr werden alle Fälle zusammengefaßt, bei denen einzelne Zähne oder das gesamte untere Frontzahngebiet vor den oberen Schneidezähnen okkludieren. Die Mesialverschiebung der unteren Zähne hat ein Überkreuzen der Zahnbögen zur Folge. Im einzelnen unterscheidet man folgende Formen:

- den progenen Zwangsbiß
- die Unechte Progenie oder Pseudoprogenie
- die Echte Progenie.

Der Progene Zwangsbiß
Ein Progener Zwangsbiß entsteht immer dann, wenn der Unterkiefer nach dem ersten Frontzahnkontakt in der letzten Phase des Zahnreihenschlusses durch eine Zwangsführung nach vorne abrutscht; man findet für diese Situation auch den Ausdruck „Umgekehrter Schneidezahnüberbiß". Demzufolge kann der Patient nicht ohne weiteres die untere Zahnreihe von der Ruheschwebelage in die Schlußbißstellung führen, sondern wird durch vorzeitigen Kontakt einzelner Frontzähne oder der gesamten Zahnfront gezwungen, zuerst nach vorn auszuweichen, um in die Habituelle Interkuspidation zu gelangen. Diese sagittale Okklusionsabweichung ist deshalb nicht am Modell, sondern nur am Patienten feststellbar. Wenn beim umgekehrten Schneidezahnüberbiß keine sagittale Stufe vorhanden ist, besteht im Seitenzahngebiet Neutralbißlage, meistens findet sich aber eine leichte Sagittale Stufe mit einer eindeutigen Mesialbißlage.

Die Unechte Progenie (Pseudoprogenie)
Unter einer unechten Progenie oder Pseudoprogenie versteht man eine Wachstumshemmung im Oberkiefer (= Mikrognathie) bei normal entwickeltem Unterkiefer. Sie wird durch eine vorzeitige Zahnentfernung oder eine angeborene Unterzahl von Oberkieferzähnen (= Hypodontie) verursacht oder ist, wie bei den Lippen-Kiefer-Gaumenspalten, meist die Folge einer operationsbedingten Wachstumsstörung. Wie im Fernröntgenbild nachgewiesen werden kann, ist der Oberkiefer in sagittaler Richtung zu kurz und insgesamt nach dorsal verlagert. Der normal entwickelte Unterkiefer liegt schädelbezüglich richtig, ragt in Habitueller Interkuspidation über den zu klein geratenen Oberkiefer hinaus und täuscht so eine Progenie vor.

Die Echte Progenie
Als Echte Progenie wird eine Vergrößerung des Unterkieferkörpers mit Vorbiß der unteren Frontzähne bezeichnet; sie ist in den meisten Fällen erblich bedingt. Die Ursachen liegen zum einen in einem zu starken Wachstum des Unterkieferkörpers (gelegentlich auch der aufsteigenden Äste) zum anderen in einer Überentwicklung der Zunge (= Makroglossie; übersetzt: große Zunge), die dann durch zu starken Druck auf die Zahnfront einen übermäßigen, funktionellen Reiz auf den Unterkieferknochen auslöst. Die Folge ist in beiden Fällen eine mehr oder weniger starke Mesialverschiebung der unteren Zähne. Das Profil zeigt charakteristische Merkmale: eine wulstige Unterlippe, die Region unter der Nase liegt zurück, die Nasenlippenfurche ist ausgeprägt, das Kinn ragt deutlich hervor und gibt dem Menschen ein strenges, brutales Aussehen („brutales Kinn" Abb. 7.10).

Wie Zwillings- und Familienforschungen ergeben haben, kann die Echte Progenie auch durch eine erblich bedingte, steile Keimlage oder einen verspäteten Durchbruch der oberen Milchschneidezähne ausgelöst werden: Die normale Frontzahnbeziehung wird „verpaßt", die Folge ist ebenfalls eine Mesialbißlage. Schlechte Angewohnheiten und falsche Zungenlage können dann zur weiteren Verschlechterung beitragen.

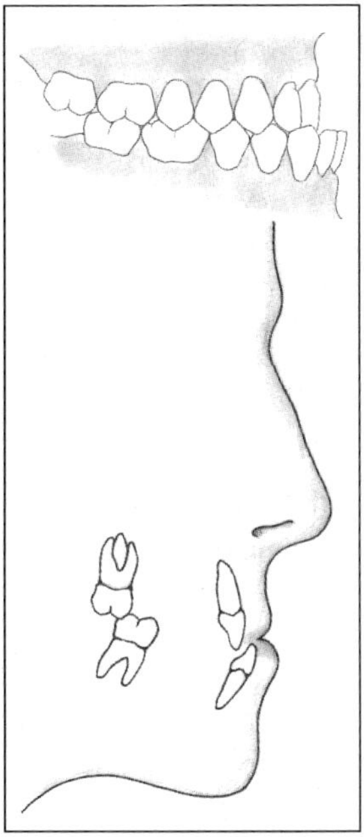

Abb. 7.10 Angle-Klasse III Gebißsituation und Profilbild

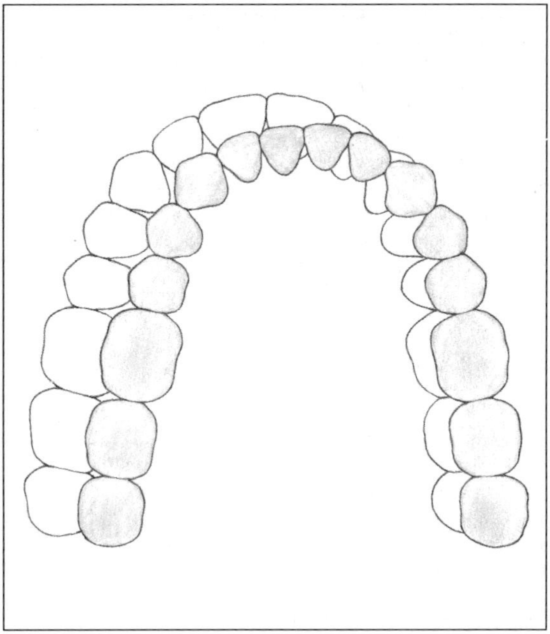

Abb.7.11 Einseitiger Kreuzbiß

Abweichungen in transversaler Richtung

Alle transversalen Bißlagefehler werden unter dem Oberbegriff „Kreuzbiß" zusammengefaßt und sind in der Regel Begleitsymptome anderer Dysgnathien. So kreuzen sich die Seitenzahnreihen als Folge einer Progenie ebenso wie als Folge eines angeborenen, zu schmalen Oberkiefers („Schmalkiefer"). Weitere Gründe für eine Kieferkompression mit der Folge eines Kreuzbisses sind übermäßiges Lutschen oder Mundatmung. In den meisten Fällen kreuzen sich die Zahnreihen im Bereich der Sechsjahresmolaren, so daß kein allseitiger Gleitbiß möglich ist, sondern meist nur eine Art Hackbißbewegung. Treffen in Habitueller Interkuspidation die Höcker von Ober- und Unterkiefer aufeinander, so spricht man vom Kopfbiß im Seitenzahngebiet.

Man unterscheidet folgende Formen des Kreuzbisses:

- Der Beidseitige Kreuzbiß ist durch eine symmetrische Kompression des Oberkiefers und seltener durch eine Vergrößerung des Unterkiefers (Progenie) entstanden, die Mitten von Ober- und Unterkiefer stimmen überein.
- Beim Einseitigen Kreuzbiß wird dagegen die falsche transversale Okklusion jeweils nur auf einer Kieferhälfte angetroffen. Als Ursache kommen alveoläre Abweichungen des Ober- oder Unterkiefers, transversale Zahnkippungen in Zahnlücken, eine Verlagerung des Unterkiefers nach einer Seite oder Kombinationen dieser Möglichkeiten in Frage (Abb. 7.11).
- Bei starker transversaler Abweichung kommt es zur bukkalen oder lingualen Nonokklusion.

Abweichungen in vertikaler Richtung

Zur Gruppe der vertikalen Bißlageabweichungen zählen alle Formen des Offenen Bisses, der Kopfbiß und der Tiefe Biß oder Deckbiß. Ein offener Biß besteht immer dann, wenn sich die Frontzähne in vertikaler Richtung nicht berühren, also Habitueller Interkuspidation kein Überbiß der Zähne vorhanden ist. Die Ursachen für das Zustandekommen eines offenen Bisses können genetisch bedingt sein oder durch „schlechte" Angewohnheiten, sogenannte Habits, entstehen.

Formen des Offenen Bisses

1. Offener Biß durch Gewohnheiten (englisch: Habits)

Für diese Bißanomalie findet man in der kieferorthopädischen Literatur zahlreiche Bezeichnungen: Dento-alveolär offener Biß, lutschoffener Biß oder zungenoffener Biß, Lutschprotrusion u. a. Gegenüber dem echten offenen Biß sind beim lutschoffenen Biß nur die Zahnbögen im Bereich der einwirkenden Kräfte aufgebogen, und häufig ist die untere Zahnfront etwas nach lingual gekippt. Das Profilröntgenbild zeigt normale Beziehungen zwischen Ober- und Unterkieferknochen.

Der unechte offene Biß entsteht durch „Habits", also Gewohnheiten wie dem Lutschen an den Fingern oder an Gegenständen, oder durch Fehllagen und Parafunktionen der Zunge. Er kann nur auf das Frontzahngebiet beschränkt sein, häufig erstreckt er sich aber auch in den Bereich der Seitenzähne. Besonders häufig findet man diese Anomalie beim Kleinkind; sie überträgt sich auf das Wechselgebiß, wenn die Zunge an der Entstehung der Anomalie beteiligt ist oder die Angewohnheiten über die Zeit des Zahnwechsels beibehalten werden. Umgekehrt gilt: Werden die Angewohnheiten vor Beginn des Schneidezahnwechsels abgestellt, so wird sich das bleibende Gebiß in der Regel normal entwickeln.

2. Echter offener Biß

Er wird unterteilt in den rachitisch offenen Biß und den skelettal offenen Biß, wobei der skelettal offene Biß erblich bedingt ist. Beide Formen des echten offenen Bisses können sich in Verbindung mit Habits zu hochgradigen Kieferanomalien entwickeln.

Rachitis als Folge von Vitamin-D-Mangel führt nicht nur zu Deformierungen des Skeletts, sondern auch zu mangelhafter Entwicklung der Kieferstrukturen. Bedingt durch die nachgeburtlichen Frühuntersuchungen und veränderte Ernährungsgewohnheiten ist der rachitisch offene Biß heutzutage äußerst selten anzutreffen. Das auffälligste Symptom dieser Anomalie ist das Klaffen der Frontzähne oft bis weit in den Molarenbereich – manchmal besteht nur Kontakt im Bereich der letzten Molaren – und gleichzeitig findet man als Zeichen einer durchgemachten Rachitis Schmelzhypoplasien und hochgradige Kieferkompression in Ober- und Unterkiefer (Abb. 7.12).
Die Folgen sind starke vertikale Abweichungen im Gesichtsschädel, erkennbar im Profilbild durch ein stark überhöhtes Untergesicht. Die Bißlage kann neutral, distal oder mesial sein, gegebenenfalls kombiniert mit einem Kreuzbiß.

Tiefer Biß oder Deckbiß

Der Deckbiß ist eine vorwiegend erbgebundene Kieferanomalie. Hervorstechendste Merkmale sind die Steilstellung der oberen Schneidezähne, verbunden mit einem vertikalen Überbiß von mehr als drei Millimeter. In besonders ausgeprägten Fällen treffen die unteren Frontzähne auf das palatinale Zahnfleisch und führen dort zu Schäden am marginalen Parodont (Abb. 7.13).

Kopfbiß

Treffen in habitueller Interkuspidation die Schneidekanten der Frontzähne aufeinander, so spricht man von Kopfbißstellung der Zähne (s. Abb. 7.14).

Die Versorgung von Dysgnathien
Die Versorgung erfolgt durch den Kieferorthopäden, der zunächst durch diagnostische Verfahren das Ausmaß der Dysgnathie und mögliche kieferorthopädischen Maßnahmen bestimmt. Genauere Einzelheiten sind kieferorthopädischen Fachbüchern zu entnehmen, im Rahmen dieses Buches soll nur eine kurze Übersicht über den Umfang und die Reihenfolge der einzelnen Schritte kieferorthopädischer Diagnose und Therapie gegeben werden.

Eine kieferorthopädische Behandlung gliedert sich in Diagnose und Therapie. In der Regel läuft sie in folgenden Schritten ab:

1. Schritt
Zunächst wird versucht, im Rahmen der Anamnese (= der Erfassung der Vorgeschichte des Patienten) die möglichen Ursachen festzustellen, die zum Entstehen der Dysgnathie geführt haben:

- ob erblich bedingte Zahnstellungs- oder Kieferanomalien vorliegen,
- ob sie durch mechanische Einwirkungen bei der Geburt verursacht wurden (die Schädigung des Gelenkbereichs, vor allem des Gelenkkopfes, kann eine Ursache für die starke Unterentwicklung des Unterkiefers beim „Vogelgesicht" sein),
- ob sie durch vorzeitigen Verlust, Persistenz oder Retention von Zähnen entstanden sind,
- ob sie durch Nasen-, Mundatmung oder schlechte Angewohnheiten – vor allem Lutschgewohnheiten – ausgelöst wurden,
- ob sie im Zusammenhang mit Kiefermißbildungen wie Hasenscharten und Wolfsrachen auftreten.

2. Schritt
Als nächstes folgt ein Funktioneller Befund, in dessem Rahmen Gebiß und angrenzende Weichteile untersucht werden:

- Abrasionen und verlängerte Zähne, die Zwangsführungen verursachen,
- die Mundöffnung wird gemessen,
- es erfolgt eine Untersuchung der Kiefergelenke,
- die Größen- und Lageverhältnisse von

Abb. 7.12 Offener Biß

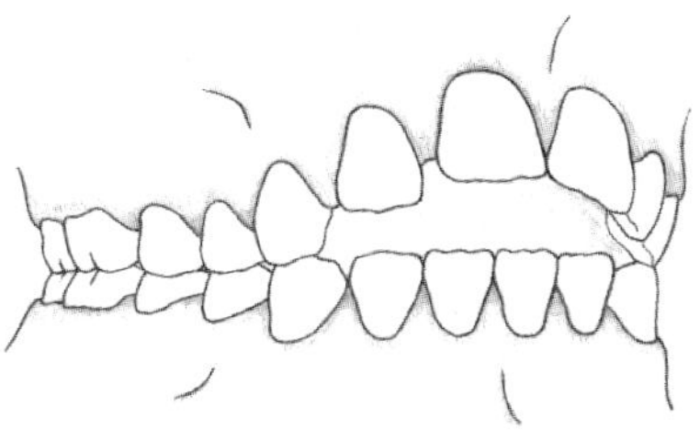

Abb. 7.13 Tiefer Biß der Front: Bei sehr tiefen Bissen treffen die unteren Zähne auf das palatinale Zahnfleisch auf.

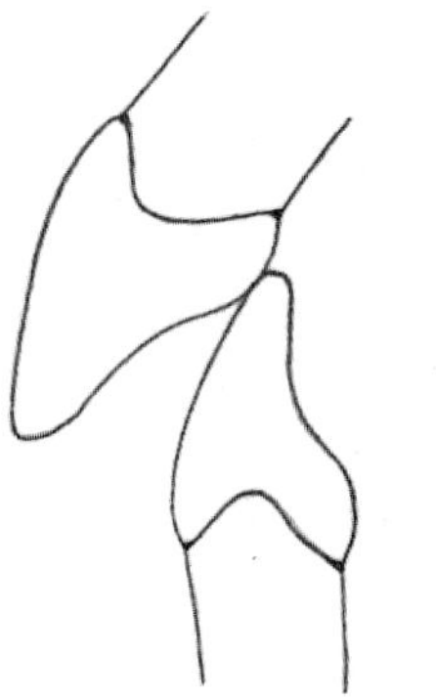

Abb. 7.14 Kopfbißstellung der Frontzähne

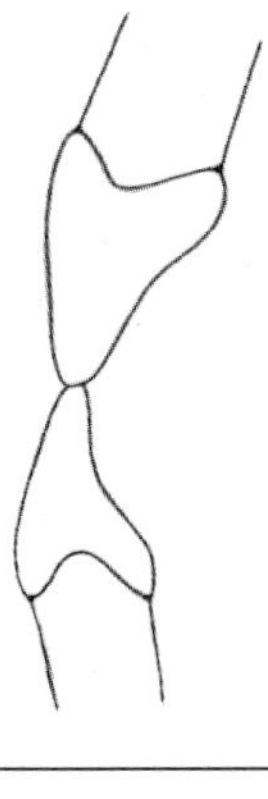

Ober- und Unterkiefer zueinander sowie deren Lage im Gesichtsschädel werden überprüft.

3. Schritt
Röntgenaufnahmen des Gebisses in Form einer Gesamtaufnahme (= Orthopantomogramm), von Halbseitenaufnahmen (Profilbilder) und eines Fernröntgenseitenbildes ergänzen den Befund. Sie geben Auskunft über:

- die sagittale und vertikale Stellung der Zähne in Ober- und Unterkiefer,
- die sagittale und vertikale Lage von Oberkiefer und Unterkiefer zueinander,
- die Lage von Ober- und Unterkiefer zum restlichen Schädelskelett,
- die Beurteilung des zukünftigen Wachstums des Unterkiefers in horizontaler und vertikaler Richtung,
- ob und wieviel Zahnkeime angelegt oder nicht angelegt sind und wie diese möglicherweise verlagert sind.

Häufig wird die röntgenologische Untersuchung durch eine Handröntgenaufnahme unterstützt, mit deren Hilfe sich feststellen läßt, ob und wie stark der Patient voraussichtlich noch wachsen wird.

4. Schritt
Ein äußerst wichtiges diagnostisches Hilfsmittel, das die Befunderhebung ergänzt, ist die Analyse des Kiefermodells. Es wird nach einem Ober- und Unterkieferabguß mit umfassender Abformung der Zahnbögen, der Tuberbereiche und der Alveolarfortsätze gewonnen und dreidimensional nach der Raphe-Median-Ebene, der Tuberebene und der Okklusionsebene orientiert. (Auf Einzelheiten der Modellanalyse kann im Rahmen dieses Buches nicht näher eingegangen werden; Interessierte müssen auf weiterführende Literatur, wie sie im Literaturverzeichnis aufgelistet ist, zurückgreifen).

7.1.3 Anomalien der Zähne

Wie bereits im Kapitel zuvor ausgeführt, versteht man unter Anomalien Unregelmäßigkeiten, das heißt mehr oder weniger starke Abweichungen von der Norm. Nicht selten werden in einem Gebiß verschiedene der nachstehend aufgeführten Anomalien gleichzeitig angetroffen.

Anomalien der Zahnanzahl
treten entweder als Zahnunterzahl oder Zahnüberzahl auf. Beide Formen sind im bleibenden Gebiß häufiger als im Milchgebiß, wobei die Zahnunterzahl häufiger, die Zahnüberzahl seltener anzutreffen ist. Diese seit längerer Zeit zu beobachtende, zunehmende Verringerung der Zahnanzahl oder Gebißreduktion wird als Folge mangelnder Beanspruchung des Gebisses beim Kauen gedeutet.

Zahnunterzahl (Hypodontie)
Eine Zahnunterzahl liegt dann vor, wenn einzelne Zähne oder Zahngruppen fehlen. Man findet sie bei etwa 9,6 Prozent aller in kieferorthopädischer Behandlung stehenden Patienten. Am häufigsten fehlen die Weisheitszähne (22 bis 28 Prozent), gefolgt von den oberen seitlichen Schneidezähnen und den zweiten Prämolaren; andere Zähne wie die unteren mittleren oder die unteren seitlichen Schneidezähne sind seltener betroffen.

Fehlen mehrere Zähne oder Zahngruppen wie die obengenannten, so spricht man von einem ausgedehnten Zahnmangel oder einer Oligodontie (Abb. 7.15). Das sehr selten anzutreffende, völlige Fehlen von Zähnen bezeichnet man als Anodontie. (In der zahnärztlichen Literatur weltweit insgesamt nur 17 mal beschrieben!)

Zahnüberzahl (Hyperodontie)
Obwohl sich die Zahl der Zähne unseres Gebisses immer mehr reduziert, finden sich bei manchen Menschen überzählige Zähne. Im Bleibenden Gebiß ist die Hyperodontie häufiger im Oberkiefer und dort im Frontzahnbereich und im Molarenbereich anzutreffen, während im Unterkiefer vorwiegend Prämolaren überzählig angelegt sind. Die Formenvielfalt überzähliger Zähne ist groß; im einzelnen findet man:

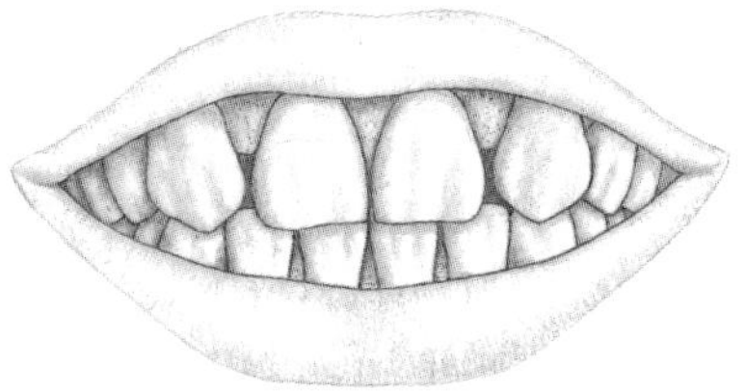

Abb. 7.15 Oligodontie

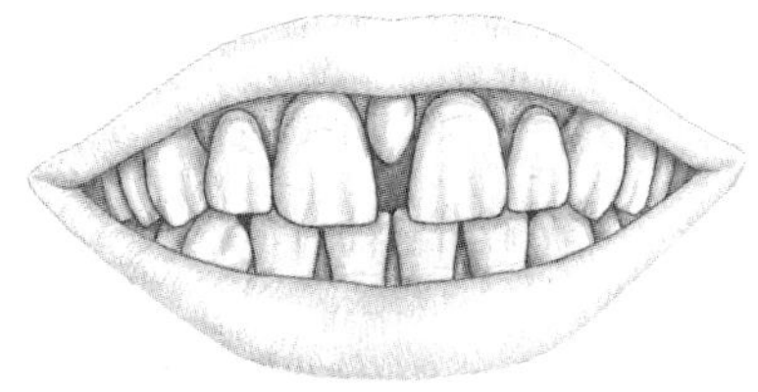

Abb. 7.16 Mesiodens

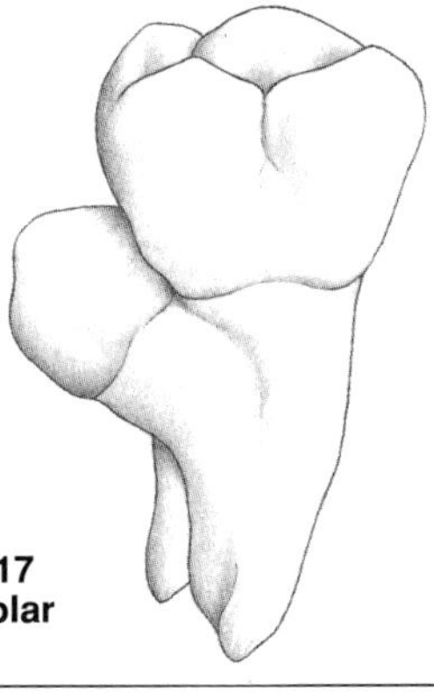

Abb. 7.17 Paramolar

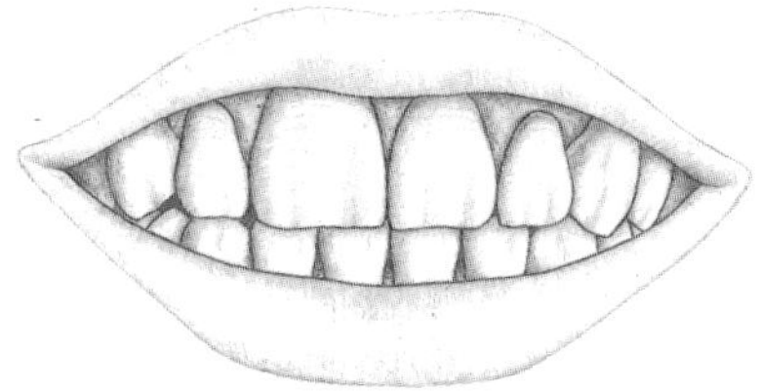

Abb. 7.18 Makrodontie des oberen rechten mittleren Schneidezahnes

- zusätzliche, meist verkümmerte Zähne zwischen den oberen mittleren Schneidezähnen (Mesiodens genannt; Mehrzahl Mesiodentes) (Abb. 7.16).
- Bukkal gelegene Anhängsel an Molaren; sie werden als Paramolaren bezeichnet, (Abb. 7.17).
- Zusätzliche vierte Molaren, sogenannte Distomolaren. Ihre Form schwankt zwischen einfachen Zapfenzähnen (siehe weiter unten), voll ausgebildeten Molarenformen oder Anhängseln an den letzten Molaren.
- Sehr selten findet man die Anlage einer zweiten Reihe von Molaren und einzelne, über den Gaumen verstreute Molaren.

Anomalien der Zahngröße und Zahnform

Sind Zähne übergroß entwickelt, wie dies gelegentlich bei den oberen mittleren Schneidezähnen zu beobachten ist, so spricht man von Makrodontie (Abb. 7.18).

Zur Ausbildung sehr kleiner Zähne, zur Mikrodontie, kommt es vor allem im Bereich der Frontzähne sowie der dritten Molaren.

Wegen ihrer Form werden diese Zähne als Zapfenzähne bezeichnet. Betroffen sind vor allem die oberen seitlichen Schneidezähne und der bereits erwähnte Mesiodens (Abb. 7.19).

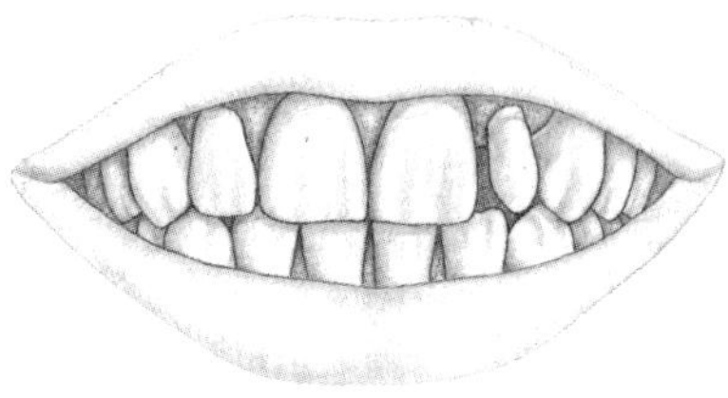

Abb. 7.19 Zapfenzahn

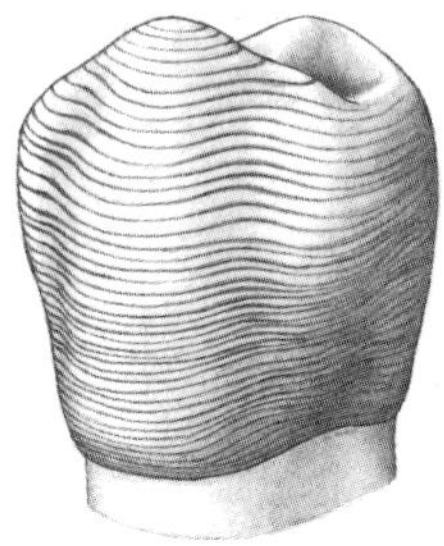

Abb. 7.20 Zahn mit ausgeprägtem wellenförmigen Schmelz

Weitere Formabweichungen finden sich an den oberen Frontzähnen:

- Sie weisen manchmal einen stark ausgeprägten palatinalen Höcker auf, das sogenannte Tuberculum.
- Bei den oberen seitlichen Schneidezähnen finden sich häufig ausgeprägte Randleisten, die an ihrer Vereinigungsstelle eine starke Vertiefung bilden; sie wird als Blindes Loch oder Foramen caecum (Mehrzahl: Foramina caeca) bezeichnet.
- Die oberen ersten Molaren weisen gelegentlich an der palatinalen Fläche des mesiopalatinalen Höckers einen ausgeprägten, überzähligen Höcker auf. Er ist durch eine bogenförmige Furche vom mesiopalatinalen Höcker abgetrennt und wird als Carabelli-Höcker oder Tuberculum anomale bezeichnet. In schwacher Ausprägung ist er bei den meisten Menschen vorhanden.
- Als letztes soll hier die Bildung sogenannter Zwillingszähne genannt werden. Sie sind das Ergebnis einer Verschmelzung zweier Zahnkeime und treten vor allem bei den oberen mittleren Frontzähnen und den dritten Molaren auf.

Störungen der Hartsubstanzbildung
kommen im Schmelz- und Dentinbereich vor und sind die Folge von Störungen der Schmelzbildnerzellen beziehungsweise Dentinbildnerzellen während dieser Phase. Eine unvollständige Ausbildung des Zahnschmelzes wird als Schmelzhypoplasie bezeichnet und äußert sich an der Zahnoberfläche in wellenförmig aufgelagertem Schmelz, Ringen oder Buchten (Abb. 7.20).

Eine weitere Auffälligkeit sind weißliche Verfärbungen des Zahnschmelzes. Sie sind Zonen mangelhafter Schmelzmineralisation, hervorgerufen durch eine zu starke Fluoranreicherung im Zahnschmelz während der Zahnentwicklung (bei einer täglichen Fluoraufnahme von mehr als zwei Milligramm) und werden als Fluorschäden oder Fluorose der Zähne bezeichnet.

Abweichungen in der Zahnfarbe
Grauverfärbungen der Zähne findet man vor allem als Folge traumatischer Einwirkungen, das heißt von Stürzen, Stößen, Schlägen oder anderen Formen mechanischer Einwirkungen auf den Zahn. In diesen Fällen kommt es häufig zum Abriß der Pulpa und als Folge davon zu Blutungen im Inneren des Zahnes. Das in die Dentinkanälchen eingedrungene Blut zersetzt und verfärbt sich und läßt den Dentinkern grau erscheinen.

Gelbfärbungen treten auf, wenn die Mutter während der Schwangerschaft mit Tetrazyklinpräparaten behandelt wurde.

Schwarzfärbung der Milchzähne traten früher häufiger auf und waren in der Regel eine Folge von Kupferamalgamfüllungen – früher sehr gerne wegen seiner antibakteriellen Wirkung eingesetzt, heute aber wegen seiner toxischen Wirkung auf Kind und Zahnarzt nicht mehr verwendet.

7.1.4 Durchbruchstörungen

Vergleicht man prähistorische Schädel mit denen des heutigen Menschen, so läßt sich beim Menschen unserer Zeit ein deutliches Mißverhältnis zwischen Zahngröße und Kiefergröße feststellen: Während sich die Zahngröße in den vergangenen 100 000 Jahren offensichtlich kaum geändert hat, sind die Kieferkörper wesentlich kleiner geworden. Dieses Mißverhältnis zwischen Zahngröße und Kiefergröße wird dadurch verstärkt, daß die Erbanlagen für die Zahn- und Kiefergröße getrennt weitervererbt werden. Die Kieferausmaße der heutigen Bevölkerung sind somit wesentlich kleiner als in früherer Zeit und diese Verschiedenheit von Zahn- und Kiefergröße ist die häufigste Ursache folgender Durchbruchsstörungen: Retention von bleibenden Zähnen und Persistenz von Milchzähnen.
Unter Zahnretention versteht man das Verbleiben von Zähnen im Innerern der Kieferknochen, mit Persistenz von Milchzähnen wird das Verbleiben von Milchzähnen über die Zeit des normalen Zahnwechsels hinaus bezeichnet. Von Retention sind im permanenten Gebiß die unteren und oberen Weisheitszähne am häufigsten betroffen, seltener die oberen Eckzähne und die unteren Prämolaren. Ursachen sind vor allem die verzögerte Entwicklung bleibender Zähne, der Platzmangel in den Alveolarfortsätzen und überzählige Zähne, am häufigsten aber findet man Zahnretentionen im Zusammenhang mit Lippen-Kiefer-Gaumen-Spalten.

Retinierte Weisheitszähne werden in der Regel operativ entfernt. Bei Eckzähnen und Prämolaren kann nach deren Freilegung versucht werden, durch eine kieferorthopädische Behandlung den betroffenen Zahn in die richtige Position zu bringen.

Zahnretentionen bleibender Eckzähne und Prämolaren haben häufig eine Persistenz von Milchzähnen zur Folge. Betroffen sind hier vor allem die Milchmolaren, die weit bis ins Erwachsenenalter oder auch das ganze Leben an Stelle der darunterliegenden Prämolaren in den Kiefern verbleiben können. Vor allem aber ist eine Persistenz von Milchzähnen immer dann zu beobachten, wenn die Zahnkeime der entsprechenden Ersatzzähne nicht angelegt wurden (siehe Kap. 3.3.1); ein Röntgenbild kann in solchen Fällen Aufschluß darüber geben.

7.2 Krankhafte Veränderungen

Neben Muskel- und Kiefergelenkserkrankungen (sogenannten Myoarthropathien) als Folge okklusaler Störungen oder parafunktioneller Aktivität wird das Kausystem vor allem durch zwei Erkrankungen stark geschädigt und zerstört: durch Karies und Parodontopathien.

> Unter Karies versteht man den schubweise fortschreitenden Zerstörungsprozeß der Zahnhartsubstanzen, mit Parodontopathien bezeichnet man alle Formen krankhafter Veränderungen am Zahnhalteapparat. Beide Krankheiten nehmen ihren Ausgang an der Zahnoberfläche beziehungsweise dem Zahnfleischrand, dringen in die Tiefe vor und führen schließlich zum Verlust der Zähne und deren Verankerungsstrukturen.

Welch ungeheure Verbreitung gerade diese beiden Erkrankungen haben, sollen folgende Zahlen verdeutlichen: In den hochzivilisierten Ländern Nordamerikas und Europas leiden ungefähr 99 Prozent der Bevölkerung an Karies, und etwa jeder vierte Jugendliche, jeder zweite Erwachsene über 20 Jahren und fast jeder Mensch jenseits des 40. Lebensjahres leidet an mittleren bis schweren, krankhaften Veränderungen des Zahnhalteapparats.

Eine weitere Form krankhafter Veränderungen im Bereich der Mundhöhle sind Erkrankungen der Mundschleimhaut, die sich vor allem als Schleimhautreizungen, Entzündungen oder geschwürartige Veränderungen der Schleimhaut bemerkbar machen. Da diese in erster Linie von zahnärztlichem Interesse sind, werden sie nur kurz angesprochen. Die Ursache kann im Zahnersatz selbst liegen: Zu Beginn der Tragedauer einer Prothese können Schleimhautreizungen auftreten, die vom Restmonomer herrühren können, zum anderen durch Prothesenbasen, die der Schleimhaut nicht völlig aufliegen. Sie führen in den überlasteten Bezirken zu schmerzhaften Druckgeschwüren. Nach Meinung namhafter Prothetiker sind Prothesenunverträglichkeiten durch Restmonomer aber äußerst selten.

Schleimhautreizungen und -entzündungen sind aber nicht zuletzt die Folge mangelhaften Hygienebewußtseins. Bei mangelhafter Prothesenreinigung und Mundhygiene, die ja die eigentliche Ursache für den Verlust der Zähne war, bilden sich rasch dichte Beläge auf den Zähnen und der Prothesenoberfläche und diese führen zu Entzündungen und geschwürartigen Veränderungen der Schleimhaut. Jeder Zahntechniker kennt diese mit dicken, schmierigen, zum Teil übelriechenden Belägen überzogenen Prothesen, die zur Bruchreparatur oder zum Einfügen herausgebrochener Zähne ins Labor kommen.

7.2.1 Karies

Die Karies – zu deutsch Zahnfäule – ist die am weitesten verbreitete Erkrankung der Menschen. Aus übereinstimmenden Untersuchungen weiß man, daß die Karies mit dem Zivilisationsgrad eines Volkes proportional zunimmt: Je naturverbundener und ursprünglicher eine Menschengruppe lebt, um so geringer ist der Kariesbefall. Verfeinerte Lebensweise und Luxuskost haben ein zwangsläufiges Ansteigen der Karies zur Folge.

Theorie der Kariesentstehung

Seit es die Karies gibt, versuchte der Mensch, sich eine Vorstellung über die Entstehungsursachen der Zerstörung seiner Zähne zu machen. Schon bei den Babyloniern taucht die Vorstellung auf, Zähne würden durch Zahnwürmer zerfressen. Dieser Aberglaube hielt sich hartnäckig bis ins vergangene Jahrhundert, zeitweilig abgelöst von der Vorstellung, schädliche Körpersäfte oder scharfer Schleim würden die Zähne angreifen und von innen verfaulen lassen (daher die Bezeichnung „Zahnfäule“).

Trotz zahlreicher, in den vergangenen Jahrzehnten aufgestellten Theorien, gilt im Grundsatz immer noch, was W.B. Miller bereits im Jahre 1884 zum ersten Male formulierte: Karies ist ein chemisch-parasitärer Zerstörungsprozeß der Zahnhartsubstanzen, der in zwei Phasen abläuft: Zunächst entstehen durch bakterielle Zersetzungstätigkeit aus zuckerhaltigen Nahrungsresten organische Säuren. Diese lösen dann im Laufe der Zeit die anorganischen Bestandteile des Zahnschmelzes auf. Ferner gilt: Karies ist die Folge eines „multikausalen Geschehens“, das heißt, nicht ein Faktor, sondern eine Vielzahl von Faktoren sind an der Entstehung kariöser Prozesse beteiligt. Welche Grundvoraussetzungen gegeben sein müssen, ist in Abb. 7.21 anschaulich zusammengefaßt:

Abb. 7.21 Karies entsteht nur durch Zusammenwirken mehrerer Faktoren (nach König 1971).

Ursächliche Faktoren

Mineralisationszustand der Zähne
Jeder Zahn bricht kariesfrei in die Mundhöhle durch, weist jedoch von Mensch zu Mensch unterschiedliche Härtewerte auf. Störungen während der Entwicklungsperiode, in der die Zahnkrone gebildet wird, vermindern die Härte des Zahnschmelzes und erhöhen die Kariesanfälligkeit. In diesem Zusammenhang kommt den Fluoriden eine besondere Bedeutung zu.

Mikroorganismen
Jede Mundhöhle, auch die gesunde, ist dicht mit Kleinstlebewesen oder Mikroorganismen besiedelt. Pro Milliliter Speichel zählt man zwischen zehn und zweihundert Millionen Keime der verschiedensten Arten. In der Regel beziehen sie ihre Nährstoffe aus dem Speichel und den Schleimeiweißen des Speichels, vor allem aber von Nahrungsresten, die in der Mundhöhle zurückbleiben. Im gesunden, kariesfreien Gebiß herrscht zwischen den Bakterienarten untereinander wie zwischen den Mikroorganismen und dem menschlichen Organismus ein ökologisches Gleichgewicht.

Erst durch falsche Ernährungsgewohnheiten, vor allem übermäßige Zuckerzufuhr, kommt es zu einer Verschiebung des Gleichgewichts und übermäßiger Bildung von Zahnbelägen, der Plaque.

Als Plaque bezeichnet man die sich auf der Zahnoberfläche anlagernden, weißlich-gelblichen, schmierigen und gut haftenden Beläge, die vorwiegend aus Speichelbestandteilen, klebrigen Vielfachzuckern, abgestoßenen Epithelzellen der Mundschleimhaut und des Zahnfleischs, Abwehrzellen wie Lymphozyten und Freßzellen, Bakterien, Nahrungsresten und bakteriellen Stoffwechselprodukten bestehen.

Die Entwicklung der Plaque läßt sich in mehrere Phasen einteilen:

1. Innerhalb weniger Minuten bildet sich auf der Zahnoberfläche natürlicher Zähne, an Zahnfüllungen, Kronen und Brücken ein farbloses, durchsichtiges, etwa 0,1 bis 1,0 µm dickes Häutchen. Es wird als Schmelzoberhäutchen (Cuticula dentis) bezeichnet, besteht aus Eiweißverbindungen des Speichels und haftet sehr fest auf der betreffenden Oberfläche. Man vermutet, daß das Schmelzoberhäutchen ein vom Organismus gebildeter natürlicher Schutzfilm ist, der die Schmelzoberfläche vor Säureangriffen schützen soll; jedoch nur so lange, wie es in dieser Form bestehen bleibt und nicht, wie nachstehend beschrieben, von Plaque überzogen wird.
2. Auf dieser ersten Schicht, dem Schmelzoberhäutchen, siedeln sich in der Folgezeit verschiedenste Bakterienstämme an. Einige bilden aus Zuckermolekülen klebrige Vielfachzucker, andere bauen diese zu Säuren ab.
3. Die einzelnen Bakterienkolonien verschmelzen zu einem gleichmäßigen, die gesamte Zahnoberfläche überziehenden Bakterienrasen; dieser nimmt rasch an Volumen zu.
4. Nach etwa zwei bis vier Tagen ist die Plaque ausgereift. Sie kann nun als schmieriger, weißlich-gelblicher Bakterienrasen bestehen bleiben, in der Regel beginnt aber in den folgenden Tagen die Zahnsteinbildung: In die Plaque eingedrungene Speichelsalze beginnen etwa ab dem neunten Tag zu mineralisieren, und nach weiteren zehn bis zwanzig Tagen wird aus der ursprünglich weichen, abwischbaren Plaque fest an der Zahnoberfläche haftender Zahnstein.

Die weiche Plaque ist somit immer der Vorläufer der harten Zahnbeläge oder anders ausgedrückt: Zahnstein ist mineralisierte Plaque!

Der mit Plaque überzogene Zahnstein beginnt dann die freie Gingiva immer stärker zu bedecken, er löst Entzündungen des marginalen Parodonts aus, und schließlich dringt er tief in die sich bildenden oder bereits vorhandenen Zahnfleischtaschen vor. Beim Vordringen des Zahnsteins unter das Zahnfleischniveau verändert er neben der Farbe auch seine Eigenschaften: Der über dem Zahnfleischrand gelegene, aus Salzen des Speichels gebildete, gelblich gefärbte, supragingivale Zahnstein haftet der glatten Schmelzoberfläche relativ lose an und kann mit schabenden Instrumenten gut entfernt werden.

Der unterhalb des Zahnfleischrandes gelegene, subgingivale Zahnstein, auch als subgingivale Konkremente bezeichnet, haftet durch seine innige Verbindung mit dem Wurzelzement besonders fest an der Zahnoberfläche. Seine grünliche oder schwärzlich-braune Farbe stammt von Blutsalzen, die bei Entzündungen in die Tasche ausflossen und im Zahnstein eingelagert wurden.

Nahrungsbeschaffenheit
Hauptursache für den Kariesbefall ist der in unserer Nahrung enthaltene Zucker, andere Kohlenhydrate wie Stärke spielen nur eine untergeordnete Rolle. In einer Untersuchung wurde schon 1969 nachgewiesen, daß Mischbrot und Weißbrot keine größere kariesauslösende Wirkung haben als Vollkornbrot. Dieser Sachverhalt wurde durch eine umfangreiche finnische Studie bestätigt. In ihr wurde festgestellt, daß die kariesauslösende Wirkung von Stärke nur etwa ein Zehntel des Zuckers beträgt.

Entscheidender Auslöser kariöser Vorgänge ist vor allem der über den Tag verteilte, regelmäßige Genuß von zuckerhaltigen Speisen und Getränken, vor allem der im Übermaß genossene Rohrzucker (= Saccharose). In Süßigkeiten, stark zuckerhaltigen Getränken, Marmeladen und Brotaufstrichen, Obst- und Gemüsekonserven wird Rohrzucker als billiger Süß- und Konservierungsstoff verwendet. Er dringt rasch in die Zahnbeläge ein und wird dort von den Bakterien ungestört und schnell zu sauren Abbauprodukten gespalten.

Nahrung von fester Beschaffenheit, sogenannte „kauzwingende Nahrung" wie Äpfel, Mohrrüben und Vollkornbrot, liefert den Mikroorganismen durch ihren hohen Zelluloseanteil wenig energiereiche Nährstoffe. Sie verhindert nicht nur eine rasche Vermehrung der Bakterien, die Bildung von Milchsäure und den Aufbau von Plaque, sondern verbessert durch die gesteigerte Aktivität der Wangen-, Lippen- und Zungenmuskulatur und einen verstärkten Speichelfluß ganz entscheidend die Selbstreinigung der Zahnreihen. Um jedoch Mißverständnissen von vornherein zu begegnen: Die sogenannte „gesunde Ernährung", vor allem der Genuß von Obst und Fruchtsäften, hat nicht nur positive Wirkungen. Es ist nachgewiesen, daß der tägliche Genuß von drei sauren Äpfeln, das regelmäßige Lutschen auf Zitronenscheiben oder der übermäßige Genuß von Fruchtsäften, zum Beispiel im Rahmen einer Trinkkur, den Zahnschmelz in kurzer Zeit mehr schädigen kann als eine ungenügende Zahnreinigung, da die verdünnende und neutralisierende Wirkung des Speichels in diesen Fällen zum Schutz nicht mehr ausreicht.

Der Zeitfaktor
Gemeint ist hier die Zeit, die zum Aufbau von Zahnbelägen sowie der Verweildauer der Plaque auf den Zähnen zur Verfügung steht. Sie steht in direktem Zusammenhang mit der Putzhäufigkeit und der mehr oder weniger gründlichen Zahnreinigung jedes einzelnen Menschen. Um die Zahnoberfläche anzugreifen, das heißt, die Schmelzkristalle aufzulösen, muß von den Bakterien erst eine „reife" Plaqueschicht gebildet werden. Bei mangelhafter Mundhygiene ist dies, wie oben beschrieben, bereits nach wenigen Tagen der Fall.

Im Inneren der Plaque entsteht durch Abbau des Zuckers Milchsäure, und diese löst an der Zahnoberfläche die kristallinen Strukturen des Zahnschmelzes auf. Gleichzeitig verhindert die Plaque das Eindringen von Speichel bis zur Zahnoberfläche. Eine Verdünnung der entstandenen Milchsäure oder gar deren Neutralisation an der Zahnoberfläche wird dadurch unmöglich, und der pH- Wert verschiebt sich weiter in den sauren Bereich. In diesem Milieu sind die normalerweise die Mundhöhle besiedelnden Bakterien nicht mehr lebensfähig und sterben deshalb ab. Die Stoffwechseltätigkeit der „kariogenen" Mikroorganismen, die im sauer werdenden Milieu noch gut leben können, führt zu einem weiteren Absinken des pH-Werts.

Lange Zeit war man der Auffassung, daß diese organischen Säuren zu schwach seien, um die Kristalle des Zahnschmelzes aufzulösen. Neuere Untersuchungen haben jedoch ergeben, daß bei einem Überschuß von Malzzucker, Fruchtzucker und Traubenzucker im Speichel recht rasch Gärungsprozesse einsetzen, die in wenigen Minuten den pH-Wert an der Zahnoberfläche bis auf 4,5 und 4,0 absinken lassen. Derartig hohe Säurekonzentrationen sind ohne weiteres in der Lage, den Zahnschmelz zu entmineralisieren.

Je günstiger das Speichelmilieu, je größer die Zuckerzufuhr, je länger die Putzintervalle und je mangelhafter die Mundpflege ist, desto mehr Bakterien siedeln sich auf der Zahnoberfläche an und bilden Plaque.

Begünstigende Faktoren
Neben den soeben besprochenen „ursächlichen Faktoren" gibt es eine Reihe weiterer Faktoren, die selbst keine kariösen Prozesse auslösen, deren Entstehen aber entscheidend begünstigen. Hierzu zählen Schmelzhypoplasien, also mangelhaft mineralisierter Schmelz. Gedrehte, gekippte oder engstehende Zähne sind ebenfalls besonders kariesanfällig, da sich zwischen den Approximalflächen dieser Zähne schlecht zu reinigende „Schmutznischen" bilden. Besonders bevorzugte Angriffsstellen (sogenannte „Prädilektionsstellen") sind ferner die Approximalflächen, der Zahnhalsbereich und stark gewölbte Zahnflächen, da die normale Putztechnik zum Sauberhalten stark unter sich gehender Bereiche nicht ausreicht.
Besonders gefährdet sind die Fissuren der Prämolaren und Molaren. Zahnlängsschnitte zeigen, daß Fissuren sehr flach sein kön-

nen, sich aber auch tief und ampullenartig in den Zahn einsenken. Mit Abstand sind die Fissuren die am häufigsten von Karies befallenen Stellen der Zähne. Schwachstellen sind schließlich auch Grübchen, sogenannte Blinde Löcher (Foramina caeca, Einzahl Foramen caecum). Man findet sie vor allem an den Palatinalflächen oberer, seitlicher Schneidezähne und in den die bukkalen Höcker trennenden, senkrechten Fissuren der Molaren (Abb. 7.22).

Berufliche Tätigkeit

Selbst bei guter Zahnsubstanz und befriedigender Mundhygiene weisen Berufe, bei deren Ausübung vorwiegend Kohlenhydrate oder Zucker verarbeitet werden, überdurchschnittliche Kariesschäden auf. Zuckerkaries und Mehlkaries sind bei bei Müllern, Bäckern und Konditoren als berufstypische Erkrankungen von der Berufsgenossenschaft anerkannt. Einer überdurchschnittlichen Abrasion unterliegen aber auch Gebisse von Gipsern, Maurern oder Steinmetzen, da die mit Speichel vermischten Staubteilchen wie Schleifpaste wirken. Schließlich zeigen Frontzähne von Schneidern, Zimmerleuten oder Schreinern deutliche Spuren verstärkter Abrasion, da deren Zähne häufig zum Festhalten von Nägeln oder zum Abbeißen von Fäden verwendet werden.

Speichel

Auch am gesunden, plaquefreien Zahnschmelz wechseln sich Phasen der Entmineralisierung nach Nahrungsaufnahme und Remineralisierung in den dazwischenliegenden Zeiträumen ab. Dennoch überwiegt im Normalfall die Zeit der Remineralisierung bei weitem, da der Speichel die Zähne ständig umspült, Ionen in den Zahnschmelz eindringen können und das aus den Speicheleiweißen gebildete Schmelzoberhäutchen den Zahnschmelz als dünne Schutzschicht überzieht.

Gelangen konzentrierte Säuren mit der Nahrung in die Mundhöhle, dann antwortet der Organismus zudem mit erhöhter Speichelausschüttung: Jeder kennt aus eigener Erfahrung das zum Teil schmerzhafte Einschießen des Speichels beim Genuß saurer Früchte wie Äpfeln, Zitronen und Grapefruits, Fruchtsäften oder sauren Salaten. Der in größerer Menge abgesonderte Speichel hat zum einen verdünnende Wirkung, zum anderen neutralisierende Wirkung, indem die enthaltenen Karbonate und Phosphate den pH-Wert zurück in den neutralen Bereich verschieben.

Eine chronisch reduzierte Speichelmenge oder das völlige Fehlen von Speichel nach operativer Entfernung der Speicheldrüsen hat ein sprunghaftes Ansteigen kariöser Defekte zur Folge. Ebenso erhöht eine geringe Speichelsekretion dessen Zähflüssigkeit (= Viskosität) und führt zu verstärkter Belagbildung. Durch die geringe Menge ist ferner die physiologische Spülwirkung des Speichels stark eingeschränkt.

Zahnersatz

Schließlich können auch zahnärztliche Maßnahmen und zahntechnische Arbeiten die Entstehung kariöser Prozesse begünstigen oder sogar ursächlich auslösen. Beispiele hierfür sind:

- einradierte Klammerauflagen,
- angeätzte Zahnflächen bei festsitzenden kieferorthopädischen Bandapparaturen,
- abstehende Kronenränder, bei denen sich der Befestigungszement im Laufe der Zeit auswäscht,
- zu stark aktivierte gebogene Klammern und nicht polierte Klammern von Modellgußprothesen, die bei Belastung der Prothese einfedern und an der Zahnoberfläche scheuern,
- paßungenaue Inlays, bei denen sich ein Spalt zwischen Inlayrand und Kavitätenpräparation ergibt,
- falsche Lage von Bügeln, Verbindern oder Basismaterial, die das marginale Parodont abdecken und Schmutznischen entstehen lassen,
- bei Eingliederung von festsitzendem Zahnersatz sind die benachbarten Zähne kariesgefährdet, da die physiologische Kontaktfläche verändert wird.

Der weitere Verlauf der Karies

Bei genügend langer Einwirkungsdauer der Plaque auf die Zahnoberfläche kommt es zu nicht mehr umkehrbaren (= irreversiblen) Entkalkungen der Schmelzoberfläche. Erkennbar sind diese Schmelzdefekte zunächst durch weißliche, kreideähnliche Verfärbungen auf der Zahnoberfläche, Kreideflecken genannt. Diese verfärben sich mit der Zeit durch Einlagerung von Farbstoffen aus Blut und Nahrung bräunlich bis schwärzlich. Je nach Härte des Zahnschmelzes dringt der kariöse Prozeß mehr oder weniger rasch unter Auflösung der Schmelzkristalle in die Tiefe vor und erreicht schließlich das Dentin. In diesem Stadium treten beim Genuß heißer oder kalter sowie süßer oder saurer Speisen oder Getränke die ersten Schmerzen auf. Grund hierfür ist die Tatsache, daß die Odontoblastenfortsätze (Tomessche Fasern), die in den Dentinkanälchen das gesamte Dentin bis zur Schmelz-Dentin-Grenze durchziehen, durch thermische und chemische Reize erregt werden.

Zwar versuchen die gereizten Odontoblastenfortsätze, durch Bildung von sogenanntem Reizdentin die Dentinkanälchen zu verschließen und den Zerstörungsprozeß aufzuhalten, aber nur in seltenen Fällen gelingt es dem Körper, die Karies im Dentin endgültig zu stoppen. In der Regel dringen die Erreger in den Dentinkanälchen recht rasch zur Pulpa vor und lösen dort eine eitrige Entzündung des Pulpagewebes (= Pulpitis) aus.

Wie jedes Körpergewebe versucht auch die Pulpa, durch verstärkte Blutzufuhr (Hyperämie) der Entzündung Herr zu werden. Die Folgen sind für den Organismus meist nicht nur sehr schmerzhaft, sondern äußerst folgenreich: Da die Zahnhöhle dem ansteigenden Druck nicht nachgeben kann, entstehen als Folge des anhaltenden Überdrucks plötzlich auftretende und meist länger andauernde, heftige Zahnschmerzen; zum anderen kommt es am Wurzelloch zu einem regelrechten Blutstau. Da weder Blut aus der Pulpa abfließen, noch neues Blut zur Ernährung und Abwehr in die Pulpahöhle gelangen kann, wird die Pulpa regelrecht abgequetscht, stirbt ab (= Pulpanekrose) und verfault (= Gangrän).

Abb. 7.22 Bevorzugte Angriffsstellen

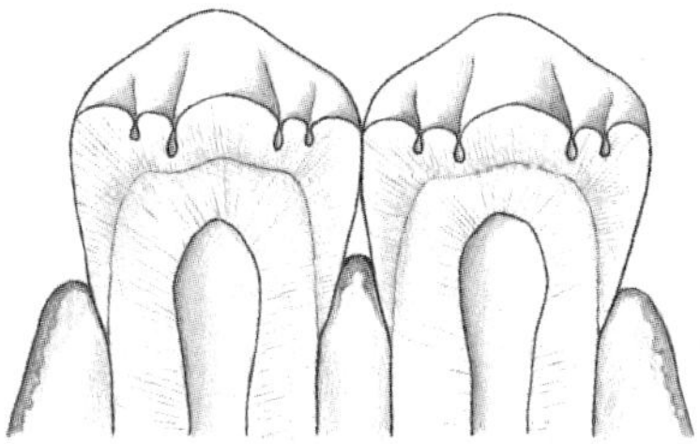

Die weitere Entwicklung hängt von der Wirkung der Krankheitserreger und den Abwehrkräften des Organismus ab. Immer mehr bakterienhaltiger Eiter dringt durch das Wurzelloch in das umliegende Gewebe aus und führt dort zu unterschiedlichen akuten oder chronischen Folgezuständen wie Abszessen („Dicke Backe"), Granulomen, Fisteln, Zysten oder Entzündungen des Knochenmarks, auf die aber hier nicht im einzelnen eingegangen werden soll.

Besonders schädlich sind Granulome, da sie als unerkannte Herderkrankungen den Körper über lange Zeit durch Abgabe giftiger Stoffwechselprodukte nachhaltig schädigen und die Abwehrkraft des Organismus entscheidend schwächen können. Werden pulpentote Zähne rechtzeitig wurzelbehandelt, können sie noch lange ihre Funktion erfüllen: Der pulpentote und mit einer dicht abschließenden Wurzelspitzenfüllung versehene Zahn wird mit einem Wurzelstiftaufbau versehen, zum Beispiel als Gußkappenstiftkrone oder als eine mit Wurzelstiftaufbau versehene Verblendkrone gestaltet. In vielen Fällen sind die Zähne aber so stark geschädigt, daß nur noch eine Entfernung in Frage kommt.

7.2.2 Parodontopathien

In der Einleitung zu diesem Kapitel wurde bereits erwähnt, daß alle Erkrankungsformen des Zahnhalteapparats unter dem Sammelbegriff Parodontopathien zusammengefaßt werden. Als „Marginale Parodontopathien" bezeichnet man alle vom Zahnfleischrand oder marginalen Bereich des Parodonts ausgehenden Veränderungen der parodontalen Gewebe. Alle Formen haben im Endstadium die Zerstörung des Halteapparats und den Ausfall der Zähne zur Folge. Parodontopathien sind durch folgende Eigentümlichkeiten besonders gefährlich:

- Sie verlaufen im Gegensatz zur Karies in den meisten Fällen schmerzlos; akut schmerzhafte Zustände treten selten auf.
- Für den nicht informierten Durchschnittspatienten scheint trotz auffälliger Symptome, wie zum Beispiel Zahnfleischbluten oder starker Lockerung, kein dringliches Behandlungsbedürfnis vorzuliegen.
- Noch immer gilt Zahnverlust für viele Menschen als natürliche Begleiterscheinung des fortschreitenden Lebensalters, gegen die anzukämpfen keinen Sinn hat.

Auffällige Krankheitszeichen oder Symptome sind:

- Gerötetes, verdicktes Zahnfleisch, das beim Kauen harter Nahrung oder Zähneputzen mit Zahnfleischbluten reagiert; es ist das erste, auffällige Anzeichen einer krankhaften Veränderung des Zahnhalteapparats.
- Mehr oder weniger starke Ablagerung von Plaque oder Zahnstein.
- Bildung von Zahnfleischtaschen mit eitrigem, meist übelriechendem Ausfluß – und als Folge davon starker Mundgeruch.
- Girlandenförmig verdickte Zahnfleischränder („Mc Call-Girlanden").
- Keilförmig eingerissenes Zahnfleisch („Stillman-Spalten").
- Breifflächiger Rückgang des Zahnfleischs (= Ginglvarezession) und scheinbares Längerwerden der Zähne.
- Deutlich erkennbare Schliffflächen an Zähnen (sogenannte Bruxofacetten),
- Starke Lockerung der Zähne.
- Ausfall der betroffenen Zähne.

Auslösende Ursachen

Wie bei der Karies, so sind auch für das Entstehen von Zahnbetterkrankungen eine Reihe auslösender Faktoren verantwortlich. Man faßt diese zu drei Ursachenkomplexen zusammen:

- Durch Plaquebildung ausgelöste Entzündungen.
- Endogene (innere) Störungen.
- Funktionelle Störungen im Kausystem.

1. Durch Plaquebildung ausgelöste Entzündungen

Wie bei der Karies ist die Plaque die wichtigste und häufigste Ursache bei der Entstehung von Entzündungen der marginalen Gingiva und der sich aus ihr entwickelnden, in die Tiefe fortschreitenden Entzündung des Zahnhalteapparats. Waren an der Zerstörung der Zahnhartsubstanzen die von den Bakterien erzeugten, sauren Stoffwechselprodukte schuldig, so sind für die Auflösung des Zahnhalteapparats die von den Bakterien ausgeschiedenen Giftstoffe und eiweißauflösenden Enzyme verantwortlich.

2. Innere (= endogene) Störungen

Auch Allgemeinerkrankungen oder Stoffwechselstörungen können selbst keine Parodontopathien auslösen, sie beeinflussen jedoch sehr stark die Widerstandskraft des Körpers: Zum einen schwächen sie die Abwehrkraft der marginalen Gingiva gegenüber entzündungsauslösenden Ausscheidungen der Bakterien, zum anderen verringern sie die Regenerationsfähigkeit dieses Gewebes. Von den nachstehend aufgeführten Allgemeinerkrankungen und Stoffwechselstörungen ist bekannt, daß bei ihrem Auftreten verstärkt Entzündungen oder fortschreitende Zerstörungen des Zahnhalteapparats festgestellt werden können:

- Zuckerkrankheit (Diabetes mellitus) und Schilddrüsenüberfunktion,
- Blutkrankheiten (Anämie und Leukämie),
- Vitaminmangelerkrankungen (Mangel an

Vitamin C = „Skorbut“ und Mangel an Vitamin B 12),

- Eisen- und Eiweißmangel,
- Hormonelle Veränderungen oder Störungen, wie sie während der Pubertät, der Schwangerschaft („Schwangerschaftsgingivitis“) und in den Wechseljahren auftreten, aber auch im Zusammenhang mit der Einnahme der Pille („Pillengingivitis“).

3. Funktionelle Störungen

Wie die endogenen Störungen können auch funktionelle Störungen selbst keine Erkrankungen des Zahnhalteapparats auslösen, sie begünstigen und beschleunigen jedoch die Auflösung des Halteapparats durch ständige Fehlbelastung und dadurch entstehende Über- beziehungsweise Unterbelastung.

Unphysiologische Belastungen des Zahnes, vor allem horizontale Auslenkungen, führen über erhöhte Zahnlockerung, Okklusales Trauma genannt, zum Abbau des Zahnhalteapparats, nicht aber zu dessen Entzündung.

Hauptursachen funktioneller Störungen sind:

a) Vorzeitige okklusale Kontakte beim Kieferschluß.

Sie entstehen als Folge von Bißanomalien wie dem tiefen Biß, bei dem die Unterkieferzähne auf das palatinale Zahnfleisch aufbeißen und dieses beschädigen oder bei Zahnwanderungen und Zahnkippungen nach Antagonistenverlust (Abb. 7.23).

b) Unphysiologischer Zahnersatz

Kantorowicz prägte hierfür den treffenden Ausdruck „Maßnahmen der Zahnunheilkunde“. Als Beispiele sollen genannt werden:

- abstehende oder zu dicke Kronenränder,
- fehlende approximale Kontakte, die zu Kippungen der Nachbarzähne und in der Folge zu Störungen der Kieferbewegungen, sogenannten Dysfunktionen, führen,
- fehlerhafte Ränder von Kronen, Teilkronen oder Inlays,
- schlechte Anpassung festsitzender oder herausnehmbarer Prothesen,
- Überhöhte Füllungen, Aufbauten und Brückenglieder mit Überkonturierung,
- falsch gestaltete Klammern, die das Zahnfleisch berühren.

Abb. 7.23 Folgen von Zahnverlust

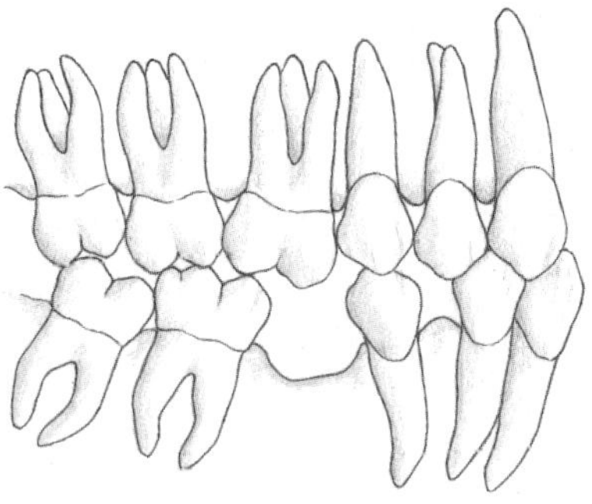

c) Gleithindernisse bei funktionellen Bewegungen

Gleithindernisse treten sowohl auf der Laterotrusionsseite auf und werden dann als Hyperbalancen bezeichnet, sie sind aber sehr häufig auf der Mediotrusionsseite in Form von Balancestörungen zu finden. Man trifft sie vor allem im Zusammenhang mit abradierten Eckzähnen und dem Verlust der Eckzahnführung an, sie entstehen aber auch sehr leicht, wenn bei der Herstellung von Einzelkronen oder Brücken funktionelle Zusammenhänge wie die Bewegungsbahnen antagonistischer Höcker nicht berücksichtigt werden. (siehe Kap. 6).

d) Parafunktionen

In der Zahnheilkunde versteht man hierunter die funktionellen Leistungen des Gebisses (wörtlich übersetzt: Nebenfunktionen eines Organs), die außerhalb der normalen Kaufunktion liegen, sowie ungewöhnliche oder gar widersinnige Bewegungsabläufe des Kausystems, die zu einer Überbelastung parodontaler Gewebestrukturen führen. Typische Formen parafunktioneller Tätigkeit sind:

- Streßbedingtes Pressen und Knirschen

mit den Zähnen,
- Zungenpressen,
- Lippen- oder Wangenbeißen,
- Nägelbeißen,
- Fingerlutschen,
- Bleistift- oder Pfeifekauen.

Letztere „schlechte Angewohnheiten" bezeichnet man im englischen Sprachgebrauch als „habits".

In vielen Fällen ist das Kausystem in der Lage, sich diesen okklusalen Störungen anzupassen. Häufig aber erschweren psychische Spannungszustände die Anpassungsfähigkeit des Kausystems an diese Veränderungen. In solchen Fällen wird dann unbewußt versucht, die zentrischen Vorkontakte durch Pressen zu „versenken" oder die Gleithindernisse durch Knirschen „wegzureiben". Bei zentrischen Vorkontakten besteht ferner die Gefahr, daß beim Abgleiten in die Habituelle Interkuspidation andere Zähne mitberührt und im Laufe der Zeit ebenfalls geschädigt werden. Die Folgen parafunktioneller Tätigkeit wirken sich aber auch auf andere Teile des Kausystems aus: Sie führen zu Muskelschmerzen (Myopathien) in der Kaumuskulatur oder können schmerzhafte Veränderungen im Bereich des Kiefergelenks auslösen (Arthropathien).

Nach der gültigen deutschen Nomenklatur, dargestellt in Tabelle 7.1, unterscheidet man folgende Formen parodontaler Erkrankungen:

Nicht entzündliche Formen

Mit Gewebeschwund verbundene Formen

Eigentlich sind diese Formen ausschließlich von zahnärztlichen Interesse, dennoch soll kurz auf sie eingegangen werden, da der Zahntechniker sie täglich an den auf seinem Arbeitsplatz stehenden Modellen erkennen kann. Das auch für den Patienten auffälligste Merkmal der als Gingivarezession bezeichneten Schwundform (= Atrophie) ist der fortschreitende Rückgang des Zahnfleischs, verbunden mit einer Freilegung der Zahnwurzeln ohne erkennbare Entzündungssymptome und ohne Ausbildung von Zahnfleischtaschen.

Als Stillman-Spalten wird eine besondere Form der Gingivarezession bezeichnet: Sie ist durch schmale Schlitze gekennzeichnet, die vom Zahnfleischrand nach apikal ziehen. Ursachen sind entzündliche Veränderungen in Verbindung mit funktionellen Störungen (traumatische Okklusion, Parafunktionen u. a.) (Abb. 7.24).

Mit Gewebewucherungen verbundene Erkrankungen

Die als Gingivahyperplasien bezeichneten

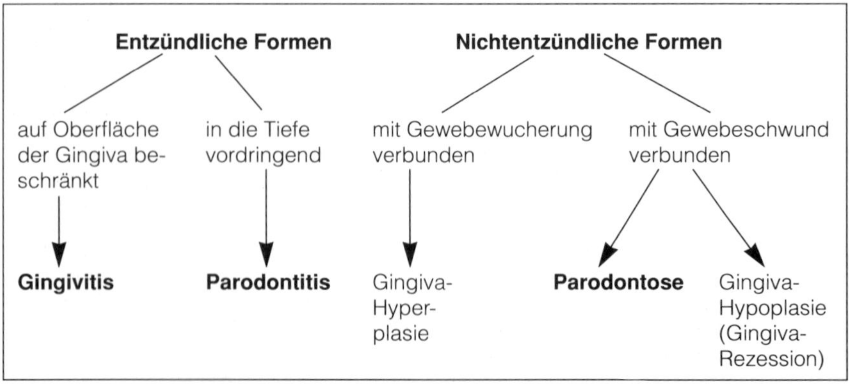

Tab. 7.1 Formen parodontaler Erkrankungen

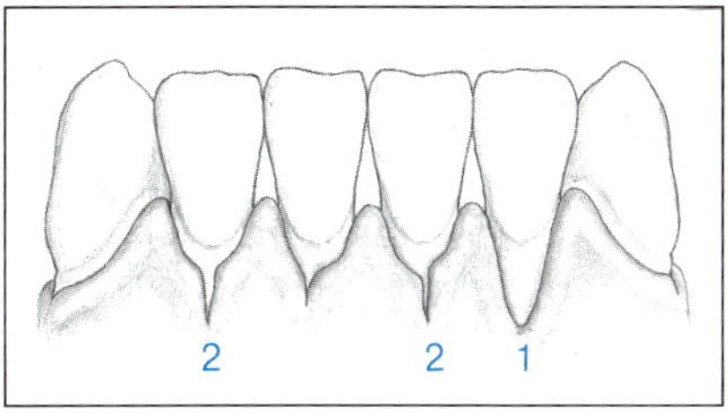

Abb. 7.24 Gingivarezession (1) und Stillman-Spalten (2)

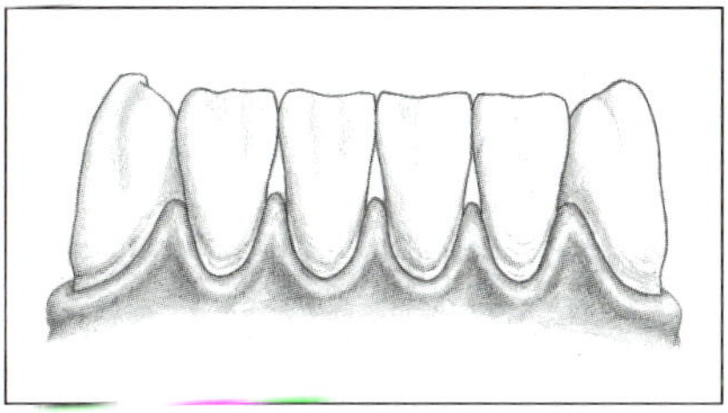

Abb. 7.25 Mc Call-Girlanden

Gewebewucherungen sind ebenfalls sehr gut an Modellen erkennbar. Als Folge entzündlicher wie nicht entzündlicher Prozesse entstehen im Bereich der Interdentalpapille und des Zahnfleischrandes stark vorquellende Zahnfleischwucherungen. Im Zusammenhang mit funktionellen Störungen (im Sinne horizontaler Belastungen der Zähne) findet man girlandenförmige Verdickungen der marginalen Gingiva. Man bezeichnet sie als McCall-Girlanden (Abb. 7.25).

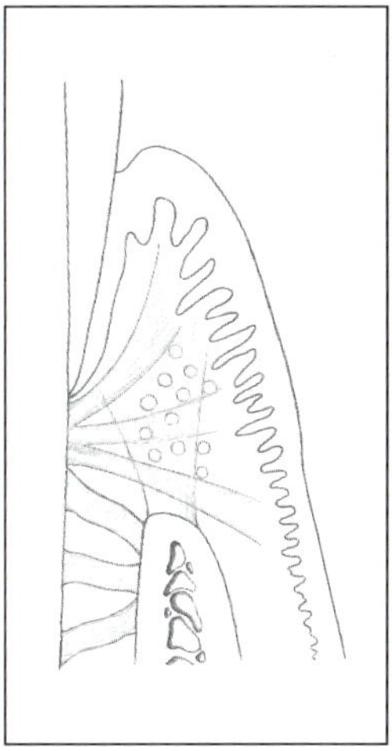

Abb. 7.26 Gesundes Marginales Parodont. Das Saumepitel ist bis zur Schmelz-Zement-Grenze mit der Zahnoberfläche verhaftet. Rings um den Zahn bildet sich eine etwa 0,5 mm tiefe Furche, die Physiologische Zahnfleischfurche.

Entzündliche Formen

Gingivitis

In der Regel beginnt die Gingivitis, das heißt die Entzündung der Gingiva, in der Gegend der Papillenspitze und dehnt sich dann im Laufe der Zeit über die gesamte marginale Gingiva aus. Sie ist durch Schmerzempfindlichkeit, Rötung, Schwellung und leichte Blutungsneigung gekennzeichnet. Durch die starke Schwellung wölbt sich das Marginale Zahnfleisch häufig stark auf und läßt am Zahnfleischrand eine Pseudotasche entstehen, der Epithelansatz ist aber immer noch fest mit der Zahnoberfläche verbunden (Abb. 7.26 und 7.27).

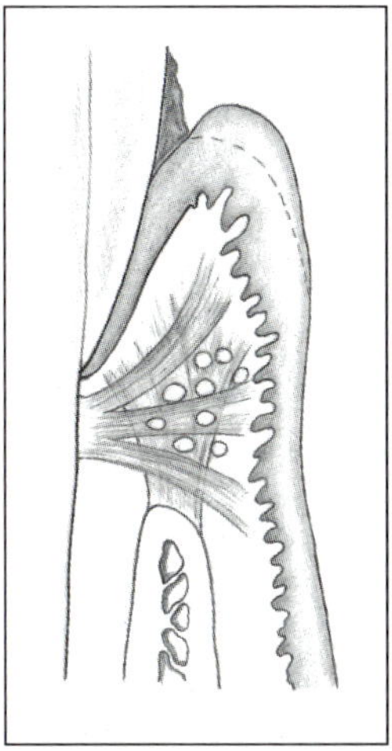

Abb. 7.27 Gingivitis mit Pseudotaschenbildung: Zwar ist das marginale Zahnfleisch entzündet, das Saumepithel aber noch unverändert und durch den Epithelansatz noch fest mit der Zahnoberfläche verhaftet.

Erst bei anhaltender Entzündung beginnen sich das die Zahnfleischfurche auskleidende Epithel und das Saumepithel zu verändern und von der Zahnoberfläche abzulösen. Lange Zeit war man der Meinung, die Erkrankung des Parodonts sei ein stetig fortschreitender Zerstörungsprozeß. Heute weiß man, daß eine Gingivitis sehr lange Zeit fortbestehen kann, ohne daß daraus eine Parodontitis entstehen muß. Der Zeitpunkt und die Ursachen, wann und warum aus einer Gingivitis eine Parodontitis entsteht, ist unbekannt. Daß die eigentliche Ursache für das Entstehen einer Gingivitis in mangelhafter Mundhygiene zu suchen ist und innerhalb einer bestimmten Zeit durch gründliche, regelmäßige Mundhygiene wieder völlig umgekehrt und auf Dauer verhindert werden kann, zeigt der von einem dänischen Forscherteam im Jahre 1965 durchgeführte Modellversuch einer „experimentellen Gingivitis“:

Zunächst wurden alle Teilnehmer in optimaler Mundhygiene und gründlicher Plaquekontrolle unterwiesen. In den folgenden 14 Tagen wurde völlig auf das Zähneputzen verzichtet, Plaquebildung und zunehmende Zahnfleischentzündung waren die Folge. Am 15. Tag nahmen die Versuchspersonen ihre erlernte Mundhygiene wieder auf und entfernten die Zahnbeläge gründlich. Innerhalb weniger Tage klangen die entzündlichen Veränderungen am Zahnfleischsaum völlig ab und das erkrankte Zahnfleisch heilte vollständig aus (Abb. 7.28).

Parodontitis

Von einer Parodontitis wird dann gesprochen, wenn die Entzündung der Gingiva fortschreitet, also auf tiefergelegene Anteile des Zahnhalteapparats übergreift.

Durch den anhaltenden Entzündungsprozeß überlagern sich zwei Vorgänge, die schließlich zum Ablösen des Epithels von der Zahnoberfläche und zur Ausbildung einer Zahnfleischtasche führen:

1. Schädigende Wirkung der Plaquebakterien

Zwei Stoffwechselprodukte der Plaquebakterien schädigen das Marginale Parodont. Zum einen sind es giftige Ausscheidungen, die als allgemeines Stoffwechselprodukt von jedem Organismus gebildet werden. Sie lähmen die Stoffwechseltätigkeit der Zellen der marginalen Gingiva.
Hinzu kommen eiweißauflösende Enzyme, welche die Plaquebakterien gebildet haben, um die aus dem Mundhöhlenmilieu stammenden Eiweiße (Nahrungsreste, Zellreste abgestorbener Zellen oder Speicheleiweiße) verdauen zu können. Diese bakteriellen Ausscheidungen dringen über das Zahnfleisch und vor allem über die Zahnfleischfurche in das gingivale Bindegewe-

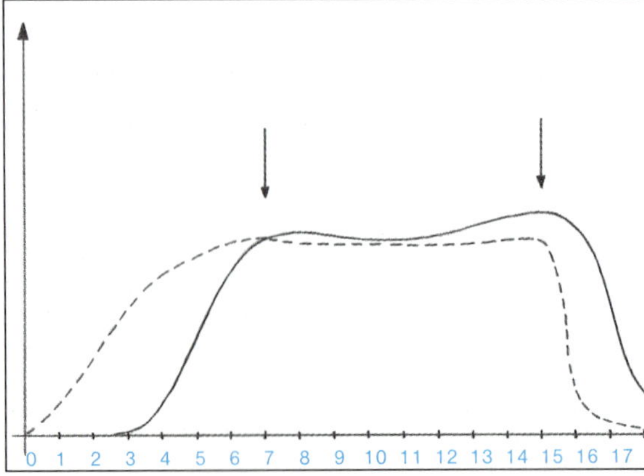

Abb. 7.28 Der Klassische Versuch von Loe, Theilade und Jensen: Innerhalb von einer Woche entsteht als Folge der Plaquebildung (gestrichelte Linie) eine auffällige Zahnfleischentzündung (ausgezogene Linie). Nach Wiederaufnahme der gründlichen Zahnpflege heilt die Gingivitis innerhalb weniger Tage völlig aus.

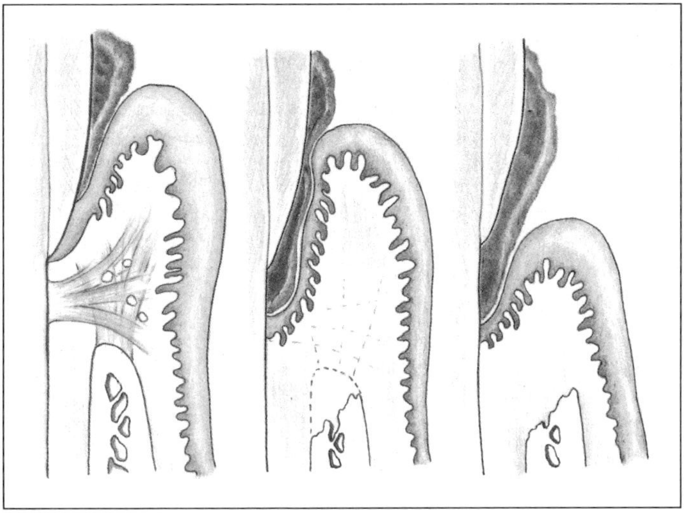

Abb. 7.29 Stadien einer Parodontitis: Am Anfang Ablösung des Epithelansatzes vom Schmelz, das Sulkusepithel wächst in die Tiefe und bildet verhorntes Taschenepithel. Plaque und Zahnstein bewirken eine Entzündung, es kommt zum Abbau der Faserstrukturen und des Alveolarknochens.

be ein und lösen dort die kollagenen Bindegewebefasern auf.

2. Immunreaktion der marginalen Gingiva
Durch diese eben beschriebenen Vorgänge werden im Bindegewebe des marginalen Parodonts Immunreaktionen des Organismus ausgelöst, die zu weiterem Gewebeabbau führen: Als Antwort auf die eingedrungenen Substanzen wandern Lymphozyten, Granulozyten und Makrophagen durch das gingivale Bindegewebe und das Epithel in die Zahnfleischfurche. Dort versuchen sie, die Plaquebakterien und deren schädigende Stoffwechselprodukte zu vernichten. Bei diesem Abwehrkampf werden von den körpereigenen Zellen stammende, eiweißabbauende Enzyme freigesetzt; der Abbau von Kollagenfasern des gingivalen Bindegewebes und damit der Abbau des Marginalen Parodonts wird dadurch beschleunigt.
Die in die Tiefe fortschreitende, entzündliche Veränderung des Parodonts, die Parodontitis, beginnt in dem Augenblick, wo sich das Innnere Saumepithel von der Zahnoberfläche ablöst. Es bildet sich eine Zahnfleischtasche, die vom in die Tiefe wachsenden, verhornenden Sulkusepithel ausgekleidet und als Taschenepithel bezeichnet wird. Das typische Merkmal einer Parodontitis sind Taschen von zum Teil beträchtlichem Ausmaß (sechs Millimeter und mehr!). Im weiteren Verlauf entstehen Knochentaschen; sie sind aber nur im Röntgenbild als Verbreiterung des Periodontalspalts erkennbar. Parallel mit der Zerstörung des Parodonts erhöht sich auch die Zahnbeweglichkeit. Die Entwicklung einer Zahnfleischtasche ist in den nachstehenden Abbildungen dargestellt (Abb. 7.29).

7.2.3 Muskel- und Gelenkserkrankungen (Myoarthropathien)

Die Elemente des Kausystems, Zähne, Halteapparat, Kiefergelenke und die Muskulatur sind über neuronale Regelkreise miteinander verbunden und ermöglichen im gesunden Kausystem ein störungsfreies Zusammenspiel. Es ist durch maximale Wirkung bei geringstem Energieeinsatz und Kraftaufwand, unter gleichzeitiger Schonung aller beteiligten Strukturen, gekennzeichnet.

Das Kausystem besitzt erstaunliche Fähigkeiten, sich den funktionellen Veränderungen im Laufe eines Lebens anzupassen. Erfolgen diese Veränderungen allmählich, wie dies beim Herauswachsen und in die Lücke kippen nach Zahnverlust der Fall ist, so hat das Kausystem genügend Zeit zur Anpassung. Der Zahnarzt kann dann zwar objektiv eine veränderte Okklusion und möglicherweise auch eine Funktionsstörung feststellen, der Patient hat aber subjektiv keine Beschwerden. In vielen Fällen wird aber die individuelle Toleranzschwelle überschritten, so daß es zu massiven Funktionsbeeinträchtigungen und Schmerzen kommt.

Für die umfassende Beschreibung dieser teilweise äußerst schmerzhaften Muskel- und Kiefergelenkserkrankungen benutzt man neben anderen Begriffen im deutschen Sprachgebrauch vor allem die Ausdrücke „Myofaziales Schmerzsyndrom" und „Myoarthropathien". (Zusammengesetzt aus „Myopathie" = Erkrankung der Muskulatur mit Muskelschmerzen, „Arthropathie" = Erkrankung der Kiefergelenke)

Typische Symptome sind:
- Bewegungseinschränkung des Unterkiefers,
- Schmerzen beim Bewegen des Unterkiefers,
- Schmerzen in einem oder mehreren Kaumuskeln,
- gestörte, meist sehr schmerzhafte Funktion der Kiefergelenke.

Die Ursachen der Myoarthropathien sind vielschichtig und im einzelnen nur schwer zu ermitteln, in der Regel lassen sie sich auf drei Ursachenkomplexe zurückführen, die untereinander in engem Zusammenhang stehen:

<u>1. Veränderungen und Störungen in der Okklusion</u>
Schon der Verlust eines Zahnes kann durch das Kippen der Nachbarzähne und das Herauswachsen des oder der Antagonisten die Okklusion nachhaltig verändern und zu asymmetrischer Muskelfunktion beim Kauen, Schlucken oder Sprechen führen. Dies hat ferner zur Folge, daß bestimmte Muskelgruppen eine andere Aktivität und das Gehirn dafür neue Steuerprogramme entwickeln müssen als im gesunden Zustand, um entweder das störende Hindernis zu umfahren oder den unangenehmen Kontakt zu vermeiden – wie dies dann beim einseitigen Kauen der Fall ist.

<u>2. Ungenügende Anpassungsfähigkeit des Kausystems</u>
Die besondere Bedeutung der Okklusionsstörungen durch zu hohe Füllungen, Kronen oder Brücken oder falsch plazierte Höcker und Fissuren liegt vor allem in der Tatsache, daß die Änderung plötzlich erzwungen wird. Das Kausystem hat dann nicht genügend Zeit, sich den veränderten Bedingungen anzupassen. Es wird dann häufig versuchen, den störenden Zahn durch „Pressen" gleichsam im Kiefer zu versenken oder durch Reiben mit den Zähnen („Knirschen") die störenden Stellen zu beseitigen.

Diese unphysiologischen Funktionen des Kausystems, <u>Parafunktionen</u> genannt, führen bei geschwächten Parodontien durch Abbau des Alveolarknochens zu starken Lockerungen und Stellungsänderungen der betroffenen Zähne; bei gesunden Parodontien werden die Zähne stark abradiert und weisen auffällige Schliffacetten auf (= Bruxofacetten). Die ständige Überbeanspruchung der Muskulatur und der Gelenke hat dann die oben beschriebenen Myoarthropathien zur Folge.

<u>3. Psychische Veranlagung und psychische Belastung des Patienten</u>
Welches Ausmaß eine Okklusionsstörung haben muß, um Parafunktionen und sich daraus entwickelnde Myoarthropathien auszulösen, hängt in entscheidendem Maße von der psychischen Situation und der Belastungsfähigkeit des Betroffenen durch Streß ab. Untersuchungen haben gezeigt, daß ein großer Teil der Patienten

mit Dysgnathien oder schweren Okklusionsstörungen nicht über Kopfschmerzen oder Muskel- und Gelenkschmerzen klagen, obwohl die Kaufunktion zum Teil erheblich eingeschränkt ist; diese Patienten waren psychisch sehr ausgeglichen.

Andererseits wiesen manche an starken Kopfschmerzen leidende Patienten nur minimale okklusale Störungen auf. Sie waren aber stark depressiv, fühlten sich beruflich überlastet oder überfordert und litten als Folge davon unter Schlaflosigkeit oder Einschlafstörungen oder sie hatten Konfliktsituationen in Familie und Beruf durchzustehen. Bei ihnen führte der ständige Spannungszustand zu einem erhöhtem Muskeltonus und erhöhter Muskelaktivität durch Pressen oder Knirschen und als Folge davon zu Myoarthropathien. (Jeder von uns hat schon als kleines Kind gelernt, „die Zähne zusammenzubeißen" oder in entsprechenden Situationen „sich durchzubeißen".)

Ein besonderes Problem stellen Patienten dar, bei denen eine lang anhaltende „Myoarthropathie" selbst zu einer psychischen Belastung wird. Der Schmerzzustand hat sich bei ihnen häufig verselbständigt und es läßt sich meist nicht mehr feststellen, ob diese Patienten zuerst ihre psychischen Probleme halten oder erst durch die Okklusionsstörungen und die dadurch verursachten Muskel- und Gelenksschmerzen zum „psychiatrischen Fall" wurden.

7.3 Kariesprophylaxe und Parodontalhygiene

In den vergangenen Kapiteln wurden die Ursachen der Entstehung kariöser Prozesse und parodontaler Erkrankungen behandelt. Für beide galt: Sie sind in erster Linie das Ergebnis mangelhafter Mundhygiene. Es kann deshalb nicht deutlich genug herausgestellt werden: Regelmäßige, gründliche und systematische Mundhygiene verhindert den Aufbau der Plaque und damit das Entstehen von Karies und marginalen Parodontopathien.

Erfolgreiche Mundhygiene setzt folgende Bedingungen voraus:
- regelmäßige, gründliche Reinigung der Zähne,
- richtige, systematische Putztechnik mit geeigneten Putzinstrumenten und Hilfsmitteln,
- regelmäßige Kontrolle durch den Zahnarzt.

1. Regelmäßige, gründliche Reinigung der Zähne
Grundsätzlich wäre es am besten, wenn die Zähne sofort nach jeder Nahrungsaufnahme gereinigt würden, vor allem nach Zuckergenuß. Da sich dies nicht immer durchführen läßt, gilt als Grundregel: wenigstens zweimal täglich – morgens und abends – gründlich die Zähne reinigen. Ein ungefährer, zeitlicher Richtwert sind mindestens drei bis fünf Minuten. Dennoch sind Zeitangaben problematisch: Man kann nun mal nicht davon ausgehen, daß längeres Zähneputzen auch grundsätzlich eine größere Sauberkeit der Zähne zur Folge hat.

2. Richtige, systematische Putztechnik mit geeigneten Putzinstrumenten und Hilfsmitteln

Zahnbürste
Wichtigstes Putzinstrument ist die Zahnbürste. Das Angebot ist so groß und die Bürsten teilweise so unterschiedlich, daß der Durchschnittspatient einfach überfordert ist, wenn er aus der Vielzahl der angebotenen Bürsten die geeignete auswählen soll: Naturborsten oder Kunststoffborsten, viele Borstenbüschel, V-Borsten, gerader, abgewinkelter oder runder Bürstengriff, großer oder kleiner, langer oder kurzer Bürstenkopf . . .
Die wichtigsten Merkmale, die eine gute Bürste kennzeichnen, sind:
- kleiner Bürstenkopf, damit die Bürste alle Gebißabschnitte gut erreichen kann,
- planes Borstenfeld mit zahlreichen Bor-

stenbüscheln („multi-tufted"),
- mittlerer Härtegrad der Borsten, bei Zahnfleischbluten besser eine weiche Bürste,
- keine Naturhaarborsten, sondern hochelastische Kunststoffborsten; diese sollten an ihrem Ende abgerundet sein, um Verletzungen des Zahnfleischs zu vermeiden,
- keine V-Stellung der Borstenbündel (bedingt durch die Herstellung haben diese keine abgerundeten Borsten. Auch besitzen sie weniger Borstenbüschel und sind deswegen härter),
- gerader Griff, der gut in der Hand liegt (Abb. 7.30).

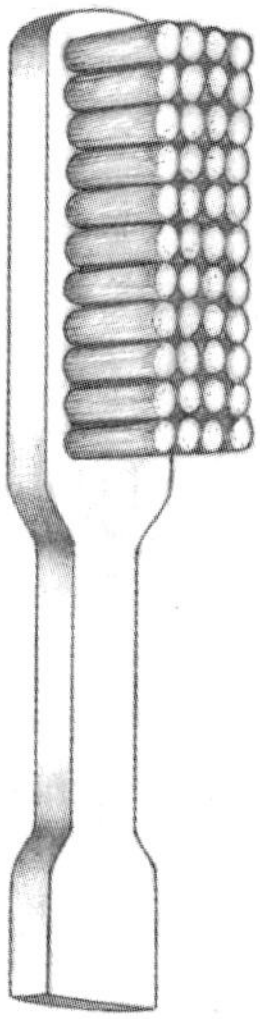

Abb. 7.30 Bürstenkopf einer Bürste, wie sie von Parodontologen empfohlen wird. Der Bürstenkopf sollte aus drei bis vier Reihen zu je acht bis zehn Borstenbüscheln bestehen, das Borstenfeld plan geschnitten und die Borstenspitzen abgerundet sein.

In vielen Haushalten befinden sich elektrische Zahnbürsten, und viele sind davon überzeugt, daß damit auch der Putzeffekt von vornherein garantiert sei. Namhafte Mundhygieniker sind hier anderer Meinung. Sie raten zur manuellen Zahnbürste und empfehlen die elektrische Bürste nur für Behinderte oder ältere Menschen, da Untersuchungen, in denen die Wirksamkeit verschiedener Putzmethoden verglichen wurden, immer wieder die Überlegenheit kontrolliert geführter Handzahnbürsten bestätigten. Die schnell schwingenden oder rotierenden Bürstenköpfe können Einziehungen der Zähne, die Okklusalflächen und vor allem den Zahnfleischsaum nur ungenügend reinigen.

Aufbewahrung und Lebensdauer

Da Bakterien sich im feuchten Milieu stark vermehren, sollte die Bürste nach gründlichem Ausspülen und Entfernen aller Nahrungsreste mit dem Kopf nach oben in den Putzbecher gestellt werden. Ein rasches Austrocknen verhindert die Vermehrung der Bakterien.

Zahnbürsten sind Gebrauchsartikel mit einer begrenzten Lebensdauer. Sie kann von wenigen Wochen bis zu maximal einigen Monaten reichen, als Faustregel sollte jedoch gelten: Entweder im Wechsel mit den Jahreszeiten – also spätestens alle drei Monate – auf jeden Fall aber die Zahnbürste austauschen, wenn sich die Borsten im letzten Drittel deutlich nach außen aufbiegen.

Putzsystematik

Systematische Zahnpflege kann nur wirkungsvoll sein, wenn sie alle Zahnflächen gleich gut erfaßt. Unabhängig von der Putzmethode sollte man sich deshalb beim Zähneputzen einen ganz bestimmten Ablauf angewöhnen, durch den gewährleistet wird, daß auch alle Gebiete gleich gründlich gereinigt werden. Dazu teilt man das Gebiß in kleine Putzabschnitte und reinigt jeden Abschnitt in der nachstehend dargestellten Reihenfolge:

1. Man beginnt bei den bukkalen Flächen der hintersten unteren Molaren und bewegt sich dann zum Molarenbereich der gegenüberliegenden Seite. (Hierbei sollte der Rechtshänder rechts hinten beginnen, der Linkshänder entsprechend links unten oder oben. Untersuchungen haben nämlich gezeigt, daß selbst bei guter Mundhygiene jeweils in diesen Bereichen die größten Schmutzansammlungen und Zahnsteinablagerungen zu finden sind.) Dort angekommen wechselt man in den Oberkiefer, reinigt die bukkalen Flächen und kehrt zur Ausgangsseite zurück.

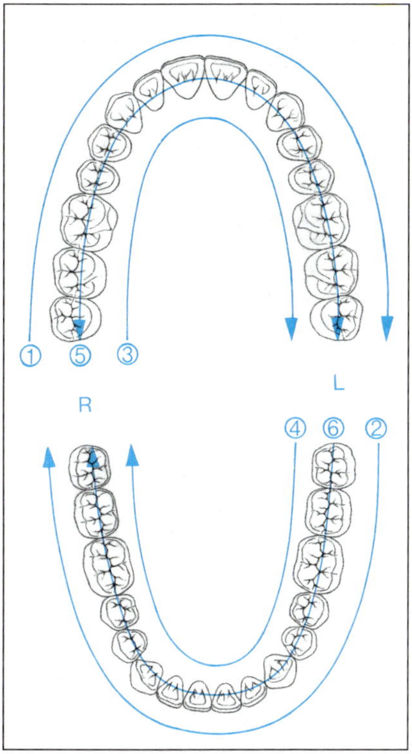

Abb. 7.31 Putzsystematik, wie sie von Parodontologen empfohlen wird

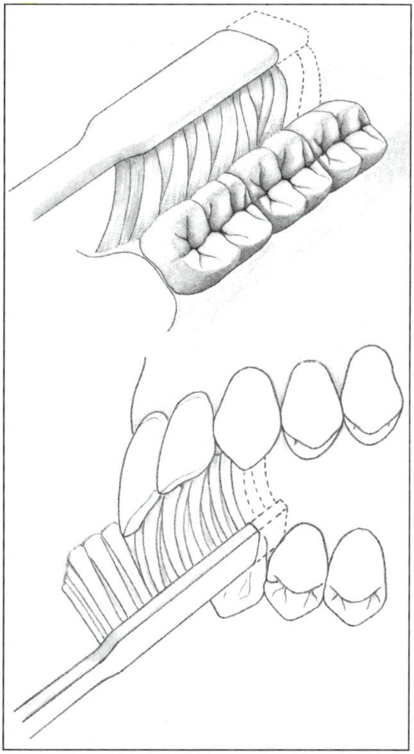

Abb. 7.32 Richtiges Ansetzen der Zahnbürste bei der Bass-Technik am Zahnfleisch der Seitenzähne und Frontzähne

2. Man wechselt danach auf die lingualen und palatinalen Flächen von Ober- und Unterkiefer und putzt diese nach demselben Schema.
3. Erst zum Schluß werden die Okklusalflächen der Zähne gereinigt, ebenfalls wieder in der oben beschriebenen Abfolge (Abb. 7.31).

Putztechnik
Nach wie vor ist die „Schrubbertechnik“ die am weitesten verbreitete Putzmethode, obwohl in den vergangenen Jahrzehnten zahlreiche sinnvolle und vor allem systematische Zahnputztechniken veröffentlicht wurden. Manche dieser Methoden wurden speziell für Patienten mit Parodontalerkrankungen entwickelt, die international größte Verbreitung hat die „modifizierte Bass-Technik“ gefunden; sie soll im folgenden vorgestellt werden. Die Zahnputzmethode nach Dr. Bass konzentriert die Zahnpflege auf Schwachstellen der Zähne: den Interdentalraum, den Zahnfleischsaum und die Kauflächen. Sie entfernt gezielt die Zahnbeläge und läßt sich in allen Gebißbereichen anwenden.

Bei der modifizierten Bass-Methode (Abb. 7.32) werden zur Reinigung der vestibulären Flächen und der Lingualflächen der Seitenzähne die Borsten unter einem

Winkel von 45° auf Zahn und Zahnfleisch aufgesetzt. Die äußere Borstenreihe ruht dabei fühlbar auf dem Zahnfleischsaum, die mittlere Borstenreihe drückt sich in die Zahnfleischfurche, und die innere Borstenreihe liegt der Zahnoberfläche auf. Nun wird die Bürste mit nicht zu großer Kraft auf das Zahnfleisch gedrückt, so daß der Andruck zwar spürbar ist, sich aber nicht unangenehm anfühlt.

Jeder einzelne Putzabschnitt wird nun in der oben dargestellten Reihenfolge durch kleine horizontale Rüttelbewegungen gereinigt. Hierbei sollte vor allem darauf geachtet werden, daß aus dem Rütteln nicht wieder ein Schrubben wird. Nach Beendigung der vibrierenden Bewegung wird die Bürste mit einer Wischbewegung entlang der Zahnoberfläche nach okklusal weggedreht.

Um die Lingualflächen der Frontzähne zu reinigen, muß die Bürste senkrecht gestellt werden; ein Teil des Borstenfeldes erreicht wieder spürbar den Zahnfleischrand. Mit leichtem Andruck und senkrechten Rüttelbewegungen wird Zahn um Zahn gereinigt.

Die Reinigung der Okklusalflächen erfolgt in gleicher Weise. Hierzu wird die Bürste senkrecht auf die Kauflächen gestellt und unter leichtem Andruck werden wieder rüttelnde Bewegungen ausgeführt. Sie sorgen dafür, daß sich die Borsten in die Tiefe der Fissuren hineinarbeiten und Speisereste und Beläge entfernen können.

Hilfsmittel

Zur Reinigung von Interdentalräumen, zur Pflege von Pfeilern und Zwischengliedern bei festsitzendem Zahnersatz sowie Primärteilen bei abnehmbaren Konstruktionen, besonders aber bei fortgeschrittenen Parodontalerkrankungen oder beim Tragen festsitzender kieferorthopädischer Apparaturen ist die Verwendung von Hilfsmitteln zu empfehlen. Zu nennen sind hier (Abb. 7.33 a–c):

- ungewachste Zahnseide
- Superfloss
- Interdentalraumbürstchen
- Mundduschen
- Dreieckshölzchen
- spezielle orthodontische Zahnbürsten.

Eine Einweisung durch den Zahnarzt oder eine entsprechend geschulte zahnmedizinische Fachhelferin sind vor allem für die Anwendung von Zahnseide und Superfloss dringend anzuraten, da bei falscher Technik die Gewebe des marginalen Parodonts geschädigt werden können.

Zahnpasten

Was uns die Werbung als „Cremes“ zu verkaufen sucht, sind weiche Pasten auf der

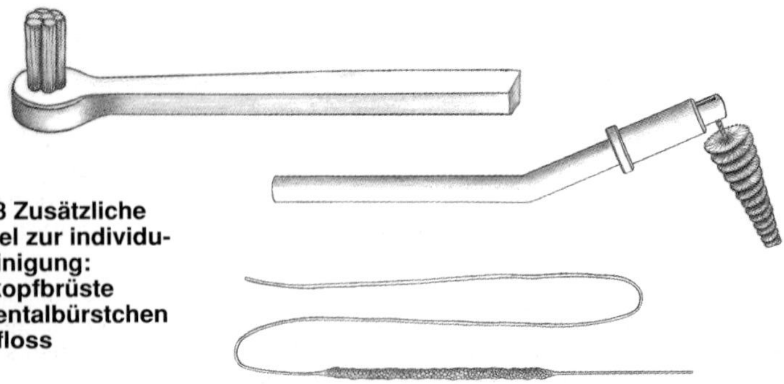

Abb. 7.33 Zusätzliche Hilfsmittel zur individuellen Reinigung:
A Rundkopfbrüste
B Interdentalbürstchen
C Superfloss

Basis von fein ausgeschlämmtem Kalziumphosphat (die Basis einer Creme sind Fette!). Sie haben die Aufgabe, den Wirkungsgrad der mechanischen Zahnreinigung zu erhöhen. Die handelsüblichen Zahnpasten enthalten in der Regel Kalziumkarbonat und -phosphat als Putzkörper, Glycerin oder Propylenglykol als Feuchthaltemittel, Alginat und Zellulose als Bindemittel, medizinische Seifen als Netzmittel, Geschmacksstoffe, Fluoride und Konservierungsmittel.

(Anmerkung: Netzmittel und Seifenzusätze, die das Ablösen der Plaque erleichtern sollen, sind in zahlreichen Zahnpasten zu finden. Diese Zusätze werden von zahlreichen Parodontologen abgelehnt, weil sie zur Zerstörung der Zellmembranen und damit zu Schädigungen des marginalen Zahnfleischs führen.)

Zum Problem der Fluoridierung als kariesprophylaktische Maßnahme

Die weite Verbreitung der Karies ließe sich sofort und erfolgreich eingrenzen, wenn es gelänge, den Zahnschmelz durch Anreicherung mit Fluoriden so widerstandsfähig zu machen, daß seine Oberfläche den Säureangriffen aus der Plaque standhalten könnte. Von allen bekannten Zusatzstoffen ist die Wirkung der Fluoride am besten untersucht und gesichert. Fluoridhaltige Zahnpasten enthalten normalerweise eine Fluoridkonzentration von 0,1 – 0,15 Prozent Fluoridionen, das entspricht 1000 - 1500 ppm (ppm = parts per million, das bedeutet 1:1 000 000 Teile. Dies entspricht der deutschen Maßangabe 1 Milligramm/Liter). Wichtig dabei ist, daß die Zahnpasten Fluoridverbindungen enthalten, deren Fluoridionen nur schwach an das Kalziumphosphat gebunden sind und deshalb im Speichel rasch in Lösung gehen. Die meistverwendeten Fluoridverbindungen in Zahnpasten sind Natriummonofluorphosphat und Aminfluoride.

Für die Fluoridierung bieten sich unter anderem folgende Möglichkeiten an:

- Die „Fluoridierung für alle" durch Anreicherung des Trinkwassers.
- Die individuelle Fluoridierung durch
- Anreicherung von Lebensmitteln mit Fluoriden wie Salz und Mehl.
- Einnahme von fluoridhaltigen Tabletten im Kindesalter.
- Gebrauch fluoridhaltiger Zahnpasten bei der täglichen Mundhygiene.
- Versiegeln der Zähne mit fluoridhaltigen Lacken.

Es ist noch nicht lange her, da wurde vom Bundesverfassungsgericht entschieden, daß in der Bundesrepuplik Deutschland eine generelle Trinkwasserfluoridierung nicht zulässig sei. Andererseits praktizieren Länder wie die Vereinigten Staaten von Amerika, die Schweiz, die östlichen Bundesländer aus DDR-Zeiten und Schweden seit Jahren eine äußerst erfolgreiche Trinkwasserfluoridierung. In diesen Ländern wird der von der Weltgesundheitsorganisation als unbedenklich angegebene Wert von 1 ppm dem Trinkwasser zugesetzt, das heißt ein Milligramm Fluorid auf einen Liter Flüssigkeit, was zu einem eindeutigen Rückgang der Karieshäufigkeit führte.

Wirkungsweise der Fluoride

Über die Wirkungsweise von Fluoriden gibt es zahlreiche Theorien, die Frage aber, was tatsächlich den Schutz vor kariöser Zerstörung bewirkt, ist noch nicht letztgültig beantwortet. Diskutiert werden vor allen drei Wirkungsmechanismen:

1. Vermutet man einen Selbstschutz des Zahnschmelzes durch Erhöhung des Fluoridgehalts in den äußeren Schmelzschichten und die sich daraus ergebende, verringerte Säurelöslichkeit des Schmelzes.
2. Nimmt man an, daß in Lösung gehende Fluorionen der Schmelzoberfläche als Zellgifte die Stoffwechseltätigkeit der Bakterien hemmen. Dadurch werden sowohl der Kohlenhydratabbau und die Säurebildung, wie auch die Bildung von klebrigen Vielfachzuckern stark eingeschränkt.
3. Verbessern Fluoride die Fähigkeiten des Zahnschmelzes zur Remineralisation, wenn es an dessen Oberfläche zu einer Auflösung von Apatitkristallen gekommen ist.

Folgende Erkenntnisse über die Wirkungsweise der Fluoride scheinen gesichert:
Als Spurenelement bewirkt Fluor in Zahnschmelz und Knochen die Apatitbildung, und es besteht die begründete Annahme, daß ohne Anwesenheit und Mitwirkung von Fluoriden der Apatit nicht gebildet werden kann. Wo in der unbelebten Natur zur Apatitbildung hohe Temperaturen und große Drücke erforderlich sind, genügt beim Menschen zur Apatitbildung die normale Stoffwechseltätigkeit spezialisierter Zellen.

Fluorid reichert sich dabei auf zwei Arten im Zahnhartgewebe an: Entweder wird es während der Zahnentwicklung in das Kristallgitter der Zahnsubstanz eingelagert oder nach dem Zahndurchbruch durch die Benetzung der Zahnoberfläche mit Speichel.

Dabei begünstigen Fluoridionen den Aufbau großer Einzelkristalle bei der Kristallisation. Diese setzen den Lösungsvorgängen durch organische Säuren einen größeren Widerstand entgegen als kleine Apatitkristalle.

Zum Problem des Kaugummikauens

Zwar enthält der größte Teil des angebotenen Kaugummis immer noch einen hohen Anteil an niedermolekularem Zucker, in zunehmendem Maße findet man aber auch „zuckerfreie“, mit Zuckeraustauschstoffen gesüßte Sorten. Schädlich sind die zuckerhaltigen Kaugummis durch die Tatsache, daß durch das intensive Kauen der vom Speichel gelöste Zucker in die Interdentalräume und Fissuren eingepreßt wird, also gerade in die bevorzugten Angriffsstellen der Karies. Die durch das Kauen bewirkte mechanische Entfernung von weichen Zahnbelägen, die erhöhte Massagewirkung des Zahnfleischs sowie die verstärkte Spülwirkung durch vermehrten Speichelfluß überwiegen bei weitem nicht das durch die Zuckerzufuhr beschleunigte Wachstum der Plaque.

Bei Untersuchungen mit zuckerfreiem, enzymhaltigem Kaugummi konnte jedoch ein Rückgang der Plaque beobachtet werden. Wenn also Kaugummi, dann nur zuckerfreien!

KAPITEL 8 Gesundheitsgefährdung am Arbeitsplatz

Der Inhalt auf einen Blick

Der Zahntechniker kommt bei seiner täglichen Arbeit nicht nur mit vielen Krankheitskeimen in Berührung, er ist vor allem auch der ständigen Einwirkung verschiedenster Stäube ausgesetzt, die bei der Bearbeitung von Werkstoffen entstehen. Mögliche Folgen sind Infektionskrankheiten, Erkrankungen der Atemwege oder Allergien durch ständigen Kontakt mit in den Werkstoffen enthaltenen allergenen Stoffen.

Um den Zahntechniker zu mehr Arbeitssicherheit und Hygiene am Arbeitsplatz zu bewegen, sollen in den folgenden Teilkapiteln die medizinisch-biologischen Grundlagen vermittelt werden, die für das Verständnis der Entstehungsursachen und den Folgen dieser Erkrankungen nötig sind.

8.1 Infektionskrankheiten

Am meisten ist der Zahntechniker durch Infektionskrankheiten gefährdet. Er kann sich natürlich wie jeder andere Mensch auch bei seinen Mitmenschen anstecken, eine viel größere Gefahr für seine Gesundheit stellen aber aus der Zahnarztpraxis kommende, nicht desinfizierte Abdrücke, Funktionslöffel, Bißschablonen, Übertragungsbögen oder zur Reparatur angelieferter Zahnersatz und Transportbehälter dar. Die auf diese Weise eingeschleppten Keime können im Dentallabor durch Keimstreuung verteilt und auf Mitarbeiter übertragen werden.

8.1.1 Möglichkeiten der Ansteckung

Die Übertragungsmöglichkeiten von Krankheitskeimen auf die Mitarbeiter sind vielfältig. Beim Auspacken der angelieferten Arbeiten oder beim Anfassen blutiger und speichelfeuchter Abdrücke mit den Händen können Krankheitserreger über kleine Hautverletzungen in den Körper eindringen. Werden die Abdrücke nicht desinfiziert, übertragen sich die Keime auf die Gipsmodelle und infizieren möglicherweise Mitarbeiter, die mit den Modellen arbeiten müssen. Zudem sorgen ungereinigte und nicht desinfizierte Hände für eine weitere Verschleppung von Keimen (Keimstreuung) im Labor. Angelieferte Reparaturen, Erweiterungen, Unterfütterungen und andere prothetische Arbeiten sind häufig durch harte, schmierige Beläge, Speichel- und Speisereste verschmutzt, die mit Krankheitserregern besiedelt sein können.

Eine Keimstreuung erfolgt auch beim Trockenpusten von gereinigten Abdrücken oder getragenen Prothesen, und ebenso beim Beschleifen oder Fräsen von infiziertem Zahnersatz, bei dem Krankheitskeime um den Arbeitsplatz verteilt werden oder auf die Augen- oder die Mundschleimhaut gelangen. Eßgeschirr oder Lebensmittel am Arbeitsplatz, aber auch die dort abgelegte Zigarrette, sind fast immer mit Keimen besiedelt, so daß eine weitere Infektionsmöglichkeit über die Mundschleimhaut besteht.

Auch die Polierbox und das Ultraschallgerät sind mögliche Herde der Keimstreuung. Über Poliermittel und Polierbürsten, die mit bereits getragenem Zahnersatz in Berührung kamen, können Keime auf neuen Zahnersatz übertragen werden. Reinigt man neu gefertigten Zahnersatz vor der Versendung an den Zahnarzt im Ultraschallbad, in dem auch die getragenen Prothesen gereinigt wurden, so überträgt man Keime auf den neuen Zahnersatz und infiziert möglicherweise den Patienten. Über nicht desinfizierte Transportbehälter, in denen keimbeladene Arbeiten transportiert werden, ist zudem auch eine Keimübertragung vom Dentallabor in die Zahnarztpraxis möglich, und der Kreis schließt sich.

8.1.2 Krankheitsbilder von Infektionskrankheiten

Eine Gesundheitsgefährdung des Zahntechnikers durch eine Virus-Hepatitis, Lungentuberkulose und AIDS im Rahmen seiner Arbeit ist unstrittig. Die Erkrankung an Hepatitis B ist sogar als Berufskrankheit anerkannt. Eine Infektion mit Röteln-Viren und Kinderlähmungs-Viren ist theoretisch möglich, wobei die Rötelninfektion einer schwangeren Mitarbeiterin schwere Mißbildungen des Kindes zur Folge haben kann.

8.1.2.1 Virus-Hepatitis

Man versteht darunter eine Leberentzündung, die durch eine Virusinfektion hervorgerufen wird.

Man unterscheidet drei Formen der Erkrankung:
1. Hepatitis A, ausgelöst durch den Hepatitis-Virus A,
2. Hepatitis B, ausgelöst durch Hepatitis-Virus B und
3. Hepatitis Non A/Non B, bei der die auslösenden Viren noch nicht bekannt sind.

Bei der Hepatitis A werden die Viren über den Mund aufgenommen und es kommt zu einer Infektion über die Magen-Darm-Wand (oral-enterale Infektion). Die ersten Krankheitserscheinungen kommen nach zirka sechs bis acht Wochen zum Ausbruch.

Bei Hepatitis B und Hepatitis Non A/Non B gelangt das Virus durch kleine Verletzungen in der Haut (parenterale Infektion) in den menschlichen Körper. Nach etwa zwei bis drei Monaten (bei B) beziehungsweise zwei Wochen bis drei Monaten (bei Non A/Non B) treten die ersten Krankheitszeichen in Erscheinung.

Der akute (= plötzlich auftretende, rasch verlaufende) Krankheitsverlauf ist bei allen drei Hepatitisformen gleich.
Die wichtigsten Krankheitszeichen im Anfangsstadium sind Müdigkeit, Appetitlosigkeit, Muskel- und Gelenkschmerzen. Das Anfangsstadium dauert etwa eine Woche bis drei Wochen.
Im zwei bis sechs Wochen dauernden Hauptstadium kommt es dann zur Gelbfärbung der Haut („Gelbsucht"), zu hellen Stühlen und dunklem Urin, zusätzlich tritt Juckreiz der Haut auf. Die Leber vergrößert sich und wird druckempfindlich. In seltenen Fällen kann eine Akute Hepatitis auch ohne Entwicklung einer Gelbsucht verlaufen.
In der daran anschließenden Spätphase klingen die Krankheitszeichen, insbesondere die Gelbsucht ab, und es kommt in 80 bis 95 Prozent aller Fälle zu einer Heilung. Das oben geschilderte Krankheitsgeschehen dauert insgesamt drei bis fünf Monate.

Eine chronische (= langsam entstehende, langsam verlaufende) Hepatitis kann sich aus einer nicht ausreichend ausgeheilten Akuten Hepatitis entwickeln. Darüber hinaus gibt es auch chronische Formen, die ohne ein vorangegangenes Krankheitsbild entstehen. Eine leichte Form dieser Erkrankung ist die sogenannte „Chronische persistierende Hepatitis", die Monate bis einige Jahre dauern kann. Diese Erkrankung verläuft verhältnismäßig leicht und hat keine schwerwiegenden Folgen. Die Leber ist leicht vergrößert und druckempfindlich, die Patienten sind appetitlos, Völlegefühl stellt sich ein, mitunter tritt Erbrechen auf und verschiedene Speisen werden nicht vertragen. Neben der harmlosen, Chronischen Hepatitis gibt es auch eine bösartige Form, die sogenannte „Chronische aggressive Hepatitis". Diese Erkrankung entwickelt sich entweder von selbst oder ist Folgezustand einer Akuten Hepatitis. Hierbei kommt es zu ähnlichen Krankheitserscheinungen. Die Chronisch aggressive Hepatitis geht in vielen Fällen in eine Leberzirrhose über.

Bei Patienten, die an einer Akuten Hepatitis erkrankt sind, besteht in hohem Maße Ansteckungsgefahr. Insbesondere in den ersten Krankheitswochen scheiden sie Hepatitiserreger über ihren Speichel, Stuhl und Urin aus. Da die Hepatitisviren auch durch das Blut übertragen werden (s. o.), sind in besonderem Maße alle in Heil- und Pflegeberufen tätigen Personen einem erhöhten Risiko ausgesetzt, hierzu zählen auch die Zahntechniker.

Deshalb soll an dieser Stelle auf die Möglichkeit der Aktiven Immunisierung (Aktive Impfung) gegen Hepatitis-B für Zahntechniker hingewiesen werden, die der Krankheitsvorbeugung dient. Man impft drei- bis viermal mit Hepatitis-B-Antigenen, wodurch im Körper die Bildung von Antikörpern gegen diesen Erreger ausgelöst wird. Bei zirka 85 bis über 90 Prozent der Geimpften kommt es nach dieser „Grundimmunisierung" zur Entwicklung schützender Antikörper. Die Dauer des Impfschutzes ist von dem durch die Grundimmunisierung erzielten Gehalt an Antikörpern abhängig. Da dieser in der Folgezeit ständig abnimmt, sind regelmäßige Nachuntersuchungen und Auffrischungsimpfungen erforderlich. Eine einmalige Impfung genügt nicht!

8.1.2.2 Tuberkulose

Die Tuberkulose ist eine Infektionskrankheit, die durch das Tuberkulosebakterium (Mycobacterium tuberculosis) ausgelöst wird.

In vielen Fällen wird zunächst die Lunge befallen, es können aber auch fast alle anderen Organe des Körpers erkranken. Die Erreger gelangen in den Organismus durch Tröpfcheninfektion, über den Verdauungstrakt und über kleine Verletzungen von Haut oder Schleimhäuten. Überträger können nicht nur infizierte, erkrankte Personen sein, sondern auch infizierte, gesunde Personen, bei denen keine Krankheitserscheinungen auftreten. Beim Verlauf der Erkrankung werden drei Phasen unterschieden, nämlich eine Frühphase, eine Phase der Streuung (= Generalisation) und eine Spätphase. Allerdings müssen bei einer Erkrankung nicht immer alle Phasen ablaufen.

In etwa 90 Prozent aller Fälle ist die Lunge der Ort der Erstinfektion, aber auch andere Organe wie Magen-Darm-Trakt, Mundschleimhaut, Lymphknoten, Mandeln u. a. können als erste Organe erkranken. Sechs Wochen nach der Infektion treten die ersten Krankheitserscheinungen auf. Bei der einfachen Form der Lungentuberkulose sind dies mitunter etwas Fieber, Abgeschlagenheit, manchmal leichte Gelenkschmerzen und auch etwas Husten. Bei den komplizierten Formen kommt es zu Lungenentzündungen mit erheblichen zerstörerischen Prozessen im Bereich des Lungengewebes, und zu Einschmelzungen von größeren Teilen der Lunge.
Ausgehend vom Ort der Erstinfektion können sich die Erreger über Blut- und Lymphgefäße im ganzen Körper ausbreiten (Streuung, Generalisation), wobei ein Befall zahlreicher weiterer Organe und Organsysteme erfolgen kann.

Eine der zahlreichen Formen der Spätphase der Tuberkulose sind fortschreitende Veränderungen der Lunge, wobei sich diese weiter über die Lunge hinaus ausbreiten, verbunden mit starkem, ansteckendem (= infektiösem) Husten und blutigem Auswurf („Bluthusten").

8.1.2.3 AIDS

> Die Abkürzung AIDS (Acquired Immune Deficiency Syndrom = Erworbenes Immundefekt-Syndrom) steht für eine Infektionskankheit, in deren Verlauf das Immunsystem des Organismus durch Viren so stark geschädigt wird, daß er an den Folgen weiterer, sogar recht harmloser Infektionskrankheiten zugrundegeht.

Verursacht wird AIDS durch eine Infektion mit HIV (Human Immunedeficiency Virus = Menschliches Immundefekt-Virus). Derzeit kennt man zwei Virenstämme (HIV-1 und HIV-2).

HIV kann auf verschiedene Weise in die Blutbahn gelangen: zum Beispiel bei einer Bluttransfusion mit infiziertem Blut, infizierten Blutprodukten (vorgekommen bei Blutern. Ist in der BRD seit 1985 ausgeschlossen), beim Geschlechtsverkehr und durch Verwendung von infizierten Spritzenkanülen (bei Drogensüchtigen). Bekannt ist auch, daß eine infizierte Mutter vor, während der Geburt und beim Stillen ihr Kind anstecken kann. Eine Ansteckungsmöglichkeit besteht prinzipiell immer dann, wenn frisches, infiziertes Blut über feinste Verletzungen der Haut in den Blutkreislauf gelangt.

Die in den Körper eingedrungenen Viren können in verschiedene Wirtszellen eindringen und diese zwingen, neue Viren zu bilden. Die Wirtszellen werden großteils geschädigt, meistens sogar zerstört. Besonders die Zerstörung der T-Lymphozyten (eine Art der Weißen Blutkörperchen), die den Abwehrkampf des Immunsystems steuern, wirkt sich mit der Zeit verhängnisvoll für den Körper aus. Da ihre Anzahl im weiteren Verlauf einer HIV-Infektion immer mehr abnimmt, wird die Immunabwehr gegen andere Infektionskrankheiten zunehmend schwächer, bis sie letztendlich nicht mehr zu einer Abwehr in der Lage ist. Der Organismus geht dann an den Folgen einer oder mehrerer Infektionskrankheiten zugrunde. Im Laufe einiger Wochen nach einer Infektion produziert der Körper zwar Antikörper gegen HIV, diese können HIV jedoch nicht unwirksam machen und den Verlauf der Infektion auf Dauer nicht aufhalten.

Eine Infektion mit HIV wird von den Betroffenen meist nicht bemerkt, da in der Zeit danach entweder keine Symptome auftreten oder aber Fieber, Hautausschläge und grippeähnliche Symptome für Symptome anderer Infektionskrankheiten gehalten werden.

Während der anschließenden, sogenannten Latenzphase ist der Infizierte jahrelang nahezu symptomfrei, das heißt, Anzeichen der Krankheit sind nicht erkennbar. Die Latenzphase dauert etwa zwei bis zehn Jahre. Die großen Unterschiede in der Zeitdauer haben ihre Ursache in den komplizierten Wechselwirkungen zwischen HIV und seinen Wirtszellen. Das Ende der Latenzzeit ist dadurch gekennzeichnet, daß die Virusvermehrung erneut auflebt; sie äußert sich in zahlreichen Allgemeinsymptomen wie langandauernder Lymphknotenschwellungen, Fieber unklarer Ursache, ständigem Nachtschweiß, chronischen Durchfällen, Gewichtsverlust und Leistungsabfall, verbunden mit Veränderungen im Blutbild. Dieses Infektionsstadium wird nach diesem Komplex von Symptomen ARC (für AIDS-related complex) genannt. Es kann mehrere Jahre andauern, bis es schließlich in das Endstadium übergeht, das sogenannte Vollbild der AIDS-Erkrankung.

Nur das letzte Stadium stellt die eigentliche Krankheit dar, für die die Abkürzung AIDS steht. In diesem Stadium treten Infektionen auf, die immer wiederkehren oder bestehen bleiben. Besonders häufig sind Lungenentzündungen, Bronchitis, Durchfall, Gehirnhautentzündung, Lungentuberkulose, Lungenabszeß oder Hirnabszeß. In manchen Fällen bilden sich auch bösartige Krebswucherungen der Haut, das sogenannte Karposi-Sarkom. Die Anzahl von Lymphozyten im Blut, speziell die der

T-Lymphozyten, ist drastisch vermindert. Die meisten Patienten sterben dann innerhalb von zwei Jahren.

8.1.3 Krankheitserreger und ihre Lebensweise

Bei den Krankheitserregern, welche die oben genannten Infektionskrankheiten auslösen, handelt es sich entweder um Bakterien oder um Viren. In einigen Fällen, wie zum Beispiel in unserem Verdauungssystem, ist der Körper auf ihre Mitarbeit angewiesen, in den meisten Fällen aber ist unser Immunsystem mit der permanenten Abwehr dieser Kleinstlebewesen beschäftigt – ihre Existenz wird uns meist nur über auftretende Krankheiten bewußt. Kennt man ihre Lebensweise, so kann man durch gezielte Vorbeugemaßnahmen eine Infektion der krankmachenden (pathogenen) Keime weitgehend vermeiden.

Bakterien

Bakterien sind einzellige Lebewesen von etwa drei bis zehn µm Größe. Ihr Erbgut liegt, ähnlich einer menschlichen Zelle, konzentriert in der Mitte des Zellplasmas, ist jedoch nicht durch eine Kernmembran umhüllt. Außerhalb der Zellmembran umgibt eine Zellwand die Zelle, und schützt auf diese Weise das Bakterium vor Austrocknung. Der Form nach unterscheidet man kugelförmige, stäbchenförmige und schraubenförmige Bakterien (Abb. 8.1).

Als „Bazillen" bezeichnet man Bakterien, die sich durch die Fähigkeit zur Sporenbildung auszeichnen. Sporen sind sogenannte Dauerformen (Überlebensformen) von Bakterien. Sie werden immer dann gebildet, wenn die Umweltbedingungen für die Bakterien ungünstig werden, beispielsweise bei Nahrungsmangel oder Trockenheit. Werden die Umweltbedingungen wieder günstig, so platzt die Sporenkapsel auf und die Bakterie nimmt ihre volle Lebenstätigkeit wieder auf. Bakterien vermehren sich auf ungeschlechtliche Weise durch Zellteilung (vegetative Vermehrung).

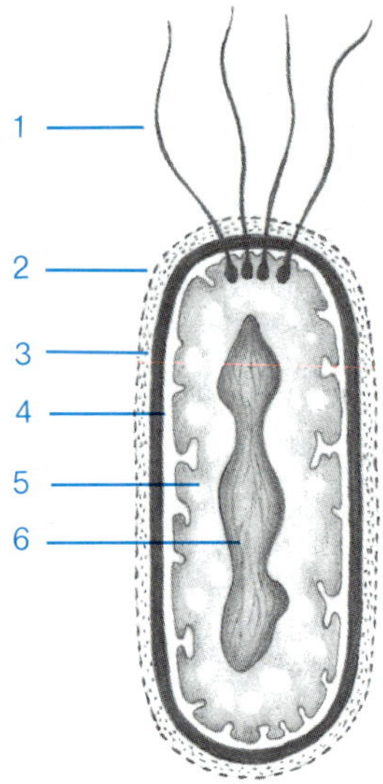

Abb. 8.1 Bau eines Bakteriums: 1 Geißel, 2 Schleimkapsel, 3 Zellwand, 4 Zellmembran, 5 Cytoplasma, 6 Chromatinfaden (DNA)

Die Geschwindigkeit der Vermehrung ist abhängig von den Lebensbedingungen. Bei ausreichender Feuchtigkeit und ausreichendem Nahrungsangebot erfolgt im Temperaturbereich von 15 °C bis 40 °C alle 15 bis 20 Minuten eine Teilung. Aus einem Bakterium werden so nach 6 Stunden und 20 Minuten 524 288 Bakterien; eine solche Bakterienkolonie ist dann schon mit dem bloßen Auge erkennbar. Die Anhäufung giftiger Stoffwechselabfallprodukte (Toxine) der Bakterien schädigen nicht nur das Körpergewebe, sondern auch die Bakterien selbst und hemmen zusammen mit dem knapper werdenden Nahrungsangebot das Bakterienwachstum. Die Wirksamkeit der von den Bakterien erzeugten Stoffwechselgifte kann außerordentlich hoch sein. Weniger als 1 Millionstel Gramm des Botulismusgifts reicht aus, um einen Menschen zu töten.

Knappes Nahrungsangebot, geringe

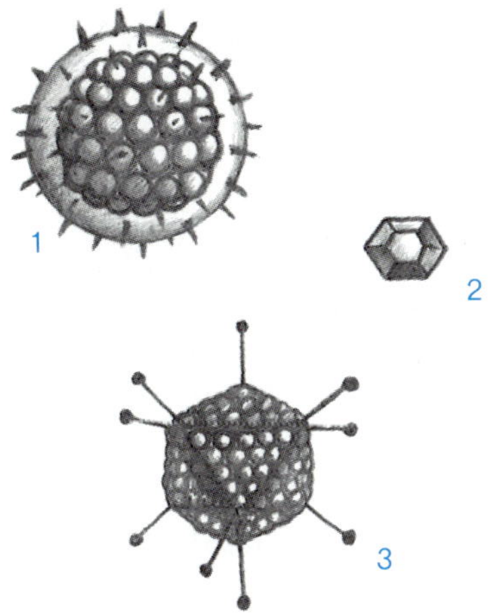

Abb. 8.2 Schematische Darstellung verschiedener Viren:
1 Grippevirus, 2 Poliomyelitis-Virus (Erreger der Kinderkrankheit)
3 Adeno-Virus

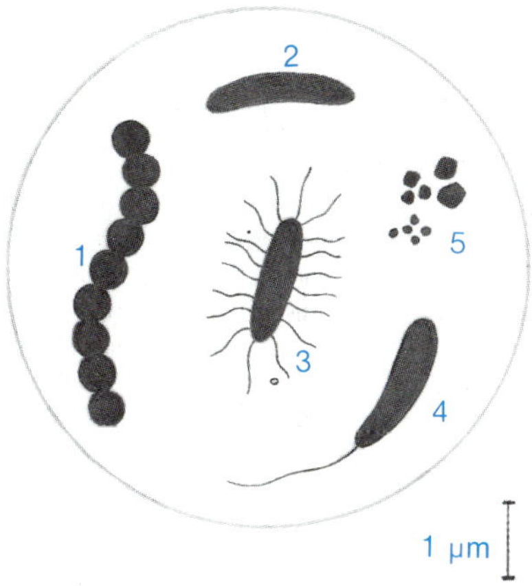

Abb. 8.3 Mikroorganismen im Größenvergleich:
1–4 Bakterien, 5 Viren
Dargestellt sind die Erreger von:
1 Eiter, 2 Tuberculose, 3 Typhus,
4 Cholera

Feuchtigkeit und Temperaturen unter 4 °C verlangsamen nur die Vermehrung, und selbst bei sehr tiefen Temperaturen (minus 60 °C und tiefer) sterben viele Bakterien nicht ab. Besonders die sporenbildenden Bakterien überleben häufig extrem tiefe und auch extrem hohe Temperaturen (weit über 100 °C).

Viren

Viren (Einzahl das Virus) sind sehr kleine, organische Partikel. In der Größe liegen sie zwischen den größten Eiweißmolekülen (0,02 µm) und den kleinsten Bakterien (0,3 µm). Sie bestehen stets aus einem oder mehreren Nukleinsäurefäden, die von einer Eiweißhülle umgeben sind. Manche Viren wie die Bakteriophagen haben zusätzlich noch kompliziert gebaute Hilfseinrichtungen wie Schwanzstücke, die wie eine Injektionsspritze funktionieren (Abb. 8.2).

Viren sind keine Lebewesen, denn sie zeigen nicht alle Kennzeichen des Lebens. Ihnen fehlt ein eigener Stoffwechsel, und daher können sie sich nicht selber vermehren. Zu diesem Zweck dringen sie in Zellen ein (Wirtszellen genannt) und veranlassen diese, neue Virusnukleinsäure und Viruseiweiß zu bilden, also für sie neue Viren zu bilden. Anschließend werden diese neugebildeten Viren aus der Wirtszelle ausgeschleust, was in der Regel deren Tod zur Folge hat. Viren können aber nur in ganz bestimmte Zelltypen bestimmter Tierarten eindringen, weil sie nur für diese den dafür notwendigen „Schlüssel" haben. Daher sind nicht alle Viren für den Menschen gefährlich. Zu den bekanntesten Erkrankungen, die auf eine Virusinfektion zurückzuführen sind, gehören Schnupfen, Grippe, Masern, Pocken, Kinderlähmung, Hepatitis und in letzter Zeit auch noch AIDS (Abb. 8.3).

Schutz vor Infektionskrankheiten
Im zahntechnischen Labor kann eine Infektion durch chemische Desinfektion von möglicherweise infiziertem Material verhindert werden. Unter Desinfektion versteht man die Abtötung oder weitgehende Reduzierung der Zahl von Erregern übertragbarer Krankheiten, so daß eine Infektion nicht zu befürchten ist. Keimbeladene Abdrücke und Prothesen werden in eine Desinfektionslösung eingetaucht oder mit einer Desinfektionslösung besprüht. Wichtig ist, daß die Desinfektionslösung lang genug einwirken kann (es dauert eine gewisse Zeit, bis die Lösung schmierige Beläge oder die widerstandsfähige Sporenwand von Bazillen durchdringt). Ultraschallbäder desinfizieren nur, wenn sie ein Desinfektionsmittel enthalten, ansonsten sind sie wegen ihrer konstanten Temperatur eine geradezu ideale Brutstätte für Keime und ein Ort der Keimstreuung.

Bei der täglichen Arbeit lassen sich kleine Hautverletzungen und die Bildung feiner Hautrisse kaum vermeiden. Da über sie Krankheitserreger leicht in die Blutbahn gelangen können, muß der direkte Kontakt mit keimbeladenem Material möglichst vermieden werden. So sollten aus der Zahnarztpraxis angelieferte Abdrücke und Prothesen grundsätzlich mit Schutzhandschuhen und möglichst nur von ein und demselben Mitarbeiter ausgepackt und desinfiziert werden.

8.2 Pneumokoniosen

8.2.1 Krankheitsbild einer Pneumokoniose

Pneumokoniose ist ein Sammelbegriff für verschiedene Formen von Staublungenerkrankungen.

Bei den bei Zahntechnikern festgestellten Pneumokoniosen handelt es sich in der Regel um sogenannte Silikosen, die durch Ablagerung eingeatmeter, kieselsäurehaltiger Stäube in der Lunge ausgelöst werden. Als Krankheitszeichen treten Reizhusten, Schmerzen im Brustkorb, Atemnot und Herzschmerzen auf. Im Verlaufe der Erkrankung kommt es zu deutlichen Veränderungen des Lungengewebes, indem sich „silikotische Knötchen" entwickeln und durch zunehmende Verschmelzung der Knötchen Schwielen bilden. Als Folgeerscheinung einer Silikose kommt es oft zu Tuberkulose.

8.2.2 Einflußfaktoren der Pneumokoniosen

Jeder Mensch ist täglich Stäuben verschiedenster Art ausgesetzt, die über die Atemwege in die Lunge vordringen, sich dort ablagern und Erkrankungen auslösen können. Mit Hilfe verschiedener Selbstreinigungsmechanismen versucht der Körper, die eingeatmeten Staubteilchen wieder aus dem Körper zu entfernen oder unschädlich zu machen: Feuchter Staub wird zum großen Teil bereits von der Nasenschleimhaut zurückgehalten, während trockener Staub in die tieferen Luftwege gelangt und dort eine vermehrte Schleimsekretion auslöst. Der abgesonderte, zähflüssige Schleim bindet die Staubpartikel. Er wird dann durch die Flimmerbewegung des die Bronchien auskleidenden Flimmerepithels nach außen befördert, zum Teil aber auch über die Lymphwege entfernt.

Entscheidend für die Tiefe des Eindringens der Staubpartikel in die unteren Luftwege ist die Größe der Staubteilchen: Nur Feinststäube, also Staubteilchen von einer Größe von ein bis sechs µm, können in die kleinsten Verzweigungen der unteren Luftwege vordringen, die Bronchiolen und die Lungenbläschen. Deren Wände sind nicht mehr mit Flimmerepithel ausgekleidet, sondern bestehen nur aus einer dünnen Lage Epithel. Deshalb lassen sich Feinststäube leider nicht mehr auf die oben geschilderte Weise aus den Lungenbläschen entfernen, sondern werden von den Epithelien der Lungenbläschen aufgenommen. Nur ein Teil wird auf dem Weg über die Lymphbahnen beseitigt, der Rest verbleibt in der Wand der Lungenbläschen, mit der Folge, daß sich um die Staubpartikel eine kleine Kapsel aus Narbengewebe bildet. Diese Gewebeknötchen beeinträchtigen dann stark die Funktion des Lungengewebes an dieser Stelle. Gesundheitsgefährdend sind also in erster Linie die Feinststäube.

Bei der Beurteilung der Schädlichkeit von Stäuben ist außerdem zu beachten, daß Stäube auch dann gefährlich sein können, wenn sie nur gelegentlich, dafür aber in hoher Konzentration anfallen. Von den in zahntechnischen Labors auftretenden Stäuben können folgende Feinststäube Pneumokoniosen hervorrufen: Quarz (Silikose), Asbest (Asbestose), Beryllium (Berylliose) und Kobalt. Von Asbest, Beryllium, Kobalt und Nickel ist außerdem bekannt, daß sie krebsauslösende Wirkung haben.

Schutzmaßnahmen
Die wirksamste Schutzmaßnahme ist verständlicherweise die Vermeidung von Staubentwicklung, wie dies beim Naßschleifen der Fall ist. Wo sich die Staubentwicklung nicht völlig vermeiden läßt, sollte zum Schutz gegen größere Staubpartikel ein Mundschutz getragen werden; gegen Feinststäube bietet er leider keinen Schutz, weil er nur größere Staubpartikel zurückhält. Aus diesem Grund läßt sich das Einatmen von gesundheitsschädlichen Feinststäuben nur durch konsequente Benutzung von Absauganlagen vermeiden. Sofern die Absauganlagen die Abluft wieder in den Laborraum zurückführen, ist darauf zu achten, daß die Filter auch in der Lage sind, Feinststäube zurückzuhalten.

8.3 Allergien

Nicht zuletzt zwingen immer wieder Kunststoffallergien Zahntechnikerinnen und Zahntechniker zur Aufgabe ihres Berufes. Daher soll diese Krankheit zum Abschluß kurz dargestellt werden.

> Bei Allergien reagiert das Immunsystem mancher Menschen nach wiederholtem Kontakt mit harmlosen Antigenen, sogenannten Allergenen, überempfindlich.

Diese Überempfindlichkeitsreaktionen gehen mit Krankheitssymptomen einher, im Falle der Kunststoffallergie mit starken Hautausschlägen.

Die Überempfindlichkeitsreaktion soll auf folgendem Mechanismus beruhen: Normalerweise können spezielle weiße Blutkörperchen des Immunsystems, die sogenannten T-Lymphozyten, eine Gefahr richtig einschätzen und zwischen harmlosen und schädlichen Fremdstoffen unterscheiden. Wenn, wie bei den Allergikern, dieser „Erkennungsdienst" versagt, dann kann eine harmlose Substanz fälschlicherweise für eine gefährliche gehalten werden, sie wirkt dann wie ein Antigen und ruft die Immunzellen auf den Plan. Genau das geschieht, wenn die Haut beispielsweise mit bestimmten Kunststoffen in Berührung kommt und sich daraufhin eine Kontaktdermatitis, also ein Ausschlag der Haut entwickelt. Da sich diese Art der allergischen Reaktion erst nach ungefähr 48 Stunden bemerkbar macht, spricht man von einer „Reaktion vom verzögerten Typ".

Bei Kontaktallergien vermögen offenbar Chemikalien, wie sie im Prothesenkunststoff enthalten sind, die Haut zu durchdringen und sich an Körperzellen zu heften. Treffen nun T-Lymphozyten auf Körperzellen, die seit einem ersten Kontakt mit diesem Stoff sensibilisiert sind, dann schütten die T-Lymphozyten Botenstoffe aus. Diese locken Makrophagen (Freßzellen) an, die die mit dem Allergen behafteten Körperzellen auffressen („phagozytieren") und abbauen. Die eigentliche Gewebsschädigung, die sich in einer heftig juckenden Hautentzündung äußert, wird vermutlich von Substanzen hervorgerufen, die von den an der Abwehrreaktion beteiligten Lymphozyten und Makrophagen freigesetzt werden.

Schutzmaßnahmen
Von entscheidender Bedeutung sind Beschädigungen der Hautoberfläche, wie feine Risse oder Verletzungen, aber auch das Entlaugen der Haut und die sich daran anschließende Versprödung mit feiner Rißbildung. Deshalb sollte sich jeder nach dem Händewaschen oder Hantieren mit Gips anschließend gut die Hände eincremen, da die Haut ohne eine Rückfettung spröde und rissig wird.

Kontaktallergien lassen sich am leichtesten durch Vermeidung des Kontakts mit allergenen Stoffen verhindern. Bei der Verarbeitung von Kunststoffen sind eine absolut saubere Arbeitsweise und das Tragen von Latex-Handschuhen Möglichkeiten, einen Kontakt mit dem Allergen auszuschließen. Die Arbeitshandschuhe dürfen allerdings nicht beschädigt sein, weil sonst Monomer eindringen kann und ein sehr intensiver, längerer Hautkontakt mit dem Kunststoff zustandekommt. Bei der Arbeit mit Handschuhen sollte zudem noch beachtet werden, daß die Hautoberfläche besiedelnde Bakterien unter den luftdicht abschließenden Handschuhen ideale Lebensbedingungen vorfinden, denn unter den Handschuhen ist es schön warm und feucht, eine verschmutzte Haut bietet genügend Nährstoffe, und die Bakterien können sich sehr schnell vermehren. Deshalb sollte man Handschuhe nicht unnötig lang tragen und die Haut vor dem Überziehen der Handschuhe reinigen und desinfizieren.

8.4 Hygienemaßnahmen für das zahntechnische Labor

> Hygienemaßnahmen zum Schutz von Patienten und Mitarbeitern in Praxis und Labor sind unerläßlich.

Auf Broschüren oder Aufsätze, die sich mit dieser Thematik sehr ausführlich und sachkundig befassen, soll am Schluß dieses Kapitels hingewiesen werden:

- Umfang und Durchführung der Hygienemaßnahmen legen die Unfallverhütungsvorschriften (UVV) der zuständigen Berufsgenossenschaften fest, insbesondere die UVV VBG 103.
- Allgemeine und spezielle Hygienemaßnahmen werden im Beitrag „Hygienemaßnahmen für das zahntechnische Labor" von Dr. Ingrid Peroz aus der Fachzeitschrift dental-labor, Heft 12/1988 ausführlich dargestellt. Der Beitrag zeigt außerdem noch mögliche Gefahrenquellen und Infektionswege auf.
- Aus der Reihe Grundwissen für Zahntechniker, der auch das vorliegende Buch entstammt, informiert der Band II „Nichtmetalle in der Zahntechnik" im Kapitel 1 über Arbeitsschutz, Unfallschutz, Gesundheitsschutz und Hygiene.
- Abschließend soll nochmals auf die Möglichkeit der Aktiven Immunisierung gegen Hepatitis-B für Zahntechniker hingewiesen werden (siehe §4 der Unfallverhütungsvorschrift VBG 103 der Berufsgenossenschaft der Feinmechanik und Elektrotechnik. Weitere Informationen können dem Merkblatt M 613 „Aktive Immunisierung gegen Hepatitis B" der Berufsgenossenschaft für Gesundheitsdienst und Wohlfahrtspflege entnommen werden).

Anhang
Einführung in die Fachterminologie

Der Inhalt auf einen Blick

A.1 Herkunft der Fachbegriffe

Fast alle anatomisch-histologisch-embryologischen Fachausdrücke, die sogenannten Fachtermini oder Nomina anatomica, entstammen der griechischen oder lateinischen Sprache.

Grund hierfür ist zunächst die Tatsache, daß die Naturwissenschaften im allgemeinen und die Medizin im besonderen in diesen Kulturen als rational betriebene Fachwissenschaften gegründet wurden. Ein weiterer Vorteil beider Sprachen ist die Fähigkeit, beliebig viele Wörter zu neuen Sinnzusammenhängen zusammenzufügen. Dadurch ergibt sich eine unerreichte Kürze im Ausdrücken bestimmter Sachverhalte, wo es in jeder anderen Sprache eines zeilenlangen Textes bedarf.

Im klassischen Altertum war Latein die Verkehrssprache des römischen Reiches, Philosophen und Dichter schrieben in Griechisch und wer etwas gelten wollte, ließ sich in der griechischen Sprache unterrichten. Nicht ohne Grund nannte man die griechische Beredsamkeit über Jahrhunderte die „edelste Form des Sprechens" und noch heute beeindruckt das sprachliche Einfühlungsvermögen, die sprachliche Schönheit und Klarheit der griechischen Denker wie Aristoteles, Platon oder Sokrates. (Dasselbe galt in Europa im Zeitalter des Barock und Rokkoko für die französische Sprache: An den Höfen Europas wurde Französisch gesprochen, in Französisch gedacht und geschrieben.)

Die lateinische Sprache ist die Sprache des alten Rom, ihren Namen entlehnt sie der Landschaft Latium, in der Rom liegt. Das Lateinische ist ein italischer Dialekt, der wiederum zur großen indogermanischen Sprachenfamilie gehört. Mit Ausdehnung der römischen Macht wurde die lateinische Sprache nicht nur in den beherrschten Provinzen zur Amts- und Verkehrssprache, gleichzeitig wurde das Lateinische von den dort gesprochenen Sprachen, vor allem dem Griechischen, stark beeinflußt.
Als die Römer im östlichen Mittelmeerraum die Herrschaft angetreten hatten, wurden von deren Ärzten nicht nur zahlreiche griechische Begriffe der hypokratischen Ärzte übernommen, sondern auch sehr viele von ihnen in lateinische Form gebracht. Im Laufe der Jahrhunderte entwickelten sich in den römischen Provinzen aus dem gesprochenen Latein, dem sogenannten Vulgärlatein, die romanischen Sprachen wie das Italienische, Französische, Spanische und Rumänische. Das geschriebene Latein, die Sprache der klassischen römischen Literatur, blieb über Jahrhunderte nahezu unverändert. Sie überdauerte die Völkerwanderung und den Zerfall des römischen Weltreiches.

Dessen Erbe trat für die folgenden Jahrhunderte die inzwischen zur Staatsreligion gewordene katholische Kirche an. Sie übernahm nicht nur die lateinische Sprache als Amts- und Verkehrssprache („Kirchenlatein"), sondern war für lange Zeit die einzige Institution, die – von ihr selbst auf das strengste kontrolliert – Wissenschaft betrieb. Dabei beschränkte man sich in erster Linie auf das Kopieren, Studieren und Interpretieren von Werken antiker Autoren, sowie des hebräischen Schrifttums. Auf diese Weise gelangten bis ins späte Mittelalter weitere zahlreiche Begriffe in die anatomisch-medizinische Fachterminologie hinein.

Eine Weiterentwicklung des Wissensstandes der Antike und der mittelalterlichen Medizin erfolgte erst mit Beginn der Renaissance. Nicht nur entstanden in den verschiedenen Ländern Europas zahlreiche Universitäten, auch die klassischen Sprachen Griechisch und Latein erlebten eine neue Blütezeit. Durch die Übersetzung medizinischer Schriften namhafter arabischer und jüdischer Ärzte, deren Werke bis dahin in den Klosterbibliotheken unter Verschluß gehalten worden waren, gelangten weitere Fachausdrücke in die anatomische Fachterminologie.

Dabei zeigte sich, daß der lateinischen Sprache in der Folgezeit der Vorzug gegeben wurde und sie sich zur Verkehrssprache der Universitäten entwickelte. Schon in der Renaissance, vor allem aber in den nachfolgenden Epochen, stieg durch die zahlreichen Übersetzungen die Zahl der sogenannten Synonyme stark an. Unter Synonymen versteht man Ausdrücke, die zwar denselben Sachverhalt bezeichnen, in ihrer Schreibweise aber völlig unterschiedlich sind.

Es war das Verdienst der „Anatomischen Gesellschaft", auf ihrer ersten Versammlung in Leipzig im Jahre 1887, eine international besetzte Kommission mit der Bereinigung einer Liste allgemein anerkannter Fachbegriffe zu beauftragen. Beinahe 6000 Fachbezeichnungen wurden 1895 als sogenannte „Basler Nomina Anatomica" (BNA) angenommen und setzte sich verhältnismäßig rasch in allen Ländern durch. Sie bereitete der Willkür in der Namensgebung ein Ende und vereinheitlichte die Fachausdrücke für solche anatomischen Gebilde, die bis dahin unter verschiedenen Namen bekannt waren.

1950 wurde das „Internationale Nomenklaturkomitee" (IANC) ins Leben gerufen, ein Zusammenschluß der bedeutendsten Fachwissenschaftler der Welt. In Fachkommissionen aufgeteilt, entscheiden diese Gremien, welche Fachbegriffe neu aufgenommen, geändert oder entfernt werden sollen. Ihr erster Vorschlag wurde 1955 in Paris angenommen und bildet als „Pariser Nomina Anatomica" (PNA) die heute gültige Nomenklatur der makroskopischen Anatomie. Folgende <u>Grundsätze</u> wurde dabei aufgestellt:

- Jedes Organ soll nur durch einen Ausdruck bezeichnet werden.
- Die Bezeichnungen sollen möglichst dem Lateinischen entnommen sein.
- Jeder Ausdruck soll kurz sein.
- Die Ausdrücke sollen einprägsam, belehrend und beschreibend sein.
- Organe mit topographisch enger Beziehung sollen ähnliche Namen haben.

<u>Beispiele:</u>
Processus palatinus und Foramen palatinum oder Os incisivum, Foramen incisivum, Sutura incisiva.

- Unterscheidende Beifügungen sollen sich gegensätzlich verhalten.

<u>Beispiele:</u>
groß und klein = major und minor
höher und tiefer = superior und inferior.

- Sämtliche Autorennamen werden endgültig aus der Anatomie gestrichen.

<u>Beispiele:</u>
Für den Zwischenkiefer nicht mehr Os Goethei, sondern Os incisivum, für den Nervenknoten des Nervus trigeminus nicht mehr Ganglion Gasseri, sondern Ganglion trigeminale.

Die letzte, sechste Ausgabe dieser Nomina Anatomica, erschien 1989. Hierbei zeigt sich ein neuer Trend: Internationale Verkehrssprache ist in zunehmendem Maße Englisch. Zahlreiche wissenschaftliche Abhandlungen werden heutzutage nicht mehr nur in der Landessprache, sondern zunehmend in englisch verfaßt. Zahlreiche Wortneuschöpfungen, auch in der Zahnheilkunde, sind der englischen Sprache entnommen.

Dennoch wird man auch in Zukunft an der griechisch-lateinischen Terminologie festhalten, denn beide Sprachen bieten als „tote Sprachen" einen unschätzbaren Vorteil: Der Sinn der einzelnen Wörter kann sich nicht mehr ändern. Der Wissenschaft stehen damit Wörter von konstanter Bedeutung zur Verfügung, deren Aussage immer gleich verstanden wird und immer unverfälscht weitergegeben werden kann.

A.2 Schreibweise, Aussprache und Betonung

Die lateinischen Buchstaben gleichen den deutschen Buchstaben. Das Lateinische besitzt aber nicht die Buchstaben J und K, ebenso kein Z und Y. Beide Buchstaben kommen jedoch in Fremdwörtern vor, die dem Griechischen entnommen sind (zum Beispiel zygomatikus = zum Jochbogen gehörend).

In der medizinischen Fachterminologie werden Fachausdrücke im allgemeinen in lateinischer Schreibweise wiedergegeben. In deutscher Schreibweise werden sie angeführt, wenn sie als Fremdwörter mit dem deutschen Artikel oder deutschen Wortendungen versehen sind. Dies betrifft in der Schreibweise vor allem das Verhältnis der Buchstaben I und C, wobei I zu J und C zu K oder Z wird.
Beispiel: Der Kondylus.

Ferner gilt: Verwenden wir bei einem lateinischen Fachausdruck den deutschen Artikel, so gilt der Artikel, der dem Geschlecht des lateinischen Wortes entspricht.
Beispiele:
das Foramen = die Öffnung,
die Mandibula = der Unterkiefer,
das Vestibulum = der Mundvorhof.

Im Lateinischen werden alle Wörter klein geschrieben, Ausnahmen bilden nur Eigennamen und deren Ableitungen. In der Anatomie wird das erste Hauptwort eines zusammengesetzten Fachbegriffes mit großen Anfangsbuchstaben geschrieben, weitere Hauptwörter in der Verwendung als Beifügungen und Adjektive werden klein geschrieben.

Die Aussprache der Wörter folgt den deutschen Sprachregeln. Doppellaute wie eu, ei und ie kennt die lateinische Sprache nicht, die aufeinander folgenden Vokale werden als E und U, beziehungsweise E und I ausgesprochen
Beispiele: Karies, pterygoideus.

Der Konsonant C wurde im klassischen Latein stets als K ausgesprochen, das neuere Latein spricht C teilweise als Z und K aus.

Als Regel gilt: vor U, O, A sprich C wie K,
vor I und E sprich C wie Z.

Bei mehrsilbigen Wörtern wird normalerweise die vorletzte Silbe betont. Ist die vorletzte Silbe kurz, so liegt die Betonung auf der drittletzten Silbe.
Beispiele: Corona, Mandibula.

Ob ein Vokal kurz oder lang ausgesprochen wird, ist Sache der Übung – im Lateinischen wie im Deutschen.
Beispiele: doch – hoch,
Dach – Gemach,
Schach – Schmach.

A.3 Zusammensetzung der Fachausdrücke

Fachbegriffe setzen sich in der Regel aus zwei, teilweise aus drei und seltener aus mehr als drei Wörtern zusammen. Für die Schreibweise gilt: Das 1. Wort wird stets groß geschrieben, alle anderen Wörter klein. Die Fachbegriffe setzen sich aus folgenden Wortarten zusammen:

1. Hauptwörter (Substantive)
Beispiele: Corona = die Krone
Dens = der Zahn
Musculus = der Muskel

2. Eigenschaftswörter (Adjektive)
Beispiele: rotundus = rund
magnus = groß
parvus = klein

3. Gesteigerte Eigenschaftswörter (Komparative)
Beispiele: major = der größere
minor = der kleinere
anterior = der vordere

4. Verhältniswörter (Präpositionen)
Beispiele: sub = unter
ante = vor
circum = ringsum

5. Gesteigerte Verhältniswörter
Beispiele: superior = der obere
anterior = der vordere

6. Zahlwörter (Numeralia)
Beispiele: unus = eins
primus = der erste

Anmerkung: Wollte man grammatikalisch korrekt sein, so müßte man zwischen Eigenschaftswörtern (Adjektiven) und Verhältniswörtern (Präpositionen) genau unterscheiden. Da die verwendeten Präpositionen sowohl in der Grundform wie auch in der Steigerungsform (Komparativ) wie Eigenschaftswörter aussehen, werden sie in den Abschnitten „Beugung von Adjektiven" beziehungsweise „Steigerung von Adjektiven" gemeinsam behandelt.
Beispiel: major = größer, Komparativ des Adjektivs magnus
anterior = der vordere, Komparativ der Präposition ante

Die häufigsten Zusammensetzungen sind:

1. Substantiv + Substantiv
Beispiele:
Corona dentis = die Zahnkrone
Foramen mandibulae = das Unterkieferloch
Apex dentis = die Wurzelspitze

2. Substantiv + Adjektiv beziehungsweise Substantiv + Präposition

Beispiele:
Foramen rotundus = rundes Loch
Processus styloideus = Griffelfortsatz
Lamina lateralis = seitliche Lamelle

3. Substantiv + Adjektiv + Komparativ

Beispiele:
Foramen palatinum majus = großes Gaumenloch
Frenulum labii superioris = oberes Lippenbändchen

4. Substantiv + Adjektiv + Zahlwort

Beispiel:
Dens molaris primus = erster großer Backenzahn

Die lateinische Sprache kennt keine zusammengesetzten Hauptwörter wie die deutsche Sprache, sie kann also Worte wie Zahnkrone, Wurzelspitze oder Augenhöhle nicht bilden. Die lateinische Sprache gibt den Sinn eines Wortes in zwei Wörtern wieder, wobei das Grundwort an erster Stelle, das Bestimmungswort an zweiter Stelle steht. Dabei müssen die Wörter gebeugt oder dekliniert werden. (Anmerkung: Unter Deklination versteht man die Beugung eines Substantivs beziehungsweise eines Adjektivs, die Beugung eines Zeitworts (Verbs) bezeichnet man als Konjugation).
Beispiele:
Corona dentis = die Krone des Zahnes
= die Zahnkrone
Radix dentis = die Wurzel des Zahnes
= die Zahnwurzel

Beim Deklinieren sind zu beachten:
- das Geschlecht des Wortes:
männlich, weiblich oder sächlich
- die Anzahl:
Einzahl (Singular) oder Mehrzahl (Plural)
- Der Fall:
Für die Wortbildung von lateinischen Fachbegriffen werden nur der 1. und 2. Fall (Nominativ und Genitiv) benötigt.

A.4 Die Deklination von Substantiven

Im folgenden sollen die wichtigsten lateinischen Deklinationsformen dargestellt werden. Diese werden allerdings nicht entsprechend der lateinischen Grammatik als A-, O-, Gemischte, U- und E-Deklination abgehandelt, sondern aus didaktischen Gründen vereinfacht dargestellt.
Im Gegensatz zur deutschen oder anderen Sprachen kennt die lateinische Sprache kein Geschlechtswort oder Artikel (der, die, das). Geschlecht, Anzahl und Fall sind nur aus der Endung eines Wortes erkennbar. Bei der Deklination wird nur die Endung eines Wortes verändert, der Wortstamm bleibt unverändert.

A.4.1 Deklination von Wörtern, die auf -a enden

Geschlechtsregel:
Wörter, die auf -a enden, sind immer weiblich (feminin) (Tabelle 1.1).

A.4.2 Deklination von Wörtern, die auf -us enden

Geschlechtsregel:
Wörter, die auf -us enden, sind immer männlich (maskulin) (Tabelle 1.2).

A.4.3 Deklination von Wörtern, die auf -um enden

Geschlechtsregel:
Wörter, die auf -um enden, sind immer sächlich (Neutrum) (Tabelle 1.3).

A.4.4 Deklination von Worten mit verschiedenen Endungen und Geschlechtern

Grammatikalisch gesehen gehören die nachstehend aufgeführten Wörter verschiedenen Deklinationen an. Eine genauere Unterteilung in Wörter der Konsonantischen und I-Deklination, der U-Deklination und der E-Deklination unterbleibt, da für das Deklinieren von Wörtern dieser Deklinationen tiefergehendes Wissen nicht erforderlich ist. Ferner entstammen die meisten Begriffe den ersten beiden Deklinationen. (Tabelle 1.4).

Fall	Einzahl	Mehrzahl
Nominativ (Wer-Fall)	Coron a = die Krone Mandibul a = der Unterkiefer Sutur a = die Naht	Coron ae = die Kronen Mandibul ae = die Unterkiefer Sutur ae = die Nähte
Genitiv (Wessen-Fall)	Coron ae = der Krone Mandibul ae = des Unterkiefers Sutur ae = der Nähte	Coron arum = der Kronen Mandibul arum = der Unterkiefer Sutur arum = der Nähte

Tabelle Anhang 1.1 Deklination von Worten, die auf -a enden

Fall	Einzahl	Mehrzahl
Nominativ	Ram us = der Ast Angul us = der Winkel Hamul us = der Haken	Ram i = die Äste Angul i = die Winkel Hamul i = die Haken
Genitiv	Ram i = des Astes Angul i = des Winkels Hamul i = des Hakens	Ram orum = der Äste Angul orum = der Winkel Hamul orum = der Haken

Tabelle Anhang 1.2 Deklination von Worten, die auf -us enden

Fall	Einzahl	Mehrzahl
Nominativ	Cav um = die Höhle	Cav a = die Höhlen
	Coll um = der Hals	Coll a = die Hälse
	Crani um = der Schädel	Crani a = die Schädel
	Trigon um = das Dreieck	Trigon a = die Dreiecke
Genitiv	Cav i = der Höhle	Cav orum = der Höhlen
	Coll i = des Halses	Coll orum = der Hälse
	Crani i = des Schädels	Crani orum = der Schädel
	Trigon i = des Dreiecks	Trigon orum = der Dreiecke

Tabelle Anhang 1.3 Deklination von Worten, die auf -um enden

Nom. Singul.	Gen. Singul.	Nom. Plural	Gen. Plural	Dt. Begriff	Geschl.
Animal	Animalis	Animalia	Animalium	Lebewesen Tier	N
Apex	Apicis	Apices	Apicum	Spitze	M
Buccinator	Buccinatoris	Buccinatores	Buccinatorum	Trompeter	M
Canalis	Canalis	Canales	Canalium	Kanal	M
Caput	Capitis	Capita	Capitum	Haupt, Kopf	N
Cornu	Cornūs	Cornua	Cornuum	Horn	N
Corpus	Corporis	Corpora	Corporum	Körper	N
Cuspis	Cuspidis	Cuspides	Cuspidum	Höcker	F
Dens	Dentis	Dentes	Dentium	Zahn	M
Ductus	Ductūs	Ductūs	Ductuum	Gang	M
Foramen	Foraminis	Foramina	Foraminum	Loch, Öffnung	N
Facies	Faciei	Facies	Facierum	Fläche Gesicht	M
Fornix	Fornicis	Fornices	Fornicum	Wölbung	M
Labor	Laboris	Labores	Laborum	Arbeit	M
Margo	Marginis	Margines	Marginum	Rand	M
Nomen	Nominis	Nomina	Nominum	Namen	N
Origo	Originis	Origines	Originum	Ursprung	F
Os	Oris	Ora	Orum	Mund	N
Os	Ossis	Ossa	Ossium	Knochen	N
Pars	Partis	Partes	Partium	Teil	F
Plexus	Plexūs	Plexūs	Plexuum	Geflecht	M
Processus	Processūs	Processūs	Processuum	Fortsatz	M
Radix	Radicis	Radices	Radicum	Wurzel	F
Sinus	Sinūs	Sinūs	Sinuum	Bucht, Hohlraum	M
Tuber	Tuberis	Tubera	Tuberum	Höcker, Beule	N
Venter	Ventris	Ventres	Ventrium	Bauch	M
Vomer	Vomeris	Vomeres	Vomerum	Pflugschar	M

Tabelle Anhang 1.4 Deklination von Worten mit verschiedenen Endungen und Geschlechtern. M = maskulin, männlich; F = feminin, weiblich; N = neutrum, sächlich.

A.5. Die Deklination von Eigenschaftswörtern (Adjektiven) und Verhältniswörtern (Präpositionen)

Allgemein gilt die Regel, daß sich die Adjektive in Geschlecht, Fall und Anzahl nach dem zugehörigen Substantiv richten. Dies bedeutet:
Ist das Substantiv männlichen Geschlechts, ist auch die Endung des Adjektivs männlich, ist das Substantiv weiblichen Geschlechts, so ist auch die Adjektivendung weiblich, dasselbe gilt für sächliche Wörter.

Nach ihren Endungen lassen sich die Adjektive in zwei Gruppen einteilen:
1. Adjektive, die auf -us, -a, -um enden,
2. Adjektive, die auf -is, -is, -e enden.

A.5.1 Adjektive, die auf -us, -a, -um enden

<u>Beispiele:</u>

rotundus	=	der runde ...
rotunda	=	die runde ...
rotundum	=	das runde ...
magnus	=	der große ...
magna	=	die große ...
magnum	=	das große ...

Es soll hier nicht näher auf grammatikalische Feinheiten wie Adjektivpräfixen (Vorsilben von Adjektiven), oder Adjektivsuffixen (Endungen von Adjektiven) eingegangen werden. Wichtig ist in diesem Zusammenhang nur, daß die Endungen dieser Adjektive ganz bestimmte Sachverhalte ausdrücken:

Adjektivendung	Bedeutung
1. -oideus -oidea -oideum	ein Aussehen oder eine Ähnlichkeit
2. -inus -ina -inum	eine Zugehörigkeit oder eine Ähnlichkeit
3. -icus -ica -icum	eine Zugehörigkeit oder eine Form

<u>Beispiele zu:</u>

1. coronoideus = kronenförmig
   pterygoideus = flügelförmig

2. palatinus = zum Gaumen gehörig
   caninus = dem Hunde ähnlich

3. opticus = das Sehen betreffend
   digastricus = zweibäuchig

Die gebräuchlichsten Adjektive sind nachstehend aufgelistet:

acusticus	=	zum Gehör gehörig
durus	=	hart
condylaris	=	den Gelenkfortsatz betreffend
coronoideus	=	kronenartig
digastricus	=	zweibäuchig
gastricus	=	zum Magen (Bauch) gehörig
hyoideus	=	zum Zungenbein gehörig
incisivus	=	einschneidend
massetericus	=	zum Masseter gehörig
nasopalatinus	=	im Nasen-Gaumen-Bereich liegend
mastoideus	=	warzenförmig, zum Warzenfortsatz gehörig
obliquus	=	schräg, schief verlaufend
osseus	=	knöchern
palatinus	=	zum Gaumen gehörig
parotideus	=	zur Ohrspeicheldrüse gehörig
parvus	=	klein
profundus	=	tief, tiefliegend
proprius	=	eigen, eigentlich

pterygoideus = flügelförmig
rotundus = rund
squamosus = schuppig, schuppenartig
styloideus = griffelförmig, zum Griffelfortsatz gehörig
transversus = querlaufend
trigeminus = dreimal, dreifach
zygomaticus = zum Jochbogen gehörig

Anmerkung zur Betonung von Adjektiven, die auf „-oideus" enden:
Die Betonung dieser Endungen ist bis zum heutigen Tag von der Nomenklaturkommission nicht festgelegt. Es steht daher jedem frei, die Betonung auf die drittletzte Silbe zu legen (-oideus) oder die vorletzte Silbe zu betonen (-oideus).

Beispiele:
Processus pterygoideus = der Flügelfortsatz
Palatum durum = der Harte Gaumen
Os zygomaticum = das Jochbein
Sutura palatina = die Gaumennaht

A.5.2 Adjektive, die auf -is, -is, -e enden

Sie kommen in Fachbegriffen nur in den Endungen „-alis" und „-aris" vor und drücken eine Zugehörigkeit, Form oder Lage aus.

Beispiele:
ovalis = der eiförmige . . .
ovalis = die eiförmige . . .
ovale = das eiförmige . . .

lateralis = der seitliche . . .
lateralis = die seitliche . . .
laterale = das seitliche . . .

Die gebräuchlichsten Adjektive sind nachstehend aufgelistet:
alveolaris = mit Hohlräumen versehen
apicalis = die Spitze betreffend
articularis = zu einem Gelenk gehörig
buccalis = zur Backe, zur Wange gehörig
condylaris = den Gelenkfortsatz betreffend
corticalis = zur Rinde gehörig
dentalis = die Zähne betreffend
facialis = zum Gesicht gehörig
frontalis = stirnwärts
horizontalis = waagerecht
infraorbitalis = unter der Augenhöhle gelegen
infratemporalis = unterhalb der Schläfe gelegen
lacrimalis = auf die Tränen bezogen
lateralis = seitlich, seitwärts gelegen
lingualis = die Zunge betreffend
mandibularis = zum Unterkiefer gehörig
maxillaris = zum Oberkiefer gehörig
mentalis = zum Kinn gehörig
mollis = weich
nasalis = zur Nase gehörig
orbitalis = zur Augenhöhle gehörig
ovalis = eiförmig
occipitalis = zum Hinterhaupt gehörig
retromolaris = hinter den Molaren gelegen
sagittalis = pfeilartig, in der Pfeilrichtung gelegen
salivatorius = zum Speichel gehörig
sublingualis = unter der Zunge gelegen
superficialis = oberflächlich
synovialis = die Gelenkflüssigkeit betreffend
temporalis = zu den Schläfen gehörig
vestibularis = zum Vorhof gehörend

Beispiele:
Canalis infraorbitalis = Unteraugenhöhlenkanal
Os frontale = Stirnbein
Capsula articularis = Gelenkkapsel

A.6 Die Deklination von gesteigerten Adjektiven und Präpositionen (Komparativen)

Der Komparativ wird gebildet, indem man an den Wortstamm des Adjektivs bei männlichen und weiblichen Wörtern die Endung „-ior“ und bei sächlichen Wörtern die Endung „-ius“ anhängt.
Von Bedeutung sind nur die folgenden Steigerungsformen: (Tabelle 1.5).

Beispiele:

Foramen palatinum majus	=	großes Gaumenloch
Ala minor	=	kleiner Flügel
Spina nasalis anterior	=	vorderer Nasendorn
Musculus pterygoideus lateralis	=	seitlicher Flügelmuskel

A.7 Zahlwörter (Numeralia)

Sie werden in der Regel selten gebraucht. Man unterscheidet Grundzahlen (Cardinalia) und Ordnungszahlen (Ordinalia).

Grundzahlen
kommen nur in Vorsilben und dazu noch in veränderter Form vor. Die drei gebräuchlichsten sind:
unus = eins, duo = zwei, tres = drei

Beispiele:

unilateral	=	einseitig
Bifurkation	=	Gabelungsstelle zweiwurzeliger Zähne
trigeminus	=	Drilling, dreigeteilt
Trifurkation	=	Gabelungsstelle dreiwurzeliger Zähne

Ordnungszahlen
werden wie Adjektive gebeugt; die gebräuchlichen sind:

primus, prima, primum	=	der, die, das erste,
secundus, secunda, secundum	=	der, die, das zweite,
tertius, tertia, tertium	=	der, die, das dritte.

Beispiele:

Dens molaris primus	=	der erste große Backenzahn
Dens praemolaris secundus	=	der zweite kleine Backenzahn.

Grundform			Komparativ		
magnus	=	groß	major, major, majus	=	größer
parvus	=	klein	minor, minor, minus	=	kleiner
ante	=	vorn	anterior, anterior, anterius	=	der vordere
extra	=	außerhalb	exterior, exterior, exterius	=	der äußere
infra	=	unterhalb	inferior, inferior, inferius	=	der untere
intra	=	innerhalb	interior, interior, interius	=	der innere
post	=	hinter	posterior, posterior, posterius	=	der hintere
supra	=	oberhalb	superior, superior, superius	=	der höhere

Tabelle Anhang 1.5 Steigerungsformen, die von Bedeutung sind

Literaturverzeichnis

1. Abjean, J., J. M. Korbendeau: Okklusion. Quintessenz Verlag, Berlin 1979

2. Ash, M. M., S. P. Ramfjord: Okklusion und Funktion. Quintessenz Verlag, Berlin 1988

3. Bartsch, J. K.: Zahn-, Mund- und Kiefererkrankungen. Enke Verlag, Stuttgart 1981

4. Bauer, A., A. Gutowski: Gnathologie. Quintessenz Verlag, Berlin 1978

5. Bauer, E. W.: CVK Biologiekolleg. Cornelsen-Velhagen & Klasing, Berlin 1981

6. Bauer, E. W.: Humanbiologie. 2. Aufl. Cornelsen-Velhagen & Klasing, Berlin 1979

7. Benninghoff, A.: Makroskopische und mikroskopische Anatomie des Menschen. Bd. 1 u. 2 14. Aufl. Urban & Schwarzenberg, München 1985

8. Berkovitz/Holland/Moxham: Farbatlas und Lehrbuch der oralen Anatomie. Hanser Verlag, München 1980

9. Borneff, J.: Hygiene. 3. Aufl. Thieme Verlag, Stuttgart 1977

10. Böttger (Hrsg.): Funktionelle Okklusion. Quintessenz Verlag, Berlin 1982

11. Breustedt/Lenz/Musil/Staegemann/Taege/Weiskopf: Prothetische Stomatologie. 2. Aufl. J. A. Barth Verlag, Leipzig 1987

12. Bucher, O., H. Wartenberg: Cytologie, Histologie und mikroskopische Anatomie des Menschen. 11. Aufl. Verlag H. Huber, Bern 1989

13. Caesar, H. H.: Die Ausbildung zum Zahntechniker. Bd. 1–4 Verlag Neuer Merkur, München 1984

14. Caesar, H. H.: Inlay- und Onlay-Techniken. Verlag Neuer Merkur, München 1987

15. Caesar, H. H., S. Ernst: Die Nichtmetalle in der Zahntechnik. Bd. II Verlag Neuer Merkur, München 1987

16. Celenza, F. V.: Okklusale Morphologie. Quintessenz Verlag, Berlin 1981

17. Czihak/Langer/Ziegler: Biologie. Springer Verlag, Heidelberg 1976

18. dos Santos jr., J.: Gnathologie. Deutscher Ärzte-Verlag, Köln 1988

19. Drücke/Klemt (Hrsg.): Kiefergelenk und Okklusion. Quintessenz Verlag, Berlin 1980

20. duBrul, M.: Die Physiologie der oralen Rekonstruktion. Quintessenz Verlag, Berlin 1985

21. Eder, M., P. Gedigk: Lehrbuch der Allgemeinen Pathologie und der Pathologischen Anatomie. 30. Aufl. Springer Verlag, Heidelberg 1977

22. Evers/Haegerstam: Lokalanästhesie in der Zahnheilkunde. Springer-Verlag, Berlin 1983

23. Faller, A.: Der Körper des Menschen. 6. Aufl. Thieme Verlag, Stuttgart 1974

24. Fels, G.: Der Organismus. 2. Aufl. Ernst Klett, Stuttgart 1980

25. Feneis, H.: Anatomisches Bildwörterbuch. 5. Aufl. Thieme Verlag, Stuttgart 1982
26. Fiedler, K., J. Lieder: Taschenatlas der Histologie. 5. Aufl. Frankh'sche Verlagshandlung, Stuttgart 1979
27. Fleischer, G.: Spezielle Anatomie des Beines für den medizinischen Fußpfleger. Bd. I Verlag Neuer Merkur, München 1987
28. Frick/Leonhardt/Starck: Spezielle Anatomie. Bd. 1 u. 2 2. Aufl. Thieme Verlag, Stuttgart 1980
29. Geering, A. H.: Total- und Hybridprothetik. Bd. 2 Thieme Verlag, Stuttgart 1986
30. Gehrke, H.: Anatomie, Histologie und Physiologie für Zahntechniker. Bd. III 17. Aufl. Verlag Neuer Merkur, München 1984
31. Gross, M. D.: Okklusion in der restaurativen Zahnheilkunde. Hanser Verlag, München 1987
32. Grundmann, E.: Einführung in die Allgemeine Pathologie. 6. Aufl. Fischer Verlag, Stuttgart 1988
33. Gründler, H.: Methodisches Vorgehen im Erlernen der Zahnformen. Quintessenz Verlag, Berlin 1975
34. Hansson/Honee/Hesse: Funktionsstörungen im Kausystem. 2. Aufl. Hüthig Verlag, Heidelberg 1990
35. Hees, H., F. Sinowatz: Histologie. Deutscher Ärzte-Verlag, Köln 1986
36. Hein, W.: Mundhygiene. Quintessenz Verlag, Berlin 1980
37. Hellwege, K.: Die Praxis der zahnmedizinischen Prophylaxe. Hüthig Verlag, Heidelberg 1984
38. Hilger, Jung, Spranger (Hrsg.): Die zahnärztliche Versorgung. Hüthig Verlag, Heidelberg 1984
39. Hoffmann-Axthelm, W.: Lexikon der Zahnmedizin. 2. Aufl. Quintessenz Verlag, Berlin 1978
40. Hofmann, M.: Totale Prothesen nach dem All-Oral-Verfahren. 3. Aufl. Hanser Verlag, München 1981
41. Hohmann, A., W. Hielscher: Lehrbuch der Zahntechnik. Bd. 1 u. 2 2. Aufl. Quintessenz Verlag, Berlin 1985
42. Horn, R., J. Stuck: Zahnaufstellung in der Totalprothetik. Quintessenz Verlag, Berlin 1980
43. Hupfauf, L.: Totalprothesen. Bd. 7 2. Aufl. Urban & Schwarzenberg, München 1987
44. International Anatomical Nomenclature Committee: Nomina anatomica. 6th ed. Churchill & Livingstone, Edinburgh 1989
45. Jahreiß/Lange/Peters/Schijatschky/Simon/Tiemann: Lehrbuch für die Zahnarzthelferin. Bd. 1 u. 2 Quintessenz Verlag, Berlin 1983
46. Kahle/Leonhardt/Platzer: Taschenatlas der Anatomie. Bd. 1–3 5. Aufl. Thieme Verlag, Stuttgart 1986
47. Katz, B.: Nerv, Muskel und Synapse. 2. Aufl. Thieme Verlag, Stuttgart 1974
48. Keidel, W.: Kurzgefaßtes Lehrbuch der Physiologie. 6. Aufl. Thieme Verlag, Stuttgart 1985
49. Klima, M.: Anatomie des Menschen. Bd. I Frankh'sche Verlagshandlung, Stuttgart 1975
50. Knodel, H., H. Bayrhuber: Linder Biologie. 19. Aufl. J. B. Metzlersche Verlagsbuchhandlung, Stuttgart 1983
51. Köhler, G.: Immunsystem. 2. Aufl. Spektrum der Wissenschaft, Heidelberg 1988
52. Köhnlein, H. E.: Erste Hilfe. 5. Aufl. Thieme Verlag, Stuttgart 1978
53. Körber, E.: Die prothetische Versorgung des Lückengebisses. 3. Aufl. Hanser Verlag, München
54. Körber, K.: Zahnärztliche Prothetik. 3. Aufl. Thieme Verlag, Stuttgart 1985
55. Körber/Schiebel: Lexikon der dentalen Technologie. Quintessenz Verlag, Berlin 1986
56. Kraus/Jordan/Abrams: Dental Anatomy and Okklusion. Williams & Wilkins, Baltimore 1979
57. Krstic, R. V.: Die Gewebe des Menschen und der Säugetiere. 2. Aufl. Springer Verlag, Heidelberg 1988
58. Krüger, E.: Lehrbuch der chirurgischen Zahn-, Mund- u. Kieferheilkunde. Bd. 1 u. 2 Quintessenz Verlag, Berlin 1979
59. Langman, J.: Medizinische Embryologie. 6. Aufl. Thieme Verlag, Stuttgart 1980
60. Lechner, H.: Kurzlehrbuch der inneren Medizin. Medica Verlag, Stuttgart 1984

61. Lehmann, K. M.: Einführung in die Zahnersatzkunde. 6. Aufl. Urban & Schwarzenberg, München 1988

62. Lenneberg, E. H.: Biologische Grundlagen der Sprache. 2. Aufl. Suhrkamp, Frankfurt/M. 1986

63. Leonhardt, H.: Histologie, Zytologie und Mikroanatomie des Menschen. 6. Aufl. Thieme Verlag, Stuttgart 1981

64. Lerch, P.: Die totale Prothetik. Quintessenz Verlag, Berlin

65. Lewitzka-Reitner, H.: Das große Gesundheits-Lexikon. Buch und Zeit Verlagsgesellschaft, Köln 1980

66. Lotzmann, U.: Die Prinzipien der Okklusion. 2. Aufl. Verlag Neuer Merkur, München 1985

67. Lotzmann, U.: Okklusionsschienen und andere Aufbißbehelfe. Verlag Neuer Merkur, München 1983

68. Lundeen, H. C.: Einführung in die okklusale Anatomie. Verlag, Ort und Erscheinungsjahr nicht bekannt

69. Marxkors, R.: Propädeutik der zahnärztlichen Prothetik. 3. Aufl. Hüthig Verlag, Heidelberg 1981

70. McHorris, W. H.: Einführung in die Okklusionslehre. Quintessenz Verlag, Berlin 1983

71. Meisterschule Stuttgart: Meisterwissen für Zahntechniker. Verlag Neuer Merkur, München 1982

72. Mergenthaler, W.: Schmeil Tierkunde. Quelle & Meyer, Heidelberg 1976

73. Mohl/Zarb/Carlsson/Rugh: Lehrbuch der Okklusion. Quintessenz Verlag, Berlin 1990

74. Mongini, F.: Das stomatognathe System. Quintessenz Verlag, Berlin 1987

75. Moore, K. L.: Embryologie. 2. Aufl. Schattauer Verlag, Stuttgart 1985

76. Morgan/House/Hall/Vamvas: Das Kiefergelenk und seine Erkrankungen. Quintessenz Verlag, Berlin 1985

77. Motsch, A.: Funktionsorientierte Einschleiftechnik für das natürliche Gebiß. Hanser Verlag, München 1977

78. Mörike/Betz/Mergenthaler: Biologie des Menschen. 11. Aufl. Quelle & Meyer, Heidelberg 1981

79. Nagle, R. J., V. H. Sears: Die totale Prothese in der Zahnheilkunde. 2. Aufl. Medica Verlag, Stuttgart 1969

80. Neff, P. A.: Okklusion und Funktion. Verlag, Ort und Erscheinungsjahr nicht bekannt

81. Nilsson, L.: Unser Körper – neu gesehen. 5. Aufl. Herder Verlag, Freiburg 1974

82. Nilsson, L.: Ein Kind entsteht. Mosaik Verlag, München 1978

83. Pawlag, Hoag u. a.: Systematik der Parodontologie. 3. Aufl. Medica Verlag, Stuttgart 1985

84. Peyer, B.: Die Zähne. Springer Verlag, Heidelberg 1963

85. Pschyrembel, W.: Klinisches Wörterbuch. 255. Aufl. Walter de Gruyter, Berlin 1986

86. Rateitschak/Renggli/Mühlemann: Parodontologie 2. Aufl. Thieme Verlag, Stuttgart 1978

87. Rehberg, H. J.: Taschenwörterbuch der Zahntechnik. Hanser Verlag, München 1980

88. Renner, R. P.: Anatomie und Ästhetik des mastikatorischen Systems. Quintessenz Verlag, Berlin 1989

89. Rohen, J.: Funktionelle Anatomie des Nervensystems. Schattauer Verlag, Stuttgart 1975

90. Rohen, J.: Anatomie für Zahnmediziner. Schattauer Verlag, Stuttgart 1977

91. Romer, A.S.: Vergleichende Anatomie der Wirbeltiere. Verlag P. Parey, Hamburg 1976

92. Ronacher, B., H. Hemminger: Einführung in die Nerven- und Sinnesphysiologie. Quelle & Meyer, Heidelberg 1976

93. Sauerwein, E.: Zahnerhaltungskunde. 5. Aufl. Thieme Verlag, Stuttgart 1985

94. Sauerwein, E.: Kariologie. 2. Aufl. Thieme Verlag, Stuttgart 1981

95. Schaefer, G.: Biologie des Menschen. 12. Aufl. J. B. Metzlersche Verlagsbuchhandlung, Stuttgart 1981

96. Schiebler/Peiper/Schneider: Histologie. 2. Aufl. Springer Verlag, Heidelberg 1986

97. Schmidseder/Motsch: Registrierung der Unterkieferbewegung. Quintessenz Verlag, Berlin 1982

98. Schmidt, R. F.: Grundriß der Neurophysiologie. 4. Aufl. Springer Verlag, Heidelberg 1977

99. Schmidt, R. F., G. Thews: Einführung in die Physiologie des Menschen. 21. Aufl. Springer Verlag, Heidelberg 1983
100. Schmuth, G.: Kieferorthopädie. 2. Aufl. Thieme Verlag, Stuttgart 1983
101. Schoen, M., M. Huber: Zahnheilkunde. Thieme Verlag, Stuttgart 1980
102. Schön/Singer: Prothetische Auslese. 2. Aufl. Hüthig Verlag, Heidelberg 1968
103. Schön/Singer: Europäische Prothetik heute. Quintessenz Verlag, Berlin 1978
104. Schreinemakers, J.: Die Logik in der Totalprothetik. Quintessenz Verlag, Berlin 1979
105. Schroeder, H. E.: Orale Strukturbiologie. 2. Aufl. Thieme Verlag, Stuttgart 1982
106. Schulte, W.: Die exzentrische Okklusion. Quintessenz Verlag, Berlin 1983
107. Schulz, H. H.: Aufwachstechnik. 2. Aufl. Verlag Neuer Merkur, München 1978
108. Schulz, H. H.: Atlas der Anatomie und Physiologie für Zahntechniker. Verlag Neuer Merkur, München 1977
109. Schulz, H. H.: Die totale Prothese. Bd. IV 5. Aufl. Verlag Neuer Merkur, München 1982
110. Schulz, H. H.: Kieferorthopädie für Zahntechniker. 6. Aufl. Verlag Neuer Merkur, München 1984
111. Schulze, C.: Lehrbuch der Kieferorthopädie. Bd. 1 u. 2 2. Aufl. Quintessenz Verlag, Berlin 1980
112. Schumacher, G. H.: Kompendium und Atlas der Allgemeinen Anatomie. Fischer Verlag, Stuttgart 1984
113. Schumacher, G. H.: Funktionelle Anatomie des orofazialen Systems. Hüthig Verlag, Heidelberg 1985
114. Schumacher, G. H.: Anatomie für Stomatologen. J. A. Barth Verlag, Leipzig 1984
115. Schumacher, G. H.: Odontographie. 4. Aufl. Hüthig Verlag, Heidelberg 1983
116. Schumacher, G. H., H. Schmidt: Anatomie und Biochemie der Zähne. 4. Aufl. Fischer Verlag, Stuttgart 1990
117. Schwenzner, N. (Hrsg.) u. a.: Zahn-Mund-Kieferheilkunde. Bd. 5, Thieme Verlag, Stuttgart 1987
118. Shillingburg/Wilson/Morrison: Handbuch der Aufwachstechnik. Quintessenz Verlag, Berlin 1979
119. Silbernagl, S., A. Despopoulos: Taschenatlas der Physiologie. 2. Aufl. Thieme Verlag, Stuttgart 1983
120. Solberg/Clark: Das Kiefergelenk. Quintessenz Verlag, Berlin 1983
121. Solnit/Curnutte: Korrektur der Okklusion. Quintessenz Verlag, Berlin 1989
122. Spranger, H.: Klinik der marginalen Parodontopathien. Hüthig Verlag, Heidelberg 1980
123. Staines/Brostoff/James: Immunologisches Grundwissen. Fischer Verlag, Stuttgart 1987
124. Stuart, C.: Die gnathologische Aufwachstechnik. Quintessenz Verlag, Berlin 1984
125. Suckert, R.: Funktionelle Frontzahnästhetik. 2. Aufl. Verlag Neuer Merkur, München 1990
126. Tanzer, G.: Gero-Totalprothetik. Verlag Neuer Merkur, München 1979
127. Thomas/Tateno: Die gnathologische Okklusion. Quintessenz Verlag, Berlin 1982
128. Uebe, H. D.: Fremdwortkunde für Zahntechniker-Fachklassen. Bd. XI 3. Aufl. Verlag Neuer Merkur, München 1988
129. Van Beek, G.: Dental Morphology. 2nd ed.Wright, Bristol 1983
130. Vester, F.: Denken, Lernen, Vergessen. Deutscher Taschenbuch Verlag, München 1978
131. Wetzel, G.: Lehrbuch der Anatomie für Zahnärzte. 6. Aufl. Fischer Verlag Jena 1914
132. Zimmer, K.: Das Leben vor dem Leben. Kösel Verlag, München 1984
133. Ziswiler, V.: Wirbeltiere. Bd. II Thieme Verlag, Stuttgart 1976
134. Zuhrt/Kleber: Periodontologie. 2. Aufl. J. A. Barth Verlag, Leipzig 1988

Stichwortverzeichnis

A

B

C

D

E

F

G

H

I

L

N

O

P

Q

R

S

T

U

V

W

Z